EINEN WALDGARTEN ERSCHAFFEN

MIT DER NATUR ARBEITEN, UM ESSBARE PFLANZEN ANZUBAUEN

EINEN WALDGARTEN ERSCHAFFEN

MIT DER NATUR ARBEITEN, UM ESSBARE PFLANZEN ANZUBAUEN

MARTIN CRAWFORD

OLV
Fachverlag für
Garten und Ökologie

Bibliografische Information der Deutschen Bibliothek
Die Deutsche Bibliothek verzeichnet diese Publikation in der Deutschen Nationalbibliographie: detaillierte bibliografische Angaben sind im Internet unter http://dnb-d-nb.der abrufbar.

Erstmals veröffentlicht im Jahr 2010 in Großbritannien unter dem Titel *Creating a Forest Garden* von Green Books, jetzt ein Imprint von Bloomsbury Publishing Plc. Erstmals veröffentlicht in Deutschland 2021 mit dem Titel *Einen Waldgarten erschaffen.* OLV Organischer Landbau Verlag Kurt Walter Lau.
Diese Ausgabe wurde in Absprache mit Bloomsbury Publishing Plc veröffentlicht.

Design & Layout der englischen Originalausgabe: Stephen Prior
Fotografien von Martin Crawford und Joanna Brown
www.jozart.co.uk (Hinweise siehe Seite 6)
Illustrationen von Marion Smylie-Wild

OLV Organischer Landbau Verlag Kurt Walter Lau
Im Kuckucksfeld 1, 47624 Kevelaer

Übersetzung: Jörn Müller
Deutsche Bearbeitung: Kurt Walter Lau
Satz und Gestaltung: Danka Wijnhoven
Druck und Bindung: Interpress Co. Ltd.
Printed in Hungary

Druckprodukt mit finanziellem Klimabeitrag
ClimatePartner.com/12667-2401-1001

FSC
www.fsc.org
MIX
Papier aus verantwortungsvollen Quellen
FSC® C114504

Bilder auf dem Cover:
Oben links: Passionsblume (*Passiflora caerulea*)
Oben mittig: Wildsalatmischung
Oben rechts: Korallen-Ölweide (*Eleagnus* x *umbellata*)

Bilder im Einband:
Seite 1: Japanische Walnuss (*Juglans ailantifolia* var. *cordiformis*)
Seite 2: Korallen-Ölweide (*Eleagnus* x *umbellata*)
Seite 4: Chinesischer Weißdorn (*Crataegus pinnatifina* var. *major*) ´Big Golden Star´

Bildnachweise

Alle Fotografien in diesem Buch wurden in Martin Crawfords Waldgarten in Dartington aufgenommen*. Alle sind von Martin Crawford, außer die auf den folgenden Seiten, diese wurden von Joanna Brown aufgenommen:
4/5, 12, 16, 24, 26, 27, 40, 49, 50, 76, 88, 97, 98, 107, 117, 119 unten links, 122 oben links, 131, 141, 146, 158 oben rechts, 159, 172, 178, 183, 185, 191 oben rechts, 194, 211 unten links, 212, 213, 217 unten rechts, 224 unten rechts, 229, 236, 237, 243, 247, 252 unten rechts, 253, 254, 269 unten links, 276, 287, 290, 296, 302, 305, 307, 320. Vorderer Einband: Oben rechts. Hinterer Einband: Mitte links. *(Mit Ausnahme des vorderen Einbands:
Das Titelbild und die Bilder oben links und Mitte stammen von Jörn Müller.)

Danksagung des Autors

Die Reise, die zu diesem Buch führte, wurde von vielen Autoren und Innovatoren begleitet, im Besonderen möchte ich jedoch Miguel Altieri, Ken Fern, Masanobu Fukuoka, Robert Hart, Dave Jacke, J. Russell Smith und Eric Toensmeier danken.

Mein Dank gilt auch der Dartington-Hall-Stiftung, die Land für meinen Waldgarten und die Experimente im Bereich Agroforst zur Verfügung stellte.

Danke an Justin West für seine nützlichen Kommentare und sein Feedback zum Manuskript und für seine herausfordernden Fragen im Waldgarten.

Danke an Marion Smylie-Wild für die Illustrationen und Joanna Brown für die Fotografien.

Martin Crawford

Vorwort des Übersetzers

Auf meiner Suche nach Möglichkeiten, wie man im Einklang mit der Natur permanente Systeme der Landnutzung erschaffen kann, war mein wohl größter Augenöffner und Meilenstein der Besuch in einem der ältesten Waldgärten unserer gemäßigten Klimazonen: Martin Crawford hat in Südwestengland während der letzten 25 Jahre deren Gestaltungsprinzipien erforscht und auf eine sehr pragmatische und zugängliche Art systematisiert. Sein Waldgarten in Dartington trägt diesen Prinzipien in seiner üppigen, vielfältigen Lebendigkeit, seiner wilden Schönheit und seinen vielseitigen Nutzen Rechnung und ist definitiv einen Besuch wert.

Zweifelsohne hat sich sein Buch international als eines der Referenzwerke über Waldgärten etabliert; nun freue ich mich, dass ein knappes Jahrzehnt nach Erscheinen der Originalausgabe endlich dieses Buch für den deutschsprachigen Raum bereit ist. Und tatsächlich könnte der Zeitpunkt nicht besser sein, denn auch umgekehrt gilt: Nun scheint man hierzulande bereit für dieses Buch zu sein. Das Konzept Waldgarten ist eine der besten Antworten auf gleich mehrere Krisen der Gegenwart und Herausforderungen der Zukunft. Als solches findet es mittlerweile Aufmerksamkeit bei Entscheidungsträgern auf allen Ebenen. Wir erkennen Bäume als unsere stärksten Verbündeten und können mit diesen hocheffiziente und dabei resiliente Ökosysteme gestalten. Waldgärten können biodiverse Ertragssysteme sein, Naherholung bieten und das städtische Kleinklima verbessern, sie können Lehr- und Lernorte sein und Menschen zusammenführen – und das, je nachdem, wie wir sie gestalten, alles gleichzeitig.

Im Wissen, das in diesem Buch gesammelt ist, steckt das Potenzial, im immer kleiner werdenden Zeitfenster einen sinnvollen Beitrag zum Erhalt des Ökosystems Erde leisten zu können. Das Anlegen von Waldgärten ist enkeltaugliches Handeln, das für jeden und überall möglich ist, vom kleinen privaten Hausgarten bis hin zu großen landwirtschaftlichen Ertragsflächen und kommunalen Grünflächen.

Ich möchte zuletzt einigen Menschen danken, die mich bei der Entdeckung dieses Themas begleitet oder zu Übersetzung und Erscheinen dieses Buches beigetragen haben:

Edi Neuffer, Martin Crawford, Kurt Walter Lau und Danka Wijnhoven, Jennifer Schulz, Burkhard Kayser, Dr. Jürgen Reckin, Harald Wedig, Stefan Schwarzer, Frits Deemter, Volker Kranz, Robin Lückert, Frank Wetzel, Paul Müller, Stefanie Welk, Philipp Gerhardt, Hof Lebensberg und Annika Neuffer. Danke!

Jörn Müller, April 2021

Vorwort des deutschen Verlegers

Genau 22 Jahre nach der Herausgabe des ersten Buches zum Thema Waldgarten in unserem Verlag erscheint nunmehr ein weiteres, weit umfangreicheres Werk, diesmal aus der Feder des international bekannten Waldgarten-Pioniers Martin Crawford. Darüber freue ich mich sehr! Bedenken Sie bitte, dass es sich bei dem vorliegenden Text um eine Übersetzung aus dem Englischen handelt. Infolgedessen stoßen wir häufig auf Beispiele aus diesem Kulturkreis beziehungsweise auf Fachbegriffe, die sozusagen „eingedeutscht" werden mussten, dabei aber unserer Meinung nach nichts an ihrer ursprünglichen Bedeutung verloren haben. Auch für dieses Buch gilt: Die wenigen britischen Besonderheiten mögen Sie als Inspiration für Ihr eigenes (zukünftiges) Waldgartenkonzept sehen.

Weil die Gemeinschaft der Betreiber oder Planer von Waldgärten in Europa, insbesondere im deutschsprachigen Raum, immer noch überschaubar ist, liegt es auf der Hand, dass für die deutsche Bearbeitung dieses Buches einige bekannte Personen aus dem Waldgarten-Umfeld als Berater herangezogen wurden und hier auch namentlich genannt werden. Jörn Müller hat in seinem Vorwort damit begonnen. Ich möchte an dieser Stelle weitermachen und stellvertretend für weitere Personen den deutschen Waldgartenpionier und Permakultur-Designer Harald Wedig hervorheben, der, inspiriert von Robert J. de Hart und Patrick Whitefield, bereits seit 1995 im niederländischen Swalmen, unweit der Grenze zu Deutschland, die Sualmana-(Wald-)Gärten gründete und viele Jahre betreute. Unter anderen war es auch Harald Wedig, der mich dazu animierte, Martin Crawfords Buch in Verlag zu nehmen. Dankbar für wertvolle Hinweise bin ich auch dem unvergessenen Dr. Jürgen Reckin, der im vergangenen Jahr leider verstorben ist. Mein besonderer Dank geht an Jörn Müller für seine hervorragende Übersetzungsarbeit. Nicht zuletzt möchte ich auch Danka Wijnhoven für ihre umfangreiche Satz- und Gestaltungsarbeit zu diesem wunderbaren Buch danken.

Unser aller Dank gebührt dem britischen Waldgartenpionier und Autor Martin Crawford, der uns durch sein lehrreiches Buch an seinem vorbildlichen Waldgartenprojekt teilhaben lässt.

Kurt Walter Lau, Mai 2021

*Für Sandra, ohne die
dies alles nicht passiert wäre.*

Inhalt

Vorwort

Es war 1992, mitten in meinem Permakultur-Design-Kurs, als etwa zwölf von uns einen Bus zu einer Tagestour von Robert A. de J. Hart Waldgarten in Wenlock Edge, Shropshire, bestiegen. Bei der Ankunft wurden wir von dem klein gewachsenen, etwas exzentrischen Herrn Hart selbst begrüßt, dem Pionier des Konzeptes von Waldgärten in gemäßigten Klimazonen, der eine ziemlich einsame Existenz führte in etwas, das effektiv ein Anlehnschuppen im Zustand des fortgeschrittenen Verfalls war, umgeben, und scheinbar auch versorgt, von seinem Waldgarten. Er schien für die Besuche anderer Leute in seinem Garten zu leben – eine außergewöhnliche dreidimensionale Ansammlung von Bäumen und Sträuchern; von vielen hatte ich noch nie zuvor gehört.

Trotz seines fortgeschrittenen Alters war eine Führung durch seinen Waldgarten vergleichbar mit einer Tour durch Willy Wonkas Schokoladenfabrik mit Herrn Wonka selbst. „Schauen Sie hier!“ –„Versuchen Sie eine von diesen!“ Zu jedem Baum gab es eine Geschichte, wie Robert von der Art erfahren hatte, woher der Baum kam und warum er ihn gepflanzt hatte. Es gab sehr wenige Früchte, die ich erkannte. Kleine Beeren, warzige, knubbelige Dinger, lecker aussehende farbenfrohe Früchte, seltsam aussehende Objekte, an die ich mich vage aus botanischen Büchern aus Zeiten Elizabeths erinnerte – kurzum eine wilde Mischung aus Farben, Formen und Texturen. Ich war umgeben von Roberts Nahrung, die von völlig unterschiedlichen Bäumen und Büschen herabhing. Hier fühlte ich mich zu Hause. Ich war verblüfft, jedoch gleichzeitig zutiefst fasziniert. Dieser Garten hatte etwas Außergewöhnliches, das viele berührte, die die Pilgerfahrt nach Wenlock Edge auf sich nahmen. Wenn man durch den Garten lief und am Ende der Tour beim Pausenbrot unter den Bäumen lag, dämmerte langsam das Bewusstsein, dass es mehr als nur ein Garten war, was einen hier umgab. Ähnlich dem Garten, den Alice in *Alice im Wunderland* nur durch die Tür erblicken konnte, für die sie zu groß war, erfuhr man hier den Geschmack von etwas gänzlich Neuem und Wundervollem, was gleichzeitig auch unterschwellig vertraut erschien.

Dieses scheinbare Chaos aus Pflanzen und Bäumen zeigte sich nach Erklärung als ein intelligent entworfenes dreidimensionales Ertragssystem, basierend auf ausdauernden Pflanzen. Dieses System erwies sich als völlig neue Art, landwirtschaftliche Systeme zu denken. Vor allem erschuf es einen außergewöhnlichen Ort durch Dimension, Farbe und Tierwelt, an dem man sich instinktiv zu Hause fühlte. Vielleicht kam das, was Hart hier erschaffen hatte, unserer Vorstellung vom Garten Eden am nächsten. Ich erinnere mich, begeistert gewesen zu sein von der Idee eines Gartens, in dem man sich verlieren könnte.

Nach Harts Tod war der Garten für die Welt als Arbeitsmodell verloren. Über die folgenden Jahre dienten seine Bücher ebenso wie die Ahnung, was möglich wäre, die die Besucher von Wenlock Edge bekamen, als Inspiration für Tausende solcher Gärten auf der ganzen Welt. Unter Zuhilfenahme von Roberts Büchern und später Patrick Whitefields *How To Make A Forest Garden* (deutsch: *Das große Handbuch Waldgarten*) versuchten einige, Harts Garten nachzubilden. Wie Dave Jacke und Eric Toensmeier bei der Recherche für ihre *Edible Forest Gardens*-Bücher feststellten, wurden sowohl Harts Erfolge als auch seine Fehler wiederholt.

Martin Crawford war einer dieser frühen Besucher von Harts Waldgarten und hat seither den größten und außergewöhnlichsten Beitrag für unser Verständnis der Funktionsweisen von Waldgärten geleistet. Seit vielen Jahren bewundere ich als Permakultur-Ausbilder Martins Arbeit. Hier ist jemand, der nahezu eigenhändig einen Waldgarten als Anschauungsbeispiel unterhält, ebenso eine noch größere Forschungsfläche, ein Versandunternehmen, Kurse und Führungen anbietet und eine vierteljährliche Fachzeitschrift veröffentlicht. Ich bin ein langjähriger Abonnent der *Agroforestry News*, und jedes Mal, wenn ich andere Lehrer treffe, feiern wir Martins Arbeit und ihr riesiges Potenzial.

Als ich 2005 nach Devon in Martins direkte Nachbarschaft zog, war ich erstaunt, wie wenige Menschen von seiner international respektierten Arbeit gehört hatten. Mit seinem Beitrag in Rebecca Hoskins Film *A Farm For The Future* und nun mit seinem Buch beginnt sich Martins Vision davon, wie die Nahrungsproduktion hierzulande aussehen könnte (und tatsächlich auch aussehen müsste), auszubreiten. Und dies keinen Moment zu früh. Die Herausforderung, der wir uns annehmen müssen, ist keine mindere als folgende: Wie können wir alles, was wir tun – einschließlich der Systeme, mit denen wir uns ernähren –, auf eine Art und Weise transformieren, sodass wir am Ende mehr Kohlenstoff in den Boden eingeschlossen haben, als wir emittieren? Zu behaupten, dass dies ein Überdenken vieler Grundannahmen erfordert, untertreibt die

Größe dieser Herausforderung stark. Eine der Schlüsselfragen für die Landwirtschaft ist die, wie wir sie zu etwas Artenreichem, Robustem und Ausdauerndem weiterentwickeln können, das nicht auf Pflügen angewiesen ist, sondern den Boden aufbaut, und das seine eigenen Nährstoffe erzeugt und Kohlenstoff im Boden einschließt. Genau solche Systeme hat Martin sowohl erforscht als auch entwickelt und er ist somit eine konkurrenzlose Quelle an Wissen zu diesem Thema.

Ich habe lange auf dieses Buch gewartet und bin hocherfreut, dass Sie und ich es endlich in unseren Händen halten. Es ist die Destillation vieler Jahre Arbeit und bietet ein Werkzeugset für Waldgärtner, sowohl für Neulinge als auch für „alte Hasen". Wenn ich gefragt werde, eine Vision für die Zukunft zu zeichnen, dann enthält diese immer urbane Landwirtschaft, lokale Nahrungssysteme, lokale Märkte und so weiter, aber immer auch Agrarforstwirtschaft – sei es in Form von innerstädtischen Nuss- und Fruchtplantagen oder als angelegte und reich tragende Agrarforstwirtschaft in größerem Maßstab. Was ich dabei immer unterstreiche ist, dass es sich hier nicht um unrealistische oder utopische Ideen handelt, vielmehr sind dies funktionierende Systeme, die man bereits an vielen Orten betrachten kann. Martins Waldgarten im Dartington Estate in Devon ist dabei eines der wichtigsten Beispiele. Die Stärke von Martins Arbeit liegt nicht nur darin, dass sie die Vision eines üppigen Ertragssystems der postfossilen Ära bietet. Er liefert darüber hinaus die Forschung, um dies zu untermauern, die Designwerkzeuge, die Modelle und selbst die Pflanzen. Und nun das definitive Handbuch. Sobald man beginnt, das Potenzial dessen, was Martin in seinem Buch vorschlägt, zu erahnen, wird man Nahrungsproduktion nie wieder im gleichen Licht sehen. Ich bringe Martins Arbeit nichts als tiefste Dankbarkeit entgegen.

Rob Hopkins

Einführung

Waldgärten sind komplexe Systeme. Ihren eigenen Waldgarten zu erschaffen, kann als überwältigende Aufgabe erscheinen: Es gibt so viele Dinge, die man gleichzeitig bedenken muss. In diesem Buch habe ich versucht, den Prozess so aufzuteilen und in eine Schritt-für-Schritt-Anleitung zu übersetzen, dass er leichter zu handhaben ist.

In derselben Weise, wie Waldgärten als Systeme mit sich überlagernden Ebenen mit Pflanzen verschiedener Wuchshöhen zu verstehen sind, habe ich das Gestaltungskonzept (Design) der obersten Baumebene, der mittleren Strättcherebene und der unteren Bodendeckerebene getrennt behandelt. Meist werden diese Ebenen zu verschiedenen Zeiten gepflanzt, daher kann man sie recht leicht isoliert betrachten. Bedenken Sie dabei jedoch immer, dass die Ebenen untrennbar verbunden sind (siehe Gilden, Seite 196) und dass in einem Waldgarten nichts wirklich in Isolation wächst.

Der Waldgarten ist im Sommer üppig.

Wie Sie sich in diesem Buch zurechtfinden

Die meisten Menschen beginnen ihre Waldgärten indem sie zuerst die Bäume planen und pflanzen, um sich dann zu den Sträuchern und niedrigeren Pflanzen weiterzubewegen, daher ist dies auch die Reihenfolge die ich in diesem Buch verwendet habe. Jedoch haben selbst die letzten Designschritte – Lichtungen und Wege – Auswirkungen auf die frühen Stufen, insofern empfehle ich dringend dass sie das ganze Buch gelesen haben bevor sie mit der konkreten Planung beginnen.

In diesem Buch ist eine große Zahl von Pflanzen beschrieben. Wo es möglich war habe ich sowohl die botanischen Namen als auch die allgemein gebräuchlichen Namen angegeben und der Index enthält beide, damit die Pflanzen leicht zu finden sind. Die Spezies sind zuallererst nach ihrem Nutzen (Obstbäume im Allgemeinen, Nüsse und Samen tragende Bäume, etc.) sortiert und danach nach ihrem botanischen Namen.

Bei der Beschreibung von Pflanzen habe ich die Kategorien ausgelassen für die mir keine relevanten Informationen vorliegen – beispielsweise sind, 'weitere Nutzen' nicht angegeben wo diese nicht bekannt sind.

Neben dem Namen jeder Pflanze sind wichtige Informationen neben Bildsymbolen angegeben wie das Beispiel unten zeigt:

Laubabwerfend/Immergrün: D
Zone (Winterhärte): 4
Licht/Schatten-Präferenzen: ○
Schattentoleranz: ◑
Bewertung: ✓✓
Fruchtbarkeit: D **Blüte:** Gelb
Deckung (Bodendecker): ✓✓✓✓

Laubabwerfend/Immergrün

D zeigt ein blattabwerfendes Gehölz oder eine krautige ausdauernde Pflanze an, die sich im Winter in die Wurzel zurückzieht.
E zeigt eine immergrüne Pflanze an.
SEMI bezeichnet eine SEMI-Immergrüne Pflanze an.

Zonen der Winterhärte

Die für eine Pflanze angegebene Zonenzahl vermittelt einen Eindruck ihrer Winterhärte. Die Zonen 1 bis 9 zeigen die minimalen Durchschnittstemperaturen an, die eine Pflanze toleriert – demnach kann eine Pflanze, die beispielsweise bis Zone 5 winterhart ist, in den Zonen 5 und darüber angebaut werden. Das in den USA entwickelte System der Winterhärtezonen ist in kontinentalen Klimazonen am nützlichsten, dort zeigen Zonenkarten, in welcher Zone sich ein Standort befindet. In den USA sind manche Zonen unterteilt, daher kann es zum Beispiel Zone 5b geben. Beachten Sie, dass die Winterhärte einer Arten in einer Spanne angegeben sein kann, wenn sie darauf angepasst ist, in verschiedenen Regionen zu wachsen.

In Großbritannien funktioniert dieses Modell nicht ganz so gut, da hier auch den kühleren Sommern Rechnung getragen werden muss – der Neuaustrieb ist in manchen Fällen nicht ausreichend oder härtet nicht ab, was natürlich auch Auswirkungen auf das Überleben der Pflanzen im Winter hat. Dennoch ist die Zonenzahl ein guter Anzeiger der Winterhärte.

Weite Teile Großbritanniens sind als Zone 8 klassifiziert, höher gelegene Gebiete als Zone 7 und Gebiete in Küstennähe, besonders im Süden, als Zone 9. Durch das Mikroklima, das Sie in Ihrem Garten erschaffen, kann sich jedoch Ihre Winterhärtezone um eine Zone nach oben verschieben. Wenn Sie sich beispielsweise in Zone 8 befinden, könnte es in einem gut geschützten Garten möglich sein, Arten aus Zone 9 anzubauen. Ein weiterer Faktor ist, dass die Winterhärte einer Art abweichen kann, je nachdem, wo sie ursprünglich heimisch ist; nördlichere Herkunftsgebiete führen in der Regel zu winterhärteren Pflanzen.

Landkarten, die die Winterhärtezonen für Europa und Nordamerika abbilden, sind online zu finden, beispielsweise unter https://de.wikipedia.org/wiki/USDA-Klimazonen oder https://plantmaps.com/interaktiv-deutschland-klimazonen-karte-celsius.php für eine interaktive Karte.

ZONE	DURCHSCHNITTLICHE TIEFSTTEMPERATUR (°C)
1	unter -46
2	-46 bis -40
3	-40 bis -34
4	-34 bis -29
5	-29 bis -23
6	-23 bis -18
7	-18 bis -12
8	-12 bis -7
9	-1 bis -1

Licht/Schatten

Dieses Symbol zeigt die Lichtbedingungen an, die eine Pflanze bevorzugt und unter denen eine Pflanze gedeiht. Diese Angabe beschreibt die britischen Bedingungen – in niedrigeren Breitengraden mit heißeren, sonnigeren Sommern (zum Beispiel im Nordosten der USA) sollten Sie annehmen, dass die Pflanze etwas schattigere Bedingungen als angezeigt vorzieht. Gleichermaßen können Sie davon ausgehen, dass in nördlicheren Breitengraden (zum Beispiel Schweden und Norwegen) etwas sonnigere Verhältnisse nötig sind. Die Bodenfeuchtigkeit hat ebenfalls eine Auswirkung auf die Lichttoleranz: Im Allgemeinen tolerieren Waldpflanzen in feuchteren Böden mehr Sonne als in trockenen.

○ Volle Sonne
◑ Leichter Schatten (etwa 50 Prozent oder vier bis fünf volle Sonnenstunden pro Tag)
◑ Moderater/halbmoderater Schatten (etwa 20 Prozent oder ein bis zwei Stunden direkte Sonne pro Tag)
● Nahezu Vollschatten/relativ tiefer Schatten (keine direkte Sonne, aber ein wenig indirektes Licht)

Schattentoleranz

Dieses Symbol beschreibt die schattigsten Bedingungen, unter denen eine Pflanze glücklich wächst und überdauert. Diese Angabe beschreibt die britischen Bedingungen – dieselben Abweichungen, wie für andere Breitengrade beschrieben, treffen hier zu (siehe links).

○ Toleriert keinen Schatten
◑ Toleriert leichten Schatten (etwa 50 Prozent oder vier bis fünf volle Sonnenstunden pro Tag)

◑ Toleriert moderaten/halbmoderaten Schatten (etwa 20 Prozent oder ein bis zwei Stunden direkte Sonne pro Tag)
● Toleriert relativ tiefen Schatten (keine direkte Sonne, aber ein wenig indirektes Licht)
●● Toleriert Vollschatten/tiefen Schatten unter immergrünen Bäumen und Sträuchern

Bewertung

Dies zeigt an, wie gut die Pflanze in einem Waldgarten funktioniert. In anderen Worten beschreibt dies, wie gut eine Pflanze gedeiht und Ertrag liefert.

✓ Akzeptabel/mittelmäßig
✓✓ Gut
✓✓✓ Sehr gut
✓✓✓✓ Exzellent

Fortpflanzung

Wenn die Pflanze Früchte trägt, dann sind hier Informationen zu ihrer Fortpflanzung angegeben.

SF
Selbst-fertil (selbstbefruchtend). Eine Pflanze ist in der Lage, sich gut selbst zu bestäuben.

TSF
Teilweise SF (teilweise selbstbefruchtend). Eine Pflanze allein wird Früchte tragen, durch Fremdbestäubung mit einer anderen Pflanze einer anderen Sorte mehr und üblicherweise größere Früchte.

SS
Selbst-steril (selbstunfruchtbar). Eine Pflanze ist alleine nicht in der Lage, Früchte zu bilden. Die Fremdbestäubung durch eine andere Sorte ist zwingend.

M/W
Es gibt männliche und weibliche Pflanzen. Beide werden für die Fruchtbildung benötigt (das heißt, die Pflanze ist zweihäusig). Üblicherweise kann eine männliche Pflanze mehrere weibliche in der Umgebung bestäuben.

Blütenfarbe

Dies beschreibt die übliche(n) Farbe(n) der Blüten. Sollte die Blütenfarbe der Arten variieren, dann zeigt eine kommagetrennte Liste die verschiedenen Möglichkeiten auf. Ein '&' bedeutet, dass die verschiedenen Farben auf einer Blüte vorhanden sind. Bedenken Sie, dass ornamentale Sorten einiger in diesem Buch genannter Arten in vielen weiteren Farben als den hier genannten gezüchtet werden.

Deckung (Bodendecker)

Dieser Wert gibt für ausdauernde und Bodendecker-Pflanzen an, wie effektiv ein dichter Bewuchs den Boden abdeckt und Konkurrenz unterdrückt.

✗ Schlechte Bodenbedeckung.
✓ Mittelmäßige Bodenbedeckung: Es wird wahrscheinlich im Frühjahr und Sommer Unkraut gejätet werden müssen.
✓✓ Gute Bodenbedeckung: Möglicherweise muss gelegentlich gejätet werden, insbesondere im Frühjahr.
✓✓✓ Sehr gute Bodenbedeckung: ziemlich unkrautsicher.

Teil 1

Was ist ein Waldgarten?

Quitte (*Cydonia oblonga*).

Kapitel 1

Waldgärten

Was ist ein Waldgarten?

Ein Waldgarten ist der Struktur eines jungen natürlichen Waldes nachempfunden, darin werden – oft essbare – Pflanzen von direktem und indirektem Nutzen für den Menschen eingesetzt. Der Waldgarten kann große und kleine Bäume, Sträucher, krautige ausdauernde Pflanzen (Stauden, Zwiebeln, Knollen), Kräuter, Einjährige, Wurzelgemüse und Kletterpflanzen beinhalten. Diese werden alle so angepflanzt, dass die positiven Interaktionen maximiert und die negativen minimiert werden; dabei wird die Fruchtbarkeit größtenteils oder völlig von den Pflanzen selbst erzeugt.

Die Pflanzen in einem Waldgarten sind vor allem sogenannte ausdauernde Gewächse, was dem System seine langfristigen Eigenschaften verleiht. Die meisten der betreffenden Pflanzen sind vielseitig verwendbar: Sie haben eine Hauptfunktion – oft dienen sie als Ertragspflanze –, bieten aber sehr oft verschiedene andere Nutzungsmöglichkeiten. Die Pflanzen sind zu großen Teilen gemischt, daher gibt es wenige größere Blöcke oder Gebiete mit einer einzigen Art, und jede Art wird so bei einer anderen angepflanzt, dass es für beide von gegenseitigem Nutzen ist.

Ein Waldgarten ist faktisch ein sorgfältig geplantes und erhaltenes Ökosystem nützlicher Pflanzen (und Tiere). Die selbstfruchtbaren Eigenschaften sind mit der Verwendung von stickstofffixierenden Pflanzen und anderen Pflanzen gegeben, die besonders gut Nährstoffe aus dem Unterboden befördern können. Ebenso wirken auch die hocheffizienten Nährstoffkreisläufe, die sich in einem waldartigen System entwickeln. Der Boden wird in bestem Zustand bewahrt, weil er die meiste Zeit mit Pflanzenbewuchs bedeckt ist. Die allgemeine Gesundheit des Gartens wird durch die Verwendung von Pflanzen gestärkt, die Fressfeinde der üblichen Schädlinge anziehen und durch solche die Anfälligkeiten für Pflanzenkrankheiten mindern. Darüber hinaus ist die Biodiversität wichtig: Eine hohe Artenvielfalt erhöht in nahezu allen Fällen die Gesundheit eines Ökosystems.

Der Begriff „Waldgarten“ impliziert etwas Großes und Weitläufiges, was nicht zwingend der Fall sein muss; Waldgärten können für jeden Maßstab entwickelt werden, vom kleinen Hinterhofgarten bis hin zu einem Feld oder gar mehreren Feldern. In unserer Kultur versteht man unter „Wald“ eine dichte und dunkle Ansammlung von Bäumen, was, wie Sie sehen werden, auf einen Waldgarten nicht zutrifft.

Obwohl die Geschichte von Waldgärten in Großbritannien und den Vereinigten Staaten noch recht kurz ist – Waldgärten haben sich in Großbritannien erst über die letzten 25 Jahre entwickelt –, gibt es eine sehr viel ältere Geschichte von Systemen zur Nahrungsproduktion mit zwei Ebenen: Beispielsweise sind dies Pflaumenplantagen alternierend mit Reihen von Beerensträuchern, Haselnussplantagen mit Gemüsestreifen und beweidete Plantagen mit großen Obstbäumen.

Aprikose (*Prunus armeniaca*) und Kohlbaum oder Keulenpalme (*Cordyline australis*) in meinem Waldgarten.

In weiten Teilen der Welt werden Waldgärten „Hausgärten“ genannt, da sie an Wohnstätten angrenzen oder diese umgeben. Wissenschaftler nennen diese Gärten „Multistrata“ – mehrschichtige Systeme (‘multistrata agroforestry systems‘; *Anm. d. Bearb.*). Besonders im tropischen Afrika, Asien und Zentralamerika, aber auch im gemäßigten und subtropischen China gibt es Tausende Quadratkilometer solcher Gärten.

Ein typischer chinesischer Waldgarten: Zwischen Obstbäume und Sträucher sind schmale Bäume zur Holzgewinnung gepflanzt. Diese sind mit Bambus, Gemüse und Medizinpflanzen unterpflanzt.

In chinesischen Waldgärten werden meist hohe Nutzhölzer wie Pappel oder Ulme mit anderen Ertragspflanzen kombiniert. Dies sieht man gewöhnlich in Großbritannien oder den Vereinigten Staaten nicht, wo der Anbau von Nutzhölzern durch die Forstwirtschaft professionalisiert wurde. In China werden oft Enten oder Hühner in Waldgärten gehalten. Dort erkennt man den erheblichen ökonomischen, sozialen und ökologischen Nutzen solcher Gärten.

ROBERT A. DE J. HART

Der Begriff des „Waldgärtnerns“ wurde von Robert A. de J. Hart in den 1980ern geprägt. Robert experimentierte in seinem eigenen 500-Quadratmeter-Garten in Shropshire, England, und erschuf so einen der ersten Waldgärten in Großbritannien.

Mit wenig Wissen über Gartenbau erschuf Robert einen produktiven Garten, der einen Großteil seiner Nahrung lieferte. Jedoch waren die Bäume mit viel zu wenig Abstand gepflanzt – es war der Versuchung nachgegeben worden, möglichst viele Bäume auf einer kleinen Fläche unterzubringen, mit der Folge, dass der untere Bereich dunkel, feucht und relativ unproduktiv blieb. Es gab wenig übergreifende Planung und die Arten waren relativ zufällig verteilt. Wenige stickstofffixierende Pflanzen wurden verwendet, und jedes Jahr musste Mulchmaterial in den Garten eingebracht werden, um Konkurrenz zu unterdrücken und die Fruchtbarkeit zu erhalten.

Bei meinen Besuchen in den 1990er-Jahren saßen wir plaudernd in seinem hüttenähnlichen Zuhause, während Mäuse fröhlich entlang der Sockelleisten rannten. Robert war begierig darauf, die „Flamme“ weiterzureichen, und hatte keine Zweifel daran, dass sein Experiment verbessert und erweitert werden konnte und sollte. Das ist in der Tat Teil dessen, was ich seit 1990 mit dem *Agroforestry Research Trust* versucht habe zu erreichen.

Roberts Schriften bleiben eine Inspiration, weniger als konkrete Anleitung, sondern vielmehr als Mischung aus Biografie, Philosophie und historischer Volkskunde.

Die Vorteile des Waldgärtnerns

Menschen bauen Waldgärten aus verschiedensten Gründen an, und während die meisten Gemüsebeete im einjährigen Intensivanbau ziemlich ähnlich sind, ist jeder Waldgarten unterschiedlich, weil er nach den Anforderungen und Bedingungen seiner Nutzer entworfen wurde. Im Folgenden werden einige Gründe genannt, die für das Anlegen eines Waldgartens sprechen.

Mit der Natur statt gegen sie arbeiten

In feuchten, gemäßigten Klimazonen ist der Entwicklungshöhepunkt der Vegetation (Klimax) eine Waldlandschaft oder ein Wald. Das heißt, wenn Sie auf einem Stück Land nicht eingreifen, dann wird es mit der Zeit zu einem Wald: Die natürlichen Kräfte entwickeln die Landschaft aktiv hin zu einer Waldlandschaft. Je weiter Ihr landwirtschaftliches oder gartenbauliches System von einem Wald entfernt ist, desto mehr Energie ist zu seiner Erhaltung notwendig und desto gestörter und entfernter ist dieses System von einem über lange Zeit nachhaltigen biologischen Zustand. Daher erfordern Felder und jährlich bewirtschaftete Flächen die meiste Energie, Weideland etwas weniger und Obstplantagen-Systeme noch weniger. Natürlicher Wald benötigt keine menschliche Energie zu seiner Erhaltung, er kümmert sich um sich selbst. Waldgärten liegen hier zwischen Plantagen und natürlichem Wald und bilden demnach ein System zur Erzeugung nützlicher Produkte mit einer der niedrigsten erforderlichen Energieaufwendungen.

Kaki, Japanische Persimone (*Diospyros kaki*).

EFFIZIENZ VERSCHIEDENER ÖKOSYSTEME

NATUR	WALDGARTEN	PLANTAGE	WEIDELAND	ACKER/EINJÄHRIGE KULTUR

geringer Energieaufwand	hoher Energieaufwand
resilient	weniger resilient
hohe Diversität	geringe Diversität
zahlreiche Wechselbeziehungen	wenig Wechselbeziehungen
wenig/kein Pflegeaufwand	hoher Pflegeaufwand
keine bis negative Klimagas-Emissionen	mittlere bis hohe Klimagas-Emissionen

Geringer Pflegeaufwand und hohe Effizienz

Ein Waldgarten enthält eine Mischung aus Bäumen, Sträuchern, mehrjährigen, ausdauernden und einjährigen Pflanzen. Sicherlich kann er auch einjähriges Gemüse enthalten, meist ist aber der Boden von krautigen ausdauernden Bodendeckern mit direktem oder indirektem Nutzen bewachsen. Die Gehölze benötigen jenseits von gelegentlichem Schnitt wenig bis keine Pflege.

Ein wichtiger Teil des Waldgärtnerns ist es, einen Großteil des Bodens zu jedem Zeitpunkt mit Pflanzenbewuchs oder Pflanzenmaterial bedeckt zu halten. Dies bewahrt den Boden in gutem Zustand, was wiederum allen anderen Pflanzen zugutekommt. In Gärten mit einjährigen Pflanzen ist das Jäten ein großer Teil des Pflegeaufwands, während es in einem Waldgarten wenig Platz oder Gelegenheit für Wildgräser (meist Quecke, *Elymus*) gibt, sich zu etablieren, und das Jäten beschränkt sich somit auf ein Minimum. In einem Waldgarten gibt es üblicherweise massenhaftes Pflanzenwachstum mit wenigen Lücken zwischen einzelnen Pflanzen. Manchmal muss dabei eine Pflanze zurückgedrängt werden, um einer anderen Raum zu gewähren. Im traditionellen Garten hingegen sind die Pflanzen auf Abstand mit unbedeckter Erde dazwischen gepflanzt – ideale Bedingungen für Wildgräser und garantiert größerer Pflegeaufwand.

Früchte des Erdbeerbaums (*Arbutus unedo f. rubra*)

Die biologische Effizienz eines landwirtschaftlichen Systems ist nicht dem Ertrag gleichzusetzen, sie ist definiert als das Verhältnis zwischen den Energieinputs und den Energieoutputs. Dass Waldgärten Systeme mit geringem Input sind, macht sie hocheffizient. Je nach Design reicht ihr Output von niedrig bis hoch. Systeme, die auf Bäumen basieren, können mit Sicherheit den gleichen Ertrag wie ein Acker liefern – schauen Sie sich nur eine Apfelplantage an.

Große Palette an Produkten

Waldgärten sind gemäß den Anforderungen ihrer Nutzer entwickelt und können eine große Palette an Erzeugnissen bieten: Früchte, Nüsse, Samen, Gemüse, Salatpflanzen, Kräuter, Gewürze, Feuerholz, auf Holz gezüchtete Pilze, Stangen und Rohr, Bindematerial, Kräuter mit medizinischen Eigenschaften, Färbepflanzen, Seifenpflanzen, Bienenhonig, Pflanzensaft, Harz und vieles mehr.

Hoher Nährwert

Es gibt zahlreiche Belege dafür, dass ausdauernde Pflanzen nährstoffhaltiger sind als vergleichbare einjährige. Dafür verantwortlich ist wohl weitgehend das größere und überdauernde Wurzelsystem ausdauernder Pflanzen. Diese nutzen den Bodenraum effizienter als einjährige Pflanzen und können so höhere Mengen an Mineralien anreichern.

Widerstandsfähigkeit gegen Klimaextreme

Gegenüber Klimaextremen sind waldbasierende Systeme am widerstandsfähigsten. Die Struktur und Vielfalt eines Waldgartens sorgt für eine hohe Widerstandskraft, vor allem bezüglich der Auswirkungen des Klimawandels, wie beispielsweise extremere Wetterbedingungen.

Biologisch nachhaltig

Die Nachhaltigkeit eines Waldgartens liegt in seiner Artenvielfalt und dem komplexen Netz an Interaktionen zwischen den Arten im Boden und darüber. In den Tropen bestehen Waldgärten seit mehr als 12.000 Jahren. Dennoch befasst man sich wissenschaftlich aufgrund ihrer Komplexität kaum mit ihnen – es ist schon schwer genug, ein Modell nur zweier zusammenwachsender Arten zu entwickeln. Dies für die 100 oder 200 Arten der meisten Waldgärten zu tun liegt jenseits der Möglichkeiten der reduktionistischen Wissenschaftsmethoden.

Ästhetisch schön

Waldgärten sind wunderschöne Orte, unabhängig davon, ob ästhetische Ziele Teil des Designprozesses waren. Wenn Sie sich in einem Waldgarten befinden, fühlt sich das nicht wie ein „normaler" kultivierter Garten an – irgendwie erscheint er wilder, an manchen Stellen mehr wie ein Dschungel, weniger gesteuert und weniger störend beeinflusst. In Zeiten, in denen viele Menschen das Entferntsein von der Natur fühlen, können Waldgärten wieder den Bezug zu einer reichhaltigen Natur herstellen; Naturreservate vermögen das nicht. Wir alle sind Teil der Natur, indem wir die Nahrung und andere Materialien konsumieren, die uns die Natur bereitstellt.

Obwohl die meisten in Waldgärten verwendeten Pflanzen einen direkten oder indirekten Nutzen für den Menschen haben, können sie oft auch zierend sein. Wenn gewünscht, können Pflanzen natürlich auch nur für diesen Nutzen eingeplant werden.

BEKANNTE ZIERENDE PFLANZEN MIT ESSBAREM NUTZEN	
Bäume und Sträucher der obersten Ebene (Überständer)	
Amelanchier spp.	Felsenbirne
Cercis siliquastrum	Judasbaum
Cornus kousa	Chinesischer Blüten-Hartriegel
Cornus mas	Kornelkirsche
Crataegus spp.	Weißdorn
Eleagnus x *ebbingei*	Ebbings-Ölweide
Rhus thypina	Hirschkolbensumach
Sträucher	
Bambusoideae	Bambus
Chaenomeles spp.	Zierquitte
Fuchsia spp.	Fuchsie
Mahonia spp.	Mahonie
Phormium tenax	Neuseeland-Flachs
Rosa rugosa	Apfelrose
Stauden	
Camassia quamash	Essbare Prärielilie
Campanula spp.	Glockenblume
Centhranthus ruber	Rote Spornblume
Hemerocallis spp.	Taglilie
Hosta spp.	Hosta
Lathyrus spp. (Kletterpflanze)	Platterbse
Polygonatum spp.	Salomonssiegel
Sedum spectabile	Prächtige Fetthenne
Viola spp.	Veilchen
Einjährige	
Calendula officinalis	Ringelblume
Lunaria annua	Einjähriges Silberblatt
Tropaeolum majus	Kapuzinerkresse

Nützlich für die Umwelt

Waldgärten haben einen vielseitigen Nutzen für die Umwelt. Sie schließen Kohlendioxid im Boden und in der holzigen Biomasse der Bäume und Sträucher ein. Emissionen von Treibhausgasen sind hier unerheblich. Weil der Boden ständig bedeckt und die Bodenstruktur in guter Verfassung ist, sind Waldgärten exzellent darin, Wasser nach schweren Regenfällen zu speichern und so Überflutung und Erosion zu verhindern. Sie können Schutz für Gebäude bieten und so die benötigte Energie zum Heizen verringern. Sie bieten besten Lebensraum für die Tierwelt (Manche dieser Tiere können natürlich zu Schädlingen werden!). Die komplexe dreidimensionale Struktur und die Diversität der Pflanzen (ob heimisch oder nicht) bieten viele Nischen für Insekten und kleine Tiere. Eine Studie über Wirbellose in unserem eigenen Waldgarten ergab vor Kurzem eine höhere Artenvielfalt als in einem gepflanzten heimischen Waldgebiet desselben Alters, was möglicherweise anzeigt, dass die Vielfalt an Arten wichtiger ist als deren Herkunftsgebiete.

Cardy (*Cynara cardunculus*)

Kommerzielles Potenzial

Die meisten Waldgärten dieser Welt haben ein kommerzielles Element, auch wenn es sich dabei nur um ein oder zwei Fruchtsorten von Obstbäumen handelt – zum Beispiel eine volle Ernte von Äpfeln oder Mangos. Um einen Waldgarten in einem ernst gemeinten Maßstab zu nutzen, sollten einige Merkmale schon beim Design angelegt werden (siehe Kapitel 9, Seite 92) . Im Besonderen sollte die Diversität begrenzt werden (300 Arten wären beispielsweise zu komplex für ein effizientes Management). Auch ist bei der Positionierung von Arten darauf zu achten, eine effiziente Ernte zu ermöglichen.

ZUSAMMENFASSUNG: DIE VORTEILE DES WALDGÄRTNERNS

- Mit der Natur statt gegen sie arbeiten
- Geringer Pflegeaufwand bei hoher Effizienz
- Eine breite Palette an Produkten als Ertrag
- Resilienz gegen Wetterextreme und Klimaveränderungen
- Biologisch nachhaltig
- Nützlich für die Umwelt
- Ästhetisch schön
- Kommerzielle Möglichkeiten

Häufige Fragen zu Waldgärten

Die folgenden Fragen über Waldgärten werden häufig gestellt.

Handelt es sich hier um Permakultur?

Nein. Manchmal reicht ein Element der Permakultur aus, dass fälschlicherweise davon ausgegangen wird, es handele sich um Permakultur. Permakultur ist ein Designsystem, das von Bill Mollison und David Holmgren in den 1970er-Jahren entwickelt wurde. Ursprünglich als „permanente Agrikultur“ verstanden, umschließt das Konzept heute alle Aspekte des nachhaltigen Lebens, einschließlich der Architektur, des Energieverbrauchs et cetera. Um Verwirrung zu vermeiden, bezeichne ich meinen Waldgarten nicht als „Permakultur“ – ich bleibe einfach bei „Waldgarten“. (Anm.: Im allgemeinen Gebrauch werden Waldgärten schon immer als Gestaltungselement im Rahmen einer „permanenten Agrikultur“ gesehen, auch decken sich die ganzheitlichen (öko)systemischen Ansätze zu deren Gestaltung mit denen der Permakultur - insofern entstehen Waldgärten auch immer aus einer permakulturellen Betrachtungsweise, ganz gleich ob man sie als solche benennt oder nicht.)

Wie produktiv ist ein Waldgarten?

Diese Frage wird oft von Menschen gestellt, die davon ausgehen, dass der untere Bereich eines Waldgartens so schattig wie in einem natürlichen voll entwickelten Wald ist. Wenn dem so wäre, dann gäbe es wenig, was man produktiv unter Bäumen anbauen könnte. In gemäßigten Klimazonen muss ein Waldgarten jedoch mit einem sehr offenen und unterbrochenen Blätterdach geplant werden, damit viel Licht zu Pflanzen unter Bäumen gelangen kann und so die Produktivität erhöht.

Ist ein Waldgarten dasselbe wie im Wald gärtnern?

Nein. Ein gewachsener Wald hat üblicherweise einen dichten Bestand, der nicht viel Licht für andere Pflanzen durchlässt. In gemäßigtem Klima gibt es wenig, was Sie unter Bäumen produktiv anbauen können. Ein Wald kann in einen Waldgarten umgewandelt werden, dies bedeutet jedoch beträchtliches Ausdünnen und Neupflanzungen.

Muss ich seltsame und eklige Pflanzen essen?

Diese Frage muss ich differenziert beantworten! Wie ich bereits erwähnt habe, kann man die üblichen einjährigen Gemüsearten nicht im Schatten unter Bäumen anbauen, sie können jedoch in einem Waldgarten dort untergebracht werden, wo gute Lichtverhältnisse herrschen. Insofern werden Sie wahrscheinlich in den unteren Bereichen etwas ungewöhnlichere Früchte anbauen. Dasselbe gilt für die Ebenen der Bäume und Sträucher. Hier wachsen zum Beispiel Mandeln, Bambus, Maulbeeren, Kakis und so weiter. Diese sind alle köstlich!

Die Geschmäcker sind bekanntlich verschieden, aber keine der in diesem Buch genannten essbaren Pflanzen ist eklig. Manche haben jedoch starke Aromen, auf die ich dann hinweise.

In Büchern oder Datenbanken nützlicher Pflanzen werden manche als „essbar“ bezeichnet, was jedoch nur in Notfallsituationen und Hungersnöten der Fall sein wird; geschmacklich sind sie nicht wirklich gut. Versuchen Sie immer, eine persönliche Einschätzung einer Pflanze zu gewinnen, bevor Sie diese verwenden.

Große Fetthenne (*Sedum telephium*) bietet sich wunderbar als Salat an.

Libelle am Teich des Waldgartens. Libellen sind nützliche Raubinsekten.

Kapitel 2

Merkmale und Produkte von Waldgärten

Die Hauptmerkmale von Waldgärten

Diese folgenden Merkmale sind in den meisten Waldgärten weltweit vorzufinden.

Nachahmung eines jungen Waldes

Der Garten wird in einem Zustand gehalten, der der Entwicklungsstufe eines jungen Waldes oder eines Waldes mittlerer Sukzessionsstufe entspricht. Dies geschieht, damit bis hinab zum Boden gute Lichtverhältnisse herrschen können und es somit dort möglich ist, produktive Pflanzen anzubauen. Unter tropischen Klimaverhältnissen, wo die bei den Pflanzen ankommende Sonnenenergie verglichen mit gemäßigtem Klima das Sieben- bis Achtfache betragen kann, darf mehr Beschattung zugelassen werden. Andererseits müssen Gärtner, die Waldgärten in Kanada oder Skandinavien planen, besonders sorgfältig auf ausreichende Baumabstände achten.

Ein junger Wald enthält auch oft stickstofffixierende Bäume und Sträucher. Diese Pionierarten etablieren sich schnell und verbessern die Boden- und Umweltbedingungen für die nächste Generation Bäume. Genau diese Stickstofffixierer leisten einen immens hohen Beitrag zur Fruchtbarkeit eines Waldgartens, sie benötigen jedoch gute Lichtverhältnisse.

Vertikale Pflanzenebenen

Da ein Waldgarten eine dreidimensionale Struktur aufweist, können die verwendeten Pflanzen vertikal in unterschiedliche Wachstumsebenen unterteilt werden. Diese Ebenen können an manchen Stellen voneinander getrennt sein, an anderen Stellen können sie überlappen oder einander durchdringen. Wenn Bäume eingekürzt, auf Kopf geschnitten oder – wie im Falle mancher Obstbäume – auf schwach wachsenden Unterlagen gezüchtet sind und somit in die entsprechende Ebene passen, können sie wie Sträucher behandelt werden.

Waldgärten enthalten die folgenden Ebenen (oder zumindest einige davon):

Zauber-Bambus (*Phyllostachys vivax*) hinter einer auf Kopf geschnittenen Schwarz-Erle (*Alnus glutinosa*).

- **Mittlere bis große Überständer-Bäume über zehn Meter Höhe.** Da sie schwer erreichbar sind, werden sie gewöhnlich nicht jährlich geerntet. Üblicherweise sind dies Bäume zur Holzgewinnung (wie in einem typischen chinesischen Waldgarten) oder Bäume mit einem Nutzen für andere Pflanzen, zum Beispiel stickstofffixierend. In meinem Waldgarten habe ich überwiegend die Italienische Erle (*Alnus cordata*) zur Stickstofffixierung verwendet. Bei kleinen Waldgärten fällt diese Ebene meist gänzlich weg.

- **Kleine Bäume und große Sträucher von vier bis neun Metern Höhe.** In kleinen Gärten ist dies wahrscheinlich die oberste Ebene. Die meisten früchtetragenden Arten finden sich in dieser Ebene, genau wie Bäume mit medizinischem Nutzen, Buschbäume, stickstofffixierende Bäume, Sträucher und so weiter. Die Früchte dieser Ebene sind gut zugänglich, die Produktivität kann somit sehr hoch sein. Einige Baumfrüchte können als Sträucher behandelt werden, wenn sie auf Kopf geschnitten werden: Beispielsweise stehen in meinem Waldgarten mehrere auf Kopf geschnittene Linden (*Tilia* spp.), von denen ich exzellente essbare Blätter ernte.

PFLANZENVIELFALT UND ERNÄHRUNG

Skeptiker des Waldgärtnerns gehen üblicherweise davon aus, dass die untere Ebene so dunkel wie die eines etablierten Waldes ist und damit ziemlich unproduktiv. Wenn das der Fall wäre, hätten sie recht. Ich muss jedoch an dieser Stelle betonen, dass ein Waldgarten in gemäßigtem Klima so geplant werden muss, dass das Licht bis zum Boden durchdringt. Unter solchen Lichtbedingungen kann eine riesige Auswahl an essbaren Pflanzen angebaut werden. Diese Nahrungsdiversität ist gut für die Tierwelt, den Boden, die Umwelt und für den Menschen.

Es erscheint ungesund, sowohl für die Umwelt als auch für die Menschen, sich von nur einer geringen Anzahl an Nahrungspflanzen zu ernähren, wie es die meisten Menschen in „entwickelten" Ländern heute tun. Wenn wir unsere nächsten Verwandten im Tierreich betrachten, die Affen, so stellen wir fest, dass es für diese normal ist, sich von 200 bis 300 Arten und mehr zu ernähren. Die meisten tropischen Waldgärten – einige von ihnen bestehen seit Tausenden von Jahren – enthalten mindestens 150 Arten, oft viele mehr. Ein Dutzend Pflanzenarten für eine Mahlzeit zu ernten anstelle von einer bedeutet natürlich mehr Erntearbeit. Wenn jedoch diese Pflanzen ausdauernd sind, wird eine Menge Zeit gespart, die sonst für Anzucht und Jäten benötigt würde.

- **Sträucher bis drei Meter Höhe.** Viele Arten von Strauchfrüchten gehören zu dieser Ebene genauso wie kleinere Nuss- und Samenproduzenten, weitere Stickstofffixierer und so weiter. Beispiele hierfür sind die Johannisbeere (*Ribes rubrum*) und die Heidelbeere (*Vaccinium* spp.).

- **Krautige, ausdauernde und immergrüne Pflanzen,** die eine Höhe von wenigen Zentimetern bis drei Meter erreichen können. Diese Ebene geht in die der Bodendecker (siehe unten) über und wird manchmal dieser zugerechnet. In dieser Ebene gibt es eine Vielzahl von Ertragspflanzen – essbare, medizinische, Färbepflanzen und so weiter. Leider hat man sich über die letzten Jahrtausende der Pflanzenzucht und -auswahl vor allem mit Einjährigen beschäftigt, daher wurden nur wenige bekannte essbare Ausdauernde beachtet. Es gibt jedoch viele ausgezeichnete essbare Ausdauernde, die für diese Ebene geeignet sind. Beispiele sind die Artischocke (*Cynara cardunculus*; Scolymus-Gruppe) und der Meerkohl (*Crambe maritima*).

- **Bodendecker und kriechende Pflanzen.** Dies sind in der Regel schattentolerante niedrige, kriechende Sträucher und mehrjährige krautige Pflanzen. Einige von diesen sich ausbreitenden Pflanzen würden sicher unter anderen Bedingungen als Un- oder Beikräuter bezeichnet werden! Immergrüne Pflanzen sind, was den Schutz des Bodens angeht, effizienter, aber auch hier gibt es zahlreiche nützliche krautige Pflanzen. Die Hauptfunktion vieler Pflanzen dieser Ebene mag nicht in der Ernte liegen (obschon dies ein Nebennutzen sein kann), sondern darin, dass sie den Boden schützen und die Bodenstruktur in einem guten Zustand erhalten. Somit unterstützen sie alle anderen Pflanzen, die im Garten wachsen. In kleinen Gärten befinden sich wahrscheinlich mehr Pflanzen mit direktem Nutzen in der Ebene der Stauden und Immergrünen, wohingegen es in größeren Gärten, wo es einen Überschuss an Platz für ausdauernde Erntepflanzen gibt, wahrscheinlich mehr Bodendecker geben wird. Die Lieblingsbodendecker unseres Waldgartens sind wohl die Himalaya-Himbeere (*Rubus nepalensis*) und die Rundblättrige Minze (*Mentha suaveolens*).

Neuseeländer Flachs (*Phormium tenax*) mit Seifenkraut (*Saponaria officinalis*) und Rossminze (*Mentha longifolia*).

- **Kletterpflanzen, ausdauernde oder Sträucher.** Diese überbrücken die Ebenen und reichen potenziell bis in die Baumkrone. Gewöhnlich wachsen diese (selbsterklärenderweise!) nur, wenn sie etwas haben, an dem sie emporklettern können. Beispiele sind der Hopfen (*Humulus lupulus*) und Weinreben (*Vitis* spp.). Die meisten tragen ihre Früchte oberirdisch, manche jedoch, wie beispielsweise die Yamswurzel (*Dioscorea* spp.), besitzen Knollen. Kletternde Sträucher erfordern gewöhnlich eine Strategie für den Schnitt, um sie niedrig zu halten. Die Römer bauten ihre Trauben bis 15 Meter hoch an Pappeln an, die als Gerüst für die Reben dienten.

- **Wurzeln und Knollen.** Hier können Ertragspflanzen mit essbaren Knollen eingesetzt werden, beispielsweise Schwarzwurzeln (*Scorzonera hispanica*), ein ausdauerndes Wurzelgemüse. Natürlich muss der Boden umgegraben werden, um diese zu ernten. Pilze wachsen ebenfalls vor allem unter der Erde und stellen sowohl für Waldgärten als auch für natürliche Wälder und andere Ökosysteme im Allgemeinen einen essenziell wichtigen Teil dar. Einige dieser Pilze haben essbare Fruchtkörper. Kapitel 21, „Pilze in Waldgärten", beschreibt die Bedeutung und Verwendung von Pilzen detaillierter.

Aufenthaltsorte für Menschen sind in Waldgärten wichtig.

Zwei Pflanzenkategorien erfordern spezielle Überlegungen bei der Gestaltung, wenn sie in einem Waldgarten angebaut werden sollen: Niedrige stärkehaltige Nahrungspflanzen und die gewöhnlichen einjährigen Gemüsepflanzen. Kohlehydrathaltige Pflanzen sind Nahrungsmittel, in denen viel Energie gespeichert ist und die daher viel Sonnenenergie erfordern; sie können kaum im Schatten angebaut werden. Kohlehydrate von Bäumen, zum Beispiel in Form von Esskastanien, können leicht in einen Waldgarten eingebaut werden. Falls Sie sich aber selbst mit Kartoffeln, Weizen, Hafer und so weiter versorgen wollen, müssen Sie entweder in Ihrem Waldgarten eine sonnige Lichtung einplanen oder diese woanders anbauen. Wenn Sie sich die Landwirtschaft dort anschauen, wo Waldgärten beliebt sind, stellen Sie fest, dass die Menschen dort meist ein Hauptnahrungsmittel auf einem Feld zusätzlich zu den interessanteren Früchten eines Waldgartens anbauen.

Konventionelle einjährige Gemüsearten verlangen nach viel Sonne. Sie stammen aus dem Mittelmeerraum, aus Küstenregionen, aus Zentralamerika und so weiter und wurden lange unter sonnigen Bedingungen vermehrt und gezüchtet. Außer einigen wenigen Blattgemüsearten wie Mangold werden die meisten im Schatten schlecht gedeihen, obwohl auch einige Halbschatten vertragen. Wenn Sie also einjähriges Gemüse anbauen möchten, dann benötigen diese Pflanzen eine sonnige Lichtung, in der sie viel Licht bekommen.

Sorgfältige Optimierung der Baumdichte

Ein kritischer Teil des Gestaltungsprozesses ist es, die richtige Baumdichte zu planen, damit Licht bis zu den unteren Ebenen durchdringt, sodass Sie dort anbauen können, was Sie wollen.

Design für maximale Interaktion zwischen den Arten

Dies bedeutet im Grunde, dass Sie dort, wo es möglich ist, nicht zu viele gleiche oder nah verwandte Arten zu gruppieren. Je besser Sie die Arten mischen können, desto resilienter sind das System und Ihr Garten – und dies vor allem, weil Schädlinge und Krankheiten sich nicht so leicht von Pflanze zu Pflanze bewegen können. Jedoch müssen manchmal ähnliche Arten dichter beieinanderliegen, zum Beispiel wenn Fremdbestäubung erforderlich ist. Dies ist nur einer der Kompromisse, der beim Design und beim Anlegen eines Waldgartens eingegangen werden muss.

Diversität

Je höher die Artenvielfalt, desto resilienter und produktiver ist ein Waldgarten in der Regel. Dies ist der Fall, weil verschiedene Arten selten die gleichen Schädlinge und Krankheiten teilen und weil verschiedene Arten auch unterschiedliche ökologische Nischen besetzen (zum Beispiel Wurzel- und Luftraum), um die verfügbaren Ressourcen optimal ausnutzen zu können.

Aber wann ist ein Garten vielfältig genug? Nun, die meisten Waldgärten, die Sie in anderen Erdteilen finden, beherbergen in der Regel 100 bis 200 Arten. In einem kleinen Garten wird es kaum möglich sein, diese Zahlen zu erreichen, aber etwa 50 Arten sind durchaus machbar und liefern immer noch viele Vorteile eines Waldgartens. Größere Gärten können leicht 100 Arten beherbergen. Mein Waldgarten in Dartington, der nahezu einen Hektar groß ist, enthält etwa 500 Arten.

Randzonen mit größerer Lichtausbeute

Fast alle Waldgärten haben Randzonen, in denen bessere Lichtverhältnisse herrschen – die Grenze des Gartens (es sei denn, er grenzt an den Wald), seitlich von breiten Wegen, die Ränder einer Lichtung, nah bei Gebäuden –, aber viele Vorteile eines Waldgartens bezüglich des Mikroklimas treffen immer noch zu. In diesen Randzonen gibt es die Gelegenheit, Pflanzen anzubauen, die mehr Sonne oder Wärme benötigen.

Der Boden wird weitgehend nicht jährlich kultiviert

Da die meisten Ertragspflanzen eines Waldgartens ausdauernd sind, müssen sie nicht jedes Jahr neu gepflanzt werden. Natürlich leben auch ausdauernde Pflanzen nicht für immer, daher ist eine gelegentliche Neupflanzung nicht ausgeschlossen. Den Boden unberührt zu lassen ist der Bodenstruktur sowie der Bodenflora und -fauna (besonders Mykorrhiza-Pilzen) sehr zuträglich, was natürlich letztendlich für alle darin wachsenden Pflanzen besonders nützlich ist.

Einjährige Pflanzen können natürlich in Bereichen mit kultiviertem Boden angebaut werden, wobei die meisten auch sehr erfolgreich in Beeten wachsen, die nicht umgegraben werden.

Die Bodenoberfläche ist fast gänzlich mit Pflanzenbewuchs bedeckt

Auch dies ist der Bodenstruktur zuträglich und nutzt somit allen dort wachsenden Pflanzen. In Regionen wie Großbritannien, wo Regenfälle im Winter sehr viele Nährstoffe aus dem Boden auswaschen können, ist es wichtig, dass der Boden auch im Winter geschützt ist. Immergrüne Pflanzen sind dazu nützlich, aber auch krautige Pflanzen hinterlassen eine dicke Mulchschicht aus abgestorbenem Pflanzenmaterial auf der Oberfläche. Flächen mit einjährigem Bewuchs können mit überwinternden Gründüngerpflanzen übersät werden.

Die Fruchtbarkeit wird größtenteils oder vollständig von den Pflanzen selbst getragen

Viele Gärtner wissen, dass mit kurzlebigen Gründüngerpflanzen die Bodenfruchtbarkeit erhöht wird. Aber jenseits von Kleearten werden traditionellerweise wenige mehrjährige Pflanzen auf diese Art verwendet. In einem Waldgarten findet ein Großteil der zur Fruchtbarkeit benötigten Stickstoffbindung in den Baum- und Straucherebenen statt, da mehrjährige Stickstofffixierer wie Klee nicht besonders schattentolerant sind.

Sibirisches Tellerkraut (*Claytonia sibirica*) und Wilderdbeeren (*Fragaria vesca*) bedecken den Boden sehr gut.

Kürbis, ein einjähriges Gemüse, im Waldgarten.

ZUSAMMENFASSUNG: DIE HAUPTMERKMALE VON WALDGÄRTEN

- Sie ahmen in ihrer Struktur einen jungen Wald nach.
- Sie besitzen verschiedene vertikale Pflanzenebenen.
- Die Baumdichte ist optimiert.
- Die Interaktionen zwischen den Arten sind maximal.
- Es besteht eine hohe Vielfalt.
- Sie haben üblicherweise Randzonen mit besseren Lichtverhältnissen.
- Ein Großteil des Bodens wird nicht kultiviert.
- Die Bodenoberfläche ist mit Pflanzenbewuchs bedeckt.
- Die Fruchtbarkeit wird hauptsächlich von den Pflanzen erzeugt.
- In größeren Gärten sind Lichtungen möglich.

Einige Pflanzen, bekannt als Mineraliensammler, sind besonders gut darin, bestimmte Nährstoffe aus dem Boden und Unterboden zu ziehen und sie in die oberen Bodenschichten zu verlagern, wo sie von anderen Pflanzen aufgenommen werden können. Beinwell (*Symphytum* spp.) ist dafür ein bekanntes Beispiel.

Manchmal ist eine Lichtung zum Anbau einjähriger Gemüsepflanzen erwünscht

Lichtungen sind nur in Waldgärten ab mittlerer Größe möglich – in sehr kleinen Gärten ist schlichtweg nicht genug Platz zwischen den Bäumen. Eine Lichtung kann viele Funktionen haben: die des Anbaus lichthungriger einjähriger Ertragspflanzen, eines Teiches oder einfach eines Ortes zum Sitzen oder Spielen.

Gewürze wie Gelbholz (*Zanthoxylum armatum*) können leicht in einem Waldgarten angebaut werden.

PRODUKTE EINES WALDGARTENS

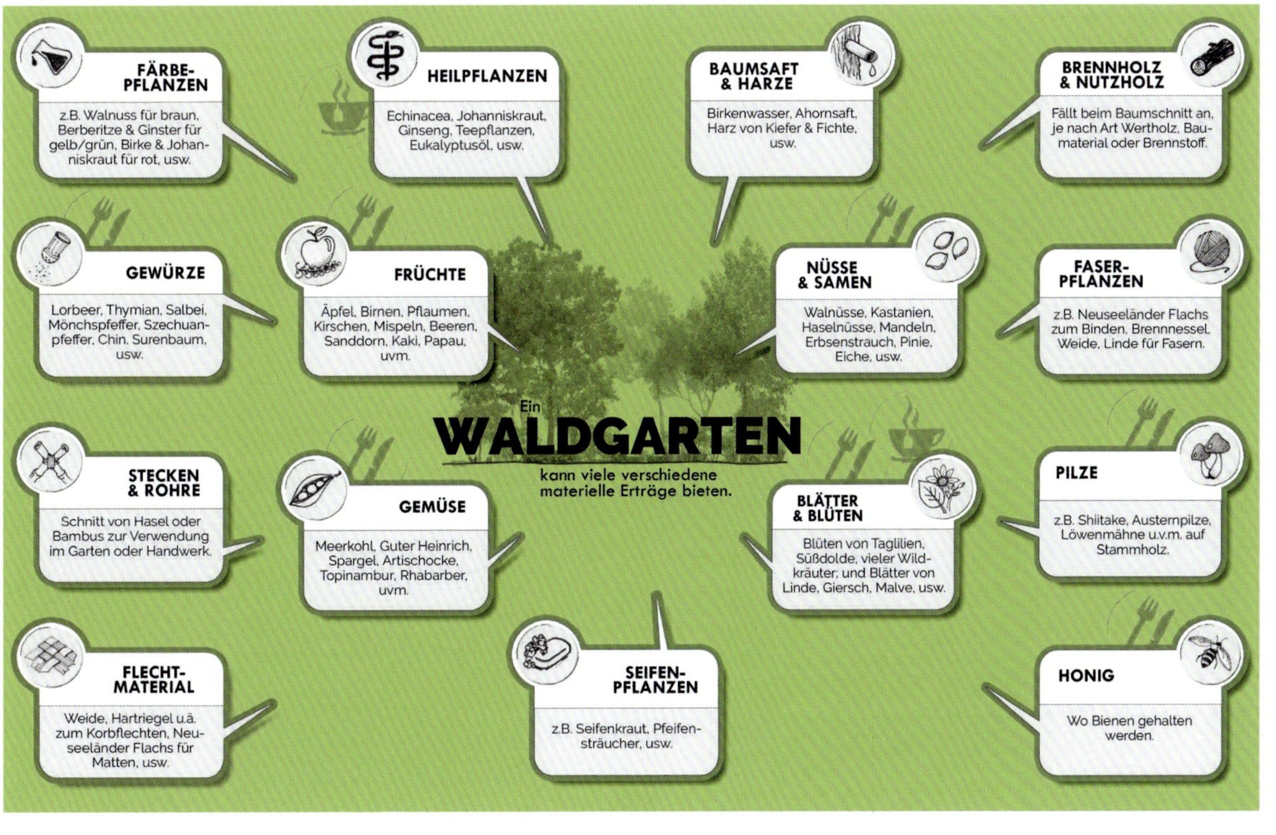

Die Hauptprodukte eines Waldgartens

Wie bereits erwähnt: Das Einzige, was in einem Waldgarten nur schwer kultiviert werden kann, sind niedrig wachsende kohlehydratreiche Nahrungspflanzen – zum Beispiel Kartoffeln oder das einjährige Getreide. Kartoffeln können leicht in einer sonnigen Lichtung angebaut werden, aber es ist den Versuch nicht wert, Getreide in einem Waldgarten anzubauen. Jedoch gibt es dafür Alternativen: Esskastanien sind beispielsweise in ihrer Zusammensetzung dem Reis sehr ähnlich und wurden in der Vergangenheit oft als „Baumgetreide" genutzt. Verwendet man hier die richtigen Sorten, kann dies auch sehr produktiv sein!

Pflanzen für kleine Gärten

Wenn Sie nur einen kleinen Garten besitzen, sind Sie vielleicht von der Pflanzenauswahl in diesem Buch überwältigt. Um zu helfen, habe ich hier eine kurze Liste der Pflanzen verfasst, die ich für am wertvollsten erachte (was natürlich eine subjektive Auswahl ist). Diese Pflanzen liefern einen verlässlichen Ertrag, werden nicht zu groß, ärgern Ihre Nachbarn nicht allzu leicht und so weiter. Die volle Beschreibung dieser Arten liefere ich in den Kapiteln 11, 13 und 15.

Baumfrüchte

Apfel (*Malus domestica*) – auf M 26- und MM 106-Unterlage
Pflaumen – Reneklode, Zwetschge, Hauszwetschge (*Prunus domestica* und *P. insititia*) – auf Pixy-Unterlage
Birne (*Pyrus* spec.) – auf Quitte C-Unterlage
Mispel (*Mespilus germanica*)
Süßkirsche (*Prunus avium*) – auf Gisela-Unterlage
Weißdorn (*Crataegus* spp.)
Maulbeere (*Morus* spp.)

Baumnüsse

Mandel (*Prunus dulcis*)
Hasel (*Corylus* spp.)
Erbsenstrauch (*Caragana arborescens*)

Andere essbare Baumfrüchte

Linde (*Tilia* spp.) – (mehrstämmig)
Pfeffersträucher (*Zanthoxylum armatum*, *Z. schinifolium* und *Z. simulans*)
Schneeglöckchenbaum (*Halesia carolina*)

Stickstofffixierende Bäume

Gagelsträucher (*Myrica* spp.)
Akazien (*Acacia* spp.)

Früchtetragende Sträucher

Apfel-Rose (*Rosa rugosa*)
Brombeere und deren Hybriden (*Rubus* spp.)
Schwarze Johannisbeere (*Ribes nigrum*)
Blaubeere (*Vaccinium* spp.)
Zierquitte (*Chaenomeles* spp.)
Stachelbeere (*Ribes uva-crispa*)
Reichblütige Ölweide (*Eleagnus multiflora*)
Japanische Weinbeere (*Rubus phoenicolasius*)
Jostabeere (*Ribes* x *culverwellii*)
Himbeere (*Rubus idaeus*)
Rote Johannisbeere (*Ribes rubrum*)
Erlen-Felsenbirne (*Amelanchier alnifolia*)
Dornenbeere (*Ribes divaricatum*)

Andere Ertragssträucher

Kanadischer Holunder (*Sambucus canadensis*)
Bambus (*Phyllostachys* spp., *Pleiobasus* spp., *Pseudosasa japonica*, *Semiarundinaria* spp. und *Yushania* spp.) – alle mit Rhizomsperre/Wurzelbarriere
Lorbeer (*Laurus nobilis*)
Buche (*Fagus sylvatica*) – als klein gehaltener Kopfbaum
Gagelstrauch (*Myrica gale*)
Japanischer Pfeffer (*Zanthoxylum piperitum*)
Neuseeland-Flachs (*Phormium tenax*)
Amerikanischer Gagelstrauch (*Myrica pensylvanica*)
Salbei (*Salvia officinalis*)

Stickstofffixierende Sträucher

Gagelstrauch (*Myrica gale*)
Besenginster (*Cytisis scoparius*)
Reichblütige Ölweide (*Eleagnus multiflora*)
Amerikanischer Gagelstrauch (*Myrica pensylvanica*)

Niedrige Stauden der unteren Ebenen

Gewöhnlicher Hornklee (*Lotus corniculatus*) ´Plenus´ (auch stickstofffixierend)
Zwerg-Beinwell (*Symphytum ibericum*)
Kriech-Himbeere (*Rubus pentalobus*) [verholzt, ausdauernd, krautig]
Himalaya-Himbeere (*Rubus nepalensis*) [verholzt, ausdauernd, krautig]
Bärlauch (*Allium ursinum*)
Sibirisches Tellerkraut (*Claytonia sibirica*)
Erdbeeren (*Fragaria* spp.)

Andere Stauden als Ertragspflanzen

Ackerlauch (*Allium ampeloprasum* var. *babingtonii*; bilden oft Zwiebeln aus)
Bowles Apfel-Minze (*Mentha suaveolens*)
Wegwarte (*Cichorium intybus*)
Knollen-Ziest (*Stachys affinis*)
Beinwell (*Symphytum* spp.)
Taglilie (*Hemerocallis* spp.)
Fenchel (*Foeniculum vulgare*)
Fuchsie (*Fuchsia magellanica*)
Artischocke (*Cynara cardunculus*, *Scolymus*-Gruppe)
Guter Heinrich (*Chenopodium bonus-henricus*)
Funkien (*Hosta* spp.)
Topinambur (*Helianthus tuberosus*)
Zitronenmelisse (*Melissa officinalis*)
Malve (*Malva* spp.)
Mitsuba (*Cryptotaenia japonica*)
Küchenzwiebel (*Allium cepa* var.)
Oregano (*Origanum vulgare*)
Pfefferminze (*Mentha* x *piperita*)
Ausdauernde Kohlarten (*Brassica oleracea*)
Rote Spornblume (*Centranthus ruber*)
Rhabarber (*Rheum* spp.)
Wilde Rübe (*Beta vulgaris* subsp. *maritima*)
Fetthenne (*Sedum* spp.)
Salomonssiegel (*Polygonatum* spp.)
Ampfer (*Rumex* spp.)
Süßdolde (*Myrrhis odorata*)
Platterbsen (*Lathyrus* spp. – kletternd und stickstofffixierend)
Türkische Rauke (*Bunias orientalis*)
Veilchen (*Viola* spp.)
Weißklee (*Trifolium repens*) (auch stickstofffixierend)

Fieberkraut (*Tanacetum parthenium*)

Kapitel 3

Klimatische Veränderungen und Kohlenstoffspeicherung
Umgang mit extremen Wetterereignissen

Der Klimawandel findet statt, und zwar schnell. Die katastrophalen Auswirkungen und die zunehmende Häufigkeit extremer Brände, Dürren und Fluten bringen mehr und mehr Menschen zu der Überzeugung, dass das Problem real ist und sich verschlimmert. Global gesehen werden die Temperaturen noch für Jahrzehnte weiter ansteigen, da sich die Welt nicht auf die Reduzierung des Ausstoßes von Treibhausgasen einigen kann. Wir müssen uns auf eine Zukunft extremer Wetterereignisse und veränderten Klimas einstellen. Zuerst werfen wir einen Blick auf die Auswirkungen, die das sich verändernde Klima auf Pflanzen hat, um dann aufzuzeigen, warum das Anlegen von Waldgärten eine äußerst positive Antwort auf diese Bedrohung ist.

Die Auswirkungen des Klimawandels auf Pflanzen und Gärten

Die folgenden Faktoren beschreiben, wie die sich allmählich verändernden Bedingungen Pflanzen bereits beeinflussen und wie sich dies in der Zukunft entwickeln könnte. Seien Sie sich dabei jedoch bewusst, dass es wohl nicht die steigenden Durchschnittstemperaturen, sondern Extremwetterereignisse sein werden, die auf Kulturpflanzen die größten Auswirkungen haben werden. Dazu zählen Dürren, Temperaturen über 40 Grad Celsius, Winde in Hurrikanstärke usw. Diese Extrembedingungen können einjährige Kulturen sehr leicht umbringen, Mehrjährige und Bäume jedoch können sich davon in vielen Fällen oft erholen.

Kohlendioxid

Erhöhte Kohlendioxidmengen werden einen leichten Düngeeffekt auf Pflanzen haben, anzunehmen sind 10 bis 20 Prozent (besonders bei ohnehin schnell wachsenden Pflanzen), und höhere Erträge (Früchte usw.) – dies jedoch nur solange alle anderen Faktoren günstig sind. Realistischerweise kann dieser Düngeeffekt schnell durch Trockenheit im Sommer und andere negative Wettereffekte nichtig gemacht werden.

Temperatur

Ähnlich werden die höheren Temperaturen in nördlichen Klimazonen (d.h. höhere Breitengrade) allgemein zuträglich für das Pflanzenwachstum sein. Das jedoch nur solange andere Faktoren günstig sind.

Anbauperiode

Die Anbauperiode wird zunehmend länger. Allgemein gesprochen, treiben die Pflanzen im Frühjahr früher aus und blühen früher, während das Wachstum später im Herbst aufhört. Jedoch reagieren Pflanzen unterschiedlich, beispielsweise blühen Mandeln bei einer Erwärmung von einem Grad Celsius neun Tage früher, bei Hasel sind es jedoch nur vier Tage.

Winterruhe und Kältereiz

Die jährlichen Wachstumszyklen der meisten winterharten/frostharten mehrjährigen Pflanzen (einschließlich der Bäume) haben drei Phasen:

1. Eine Ruheperiode: Das aktive Wachstum ruht und die Pflanze scheint inaktiv. Tatsächlich herrscht ein hohes Maß an interner Aktivität, denn die Pflanze produziert die Anlagen für Blüten und Blattaustrieb in Vorbereitung für ein schnelles Wachstum im Frühling.
2. Eine Warteperiode: Die Pflanze wartet nun auf die richtigen Temperaturen, um mit dem aktiven Wachstum zu beginnen.
3. Eine Periode aktiven Wachstums, die letztlich durch eine Kombination aus kürzer werdenden Tagen, weniger Licht und kühleren Temperaturen im Herbst angehalten wird.

Die beiden ersten Perioden ergeben zusammen die Winterruhe.

Eine winterharte Pflanze benötigt in der Regel eine Zeitdauer niedriger Temperaturen (am effektivsten bei null bis minus fünf Grad Celsius) in der Winterruhe, bevor das aktive Wachstum wieder beginnen kann. Sofern diese Anforderung erfüllt ist, treiben mit steigenden Temperaturen im Frühling die Knospen schnell aus.

Hat es nicht genug Kälte gegeben, bevor im Frühling die Temperaturen steigen, dann kann die Entwicklung und /oder Ausbreitung von Blättern und Blütenknospen (und somit die Fruchtbildung) beeinträchtigt sein.

Die Kälteanforderungen werden üblicherweise in Kältestunden angegeben, die kumulativen Stunden in denen die Temperatur unter einem Schwellenwert (i.d.R. plus 7,2 Grad Celsius) gelegen hat. Die Anzahl der Kältestunden hängt vom Winterwetter ab, vor allem von den Tiefsttemperaturen, und kann daher je nach Lage stark abweichen: Diese Zahl wird in einem Frostloch, verglichen mit der benachbarten Hanglage, deutlich höher sein, und wird sich auch nach Landesteil stark unterscheiden.

Während aufgrund des Klimawandels die Temperaturen steigen, nimmt die Anzahl der Kältestunden stetig ab. Obstbäume und –gehölze, die nicht genug Kältereiz erfahren, werden wahrscheinlich weniger produktiv und ihre Fruchtbildung zunehmend unvorhersehbar. Beispielsweise hatten wir in unserer Region 2019/20 einen sehr milden Winter, sodass die Apfelbäume im September 2020 ein zweites Mal blühten, was natürlich 2021 zu einer schwachen Blütenbildung führte. (Zu viele Kältestunden ist weniger problematisch, da die Pflanze dann einfach in der Winterruhe bleibt bis es wärmer wird. Sollten sich jedoch warme und kalte Phasen abwechseln, könnten manche Pflanzen zu früh austreiben und durch einen Spätfrost geschädigt werden.)

Die Anzahl der benötigten Kältestunden variiert mit der Art und sogar mit der Unterart bis hin zur Sorte stark.

PFLANZE		**KÄLTEBEDÜRFNIS (STUNDEN)**	
		minimal	**maximal**
Actinidia deliciosa	Kiwi	600	850
Asimina triloba	Papau	1.000	1.800
Castanea spp.	Kastanien	300	700
Carya illinoinensis	Pekannuss	650	1.550
Citrus spp.	Zitrusfrüchte	0	0
Corylus spp.	Hasel	850	1.700
Cydonia oblonga	Quitte	50	450
Diospyros kaki	Kaki	50	450
Ficus carica	Feige	50	500
Fragaria spp.	Erdbeeren	50	300
Juglans regia	Walnuss	400	1.550
Malus domestica	Apfel	800	1.750
Morus spp.	Maulbeeren	300	500
Prunus armeniaca	Aprikose	300	1.000
Prunus avium	Süßkirsche	500	1.450
Prunus cerasus	Sauerkirsche	600	1.500
Prunus domestica	Pflaume/Reneklode	700	1.750
Prunus dulcis	Mandel	50	700
Prunus persica	Pfirsich/Nektarine	375	1.200
Prunus salicina	Japanische Pflaume	600	1.600
Pyrus communis	Birne	600	1.500
Pyrus pyrifolia und *P. ussuriensis*	Asiatische Birnen	300	750
Ribes nigrum	Schwarze Johannisbeere	1.200	2.500

PFLANZE		KÄLTEBEDÜRFNIS (STUNDEN)	
		minimal	maximal
Ribes rubrum	Rote Johannisbeere	800	1.500
Ribes uva-crispa	Stachelbeere	800	1.500
Rubus fruticosus	Brombeere	350	600
Rubus idaeus	Himbeere	800	1.800
Vaccinium australe und *V. corymbosum*	Heidelbeere (Nördliche Form)	800	1.250
Vaccinium ashei und *V. darrowii*	Heidelbeere (Südliche Form)	200	400
Vitis spp.	Weinrebe	400	1.650

Frost

Man könnte annehmen, dass im Zuge der Klimaerwärmung Spätfröste im Frühjahr zunehmend früher eintreten, das muss jedoch nicht der Fall sein. Stattdessen scheinen diese immer unregelmäßiger aufzutreten, manchmal sehr früh oder auch sehr spät. Das stellt vor allem früh austreibende Pflanzen, wie zum Beispiel Kiwis (*Actinidia* spp.) vor eine Herausforderung.

Trockenheit

Steigende Temperaturen heißt trockenere Böden und schnellerer Abbau organischen Materials. Sandige und durchlässige Böden werden schwieriger zu kultivieren sein. Maßnahmen das organische Material im Boden schützen und erhalten werden von höchster Wichtigkeit sein, dazu gehören das Mulchen und die Bodendeckung über alle Jahreszeiten zu erhalten, die Beschattung des Bodens sowie eine nicht wendende Bodenbearbeitung.

Waldgärten sollten in dieser Hinsicht gut zurechtkommen. Bewässerung wird auch notwendiger werden, um mit sommerlicher Trockenheit zurechtzukommen. Im Winter wird es uns wohl nicht an Regen mangeln, es sollte daher beim Design ihres Waldgartens Priorität sein, dieses für den Sommer zu speichern, weil die Bewässerung während der Phase der Etablierung am wichtigsten ist.

Perioden übermäßiger Niederschläge

Wahrscheinlich wird es öfter Perioden mit übermäßigen Niederschlägen geben. Starke Regenfälle auf unbedeckten Böden im Winter führen zu Verlust der Bodenstruktur, von Nährstoffen, organischer Masse und Kohlenstoff. In gemäßigten Klimazonen mit starken Niederschlägen im Winter können Sie die Bodenerosion mindern, indem Sie auch im Winter eine Pflanzendecke erhalten. Sobald der Waldgarten etabliert ist, wird er auch auf natürliche Weise eine Mulchschicht durch den Laubfall bilden.

Schädlinge

Insekten können auf Klimaveränderungen viel schneller als Pflanzen reagieren. Die Klimazonen und Verbreitungsgebiete von Insekten bewegen sich etwa zehn Mal so schnell nach Norden (oder nach oben in höhere Lagen) als die der Pflanzen. In Europa verschieben sich die Verbreitungsgebiete von Insekten nach Norden und Westen. Während sich die Klimazonen um etwa 70 Kilometer pro Jahrzehnt nach Norden verlagern (oder in höhere Lagen um hundert Meter pro Jahrzehnt) bewegen sich Pflanzen dagegen nur um sechs Kilometer (mit größeren Abweichungen) nach Norden oder um sechs Meter pro Jahrzehnt in die Höhe. Die Verbreitungsgebiete von Insekten verschieben sich um 15 bis 70 pro Jahrzehnt nach Norden.

Während die Lebenszyklen von Insekten deutlich früher im Jahr beginnen, schlüpfen Jungvögel nur ein wenig früher. Diese „Entkopplung" der Zeiten kann sowohl in „natürlichen" Ökosystemen als auch in kultivierten Gärten und der Landwirtschaft ernste Probleme verursachen.

Wenn beispielsweise die gewohnte Nahrung eines Raubtieres (sei dies ein Vogel, ein Marienkäfer oder Laufkäfer, usw.) eine bestimmte Raupe ist, diese aber nicht mehr vorkommt, weil sie bereits als Motte geschlüpft ist, muss der Räuber andere Nahrung finden oder dessen Population bricht ein. Beides könnte ernste Probleme nach sich ziehen.

In Gärten läuft die Schädlingskontrolle gänzlich natürlich ab, ohne dass wir dazu etwas tun müssen, und für Waldgärten trifft das besonders zu. Jedoch kann es zu Fällen kommen, in denen Insekten, die zuvor nicht als Schädlinge aufgetreten sind, plötzlich und unvorhersehbar zu einem Problem werden, weil eine Population von Fraßfeinden eingebrochen ist. Manche Insekten wie die Rote Spinnmilbe, die bisher nur in Gewächshäusern problematisch waren, werden dann auch im Außenbereich ein ernstes Problem. (Die biologische Gegenwehr könnte natürlich auch im Außenbereich angewandt werden.) Schadinsekten die in einer Wachstumsperiode viele Generationen produzieren (z.B. Läuse, Spinnmilben, Thripse) und solche, die sonst durch Winterkälte in Schach gehalten werden, werden bei wärmeren Wintern zu einem größeren Problem.

Krankheiten

Auch Pflanzenkrankheiten bewegen sich nach Norden (und In Europa nach Westen). Das Eschentriebsterben ist ein Beispiel für eine Krankheit, die sich über die letzten Jahre rasant nach Norden und Westen ausgebreitet hat und die Mehrheit der Eschen (*Fraxinus excelsior*) in Kontinentaleuropa und nun auch Großbritannien dahingerafft hat. Eine weitere ernsthafte Bedrohung ist der Ausbruch neuer Krankheiten, die sich durch Hybridisierung von Krankheiten, die zuvor voneinander isoliert waren, entwickelt haben. Wärmere und feuchtere Winter werden solche Krankheiten begünstigen, die sich mit Hilfe von Wasser verbreiten wie die Phytophtora-Pilze, die die Wurzeln von Pflanzen befallen. Ebenso begünstigt werden eine Reihe von Pilzen, die Rinde und Holz befallen und in der Winterruhe die Abwehrkräfte von Bäumen schwächen. Wärmere Winter geben auch befallenem Pflanzenmaterial und Inokulat (Sporen oder Pilzen) eine höhere Überlebenschance und führen dazu, dass die Krankheit am Anfang der Vegetationsphase im Frühjahr schneller auftritt und sich verbreitet.

Trockenere und wärmere Sommer begünstigen Krankheiten, die sich unter trockenen Bedingungen ausbreiten wie Mehltau und Rost, was wiederum Bäumen Stress verursachen und so deren Anfälligkeit für Krankheiten erhöhen kann. Die trockeneren Sommer sollten jedoch auch das Auftreten von Krankheiten verringern, die in der Wachstumsphase feuchte Bedingungen benötigen wie den Apfelschorf und Baumkrebs.

Zusammenfassung der Auswirkungen auf Pflanzen

Die bedrohlichsten Auswirkungen der Klimaveränderungen auf kultivierte Pflanzen sind:

- Trockenheit/Dürre und Wasserknappheit im Sommer
- Schadinsekten breiten sich nach Norden/ Westen aus
- Vorher natürlich kontrollierte Insekten werden auf unvorhersehbare Art zu Schädlingen
- Krankheiten breiten sich nach Norden/Westen aus
- Neue virulente und unvorhersehbare Krankheiten.

Waldgärten sind eine naheliegende Antwort auf diese Bedrohungen für Gärten und letztendlich die Ernährungssicherheit. Die Anfälligkeit für Trockenheit kann durch einen idealen Zustand des Bodens minimiert werden. Dieser wird durch einen hohen Anteil an organischem Material erreicht, durch ganzjährige Bodendeckung und allgemein durch ein System, das auf mehrjährigen Pflanzen basiert. Die Anfälligkeit für Schädlinge und Krankheiten wird in einem Waldgarten durch die Diversität der Pflanzen verringert und durch die Gestaltung eines komplexeren Systems von wechselseitigen Pflanzenbeziehungen, als es in typischen Gärten der Fall ist.

Kohlenstoffspeicherung in Waldgärten

Während in das Potential von Wäldern zur Kohlenstoffspeicherung viel Forschungsarbeit geflossen ist, trifft dies auf Waldgärten weit weniger zu. Christian Henriksen und sein Team an der Universität Kopenhagen haben nun Artikel über die Kohlenstoffspeicherung unseres Waldgartens in Dartington veröffentlicht und untersuchen die Fläche weiter.

Über die letzten 25 Jahre hat unser Waldgarten jährlich etwa zwei Tonnen Kohlenstoff in die holzige Biomasse gespeichert, eine Tonne in den Oberboden (die obersten 15 Zentimeter) und wahrscheinlich eine weitere Tonne in tiefere Bodenschichten.

Dies summiert sich auf etwa 4,8 Tonnen pro Hektar pro Jahr, was etwas über dem angenommenen Potential von Agroforstsystemen in unserem Klimabereich (1,4 Tonnen/Hektar/Jahr) liegt. Irgendwann wird die Kohlenstoffspeicherung ihren Höchstwert erreichen, in Wäldern findet dies gewöhnlich nach 50 bis 100 Jahren statt. Für Waldgärten kann man einen ähnlichen Zeitrahmen annehmen.

Maximierung der Kohlenstoffspeicherung in Waldgärten

In ihrem Waldgarten wird Kohlenstoff aus der Luft entnommen und gespeichert, und zwar in überirischer holziger Biomasse, unteririscher holziger Biomasse und Wurzeln, Laubfall, Totholz auf der Oberfläche, Totholz im Boden (abgestorbene Wurzeln), im Boden selbst, und im Wasser, das in Bächen oder Flüssen durch die Fläche fließt. Dies geschieht in jedem Waldgarten, und viele gärtnerische Techniken können dazu beitragen: Die Verwendung von Holzhäckseln und organischem Mulchmaterial (Seite 71), Maximierung der Diversität (Seite 27), Einsatz von bodendeckenden Pflanzen (Seite 26), Windschutzpflanzungen (Seite 99), Begünstigung von Mykorrhiza-Pilzen (Seite 310), gute Wegführung (Seite 303), Verbleib von holzigem Schnittgut auf dem Boden (Seite 330) und Minimierung der Störung des Bodens (Seite 28).

Darüber hinaus können wir spezielle Techniken anwenden, um die Speicherung zu erhöhen oder den Verlust an all diesen Stellen zu vermeiden, wie ich im Folgenden aufzeigen möchte.

Maximierung der Kohlenstoff-Sequestrierung

Dichte Pflanzung von Ammenbäumen/-sträuchern: Dabei handelt es sich um zusätzliche Bäume und Sträucher, die zu Beginn eines Projektes zwischen die zukünftigen Ertragsbäume gepflanzt werden, dabei wird eher die Pflanzdichte eines Waldes angenommen (z.B. Pflanzabstand zwischen Gehölzen von zwei Metern). Hier werden Pioniergehölze wie Erlen, Birken, Besenginster oder Akazien/Robinien verwendet, die dann ausgedünnt und nach fünf bis zehn Jahren ganz entfernt werden. Der Schnitt wird über diese Zeit einfach auf dem Boden liegenlassen. Viele Pionierpflanzen sind auch Stickstoff-Fixierer, die als solche die Kohlenstoffspeicherung, vor allem im Boden, deutlich erhöhen.

Wenn Sie solche Ammenarten entfernen oder die anderen holzigen Arten schneiden, sollten Sie die Zweige so klein schneiden, dass die Teile auf ganzer Länge Bodenkontakt haben. Das beschleunigt die Zersetzung und bringt den Kohlenstoff schneller in den Boden, wo er am stabilsten gelagert ist. Verteilen Sie den Holzschnitt, denn Kohlenstoff wandert nicht weit (nur etwa 1m im Erdreich) nachdem er das zersetzte Holz verlassen hat. Wenn Sie nur an einem Fleck einen großen Haufen anlegen, wird wahrscheinlich der Boden direkt darunter übersättigt, und ein großer Teil des Kohlenstoffs im Totholz entweicht in die Atmosphäre.

Idealerweise sollte ihre Bodendeckung aus 30 bis 100 Zentimeter hohen Pflanzen bestehen, sodass der Holzschnitt auf dem Boden beschattet wird und feucht bleibt. So baut er sich schneller ab und der Kohlenstoff gelangt schneller in den Boden. Natürlich ist es nicht immer sinnvoll einen so hohen Bodenbewuchs zu haben, aber jede Bodendeckung beschattet und kühlt den Boden und reduziert so die Oxidation des Kohlenstoffs im Boden.

Verwenden Sie besonders tief wurzelnde Pflanzen (Mineraliensammler), um den Transport des Kohlenstoffs tief in den Boden zu unterstützen. Kohlenstoff wird nur tief im Boden eingelagert, wenn er durch Wurzeln dorthin gebracht werden kann. Pflanzen Sie also tief wurzelnde Arten wie Beinwell oder Ampfer.

In einem Waldgarten können Tiere, besonders Vögel, die Sequestrierung von Kohlenstoff in manchen Fällen erhöhen. Sie können Wildvögel anlocken, damit diese ihren Kot auf der Fläche lassen. In einem Waldgarten wird dies jedoch ohnehin passieren! Vogelkot enthält zwar nicht viel Kohlenstoff, dafür aber umso mehr Stickstoff, was für schnelleres Wachstum und so für bessere Kohlenstoffspeicherung sorgen kann. Alternativ könnten Sie auch Geflügel wie Hühner oder Enten halten (die sich jedoch über ihre niedrigen essbaren Pflanzen hermachen könnten!). Es ist ratsam, die Besatzdichte bei Geflügel auf 50 pro Hektar zu begrenzen, andernfalls besteht das Risiko, dass die Emissionen von Stickstoffoxiden (NOx) aus dem Mist den Nutzen der Kohlenstoffsequestrierung aufwiegen. **Pflanzenkohle** („biochar") wird häufig als fantastische Art der Langzeitspeicherung von Kohlenstoff beworben. Leider scheint nach der bisherigen Forschung der Nutzen in nördlichen Klimazonen gering bis nichtexistent, während er in den Tropen und Subtropen größer zu sein scheint.

Minimierung von Kohlenstoffverlusten

Kohlenstoff kann auf einer Fläche auf viele Arten verloren gehen und manche Verluste sind völlig natürlich und normal. Es gibt jedoch eine Reihe von Dingen, die Sie tun können, um diese Verluste zu reduzieren, sowohl beim Start des Projektes, als auch später, und beeinflussen damit die Speicherung von Kohlenstoff in ihrem Waldgarten positiv.

Betrachten Sie zu Beginn ihren Standort. Ist es eine sehr steile Fläche? Sollten die Hänge mehr als 15 Grad Neigung haben, dann wäre das Pflanzen eines Waldes statt eines Waldgartens der bessere Schutz für den Boden und den darin gespeicherten Kohlenstoff. Alternativ können Sie an Hängen von fünf bis zwanzig Grad **Swales oder Terrassen anlegen, um den Boden zu schützen**. Swales sind Sickerrinnen, die entlang der Konturlinie des Hangs angelegt werden, dabei wird der Aushub hangabwärts der Grube als kleiner Hügel aufgeschüttet. Swales verhindern Erosion, indem sie das Wasser auffangen, das nach einem heftigen Sturm hangabwärts rauscht. Sie sind auf erosionsgefährdeten Böden (sandige Böden) am effektivsten und unter klimatischen Bedingungen, wo sehr trockene Sommer die Böden so austrocknen, dass schwere Niederschläge direkt abfließen. Terrassen sind wirksamer, um abwärts fließendes Wasser abzufangen, aber das Anlegen bedeutet sehr viel mehr Arbeit, was in vielen Fällen nicht machbar ist.

Wenn der Boden ihres Standortes verdichtet ist – zum Beispiel, weil er landwirtschaftlich genutzt wurde – dann **sollten Sie sich überlegen diese Verdichtung physisch zu beseitigen,** damit der Boden mehr Kohlenstoff speichern kann. In großem Maßstab kann dies mechanisch erfolgen, in kleinerem Maßstab können Sie Pflanzen zu Hilfe nehmen, indem Sie viele Pfahlwurzler einführen.

Sollte ein Bach oder Fluß durch Ihren Waldgarten fließen, können Sie Maßnahmen ergreifen, **um die Ufer vor Erosion durch Überflutung zu schützen**. Das bedeutet üblicherweise die streifenweise Pflanzung geeigneter Bäume und Sträucher entlang der Ufer. Sie können auch versuchen, das Wasser durch Teiche und Dämme zu bremsen – und vielleicht sogar Biber anzusiedeln.

Wenn Sie Bäume fällen müssen, **lassen Sie die Stümpfe am besten vor Ort verrotten**, außer Sie stellen fest, dass es in der Umgebung schädliche Pilze wie Hallimasch gibt, die Sie dadurch verbreiten könnten.

Verwenden Sie wenn möglich keine synthetisch-mineralischen Dünger oder Agrarchemikalien, da deren Herstellung viel Kohlenstoff verschlingt und auch nicht in unser Konzept „Waldgarten“ passt. Verwenden Sie Kalk nur in kleinen Mengen (Seite 58) und verwenden Sie Silikat-Gesteinsmehl anstelle von Kalziumverbindungen.

Anbausysteme für die Zukunft

Wenn unsere Anbausysteme resilient gegenüber zukünftigen Klimaveränderungen sein sollen, müssen wir auf Komplexität setzen, denn je vielfältiger und komplexer ein System ist, desto resilienter ist es auch. Waldgärten sind wahrscheinlich die Systeme mit der höchsten Komplexität, die aus ihrer hohen Diversität an Arten und Struktur entsteht. Durch das Anlegen eines Waldgartens leisten Sie ihren Beitrag zur zunehmend wichtigeren Aufgabe Kohlenstoff aus der Atmosphäre zu nehmen.

LOKALE SORTEN UNTER WÄRMEREN KLIMABEDINGUNGEN

Unter „lokalen“ Sorten von Obstbäumen meine ich solche, die (meist vor vielen Jahrzehnten) als angepasst an die Region selektiert wurden. Diese haben meist Kälteanforderungen, die den langfristigen Mittelwerten der lokalen Kältestunden entsprechen. (Bräuchten sie weniger Kältereiz, dann würden sie sehr früh blühen und wären so anfällig für Frostschäden. Bräuchten sie hingegen mehr Kältestunden, dann bekämen sie selten genug davon und hätten somit eine schlechte Blütenbildung.)

Die Zahl der Kältestunden sinkt jedoch schnell aufgrund der Klimaveränderungen – an manchen Orten um etwa ein Prozent pro Jahr. Deswegen werden „lokale“ Sorten immer weniger an ihre traditionellen Anbaugebiete angepasst sein. Manche Pflanzen werden vielleicht nicht mehr genug Kältereiz abbekommen, und selbst Sorten mit hoher Kälteanforderung, die momentan noch gut tragen, tun dies möglicherweise in 30 Jahren nicht mehr.

Die Obstgehölze mit hoher Kälteanforderung, bei denen dies am deutlichsten sein wird, sind: Apfel, Schwarze und Rote Johannisbeeren, Nördliche Blaubeere, Kirschen (Vogel- und Sauer-), Hasel, Stachelbeeren, Trauben, Birnen, Pflaumen, Himbeeren und Walnuss.

Es ist ein Fehler, heutzutage (aus einer Art romantisierendem Festhalten) nur alte „lokale“ Sorten an Obst aus ihrer Gegend zu pflanzen. Die Realität der Klimaveränderungen macht deutlich, dass alte Sorten immer noch großen Nutzen haben, aber jetzt nördlicher (oder höher) als ihre Ursprungsregionen. Wir werden nach und nach von lokalen gut angepassten Sorten auf solche umstellen müssen, die mit weniger Kältereiz auskommen, üblicherweise aus südlicheren Regionen.

Erwartete Auswirkungen in Deutschland

Wärmste Dekade seit Beginn der Messungen

Verglichen mit dem vorindustriellen Niveau stieg die Durchschnittstemperatur in Deutschland um 1,37 Grad Celsius, so der Deutsche Wetterdienst (DWD). Die vergangenen drei Jahre – 2018 nicht mitgerechnet – gelten als die wärmsten des Jahrhunderts.

Längere Vegetationsperioden

Heute schon verlängert sich durch das wärmere Klima die Vegetationsperiode. Der Klimareport Niedersachsen zeigt, dass der Frühling – mit regionalen Unterschieden – seit 1991 10 bis 16 Tage eher beginnt als noch in den drei Dekaden davor. Gleichzeitig hat sich der Sommer verlängert; im Herbst werfen die Laubbäume ihre Blätter knapp 20 Tage später ab.

Artenvielfalt: Leben und Sterben

In den Alpen breiten sich derzeit Pflanzen aus tieferen Lagen aus, die bislang dort nicht überleben konnten. Nach einer Untersuchung von mehr als 300 europäischen Gipfeln stellte ein internationales Forscherteam fest, dass es heute fünfmal mehr fremde Arten gibt als in den vergangenen 50 Jahren. Schädlinge, Übertragung von Krankheiten, neue Allergierisiken, Fischsterben ... die Pflanzen- und Tierwelt in ihren Ökosystemen kann sich nicht so schnell anpassen.

„Mediterranisierung“ Deutschlands

Der Deutsche Wetterdienst (DWD) prognostiziert eine zunehmende Häufigkeit von heißen Witterungsperioden. Am Ende des Jahrhunderts könnte es in Deutschland um vier Grad Celsius wärmer sein als heute.

Berlin irgendwann Südfrankreich – Trockene Sommer, milde Winter

Als Folge der globalen Erderwärmung, so zeigt das Szenario des DWD, kommt es auch bei uns zu mehr extremen Wetterereignissen wie Dürren, Starkregen und Hochwasser. Temperaturschwankungen sind im Gegensatz zu den Unregelmäßigkeiten in den 1970er- und 1980er-Jahren viel größer und schlecht planbar, was gerade für die Landwirtschaft ein Problem wird. In den trockenen Regionen steigt damit die Gefahr von Waldbränden. Sommerliche Unwetter werden zwar zu-, die Niederschläge insgesamt jedoch bis zu 30 Prozent abnehmen. In der kalten Jahreszeit wird es dagegen deutlich mehr regnen. Im Zusammenhang mit der Schneeschmelze steigt die Hochwassergefahr im Frühjahr. Zudem werden sehr kalte Tage und strenge Winter in Deutschland seltener.

Nord- und Ostsee: Der Meeresspiegel steigt

15 bis 20 Zentimeter waren es in den vergangenen 100 Jahren. Bleibt es beim jetzigen Ausstoß von Treibhausgasen, ist bis zum Ende unseres Jahrhunderts mit weiteren 20 bis 80 Zentimetern zu rechnen, warnt der Hamburger Klimabericht von 2017. Für Deutschland ist schon ein Anstieg der Nord- und Ostsee um 25 Zentimeter problematisch, denn etwa die Hälfte deutscher Küstengebiete liegt weniger als fünf Meter über dem Meeresspiegel (NN).

Die Kosten für Küstenschutzmaßnahmen steigen.

Anmerkung zur Sortenwahl

Im Zuge der gespürten Klimaveränderungen nimmt die Suche nach robusten und resistenten Sorten Fahrt auf, dies ist jedoch hierzulande noch ein sehr junges Feld, das nur auf wenige Jahre konkreter und intensiver Forschung zurückblickt. Die Sortenwahl um unsere Systeme der Nahrungserzeugung resilienter zu machen ist Pionierarbeit, deren Impulse derzeit vor allem aus dem Feld der nachhaltigen Landnutzung (vor allen Dingen aus der Agroforstwirtschaft) kommen. Die Originalausgabe dieses Buches ist nunmehr 11 Jahre alt, darüber hinaus weist der deutsche Sprachraum andere und sehr unterschiedliche Klimata auf. Die Sortenempfehlungen dieses Buchs können demnach nur eine grobe Hilfe sein, für nützlichere Informationen sollten Sie sich an regionale Baumschulen, Obst- und Gartenbauorganisationen und nachhaltige Landnutzer aus Permakultur und Agroforstwirtschaft wenden und sich der entsprechenden Literatur bedienen.

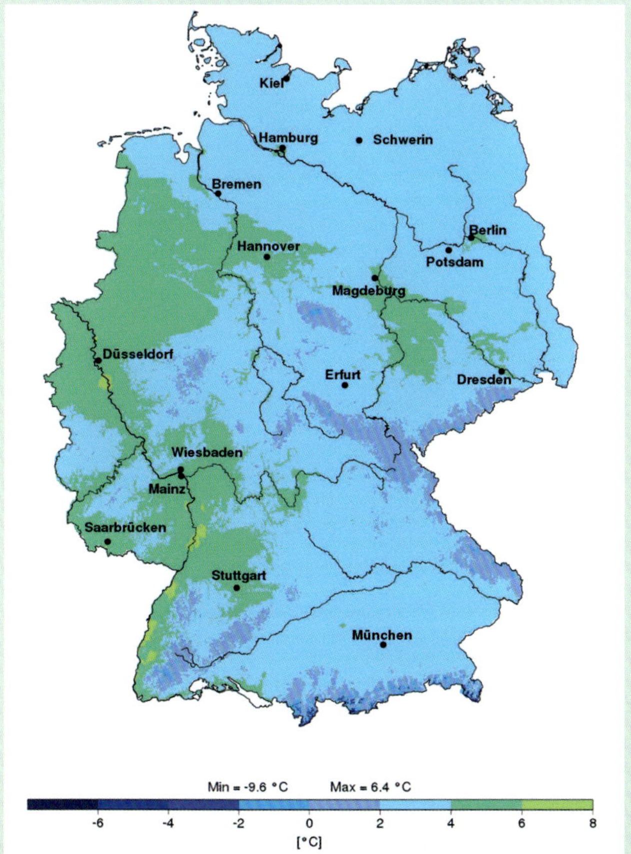

Normalwerte aus der Vergangenheit (Zeitraum 1961–1990). Stand: März 2020

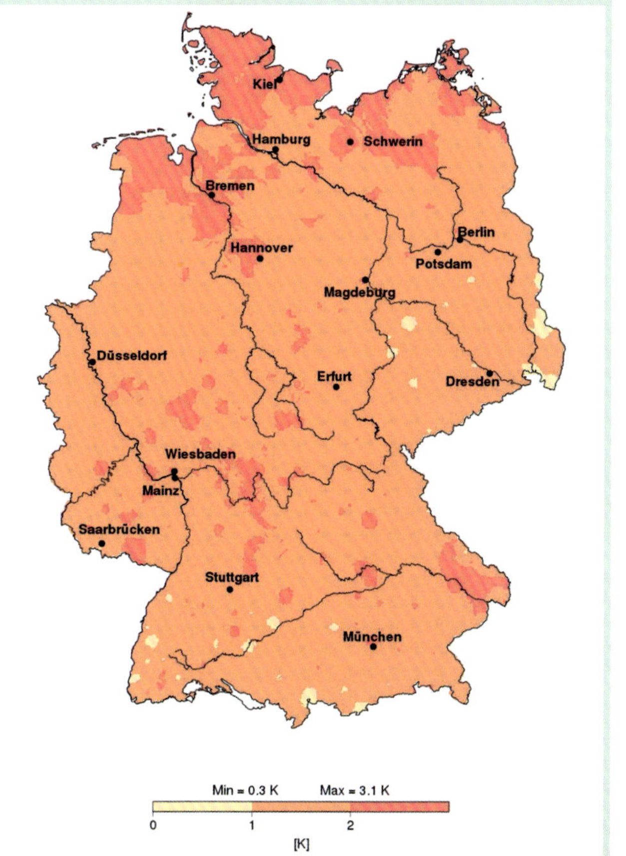

Hier aus der Gegenwart, aktuell 2020: Abweichung vom Normalwert (Zeitraum 1961–1990). Stand: März 2020

Quelle: https://www.greenpeace.de/themen/klimawandel/folgen-des-klimawandels/klimawandel-deutschland

Biene auf Apfelblüte.

Kapitel 4

Einheimische und Exoten

Dieses Thema kann unter Ökologen und Gärtnern hitzige Diskussionen auslösen! Meine eigene Position befindet sich, wie Sie sehen werden, deutlich am liberalen Ende des Kontinuums. Bedenken Sie dabei jedoch, dass meine Perspektive vor allem eine britische ist. In anderen Teilen der Erde, wo es immer noch ein deutlich weniger gestörtes Ökosystem gibt, können die Argumente anders gewichtet sein.

Was sind einheimische und was sind exotische Pflanzen?

Diese Frage ist nicht so einfach zu beantworten, wie es den Anschein hat. Hier einige Definitionen für einheimische Pflanzen:

> „Eine Pflanze, die in einer bestimmten Region ohne direkte oder indirekte menschliche Intervention natürlich lebt oder wächst."
> *The United States National Arboretum,*
> www.usna.usda.gov/Gardens/glossary.html

> „Jede Pflanze, die in einer spezifischen Region oder Lokalität natürlich vorkommt und gedeiht."
> *The Garden Helper,*
> www.thegardenhelper.com/dictionary.html

> „Eine Pflanze, die in einem Gebiet natürlich zu finden ist." (Im Gegensatz zu Pflanzen, die von Menschen in ein Gebiet eingeführt werden.)
> *Public Broadcasting Service (PBS),*
> www.pbs.org/kqed/oceanadventures./glossary/

> „[...] eine Pflanze, die in einem Gebiet natürlich aufgetreten ist und dort für viele Jahre existiert hat. Diese Pflanzen können Bäume, Blumen, Gräser oder jede andere Pflanze sein."
> *Wikipedia*
> https://en.wikipedia.org/wiki/Native plant

Sie können an diesen Definitionen sehen, dass Pflanzen, die durch Tiere in ein neues Gebiet eingeführt werden, als einheimisch akzeptiert werden, diejenigen dagegen, die durch Menschen (absichtlich oder nicht) eingeführt werden, aber nicht. Dies ist ein weiteres Beispiel für die allzu übliche Sichtweise der letzten Jahrhunderte, die den Menschen getrennt von der Natur sieht und nicht als deren Teil. Sehen Sie sich nur an, wohin uns das geführt hat!

So gelangen Botaniker und Ökologen zu einer Liste dessen, was als einheimisch angesehen wird, alles andere sind Exoten. Aber so verhält es sich eben in der realen Welt nicht wirklich: Samen bewegen sich die ganze Zeit, auch wenn man den menschlichen Eingriff wegdenkt. Ein Sturm kann Samen ohne Probleme Hunderte von Kilometern übers Meer tragen. Und Vögel können natürlich Tausende von Kilometern auf ihren Wanderrouten fliegen, während sie sowohl Samen mit ihrer Nahrung in sich aufnehmen als auch äußerlich an ihren Beinen, Füßen und Federn mit sich tragen.

In Wahrheit kann es keine definitiv festgelegte Liste einheimischer Pflanzen geben, selbst für eine Insel nicht. Ich ziehe es vor, in „Kategorien von Ursprünglichkeit" zu denken, die von einer Region ausstrahlen. Dabei ist Ursprünglichkeit kein Nein oder Ja, sondern eher auf einem Kontinuum zu finden.

Es kommen ständig neue Pflanzen zu einem Ökosystem hinzu und dies war schon immer der Fall. Ökosysteme sind nicht auf einmal vollständig entwickelt entstanden. Einige Ankömmlinge, nennen wir sie Opportunisten, produzieren eine Vielzahl an Samen und Ausläufern in der Hoffnung, dass eine Situation entsteht, die sie ausnutzen können, während für manche die natürlichen Gegenspieler (Schädlinge oder Krankheiten) fehlen, die diese Pflanzen innerhalb eines Ökosystems im Gleichgewicht halten. Dies sind die Pflanzen, die manch einer in der Naturschutzbewegung als „invasiv", „aggressiv" oder „eindringend" bezeichnen mag. Diese Art von Sprache ist, glaube ich, unangemessen, um Pflanzen zu beschreiben, denn sie hegen keine bösen Absichten. In ihrer schlimmsten Form wird solche Sprache zu Öko-Faschismus.

Natürlich möchte niemand eine Pflanze einführen, die einem bestimmten Biotop alle möglichen Probleme beschert, aber diese Dinge müssen im Zusammenhang betrachtet werden. Wenn eine neue opportunistische Art in einem Ökosystem eintrifft, dann dauert es in der Regel 300 bis 500 Jahre, bis sich ein Gleichgewicht eingestellt hat. Bis zu diesem Zeitpunkt ist das Ökosystem gestört. Irgendwann entwickelt sich dann ein Schädling oder eine Krankheit, wodurch diese Pflanze kontrolliert wird.

Der Mensch ist nicht besonders gut darin, 300 oder 500 Jahre in die Zukunft zu blicken, in einem botanischen Zeitrahmen ist dies jedoch nur ein Augenblick. Meine relativ entspannte Einstellung rührt von dieser Tatsache her, kombiniert mit dem tatsächlich niedrigen Risiko, dass in 500 Jahren etwa 40.000 Arten nach Großbritannien eingeführt und nur einige wenige davon als Problem eingestuft worden sind.

Den Begriff „einheimisch“ neu zu definieren, bekommt eine weitere Dimension durch die Verschiebung der Verbreitungsgebiete im Zuge des Klimawandels nach Norden. Letztendlich gibt es einige Pflanzen, die ich niemals einführen würde, zum Beispiel als giftig bekannte Pflanzen wie beispielsweise den Giftsumach (*Rhus radicans*).

WIE WICHTIG IST „EINHEIMISCH“?

Ich werde oft zu Themen in Bezug auf einheimische und nicht einheimische Pflanzen befragt, wenn ich Besuchern meinen Waldgarten in Devon zeige. Über die oben genannten Punkte hinaus halte ich es für nützlich, die Leute daran zu erinnern, ihren Blick über die Felder schweifen zu lassen – was sehen sie dort? Weizen, Hafer, Mais, Luzerne, Apfelbäume, Kartoffeln, hybride Weidegräser, Erbsen, Bohnen, Birnen- und Pflaumenbäume, Esskastanien, Walnussbäume – und keine dieser Pflanzen sind „einheimisch“.

Die Biodiversität in Großbritannien ist relativ gering, und dementsprechend stünden wir mit einem Waldgarten aus nur heimischen Pflanzen unter relativ starkem Druck, uns ernähren zu können. Schlehen, wilder Weißdorn und wilde Felsenbirne, dazu wilder Knoblauch und Giersch würden ein paar wenige Mahlzeiten produzieren. Man geht davon aus, dass die Jäger-und-Sammler-Kulturen vergangener Tage die geernteten Früchte von diesen Gehölzen mit dem Fleisch ergänzt haben, das sie jagen konnten. Ich sehe wenig Sinn darin, solch einen einheimischen Waldgarten mit einem derart begrenzten Ertrag anzulegen: Wenn Sie hingegen einen Wald mit reicher Tierwelt möchten, dann sollten Sie einen einheimischen Wald pflanzen!

Ich stimme David Holmgren, einem der Begründer der Permakultur, zu, dass generell nützliche Pflanzen von anderswo, die lokal die Eigenständigkeit und Effizienz von Ertragssystemen erhöhen, immer willkommen sein sollten.

Junge Sprosse des Grünen Pulver Bambus (*Phyllostachys viridiglaucescens*).

Kapitel 5

Nachahmen von Waldbedingungen

Bevor man damit beginnt, einen Waldgarten zu entwerfen, lohnt es sich zu betrachten, wie sich die Bedingungen in einem Wald von denen in einem offenen Garten unterscheiden. Dies liefert viele Hinweise und Ideen zu Pflanzen, die sich dort wohlfühlen können.

Schatten

Die Menge an Schatten unter dem Blätterdach eines Waldes ist der am meisten einschränkende Faktor für niedrige Pflanzen. In einem Wald mit geschlossenem Blätterdach (wo sich die Kronen großer Bäume berühren und nur sehr wenig Licht durchlassen) erreicht in gemäßigten Klimazonen sehr wenig Lichtenergie den Boden. Somit können nur wenige produktive und nützliche Pflanzen angebaut werden. Deswegen betone ich, dass ein Waldgarten in gemäßigtem Klima kein Wald mit geschlossener Krone ist. Vielmehr gleicht er einem jungen Wald in der Phase seiner Etablierung, in der viele Lücken zwischen Bäumen und Sträuchern Licht einlassen. Dies ist einer der Hauptunterschiede zwischen Waldgärten in gemäßigtem und in tropischem Klima. In tropischen Gebieten gibt es bis das Achtfache an Sonnenenergie und so können sogar unter einem relativ geschlossenen Blätterdach viele andere Ertragspflanzen angebaut werden.

Unter einem Blätterdach laubabwerfender Bäume findet das meiste Pflanzenwachstum unter den Bäumen im Frühling statt, bevor die Bäume voll im Laub stehen. Sehr wenig Wachstum erfolgt im Sommer und Herbst. Dies lässt sich oft in natürlichen Wäldern beobachten, wo es zum Beispiel ein explosives Wachstum von Hasenglöckchen (*Hyacinthoides* spp.), wildem Knoblauch und anderen Zwiebeln im Spätwinter und Frühling geben kann, das bis zum Spätsommer völlig verschwunden ist.

Der Schatten, in dem niedrig wachsende Pflanzen leben müssen, wird hauptsächlich durch die Dichte der Baumkronen darüber bestimmt, die wiederum von den Baumabständen und der Dichte des Laubs einzelner Bäume abhängt. Bäume wie die Eberesche (*Sorbus aucuparia*) und die Robinie (*Robinia pseudoacacia*) haben relativ kleine Blätter, die recht viel Sonnenenergie durchlassen – bis zu 40 Prozent nach meinen eigenen Messungen. Andere Bäume mit größeren Blättern lassen viel weniger Sonnenenergie durch – zum Beispiel etwa fünf Prozent im Fall von Linden (*Tilia* spp.).

Die Kronenhöhe größerer Bäume ist ein weiterer wichtiger Faktor. Das Hochsetzen der Krone durch Aufasten der unteren Seitenäste ist eine gute Strategie, um die Lichtmenge zu erhöhen, die die Pflanzen in der Nähe und darunter erreicht. Dabei sollte man bedenken, dass dies bei Bäumen, die man von Hand beernten muss, nicht unbedingt eine gute Idee ist. Das Hochsetzen der Krone einiger Bäume gibt auch physisch mehr Raum darunter für andere Pflanzen.

Unterschiedliche Baumdichten steuern den Schatten darunter und bestimmen, was dort angebaut werden kann.

Durch das Hochsetzen der Baumkrone wird darunter mehr Licht verfügbar.

Feuchtigkeit

Die Luftfeuchtigkeit ist unter Bäumen und in Wäldern höher. Das Bodenlaub hält Wasser wie ein Schwamm, und niedrige Pflanzen atmen Feuchtigkeit aus, die größtenteils durch das Blätterdach im Wald gehalten wird. Die Luftzirkulation wird durch Schutzeffekte begrenzt und die Luft ist stiller. Bäche oder Teiche fügen noch mehr Feuchtigkeit hinzu.

Die meisten ausdauernden Waldpflanzen verlangen feuchte Bedingungen, um zu gedeihen (was nicht überrascht); dies kann jedoch ein Problem sein, wenn ein Waldgarten aus einem freien Feld oder Weideland entstehen soll, das diese feuchten Bedingungen zunächst nicht erfüllt. Es kann hier notwendig werden, ein paar Jahre zu warten, bis die Bäume groß genug sind, bevor man ausdauernde Waldpflanzen einführt. Hier spielt auch das regionale Klima eine Rolle. Im Westen Großbritanniens ist das Wetter feuchter und die Luftfeuchtigkeit ist höher. Hier können ausdauernde Waldpflanzen auch mit weniger Abdeckung durch Bäume gedeihen als im trockeneren Osten des Landes.

Temperatur

Die Lufttemperatur in Wäldern ist ausgeglichen – üblicherweise ist sie verglichen mit offenem Land im Sommer kühler und im Winter wärmer. Dies ist von Bedeutung für einen Waldgarten, beispielsweise müssen wärmeliebende Arten mit Sorgfalt dort angepflanzt werden, wo sie die maximale Sonne erhalten. Aufgrund kühlerer Herbsttemperaturen kann der Jahreszuwachs von Gehölzen unter Umständen langsamer abhärten; wenn es keine ausreichende Abhärtung gibt, besteht ein höheres Risiko für Kälteschäden im Winter. Dieses Risiko wird dadurch ausgeglichen, dass die Temperaturen in Wäldern etwas höher sind.

Bäume und Sträucher bremsen den Luftstrom in Wäldern und verhindern so kühlende und sogar kalte Winde, die oft schädlicher sind als nur kalte Temperaturen. Sie verhindern auch in vielen Fällen, dass in kalten Nächten leichte Fröste den Boden erreichen.

Die Bodentemperaturen werden durch die isolierende Falllaubschicht ausgeglichen, sie hält den Boden im Sommer kühler und im Winter wärmer.

Bodenfeuchtigkeit

Bäume verdunsten im Sommer riesige Mengen an Wasser und sorgen so bei Trockenheit für intensive Konkurrenz um Bodenwasser. Verschiedene Bäume strecken ihre Wurzeln unterschiedlich weit aus; das Ausmaß wird nicht nur durch die Art bestimmt, sondern auch durch den Bodentyp. In sandigen, durchlässigen Böden reichen die Wurzeln gewöhnlich weiter als in schweren Lehmböden. Die meisten Bäume konzentrieren ihre Saugwurzeln unter der Kronentraufe (das heißt direkt unter der Kante der Krone), die Wurzeln können jedoch auch viel weiter reichen. Einer der konkurrenzstärksten heimischen britischen Bäume in Hinsicht auf die Wurzeln ist die Esche (*Fraxinus excelsior*), deren Wurzeln eine Ausdehnung um die zweifache Baumhöhe erreichen können. Bei anderen, wie der Italienischen oder Herzblättrigen Erle (*Alnus cordata*), wachsen die Wurzeln gewöhnlich 35 bis 40 Prozent der Baumhöhe nach außen. Die Wurzeln von Koniferen reichen für gewöhnlich weniger weit als die von laubabwerfenden Bäumen. Ein Pflanzplan für einen robusten und widerstandsfähigen Waldgarten sollte unter und nah bei Bäumen und Sträuchern die Konkurrenz um Wasser im Sommer einplanen.

Die Feuchtigkeitsverteilung im Boden um einen Baum herum, vor allem im Sommer, hängt auch von der Dichte der Krone ab.

Die Regenverteilung unter Bäumen: Der laubabwerfende Baum mit schmaler Krone (links) erlaubt eine viel gleichmäßigere Verteilung des Regens auf den Boden als der dichte immergrüne Baum (rechts).

Die zu berücksichtigenden Hauptfaktoren für einen Pflanzplan sind folgende:

- Dichte und immergrüne Bäume leiten den Regen hauptsächlich nach außen um den Baum herum (Kronentraufe), der Boden um den Stamm wird unter trockenen Bedingungen im Sommer sehr trocken.
- Laubabwerfende Bäume mit schmaleren Kronen lassen einen Teil des Regens durch die Krone auf den Boden unter dem Baum durch und neigen so zu einer ausgeglicheneren Verteilung der Bodenfeuchtigkeit.
- Ein Teil des Regens läuft die Zweige und den Stamm des Baumes hinunter.

Ein weiterer Faktor, den es zu bedenken gilt, ist der, dass dort, wo es Lücken zwischen den Bäumen gibt, mehr Regen auf der dem Wind zugewandten Seite der Bäume fällt (in Großbritannien üblicherweise der Südwesten). Dies ist der Fall, weil der Regen nicht vertikal fällt, sondern mit dem Wind.

Diese Situation tritt wahrscheinlich in einem Waldgarten auf, in dem es Lücken zwischen den Bäumen gibt, was zu feuchteren Böden im Südwesten des Baumes und trockeneren Böden im Nordosten führt. Ihre lokalen Bedingungen (zum Beispiel ein Tal) können zu andersartigen Hauptwinden führen, in diesem Fall weichen natürlich die feuchten und trockenen Bereiche etwas ab.

Verteilung des Regens in der Nähe von Bäumen: Wenn der Regen hauptsächlich in windigen Perioden fällt, dann wird der Boden auf einer Seite des Baumes feuchter als auf der anderen sein.

DAS WIEDERGEWINNEN EINER WALDKULTUR

In Großbritannien scheinen wir vergessen zu haben, dass weite Teile des Landes, würden sie sich selbst überlassen, natürlich von Wald oder parkähnlich verteilten Bäumen bedeckt wären. Weil die Waldbedeckung schon so lange so niedrig ist, haben wir die kulturelle Bindung und die Geborgenheit, Teil des Waldes zu sein, verloren – eine Kultur, die es in vielen anderen Teilen Europas noch gibt. Ich persönlich empfinde mich als Waldwesen und fühle mich deshalb verbundener mit der Natur, wenn ich in einem Wald oder Waldgarten bin, als auf einer offenen Fläche.

Beinwell (*Symphytum officinale*).

Kapitel 6

Fruchtbarkeit in Waldgärten

Selbstverständlich müssen natürliche Wälder nicht ernährt werden. Sie wachsen einfach: Bäume tragen Blüten und Früchte und kleinere Pflanzen überleben normalerweise die Fraßschäden durch Insekten und andere Tiere.

Tatsächlich bekommen natürliche Wälder eine Zufuhr an Nährstoffen, vor allem Stickstoff. Diese stammen aus verschiedenen Quellen: Vogel- und Tierkot, stickstofffixierende Bakterien im Boden und stickstofffixierende Pflanzen (in einer waldähnlichen Struktur sind dies Bäume und Sträucher). Dazu kommt atmosphärischer Niederschlag von Stickstoff; dieser ist dort höher, wo es durch die Verbrennung fossiler Brennstoffe eine Verschmutzung mit Chemikalien wie Stickstoffoxiden gibt. Nachhaltige Quellen aller Pflanzennährstoffe sind auch die natürlichen Mineralisierungsprozesse von Gestein und Erde, die in hohem Maße durch Pilze unterstützt werden.

Waldgärten mögen einem jungen natürlichen Wald nachempfunden sein, wir erwarten jedoch in der Regel einen höheren Ertrag, als ihn ein natürlicher Wald liefern kann. Dies bedeutet, dass wir einplanen müssen, bestimmte Pflanzen mit zusätzlichen Nährstoffen zu versorgen, um die zu ersetzen, die wir durch die Ernte entnehmen.

Unterschiedliche Pflanzen brauchen verschiedene Nährstoffe

Wir können die Pflanzen eines Waldgartens entsprechend ihrer Nährstoffbedürfnisse in vier Gruppen unterteilen.

- Anspruchslose, mit nicht verbesserten (das heißt ungezüchteten) Früchten mit leichtem Ertrag, zum Beispiel diverse Weißdornarten (*Crataegus* spp.) oder Shallon-Scheinbeere (*Gaultheria shallon*), und ausdauernde krautige Pflanzen, die nur wenig beerntet werden, zum Beispiel Guter Heinrich (*Chenopodium bonus-henricus*) oder die Blätter von Linden (*Tilia* spp.). Diese Pflanzen sollten durch natürliche Prozesse genug Nährstoffe erhalten und benötigen in der Regel keine zusätzliche Versorgung.
- Ertragsfrüchte mit moderaten Ernten, zum Beispiel Johannisbeeren (*Ribes* spp.). Diese werden wahrscheinlich eine Kaliumquelle und kleine Mengen Stickstoff benötigen, um weiter guten Ertrag zu liefern.

Die Rote Johannisbeere (*Ribes rubrum*) benötigt Kalium, aber nur wenig Stickstoff.

- Reich tragende Pflanzen, zum Beispiel Kastanien (*Castanea* spp.), Hasel (*Corylus* spp.), Walnüsse (*Juglans regia*), Brombeeren (*Rubus fruticosus*), Äpfel (*Malus domestica*), Aprikosen (*Prunus armeniaca*), Mispeln (*Mespilus germanica*), Maulbeeren (*Morus* spp.), Pfirsiche und Nektarinen (*Prunus persica*), Birnen (*Pyrus* spp.) und Pflaumen (*Prunus domestica*), weiterhin kultivierte Bambusarten und andere reich tragende Ausdauernde. Diese benötigen besonders zusätzliche Quellen für Kalium und Stickstoff, um ihre Produktivität zu erhalten.
- Einjähriges Gemüse. Diese Pflanzen verlangen hohe Nährstoffmengen, um die Ertragsmenge zu liefern, die wir von ihnen erwarten. Diese Arten wurden über viele Jahre so gezüchtet, dass sie auf hohe Mengen an Stickstoff und Kalium mit großem Wachstum reagieren. Sie benötigen in etwa das Drei- bis Vierfache an Input gegenüber den oben beschriebenen stark tragenden Pflanzen. Diese Mengen sind ohne jährliche Zugaben von Kompost, Mist

oder einem anderen Dünger nicht zu erreichen. Solch ein hohes Maß an Fruchtbarkeit findet man in der Natur selten, weil damit auch die Probleme verminderter Vielfalt, exzessiven Wachstums und in der Folge eine hohe Anfälligkeit für Schädlinge und Krankheiten einhergehen. Die mit hohen Nährstoffmengen und Pflege möglichen riesigen Erträge von einjährigem Gemüse sind ein Grund dafür, dass die Weltbevölkerung (gerade so) ernährt werden kann. Verstehen Sie mich nicht falsch – ich spreche mich nicht dafür aus, alles einjährige Gemüse aufzugeben, tatsächlich baue ich solches auf kleinen Flächen in meinem Waldgarten an. Seien Sie sich jedoch bewusst, dass der übermäßige Nährstoffbedarf viele Konsequenzen bezüglich des erforderlichen Pflegeaufwands, der davon angezogenen Schädlinge und Krankheiten, der Auswaschung überschüssiger Nährstoffe ins Grundwasser und so weiter mit sich bringt.

Die folgenden Tabellen zeigen die Nährstoffansprüche der gebräuchlichsten Bäume und Sträucher.

Walnüsse (*Juglans regia*) brauchen viel Stickstoff und Kalium, um zu gedeihen.

KATEGORIEN DER NÄHRSTOFFANSPRÜCHE FÜR BÄUME

Reich tragend (die meisten Nährstoffansprüche)	**Mittlere Erträge**	**Anspruchslos (die geringsten Nährstoffansprüche)**
Bambus	Felsenbirne (*Amelanchier* spp.)	Haselnuss (*Corylus avellana*) [für Stangen]
Kastanie (*Castanea* spp.)	Erdbeerbaum (*Arbutus unedo*)	Winterrinde (*Drimys* spp.)
Zitronenstrauch (*Citrus* spp.)	Weißdorn (*Crataegus* spp.)	Feige (*Ficus carica*)
Haselnüsse (*Corylus* spp.)	Maiglöckchenbaum (*Halesia carolina*)	Kiefer (*Pinus* spp.) [für Kerne]
Quitte (*Cydonia oblonga*)	Gagelstrauch (*Myrica* spp.)	Bäume für essbare Blätter und zur Niederwaldwirtschaft geeignete
Kaki (*Diospyros* spp.)	Süßkirsche (*Prunus avium*) Sauerkirsche (*Prunus cerasus*)	
Walnuss (*Juglans regia*)	Holunder (*Sambucus* spp.)	
Apfel (*Malus* spp.)	Speierling (*Sorbus domestica*) Vogelbeere (*Sorbus aucuparia*) Schwedische Mehlbeere (*Sorbus intermedia*)	
Mispel (*Mespilus germanica*)	Pfefferstrauch (*Zanthoxylum* spp.)	
Maulbeere (*Morus* spp.)		
Aprikose (*Prunus armeniaca*)		
Pflaume (*Prunus domestica*)		
Haferschlehe (*Prunus insititia*)		
Pfirsich (*Prunus persica*)		
Birne (*Pyrus* spp.)		

KATEGORIEN DER NÄHRSTOFFANSPRÜCHE FÜR STRÄUCHER		
Reich tragend (die meisten Nährstoffansprüche)	**Mittlere Erträge**	**Anspruchslos (die geringsten Nährstoffansprüche)**
Schwarze Johannisbeere (*Ribes nigrum*)	Kopfeibe (*Cephalotaxus* spp.)	Wacholder (*Juniperus* spp.)
Stachelbeere (*Ribes uva-crispa*)	Kornelkirsche (*Cornus mas*)	Sträucher mit essbaren Blättern
Brombeere (*Rubus fruticosus*)	Hartriegel (*Cornus* spp.)	
	Blaugurke (*Decaisnea fargesii*)	
	Lotuspflaume (*Diospyros lotus*)	
	Gagelstrauch (*Myrica gale*) und Amerikanischer Gagelstrauch (*Myrica pensylvanica*)	
	Rote Johannisbeere (*Ribes rubrum*)	
	Sumach (*Rhus* spp.)	
	Himbeere (*Rubus idaeus*)	
	Gelbhorn (*Xanthoceras sorbifolium*)	
	Szechuanpfeffer (*Zanthoxylum piperitum*)	

Nachhaltige Nährstoffversorgung

Der traditionelle organische Landbau stützt sich auf selbst gemachtem Kompost, um das einjährige Gemüse und andere Pflanzen zu ernähren. Sicherlich können Sie, wenn Sie möchten, dasselbe in Ihrem Waldgarten tun und genug Pflanzenmaterial sammeln, um daraus Kompost zu machen. Sie können Fruchtbarkeit auch in Form von Mist oder Kompost importieren. Ich bevorzuge jedoch eine Art des Waldgärtnerns, bei der die meisten oder alle Nährstoffe vor Ort produziert werden – in einem geschlossenen Kreislauf. Letztendlich ist kein Garten- oder Farmsystem nachhaltig, wenn es stark vom Einbringen zusätzlicher Nährstoffe abhängig ist.

Die Tabellen auf der nächsten Seite zeigen die ungefähren Mengen an Materialien vor Ort und einige der nachhaltigeren Materialien, die zur Fruchtbarkeit importiert werden können, um verschiedene Anbautypen zu versorgen (siehe die Tabellen oben und links für die Gruppen von Pflanzentypen). Einige Materialien liefern sowohl Stickstoff als auch Kalium, die beide als Hauptnährstoffe vorhanden sein müssen.

Die folgenden Tabellen zeigen die ungefähren Mengen an Material pro Quadratmeter, die für die jeweilige Pflanze erforderlich sind. Für die Flächenermittlung der Bäume und Sträucher sollte man von der Kronenausdehnung ausgehen (das heißt $3{,}14 \times r^2$, wobei r den Radius beschreibt). So hat beispielsweise ein Baum mit einem Kronendurchmesser von fünf Metern eine Kronenausdehnung von $3{,}14 \times 2{,}5 \times 2{,}5 = 19{,}6$ Quadratmeter. Eine einfache Art, die Fläche der Baumkrone zu berechnen, ist es, den Durchmesser zu quadrieren und davon 20 Prozent abzuziehen.

Jegliche auf Bäume oder Sträucher angewandte Düngemittel, sei es Beinwell, Urin oder andere Materialien, werden am besten in einem Kreis unter der Kronentraufe aufgebracht.

Stickstoff

Die beste Art, einem Waldgartensystem Stickstoff zuzuführen, ist die Verwendung stickstofffixierender Pflanzen. Durch die Verwendung dieser Pflanzen, die in einem Waldgarten meist Bäume oder Sträucher sind (und nicht niedrige krautige, ausdauernde Pflanzen wie Klee, die nicht besonders schattentolerant sind), gelangt zusätzlich Stickstoff in die stickstofffixierende Pflanze selbst und dann später in den Boden. Von dort kann er in der direkten Nähe und im weiteren Umfeld von anderen Pflanzen aufgenommen werden. Der Nachteil dabei (wenn es denn einer ist) ist, dass der Stickstofffixierer selbst auch Platz benötigt, um zu wachsen und zu gedeihen. Jedoch kann dieser auch anderen Nutzen haben, er kann beispielsweise essbare Früchte produzieren oder für Bienen attraktiv sein. Sogar die Produktion von einjährigem Gemüse kann ermöglicht werden, indem man etwa jedes dritte Jahr einen stickstofffixierenden Gründünger anbaut. Für mich übertrifft der Nachhaltigkeitsnutzen von stickstofffixierenden Pflanzen jeden Ertragsverlust durch eine kleinere Anbaufläche.

Stickstofffixierende Bäume und Sträucher sammeln Stickstoff in ähnlicher Menge wie die besser bekannten krautigen, ausdauernden Klee- und Hornkleearten. Der Stickstoff gelangt über das gefallene Laub durch den Abbau von Bodenlebewesen in den Boden (die Blätter sind reicher an Stickstoff, verglichen mit anderen Pflanzen). Ein Großteil davon ist nicht löslich und bildet den Stickstoffspeicher im Boden, der nach und nach für andere Pflanzen verfügbar gemacht wird. Die Verwendung von Stickstofffixierern wird später in diesem Kapitel vertieft (siehe Seite 59).

STICKSTOFFVERSORGUNG FÜR GLEICHBLEIBENDE ERTRÄGE

Stickstofflieferant	**Stickstoffgehalt (N)**	**jährlich benötigte Menge**		
		Mittelstark zehrende Pflanzen: 2 g/m^2. Erforderliche Menge pro m^2 =	**Stark zehrende Pflanzen: 8 g/m^2. Erforderliche Menge pro m^2 =**	**Einjähriges Gemüse: 28 g/m^2. Erforderliche Menge pro m^2 =**
Stickstofffixierer in voller Sonne	10 g/m^2	0,2 m^2	0,8 m^2	3 m^2
Stickstofffixierer im Halbschatten	5 g/m^2	0,4 m^2	1,6 m^2	6 m^2
Menschlicher Urin	5,6 g	halbe Einheit	1.5 Einheiten	5 Einheiten
Mist	6 g/kg	0,3 kg	1,3 kg	4,5 kg
Kompost	5 g/kg	0,4 kg	1,6 kg	5,5 kg
Beinwellmulch (ein Schnitt)	0,5 g pro Schnitt	4 geschnittene Pflanzen	16 geschnittene Pflanzen	60 geschnittene Pflanzen
Frischer Seetang	2 g/kg	1 kg	4 kg	14 kg

EIN BEISPIEL FÜR STICKSTOFFBEDARF UND -VERSORGUNG

Ein Apfelbaum (auf einer stark wachsenden Unterlage) erreicht einen Kronendurchmesser von sechs Metern. Die Kronenfläche beträgt demnach 3,14 x 3 m x 3 m = 28,3 m^2.

Als Pflanze mit hohen Erträgen/Starkzehrer benötigt dieser Baum bei voller Produktivität etwa acht Gramm Stickstoff pro Quadratmeter, das heißt 28,3 x 8 = 226 Gramm Stickstoff über die Dauer der Wachstumsphase.

Dies entspricht etwa 22 Quadratmeter an stickstofffixierenden Pflanzen (die etwa zehn Gramm pro Quadratmeter liefern). Dies könnte eine Erle mit einem Kronendurchmesser von fünf Metern sein, die nördlich des Apfels gepflanzt ist. Die Menge würde auch 40 Einheiten Urin entsprechen – wenig über ein Mal pro Woche über die Dauer der Wachstumsphase.

Die Ausdauernde Lupine (*Lupinus perennis*) ist ein mehrjähriger Stickstofffixierer.

Kalium

Kalium ist schwieriger aus Quellen vor Ort zu gewinnen als Stickstoff. Kalium ist besonders wichtig für starke Zellwände (und so gut gegen Schädlinge und Krankheiten) und die Blüten- und Fruchtbildung. Die meisten Böden sind reich an Kalium, aber fast alles davon ist unlöslich und wird nur durch Bodenmikroorganismen verfügbar.

KALIUMVERSORGUNG FÜR GLEICHBLEIBENDE ERTRÄGE

		jährlich benötigte Menge		
Kaliumquelle	**Kaliumgehalt (K)**	**Mittelstark zehrende Pflanzen: 3 g/m². Erforderliche Menge pro m² =**	**Stark zehrende Pflanzen: 10 g/m². Erforderliche Menge pro m² =**	**Einjähriges Gemüse: 37 g/m². Erforderliche Menge pro m² =**
Menschlicher Urin	7 g/Einheit	eine halbe Einheit	1,5 Einheiten	5 Einheiten
Mist	4,2 g/kg	0,75 kg	2,5 kg	9 kg
Kompost	6,7 g/kg	0,5 kg	1,5 kg	5,5 kg
Beinwell-Mulch (ein Schnitt)	10 g pro Schnitt	1/3 der Menge einer Pflanze	1 geschnittene Pflanze	4 geschnittene Pflanzen
Meeresalgen, gemahlen	22 g/kg	135 g	0,5 kg	1,7 kg
Holzasche	80 g/kg	40 g	125 g	0,5 kg

EIN BEISPIEL FÜR KALIUMBEDARF UND -VERSORGUNG

Die Erlenblättrige Felsenbirne (*Amelanchier alnifolia*) ist ein wunderbarer fruchttragender Großstrauch mit Früchten, die ähnlich wie Blaubeeren schmecken. Sie erreicht einen Kronendurchmesser von zwei Metern, ihre Kronenfläche beträgt also 3,14 x 1 m x 1 m = 3,14 Quadratmeter. Sie fällt in die Gruppe der schwachzehrenden Gehölze und hat daher einen Kaliumbedarf von etwa drei Gramm je Quadratmeter. Ein ausgewachsenes fruchttragendes Gehölz hat demnach einen Bedarf an Kalium von 3,14 x 3 = 9,4 Gramm über die Dauer der Wachstumsphase.

Diese Menge erreicht man leicht durch einen Mulch aus den Blättern nur einer Beinwellpflanze. Alternativ würde 120 Gramm Holzasche oder ein paarmal Pinkeln die gleiche Menge erzielen.

Phosphor

Die Phosphormengen in Böden sind generell sehr stabil und die normalen Verwitterungsprozesse stellen normalerweise genug für das Wachstum und für volle Erträge bereit. Die meisten chemischen Dünger im Verkauf enthalten überflüssigerweise hohe Mengen an Phosphor. Einige der Materialien aus den Tabellen zu Stickstoff und Kalium enthalten auch Phosphor: Holzasche enthält große Mengen, während Mist, Kompost, Meeresalgen und menschlicher Urin mittlere Mengen enthalten.

Nützliche Quellen für Dünger

In einem Waldgarten gibt es einige sehr leicht verfügbare Quellen für Dünger: Beinwell, der zu den am einfachsten vor Ort anzubauenden Nährstoffquellen gehört, und menschliche Abfallprodukte.

Urin

Menschlicher Urin ist eine wertvolle Düngerquelle, tatsächlich zu wertvoll, um ihn zu verschwenden. Sie können direkt an der jeweiligen Stelle urinieren – das ist die Ideallösung, die für Männer natürlich einfacher und sozial akzeptierter ist! Wenn man von außerhalb in

Ihren Garten einsehen kann, wird natürlich die Privatsphäre zum Thema. Urin in Eimern und Ähnlichem zu sammeln, mag im Prinzip richtig sein, kann aber sehr schnell geruchsintensiv und widerlich werden. Sie sollten sich überlegen, wo Sie Urin anwenden, zum Beispiel sicherlich nicht auf niedrig wachsendes Blattgemüse. Urin muss vor der Anwendung nicht verdünnt werden.

Ein nützlicher Nebeneffekt: Regelmäßige Anwendungen von Urin im Garten halten wahrscheinlich einige tierische Schädlinge fern, einschließlich Rotwild und Kaninchen.

Menschlicher Kot ist ebenfalls eine sehr wertvolle Quelle für Fruchtbarkeit, aber momentan ist es für die meisten Leute noch einen Schritt zu weit, Komposttoiletten zu installieren. Für jene, die dies tun, wird der Kompost am besten als Mulch um Obstbäume verwendet, aber nicht zu nahe an niedrigen Pflanzen, die zum Verzehr bestimmt sind, um eine mögliche Kontamination zu vermeiden.

Nützliche Quellen für Dünger

Geschnittener Beinwell ist ein exzellentes Mulchmaterial, das schnell zerfällt und Stickstoff und Kalium liefert. Ich verwende Beinwell sehr häufig. Beinwell kann ein- oder zweimal pro Jahr geschnitten werden, ohne dass er zusätzlich selbst mit einem Dünger versorgt wird. Wenn er dennoch gedüngt wird, zum Beispiel mit Urin, kann er bis zu vier- oder fünfmal pro Jahr geschnitten werden.

Beinwell (*Symphytum* spp.) unter einem Pflaumenbaum. Das Wurzelsystem eines tief wurzelnden Mineraliensammlers wie Beinwell steht kaum in Konkurrenz mit den Wurzeln eines Obstbaums.

Nährstoffbudgets

Anstatt die Nährstoffbedürfnisse für jede einzelne Ertragspflanze zu berechnen und zu versuchen, diese auf jede individuelle Pflanze anzuwenden, ist es viel einfacher, die Bedürfnisse für das ganze System – den gesamten Waldgarten – zu ermitteln. So können Sie sicherstellen, dass Sie genug Quellen einplanen, um diesen Bedarf abzudecken.

Russischer Beinwell, auch im deutschsprachigen Raum als Comfrey bekannt (*Symphytum* x *uplandicum* ´Bocking 14´), produziert Massen an Blattmaterial.)

Die tatsächliche Verteilung der Nährstoffe an jede einzelne Pflanze kann teilweise im Waldgarten-Design berücksichtigt werden – beispielsweise durch die Platzierung von stickstofffixierenden Pflanzen und Beinwell-Mulch. Aber in einem funktionierenden heranwachsenden Waldgarten werden Sie feststellen, dass die Nährstoffe automatisch zu den bedürftigen Pflanzen gelangen, solange insgesamt genug Nährstoffe verfügbar sind. Dies geschieht durch das Netzwerk aus Mykorrhiza-Pilzen, das allmählich unter einem ausdauernden Pflanzensystem entsteht. Diese Symbiosepilze sind ein elementarer Teil eines gesunden natürlichen Systems oder eines Agrar-Ökosystems. Mykorrhiza suchen nach schwer erreichbaren Nährstoffen und geben diese an die Pflanzen weiter. Sie verschieben aber auch Nährstoffe von Bereichen mit Nährstoffüberschüssen hin zu Arealen, wo eine Knappheit an Nährstoffen herrscht. So bringen sie Stickstoff aus Bodenregionen, in denen es viel davon gibt (zum Beispiel unter Stickstofffixierern), hin zu nährstoffbedürftigen Pflanzen (zum Beispiel reich tragenden Obstbäumen).

Nährstoffbudget Beispiel (1)

Dieses Beispiel habe ich auf unseren Waldgarten in Dartington angewandt.

Stickstoffbedarf

Flächen mit hohem Bedarf:
Bäume – 670 Quadratmeter an reich tragenden Pflanzen mit hohem Bedarf.
Sträucher – 800 Quadratmeter an reich tragenden Pflanzen mit hohem Bedarf.
Das sind 1.470 Quadratmeter Fläche mit reich tragenden Pflanzen; dies entspricht bei vollem Ertrag einem Stickstoffbedarf von etwa 11,8 Kilogramm pro Jahr (1.470 m2 x 8 g N/m2).

Flächen mit mittlerem Bedarf:
2.800 Quadratmeter Bäume, Sträucher und krautige ausdauernde Pflanzen mit mittlerem Stickstoffbedarf entsprechen einem Stickstoffbedarf von etwa 5,6 Kilogramm per Jahr (2.800 m2 x 2 g N/m2). Der Gesamtstickstoffbedarf beträgt somit etwa 17,4 Kilogramm Stickstoff pro Jahr.

Stickstoffversorgung

Urin (Mensch) etwa 1,5 Einheiten pro Tag	3,0 kg
Beinwellschnitt – 4.000 Schnitte	2,0 kg
Stickstofffixierende Bäume in sonniger Lage – 610 Quadratmeter	6,1 kg
Stickstofffixierende Sträucher in sonniger Lage – 300 Quadratmeter	3,0 kg
Stickstofffixierende Sträucher im Halbschatten – 400 Quadratmeter	2,0 kg
Stickstofffixierende krautige ausdauernde Pflanzen im Halbschatten – 200 Quadratmeter	1,0 kg
Stickstoff (N)	17,1 kg

Kaliumbedarf

Flächen mit hohem Bedarf:
Bäume – 670 Quadratmeter an reich tragenden Pflanzen mit hohem Bedarf.
Sträucher – 800 Quadratmeter an reich tragenden Pflanzen mit hohem Bedarf.
1.470 Quadratmeter an reich tragenden Pflanzen entspricht bei vollem Ertrag einem Kaliumbedarf von etwa 14,7 Kilogramm pro Jahr (1.470 m^2 x 10 g K/m^2).

Flächen mit mittlerem Bedarf:
2.800 Quadratmeter Bäume, Sträucher und krautige ausdauernde Pflanzen mit mittlerem Kaliumbedarf entsprechen einem Kaliumbedarf von etwa 8,4 Kilogramm pro Jahr (2.800 m^2 x 3 g K/m^2). Der Gesamtkaliumbedarf beträgt etwa 23,1 Kilogramm pro Jahr.

Kaliumversorgung

Urin (Mensch) etwa 1,5 Einheiten pro Tag	3,8 kg
Beinwellschnitt – 2.000 Schnitte	20,0 kg
Kalium (K)	23,8 kg

Bemühen Sie sich nicht, die Zahlen eines Nährstoffbudgets exakt zu berechnen. Alle Zahlen in den Tabellen auf den Seiten 54 und 55 sind Durchschnittswerte und können sich durch eine Unmenge an Variablen nach oben oder unten bewegen. Wichtig für eine nachhaltige Nährstoffversorgung ist es, ein grobes Gleichgewicht von Bedarf und Versorgung herzustellen.

Die in diesem Nährstoffbudget angegebenen Bedarfswerte beziehen sich auf ausgewachsene Bäume, Sträucher und niedrige Pflanzen. Im Fall einiger Bäume kann es 15 oder 20 Jahre dauern, bis sie diesen Grad an Bedarf erreichen. Es ist also genug Zeit, das Waldgarten-Design zu verbessern oder Flächen mit Düngerpflanzen wie Beinwell später hinzuzufügen, wenn Sie feststellen, dass eine Nährstoffknappheit besteht.

Nährstoffbudget Beispiel (2)

Wenn Sie eine nachhaltige Stickstoffversorgung hauptsächlich durch stickstofffixierende Pflanzen erreichen wollen, dann planen Sie diese am besten bei den größeren, ein Kronendach bildenden Gehölzen mit ein. Als Faustregel reichen 25 bis 30 Prozent Stickstofffixierer anteilig an der Gesamtfläche; wenn Sie jedoch hauptsächlich reich tragende Pflanzen mit hohem Stickstoffbedarf haben, kann dieser Anteil auf 40 Prozent steigen.

Wären Ihre Ertragsbäume also folgende Arten:
Zwei Apfelbäume (MM106-Unterlage),
zwei Pflaumenbäume (St. Julien-Unterlage),
ein Birnenbaum (Quitte A-Unterlage),
dann wäre die Gesamtfläche circa 47 Quadratmeter groß und Sie hätten bei vollem Ertrag einen Gesamtstickstoffbedarf von 376 Gramm.

Wenn Sie außerdem zwei Korallen-Ölweiden (*Eleagnus umbellata*) gepflanzt hätten, die zu einer gemeinsamen Fläche von 40 Quadratmetern heranwachsen, dann würden diese etwa 400 Gramm Stickstoff im Jahr liefern. Dies unter der Voraussetzung, dass sie gut zwischen den anderen Bäumen platziert wären, und zwar so, dass ihre Kronenränder (und somit ihr Wurzelsystem) nah bei den anderen Bäumen sind.

Sie müssten dann immer noch Kaliumquellen für etwa 470 Gramm pro Jahr aufbringen oder anbauen. Dies könnte zum Beispiel eine Mischung aus Beinwell und Holzasche sein (etwa 30 Pflanzen, deren Schnitt als Mulch dient, und zwei Kilogramm Holzasche).

KOMPOST

Ihnen ist sicher aufgefallen, dass ich in diesem Kapitel nicht auf die Herstellung und Verwendung von Kompost eingegangen bin. Es gibt den Irrglauben, dass es zum Anbau von Nahrungspflanzen notwendig ist, Kompost herzustellen. Wenn man sich die einjährigen Gemüsearten anschaut, auf die eine Vielzahl von Menschen heutzutage angewiesen sind, dann zeigt sich, dass diese über Jahrhunderte so gezüchtet wurden, dass sie auf sehr hohe Grade an Bodenfruchtbarkeit ansprechen (tatsächlich unnatürlich hoch, denn solch ein Maß an Fruchtbarkeit findet sich in der Natur selten). Die Pflanze reagiert mit schnellem Wuchs, wächst hoch hinaus und ist wegen des hohen Stickstoffgehalts mancher Komposte anfällig für Schädlinge und Krankheiten. Wenn Sie also viel einjähriges Gemüse anbauen wollen, müssen Sie auch den Boden gut versorgen, und Kompost ist dafür gut geeignet. Wenn jedoch die meisten der Gemüsearten, die Sie anbauen, einen nicht ganz so höchst fruchtbaren Boden benötigen, müssen Sie selten (oder gar nicht) größere Mengen an reichhaltiger Nahrung wie Kompost und (abgelagerten) Mist zuführen.

Boden-pH

Kalzium ist essenziell für die Zellteilung und für das Wachstum der Wurzelspitzen und beeinflusst den pH-Wert des Bodens (sauer oder basisch – ein niedriger pH-Wert bedeutet sauer, ein hoher pH-Wert heißt basisch/alkalisch), der wiederum die Verfügbarkeit anderer Nährstoffe für Pflanzen bestimmt.

- Stickstoff ist optimal verfügbar bei einem pH-Wert von 6,0–8,0.
- Kalium ist am besten verfügbar bei einem pH-Wert über 6,0.
- Phosphor ist am besten verfügbar bei einem pH-Wert von 6,5–7,5.
- Die meisten anderen Mineralien sind bei einem pH-Wert von 5,5–7,0 frei verfügbar.
- Die Anzahl der Regenwürmer nimmt ab einem pH-Wert unter 5,0 ab.

Ziemlich oft ist ein scheinbarer Nährstoffmangel tatsächlich dadurch bedingt, dass der Boden zu sauer (unter pH 5,5) oder zu alkalisch (über pH 7,5) ist.

Die meisten Gehölze fühlen sich in einem Boden mit einem pH-Wert von 5,5–7,0 wohl. Der Idealwert liegt bei 6,0–6,5. Leguminosen (Schmetterlingsblütler) ziehen einen neutralen Boden (pH 7,0) vor.

Moorbeetpflanzen (zum Beispiel Heidelbeeren) benötigen einen sehr sauren Boden (pH 5,5 oder weniger).

Der pH-Wert des Mutterbodens wird maßgeblich durch den darunterliegenden Gesteinstyp bestimmt – Kreide und Kalkstein führen in der Regel zu alkalischen Böden. In Gebieten mit starken Regenfällen tritt eine natürliche Übersäuerung ein – dies am schnellsten bei kultivierten Böden und deutlich langsamer bei Waldböden.

Landwirte und Gärtner, die üblicherweise einjährige Ertragspflanzen anbauen, geben in regelmäßigen Abständen Kalk hinzu, um saure Böden zu korrigieren. Sogar Obsthaine müssen gelegentlich gekalkt werden. In einem Waldgarten ist es sehr wahrscheinlich, dass eine Kalkzugabe erforderlich ist, zumindest zu Beginn, wenn der Garten aufgebaut wird. Wird der Garten älter, so werden auch die Nährstoffkreisläufe effizienter – das Netzwerk vieler verschiedener Arten von Wurzeln und Pilzfäden fängt die Nährstoffe ein, bevor sie aus dem Boden ausgewaschen werden können. Als ich meinen Waldgarten angefangen habe, ging ich davon aus, dass dieser Prozess viele Jahre dauert. Es stellte sich jedoch heraus, dass sich der pH-Wert des Bodens nach sieben bis acht Jahren stabilisiert hatte. Ich halte es mittlerweile nicht mehr für notwendig, eine Kalkung vorzunehmen.

Sollten Sie Kalk zugeben müssen – was zu Beginn eines Projekts gut möglich ist –, dann hängt die zum Ausgleich des pH-Werts benötigte Menge an Kalzium (Kalk) von der Art des Bodens ab. Sandige Böden benötigen am meisten und Lehmböden am wenigsten Kalkgaben, um den pH-Wert auf einen bestimmten Wert zu bringen. Ich rate zu Beginn zu einer Bodenanalyse, die Ihnen außerdem eine Menge andere nützliche Parameter anzeigt. Oft wird Ihnen vom Untersuchungslabor eine empfohlene Menge an CaO angegeben. CaO bedeutet Kalziumoxid (ungelöschter Kalk), und da Kalk nie in dieser Form eingebracht wird, müssen Sie die angegebene Menge CaO in ein Produktgewicht, zum Beispiel von Kalkstein, umrechnen. Ein Stoff wie gemahlener Kalkstein (sogenannter Naturkalk, zum Beispiel „Kohlensaurer Gartenkalk") ist mit einem CaO-Wert von 56 Prozent angegeben, was bedeutet, dass ein Kilogramm gemahlener Kalkstein 56 Prozent der Wirkung von einem Kilogramm CaO besitzt. Wenn Ihnen also empfohlen würde, 500 Gramm CaO pro Quadratmeter beizugeben, entspräche dies 500 x (100/56) = 893 Gramm „Naturkalk".

Es gibt meines Wissens keine ökologisch „sauberen" Kalkvorkommen. Die heute ausgeschöpften Herkünfte sind Steinbrüche (Dolomitkalk) und der Meeresboden (Algenkalk).

Auch Holzasche hat einen (geringen) Nutzen zur Kalkung. Sie müssten für eine ausreichende Menge hektarweise Bäume verbrennen. Im Mittelalter wurde in England Kalk in der Form von Mergel, einer Art von alkalischem Lehm-Unterboden, verwendet. Daher entstammen die über die Landschaft verstreuten Bodenauflassungen in England ehemaligen Mergelgruben. Auch dies ist nicht wirklich nachhaltig. Aber: Bei einem Waldgarten, den Sie hoffentlich jemals nur ein- bis zweimal kalken müssen, überwiegt der Nutzen für Ihren Garten im Vergleich mit dem relativ geringen Schaden für die Umwelt bei Weitem!

Bedenken Sie, dass Sie möglicherweise bestimmte Flächen Ihres Waldgartens grundsätzlich nicht kalken wollen, damit Sie dort Pflanzen anbauen können, die saure Böden lieben (zum Beispiel Heidelbeeren, Moosbeeren, Shallon-Scheinbeeren und so weiter).

Kalziumquellen

Die folgenden Kalziumquellen benötigen etwa zwei Jahre, um ihre volle Wirkung zu entfalten.

	CaO-Wert	
Algenkalk	44 %	+ viele Spurenelemente
Dolomitkalk	34 %	+ Magnesium
Gemahlener Kalkstein	56 %	

Um ein Beispiel zu liefern: Laut einer Bodenanalyse musste ich 60 Gramm CaO pro Quadratmeter einbringen, um den pH-Wert in meinem Waldgarten von 5,7 auf 6,0 zu bringen. Dies entspricht 60 x (100/44) = 136 Gramm Algenkalk pro Quadratmeter. Für die gesamte Fläche von 8.000 Quadratmetern war dies knapp über eine Tonne Material, die ich per Eimer über etwa einen Tag verteilte.

Stickstofffixierung in Pflanzen

Vier Fünftel der Atmosphäre unseres Planeten besteht aus Stickstoffgas (N_2), eine nahezu unerschöpfliche Quelle. Jedoch können nur sehr wenige Pflanzen und keine Tiere Stickstoff in seiner ungebundenen Form assimilieren. Stickstoff ist jedoch der Hauptbaustein der Proteine, die für das Zellprotoplasma notwendig sind; alle Organismen sind auf seine Verfügbarkeit in irgendeiner aufnehmbaren Form angewiesen.

Die meisten Pflanzen erhalten ihren Stickstoff durch die Mineralisierung von organischem Material und Pflanzenrückständen im Boden. Lebende Organismen und Ökosysteme sind so organisiert, dass sie nutzbaren Stickstoff erhalten und speichern. Die heutige Verwendung chemisch-synthetischer Stickstoffdünger birgt langfristige Gefahren wie die Erschöpfung der Stickstoffreserven im Boden, Nitratverunreinigung des Grundwassers, der Flüsse und Seen. Diese Dünger werden außerdem durch steigende Energiekosten zunehmend teurer.
Die biologische Fixierung von Stickstoff, vor allem auf

die symbiotische Weise mit Bakterien, spielt eine essenzielle Rolle für die Aufrechterhaltung angemessener Stickstoffreserven in der Pflanzenwelt. Im Besonderen gedeihen zwei Gruppen von Pflanzen mit einer nur minimalen Stickstoffversorgung: Leguminosen – unter den Gehölzen zum Beispiel die Robinie (*Robinia pseudoacacia*) und unter den krautigen Pflanzen beispielsweise der Weißklee (*Trifolium repens*), Erbsen, Bohnen, Lupinen und so weiter – und die Aktinorrhiza-Pflanzen (Strahlenwurzel-Pflanzen), wie zum Beispiel die Korallen-Ölweide (*Eleagnus umbellata*) und der Gagelstrauch (*Myrica gale*). Das sind Pflanzen, die dank spezifischer Bakterien – sogenannter Knöllchenbakterien (*Frankia alni, Rhizobium* spp.) –, die in die Haarwurzeln eindringen, den freien Stickstoff aus der Luft binden und dann zur Assimilation und Speicherung durch Pflanzenproteine bereitstellen, nachdem sie sich in den Wurzelknöllchen festgesetzt haben. Diese Pflanzengruppe hat so einen evolutionären Vorsprung gegenüber den meisten anderen lebenden Organismen erlangt. Die Wurzelinfektion und Entwicklung der Wurzelknöllchen ist bei beiden Symbiosen der *Aktinorrhiza*-Pflanzen und Leguminosen ähnlich: Die Infektion erfolgt durch Eindringen der Bakterien in Haarwurzeln oder die Bakterien erhalten Zugang zur Wurzel über Zellzwischenräume.

Ökologisch gesehen sind die meisten Leguminosen und *Aktinorrhiza*-Pflanzen Pionierarten an offenen stickstoffarmen Standorten. Sie verbessern den Boden und sie ermöglichen erst die Sukzession hin zu Sträuchern und Bäumen. Sobald sie unter zu großem Schattendruck stehen, schwinden sie allmählich dahin. Da sie sozusagen auf das Pioniertum spezialisiert sind, liegt es nahe, dass sie sich in Agrarlandschaften leicht einbürgern und zu „Unkräutern“ werden. Die Schmalblättrige Ölweide (*Eleagnus angustifolia*) wird beispielsweise im westlichen Teil Nordamerikas als „Unkraut“ betrachtet. Im Unterholz offener Baumbestände überdauern einige Aktinorrhiza-Pflanzen, zum Beispiel immergrüne *Eleagnus*-Arten und Gagelstraucharten (*Myrica* spp.). Diese Pflanzen sind in der Regel schattentoleranter als die Leguminosen.

Faktoren der Stickstofffixierung

Es gibt eine Anzahl von Faktoren, die die Effektivität der Stickstofffixierung beeinflussen.

- Temperatur: Dies hängt von den Bakterienarten und den Wirtspflanzen ab. Beispielsweise sind plus vier bis sechs Grad Celsius ausreichend für die Ackerbohne (*Vicia faba*), während für die meisten subtropischen und tropischen Arten plus 18 Grad Celsius erforderlich sind.

- Jahreszeit: Bei den meisten Pflanzenarten steigt die Stickstofffixierung im Frühjahr schnell von null Grad Celsius, erreicht ihr Maximum im Spätfrühling/Frühsommer, das bis zum Spätsommer aufrechterhalten wird, um dann im Herbst wieder auf null Grad Celsius zu fallen. Bei immergrünen Arten findet die Stickstofffixierung den ganzen Winter über statt, vorausgesetzt, die Bodentemperaturen fallen nicht zu tief.

- pH Wert des Bodens. Die Leguminosen tolerieren saure Böden allgemein weniger gut als Aktinorrhiza-Pflanzen, was daraus resultiert, dass Pflanzen saures Milieu weniger gut verkraften als Aktinorrhiza-Vertreter. So kommen beispielsweise Kleearten (*Trifolium* spp. mit Rhizobien-Bakterien) nicht mit sehr sauren Böden zurecht, während Erlen (*Alnus* spp. mit Frankia alnus-Bakterien) dies sehr wohl können. Unter den Aktinorrhiza-Pflanzen sind Erlen und Gagelsträucher die säuretolerantesten.

- Verfügbarkeit von Stickstoff im Boden: Sollte der Boden eine Fülle an verfügbarem Stickstoff enthalten, dann ist die Stickstofffixierung gewöhnlich stark reduziert, manchmal nur gegen zehn Prozent der Gesamtmenge des Verbrauchs der stickstofffixierenden Pflanze.

- Stress durch mangelnde oder übermäßige Feuchtigkeit: Bei Trockenheit nimmt die Anzahl der Bakterien ab, sie erholen sich jedoch gewöhnlich schnell, sobald wieder Feuchtigkeit vorhanden ist. Einige (üblicherweise Aktinorrhiza-)Spezies, zum Beispiel die Schwarz-Erle (*Alnus glutinosa*) und der Gagelstrauch (*Myrica gale*), sind gut an Bedingungen wie Staunässe angepasst. [Mit Ausnahme der krautigen Gattung *Datisca* sind alle Aktinorrhiza-Pflanzen Bäume oder Sträucher. Viele Vertreter sind sogenannte Pioniergehölze in frühen Entwicklungsstadien; *Anm. d. Bearb.*]

- Verfügbarkeit von Licht: Die Stickstofffixierung wird durch Sonnenlicht angetrieben und ist daher unter schattigen Bedingungen gemindert. Die meisten stickstofffixierenden Pflanzen sind schattenempfindlich, entsprechend vermindert sich die Stickstofffixierung proportional zur Beschattung, das heißt, 50 Prozent Schatten führt dazu, dass nur 50 Prozent der Stickstoffmenge fixiert wird. Das Verhältnis bei weniger schattenempfindlichen Pflanzen ist weniger deutlich, möglicherweise fixieren diese auch im Schatten bedeutende Mengen an Stickstoff.

Verfügbarkeit von Stickstoff und Stickstoffquellen

Stickstoff wird für andere Pflanzen hauptsächlich durch drei natürliche Methoden von Stickstofffixierern verfügbar gemacht.

- Gefallenes Laub, das hohe Mengen Stickstoff enthält.

- Wurzelabbau und Auswaschung aus den Wurzeln: Man nimmt heute an, dass dies ein bedeutender Beitrag zum Stickstoffkreislauf ist und mindestens ebenso viel wie Falllaub umsetzt. Feinwurzeln wachsen jährlich an den meisten Pflanzen (einschließlich von Gehölzen) und sterben jedes Jahr ab und geben so Stickstoff an den Boden ab.

- Mykorrhiza-Pilze: Dies sind symbiotische Pilze, die mit Pflanzenwurzeln eine Wechselbeziehung eingehen – nahezu alle Pflanzen bilden solche Beziehungen. Dort, wo sich eine Matte aus *Mykorrhiza* gebildet hat (typischerweise unter Bäumen, wo die Erde nicht bearbeitet und nicht stark gedüngt wird), kann der Pilz Nährstoffe transportieren und wird Stickstoff von dort, wo er in Fülle vorhanden ist (zum Beispiel um stickstofffixierende Pflanzen herum), dorthin bringen, wo ein Mangel besteht (das heißt um Pflanzen mit hohem Bedarf herum); dies manchmal über Strecken von mehreren Dutzend Metern.

Über diese Methoden hinaus können Eingriffe helfen, Stickstoff freizusetzen, zum Beispiel durch regelmäßige Schnittmaßnahmen, bei denen der Schnitt auf dem Boden zur Zersetzung verbleibt oder gehäckselt als Mulch verwendet wird. Wenn stickstofffixierende Gehölze eingekürzt oder stark geschnitten werden, dann enthält der Schnitt (vor allem die kleinen Äste) bedeutende Mengen an Stickstoff, die langsam in den Boden freigesetzt werden, wenn sie an der Oberfläche liegen gelassen werden. Ein sogenannter Stickstoffbrand (Stickstoff wird zusätzlich aus dem Boden gezogen, um das Material zu zersetzen) stellt kein Problem dar, wenn die Zweige verstreut werden. Wenn sie jedoch zerkleinert werden, kann sich dies zeitweise zu einem potenziellen Problem entwickeln.

Die Verwendung von stickstofffixierenden Pflanzen als Stickstofflieferanten für das Wachstum anderer Pflanzen hat gegenüber der Verwendung üblicher Düngemittel einige Vorteile:

- Die Versorgung mit Stickstoff ist gleichmäßiger und findet über einen längeren Zeitraum statt.
- Es wird wenig Stickstoff ausgewaschen und an die Luft verloren.
- Stickstofffixierer erhöhen den Anteil organischen Materials im Boden.

Ein stickstofffixierender Baum. An den Wurzeln lebende Bakterien nehmen Stickstoff aus der Luft (im Boden) auf und liefern sie im Austausch für Zucker an den Baum. Stickstoff wird an andere Pflanzen über Falllaub, Wurzelabbau und durch Mykorrhiza-Pilze verteilt.

Anderer Nutzen von stickstofffixierenden Pflanzen

Stickstofffixierende Pflanzen können neben der Versorgung des Systems mit Stickstoff eine Reihe anderen Nutzens haben.

Akkumulierung von Mineralien

Viele Stickstofffixierer sind exzellente Mineraliensammler, wie es ihrer Rolle als Pionierpflanzen, die die Bodenbedingungen für zukünftige Pflanzengenerationen verbessern, entspricht. Sie erreichen dies, indem sie mit ihren tiefen Pfahlwurzeln Mineralienquellen im Unterboden auftun und die so aufgenommenen Mineralien in die oberen Pflanzenteile transportieren. Diese werden verzehrt oder sterben im Winter ab und werden so in die Nahrungskette oder in den Boden abgegeben.

Weiterhin nehmen die Erkenntnisse zu, dass die gesammelten Mineralien über die Wurzeln in den umliegenden Boden abgegeben werden, wo sie vom Wurzelsystem anderer Pflanzen verwendet werden können. Eine zweite Methode der Akkumulierung ist über Mykorrhiza-Beziehungen, bei denen den Pflanzen Phosphor (P) und andere Nährstoffe durch diese symbiotischen Pilze bereitgestellt werden.

Windschutz

Einige Stickstofffixierer eignen sich exzellent als Windschutz, wie zum Beispiel:

- Erbsenstrauch (*Caragana arborescens*): sehr gut in kontinentalen Klimazonen und produziert gut essbare junge Samen und Hülsen.
- *Eleagnus*-Arten: zum Beispiel die Korallen-Ölweide (*Eleagnus umbellata*), die eine gute Futterpflanze für Bienen und ein hervorragendes Obstgehölze ist.
- Sanddorn (*Hippophae rhamnoides*): sehr gut salz- und windbeständig und ebenfalls ein gutes Obstgehölz.

Ständig salzige Luft, wie sie an den Meeresküsten vorherrscht, wird auch von einigen anderen stickstofffixierenden Arten toleriert, zum Beispiel von den immergrünen Ölweiden und dem Sanddorn, was sie zu geeignetem Windschutz für Küstengebiete macht.

Anlocken von Bienen

Eine große Anzahl der Leguminosen sind exzellente Bienenpflanzen (Honig) – von krautigen ausdauernden Arten wie Kleearten (*Trifolium* spp.) und Wicken (*Vicia* spp.) bis hin zu Bäumen wie der Robinie (*Robinia pseudoacacia*). Einige der Aktinorrhiza-Pflanzen, im Besonderen die Familie der *Eleagnus* (Ölweiden), sind ebenfalls großartige Bienenpflanzen.

Bodenverbesserung

Stickstofffixierende Pflanzen können den Anteil organischen Materials im Boden durch ihr Falllaub und durch Wurzelabbau um bis zu 20 Prozent erhöhen. Das organische Material im Boden ist das hauptsächliche Speichermedium für Stickstoff. Erhöht sich die Menge an organischen Materialien, verbessert dies die Krümelstruktur des Bodens, die Menge an Mineralien, die Speicherfähigkeit von Wasser sowie die Porosität und Belüftung und die allgemeine Bodenstruktur. Mittlerweile gibt es Belege dafür, dass stickstofffixierende Pflanzen des Unterholzes größere Mengen Phosphor aus dem Falllaub aufbereiten und zurückführen können als Pflanzen, die keinen Stickstoff sammeln. So können sie die Phosphorversorgung an Standorten verbessern, wo dieses Mineral knapp ist.

Verhinderung von Krankheiten

Ein anderer oft auftretender Effekt stickstofffixierender Pflanzen, besonders bei Erlen, ist die Unterdrückung von Pilzkrankheiten. Die Gründe sind nicht ganz geklärt, wahrscheinlich geben Erlen Substanzen aus ihren Wurzeln ab, die diese Pilze unterdrücken.

Essbare Früchte

Weil sie Pionierpflanzen sind, bilden viele der Leguminosen und Aktinorrhiza-Pflanzen diverse natürliche Giftstoffe in ihren oberirdischen Pflanzenteilen, um Fraßschäden durch Tiere zu verhindern. Andere jedoch, beispielsweise Erbsen und Bohnen, sind nicht giftig und haben essbare Samen und Blätter, während wieder andere, zum Beispiel der Sanddorn und Ölweiden, essbare Früchte bilden.

Pflanzen zur Stickstofffixierung

Die folgenden Tabellen zeigen die wichtigsten nützlichen Pflanzen zur Stickstofffixierung in Ihrem Waldgarten: Bäume, Sträucher und Stauden und solche, die für sonnige und schattige Standorte geeignet sind, sowie höher wachsende Bäume. Neben den hier aufgeführten Pflanzen gibt es viele weitere. Besonders wenn Sie sich nicht in Großbritannien befinden, könnte es viele andere mögliche (in diesem Buch nicht aufgeführte) Pflanzen geben, die Sie in Ihrem Waldgarten verwenden könnten. Für eine umfassende Liste nützlicher stickstofffixierender Pflanzen verweise ich auf mein Buch „Nitrogen-Fixing Plants for Temperate Climates".

Empfohlene Stickstofffixierer für schattige Standorte

Die meisten stickstofffixierenden Pflanzen sind Pionierarten, die nach sehr viel Sonne verlangen: Sie sind unter dem Kronendach der größeren Bäume des Waldes beheimatet, verschwinden aber oft von dort, wenn sie ständig übermäßig viel Schatten abbekommen. Die schattentolerantesten Pflanzen (einige vertragen sogar tiefen Schatten) sind gegenüber aufgeführt (oben). Bäume, die höher als das allgemeine Kronendach sind, können in Abständen zu Erntebäumen in der Wirtschaftsform eines sogenannten Niederwaldes* werden, um sicherzustellen, dass andere Bäume nicht durch sie beschattet werden. Ebenso können große stickstofffixierende Sträucher unter Kontrolle gehalten werden, indem man sie einkürzt, wenn sie sich zu groß entwickeln. Das Schnittgut sollte auf dem Boden belassen oder, wenn möglich, gehäckselt werden und als Mulch Verwendung finden, um sicherzustellen, dass die Nährstoffe zurück in den Boden gelangen. (Bedenken Sie, dass bei Häckselgut kurzzeitig Stickstoffmangel im Boden auftreten kann, weil die Bakterien diesen für den Zersetzungsprozess benötigen). Die folgenden Spezies sind für die Verwendung in Großbritannien und Nordamerika empfohlen, wo sie, wenn nicht anders angegeben, bekanntermaßen erfolgreich Knöllchen (das heißt funktionierende Symbiosen) bilden.

* Forstwirtschaftliche Betriebsart, bei der nach kurzer Umtriebsart (5 bis 30 Jahre) die Gehölze dicht über dem Boden abgeschlagen und zum Beispiel als Brennholz, Gebrauchsstecken, Faschinen und so weiter verwendet werden. Niederwald verjüngt sich durch Stockausschlag und Wurzelbrut. [*Anm. d. Bearb.*]

Stickstofffixierer, die Vollschatten tolerieren

Diese Arten tolerieren Bedingungen, unter denen sie im Sommer null bis zwei Stunden Sonnenbestrahlung erhalten.

STICKSTOFFFIXIERER, DIE VOLLSCHATTEN TOLERIEREN	
Kleine Bäume/Großstäucher	**krautige Ausdauernde**
Wintergrüne Ölweide (*Elaeagnus* x *ebbingei*) = immergrün	Erdbirne (*Apios americana*)
Dornige Ölweide (*Elaeagnus pungens*) = immergrün	

Stickstofffixierer, die Halbschatten tolerieren

Diese Arten tolerieren Bedingungen, unter denen sie im Sommer zwei bis sechs Stunden Sonnenbestrahlung erhalten.

STICKSTOFFFIXIERER, DIE HALBSCHATTEN TOLERIEREN				
Große/mittlere Bäume (Niederwaldwirtschaft)	**Kleine Bäume/große Sträucher (Niederwaldwirtschaft)**	**Mittlere/ kleine Sträucher**	**Stauden**	**Einjährige**
Schwarz-Erle (*Alnus glutinosa*)	Sitka-Erle (*Alnus viridis* ssp. *sinuata*)	Reichblütige Ölweide (*Elaeagnus multiflora*)	Römisches Süßholz (*Glycyrrhiza echinata*)	Erdbohne (*Amphicarpaea bracteata*)
Nordamerikanische Rot-Erle (*Alnus rubra*)	Grün-Erle (*Alnus viridis*)	Amerikanischer Gagelstrauch (*Myrica pensylvanica*)	Echtes Süßholz (*Glycyrrhiza glabra*)	Duftende Platterbse (*Lathyrus odoratus*)
	Schmalblättrige Ölweide (*Elaeagnus angustifolia*)		Kleines Mammutblatt oder Gunnera (*Gunnera magellanica*)	Hopfenklee (*Medicago lupulina*)
	Ölweide (*Elaeagnus glabra*)*		Mammutblatt (*Gunnera tinctoria*)	
	Korallen-Ölweide (*Elaeagnus umbellata*)		Platterbse (*Lathyrus latifolius*), Kletterpflanze	
	Kalifornischer Gagelstrauch (*Myrica californica*), immergrün*		Wild-Platterbse (*Lathyrus sylvestris*)	
	Virginischer Wachsbaum (*Myrica cerifera*), immergrün		Knollen-Platterbse (*Lathyrus tuberosus*)	
			Gewöhnlicher Hornklee (*Lotus corniculatus*)	
			Sumpfhornklee (*Lotus uliginosus*)	
			Weißklee (*Trifolium repens*)	
			Wald-Wicke (*Vicia sylvatica*), Kletterpflanze	

* Diese Arten sind nur in milden Regionen von Großbritannien winterhart.

Empfohlene Stickstofffixierer für die oberste Baumebene

Eine gute Idee ist es, einen Teil der Ebene der hohen Bäume (der sogenannten Überständer) für stickstofffixierende Bäume zu reservieren. Die Bäume können hochgeastet werden, das heißt, niedrige Seitenäste werden während des Wachstums entfernt, um eine möglichst große Menge an Licht durchzulassen. Die Ebene der hohen Bäume zumindest teilweise so zu nutzen ist gut, weil diese Ebene für Früchte, die gepflückt werden müssen, nicht sonderlich geeignet ist (lange Leitern in einem Waldgarten herumzutragen ist nicht besonders spaßig). Allerdings auch deswegen, weil sich das Falllaub von hohen stickstofffixierenden Bäumen weiträumiger verteilt und so auch der Dünger besser im Garten verteilt wird. Geeignete Bäume sind in ihrer Form aufrecht wachsend und eher konisch als rundlich.

STICKSTOFFFIXIERER FÜR DIE OBERSTE BAUMEBENE	
Arten	**Bemerkungen**
Italienische Erle (*Alnus cordata*)	Einer meiner Lieblingsbäume, verträgt trockene Bedingungen im Sommer besser als die meisten Erlen. Schöne konische Form. Diese Spezies ist überall in meinem Waldgarten verteilt zu finden. Auch großartig als Windschutz.
Nordamerikanische Rot-Erle (*Alnus rubra*)	Wächst sehr schnell, tatsächlich am schnellsten, verglichen mit anderen Erlen. Mag feuchte Böden. Auch gut als Windschutz.
Himalaya-Sanddorn (*Hippophae salicifolia*)	Dornig wie der übliche Sanddorn, aber größer und in der Form eines aufrechten Baumes. Mag mittlere bis durchlässige Böden. Die Früchte sind rund und dem europäischen Sanddorn (*H. rhamnoides*) ähnlich. Kann Wurzelausläufer bilden.
Scheinakazie, Robinie (*Robinia pseudoacacia*)	Konische Form und schnell wachsend, jedoch dornig – kann Wurzelausläufer bilden. Mag mittlere bis durchlässige Böden. Gute Bienenpflanze. Einer der wenigen guten Bäume aus der Familie der Leguminosen (Leguminosae) für gemäßigte Klimazonen. Lichtdurchlässige Krone.

Empfohlene Stickstofffixierer für gute bis sonnige Lichtbedingungen

Die meisten stickstofffixierenden Pflanzen vertragen sonnige Standorte am besten, daher haben sie unter guten Lichtbedingungen die breiteste Auswahl an Arten.

Bäume und Sträucher

Für sonnige oder leicht schattige Standorte gibt es für Waldgärten viele stickstofffixierende Sträucher und kleine Bäume, die einen Platz verdienen – viele weitere sind in der Tabelle der besten Arten gegenüber aufgelistet. Die Leguminosen verlangen in der Regel eine bessere Durchlässigkeit als die Aktinorrhiza-Pflanzen (zu den Letzteren gehören Erlen, Ölweiden, Gagelsträucher und Sanddorne).

Scheinakazie, Robinie (*Robinia pseudoacacia*).

STICKSTOFFFIXIERENDE BÄUME UND STRÄUCHER FÜR GUTE LICHTBEDINGUNGEN	
Arten	**Bemerkungen**
Sitka-Erle (*Alnus viridis* ssp. *sinuata*)	Ein guter „Gründünger-Baum", kann regelmäßig beschnitten oder in Niederwaldkultur bewirtschaftet werden.
Grün-Erle (*Alnus viridis*)	Ein guter „Gründünger-Strauch", kann regelmäßig beschnitten oder in Niederwaldkultur bewirtschaftet werden.
Bastard-Indigo (*Amorpha fruticosa*)	Enthält biochemische Stoffe, die Insekten fernhalten, und ist für uns Menschen auch eine Quelle für Färbemittel. Wurde in der Vergangenheit als Gewürzpflanze genutzt, was jedoch nach heutigen Erkenntnissen nicht gesund sein soll. Anfällig für Windschäden.
Erbsenstrauch (*Caragana arborescens*)	Langsam wachsend in gemäßigten Klimazonen, trägt jedoch gut essbare kleine Hülsen und Samen. Bienenpflanze.
Gemeiner Besenginster (*Cytisus scoparius*)	Eine großartige Pionier-Leguminose, die es sich lohnt, am Anfang eines Waldgartens zu pflanzen. Sie wird wahrscheinlich nach 10 bis 15 Jahren, sobald sie zu stark beschattet wird, von selbst verschwinden. Eine großartige Bienenpflanze mit viel anderem Nutzen.
Schmalblättrige Ölweide (*Elaeagnus angustifolia*)	Schnellwüchsig, großartig als Windschutz. Nach meiner Erfahrung in Großbritannien eher schwach tragend.
Ebbings-Ölweide (*Elaeagnus* x *ebbingei*)	Immergrüner Strauch, gut als Windschutz. Trägt sehr früh im Frühjahr Früchte, wenn er bestäubt wird.
Reichblütige Ölweide (*Elaeagnus multiflora*)	Eine wunderschöne, im Sommer Früchte tragende Pflanze, deren Blüten von Bienen geliebt werden. Sofern sie bestäubt werden, trägt sie große Mengen an kirschgroßen Früchten.
Korallen-Ölweide (*Elaeagnus umbellata*)	Einer meiner Favoriten, ein schnell wachsender, buschiger, wunderschöner Strauch; eine großartige Bienenpflanze schon im zeitigen Frühjahr, die massig exzellente Früchte produziert. Gut als Windschutz.
Färber-Ginster (*Genista tinctoria*)	Lässt sich vielfältig medizinisch nutzen und ist eine altbekannte Färbepflanze, ebenso eine gute Bienenpflanze:
Sanddorn (*Hippophae rhamnoides*)	Dornen- und Wurzelausläufer bildend, kann daher in manchen Situationen störend werden. Wenn er bestäubt wird, trägt er später Massen nahrhafter, säuerlicher Früchte. Die Ernte ist eher beschwerlich.
Zweifarbiger Busch-Klee (*Lespedeza bicolor*)	Ein hübscher Strauch mit Blüten, die von Bienen geliebt werden. Viel weiterer Nutzen.
Baumlupine (*Lupinus arboreus*)	Immergrüner Strauch, großartig für Bienen. In großen Teilen Großbritanniens nicht besonders winterhart. Benötigt einen durchlässigen Boden.
Virginischer Wachsbaum (*Myrica cerifera*)	Immergrün und unkompliziert, die Blätter und Früchte können als Geschmacksstoffe verwendet werden. Die Früchte sind mit Wachs überzogen, aus denen zum Beispiel aromatische Kerzen hergestellt werden können.
Gagelstrauch (*Myrica gale*)	Ein schöner Gewürzstrauch für sumpfige und nasse Standorte.
Amerikanischer Gagelstrauch (*Myrica pensylvanica*)	Eine kleinere Version von *M. cerifera* mit dem gleichen Nutzenspektrum.
Stechginster (*Ulex europaeus*)	Sehr stachelig! Ich würde nicht empfehlen, dieses Gehölz anzupflanzen. Wenn es jedoch an einem Standort natürlich vorkommt, erfüllt es einen nützlichen Zweck und schützt junge Bäume sehr effektiv vor Wildverbiss.
Blauregen (*Wisteria* spp.)	Sehr bekannter, dekorativ genutzter kletternder Strauch. Eine gute Bienenpflanze, sonst kaum weiterer Nutzen. Kann an größeren Bäumen emporwachsen.

Stauden

Krautige Stickstofffixierer sind wegen der schwächeren Lichtverhältnisse am Boden schwerer in einem Waldgarten unterzubringen. Die meisten Leguminosen erfordern einigermaßen durchlässige Böden.

STICKSTOFFFIXIERENDE STAUDEN FÜR GUTE LICHTBEDINGUNGEN	
Arten	**Bemerkungen**
Erdbirne (*Apios americana*)	Ein rankendes Klettergewächs. Pflanzen Sie diese daher neben einen Strauch, an dem die Erdbirne emporklettern kann. Produziert stärkehaltige essbare Knollen.
Bärenschote, Süßholz-Tragant (*Astragalus glycyphyllos*)	Blätter mit medizinischem Nutzen und gute Bienenpflanze.
Römisches Süßholz (*Glycyrrhiza echinata*)	Wurzeln verwendbar als Nahrung und Medizin.
Echtes Süßholz (*Glycyrrhiza glabra*)	Wurzeln verwendbar als Nahrung, Medizin und mehr.
Mammutblatt, Gunnera (*Gunnera magellanica*)	Mag feuchte Böden. Geschälte Blattstiele sind (ähnlich wie beim Rhabarber) essbar. Keine Leguminose oder Aktinorrhiza-Pflanze.
Breitblättrige Platterbse (*Lathyrus latifolius*), Kletterpflanze	Eine schlingende Kletterpflanze, gut geeignet für die Mischkultur mit anderen Stauden, an denen sie emporklettern kann. Eine gute Bienenpflanze. Ihre Hülsen sind in kleinen Mengen essbar (siehe Seite 283).
Wald-Platterbse (*Lathyrus sylvestris*), Kletterpflanze	Wie *L. latifolius*.
Knollen-Platterbse (*Lathyrus tuberosus*)	Wie *L. latifolius*, produziert jedoch außerdem eine essbare stärkehaltige Knolle (ohne giftige Stoffe).
Gewöhnlicher Hornklee (*Lotus corniculatus*)	Großartige Bienenpflanze
Sumpf-Hornklee (*Lotus uliginosus*)	Großartige Bienenpflanze
Ausdauernde Lupine (*Lupinus perennis*)	Mag saure Böden. Eine gute Bienenpflanze und Quelle für Färbemittel. Samen nicht essbar.
Rotklee (*Trifolium pratense*)	Großartige Bienenpflanze mit essbaren Blättern und Blüten.
Weißklee (*Trifolium repens*)	Großartige Bienenpflanze mit essbaren Blättern und Blüten.

Mykorrhiza-Pilze

Unter einer Mykorrhiza verstehen wir eine Lebensgemeinschaft auf Gegenseitigkeit (Symbiose) zwischen den Feinwurzeln höherer Pflanzen und Pilzen. Die Pilze liefern der Pflanze schwer zu findende Mineralien im Austausch für Kohlehydrate und andere Stoffe und machen Wasser leichter verfügbar.

Diese Arten von Pilzen sind ein essenzieller Bestandteil eines gesunden Waldgartens und, wie sich nach und nach herausstellt, aller gesunder Ökosysteme. Mykorrhiza-Pilze werden sich immer mit der Zeit bilden, es gibt jedoch verschiedene Methoden, dies zu begünstigen. Diese sind in Kapitel 21 (Seite 309) beschrieben.

Teil 2

Die Gestaltung Ihres Waldgartens

Rote Spornblume (*Centhranthus ruber*).

Kapitel 7

Bodenvorbereitung und Pflanzung

Wie Sie den Boden vor der Pflanzung vorbereiten, hängt vor allem vom Tempo ab, in dem Sie Ihren Waldgarten aufbauen wollen. Bei kleineren Gärten ist es durchaus möglich, die ganze Bandbreite an Arten – Bäume, Sträucher, Stauden et cetera – auf einmal über einen Winter zu pflanzen. In diesem Fall benötigen Sie zu Beginn beikrautfreien offenen Boden: Entweder Sie haben hierzu den Boden kultiviert oder Sie haben den existierenden Bewuchs durch einen Flächenmulch verdrängt (mehr darüber siehe Seiten 72–73). Eine dritte Möglichkeit ist natürlich die Verwendung von Herbiziden, was ich jedoch wegen der nachteiligen Effekte, unter anderem für die Bodenfauna, nicht empfehlen würde. Abgesehen von ein oder zwei Problembeikräutern – zum Beispiel die (Zaun-)Winde (*Convolvulus* spp.) und der Schachtelhalm (*Equisetum* spp.) – können die meisten ausdauernden Beikräuter sehr erfolgreich durch Flächenmulche entfernt werden.

Die meisten Menschen pflanzen ihre Waldgärten über mehrere Jahre, was gewöhnlich sinnvoller ist. In diesem Fall ist es keine Startvoraussetzung, einen offenen, beikrautfreien Boden zu haben.

Verdichtete Böden

Egal welche Zeitspanne Sie für Ihren Waldgarten anvisieren, es ist sinnvoll, Ihren Boden genauer in Augenschein zu nehmen, bevor Sie Pflanzungen vornehmen. Ich habe bereits über saure Böden gesprochen und wie Sie diese korrigieren können (siehe Kapitel 6, Seite 58). Die Bodenstruktur ist jedoch ein weiterer wichtiger Faktor. Sollten Sie ein Stück Kulturfläche erworben haben, dann ist es wahrscheinlicher, dass Ihre Bodenstruktur in schlechtem Zustand sein wird. Die regelmäßige Kultivierung per Traktor wie auch die Beweidung durch Schafe oder Rinder führt oft zu einer verdichteten Bodenschicht, die man Pflugsohle nennt. Diese Ebene, die sich oft gerade unter den obersten 15 bis 20 Zentimetern des Oberbodens befindet, wird das Wurzelwachstum Ihrer Pflanzen bremsen und einschränken – genau dort, wo die Wurzeln Ihrer Bäume und Sträucher tief in den Boden eindringen sollten. Selbst in Hausgärten lohnt sich der Versuch, etwas dagegen zu unternehmen. Um verdichteten Boden vor der Pflanzung Ihres Waldgartens aufzubrechen, können Sie zwei Dinge unternehmen:

1. Brechen Sie die verdichtete Schicht physisch auf. In einem kleinen Garten kann dies bedeuten, spatentief zu graben, um dann eine Grabegabel in den Boden darunter zu rütteln, oder sogar in einem Abstand von etwa zehn Zentimetern mit einer Metallstange Löcher zu stoßen. In größerem Maßstab ist die beste Art, verdichtete Böden aufzubrechen, einen landwirtschaftlichen Betrieb zu beauftragen, der mit von einem Traktor geführten Geräten den Unterboden bearbeitet. Diese Geräte haben lange vertikale, manchmal vibrierende Zinken, die durch den Boden gezogen werden und so die verdichtete Schicht aufreißen, ohne den Boden umzugraben.

2. Bauen Sie für ein Jahr (oder länger) tief wurzelnde Gründüngerpflanzen an und lassen Sie deren Wurzeln die verdichtete Schicht durchbrechen. Natürlich ist kultivierter Boden erforderlich, um im Frühjahr den Gründünger einzusäen. Schon ein Wachstumsjahr dieser tief wurzelnden Pflanzen wird die Bodenbedingungen bedeutend verbessern. Einige der besten Pflanzen, um Bodenverdichtung aufzubrechen, sind Ampfer (*Rumex* spp.) und Löwenzahn (*Taraxacum officinale*). Ich würde jedoch nicht empfehlen, diese absichtlich zu pflanzen, weil sie nur schwerlich wieder zu entfernen sind! (Wenn Sie jedoch das nächste Mal ein Feld voller Ampfer sehen, dann betrachten Sie dies als natürliche Bodenwiederherstellung in Aktion!) Es ist vorzuziehen, einjährige oder zweijährige sonnenliebende Pflanzen zu säen, die, selbst wenn sie sich selbst aussäen, nicht lange in einem Waldgarten überdauern werden. Sie müssen schnell wachsend sein und den Boden schnell bedecken, damit nicht zu viele Beikräuter zur Keimung gelangen. Sollten diese auch stickstofffixierend sein, dann werden sie effektiv für die nachfolgenden Pflanzen Stickstoff im Boden hinterlassen. Die folgende Tabelle auf Seite 70 zeigt einige der Möglichkeiten:

TIEF WURZELNDE GRÜNDÜNGERPFLANZEN			
Arten		**einjährig oder überjährig**	**stickstofffixierend?**
Borretsch	*Borago officinalis*	einjährig	
Buchweizen	*Fagopyrum esculentum*	einjährig	
Blaue Lupine	*Lupinus angustifolius*	einjährig	stickstofffixierend
Hopfenklee	*Medicago lupulina*	überjährig	stickstofffixierend
Bienenfreund	*Phacelia tanacetifolia*	einjährig	
Ölrettich	*Raphanus sativus*	einjährig	
Inkarnatklee	*Trifolium incarnatum*	einjährig	stickstofffixierend
Bodenfrüchtiger Klee	*Trifolium subterraneum*	einjährig	stickstofffixierend

Viele dieser Arten wachsen in den meisten Böden, Klee und Lupine vertragen jedoch kein sehr saures Milieu. Nicht für alle dieser Arten ist Saatgut in größeren Mengen günstig zu bekommen. Konzentrieren Sie sich bei größeren Flächen auf Buchweizen, Blaue Lupine, Ölrettich und Klee. Für diese Pflanzenarten ist Saatgut selbst für große Flächen günstig zu erwerben. Sie können hier auch verschiedene Arten mischen, statt nur eine zu säen, dies sollte zu besserer und widerstandsfähigerer Bodenbedeckung führen (siehe Kapitel 16 für die empfohlenen Saatmengen).

Bodentypen

Sollte Ihr Boden zu einem Extrem neigen – sehr sauer, sehr alkalisch, sehr sandig oder besonders lehmig –, dann ist es jetzt an der Zeit, die Bedingungen, wenn möglich, zuerst zu verbessern, bevor Sie mit jeglicher Pflanzung beginnen.

Saure Böden

Sehr saure Böden können üblicherweise durch Kalkung korrigiert werden (siehe Seite 58, Kapitel 6). Wenn Sie nicht kalken wollen, ist der Anbau von fruchttragenden und anderen nutzbringenden Pflanzen eingeschränkt. Arten, die sehr saure Bedingungen tolerieren, umfassen die Familie der Heidekräuter (Ericaceae) wie Heidelbeeren, Kranbeeren, Erdbeerbaum (*Arbutus unedo*), Kiefern, Eiben, Vogelbeeren, Mehlbeeren, Speierling und Weißdorn.

Alkalische Böden

Sehr alkalische Bodenbedingungen sind schwer zu verändern. In der Regel entstehen sie durch den darunterliegenden Gesteinstyp. Um solche Böden aufzupuffern, wurden in der Vergangenheit manchmal Säuren verwendet, die aber sehr schädlich für die Bodenfauna und ohnehin nicht lange wirksam waren. Wahrscheinlich müssen Sie damit einfach zurechtkommen und tolerante Arten pflanzen wie Erbsenstrauch (*Caragana arborescens*), Judasbaum (*Cercis* spp.), Kornelkirsche (*Cornus mas*), Hasel (*Corylus avellana*), Weißdorn (*Crataegus* spp.), Rot-Buche (*Fagus sylvatica*), Wacholder (*Juniperus* spp.), Stein-Eiche (*Quercus ilex*), Scheinakazie (*Robinia pseudoacacia*), Holunder (*Sambucus* spp.), Vogelbeeren, Mehlbeeren und Speierling (*Sorbus* spp.) sowie Eiben (*Taxus* spp.).

Sandige Böden

Sehr durchlässige (sandige) Böden erschweren die Etablierung von Bäumen und anderen Pflanzen – Bewässerung kann hier essenziell sein – und fruchttragende Bäume werden wahrscheinlich über den Sommer bewässert werden müssen. Bei diesem Bodentyp nutzen Sie am besten jedes Mittel, um den Humusanteil im Boden zu erhöhen und so die Wasserhaltefähigkeit zu verbessern. Fügen Sie jedes organische Material hinzu, das Sie bekommen können. Wenn Sie Bäume pflanzen, dann versuchen Sie, die Anzahl der richtigen Mykorrhiza-Pilze zu erhöhen (siehe Seite 310, Kapitel 21), denn diese mindern den Stress durch Trockenheit.

Lehmige Böden

Sehr schwere (lehmige) Böden können die Etablierung ebenfalls erschweren, denn oft sind diese im Winter zu nass für eine Pflanzung. Nutzen Sie auch hier genauso wie bei sandigen Böden jedes Mittel zur Erhöhung des Humusanteils. Sollte der Boden im Winter für länger als eine Woche von Staunässe betroffen sein, dann überlegen Sie sich, ob Sie eine Drainage installieren. Ein perforiertes Abwasserrohr ist günstig im Handwerkerbedarf und in Baumärkten zu bekommen. Im Fischgrätmuster angelegte 60 Zentimeter tiefe Entwässerungsgräben können in kleinem Maßstab von Hand gegraben werden oder sehr schnell mit einem kleinen Bagger. Ein Gefälle von 1:100 ist ideal (das heißt ein Zentimeter pro Meter). Das Drainagerohr wird in die Gräben verlegt und diese wieder aufgefüllt. Optional können Sie die Rohre in Bodenvlies wickeln, damit sie sich nicht zu schnell verschließen.

Mulchen

Ob Sie Gehölze in offenen Boden oder in Gras, Weideland oder anderen niedrigen Bodenbewuchs pflanzen – sie sollten am Anfang gemulcht werden. Der Mulch hat zwei Funktionen:

1. Er reduziert oder eliminiert die Konkurrenzkräuter des jungen Gehölzes. Gräser sind die konkurrenzstärksten Pflanzen, besonders wenn es um die Bodenfeuchtigkeit geht. Gehölze ohne Konkurrenz können in ihren ersten Jahren im Vergleich bis zu doppelt so schnell wachsen wie solche ohne Unterdrückung der Konkurrenz durch Beikräuter.

2. Er verringert den Verlust von Bodenfeuchtigkeit im Sommer und erzeugt bessere Bodenbedingungen für die Baumwurzeln. Wenn in Weideland oder Gräser oder zwischen andere niedrige Pflanzen gepflanzt wird, dann muss der Mulch, während sich der Baum etabliert, die umliegende Fläche von Pflanzenbewuchs befreien. Ein Flächenmulch sollte Gräser in drei bis vier Monaten entfernen, ausdauernde Pflanzen benötigen womöglich länger. Versuchen Sie, für jedes Gehölz einen minimalen Durchmesser von einem Meter anzulegen. Forstarbeiter wenden oft ein Herbizid um jeden Baum an, um denselben Effekt zu erreichen.

Materialien zum Mulchen neu gepflanzter Gehölze

Zum Mulchen neu gepflanzter Gehölze können viele verschiedene Materialien verwendet werden. Manche davon sind umsonst und manche müssen Sie kaufen. Folgende Möglichkeiten bieten sich an:

Mulchmaterial für Bäume und Sträucher, die in offenen Boden gepflanzt werden

Der beste Mulch hierfür ist möglichst voluminöses Material organischer Herkunft, das nicht zu viele Samen von Beikräutern enthält.

- Zerkleinerte Rinde ist gut (oft günstig von lokalen Sägewerken zu bekommen), vermeiden Sie jedoch gehäckseltes Holz, das nicht bereits ein paar Jahre kompostiert wurde, da dies zu Stickstoffhemmung (siehe Seite 75) führen kann.

- Stroh ist gut, wenn Sie es in kleinen Ballen bekommen können. Legen Sie es zehn Zentimeter hoch auf. Nagetiere werden dann jedoch gern in Ihrem Mulch leben. Vermeiden Sie Heu – darin sind zu viele Samen von Beikräutern enthalten.

- Grasschnitt ist gut – bringen Sie diesen in dünnen Lagen von drei bis vier Zentimetern auf und wiederholen Sie dies so oft wie nötig.

Andere Möglichkeiten hängen davon ab, was für Sie in der Nähe verfügbar ist: Zerkleinertes Farnkraut aus eigenem Anbau ist gut, genauso wie Hopfenabfall, der oft von kleinen Brauereien umsonst zu bekommen ist. Loses organisches Mulchmaterial sollte nicht zu hoch um den Stamm des Baumes geschichtet werden, da dies Krankheiten wie Obstbaumkrebs erzeugen kann und Rindenschäden durch Wühlmäuse entstehen können. Ein paar Zentimeter sind in Ordnung, bei mehr würde ich einen Rindenschutz empfehlen, um den Mulch vom Stamm fernzuhalten.

Selbst gemachter Kompost ist nicht empfehlenswert, weil er ein zu gutes Saatbeet für luftgetragene Samen diverser Beikräuter ist. Das Gleiche trifft auf Mist zu, es sei denn, der Boden ist arm an Nährstoffen. Bäume müssen generell in ihren frühen Jahren nicht zusätzlich genährt werden.

Alle auf der folgenden Seite genannten Möglichkeiten zum Pflanzen in Gras können Sie auch zum Pflanzen in offene Erde nutzen.

Im Vordergrund sehen Sie Gewebefolie als Mulchfolie zur Bodenbedeckung. Im Hintergrund wurde die Folie entfernt, um den sauberen Boden zur Pflanzung freizulegen.

Mulchmaterial für Bäume, die in Weide, Gras und ähnliche Böden gepflanzt werden
Um den Baum herum benötigen Sie eine feste Schicht eines Materials, durch das die bestehenden Pflanzen nicht hindurchwachsen können. Das feste Material muss auch irgendwie befestigt werden, damit es nicht weggeweht werden kann. Möglichkeiten dafür sind folgende:

- **Gekaufte Mulchmatten** für Bäume. Diese können aus verschiedenen Materialien bestehen:
  - *Schwarzes Polyethylen* – billig, effektiv, kurzlebig (ein bis zwei Jahre); kann befestigt werden, indem man die Kanten mit einem Spaten in die Erde schiebt; wasserundurchlässig, Regen wird aber von den Kanten her etwa einen Meter weit einsickern.
  - *Mulch-Unterbodengewebe* – teurer, effektiv, durchlässig und langlebig (sieben bis acht Jahre; kann mindestens einmal entfernt und wiederverwendet werden); kann befestigt werden, indem man die Kanten mit einem Spaten in die Erde schiebt (wasserdurchlässiges UV-stabilisiertes PP-Gewebe, 100 Gramm pro Quadratmeter).
  - *Flachs- oder Hanfmatten* – noch teurer, bauen sich biologisch ab, kurzlebig (ein Jahr). Möglicherweise müssen sie beschwert werden, damit sie nicht von den Pflanzen darunter hochgedrückt werden.
- **Dicker Verpackungskarton.** Sie benötigen mindestens die doppelte Kartonstärke – ein gefalteter Karton reicht üblicherweise für ein Jahr. Wenn Sie Zugang zu einer lokalen Quelle haben, dann ist dies eine gute (und kostenfreie) Option. Sie müssen den Karton beschweren, damit er von Böen nicht weggeweht wird. Die Lagen müssen sich mindestens um fünf Zentimeter überlappen, damit keine Pflanzen durch die Lücken wachsen können.
- **Zeitungen.** Diese können genauso wie Karton angewandt werden. Verwenden Sie für ein Jahr die gesamte Dicke einer Zeitung. Diese muss gegebenenfalls beschwert werden. Die für Zeitungen verwendeten Druckfarben bauen sich schnell biologisch ab, Sie müssen sich also um die Umweltverträglichkeit keine Sorgen machen.
- **Alte Teppiche.** Wollteppiche können zugeschnitten und wie Mulchmatten verwendet werden. Die Teppiche bestehen oft aus Nylon und müssen daher entfernt werden, sobald die Wolle zersetzt ist. Neuere Teppiche sind oft mit feuerresistenten Chemikalien behandelt, die in den Boden gelangen können. Wenn diese alt sind, haben sich diese Chemikalien wahrscheinlich bereits abgebaut; wenn sie jedoch neu sind, empfehle ich, diese nicht zu verwenden.

Flachsmatten

Für die Beschwerung von festen Materialien – Papier, Karton und oft auch Fasermatten – können Sie Äste, Steine (weniger effektiv) oder ein loses organisches Mulchmaterial verwenden, wie es oben für die Pflanzung in offene Erde beschrieben ist.

Flächenmulch

Wenn Sie einen Waldgarten über mehrere Jahre pflanzen, muss der Boden von niedriger Vegetation befreit werden, bevor Sie gehölzartige Bodendecker und Stauden pflanzen. Wenige Staudenarten werden sich etablieren können, solange Gräser und andere Beikräuter mit ihnen konkurrieren.

Meist wird ein Flächenmulch für den Boden zwischen und unter den bereits vorhandenen Gehölzen verwendet, es gibt jedoch auch andere Möglichkeiten:

- **Kultivierung.** In einem kleinen Garten kann der Boden von Hand kultiviert werden. In größerem Maßstab kann mit Maschinen gearbeitet werden, sofern zwischen den Bäumen genug Platz ist, dies kann jedoch wegen der unregelmäßigen Baumabstände schwierig sein. Natürlich lässt sich der Boden im Wurzelraum bestehender Bäume nicht maschinell bearbeiten.
- **Nutzbringende Tiere.** Hühner in ausreichender Dichte entfernen nahezu jede Vegetation: Ein sogenannter *Chicken Tractor* (fahrbares Hühnergehege) kann weiterbewegt werden, sobald wieder frische Bereiche zur Verfügung stehen. Dies funktioniert bei kleineren Flächen gut. Gänse in ausreichender Dichte entfernen ebenso fast alles an Vegetation, ohne den meisten Bäumen zu schaden. Ein elektrisch geladener Zaun kann nötig sein, um die Fläche so klein zu halten, dass ihre Dichte ausreicht, um den Boden frei zu machen. Schweine graben die meiste Vegetation aus. Das trifft auch auf kleine Bäume zu. Daher müssten diese sorgfältig durch Elektrozäune geschützt werden.

- **Herbizide.** Ich mag persönlich keine Herbizide. Sogar die sogenannten sicheren Mittel schädigen die Bodenfauna – und die Bodengesundheit ist in jedem nachhaltigen System der Landnutzung die erste Priorität.

Flächenmulch ist einfach aufzubringen, aber meistens natürlich ästhetisch nicht sehr ansprechend. Er ist jedoch immer eine temporäre und sehr wirksame Lösung, daher kann ich diese Methode sehr empfehlen.

Die für einen Flächenmulch verwendbaren Materialien sind dieselben wie die festen Mulchmaterialien um Bäume herum: dicker Karton, Zeitungspapier, Teppich, schwarzer Kunststoff (entweder das speziell als Mulchfolie hergestellte Material oder alte Silagesäcke und so weiter), durchlässige Gewebefolie oder Hanf-/Flachsmatten. Natürlich werden hier größere Flächen benötigt als zum Mulchen der Baumscheibe. Die Kunststofffolien und Hanf-/Flachsmatten sind auf Rolle erhältlich, was die Verwendung deutlich vereinfacht. Wenn Sie Rollen verwenden und sich Bäume oder Sträucher im Weg befinden, müssen Sie Schlitze oder Löcher schneiden und die Mulchmatten um die Gehölze herumlegen.

Ich habe zu Beginn meines Waldgartens jährlich bis zu 600 Quadratmeter gemulcht, meist mit schwarzer Mulchgewebefolie. Große Flächen dieses Mulchmaterials können mit Ästen oder Ähnlichem beschwert oder mit Zeltheringen oder Heftklammern aus Draht befestigt werden. Die Verwendung von aus Öl hergestelltem Plastik im Garten widerspricht generell zu einem gewissen Grad dem Prinzip der Nachhaltigkeit, in diesem Fall denke ich jedoch ist die Verwendung gerechtfertigt. Wenn Sie das Aussehen nicht mögen, können Sie die Fläche mit ein paar Zentimetern Rindenmulch oder einem ähnlichen organischen Material bedecken. In jüngerer Zeit habe ich auch Flachs- und Hanfmatten als Flächenmulch verwendet.

Ein wirksamer Flächenmulch zur Beikrautunterdrückung sollte mindestens sechs Monate liegen, vorzugsweise sogar zwölf Monate, um Löwenzahn, Ampfer und Queckengras zu entfernen. Ich verlege meine Flächenmulche im Winter und lasse sie für ein Jahr liegen. Wenn sie entfernt werden, dann ist der Boden darunter locker, krümelig und zu 99 Prozent beikrautfrei. Ein paar winzige Ampfer mögen vielleicht überlebt haben, diese können jedoch leicht mit den dünnen verbleibenden Wurzeln herausgezogen werden. Üblicherweise sind darunter eine Menge Mäusegänge – bei mir gibt es eine gesunde Mäusepopulation! Das stört mich nicht, unter anderem sind alte Mäusegänge ein guter Lebensraum für Wildbienen und Hummeln.

Sollte der Boden nicht besonders fruchtbar sein, bevor Sie ihn mit Mulchmaterialien abdecken, dann können Sie zu diesem Zeitpunkt solche einbringen, die die Fruchtbarkeit erhöhen: Kompost, Mist, organisches Material und so weiter. Verteilen Sie sie einfach auf dem Boden und legen die eigentlichen Mulchmaterialien darüber. Während die Gräser und Beikräuter absterben, werden Regenwürmer eine Menge der organischen Materialien einschließlich des toten Pflanzenmaterials unter die Erde bringen und damit die Bodenstruktur verbessern und die Fruchtbarkeit steigern.

Flächenmulch

(1) In Gras gepflanzte Bäume mit individuell gemulchten Baumscheiben.

(2) Ein Bereich wird mit Flächenmulch abgedeckt, um das Gras zu entfernen.

(3) Die freie Erde unter den Bäumen ist zur Pflanzung bereit und der Flächenmulch wird auf eine neue angrenzende Fläche weiterbewegt.)

Mulchmaterial, auch solches um einzelne Bäume herum, kann zu starkem Wuchs von Beikräutern an den Rändern der Mulchfläche führen, wo dieses auf bestehenden Bewuchs trifft. Diese Gräser und andere Beikräuter nutzen die guten Bodenbedingungen unter den Kanten des Mulchs, um schneller als üblich zu wachsen. Daher mag es vorkommen, dass Sie diesen Aufwuchs häufiger als andere Grasflächen zurückschneiden oder mähen müssen.

Pflanzung

In Großbritannien und ähnlich milden Klimazonen sind die optimalen Pflanzzeiten wie folgt:

- Die meisten Bäume, Sträucher und Bodendecker werden am besten im Herbst oder frühen Winter gepflanzt (September bis Dezember).

- Bodendecker und Stauden werden unter Umständen besser im Frühjahr mit einem losen organischen Mulch gepflanzt. Über den Winter können Vögel den losen Mulch aufwühlen und durch diese Lücken können dann im Frühjahr keimende Beikräuter dringen.

- Empfindliche Bäume und Sträucher werden besser im Frühjahr (März bis April) gepflanzt, um niedrige Wintertemperaturen für die Jungpflanzen zu vermeiden. Die meisten empfindlichen Gehölze werden nach ein paar Jahren winterhärter.

Unter der Voraussetzung, dass die Winterbedingungen nicht zu hart sind, ist eine Pflanzung im Herbst oder frühen Winter vorzuziehen, weil der Boden dann noch warm ist und die Wurzeln (auch die von Pflanzen in der Winterruhe) üblicherweise eine Weile weiterwachsen. Dies ist, besonders in einem trockenen Frühjahr, förderlich für die Etablierung der Pflanze.

In Gegenden mit kälteren Wintern, wo der Boden dann meist gefroren ist, ist eine Pflanzung im Frühjahr üblich.

Wenn Sie Bäume und Sträucher pflanzen, achten Sie darauf, dass das Pflanzloch groß genug ist. Keine der Wurzeln sollte gedrückt oder gebogen sein, damit die Pflanze in das Loch passt. Streuen Sie, wenn gewünscht, Mykorrhiza-Pilzbrut hinein oder tauchen Sie die Wurzeln darin ein, falls Sie eine Mykorrhiza-Lösung angesetzt haben (siehe Seite 310 für Details). Danach füllen Sie das Loch wieder mit der Erde, die Sie herausgenommen haben. Fügen Sie keine zusätzlichen Materialien hinzu, es sei denn, der Boden ist sehr nährstoffarm.

Bodendecker und Stauden können, wenn gewünscht, ebenfalls beim Pflanzen gemulcht werden. Dies hat den Vorteil, dass Sie weniger jäten müssen, während sich diese einleben, und verbessert die Bodenbedingungen, besonders im Falle eines trockenen ersten Frühlings oder Sommers. Außerdem bietet der Mulch einen guten Lebensraum für Käfer und andere nützliche Insekten. Nachteile sind die zusätzliche Arbeit, gute Bedingungen für Schnecken und möglicherweise höhere Kosten. Ich habe in meinem Waldgarten beide Methoden ausprobiert und bin zu dem Schluss gekommen, dass ein loser Mulch die Mühe nicht wert ist, wenn die Stauden und Bodendecker den Boden schnell (etwa binnen acht Wochen) besiedeln, andernfalls schon. Aber dazu wird jeder eine unterschiedliche Meinung haben.

Wenn Sie sich dazu entschließen, neu gepflanzte Stauden und Bodendecker zu mulchen, dann pflanzen Sie zuerst und bringen Sie erst dann den Mulch auf. Es gibt viele Möglichkeiten zu mulchen. Beikrautfreier Mulch ist hier nicht ganz so kritisch wie beim Mulchen um Bäume, da die meisten keimenden Beikräuter durch die ausdauernden Pflanzen in der Eingewöhnungszeit verdrängt werden. Hier noch ein paar Hinweise:

- Laub (an einem geschützten Standort)

- Verrottetes Laub (Laubkompost): gutes Material; kann aber Samen von Beikräutern beinhalten

- Zerkleinertes Farnkraut: wird im späten Frühjahr geschnitten (bevor die Sporen verteilt werden) und dick aufgebracht. Zerkleinern Sie, wenn möglich, in 10 bis 20 Zentimeter große Stücke oder verwenden Sie einen Häcksler. Farnkraut enthält hohe Mengen an Stickstoff und Kalium.

- Grasschnitt: Bringen Sie diesen in dünnen Lagen bis zu vier Zentimeter dick auf. Von Zeit zu Zeit neu aufbringen. Grasschnitt vor der Samenbildung ist eine gute Nährstoffquelle.

- Pilzkompost: nur aus Bioanbau, denn konventionell erzeugtes Material enthält große Mengen an Rückständen von zum Beispiel Insektiziden. Pilzkompost ist meistens alkalisch und stellt insgesamt eine gute Nährstoffquelle dar.

- Gartenkompost: sehr gutes Material; kann aber, wenn nicht optimal erzeugt, Samen von Beikräutern beinhalten.

- Mist: muss gut verrottet sein; wird im Frühjahr auf den Boden gebracht. Auch er kann Samen von Beikräutern enthalten.

- Zerkleinerte Rinde: lieber grobes als feines Material, da dieses ein nicht ganz so guter Keimboden für Beikräuter ist. Eine 2,5 Zentimeter dicke Lage reicht für ein Jahr. Bei dieser Stärke reichen 100 Liter für vier Quadratmeter.

- Zerkleinertes Holz: muss gut kompostiert sein
- Stroh (an einem geschützten Standort): kann Nager anziehen. Konventionelles Stroh kann alle möglichen Chemikalien enthalten, einschließlich hormonelle, die auf Pflanzen wirken.
- Kommerzielle Abfallprodukte: Teeblätter, Kaffeesatz, Hopfenabfälle und so weiter: am besten an einem geschützten Standort auf den Boden legen.

Holzhäcksel oder Sägemehl werden nicht empfohlen, da diese zu einem Übermaß an Kohlenstoff führen und Stickstoff hemmen. Der fehlt dann letztendlich den Kulturpflanzen.

Eine Pflanzfolge ausdauernder und einjähriger Pflanzen

1. Freier Boden unter Bäumen im Herbst nach Entfernen des Flächenmulches.
2. Weißer Senf (*Sinapsis alba*) wird als kurzfristiger Bodendecker im Herbst gesät. Dazwischen werden kleine Oregano-Pflanzen (*Origanum vulgare*) in der Winterruhezeit an günstigen Tagen gesetzt.
3. Der Senf blüht im Frühjahr. Der Oregano (kaum sichtbar) beginnt gerade erst unter dem Senf zu wachsen.
4. Bis zum Sommer erreicht der Senf seine ganze Größe.
5. Bis zum folgenden Frühjahr ist der Senf verschwunden und der Bodenbewuchs besteht nur aus Oregano.
6. Der Oregano bildet eine dichte Deckschicht.

PFLANZZEITEN SIND FLEXIBEL

Ich halte oft die Idealvorgaben bezüglich der Pflanzzeiten nicht ein. Ich plane immer, meine Pflanzungen im Herbst abzuwickeln, sehr oft verschiebt sich dies jedoch in den späten Winter oder gar ins Frühjahr. Bei mir liegt dies daran, dass ich eine Menge Pflanzen zum Verkauf anziehe und alle Interessenten wollen ihre Pflanzen natürlich im Herbst! Wenn der Frühling feucht wird, mit viel Regen, dann spielt die Verzögerung keine Rolle und ich komme damit durch. Wenn der Frühling jedoch trocken und heiß und somit eine Bewässerung nötig wird, dann verfluche ich mich dafür, nicht im Winter gepflanzt zu haben!

Neue Sprosse des Riesen-Salomonssiegels (*Polygonatum commutatum*).

Kapitel 8

Anzucht eigener Pflanzen

Die meisten Leute, die mit dem Gedanken spielen, einen Waldgarten anzulegen, sind bereits dabei, ihre eigenen Pflanzen anzuziehen. Pflanzen selbst vermehren macht Spaß und ist interessant – dies noch mehr bei Bäumen, Sträuchern und Stauden. Das Saatgut hierfür ist relativ günstig und einige der selteneren Arten sind auch nur als Saatgut erhältlich.

Aus Samen gezogene Pflanzen sind fast immer genetisch unterschiedlich zu ihren Elternpflanzen. Das kann sowohl gut als auch schlecht sein. Genetische Vielfalt ist im Allgemeinen gut für eine Pflanze. Wenn wir jedoch einen „guten" Obstbaum wollen, dann ist dies nicht garantiert, wenn wir das Saatgut von einem „guten" Obstbaum verwenden. Denn nach den Mendel'schen Erbgesetzen können immer auch Eigenschaften auftreten werden, die wir nicht haben wollen.

Äpfel sind beispielsweise hochgezüchtet und vielfach mit den verschiedensten Holzapfel-Arten rückgekreuzt, sodass sie eine höhere Widerstandskraft gegen Krankheiten besitzen. Die Chance, aus einem Samen einen Baum zu bekommen, der so schöne Früchte wie die Mutterpflanze erzeugt, ist so verschwindend gering, dass Sie dafür Tausende von Sämlingen heranziehen müssten. Hier sind Sie besser beraten, einen veredelten Baum einer bekannten Sorte zu kaufen.

Bei der Japanischen Walnuss (*Juglans ailantifolia* var. *cordiformis*) hingegen wird etwa die Hälfte der Sämlinge von einem guten Nussbaum genauso gute oder bessere Früchte als die Mutterpflanze produzieren. Hier macht es viel mehr Sinn, aus den Samen eigene Bäume zu ziehen.

In Containern oder im Boden?

Die meisten Pflanzen, die aus Saatgut wachsen, gelingen deutlich besser unter kontrollierten Bedingungen in einem Gewächshaus oder Folientunnel unter Verwendung von Containern und einem bestimmten Saatkompost. Dafür gibt es mehrere Gründe:

- Viele der Samen von Gehölzen haben eine lange Keimdauer. Wenn man diese in den Boden sät, werden sie mit hoher Wahrscheinlichkeit von Beikräutern „überrannt", bevor sie überhaupt an der Oberfläche erscheinen.
- Die Samen von Bäumen und Sträuchern gehören zu den Lieblingsspeisen von Nagern wie Mäusen, Ratten und Eichhörnchen. Draußen ist es sehr schwer, Flächen von ausgebrachtem Saatgut gegen diese Schädlinge zu verteidigen. Vögel versuchen ebenfalls oft, essbare Samen auszugraben. Mäuse können jedoch selbst in einem Folientunnel oder Gewächshaus zu einem Problem werden – ich stelle ausgesäte große Samen auf Regale, die am Gerüst meines Folientunnels aufgehängt sind.
- Im Herbst ausgesäte Samen sind noch anfälliger für Nagerangriffe. Die Samen vieler Gehölze benötigen eine Entwicklungsphase unter kalten Bedingungen (siehe Seite 37) und keimen am besten nach einer Aussaat im Herbst oder einer zeitlichen Dauer von anders erzeugten kalten und feuchten Bedingungen.

Große Baumschulen für Waldbäume – die im Jahr Millionen Bäume heranziehen – verwenden zwar Saatbeete im Außenbereich, aber in diesen Fällen lässt sich die große Fläche einfacher gegen Nager schützen; Vögel werden, wenn nötig, durch Netze abgewehrt.

Stecklinge (siehe Seite 82), die im Winter geschnitten werden, kommen meistens direkt in den Boden.

Samen und Pflanzkompost

Saatkompost

Saatkompost sollte eine feine Körnung haben, damit ein guter Kontakt mit den Samen garantiert ist. Er sollte gut durchlässig sein, damit die Samen nicht durch Sauerstoffmangel absterben. Ein solcher Kompost muss jedoch keine großen Mengen an Nährstoffen enthalten, da sich die Sämlinge nicht lange darin befinden werden. Obwohl Sie aus einer Mischung aus Gartenkompost, guter Erde und eventuell Laubkompost Ihren eigenen Saatkompost herstellen könnten, rate ich für Gehölze davon ab. Selbst gemachter Kompost enthält unausweichlich zahlreiche Beikräutersamen, die viel Arbeit kosten und Verwirrung stiften, denn wir werden uns immer fragen müssen, ob die sichtbaren Keimblätter zu einem Beikraut gehören oder aus unserem Saatgut stammen.

Ein Sack Saatkompost ist nicht teuer und reicht eine ganze Weile. Ich verwende einen handelsüblichen organischen Kompost aus kompostierten Grünabfällen und füge einige wenige Blähtonkügelchen für die Durchlässigkeit hinzu.

Sämlinge von Gingko (*Ginkgo biloba*) und Japanischer Walnuss (*Juglans ailantifolia* var. *cordiformis*) in sogenannten „Rootrainern“.

Pflanzkompost

Pflanzkomposte sind ein wenig komplizierter. Bedenken Sie, dass Sie guten Boden nachahmen wollen: Der Kompost sollte Nährstoffe speichern und diese langsam abgeben; das Gleiche gilt für Wasser. Er sollte gleichmäßig Nährstoffe freigeben, um das Wachstum für eine lange Zeitdauer zu unterstützen.

Besonders Bäume und Sträucher, aber häufig auch Stauden sollten mindestens für eine Saison angezogen werden, bevor sie kräftig genug zum Auspflanzen sind. Das ist insofern ein Problem, da die meisten kommerziell erhältlichen Pflanzkomposte (biologischer oder anderer Herkünfte) nur genug Nährstoffe für ein paar Monate haben. Das ist zum Beispiel zur Anzucht von Gemüse zum Auspflanzen in Ordnung; ohne zusätzliche Nährstoffversorgung führt dies jedoch zu kränklichen und schwach entwickelten Pflanzen.

Ich stelle meinen eigenen Kompost her, indem ich mit demselben kommerziellen Biokompost wie zur Herstellung von Saatkompost beginne. Um die Durchlässigkeit zu verbessern und als Puffer (das heißt, um Wasser und Nährstoffe zu speichern und langsam abzugeben), füge ich Blähglimmer (Vermiculit) hinzu, aber Perlit wäre dazu genauso geeignet. Vermiculit ist das Ergebnis des Erhitzens natürlicher Mineralverbindungen (Hydromica), Perlit (aus dem ebenfalls natürlichen Silikatgestein Perlit) ist durch Hitzeeinwirkung ausgedehntes natürliches vulkanisches Glas.
Unsere Baumschule ist ein kleines kommerzielles Unternehmen, daher gebe ich einen Langzeitdünger mit Spurenelementen hinzu, der die Nährstoffe über den Verlauf der ganzen Wachstumsperiode abgibt. Das ist kein organischer Dünger und daher ein Kompromiss. Ich habe jedoch einige Jahre mit organischen Alternativen experimentiert und mit diesen nie solch gesunde Pflanzen wie mit der nicht-organischen Variante erreichen können. Organische Zutaten zu Kompostmischungen (zum Beispiel Knochenmehl, Fischmehl et cetera) geben ihre Nährstoffe ungleichmäßig ab. Eine weitere Alternative ist die Beigabe eines hausgemachten Flüssigdüngers (zum Beispiel vier bis fünf Tage in Wasser gezogener Beinwell oder Comfrey [*Symphytum*] und Brennnesseln), aber dieser ist als löslicher Dünger genauso problematisch wie die löslichen chemischen Dünger: Sie haben eine kurze Wirkdauer und viele der Nährstoffe werden aus dem Kompost ausgewaschen.

Ich gebe allen Containerpflanzen von Mittsommer bis zum Herbst monatlich eine Stärkung, indem ich eine verdünnte Meeresalgenlösung sprühe oder gieße. Diese enthält viele Mikronährstoffe und sorgt dafür, dass die Pflanzen gesund bleiben.

Wenn Sie nur einige wenige Pflanzen großziehen, können Sie sicher Ihren eigenen Kompost aus einer Mischung aus Erde und Gartenkompost herstellen, für mehr werden Sie wahrscheinlich nicht genug Erde und Kompost übrig haben. Die Durchlässigkeit ist bei solchen Komposten ein häufiges Problem, hier kann gut kompostierte Rinde oder Laubkompost helfen. Mit hoher Sicherheit können Sie davon ausgehen, dass Sie für den größten Teil der Saison mit Flüssignährstoffen arbeiten müssen.

Die letzte Zutat für meinen Pflanzkompost ist eine Mischung aus Mykorrhiza-Sporen. Mykorrhiza sind Pilze, die mit Pflanzen symbiotische Beziehungen eingehen. Sie tun dies mit den meisten Pflanzen, sind aber besonders wichtig für Bäume und Sträucher. Wenn die Symbiose zwischen Wurzel und Pilz hergestellt ist, entstehen daraus zahlreiche Vorteile für die Pflanze. Ich bin der Ansicht, dass es sich auf jeden Fall lohnt, der Kompostmischung Sporen geeigneter Pilze beizugeben, um damit die Chancen der erfolgreichen Etablierung einer Pflanze zu maximieren. Ich kaufe die Sporen für Kompost hinzu, es gibt jedoch auch andere Wege, Mykorrhiza zum Zeitpunkt der Pflanze zuzuführen, die nichts kosten (siehe Seite 309, Kapitel 21).

Einige wenige Arten verlangen einen besonders sauren Saat- und Pflanzkompost. Dies sind vor allem Mitglieder der Familie der Heidekräuter, die Kranbeeren und Heidelbeeren. Sie werden am besten mit einem gekauften Kompost für Moorbeetpflanzen großgezogen, der wie oben beschrieben angepasst wurde.

Stratifizierung

Viele Samen (zum Beispiel viele der üblichen Gemüsearten, die wir anbauen) haben keine Keimruhe und benötigen keine Behandlung. Sie können bei warmen Temperaturen im Frühling ausgesät werden und sollten bald darauf keimen.

Die Samen vieler Bäume und Sträucher – wie auch etliche Stauden – durchlaufen eine Keimruhe und benötigen eine gewisse Zeit der Stratifizierung, bevor sie keimbereit sind. In der Botanik meint der Begriff „Stratifikation" die Kältebehandlung von Samen, um deren Keimung anzuregen, denen manchmal eine Zeitdauer von warmen und feuchten Bedingungen vorausgegangen sein muss. Solche Samen sind konditioniert, einen kalten Winter zu durchlaufen und im Frühling zu keimen. Ohne die kalten Bedingungen werden sie überhaupt nicht keimen.

Bei einer Aussaat im Freiland bekämen diese Samen natürlich die benötigte Kälte, vorausgesetzt, dass der Winter hinreichend kalt ist; allerdings würden wir wahrscheinlich den Großteil des Saatguts an hungrige Nager verlieren. Ist mit einem verlässlich kalten Winter zu rechnen – aber wer weiß das immer schon so genau –, gibt es die Möglichkeit, im Herbst in Töpfe oder Saatschalen zu säen. Bedecken Sie Topf oder Schale mit einem Stück Schiefer oder Ähnlichem, um Nager und Vögel abzuhalten, und lassen Sie diese über den Winter draußen. Im Frühjahr stellen Sie die Behälter dann in ein Gewächshaus oder in einen Folientunnel, wo Sie die Samen während des Keimvorgangs schützen können.

Stratifizierung in Beuteln

Verschiedene Pflanzenarten benötigen unterschiedliche Zeiten zur Stratifizierung (siehe Anhang 1 für mehr Details). Rechnen Sie von einem günstigen Datum im Frühjahr zurück (je nach Frühlingsbeginn im März oder April), um herauszufinden, wann Sie mit der Stratifizierung beginnen können. So sollte beispielsweise bei einer Pflanze, die drei Monate benötigt und im späten März ausgesät werden soll, gegen Ende Dezember mit der Stratifizierung begonnen werden.

- Mischen Sie vier Teile feuchten (nicht nassen) Quarzsand (ein grober, gut durchlässiger Sand) mit einem Teil Saatgut in einem gut beschrifteten Plastikbeutel und legen Sie diesen in den Kühlschrank oder lassen Sie ihn über Winter draußen in einem gegen Nager gesicherten Behälter mit Deckel. Hier im Südwesten Englands bekommen wir nicht immer einen so kalten Winter, dass die Stratifikation draußen gut funktioniert. Daher lege ich mein Saatgut üblicherweise in den Kühlschrank. Achten Sie darauf, dass die Temperatur plus ein bis fünf Grad Celsius beträgt.
- Wenn sich der Frühling nähert, sollten Sie anfangen, auf Keimung in den Beuteln im Kühlschrank oder den bedeckten Saatschalen zu achten. Manchmal keimen Samen schon unter kalten Bedingungen, bevor wir es erwarten; in diesem Fall müssen diese schnell ausgesät werden.

Sobald die Dauer der Stratifizierung vorüber ist, können die mit Sand gemischten Samen ausgesät werden. Die bereits in Töpfe oder Schalen ausgesäten Samen sollten jetzt in wärmere Umgebung gebracht werden, um die Keimung und das Überleben der Jungpflanzen zu fördern. Saatgut, das keine Stratifizierung erfordert, kann nun ebenfalls gesät werden.

Stratifizierung über längere Zeiten

Einige Arten benötigen eine warme Phase gefolgt von einer kalten Phase. Dies sind üblicherweise Samen, die im frühen Sommer natürlich reifen und eine Keimung im folgenden Frühling erwarten. Bereiten Sie diese Samen vor wie zur Kältestratifizierung, lassen Sie diese jedoch erst noch die Umgebungstemperatur im Sommer und Herbst erfahren, bevor ab dem Spätherbst kalte Temperaturen folgen.

Manche der Samen von Gehölzen können länger als ein Jahr zur Keimung brauchen – zum Beispiel Kornelkirsche (*Cornus mas*), Weißdorne (*Crataegus* spp.) und Eiben (*Taxus* spp.). Diese Pflanzen müssen eine oder mehr Abfolgen von warm–kalt–warm durchlaufen, bevor sie zu keimen beginnen. Die einfachste Strategie ist hier die Aussaat nach einem Winter der Stratifizierung. Gehen Sie jedoch sicher, dass Sie die Samen nicht wegwerfen, wenn sie nicht gleich im ersten Jahr keimen!

Anrauung (Skarifizierung)

Manche Samen, vor allem aus der Familie der Leguminosen, brauchen eine spezielle Behandlung, bevor sie keimbereit sind. Diese Samen von Pionierarten keimen an sich nach einem Feuer. Sie müssen jedoch nicht versuchen, solche Samen mit Feuer zu behandeln, um sie zu skarifizieren, was nichts anderes bedeutet, als die Schutzschicht der Samen für Wasser zu öffnen. Geben Sie die Samen in ein hitzebeständiges Glas und schütten Sie fast kochendes Wasser hinein. Weichen Sie die Samen für 24 Stunden in dem abkühlenden Wasser ein und säen diese dann aus.

Früchte zur Gewinnung von Saatgut reinigen

Wenn Sie Früchte mit der Absicht ernten, die Samen darin auszusäen, muss das Fruchtfleisch entfernt werden, da es im Allgemeinen keimungshemmende Stoffe enthält. Bei einigen Früchten, zum Beispiel der Quitte (*Chaenomeles* spp.), können Sie die Frucht einfach aufschneiden und die Samen leicht entfernen. Andere, saftigere Früchte können mit verschiedenen Methoden verarbeitet werden:

- Zerstoßen und waschen
- Verwendung eines Standmixers. Mischen Sie einen Teil Frucht mit zwei Teilen Wasser in einem Standmixer und mixen Sie vorsichtig, um alles Fruchtfleisch aus der Frucht zu entfernen. Verwenden Sie diese Methode nur bei Früchten mit harten Samen, zum Beispiel die der Weißdorne (*Crataegus* spp.). Nach dem Mixen sinken die Samen auf den Boden, während das Fruchtfleisch im Wasser schwimmen sollte. Sie können die Samen nun ganz einfach trennen, indem Sie das Fruchtfleisch und Wasser abgießen, den Behälter wieder mit Wasser füllen und diesen Vorgang wiederholen, bis die Samen sauber sind.
- Einlegen in Wasser und Nutzen der natürlichen Fermentation, die das Fruchtfleisch vom Samen ablöst – seien Sie jedoch vorsichtig und achten Sie darauf, dass die Samen nicht zu lange im Wasser einweichen und „ertrinken".

Aussaat

Schalen für die Aussaat

Was meine für die Aussaat benötigte Fläche angeht, denke ich sehr ökonomisch. Das hängt einerseits teilweise damit zusammen, dass ich viele Arten (oft mehrere Hundert) anbaue, und andererseits, weil ich Sämlinge in sehr jungem Alter auspflanze, damit sie nicht viel Platz beanspruchen. Ich verwende standardmäßige Saatschalen, fülle diese zuerst mit Saatkompost, dann unterteile ich mit alten Pflanzetiketten, sodass ich sechs, acht oder sogar zehn Arten in eine Schale säen kann.

Eine Faustregel, die ich anwende, ist die, dass Samen mit einem Durchmesser von bis zu sechs Millimetern gut für Saatschalen geeignet sind. Größere Samen sollten jedoch in einen tieferen Topf gesät werden. Der Grund dafür sind die schnell wachsenden Pfahlwurzeln aus größeren Samen, die beim Auspflanzen sehr oft verletzt werden.

Für kleinere Samen empfehlen sich Saatschalen, die zunächst etwa vier Zentimeter hoch mit Kompost gefüllt und darauf die Samen gelegt werden. Anschließend werden sie mit Kompost leicht bedeckt. Je größer der Samen, desto dicker die Kompostschicht. Eine Ausnahme bilden sehr feine staubartige Samen (zum Beispiel *Campanula* spp.) oder sehr leichte Baumsamen (zum Beispiel von Birken), die auf die vorher angefeuchtete Oberfläche des Komposts gesät werden und unbedeckt bleiben.

Die Samen in den Saatschalen können Wochen oder Monate bis zur Keimung benötigen, daher halte ich sie immer bedeckt, gewöhnlich mit einer zweiten Saatschale kopfüber. (Alternativ können die Samen mit einer Lage grobem Sand bedeckt werden.) Wenn Sie die Saatschalen und den Kompost nicht abdecken, entsteht eine Schicht aus Algen, Moos und Lebermoosen auf der Kompostoberfläche, die die Keimung kleiner Samen behindern kann. Auf die Oberfläche gesätes Saatgut braucht jedoch oft Licht zur Keimung. Daher gebe ich diesem ab und zu ein paar Stunden Licht, indem ich den Deckel entferne. Wässern Sie alle Saatschalen von Zeit zu Zeit (alle vier bis fünf Tage ist im Allgemeinen völlig ausreichend).

Temperatur

Wärme beschleunigt die Keimung. Sie wollen ja, dass Ihre Bäume im Frühling keimen und nicht im August und damit wahrscheinlich den nächsten Winter nicht überleben. Die meisten meiner Saatschalen werden im Frühjahr auf einen selbst gebauten Wärmetisch gestellt, der auf etwa 21 Grad Celsius gehalten wird. Wärmetische sind recht einfach selbst zu bauen – etwa aus einer Bank oder einem alten Bürotisch, auf dem die Wärme durch in Sand gebettete flexible Heizschläuche geführt wird.

Schutz gegen Schädlinge

Sie müssen die Saatschalen vor Nagern schützen. Sie auf eine Bank zu stellen ist so ein erster guter Schutz, aber weder Sie noch ich werden es wohl vermeiden können, im Frühjahr zeitweise Mausefallen aufzustellen, um unsere wertvollen Samen zu schützen.

Kontrollieren Sie die Keimung

Abgedeckte Saatschalen müssen im Frühjahr alle zwei bis drei Tage auf Keimung kontrolliert werden. Wenn die Sämlinge sichtbar werden, können Sie sie entweder sofort eintopfen (pikieren Sie diese sehr vorsichtig, denn in diesem Stadium sind die Sämlinge sehr empfindlich) oder Sie lassen die Saatschalen für ein paar Tage unbedeckt, damit die Sämlinge vor der Verpflanzung noch ein wenig mehr wachsen können.

Große Samen

Große Samen, wie zum Beispiel die der Kastanie (*Castanea* spp.), der Eiche (*Quercus* spp.) oder der Walnuss (*Juglans* spp.), sollten direkt in tiefe Pflanzcontainer gesät werden, wo sie den Rest des Jahres verbleiben können. Diese Arten haben lange Pfahlwurzeln, die oft 10 bis 15 Zentimeter tief wachsen, bevor der Schoss zu sprießen beginnt.

Kastanien und Eichen werden am besten im Herbst gesät, sie werden dann nahezu sofort Wurzeln schlagen. Diese Samen sind nicht gut haltbar und verlieren bei Trockenheit an Keimfähigkeit. Stellen Sie die als „Rootrainer" bezeichneten Pflanzcontainer möglichst weit vom Boden entfernt auf, damit Mäuse sie nicht ausgraben können.

Verpflanzen und Pflege

Bei Pflanzcontainern wird Bodenkontakt durch Ziegelsteine oder Latten vermieden, damit die Wurzeln sich durch Luftkontakt gut verzweigen.

Rootrainer-Pflanzcontainer

Ich verpflanze die Sämlinge von Gehölzen in tiefe Pflanzcontainer die „Rootrainer" genannt werden. Durch diese entsteht ein exzellent verzweigtes Wurzelsystem, indem sie die Wurzeln durch ein Loch in ihrer Unterseite an der Luft wachsen lassen. Dort stirbt die Wurzelspitze ab, was zu einem besser verzweigten Wurzelsystem im Container sorgt und hilft, Drehwuchs zu vermeiden. So wird sich das Gehölz gut auspflanzen lassen und in seinem zukünftigen Leben eine sehr gute Stabilität aufweisen. Drehwuchs kann zu einer schlechten Verankerung der Pflanze führen. Deswegen versuche ich, runde Töpfe zu vermeiden. Wenn ich jedoch einen Baum oder Strauch pflanze, der aus einem runden Topf kommt, schneide ich mit fünf oder sechs vertikalen Schnitten einen Zentimeter tief in den Kompost um den Wurzelballen herum und durchtrenne so etwaige rund gewachsene Wurzeln.

Bei Stauden verwende ich ebenfalls Rootrainer-Pflanzcontainer, aber auch runde und eckige Töpfe, da hier die Stabilität keine so große Rolle spielt.

Schädlinge und Krankheiten bei Sämlingen

Junge Sämlinge sind der Gefahr von Schneckenfraß ausgesetzt. Treffen Sie daher entsprechende Vorkehrungen. Ein Vorteil der Rootrainer-Pflanzcontainer ist, dass diese i.d.R. den Boden nicht berühren, damit die Wurzeln sich durch Luftkontakt verzweigen, Schnecken haben so ohnehin schlechtere Voraussetzungen.

Bei kühlem, feuchtem Wetter kann die Umfallkrankheit, verursacht durch eine Pilzerkrankung (Pilze wie *Pythium, Botrytis, Fusarium* oder *Olpidium*, von denen *Pythium* einer der häufigsten ist), Sämlingen den Garaus machen. Typischerweise sehen Sie einen umgefallenen Sämling, dabei ist der Trieb in Bodennähe verschrumpelt und braun. Verbessern Sie, wenn möglich, die Luftzirkulation und führen Sie Wärme zu. Wenn die Krankheit verstärkt auftritt, denken Sie darüber nach, ein wenig später bei wärmerem Wetter auszusäen.

Zwei tierische Schädlinge können ernsthafte Probleme auslösen, wenn größere Mengen Pflanzen in Containern herangezogen werden. Einer davon ist die Kleine Kompostfliege (*Syritta pipiens*), eine nur sieben bis neun Millimeter große Schwebfliegenart, deren winzige Larven sich in den Kompost graben und Pflanzenwurzeln fressen. Ich kontrolliere deren Auftreten durch gelbe Farbtafeln (im Grunde ein gelbes Stück Plastik, das beidseitig mit einem nicht trocknenden Kleber behandelt ist, an dem die Fliegen kleben bleiben). Mit solchen Klebfallen können Sie auch Blattläuse fangen. Größere Insekten (zum Beispiel Bienen und so weiter) bleiben nicht kleben. Ich stelle diese Fallen im Mai auf und ersetze sie im späten Juli durch neue Fallen.

Die Bestände des anderen tierischen Schädlings, der Gefurchte Dickmaulrüssler (*Otiorhynchus sulcatus*), sind zunehmend. Das Insekt beißt aus den Blatträndern halbkreisförmige Stücke – ein nützliches offensichtliches Zeichen –, richtet aber an sich keinen großen Schaden an. Die Larven sind das Problem: Sie sind weiß mit bräunlich roten Köpfen, fressen Pflanzenwurzeln und können mehrere Zentimeter lang werden. Die meisten kommerziellen Baumschulen geben dem Kompost gegen den Schädling ein Insektizid bei. Ich dagegen verwende ein sehr gutes biologisches Mittel mit natürlich vorkommenden Nematoden (Fadenwürmer). Dieses erhalten Sie als Pulver, das in Wasser gelöst auf den Kompost in den Containern gegossen wird. Die Nematoden sind für die Larven des Dickmaulrüsslers ein Parasit mit tödlichen Folgen.

ZUSAMMENFASSUNG: PROBLEME BEI JUNGEN SÄMLINGEN

- Nackt- und Gehäuseschnecken: Stellen Sie die Schalen erhöht auf, fördern Sie Kröten und Frösche und legen Sie Bio-Schneckenkorn aus.
- Umfallkrankheit: Erhöhen Sie die Luftzirkulation des Raumes und sorgen Sie für mehr Wärme.
- Kompostfliegen: Verwenden Sie gelbe Klebetafeln.
- Dickmaulrüssler: Verwenden Sie biologische Mittel, beispielsweise ein spezielles Pulver mit Nematoden (Fadenwürmer) aus dem Handel.

Wenn Ihre Baumsämlinge zu wachsen beginnen, mit dem Wachstum im Sommer aufhören und kränklich aussehen, dann kann es sein, dass ihnen die Mykorrhiza-Pilze fehlen, um richtig zu gedeihen. Dies ist bei aus Samen gezogenen Kiefern (*Pinus* spp.) häufig der Fall. Die beste Lösung dies zu verhindern ist es, ein paar Kiefernnadeln und Erde unter einer älteren Kiefer einzusammeln und diese auf den Kompost um den Sämling herumzustreuen. Die Sämlinge werden so angeimpft und beginnen wieder zu wachsen.

Zeitpunkt der Auspflanzung

Das Wachstum von Bäumen und Sträuchern aus Samen kann in einigen Fällen im ersten Jahr 40 bis 50 Zentimeter betragen, in anderen Fällen wachsen die Gehölze nur 10 bis 15 Zentimeter. Das Wachstum variiert von Art zu Art und je nach Wachstumsbedingungen stark. Eine Höhe von 40 bis 50 Zentimetern ist zum Auspflanzen gerade so ausreichend, bei weniger Wachstum empfiehlt es sich, die Pflanze ein weiteres Jahr anzuziehen. Sehr kleine Bäume können leicht durch Beikräuter überwuchert oder von Schädlingen geschädigt werden. Topfen Sie diese im Winter nach der Aussaat in größere, tiefere Container mit frischem Kompost um.

Stecklingsvermehrung

Eine kleine Zahl von Bäumen und Sträuchern lässt sich leicht durch im Winter geschnittene Stecklinge vermehren. Weitaus mehr Arten lassen sich durch Stecklinge im Sommer vermehren, was jedoch schwerer gelingt und wofür Werkzeug erforderlich sein kann. Die meisten aus Stecklingen gezogenen Gehölze werden zu gesunden und kräftigen Bäumen und Sträuchern, aber bei einigen Arten, vor allem Koniferen, kommt es darauf an, wo man die Stecklinge entnimmt. Stecklinge aus nach oben wachsenden Schossen wachsen gerade, während die von horizontalen Trieben möglicherweise niemals zu einer normal aufrechten Pflanze heranwachsen.

Stecklinge von reifem Holz

In Großbritannien schneidet man diese auch Steckhölzer genannten Stecklinge üblicherweise im Spätherbst, es ist jedoch zu jedem Zeitpunkt vom Herbst bis zum zeitigen Frühjahr möglich.

Die Stecklinge sollten etwa bleistiftstark sein, d.h. einen Durchmesser von 0,6 bis 1,5 Zentimeter haben und eine Gesamtlänge von 15 bis 30 Zentimeter. Dabei sollte der obere Schnitt genau oberhalb einer Knospe und der untere genau unterhalb einer Knospe erfolgen. Bringen Sie das Steckholz, wenn möglich, direkt in den Boden, sodass etwa fünf Zentimeter herausragen. Der warme Boden im Herbst fördert die Kallusbildung stark, die der Wurzelbildung vorausgeht. Halten Sie die jungen Stecklinge über die folgende Wachstumsperiode beikrautfrei. Wenn Sie eine größere Menge Stecklinge anziehen, wird durch Flächenmulch dieser Aufwand bedeutend verringert (siehe Anhang 1 für geeignete Arten für Stecklinge.)

Bei manchen Arten sind sogenannte Fußstecklinge mit Astring erfolgreicher (z.B. *Cytisus*, viele Koniferen). Hier wird der Fuß des ausgereiften Steckholzes mitsamt dem Astring verwendet.

Grünstecklinge

Diese werden normalerweise im Juni oder Juli aus diesjährigem, noch grünem, saftigem Holz geschnitten. Die unteren Blätter werden entfernt. Oft wird ein Wurzelhormon benötigt, um die Wurzelbildung zu begünstigen. Dies kann ein Pulver oder eine Flüssigkeit sein oder eine selbst gemachte Bewurzelungslösung aus einem Weidengehölz (*Salix* spp.) (siehe Kasten auf der Gegenseite).

Diese Stecklinge benötigen einen gut durchlässigen Kompost (50 Prozent Kompost, 50 Prozent Perlit/Vermiculit wäre ideal), Wärme (in einem Wärmetisch oder Anzuchttisch bei plus 21 bis 25 Grad Celsius) und eine feuchte Atmosphäre. Im kommerziellen Bereich wird diese durch eine Vernebelungsanlage erzeugt, in kleinem Maßstab können Sie einen Bereich oder einzelne Töpfe mit einem Plastikzelt aus Folie oder Tüten versehen, um diese Feuchtigkeit zu erzielen. Sobald die Stecklinge Anzeichen von Bewurzelung zeigen, normalisieren Sie die Bedingungen, indem Sie die Wärme und Feuchtigkeit reduzieren, um die jungen Pflanzen abzuhärten. Häufig werden diese über ihren ersten Winter etwas Pflege benötigen; sie sollten bis zum folgenden Frühjahr bedeckt gehalten werden (siehe Anhang 1: Geeignete Arten für Stecklinge aus grünem Holz).

Andere Methoden zur Vermehrung

Wurzelstecklinge

Manche Bäume und Stauden können durch Wurzelstecklinge vermehrt werden. Das sind kurze Wurzelstücke, die einfach eingepflanzt werden. Beinwell (*Symphytum* spp.) ist bekannt dafür, und ein Baum, der auf diese Art vermehrt werden kann, ist die Scheinakazie oder Robinie (*Robinia pseudoacacia*).

BEWURZELUNGSHORMON AUS WEIDE (*SALIX* SPP.)

Diese Wurzelhormonlösung für Stecklinge ist einfach herzustellen.

1. Ernten Sie frische Weidenzweige und entfernen Sie die Blätter.

2. Schneiden Sie die Stängel in einen Zentimeter lange Stücke und weichen Sie diese für 24 Stunden in Wasser ein.

3. Entfernen Sie die Stängel und verwenden Sie das Wasser als Lösung mit dem Wurzelhormon. Lassen Sie das Wurzelende der Stecklinge darin eine bis zwei Stunden ziehen, bevor Sie diese in den Kompost stecken.

Absenker

Die meisten Gehölze können ebenso durch einfache Absenker vermehrt werden. Es handelt sich dabei um das Fixieren eines Gehölzzweiges am Boden oder in einem Topf. Die Bewurzelung kann ein Jahr oder länger dauern.

Stockabsenker

Haselsträucher werden gewöhnlich auf diese Weise vermehrt, obwohl dies jedoch nicht die einfachste Technik ist. Eine Mutterpflanze wird im Winter auf Stock gesetzt und ihre neuen Triebe im Frühjahr mit Erde angehäuft. Um die Wurzelbildung anzuregen, werden diese mit Kupferdraht (der nicht rostet) umringt. Im Herbst werden die bewurzelten Triebe entfernt und ausgepflanzt.

Vermehrung von Stauden

Gewöhnliche runde oder eckige Töpfe sind für Stauden sehr gut geeignet, aber ich verwende hier die gleichen tiefen Container wie für Bäume.

Aus Saatgut

Viele Stauden sind ziemlich einfach aus Samen zu ziehen und viele können auch leicht durch Stecklinge vermehrt werden. Pflanzen aus der Familie der Minzen (*Mentha* spp.) beispielweise lassen sich leicht aus in Wasser gestellten Trieben vermehren – sie bilden bald schon Wurzeln und können eingetopft werden.

Manche Stauden sind so schnell wachsend, dass es möglich ist, die Pflanzen im frühen Frühjahr anzusetzen und im Sommer dann auszupflanzen. Ich ziehe es persönlich vor, die Anzucht von Stauden ein wenig später zu beginnen und dann im Winter gleichzeitig mit den Bäumen und Sträuchern zu pflanzen. Das Pflanzen im Sommer kann in einem feuchten Jahr gelingen, bei einem trockenen Sommer (von denen wir durch den Klimawandel wohl immer mehr bekommen werden) werden Sie jedoch ständig wässern müssen, um die armen Pflanzen am Leben zu halten – ich kann dies nicht empfehlen.

Durch Absenker

Einige Obstarten, zum Beispiel Erdbeeren und die bodendeckenden Himbeeren, sind leicht durch Absenker zu vermehren. Legen Sie einfach eine Rute aus einem Spross durch einen Topf und bedecken den Stängel mit Kompost. Sollten Sie viele Pflanzen benötigen, dann können Sie dafür eigens ein Beet anlegen, in das Sie Mutterpflanzen setzen, deren Triebe jedes Jahr abgesenkt und entfernt werden, sobald sie Wurzeln gezogen haben.

Durch Teilung

Viele Stauden und manche Sträucher können durch Teilung vermehrt werden: Zerteilen Sie einen bestehenden Ballen in mehrere Teile, üblicherweise im Frühjahr mit einem Spaten. Danach pflanzen Sie die Teile separat wieder ein.

Hier noch eine wichtige Anmerkung zur Vermehrung von Stauden: Gehen Sie sicher, dass Sie genug Platz für die Vermehrung zur Verfügung haben. Von den meisten Stauden, die Sie zur Unterpflanzung in einem Waldgarten nutzen können, benötigen Sie zwischen fünf und zwölf Pflanzen je bepflanztem Quadratmeter. Sie brauchen also eine Menge Pflanzen! Rechnen Sie bei einer vollen Wachstumsperiode mit einem Quadratmeter Anzuchtfläche für 50 Pflanzen.

Veredeln von Gehölzen

Die Veredelung von Obstbäumen ist eine traditionsreiche Methode zur Vermehrung sortenechter Vertreter. Unter anderem bedeutet dies, dass Unterlagen verschiedener Wuchsstärke ausgewählt werden müssen, um gezielt Bäume verschiedener Größen zu kultivieren. Bei einigen Vertretern von Äpfeln und Pflaumen ist es möglich, sie auf ihren eigenen Wurzeln anzuziehen (gewöhnlich durch Abmoosen: Ein Trieb der Pflanze wird dazu teilweise quer durchgeschnitten, der Spalt wird mit einem Keil offen gehalten. Wenn notwendig, wird die Schnittfläche mit einem Bewurzelungshormonpulver eingestäubt und dann in ein saugfähiges Material wie Moos (langfaserig, z.B. aus dem Rasen) oder Zellstofftücher gewickelt, das über mehrere Wochen immer leicht feucht gehalten wird. Nach der Wurzelentwicklung wird der Trieb endgültig abgetrennt und eingepflanzt). Obstbäume auf ihren eigenen Wurzeln sollen gesünder und langlebiger sein und schmackhaftere Früchte produzieren als veredelte Bäume.

Es hat jedoch auch entscheidende Nachteile, Bäume auf ihren eigenen Wurzeln zu ziehen. Diese sind: 1) Sie verlieren den Vorteil der Resistenz gegen Wurzelkrankheiten und die Bodentoleranzen der Unterlage, und 2) sie verlieren den schwachwüchsigen Effekt der Unterlage, was zu einem großen Baum führt, der regelmäßigen Schnitt erfordert und erst nach mehreren Jahren Früchte trägt. Angesichts dieser Nachteile sind für die meisten Leute veredelte Bäume die bessere Wahl.

Üblicherweise wird ein Edelreis von Obstbäumen auf einen jungen (ein bis zwei Jahre alten) Wurzelstock veredelt. Äpfel können dabei auf ´MM106´, ´M26´, ´M27´ und so weiter veredelt werden; Birnen werden auf ´Quitte A´, ´Quitte C´ oder ´Wildbirne´ veredelt; Pflaumen werden auf ´Myrobalane´, ´St. Julien´ oder ´Pixy´ veredelt und so weiter.
Manchmal können wilde Sämlinge oder bereits eingewöhnte Bäume zu einem produktiven Obstbaum veredelt werden. Weißdorn (*Crataegus* spp.) etwa kann mit Mispel, manchmal auch Apfel oder Birne veredelt werden. Wilde Pflaumen (*Prunus* spp., einschließlich des Schlehdorns, *P. spinosa*) können oft auf Pflaume veredelt werden.

EIN VEREDELTER BAUM

Um einen veredelten Baum zu produzieren, wird ein Stück Holz der gewünschten Sorte (das Edelreis) auf ein anderes Stück Holz mit Wurzeln (der Unterlage) aufgebracht. Sie werden so verbunden, dass die Verbindungsstelle heilt und die Pflanze als ein Individuum weiterwächst.

Unterlagen wurden für die üblichsten Obstbäume gezüchtet. Dabei wurde auf Eigenschaften wie Resistenz gegen Bodenkrankheiten, Toleranz für verschiedene Bodenbedingungen und Wuchsstärke (diese bestimmt, wie groß der veredelte Baum wächst) geachtet.)

Die gebräuchlichsten Veredelungstechniken, um Obstbäume auf Unterlage zu produzieren, sind:

- die sogenannte Kopulation mit Gegenzungen, die im späten Winter oder im frühen Frühjahr auf einer Unterlage in Winterruhe durchgeführt wird,
- die Okulation im Sommer auf eine wachsende Unterlage.

Für das Veredeln benötigen Sie ein Messer mit einer sehr scharfen und wenn möglich geraden Klinge. Seien Sie vorsichtig, denn die Verletzungsgefahr ist groß. Sie bringen sich das Veredeln vor allem durch Übung selbst bei. Sie können dies an jeder Art von Zweigen üben, die Sie gerade verfügbar haben.

Kopulation mit Gegenzungen

Diese Technik wird bei Trieben von 5 bis 15 Millimetern Durchmesser angewandt.

1. Schneiden oder kaufen Sie die Edelreiser im Dezember oder Januar. Diese Edelreiser sind das einjährige Zweiglein der gewünschten Sorte des

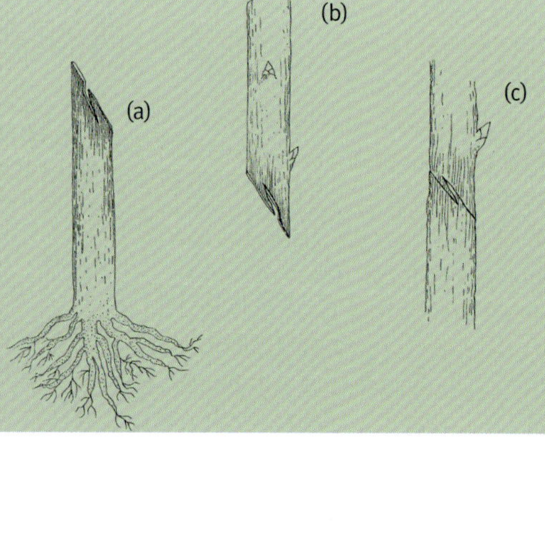

Kopulation mit Gegenzungen
(a) Die Unterlage mit den eingeschnittenen Gegenzungen.
(b) Das Edelreis mit entsprechenden Schnitten.
(c) Die Veredelung wird zusammengefügt und kann so umwickelt werden.

Baumes, von dem Sie eine Kopie haben möchten, zum Beispiel von der Apfelsorte ´Bramley's Seedling´. Dieser muss bei völliger Winterruhe geschnitten werden. Einige Baumschulen verkaufen auch Edelreiser.

2. Bewahren Sie die Edelreiser in Plastikbeuteln im Kühlschrank auf – sie müssen bis zur Veredelung in Winterruhe gehalten werden. Stellen Sie sicher, dass sie trocken sind, wenn Sie diese in Beutel verschließen, denn sie könnten sonst faulen.

3. Kaufen Sie, falls nötig, die Unterlage. Das sind junge, wurzelnackte Pflanzen der Sorte der Unterlage (zum Beispiel ´MM106´, ´Pixy´ et cetera). Diese können Sie bei ausgewählten Baumschulen kaufen.

4. Veredeln Sie von Februar bis April (bis Mai in Gegenden mit kälteren Wintern) drinnen oder im Gewächshaus auf die Unterlage.

5. Machen Sie auf dem Reis einen ersten schrägen zweieinhalb bis fünf Zentimeter langen Schnitt. Schneiden Sie zur Sicherheit vom Körper weg. Dies ist die sogenannte Zunge. Das Reis sollte idealerweise zwei bis vier Knospen haben, aber wenn Sie nur wenig Reis haben, reicht oft auch eine Knospe aus.

6. Machen Sie einen zweiten Schnitt auf dem Reis, beginnen Sie damit etwa auf einem Drittel der Länge des ersten Schnitts und schneiden Sie nahezu parallel zu dem schrägen Anschnitt. Dieser Schnitt wird zur Hand hin ausgeführt. Führen Sie diesen daher langsam und vorsichtig durch. Dies ist die Gegenzunge.

7. Machen Sie auf der Unterlage identische Schnitte an einer Stelle, wo der Durchmesser dem des Reises entspricht.

8. Stecken Sie die zwei Zungen ineinander, die Veredelungsstelle sollte so zusammenhalten.

9. Umwickeln Sie die Stelle mit Klebeband, damit sie nicht austrocknet und um während der Heilung Stabilität zu bieten. Ich verwende biologisch abbaubares Band. Sie können jedoch auch Plastikband, Dämmband, Maskierfilm oder sogar Streifen von Plastiktüten verwenden. Knoten oder kleben Sie das Band so zusammen, dass es sich nicht ablösen kann.

10. Manche Arten brauchen an der Veredelungsstelle Wärme, damit diese heilt. Andere, wie beispielsweise Äpfel, brauchen dies nicht. Pflaumen mögen etwa plus 20 Grad Celsius, während Kastanien und Walnüsse sogar noch höhere Temperaturen benötigen.

Die veredelte Pflanze wird dann für ein oder zwei Jahre eingetopft oder an einer vorübergehenden Stelle eingegraben, bevor sie an ihre endgültige Stelle ausgepflanzt wird. Sollten Sie ein nicht abbaubares Band verwendet haben, dann muss dies im Mittsommer eingeschlitzt werden, damit die Veredelungsstelle nicht eingezwängt wird.

Kommerzielle Baumschulen verwenden manchmal handbediente Veredelungsmaschinen, um die Schnitte auf Reis und Unterlage auszuführen, so wird eine gute Passgenauigkeit sichergestellt. Hier können auch Veredelungszangen (siehe Seite 88) verwendet werden.

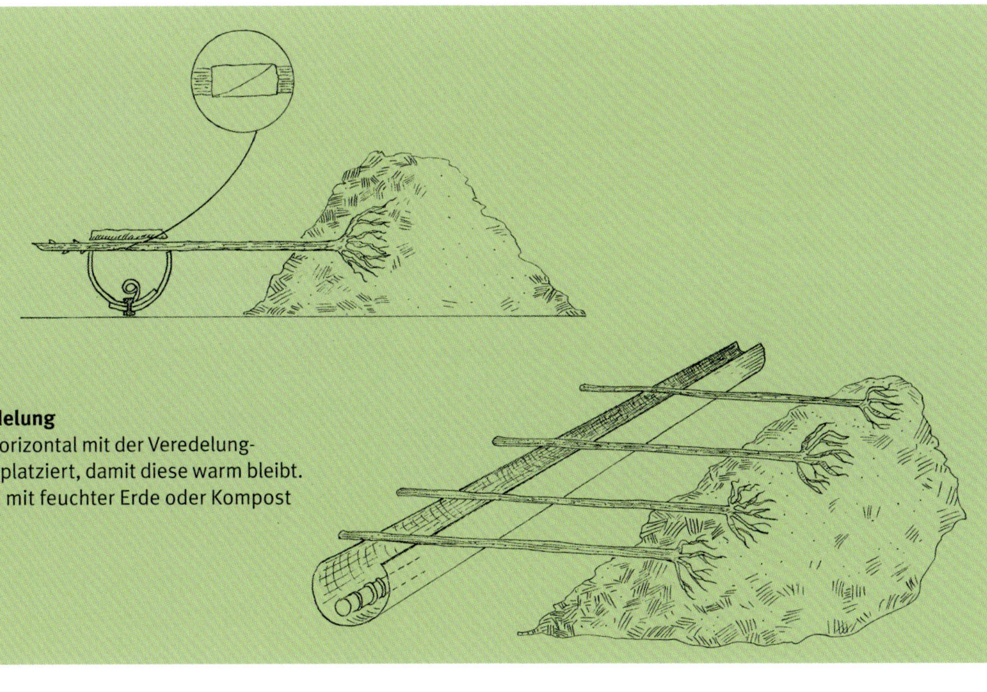

Rohrheizung für die Veredelung
Der veredelte Baum wird horizontal mit der Veredelungstelle über das heiße Rohr platziert, damit diese warm bleibt. Die Wurzeln werden dabei mit feuchter Erde oder Kompost bedeckt.

Okulation

Die Okulation wird im Juli oder August durchgeführt.

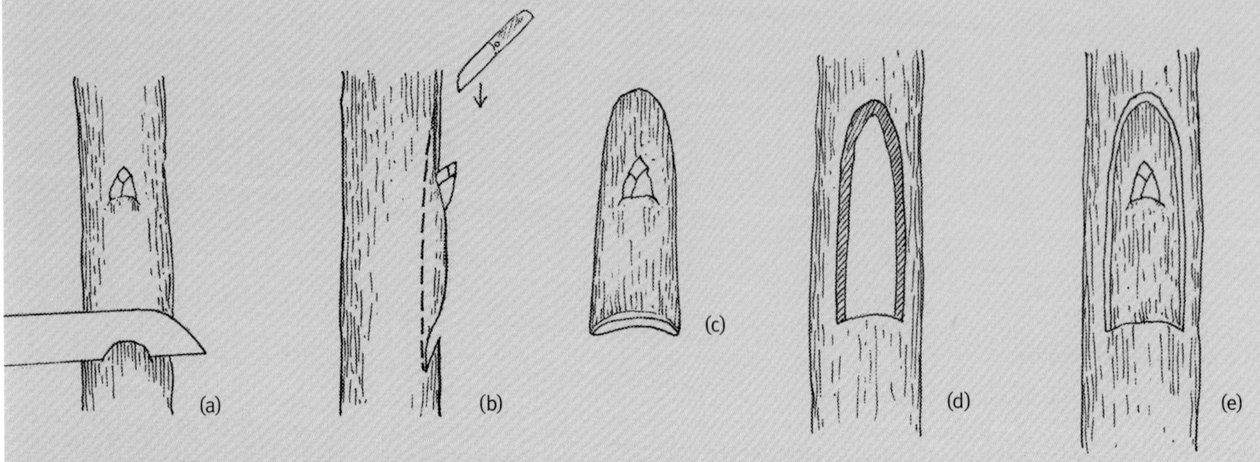

Okulation
(a) Der untere Schnitt auf dem Edelreis.
(b) Der schräge Schnitt auf dem Edelreis.
(c) Das Auge kann nun platziert werden.
(d) Der Schnitt auf der Unterlage.
(e) Das Auge ist in Position gebracht und kann so umwickelt werden.

1. Schneiden oder kaufen Sie Edelreiser der gewünschten Sorte. Dies ist ein frischer Spross, der sehr schnell austrocknen kann. Die Okulation sollte, wenn möglich, innerhalb von Stunden nach dem Schnitt erfolgen. Sobald Sie die Edelreiser bekommen, entfernen Sie alle Blätter so, dass ein kleiner Blattstängel verbleibt, und lagern ihn kühl und feucht.

2. Sie benötigen eine bereits wachsende Unterlage, gewöhnlich in der Erde, aber möglicherweise auch in einem Kübel. Diese ist in der Regel 60 bis 90 Zentimeter hoch. Schneiden Sie bis auf 30 Zentimeter Höhe alle niedrigen Zweige am Stamm ab, um einen guten Zugang zu ermöglichen.

3. Schneiden Sie eine ruhende Knospe (das „Auge" oder „Edelauge") aus der Unterlage und machen Sie etwa 15 Zentimeter über dem Boden einen etwa fünf Millimeter tiefen Einschnitt. Danach machen Sie einen zweiten schrägen Schnitt. Sie setzen etwa zweieinhalb bis fünf Zentimeter über dem ersten Schnitt an und schneiden schräg nach unten, um den ersten Schnitt zu treffen. Entfernen Sie das Auge.

4. Schneiden Sie ein identisches Auge aus dem Edelreis. Dabei sollte der Durchmesser idealerweise dem der Unterlage entsprechen, aus der das Auge ausgeschnitten wurde. Wählen Sie ein geeignetes kleines Auge unter einem Blattstängel aus und führen den kleinen Schnitt etwa 1,2 Zentimeter unterhalb und den schrägen Schnitt in ähnlicher Höhe darüber aus. Halten Sie den Ausschnitt am Blattstängel, um Berührung mit dem Holz zu vermeiden.

5. Setzen Sie das Auge auf der Unterlage ein. Ist die Rinde der Unterlage dicker als die des Edelreises, dann sollte von der Rinde der Unterlage ein Rand um das Auge herum sichtbar bleiben. Verbinden Sie die Stelle mit biologisch abbaubarem Veredelungsband oder einem Veredelungsgummi.

6. Manchmal beginnt das Auge im Spätsommer auszutreiben, häufiger bleibt es jedoch ruhend bis ins Folgejahr.

7. Schneiden Sie die Unterlage im Winter nach der Okulation bis über die Veredelungsstelle zurück.

8. Im Folgejahr sollte das Auge kräftig austreiben. So wird Ihnen ein Baum beschert, den Sie 16 bis 18 Monate nach der Okulation an seinen endgültigen Platz auspflanzen können.

Veredelung auf bestehende Bäume

Bestehende Obstbäume können auf eine andere (oder mehrere) Sorte(n) veredelt werden und im Frühjahr können Sie wilde Bäume zu Obstbäumen veredeln.

Die sogenannte Geißfußveredelung ist hierfür die einfachste Methode. Auf diese Art können Sie auf einen Weißdorn (zum Beispiel *Crataegus monogyna*) eine Birne oder Mispel veredeln oder eine Pflaume auf einen Schlehdorn (*Prunus spinosa*).

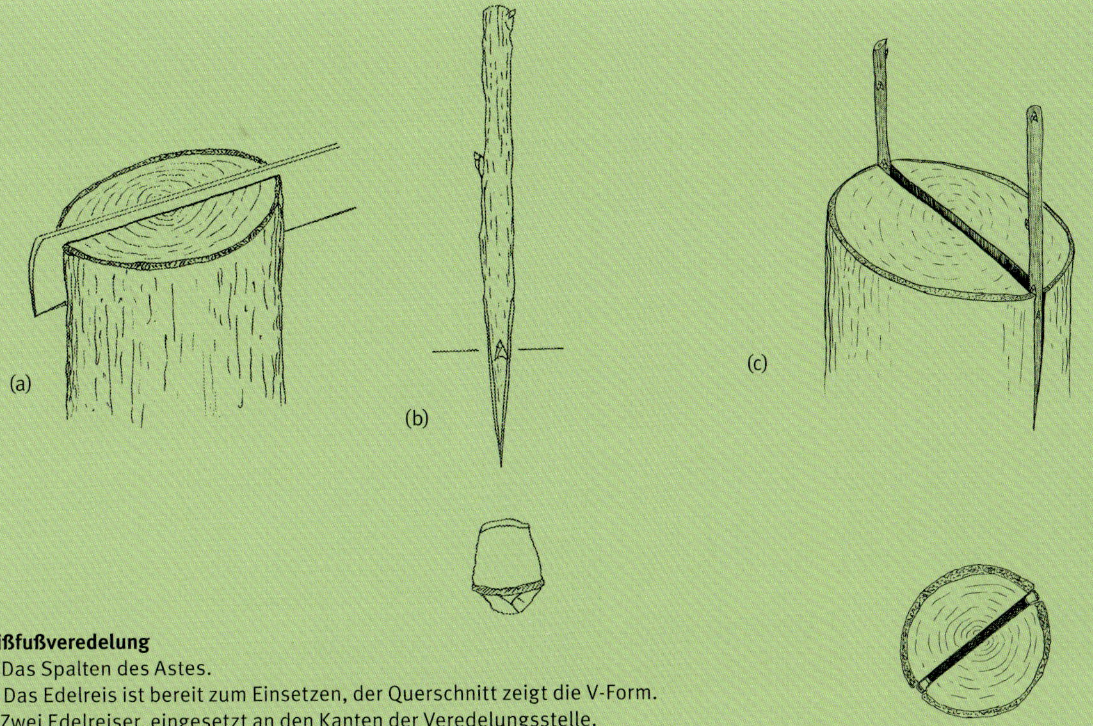

Geißfußveredelung
(a) Das Spalten des Astes.
(b) Das Edelreis ist bereit zum Einsetzen, der Querschnitt zeigt die V-Form.
(c) Zwei Edelreiser, eingesetzt an den Kanten der Veredelungsstelle.
(e) Das Auge ist in Position gebracht und kann so umwickelt werden.

1. Schneiden oder besorgen Sie Edelreis der gewünschten Sorte im Dezember/Januar und lagern Sie diese im Kühlschrank.

2. Führen Sie die Veredelung im März oder frühen April durch, wenn möglich kurz bevor eine warme Wetterperiode angekündigt ist. Es ist unbedenklich, wenn der Baum bereits beginnt auszutreiben.

3. Schneiden Sie die Spitze oder mehrere Seitenäste zurück auf Zapfen. Der beste Durchmesser für die Geißfußveredelung beträgt vier bis siebeneinhalb Zentimeter. Dies gibt in der Regel vor, wo die Schnitte erfolgen sollten.

4. Für jeden zu veredelnden Ast machen Sie einen Einschnitt entlang der Mitte des Astes. Der Spalt sollte dabei (bestehende oder abgeschnittene) Astringe vermeiden, da Sie ein gerades Stück Ast benötigen. Ich verwende für den Spalt eine sogenannte Gärtnerhippe (Spezialmesser), die ich mit einem Hammer in den Ast einschlage. Sie können jedoch jedes Werkzeug mit einer starken Klinge verwenden. Der Spalt sollte sieben bis zehn Zentimeter tief in den Ast reichen.

5. Entfernen Sie die Klinge aus dem Spalt und stecken Sie einen großen Schlitzschraubendreher in die Stelle. Mit diesem werden Sie den Spalt aufhebeln, wenn Sie das Edelreis einstecken.

6. Schneiden Sie zwei Edelreiser. An jedem müssen Sie zwei schräge, etwa fünf Zentimeter lange Schnitte vornehmen. Diese dürfen nicht ganz parallel verlaufen, sodass sie im Querschnitt die Form eines V erhalten. Jedes Stück sollte drei bis vier kräftige Augen haben.

7. Setzen Sie an beiden Enden des Spaltes das Edelreis ein, dabei sollte die Spitze des V nach innen zeigen. Das Ziel ist, die innere Schicht der äußeren Rinde des Edelreis (sehr dünne Rinde) mit der inneren Schicht der äußeren Rinde des Astes (oft ziemlich dick) anzugleichen. Das Edelreis rückt dabei oft ein wenig in die Spalte. Hebeln Sie mit dem Schraubendreher die Spalte auf, setzen Sie das Edelreis ein und nehmen Sie danach den Schraubendreher wieder heraus.

8. Nun müssen die ganze Schnittfläche des Astes sowie die Spalten seitlich mit Wachs überzogen oder mit Band abgedeckt werden.

9. Wenn die Veredelungsstelle zusammenwächst, wird das Edelreis binnen zwei oder drei Wochen ein kräftiges Wachstum zeigen. Der Grund, zwei Edelreiser pro Ast zu setzen, ist vor allem eine Art Rückversicherung, denn sollten beide anwachsen, kann später, wenn nötig, einer entnommen werden. Da das Wurzelsystem des Baumes bereits ausgebildet vorhanden ist, wird der Baum üblicherweise ein bis zwei Jahre später Früchte tragen.

Geißfußveredelung auf einem Weißdorn
1. Frische Geißfußveredelung auf einem Weißdorn (hier *Crataegus monogyna*).
2. Vier Monate später wachsen die veredelten Triebe eines *Crataegus arnoldiana* kräftig.

VEREDELUNGSZANGEN

Es ist eine Sache der Übung, mit einem Messer gute Veredelungen zu erzeugen. Sie können jederzeit an frisch geschnittenen Zweigen zu jeder Jahreszeit üben. Ich habe mehrere Jahre benötigt, um ein gewisses Maß an Kompetenz zu erreichen. Dann fand ich heraus, dass es ein fantastisches, technisch einfaches Werkzeug gibt: die Veredelungszange. Diese macht leider die Fertigkeit des Veredelns nahezu überflüssig, ist aber schneller und ermöglicht selbst einem erfahrenen Veredler eine höhere Erfolgswahrscheinlichkeit! Mittlerweile verwende ich für einen Großteil meiner Veredelungen mit Gegenzungen die Zange, bei sehr kleinen Durchmessern benutze ich jedoch immer noch ein Messer.

Blüte der Apfel-Rose (*Rosa rugosa*).

Kapitel 9

Die ersten Gestaltungsschritte

Die meisten Leute beginnen ihren Waldgarten mit einem freien Standort, üblicherweise eine Wiese oder Weide. Einige fangen jedoch bereits mit Waldland an, in diesem Fall folgt man immer noch den in Kapitel 7 beschriebenen Schritten, der Vorgang ist jedoch dann natürlich teilweise ein anderer.

Land finden und erwerben

Waldgärten werden überall angelegt, vom winzigen Hinterhofgarten bis hin zum zwei Hektar großen Feld. Sollten Sie keinen eigenen Garten haben, den Sie umwandeln können, dann gibt es die günstige Option, einen Waldgarten in einem oder mehreren Schrebergärten anzulegen. In manchen Schrebergartenanlagen verbieten allerdings die Statuten das Pflanzen von Bäumen, erkundigen Sie sich daher sorgfältig im Vorfeld!

Viele möchten einen ländlichen Waldgarten auf einem Feld anlegen. Dies setzt voraus, dass Sie ein kleines Stück Land kaufen. Es stehen meist zahlreiche zum Kauf, der Wettbewerb ist jedoch heftig und die Landpreise (nicht nur) in Großbritannien steigen alarmierend und das in den Pandemiejahren umso mehr. Heutzutage kann man über Makler-Webseiten leicht nach Grundstücken suchen.

Die Finanzkrisen der jüngeren Vergangenheit haben den Besitz kleiner Stücke Land attraktiver werden lassen. Wenn man Banken nicht vertrauen kann, das angesparte Kapital sicher zu verwahren, wem dann? Die Antwort heißt natürlich: dem reelen Grund und Boden. Leider bedeutet dies, dass die Landpreise weiterhin ansteigen. Der Besitz von Land ist außerdem das letzte Auffangnetz, falls die Dinge in einer Zukunft des rasenden Klimawandels im Lovelock'schen* Sinne schiefgehen.

*James Ephraim Lovelock (*1919) gilt als einflussreichster Vordenker der Ökologie-Bewegung.

WALD ODER FELD?

Waldland ist immer günstiger als Weide- oder Ackerland (obwohl der Wald biologisch wertvoller ist!). Einen Waldgarten aus Waldland zu erschaffen bedeutet jedoch mehr Arbeit, als mit einem freien Feld zu beginnen.

Land und Resthöfe sind immer noch sehr viel günstiger in Frankreich, Spanien und anderen europäischen Ländern. Je mehr Sie sich jedoch in Regionen mit heißen mediterranen Sommern bewegen, desto schwieriger wird es werden, einen Waldgarten mit allen Ebenen und der in diesem Buch beschriebenen Art zu gestalten: Die trockenen sommerlichen Bodenbedingungen erlauben ohne Bewässerung nicht den üppigen Wuchs ausdauernder Pflanzen, den wir in Großbritannien erwarten.

Was die Ausrichtung angeht, ist ein Südhang ideal, gefolgt von einem Westhang. Für Pflanzen ist ein Westhang einem Osthang vorzuziehen, weil die Temperaturen am Nachmittag wärmer sind und so mehr Fotosynthese betrieben wird als am Morgen.

Als Faustregel kann man behaupten, dass jedes Grad Neigung nach Süden (verglichen mit einem ebenen Standort) die Wachstumsperiode um zwei Tage verlängert; gleichermaßen bedeutet jedes Grad am Nordhang eine Verkürzung um zwei Tage. Ein zehn Grad steiler Südhang bewirkt demnach eine um 20 Tage längere Wachstumsperiode (wertvoll für spät reifende Früchte), während der gleich steile Hang nach Norden 20 Tage verliert, was selbst den Anbau spät reifender Äpfel schwierig macht.

Bevor Sie ein Stück Land kaufen, ist es sinnvoll, Bodenproben zu nehmen, wenn auch nur oberflächliche. Wenn der Boden-pH oder Bodentyp in irgendeiner Art zu Extremen neigt (sehr sauer, sehr sandig, sehr lehmig oder sehr alkalisch), wird dies zusätzliche Arbeit bedeuten und kann sehr einschränkend sein.

Land wird manchmal versteigert, in diesem Fall müssen Sie sicherstellen, dass Sie den Kaufpreis sofort verfügbar haben.

Letztlich gibt es auf unserer überfüllten und überregulierten Insel (und auch anderswo) Schwierigkeiten mit der Genehmigung von „Feldgärten" oder „Ackerbeetkulturen". „Gärten" (impliziert „Ziergärten") werden als Nutzungsänderung von landwirtschaftlich oder forstwirtschaftlich genutzten Standorten angesehen und erfordern so eine Genehmigung. Dies trifft jedoch auf „Agrarforstwirtschaft" nicht zu; daher beschreibt man Waldgärten den Behörden gegenüber besser als „intensive agrarforstwirtschaftliche Systeme" oder „unterpflanzte Obstplantagen".

Was sind Ihre Ziele?

Fragen Sie sich, welche Früchte Sie aus Ihrem Garten gewinnen möchten? Jeder Waldgarten ist einzigartig und sollte gemäß Ihren individuellen Anforderungen entwickelt werden. Wenn Sie Äpfel nicht mögen, dann planen Sie in Ihrem Gestaltungskonzept keine Apfelbäume ein, nur weil dies jeder macht! Denken Sie darüber nach, wann Sie die Früchte ernten möchten – über das ganze Jahr hinweg? Hauptsächlich im Frühjahr oder im Herbst? Durch Ihr Gestaltungskonzept können Sie die meisten Früchte so einplanen, dass sie dann verfügbar sind, wann Sie wollen.

Bedenken Sie, dass Ihnen große Obstbäume eine Menge Früchte bescheren können, die innerhalb kurzer Zeit verwendet werden müssen. Wenn Sie der Meinung sind, dass Ihnen 100 Kilogramm frische Pflaumen innerhalb von ein bis zwei Wochen zu viel sind, um diese zu verzehren oder weiterzuverarbeiten, dann denken Sie besser zweimal darüber nach, Pflaumenbäume in Standardgröße zu pflanzen. Letztendlich jedoch fallen Früchte, die nicht geerntet werden, üblicherweise einfach vom Baum oder werden von Vögeln gefressen. Unsere westliche Kultur neigt dazu, dies als Verschwendung zu betrachten, aber was ist daran verschwendet? Wenn der Anbau wenig Mühe gemacht hat, dann ist wenig menschliche Anstrengung verschwendet. Die Früchte werden von Pilzen, Bakterien und Tieren recycelt und so bleibt alles Gute dem geschlossenen Kreislauf des Waldgartensystems erhalten. In vielen anderen Kulturen, in denen es zahlreiche Waldgärten gibt, ist es gebräuchlich, dass manche Obstbäume oder andere fruchttragende Bäume als „Versicherung" gesehen werden. In manchen Jahren werden sie kaum geerntet, etwa weil andere, wünschenswertere Früchte zahlreich sind oder es keine Zeit zur Ernte gibt, in anderen Jahren hingegen werden sie stark geerntet. Nur weil eine Pflanze Früchte trägt, heißt dies nicht, dass wir 100 Prozent davon ernten müssen. Der einzige Nachteil, intensiv gezüchtete Früchte wie Äpfel, Birnen und Pflaumen nicht zu ernten, liegt darin, dass in den im Baum verbliebenen Krankheiten überwintern können" (siehe Seite 323, Kapitel 22).

Erstellen Sie Listen der Pflanzen, die Sie möchten, und unterteilen Sie diese in Bäume, Sträucher, Stauden und so weiter. Sie müssen dabei den Platz ermitteln, den die Bäume der Baumebene benötigen (siehe Seiten 147–150, Kapitel 12). Bevor Sie das nicht gemacht haben, werden Sie nicht wissen, ob alle Bäume auf Ihrer Liste untergebracht werden können. Die Ebene der Bäume ist die, auf die Sie sich zuerst konzentrieren müssen. Wenn Sie die Unterpflanzung über die folgenden Jahre verteilt vornehmen wollen, dann benötigen Sie zu Beginn wahrscheinlich keine definitiven Listen Ihrer Sträucher und ausdauernden Pflanzen.

In mittelgroßen und großen Waldgärten wird gewöhnlich übermäßig viel Platz für aromatische Kräuter und sonstige Stauden reserviert. Dies hängt natürlich davon ab, wie intensiv Sie die unteren Ebenen nutzen wollen, aber realistischerweise wollen Menschen, die sich einen Waldgarten anlegen, keinen „Marktgarten" unter ihren Bäumen anbauen. In kleinen Gärten (unter ein paar Hundert Quadratmetern) werden die unteren Ebenen wahrscheinlich einfach nur aus Platzmangel intensiver genutzt. Dies bedeutet, dass manche Pflanzstrategien (wie auf den Seiten 94–96 beschrieben) ausgeschlossen werden können. In größeren Waldgärten gibt es gewöhnlich unter den Gehölzebenen ausreichend Platz für Flächen von Pflanzen wie den bodendeckenden Rubusarten oder aromatischen Kräutern wie den Minzen. Diese werden nicht intensiv geerntet, erfüllen aber dennoch wichtige Systemfunktionen, wie den Schutz des Bodens und die Förderung von Nutzinsekten.

Zierquitten (*Chaenomeles* spp.) sind wertvolle Obstgehölze.

Kommerzielle Anforderungen machen spezifische Gestaltungskomponenten nötig. Die bis heute in gemäßigten Klimazonen angelegten Waldgärten sind abgesehen vom gelegentlichen Abverkauf großer Erntemengen meist nicht kommerziell orientiert.

Sollten kommerzielle Ziele angestrebt werden, müssen im Gestaltungsprozess einige Kompromisse gemacht werden: Die Pflege und Ernte von Pflanzen muss beispielsweise effizienter möglich sein. Daher sollten Pflanzen des gleichen Typs vielleicht näher zusammen, statt verteilt gepflanzt werden, obwohl das Letztere ökologisch sinnvoller wäre. Wie Sie herausfinden werden, beinhaltet das Design eines Waldgartens eine Reihe von Prinzipien, die sich manchmal widersprechen können. In der Tat werden Sie hier Kompromisse eingehen müssen.

Im Gestaltungsprozess mag es weitere Anforderungen geben, die es zu bedenken gilt. Vielleicht soll der Garten die Funktion von Bildung erfüllen (oder sogar Teil einer Schule sein). In diesem Fall muss man sich dem Thema stacheliger und giftiger Pflanzen annehmen. Bezüglich der Letzteren muss ich leider sagen, dass wir in Großbritannien die sehr unglückliche Angewohnheit zu pflegen, vor Pflanzen und Pilzen Angst zu haben, wenn wir nicht ausdrücklich von offizieller Seite über ihre Sicherheit informiert wurden. Sehr wenige Pflanzen können ernsthafte Beschwerden auslösen und die meisten davon schmecken abscheulich und würden nie freiwillig von Kindern gegessen werden!

Wie viel Zeit und Energie haben Sie?

Die Gründung eines Waldgartens erfordert Zeit: Das ist unvermeidbar und selbst bei einem vollständig etablierten Garten werden Sie Zeit benötigen – er wird niemals ein Garten sein, der keine Arbeit erfordert.

Ich habe basierend auf meiner Erfahrung mit meinem fast einen Hektar großen (2,1 Acre) Garten in Dartington versucht, die benötigte Zeit für das Konzept, die Einrichtung, die Pflege und die Ernte einzuschätzen. Die tatsächlich benötigte Zeit wird mit der Menge der Zeit erfordernden Ertragspflanzen variieren. Der unten angegebene geschätzte Zeitaufwand pro Jahr und pro 100 Quadratmeter Waldgarten angegeben. Für einen 500 Quadratmeter großen Garten müssten Sie diese Werte also mit fünf multiplizieren.

Gestaltungskonzept

- Es ist sehr schwer, die Dauer des Designs in Zahlen anzugeben. Das liegt vor allem an meiner Empfehlung, das Design für einige Monate fortlaufend zu entwickeln, ohne sich endgültig festzulegen, und sich vielleicht nur von Zeit zu Zeit für einige Minuten damit zu beschäftigen. Wahrscheinlich erfordert das Design mindestens zwei Stunden pro 100 Quadratmeter, manchmal sehr viel mehr.

Gründung des Waldgartens

- Pflanzung von anfänglichem Windschutz oder von Hecken:
  Sehr unterschiedlich, manchmal ist dies vielleicht gar nicht nötig. Die Pflanzung und das Mulchen eines Windschutzes von 100 Metern Länge kann einen Tag dauern.

- Pflanzung von Bäumen (und möglicherweise Sträuchern) in den ersten ein bis zwei Jahren:
  Das Abschreiten oder Ausmessen der korrekten Positionen kann genauso lange dauern wie das Pflanzen selbst. Gehen Sie von einer Stunde pro 100 Quadratmeter aus.

- Anzucht von Jungpflanzen (besonders Stauden) im Frühjahr:
  Ein Waldgarten erfordert in der Regel, dass große Mengen an Pflanzen in die Ebene der Stauden und Bodendeckerarten gepflanzt werden. Möglicherweise spielt Geld für Sie keine Rolle – üblicherweise jedoch/in jedem anderen Fall müssen Sie wahrscheinlich zumindest einen Teil selbst vermehren. Das spricht dafür, das Unterpflanzen über mehrere Jahre zu strecken. Rechnen Sie mit zwei bis drei Tagen für die Anzucht von Ausdauernden für 100 Quadratmeter.

- Pflanzung und Mulchen des Bereichs der Stauden im Herbst und Winter: Rechnen Sie dafür zwei bis drei Tage pro 100 Quadratmeter Pflanzung ein.

Pflege und Ernte

- Der Pflegeaufwand ist sehr variabel und hängt vor allem davon ab, was Sie pflanzen. Pflanzen mit hohem Pflegeaufwand sind weiche Früchte, hochgezüchtete Bäume, sich selbst aussäende Einjährige und einjähriges Gemüse. Das Jäten wird von April bis August immer nötig sein, aber meiner Erfahrung nach zu anderen Zeiten gar nicht. Planen Sie hierzu etwa zwei bis acht Stunden pro 100 Quadratmeter über den Frühling und Sommer ein.

- Der Ernteaufwand ist ebenso variabel und in jedem Waldgarten unterschiedlich. Rechnen Sie über ein Jahr mit vier bis acht Stunden oder mehr pro 100 Quadratmeter.

Wie groß ist Ihr Budget?

Die meisten Leute möchten ihre Bäume pflanzen, sobald das Design abgeschlossen ist. Dies bedeutet den Einkauf von 60 bis 200 Zentimeter großen Jungbäumen, wovon einige recht teuer sein können (vor allem Obst- und Nusssorten und Bambus, die alle eine spezialisierte Vermehrung erfordern). Eine andere Option wäre der Versuch, Bäume selbst zu veredeln, aber abgesehen von Äpfeln, die recht einfach zu veredeln sind, werden Sie sonst sehr gemischte Ergebnisse erzielen. Nüsse sind sehr schwierig zu veredeln. Eigene Bäume durch Veredelung produzieren zu wollen, kann eine Rechnung sein, die nicht aufgeht, und könnte Ihr Vorhaben um mehrere Jahre verzögern. Wenn Sie jedoch ein knappes Budget haben, mag dies Ihre einzige Option sein.

Einige Gehölze – allgemein die unüblicheren Obstbäume und Bäume mit einem anderen Nutzen – sind relativ leicht aus Saatgut zu gewinnen, und einige sind leicht durch Stecklinge zu vermehren, sofern Sie dafür eine Mutterpflanze haben. Viele Stauden können ebenfalls aus Saatgut oder Stecklingen vermehrt werden. Falls Sie eine ausreichende Menge eigener Pflanzen anziehen wollen, müssen Sie eine Anzuchtfläche, Pflanzcontainer, Kompost, Bewässerung und so weiter organisieren.

Andere anfängliche Kosten entstehen durch den Schutz von Jungbäumen, Zäune gegen Schädlinge wie Kaninchen (sie kosten etwa ein bis zwei Euro pro Laufmeter) und Mulchmaterial. Für die meisten Leute sind Flächenmulche ein wichtiger Teil der Einrichtung eines Waldgartens. Biologisch abbaubarer Hanf beispielsweise oder ähnliches Mulchmaterial genauso wie solches aus durchlässigem Kunststoff sind nicht gerade günstig. Alternativen wie Kartonagen sind billiger, sofern Sie eine kostenlose Quelle auftun können.

Sammeln von Informationen und Kartografieren des Standorts

Versuchen Sie, sich mit verschiedenen Aspekten des Standorts vertraut zu machen (sofern Sie diese nicht bereits kennen):

- Das lokale Klima
- Hanglagen
- Mikroklima – Frostlöcher, schattige Bereiche und dem Wind ausgesetzte Bereiche
- Bodentypen – feuchte oder trockene Bereiche, pH-Wert und Durchlässigkeit (lassen Sie eine Bodenanalyse durchführen)
- Natürliche Wege der Wasserversorgung
- Schon etablierte Pflanzen, die Sie gegebenenfalls behalten möchten

Es ist unabdingbar, dass Sie einen Lageplan Ihres Standorts in einem großen Maßstab (etwa 1:100 oder 1:200) anlegen. Ein Garten oder kleines Feld kann durch Abschreiten vermessen werden. (Finden Sie Ihre durchschnittliche Schrittlänge heraus, indem Sie zehn Schritte machen, die Strecke messen und durch zehn teilen.) Die Grenzlinien von Gärten und Feldern sind oft auf Grundstücksurkunden und -verträgen zu finden, diese kann man leicht hochkopieren bis zum gewünschten Maßstab. Machen Sie von diesem Lageplan in großem Maßstab mehrere Kopien.

Markieren Sie auf diesem Lageplan Hänge, schattige Bereiche, exponierte Stellen, Veränderungen im Boden, bestehende Bäume und Hecken und so weiter.

All dies wird für Sie nützlich sein, wenn Sie versuchen, Bäume und andere Pflanzen in die Gestaltung aufzunehmen. Sie lernen Ihren Standort am besten kennen, indem Sie eine Standortanalyse nach den Vorgaben der Permakultur durchführen. Dies ist die wohl beste Planungshilfe für Ihr Vorhaben.

Pflanzzeiträume und Sukzessionsstufen

Land in einen Waldgarten umzuwandeln kann durch die Pflanzung aller Pflanzen in einem Jahr geschehen (im Englischen als „instant succession“ bezeichnet) oder sich über mehrere Jahre erstrecken.

Die Pflanzung über nur ein Jahr beinhaltet gleichzeitig alle Bäume, Sträucher und Bodendecker. Diese Art zu pflanzen bringt ein paar Einschränkungen mit sich:

- Sie ist nur für kleinere Flächen unter etwa 500 Quadratmeter möglich.
- Üblicherweise wird dazu ein für die Pflanzung bereiteter Boden frei von Bewuchs benötigt.
- Man benötigt dazu einen einigermaßen geschützten Standort.
- In einer Wachstumsperiode muss eine große Menge an Pflanzen gepflanzt werden.

Mein Waldgarten nach drei Jahren. In den frühen Jahren ist ein Waldgarten sehr licht und sonnig!

Bedenken Sie, dass die unteren Ebenen in den frühen Phasen sehr viel Licht bekommen werden – schattenliebende Pflanzen werden dort möglicherweise nicht besonders glücklich sein!

Ein Stück Land über mehrere Jahre in einen Waldgarten umzuwandeln ist sehr viel üblicher. Diese Vorgehensweise hat einige Vorteile:

- Sie ist sowohl für kleine als auch große Standorte geeignet.

- Die Anforderungen an Arbeit und Geld verteilen sich über die Zeit. Es gibt keine festgelegte Dauer für die Pflanzung eines Waldgartens – das Pflanzen kann zwei Jahre dauern, zehn Jahre oder auch länger.

- Normalerweise werden hier die Hecken und/oder die höheren Bäume in den ersten ein bis zwei Jahren gepflanzt, später dann die Sträucher und die Bodendecker.

- Man benötigt zu Beginn keinen beikrautfreien Boden oder einen besonders geschützten Standort. Heckenpflanzen, hohe Bäume und Sträucher können in bestehendes Weideland oder Gras gepflanzt und dann mit einem leichten undurchlässigen Material gemulcht werden. Die Bäume etablieren sich so, während die Gräser unter dem Mulch verrotten. Natürlich müssen für alle bodendeckenden Pflanzen die Gräser vor der Pflanzung beseitigt werden, zum Beispiel durch Flächenmulch. Nur wenige niedrige Pflanzen – zum Beispiel der Chinesische Brombeerstrauch (*Rubus tricolor*) – können gegen Gräser bestehen.

- Bei dieser Vorgehensweise kann sich Schatten entwickeln, bevor schattenliebende Pflanzen eingeführt werden. Bei der Pflanzung über nur ein Jahr müssen die anfänglichen Pflanzen der Bodenebene Sonne tolerieren können, manche davon müssen sogar versetzt werden, wenn der Schatten zunimmt. Dieses Versetzen kann man vermeiden, indem man solche Pflanzen später pflanzt.

- Dies bedeutet jedoch dass der bestehende Bodenbewuchs (gewöhnlich Gras- oder Weideland) unter Kontrolle gehalten werden muss bevor er ersetzt werden kann. Dies bedeutet üblicherweise, dass der Bewuchs zwischen den Bäumen über die Wachstumsperiode etwa einmal monatlich gemäht werden muss. Alternative Kontrolle von Gräsern durch Beweidung ist nur in den frühen Phasen möglich und nur dann, wenn die Jungbäume ausreichend geschützt sind. Den bestehenden Bodenbewuchs garnicht zu kontrollieren ist keine gute Idee, wenn Sie Ihren Waldgarten mit produktiven Pflanzen unterpflanzen wollen – ungeschnittenes Gras wächst hoch, bildet große Soden, verteilt seine Samen überall und wird binnen weniger Jahre von Brombeeren besiedelt. All dies führt dazu, dass das notwendige Roden vor der Unterpflanzung deutlich mehr Arbeit macht, als von Beginn an zu mähen.

Nach sieben Jahren beginnen die Bäume eine sichtbare und bedeutende Wirkung zu zeigen.

Falls Sie mit einem freien Standort beginnen oder mit Weideland, das Sie durch Pflügen oder Eggen kultivieren können, gibt es die weitere Möglichkeit, eine relativ langlebige Gründüngerpflanze auszusäen. Die Luzerne (*Medicago sativa*) oder der Weißklee (*Trifolium repens*) sollten mehrere Jahre überdauern, bevor sie sich breitflächig ausbreiten. Gehölze werden direkt in die Gründüngung gepflanzt und dann gemulcht, wie Sie es auch bei Gras machen würden. Die Gründüngung selbst sollte für mehrere Jahre keine Pflege erfordern und wird dann in Abschnitten beseitigt, um die Bodendecker zu pflanzen. Sollte die Gründüngung zu lästig werden oder sich zu stark ausbreiten, muss sie genau wie Gras gemäht werden. Zeitweise Bodendecker wie diese werden in Kapitel 16 diskutiert (siehe Seiten 256–260).

Weißklee (*Trifolium repens*) ist ein guter Langzeitgründünger.

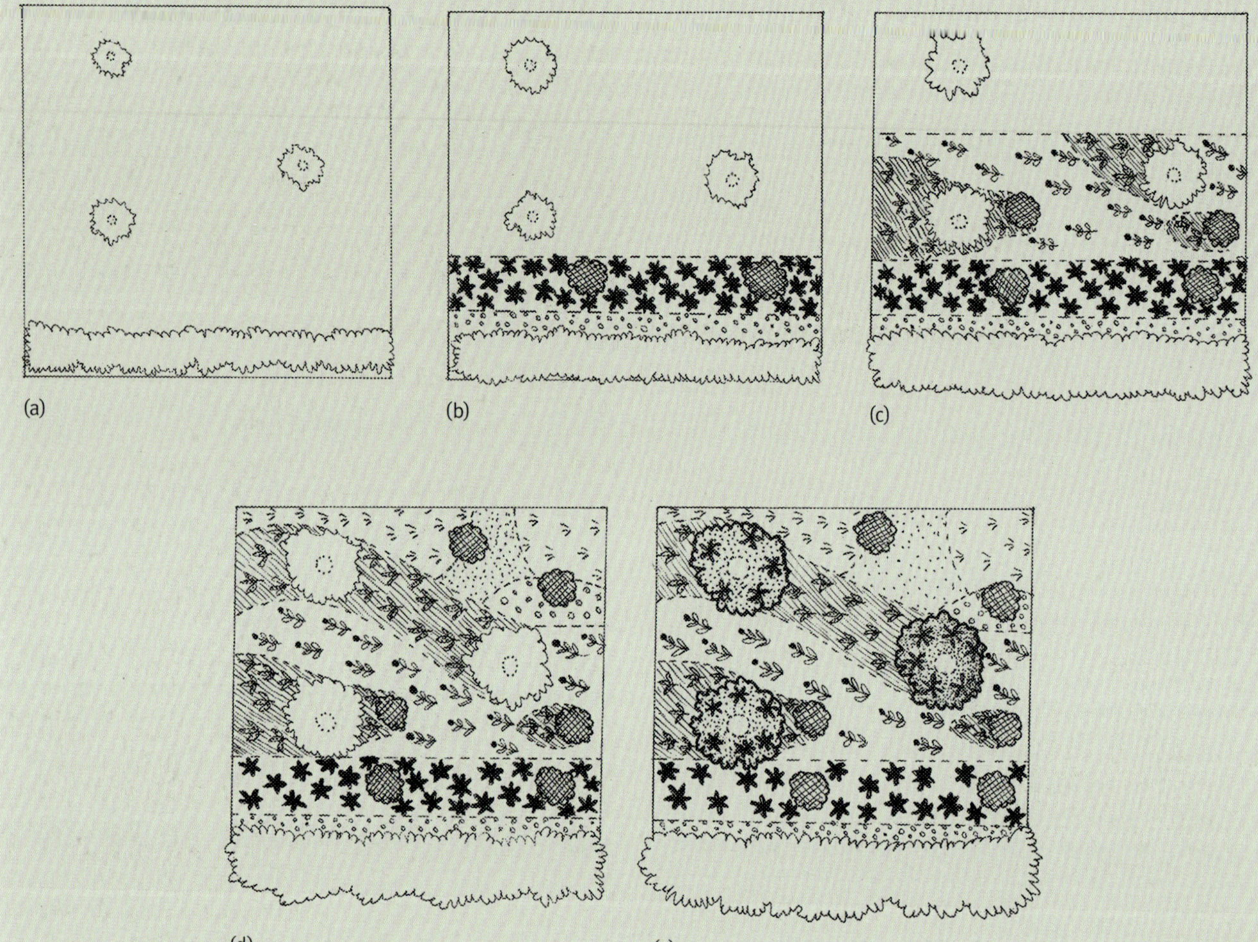

(a) (b) (c) (d) (e)

BEISPIEL EINER AUF FÜNF JAHRE ANGELEGTEN PFLANZUNG

(a) Initial werden die Bäume gesetzt.
(b) Ein Streifen wird flächengemulcht und dann mit Sträuchern und Stauden bepflanzt.
(c) Ein weiterer Streifen wird flächengemulcht und dann bepflanzt.
(d) Der Rest wird flächengemulcht und bepflanzt.
(e) Der komplett bepflanzte Garten wächst weiter.

Ein über mehrere Jahre erschaffener Waldgarten durchläuft mehrere Stufen, die mit den Sukzessionsstufen eines natürlichen Ökosystems vergleichbar sind. Während es für einige Jahre noch ausreichend Licht gibt (vorausgesetzt, Sie beginnen mit einem freien Standort), können manche Flächen, wenn gewünscht, für einjähriges Gemüse, Heu, Gründünger, kurzlebige Stauden, eine Pflanzenanzucht und vieles mehr verwendet werden.

ÜBERBLICK ÜBER DEN GESTALTUNGSPROZESS

- Ermitteln Sie Ihre Ziele, Anforderungen, Zeit und Ressourcen.
- Sammeln Sie Informationen und kartografieren Sie den Standort.
- Entscheiden Sie über Geschwindigkeit der Pflanzung und der Sukzessionsstufen.
- Design von Windschutz/Hecken und Randzonen
- Design der Baumkronenebene
- Design der Sträucherebene
- Design der Ebene der Stauden/Bodendecker
- Design der Einjährigen, Zweijährigen und Kletterpflanzen
- Design der stickstofffixierenden Pflanzen
- Design von Lichtungen, Aufenthaltsorten und Wegen

Blatt des Neuseeland-Flachs (*Phormium tenax*).

Kapitel 10

Die Gestaltung von Windschutz

Schutz ist für nahezu jede Art von produktiver Landnutzung zuträglich. Nicht nur wird die Produktivität nahezu jeder Frucht durch Schutz gefördert, es gibt darüber hinaus viele weitere Vorteile, die durch die Schaffung eines zuträglichen Mikroklimas entstehen.

Vielleicht haben Sie das große Glück, bereits einen wunderbar geschützten Standort zu haben. In diesem Fall müssen Sie nicht viel unternehmen, was zusätzlichen Windschutz angeht. In den meisten Fällen gibt es jedoch eine oder mehrere exponierte Seiten an Ihrem Standort. Ist dies der Fall, dann müssen Sie Schutz bieten. Fast immer geschieht dies durch das Platzieren passender Pflanzen, so dass diese eine Windschutzhecke bilden.

Windschutzhecken sind eine Art Randzone, und wie andere Randzonen kann diese, obwohl sie dem Wind ausgesetzt ist, ein Ort hoher Produktivität sein. Die dort verwendeten Pflanzen sind meist Pionierpflanzen, die natürlich an Waldrändern vorkommen. Oft verbessern sie die Bodenbedingungen für andere Bäume.

Bei Standorten wie einem Feld in der freien Landschaft ist es wahrscheinlich, dass Sie für alle Begrenzungen Windschutz benötigen, sofern es diesen nicht bereits gibt. In städtischen Gärten sind das Hauptproblem Lücken zwischen Gebäuden, die wie Windtunnel wirken.

Verglichen mit einem exponierten Standort erzeugt das Mikroklima, das durch guten Windschutz entsteht, folgende Effekte:

- Die Windgeschwindigkeit im Garten wird verringert, daher entsteht weniger Schaden an Blüten, Früchten und Laub.
- Die Lufttemperatur am Tag ist gewöhnlich um zwei Grad Celsius oder mehr höher.
- Die Oberflächentemperatur der Blätter erhöht sich, was die Fotosynthese produktiver werden lässt.
- Die Bodentemperatur beträgt bis zu drei Grad Celsius mehr.
- Die Verdunstung von Wasser aus dem Boden ist reduziert.
- Abhängig von der Frucht fallen die Ernteerträge um 10 bis 30 Prozent höher aus. Eine Windschutzhecke nimmt meist weit weniger als zehn Prozent der Fläche ein; insofern ist solch eine Hecke nie Platzverschwendung. Die Gesamterträge sind höher und das, ohne die Erträge der Hecke mit einzuberechnen.

Obwohl sie vorrangig eingeplant werden, um ein gutes Mikroklima zu erzeugen, können Windschutzhecken auch andere Nebennutzen haben:

- Sie können dazu beitragen, Mineralien im Falllaub und im Boden anzureichern, im Besonderen Stickstoff bei der Verwendung stickstofffixierender Gehölze.
- Sie können Bienen als Nahrung dienen. Es gibt zahlreiche Blühpflanzen, die für Hecken geeignet sind. Frühblüher wie Weiden und einige *Eleagnus*-Arten können für Wildbienen besonders wertvoll sein. Die Exponiertheit, besonders am äußeren Rand, kann jedoch für Bienen zeitweise ein Problem sein.
- Sie können eine Quelle für essbare Produkte, meist Früchte, sein. Die Fruchtbildung an der äußeren (exponierten) Seite der Hecke kann durch Wind und Frost unregelmäßig sein, die innere Seite sollte jedoch produktiver sein. Beispiele sind die Kirschpflaume (*Prunus cerasifera*) und Korallen-Ölweide (*Elaeagnus umbellata*).
- Sie können Nahrung und Unterschlupf für Tiere bieten – vor allem kleine Vögel lieben es, in Hecken zu leben, wobei sich jedoch manche als Problem herausstellen können, wenn man mit ihnen um die Ernte konkurrieren muss!
- Beim Ausdünnen und beim Rückschnitt zur Holzernte können sie Stämme und Stecken liefern. Sie sollten vermeiden, zu viel aus Ihrem Windschutz zu schneiden. Er kann jedoch so geplant werden, dass er einige Bäume für die Holzernte enthält oder schnell wachsende Bäume, die gefällt und entfernt werden, sobald unter ihnen langsamer wachsende Sträucher herangewachsen sind.
- Sie können Fasern als Bindematerial liefern, wie zum Beispiel der Neuseeländer Flachs (*Phormium tenax*).

Funktionsprinzipien von Hecken und Windschutz

Das folgende Schaubild zeigt den bedeutenden Effekt, den ein Windschutz auf die Luftbewegung im Garten haben kann.

Schutzzonen

Wenn Wind auf einen Windschutz trifft, filtert ein Teil des Windes durch die Hecke und der Rest wird darüber abgeleitet. Die Fläche mit dem maximalen Windschutz – Ruhezone genannt, mit etwa 50 Prozent Reduzierung der Windgeschwindigkeit – erstreckt sich über die sieben- bis achtfache Strecke der Höhe des Windschutzes. Wenn Sie also einen vier Meter hohen Windschutz haben, dann ist diese Ruhezone etwa 30 Meter lang. Jenseits dessen bis hin zur 15- bis 20-fachen Strecke der Höhe des Windschutzes bietet dieser immer noch ein wenig Schutz, aber es entstehen hier auch Turbulenzen. Dieser Bereich wird Wirbelschleppe oder Windschatten genannt.

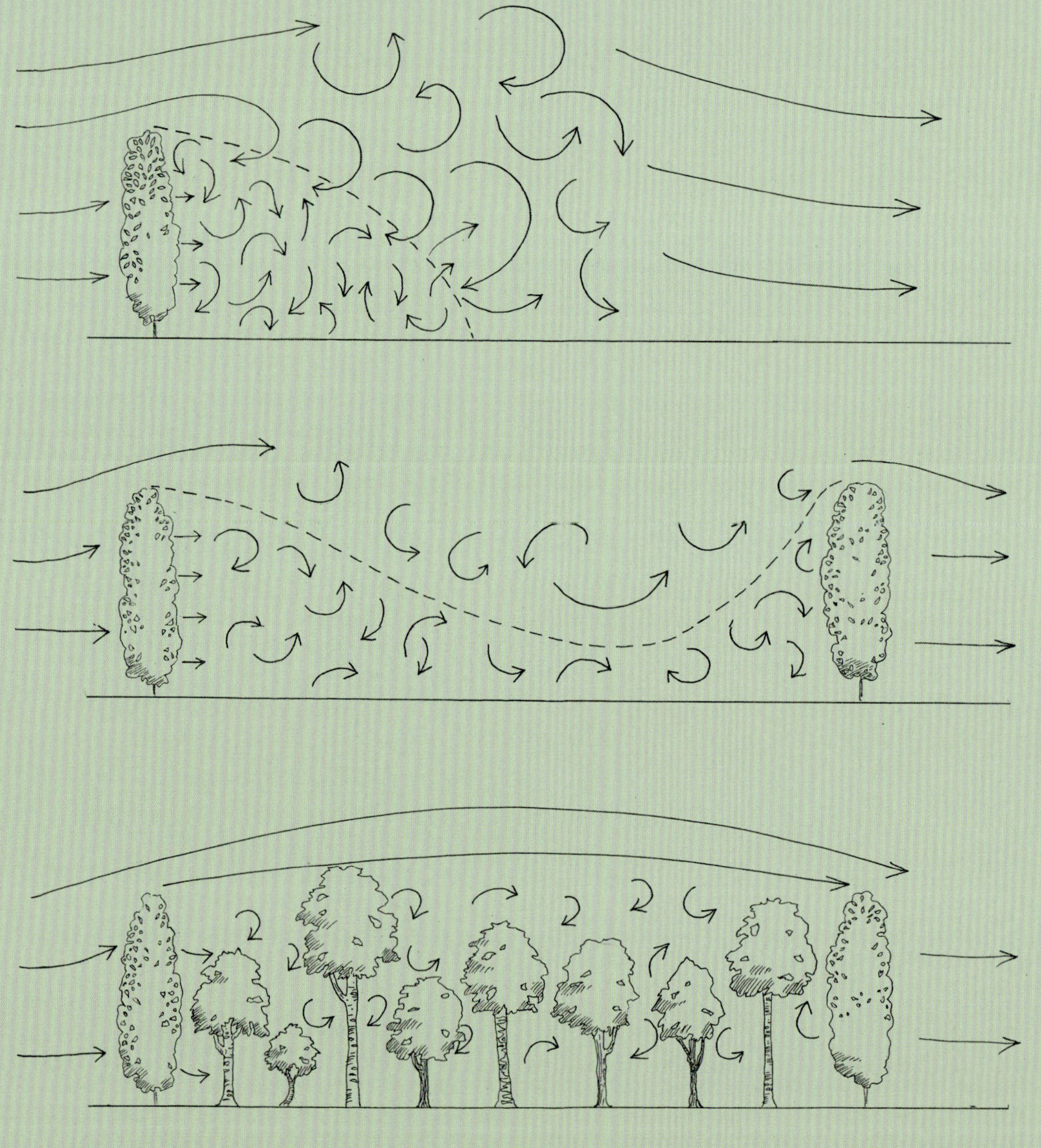

Windströmungen an einem Windschutz
(a) Die ruhige Schutzzone, wo Wind auf einen einfachen Windschutz trifft. (b) Wo es einen zweiten Windschutz gibt, wird die Schutzzone erweitert. (c) In einem voll entwickelten Waldgarten strömt der Wind über die Baumkronen hinweg.

Dies ist meist in den frühen Stufen eines Waldgartens der Fall, wenn die Bäume und Sträucher noch klein sind.

Ein zweiter Windschutz, etwa auf der anderen Seite des Gartens, verlängert ebenfalls die Ruhezone und schafft davor seine eigene.

Mit dem Wachstum der Bäume in einem Waldgarten wird die Länge der Ruhezone zunehmen, weil der Wind über die Oberfläche der Baumkronen abgeleitet wird. Irgendwann liegt dann der ganze Waldgarten in einer Ruhezone mit Windschutz auf jeder Seite.

Die Winde, die man vor allem abhalten möchte, sind die stärksten Hauptwindrichtungen – in weiten Teilen Großbritanniens von Südwesten oder Westen –, die am meisten Schaden anrichten. Windschutz nach Westen sollte so ausgewählt werden, dass die Pflanzen bis in den Spätherbst ihr Laub behalten, um Früchten den bestmöglichen Schutz zu bieten. Windschutz nach Osten ist am nützlichsten, um kalte Winde im Frühjahr abzuhalten; die Pflanzen sollten so gewählt werden, dass sie früh Laub austreiben.

Deutschland liegt in der Westwindzone, die Hauptwindrichtung für die meisten Gegenden ist Südwest. Falls Sie die Hauptwindrichtung ihrer Region nicht kennen lässt sich diese leicht über meteorologische Datenquellen herausfinden (z.B. Deutscher Wetterdienst).

Nachteilige Auswirkungen auf andere Pflanzen

Die Pflanzen einer Hecke sind dicht gesetzt und bilden im Boden auf beiden Seiten eine dichte Matte aus Wurzelwerk. Dies führt zu heftiger Konkurrenz für Wurzeln auf der Innenseite der Hecke (im Waldgarten) innerhalb eines Abstands von der halben bis ganzen Höhe. Aufgrund dieser Konkurrenz kann es hier schwer sein, andere Gehölze erfolgreich anzupflanzen. Eine Option ist es, diesen Streifen als permanenten Pfad zu nutzen (siehe Seite 303, Kapitel 20).

Hinter einem auf der Südseite eines Gartens gepflanzten Windschutz entsteht natürlicher Schatten. Hier kann es, besonders wenn es in der Hecke immergrüne Pflanzen gibt, auch den Effekt eines Regenschattens geben, was zu einer trockenen, schattigen und stark durchwurzelten Fläche neben der Hecke führt.

Wie hoch soll der Windschutz sein?

Gehölze, die zum Zweck des Windschutzes ausgewählt werden, wachsen schnell – viel schneller als die meisten Obstbäume im Waldgarten. So bildet sich rasch eine Ruhezone, die das Wachstum der jungen Bäume fördert. Idealerweise wählen Sie als Windschutz Pflanzen, die eine solche Höhe erreichen, dass sich so schnell wie möglich ein Großteil des Waldgartens in der Ruhezone befindet. Dazu rechnen Sie von den Abmessungen des Gartens zurück, indem Sie durch acht dividieren und so die nötige Höhe Ihres Windschutzes ermitteln (siehe die Beispiele im Kasten).

BEISPIELBERECHNUNG DER HÖHE DES WINDSCHUTZES

Für einen Garten von 15 Metern Breite würde ein Windschutz von zwei Metern Höhe auf jeder Seite ausreichen. Falls jedoch die meisten Ihrer Obstbäume größer sind, kann ein etwas höherer Windschutz wünschenswert sein.

Bei einem 80 Meter breiten Garten wäre ein Windschutz von zehn Metern vorteilhaft, alternativ könnte auch mit einem dritten Windschutz ungefähr in der Mitte der Fläche eine Höhe von jeweils fünf Metern verwendet werden.

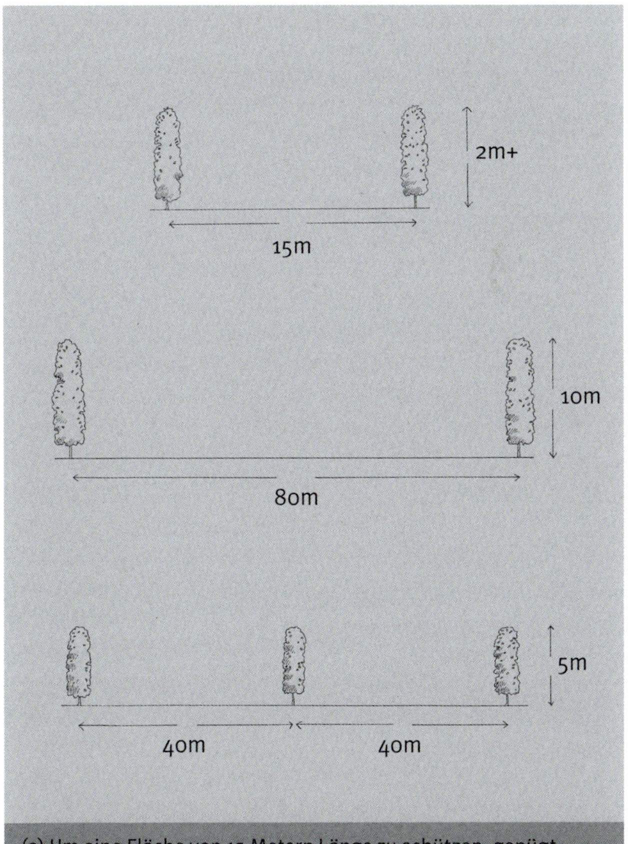

(a) Um eine Fläche von 15 Metern Länge zu schützen, genügt ein Windschutz von zwei Metern oder etwas höher. (b) Für eine größere Strecke von 80 Metern wählen Sie entweder einen zehn Meter hohen Windschutz oder Sie verwenden (c) einen dritten Windschutz, alle drei mit fünf Metern Höhe – dies erzeugt weniger Schatten.

Diese Beispiele beziehen sich auf ebenen Boden. An einem Hang hingegen verzerrt sich das Verhältnis: Wenn Ihr Land zur Hauptwindrichtung hinabfällt (südwestlich bis westlich in Deutschland), dann stauchen sich die Entfernungen und Sie benötigen einen höheren Windschutz, um die gleiche Fläche zu schützen. Wenn Ihr Land mit der Hauptwindrichtung abfällt, benötigen Sie einen weniger hohen Windschutz, um die gleiche Fläche zu schützen.

Sie können in Ihrem Windschutz Pionierbäume pflanzen mit dem klaren Ziel, diese nach fünf bis zehn Jahren wieder zu entfernen. Diese Bäume sollten schnell wachsende Laubbäume oder Koniferen (zum Beispiel Erlen, Kiefern et cetera) sein. Deren Funktion ist es, schnell Schutz zu bieten, während unter oder neben ihnen Sträucher wachsen, die den permanenten Windschutz bilden. Manche davon werden versuchen, nach der Fällung nachzuwachsen, werden aber wahrscheinlich dann von den etablierten Sträuchern ausgeschattet.

Wie lang soll der Windschutz sein?

Im Idealfall schützen Sie alle Seiten des Gartens. Selbstredend sollte die gesamte der Hauptwindrichtung ausgesetzte Seite eines Waldgartens mit höchster Priorität geschützt werden. In Großbritannien (und Deutschland) ergibt es auch Sinn, gegen kalte Ostwinde zu schützen, die früh austreibende Pflanzen im Frühjahr schädigen können. Wenn Sie nur den der Hauptwindrichtung ausgesetzten Rand schützen, achten Sie auf Winde, die seitlich in den Garten hereinbrechen, wenn sie sich an den Seiten Ihres Windschutzes brechen.

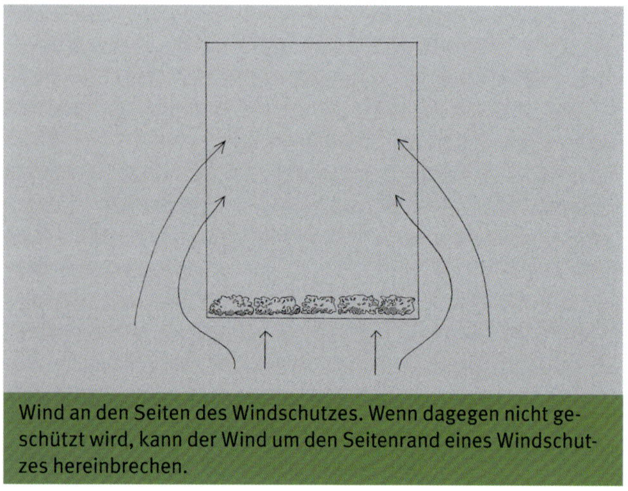

Wind an den Seiten des Windschutzes. Wenn dagegen nicht geschützt wird, kann der Wind um den Seitenrand eines Windschutzes hereinbrechen.

Frostlöcher

Ein Frostloch entsteht, wenn der kalte Luftstrom an einem Hang gestoppt wird. In kalten, frostigen Nächten fließt die kalte Luft gleich einer Flüssigkeit hangabwärts. Wenn sie auf eine Barriere wie einen Windschutz trifft, sammelt sie sich hangaufwärts der Hecke, und es bildet sich ein Frostloch, in dem der Frost kälter ist und länger in den Tag hinein verbleibt.

Wenn Sie also an einem Hang Hecken anlegen, dann schaffen Sie möglicherweise auch Frostlöcher. Versuchen Sie, diese zu vermeiden, indem Sie Hecken leicht abfallend zur Hangkontur pflanzen, sodass die kalte Luft, wenn sie auf die Hecke trifft, an dieser entlangfließt. Sie erlauben ihr dann, durch eine gezielte Lücke am Ende der Hecke abzufließen (achten Sie dabei darauf, keinen Windtunnel-Effekt zu schaffen, siehe unten). Falls Sie am Fuße Ihres Standorts eine Hecke haben, können Sie wahrscheinlich nichts anderes tun, als sich an das dortige Frostloch anzupassen.

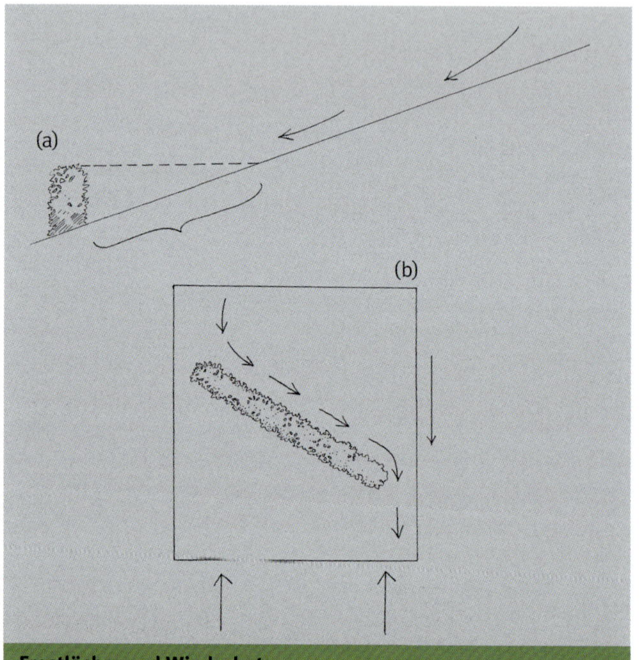

Frostlöcher und Windschutz
(a) Fluss der kalten Luft hangabwärts in einer frostigen Nacht, an der tiefsten Stelle bildet sich ein Frostloch. (b) Um Frostlöcher zu vermeiden, setzen Sie einen Windschutz in einem Winkel zum Hang, damit die kalte Luft an ihm zum Fuß des Standortes vorbeifließt.

Lücken

Vermeiden Sie wenn möglich Lücken im Windschutz, da diese einen Windtunnel-Effekt erzeugen – die Windgeschwindigkeit erhöht sich hier um etwa 15 Prozent und trifft mit dieser Kraft auf alles hinter der Lücke.

Einige Lücken lassen sich nicht vermeiden, zum Beispiel Zugänge zum Garten und so weiter. Wenn es eine Lücke geben muss, planen Sie den Windschutz entsprechend, um die entstehenden Probleme zu minimieren. Eine versetzte Lücke funktioniert gut, ist aber wegen der Form nicht gut für eine Grundstücksgrenze geeignet. Eine Art Windschutz-Ablenkung kann innerhalb des Waldgartens hinzugefügt werden, um dem

Wind einen Teil seiner Kraft zu nehmen. Sonst kann auch in einem ausreichend breiten Windschutz eine diagonale Lücke erzeugt werden. Diese sind im Bild unten gezeigt.

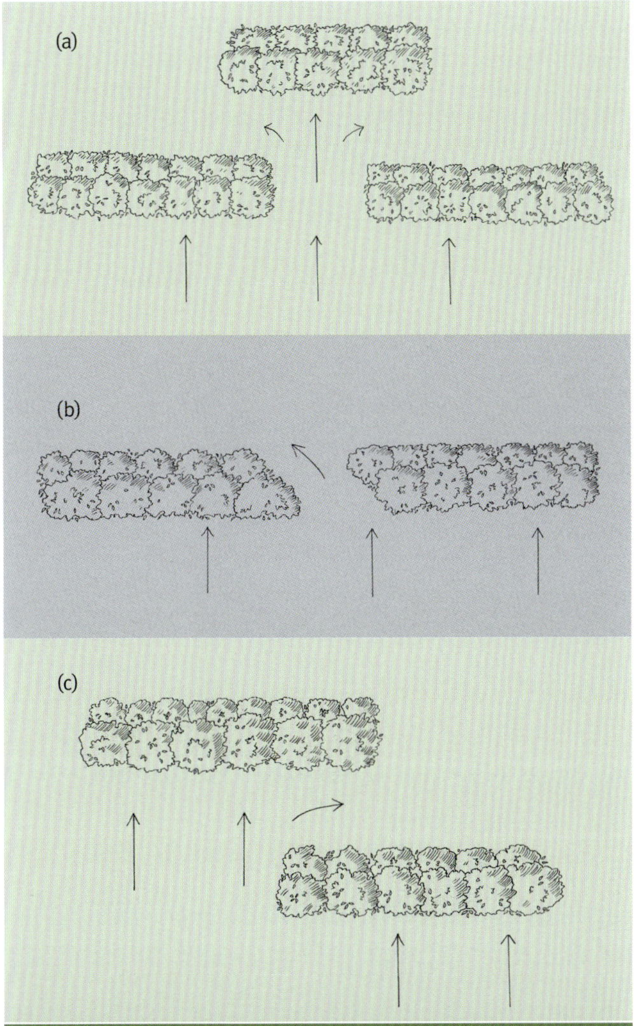

Zugangslücken durch Windschutzhecken
(a) Eine Ablenkung mindert die Kraft des Windes. (b) Eine diagonale Lücke. (c) Eine versetzte Lücke.

Wie dicht soll der Windschutz sein?

Je dichter der Windschutz ist, desto größer ist der Schutz in der Ruhezone – durchlässige Windschutzhecken sind weniger effektiv. Der alte Ratschlag, dass durchlässige Hecken am besten wären, basierte auf Forschungen aus den 1950er-Jahren und ist mittlerweile überholt. Sehr dichte Hecken neigen jedoch dazu, mehr Turbulenzen in der Wirbelschleppe zu erzeugen. Wenn Sie Ihren Windschutz also so anlegen können, dass die gesamte zu schützende Fläche in einer Ruhezone liegt, sind dichte Hecken geeignet. Wenn Ihr Windschutz aus irgendwelchen Gründen jedoch in weiteren Abständen stehen muss, sind mäßig dichte Hecken am besten.

Ein Windschutz aus Laubgehölzen kann genauso winddicht wie immergrüne Pflanzen sein. Die meisten Früchte in einem Waldgarten benötigen von Frühjahr bis Herbst Schutz, insofern erfüllen laubabwerfende Pflanzen diese Aufgabe recht gut. Im besten Fall treiben diese früh aus und verlieren ihr Laub erst spät. Die Korallen-Ölweide (*Elaeagnus umbellata*) tut zum Beispiel beides und ist so gut in jeder Art von Windschutz geeignet. Weiden (*Salix* spp.) treiben früh aus, behalten aber ihre Blätter nicht lange und sind so besser für nach Osten zeigenden Windschutz geeignet. Die Italienische Erle (*Alnus cordata*) hingegen treibt nicht ganz so früh aus, behält aber ihre Blätter lange im Herbst, so ist sie besser für nach Westen ausgerichteten Windschutz geeignet.

Stellen Sie sicher, dass Ihre Hecke bis zum Boden reicht. Eine Lücke von bis zu 60 Zentimetern ist noch in Ordnung, da es so tief am Boden nicht so viel Wind gibt, eine größere Lücke führt jedoch zu einem Windtunnel-Effekt.

Sollten Sie Bäume pflanzen, die nach mehreren Jahren im unteren Bereich nicht mehr dicht wachsen, dann können Sie hier beim Pflanzen der Hecke oder möglicherweise zu einem späteren Zeitpunkt kleine Sträucher dazwischenpflanzen. Später ist jedoch die Ansiedlung schwieriger, weil die Baumwurzeln dann schon recht konkurrenzstark sind.

Welche Form soll der Windschutz haben?

Ich rate Ihnen sehr, den Windschutz mit solchen Gehölzen anzulegen, die genau die Größe erreichen, die Sie möchten, und so keine regelmäßigen Schnittmaßnahmen erfordern. Damit Windschutzhecken dicht oder funktional bleiben, ist es absolut nicht nötig, sie zu schneiden, wenn Sie von Beginn an die richtigen Pflanzen wählen (einzige Ausnahme: Ihre Hecke soll auch gegen Wildtiere sicher sein).

Der beste Windschutz entsteht, wenn die Hecke dem Wind eine vertikale Fläche bietet – ist die Hecke im Querschnitt abgerundet, dann entsteht ein Flügel-Effekt, der die Länge der Ruhezone verringert. Eine vertikale Fläche ist nicht immer möglich, da die meisten Pflanzen nicht in dieser Form wachsen, manche tun dies jedoch. Mit fortschreitendem Alter des Waldgartens wird die Form des Windschutzes unwichtiger, sodass der Wind dann über den Garten hinwegstreicht.

Wie dick soll der Windschutz sein?

Windschutzhecken können aus einer einzelnen Reihe von Bäumen oder Sträuchern bestehen oder aus mehreren Reihen. Was für Sie am besten ist, entscheidet vor allem die Größe Ihres Standorts: Bei einem kleineren Standort ist eine Einzelreihe vorzuziehen, damit

Sie die maximale übrige Fläche für Waldgartenpflanzen haben. Bei einem größeren Standort gibt Ihnen eine Hecke mit mehreren Reihen mehr Schutz.

Sollten Sie Hecken mit mehreren Reihen planen, dann haben Sie oft eine Reihe von Bäumen oder größeren Sträuchern sowie eine (oder mehrere) Reihen kleinerer Sträucher, um auch nah am Boden einen dichten Windschutz zu bekommen. Sie ahmen in der Tat einen Waldrand nach, indem Sie die kleineren Sträucher auf die äußere (exponierte) Seite des Windschutzes setzen und die größeren Gehölze nach innen. Faktisch erreichen Sie jedoch besseren Schutz, indem Sie in einem Windschutz die kleineren Sträucher nach innen pflanzen, da dies dem Wind ein vertikales Profil bietet.

Pflanzung

In Großbritannien und anderen Regionen mit ausreichend Regen sollten große Sträucher und kleine Bäume mit eineinhalb Meter Pflanzabstand gesetzt werden, kleinere Sträucher mit einem Abstand von 60 Zentimetern bis einen Meter. In Gebieten mit sehr trockenen Sommern kann es sein, dass der Abstand größer sein muss. Sie wollen erreichen, dass die Pflanzen ineinander verwachsen, um eine dichte Pflanzenmasse zu bilden. Pflanzen Sie im Spätherbst oder Winter. Kleine Pflanzen sind ausreichend, tatsächlich sind sie in der exponierten Lage, in der sie sich befinden werden, vorzuziehen: ein halber bis ein Meter Höhe ist hier ideal. Das können wurzelnackte Pflanzen oder Containerpflanzen sein, bevorzugt stabile Gehölze aus tiefen Pflanztöpfen. Hier benötigen sie dann keine Stützpfähle. Sträucher, die in runden Containern herangewachsen sind, benötigen wohl für die ersten ein bis zwei Jahre einen Stecken aus Bambus oder Hasel oder etwas Ähnliches.

Es ist sehr wichtig, dass Sie die neue Hecke sofort mulchen. Sie möchten, dass Ihre Pflanzen so schnell wie möglich wachsen, damit sie schnell Schutz bieten können. Um dies zu erreichen, muss jegliche Konkurrenz unterdrückt werden. Wenn Sie in einen von Bewuchs freien Boden pflanzen, können Sie jedes organische Mulchmaterial verwenden, das frei von Beikrautsamen ist – Stroh, Rindenmulch und so weiter.

Sie können Pflanzen für Windschutzhecken auch direkt in Gras- oder Weideland setzen und gleichzeitig das Gras mit Mulch unterdrücken, während die Pflanzen einwachsen. In diesem Fall verwenden Sie ein undurchlässiges Mulchmaterial: entweder eines, das sich biologisch abbaut, wie Kartonagen oder dicke Lagen Zeitung (mit Ästen beschwert), oder schwarze Kunststoff-Gewebeplane. Pflanzen Sie durch Löcher, die Sie für Ihre Bäume oder Sträucher in die Folie geschnitten haben. Planen Sie, den Mulch nach drei bis vier Jahren wieder zu entfernen. Die Mulchfläche sollte für jede Reihe der neuen Windschutzhecke einen Meter breit sein. Damit die Hecke einigermaßen beikrautfrei bleibt, sollte in den ersten Jahren gelegentlich gejätet werden.

Arten für Windschutzhecken

Eine ausführliche Liste möglicher Arten für Windschutzhecken finden sie in Anhang 2, in der Tabelle gegenüber sind jedoch meine Lieblingspflanzen aufgeführt.

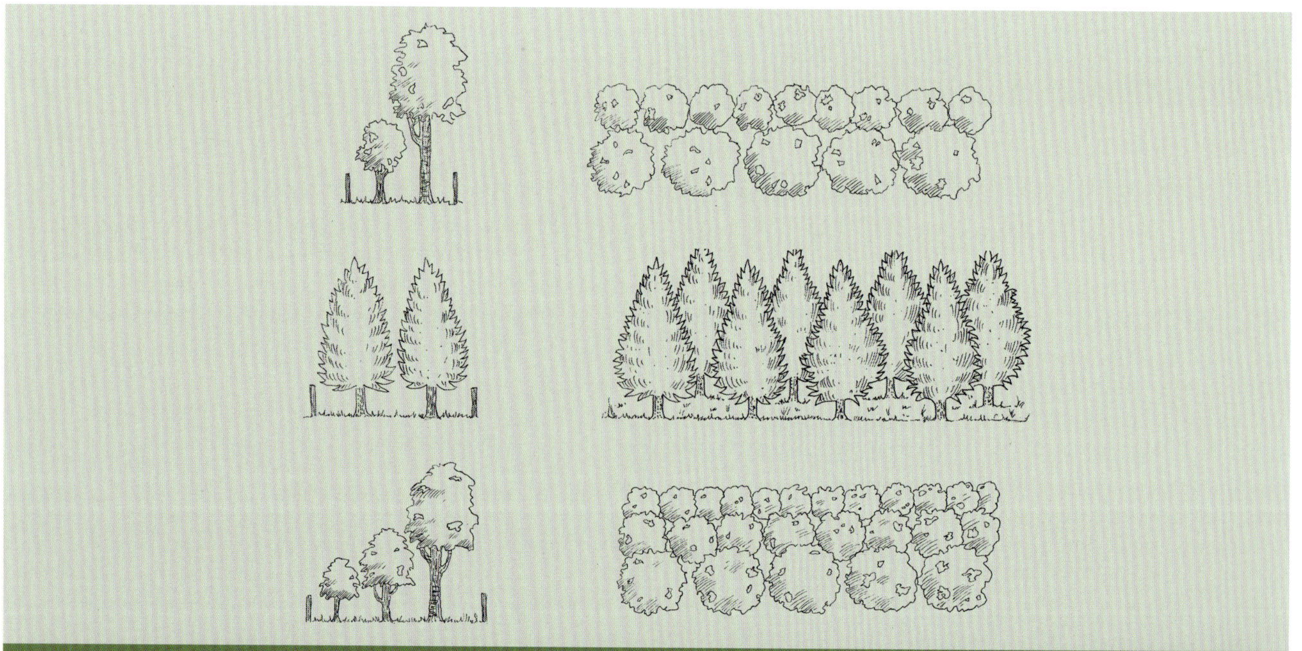

Mögliche Design für Hecken mit mehreren Reihen
(a) Ein Baum und ein Strauch zusammen, die Bäume sind dabei außen. (b) Zwei Reihen von Nadelbäumen. (c) Ein Windschutz mit drei Reihen, die größten Bäume liegen auf der Außenseite.

Bestehende Zäune mitverwenden

Feste Zäune können genutzt werden, um Bäume oder Sträucher an ihnen emporzuleiten. Dies wird jedoch nicht den effektiven Schutz vergrößern – sie bilden mit ihrer flachen vertikalen Oberfläche jedoch ein zuträgliches Mikroklima.

Bestehende Drahtzäune können als Rankgerüste genutzt werden, sind aber meist zu niedrig, um als Windschutz zu dienen. Allerdings eignen sich Drahtzäune mit etwa 90 Zentimetern Höhe als Rankgerüste für Pflanzen wie Brombeeren oder Wein. Ein Drahtzaun mit einer dahinter gepflanzten Windschutzhecke kann ein produktiver Standort sein, weil der untere Teil der Windschutzhecke auf der exponierten Seite so etwas Schutz genießt und der Wind darüber hinweggeleitet wird.

ARTEN FÜR WINDSCHUTZHECKEN

Arten		Maximale Höhe	Bemerkungen
Apfel-Rose	*Rosa rugosa*	1,80 Meter	Schnell wachsend, bildet langsam Wurzelaustriebe. Gute essbare große Hagebutten.
Berberitzen	*Berberis* spp.	2 bis 4 Meter	Einige Sorten sind immergrün. Mäßig schnell wachsend. Früchte sind essbar, aber klein und bei Vögeln beliebt. Stachelig.
Chinesischer Himbeerstrauch	*Rubus tricolor*	60 Zentimeter	Immergrün. Stachelt nicht, trägt gute essbare Früchte. Eignet sich gut zur Unterpflanzung von Bäumen/Sträuchern.
Ebbings-Ölweide	*Elaeagnus* x *ebbingei*	3,50 Meter	Mäßig schnell wachsend. Immergrün. Stickstofffixierer. Essbare Früchte im Frühling; kleiner Ertrag.
Grün-Erle	*Alnus viridis*	4 Meter	Schnell wachsend. Stickstofffixierer. Feuchte Böden.
Italienische Erle	*Alnus cordata*	15 Meter	Sehr schnell wachsend. Stickstofffixierer. Toleriert trockenere Böden als andere Erlen.
Kirsch-Pflaume	*Prunus cerasifera*	12 Meter	Mäßig schnell wachsend. Gute essbare Früchte; niedriger Ertrag.
Korallen-Ölweide	*Elaeagnus umbellata*	5 Meter	Schnell wachsend. Stickstofffixierer. Exzellente essbare Früchte im Herbst; trägt in exponierter Lage gut.
Korsische Kiefer	*Pinus nigra* var. *maritima*	25 Meter	Immergrün. Schnell wachsend.
Monterey-Kiefer	*Pinus radiata*	20 Meter	Immergrün. Schnell wachsend.
Neuseeländer Flachs	*Phormium tenax*	2,50 Meter	Immergrün. Gute Bienen- und Faserpflanze. Winterhärte ist in manchen Lagen ein Thema.
Rot-Erle	*Alnus rubra*	20 Meter	Sehr schnell wachsend. Stickstofffixierer. Feuchte Böden.
Sanddorn	*Hippophae rhamnoides*	3 Meter	Schnell wachsend. StickstoffFixierer. Sehr stachelig, Wurzelaustriebe können ein Problem werden. Exzellente essbare Früchte.
Weide	*Salix* ´Bowles Hybrid´	12 Meter	Sehr schnell wachsend. Vertikale Kronenform. Feuchte Böden.

WINDSCHUTZ IN MEINEM GARTEN

In meinem Waldgarten in Dartington hatte ich das Glück, mit ausgezeichnetem Windschutz in der Hauptwindrichtung im Südwesten und Westen zu beginnen, daher musste ich auf dieser Seite des Gartens nicht viel unternehmen. Die Ostseite war jedoch sehr offen, daher pflanzte ich vor allem Korallen-Ölweiden (*Elaeagnus umbellata*) und verstärkte einen Teil davon ein paar Jahre später mit Weiden (Salix ´Bowles Hybrid´) und unterpflanzte mit dem wüchsigen Chinesischen Himbeer-Strauch (*Rubus tricolor*). Binnen fünf bis sechs Jahren erschufen die neuen Windschutzhecken ein deutlich zuträglicheres Mikroklima im Waldgarten und alles begann schneller zu wachsen.

Neue Blätter und Blüten des Kalifornischen Gagelstrauchs (*Myrica californica*).

Kapitel 11

Arten für die Baumebene

Bekannte Obstbäume

Mit „Arten“ meine ich nicht zwingend große Bäume. In einem natürlichen Wald sind die Arten, die die Baumkrone bilden, tendenziell große Bäume. In einem Waldgarten jedoch kann das Kronendach an manchen Stellen in drei Metern Höhe sein und statt aus Bäumen aus Sträuchern bestehen. In diesem Kapitel führe ich daher Bäume und Sträucher auf. Einige derselben Arten können in der Unterholzebene der Sträucher und kleinen Bäume unter größeren Bäumen enthalten sein.

Die bekanntesten Obstarten

Die meisten Leute möchten in ihren Waldgärten einige der gebräuchlicheren Obstbäume anpflanzen. Diese Früchte sind gut bekannt, die Bäume liefern einen verlässlichen Ertrag und sind leicht zu besorgen.

ESSBARE WILDPFLANZEN

Wenn ich von unüblichen Nahrungspflanzen spreche, gibt es hier Überlappungen mit essbaren Wildpflanzen, von denen es sowohl in Großbritannien als auch anderswo viele gibt. Viele essbare Wildpflanzen können in Waldgärten eingeführt werden und dort zu „halb wild“ kultivierten Früchten werden.

An dieser Stelle ein paar Worte zum Thema Essbarkeit und Giftigkeit: Es gibt keine klare Trennlinie zwischen „sicher essbar“ und „giftig“. Viele Nahrungsmittel müssen auf irgendeine Art verarbeitet werden, damit sie absolut sicher (oder sogar schmackhaft) verzehrt werden können. Beispielsweise enthalten die Samen der meisten Leguminosen toxische Stoffe und müssen eingeweicht und/oder gekocht werden, damit sie gefahrlos gegessen werden können. Meine Auswahl der Arten für dieses Buch wird unter der Voraussetzung getroffen, dass diese Pflanzen ohne oder mit nur wenig Verarbeitung essbar sein müssen. Wenn Sie alles ausprobieren und speziellere wild vorkommende Nahrungsmittel anbauen möchten, tun Sie dies. Es gibt ein paar großartige Bücher, auf die Sie dafür zurückgreifen können, aber seien Sie sich bewusst, dass die Verarbeitungsdauer mancher in der freien Natur vorkommenden Nahrungsmittel sehr hoch ist.

Quitte (*Cydonia oblonga*) ´Krymsk´

Cydonia oblonga, QUITTE

Laubabwerfend/Immergrün: D **Zone:** 4
Sonnen-/Schatten-Präferenz: ○
Schatten-Toleranz: ◑
Bewertung: ✓✓
Fortpflanzung: SF **Blüte:** Weiß

Sie können leicht mit den Quitten der Art *Chaenomeles* verwechselt werden, die in Kapitel 13 (Seite 167) beschrieben werden. Der Strauch wird schon lange für seine meist Birnen oder Äpfeln ähnelnden sauren, aromatischen Früchte angebaut. Die Quittenfrüchte werden gekocht verwendet, allein oder mit anderen Früchten, und manchmal konserviert. Viele ältere Sorten sind anfällig für die Blattbräune, die von dem Pilz *Diplocarpon mespili* hervorgerufen wird und unter feuchten Waldgartenbedingungen schwerer ausfällt. Zudem führt die Krankheit zu Entlaubung und Fruchtverlust. Resistente Sorten gedeihen gut.

Unterlagen: Quitte A, Quitte C
Quitte C braucht für die ersten Jahre einen Stützpfahl.
Größe: Quitte A: 3–5 Meter hoch und breit
Quitte C: 2,5–4 Meter hoch und 4 Meter breit
Kultur: Pflanzen Sie wurzelnackte Pflanzen oder Containerware im Winter. Quitte A kommt mit den meisten Böden zurecht, Quitte C zieht fruchtbare Böden vor. Der Strauch ist wenig schattentolerant, meist wird viel Sonne benötigt.

Blüte: Mai/Juni in Großbritannien – nicht anfällig für Spätfrost
Fruchtbildung: Zeit bis Ertragsbeginn und Maximalerträge eines ausgewachsenen Baumes:
Quitte A: vier bis fünf Jahre. Jährlicher Ertrag 15 Kilogramm
Quitte C: drei bis vier Jahre. Jährlicher Ertrag 15 Kilogramm
Verwendung: Die Früchte werden gekocht gegessen.
Ernte und Lagerung: Ernte im Oktober oder wenn die Früchte weich werden. An einem kühlen Ort halten sie sich für ein bis zwei Monate.
Kochen/Verarbeitung: Am besten mit anderen Früchten verkocht
Nebennutzen: Bienenpflanze
Vermehrung: Gewöhnlich veredelt. Quitten können auch oft aus Steckholz gewonnen werden.
Pflege: Wenig Schnittmaßnahmen erforderlich. Wenn regelmäßiger Ertrag gewünscht ist, müssen Nährstoffe zugeführt werden.
Sorten: Die mehltauresistenten Sorten, die ich empfehle, sind: ´Krymsk´ und ´Serbian Gold´.
In trockenen Regionen wie Ostengland können auch ältere Sorten gut funktionieren, wie zum Beispiel: ´Meeches Prolific´ und ´Vranja´.

Ficus carica, FEIGE

Laubabwerfend/Immergrün: D **Zone: 6**
Sonnen-/Schatten-Präferenz: ○
Schatten-Toleranz: ○
Bewertung: ✓✓
Fortpflanzung: SF **Blüte: –**

Feigen werden wohl mit Erwärmung aufgrund des Klimawandels in Großbritannien zunehmend besser wachsen. Es gibt zahlreiche fantastische französische Sorten, die in den kommenden Jahrzehnten geeignet sein werden. Feigen benötigen Wärme, damit der jährliche Neuzuwachs abhärten kann.

Unterlagen: Auf eigenen Wurzeln gewachsen
Größe: 3–6 Meter hoch und 2–4 Meter breit
Kultur: Das Gehölz mag durchlässige Böden und Sonne. In Großbritannien wachsen ungezügelte Bäume meist üppig und fruchten schlecht. Versuchen Sie, die Wurzeln einzugrenzen, indem Sie ein großes Pflanzloch mit Vlies auslegen oder die Feigen in einen großen (möglicherweise in den Boden eingelassenen) Container pflanzen. Pflanzen Sie wurzelnackte Bäume im Winter, Containerware im Winter bis Frühling. Traditionell werden Feigen als Spalierobst vor einer Wand gepflanzt.
Blüte: Spät – nach den Spätfrösten
Fruchtbildung: Beginnt nach drei bis vier Jahren. Jährlicher Ertrag 5–15 Kilogramm.
Verwendung: Die Früchte werden roh oder gekocht gegessen.
Ernte und Lagerung: Pflücken Sie die Früchte, wenn sie weich werden und zu hängen beginnen – manchmal erscheinen Risse in der Haut, oder aus einer Knospe („Auge") wird ein Nektartropfen abgegeben. Sie sind nicht lange lagerfähig.
Verarbeitung: Verwenden Sie Feigen frisch.
Vermehrung: Stecklinge von Trieben mit einem Durchmesser von 1–2 Zentimeter
Pflege: Sommerschnitt, um die neuen Triebe auf vier bis fünf Blätter einzukürzen. Entfernen Sie im Herbst Früchte, die größer als erbsengroß sind, da diese nicht über den Winter kommen.
Sorten: ´Brown Turkey,´ ´Brunswick´, ´White Marseilles´

Apfel (*Malus domestica*) in Blüte.

Malus domestica, APFEL

Laubabwerfend/Immergrün: D **Zone: 3**
Sonnen-/Schatten-Präferenz: ○
Schatten-Toleranz: ◑
Bewertung: ✓✓✓✓
Fortpflanzung: SF–SS **Blüte: Weiß, Pink**

Die meisten Menschen möchten in ihrem Waldgarten Äpfel anbauen; sie sind ziemlich einfach und unkompliziert anzupflanzen. Äpfel werden gewöhnlich auf bestimmte Unterlagen veredelt, um ihre Größe zu kontrollieren, aber auch, um gegen „Schädlinge" und Krankheiten resistente Wurzeln zu bekommen. Die schwach wachsenden Unterlagen erzeugen buschige Sträucher statt Bäume, diese werden in Kapitel 13 bei den Sträuchern behandelt.

Eine Möglichkeit für große Obstbäume mit hohem Ertrag, wie etwa große Äpfel oder Pflaumen auf stark wachsender Unterlage, ist die, mehrere Sorten auf eine stark wachsende Unterlage zu veredeln. Dies bietet Ihnen den Vorteil eines größeren Baumes. Sie können jedoch den Erntezeitraum vergrößern, indem Sie Sorten wählen, die zu verschiedenen Zeiten reifen. Wenn Sie der Meinung sind, dass 100 Kilogramm Früchte auf einmal zu viel für Sie sein könnten, dann lohnt es, darüber nachzudenken. Wahrscheinlich müssen Sie dann den Baum selbst veredeln (siehe „Veredelung" in Kapitel 8, Seite 84), da dies in dieser Form von Baumschulen kaum angeboten wird. *Malus domestica* ist eine Hybride aus mehreren Apfelarten, die sich über Tausende von Jahren entwickelt haben.

Unterlagen:
In Großbritannien sind M 25 (stark wachsend),
MM 111 (stark wachsend),
MM 106 (mittelstark wachsend) und
M 26 (schwach wachsend – dieser benötigt für die ersten Jahre einen Pfahl) erhältlich.
In anderen Erdteilen werden viele weitere Unterlagen verwendet.
In Deutschland*:
A 2 (stark wachsend, schwedische Selektion, sehr frosthart, Ertrag höher und etwas früher als Sämling, bessere Fruchtqualität, sehr standfest, für Halb- und Hochstamm sehr empfehlenswert!);
MM 111 mittelstark wachsend, sehr frosthart, relativ trockenheitstolerant, Ertrag hoch, mittelfrüh, unregelmäßig, wenig anfällig für Kragenfäule und Blutlaus, standfest;
M 7 mittelstark wachsend, tolerant gegen zu trockene und zu feuchte Böden, Ertrag mittelfrüh und mittelstark, gute Fruchtqualität, widerstandsfähig gegen Kragenfäule, benötigt Pfahl, offenbar relativ feuerbrandtolerant! Für mittlere Baumgrößen empfehlenswert;
MM 106 mittelstark wachsend, ökologisch anpassungsfähig, Ertrag früh, regelmäßig, gute Fruchtqualität, benötigt Pfahl;
M 26 schwach wachsend, sehr frosthart, auch für schlechtere Böden, wenig gefährdet durch Wühlmaus und Kragenfäule, v.a. für schwach wachsende Sorten;
M 9 schwach wachsend, immer noch Standardunterlage für kleinkronige Bäume (Spindel, Busch, Spalier), anspruchsvoll an Boden, Ertrag früh, gute Qualität, anfällig für Wühlmaus und Feuerbrand, benötigt Pfahl;
M 27 sehr schwach wachsend (ca. 30 Prozent schwächer als M 9), anspruchsvoll an Boden, fördert Fruchtbarkeit, für stark wachsende Sorten, benötigt Pfahl, nicht für Hausgärten zu empfehlen.

(*Quelle: Kreisverband für Gartenbau und Landespflege Fürstenfeldbruck e.V.)

Gelegentlich werden Bäume auf ihrer eigenen Wurzel gezogen. Die meisten Menschen stehen zur Ernte nicht gern auf einer hohen Leiter, daher sind MM 106 und M 26 die beliebtesten Unterlagen. Für Saft- und Mostäpfel jedoch, die vom Boden aufgesammelt werden, können die größeren Unterlagen völlig geeignet sein.

Größe: Eigene Wurzel, M 25 und MM 111: 6–8 Meter hoch und 6 Meter breit
MM 106: 4–5 Meter hoch und breit
M 26: 2,5–4 Meter hoch und 3,5 Meter breit
Kultur: Die gebräuchlichsten Unterlagen tolerieren die meisten Gartenbedingungen. MM 111 und MM 106 kommen besonders gut mit schweren Lehmböden zurecht, die im Winter recht feucht werden können. M 26 wurzelt relativ flach und verträgt Konkurrenz nicht ganz so gut wie die anderen beschriebenen Unterlagen. Empfehlung: Pflanzen Sie wurzelnackte Pflanzen und Ballenware im Winter.
Spät reifende Sorten von Tafeläpfeln benötigen die besten Standorte mit möglichst viel Sonne. Früh reifende Tafeläpfel verlangen immer noch nach viel Sonne (die Herstellung des Fruchtzuckers in Tafeläpfeln benötigt viel Energie). Kochäpfel brauchen nicht so viel Sonne und tolerieren Halbschatten recht gut.
Blütezeit: Zwischen frühem April und Mitte Mai in Großbritannien. Nicht allzu frostanfällig.
Fruchtbarkeit: Die meisten Sorten sind selbststeril, daher benötigen sie gewöhnlich mindestens zwei Sorten, die zu ähnlichen Zeiten blühen. Äpfel werden nach ihrer Blütezeit in Gruppen unterteilt, um die Auswahl einfacher zu machen.
Fruchtbildung: Das ist die Zeit, bis der Baum zu tragen beginnt; maximale Erträge ausgewachsener Bäume.
Eigene Wurzel, M 25, MM 111: 7–10 Jahre (kann durch intensives Herunterbinden von Ästen beschleunigt werden). Jährlicher Ertrag 45–180 Kilogramm.
MM 106: 3–4 Jahre. Jährlicher Ertrag 35–70 Kilogramm.
M 26: 2–4 Jahre. Jährlicher Ertrag: 25–55 Kilogramm.
Verwendung: Die Früchte werden roh oder gekocht verzehrt.
Ernte: Bei Fruchtreife
Lagerung: An einem kühlen Ort.
Kochen/Verarbeitung: Äpfel sind gut in Chutneys und getrocknet als Apfelchips.
Nebennutzen: Gute Bienenpflanze
Vermehrung: Üblicherweise durch Veredelung
Krankheiten: In feuchtem Klima (wie in Großbritannien) können Krankheiten wie Apfelschorf und Obstbaumkrebs sehr hohen Schaden anrichten. Mehltau und Feuerbrand sind weitere ernsthafte Krankheiten. Die Sortenwahl ist hier besonders wichtig, da es viele gegen Krankheiten resistente Sorten gibt.
Pflege: Bei den meisten Sorten ist ein jährlicher Schnitt üblich (oder mindestens alle zwei bis drei Jahre), damit der Baum neues Holz ausbildet und fruchtet. Sogenannte Spitzenträger (die ihre Früchte an den Spitzen der Zweige und nicht an den kurzen Fruchttrieben, die am diesjährigen Holz entstehen, tragen) benötigen keinen jährlichen Schnitt, tragen aber oft weniger. Wenn Sie nicht schneiden (abgesehen von der Entfernung von Totholz und von Krankheiten befallenen Teilen), wird der Gesamtertrag etwa gleich hoch bleiben, die Fruchtgröße wird sich jedoch mit der Zeit verringern.

Äpfel sind stark tragende Bäume und benötigen zusätzliche Nährstoffe, damit der Ertrag gleich hoch bleibt. Achten Sie besonders auf Stickstoff und Kalium und versuchen Sie stickstofffixierende und Kalium anreichernde Pflanzen in der Nähe zu setzen (zum Beispiel Beinwell, *Symphytum* spp.) (siehe Kapitel 6).

Versuchen Sie, gegen Falter und Motten deren Fressfeinde, wie zum Beispiel Fledermäuse, anzulocken (indem Sie Fledermauskästen anbringen), um Schäden durch Apfelwickler zu verringern.
Sorten: Es existieren Tausende von Apfelsorten und manchmal kann die Auswahl überwältigend erscheinen. Versuchen Sie, Ihre Auswahl einzugrenzen, indem Sie sich Folgendes überlegen:

- die gewünschte Reifezeit
- damit kompatible Blütezeiten
- krankheitsresistente Sorten
- Lokale Sorten sowie Sorten aus Regionen bis zu 200 Kilometer weiter südlich und das Wissen über Sorten, die in ihrer Nähe gut funktionieren.

Bedenken Sie, dass der Klimawandel traditionelle lokale Sorten binnen einiger Jahrzehnte wohl weniger gut geeignet werden lässt (siehe Kapitel 3). Die Kataloge von Baumschulen geben hier Informationen.

Empfohlene Apfelsorten
Von den vielen möglichen Sorten habe ich die meisten der folgenden angebaut, die eine hohe Qualität und gute Krankheitsresistenz aufweisen.

Späte Sommeräpfel (reifen im Juli/August)
´Beauty of Bath´
´Devonshire Quarrenden´
´Discovery´
´Gladstone´
´Laxton's Epicure´

Frühe Herbstäpfel (reifen im September)
´Ellison's Orange´
´James Grieve´
´Katy´
´Peasgood Nonsuch´
´Pinova´
´Saturn´
´Scrumptious´
´Worcester Pearmain´

Späte Herbstäpfel (reifen im Oktober, lagerfähig bis November/Dezember)
´American Mother´
´Charles Ross´
´Egremont Russet´
´Jupiter´
´Pineapple Russet of Devon´
´Ross Nonpareil´
´Sunset´
´Taunton Cross´
´Woolbrook Pippin´

Mittwinteräpfel (reifen im November, lagerfähig bis Januar/Februar)
´Blenheim Orange´
´Cheddar Cross´
´Chivers Delight´
´Cornish Aromatic´
´Fiesta´
´Lucombe's Pine´
´Pitmaston Pineapple´

Neujahrsäpfel (reifen im Dezember/Januar, lagerfähig bis Februar/März)
´Ashmead's Kernel´
´London Pippin´
´Rosemary Russet´

Frühjahrsäpfel (lagerfähig bis März–Juni)
´Brownlees Russet´
´Red Belle de Boskoop´
´Sanspareil´
´Winston´

Sommer- und Herbst-Kochäpfel
´Emneth Early´
´Grenadier´
´Keswick Codlin´
´Lord Derby´
´Reverend W. Wilks´

Lang lagerfähige Kochäpfel
´Annie Elizabeth´
´Bramley's Seedling´
´Crawley Beauty´
´Howgate Wonder´
´Lane's Prince Albert´
´Newton Wonder´
´Ponsford´

Mostäpfel
´Brown's Apple´ (sauer, säuerlich, herb)
´Chisel Jersey´ (bittersüß)
´Dabinette´ (bittersüß)
´Tommy Knight´ (süß)
´Tremlett's Bitter´ (bittersüß)
´Yarlington Mill´ (bittersüß)

Saftäpfel
Süß:
´Halstow Natural´
´Johnny Andrews´
´Worcester Pearmain´

Süßsauer:
´Ashmead's Kernel´
´Charles Ross´
´Court of Wick´
´Crimson King
´Devonshire Quarrenden´
´Egremont Russet´
´Ellison's Orange´
´Fiesta´
´Forge´
´Golden Harvey´
´Golden Pippin´
´Greensleeves´
´Isle of Wight Pippin´
´James Grieve´
´Katy´
´Lord Lambourne´
´Lucombe's Pine´
´Red Belle de Boskoop´
´Red Falstaff´
´Rosemary Russet´
´Sidney Strake´

Sauer:
´Bramley's Seedling´
´Brown's Apple´
´Golden Noble´
´Howgate Wonder´
´Lane's Prince Albert´
´Lord of the Isles´
´Newton Wonder´
´Ponsford´
´Tom Putt´

Mispel (*Mespilus germanica*) ´Royal´

Mespilus germanica, MISPEL

Laubabwerfend/Immergrün: D **Zone: 6**
Sonnen-/Schatten-Präferenz: ○
Schatten-Toleranz: ◐
Bewertung: ✓✓✓✓
Fortpflanzung: SF **Blüte: Weiß**

Mispeln sind wundervolle Früchte. Sie werden seit dem Mittelalter in Großbritannien (und auf dem Kontinent) angebaut, sind heutzutage jedoch recht selten. Vielleicht haben sie an Beliebtheit verloren, weil man die Samen beim Essen der frischen Früchte ausspucken muss – was heute nicht mehr als angemessenes Benehmen gilt! Ich mag sie frisch – mitsamt dem Spucken – und stelle daraus eine gute Marmelade her. Der Geschmack liegt irgendwo zwischen Dattel und gebackenem Apfel.

Unterlagen: Weißdorn (*Crataegus monogyna*) (mittelstark wachsend),
Quitte A (mittelstark wachsend), Quitte C (schwach, sehr schwach).
Größe: Unterlage Weißdorn: 4–6 Meter hoch und 3–5 Meter breit. Kleiner auf Unterlage Quitte (siehe Birnen, *Pyrus* spp. Seite 115).
Kultur: Pflanzen Sie wurzelnackte Bäume im Winter. Ich ziehe für Bäume als Unterlage den Weißdorn vor, weil er überall wächst – nasse, trockene, saure oder alkalische Böden. Die Mispel toleriert viel Schatten und benötigt nur ein wenig Sonne zur Fruchtbildung, mehr Sonne bringt jedoch auch höhere Erträge.
Blütezeit: Mai – spät genug, um Schäden durch Spätfröste zu vermeiden.
Fruchtbildung: Beginnt nach 2–3 Jahren zu tragen. Jährlicher Ertrag 10–20 Kilogramm.
Verwendung: Die Früchte werden roh oder verarbeitet verspeist.
Ernte und Lagerung: In heißen Sommern können die Mispelfrüchte mittlerweile am Baum weich werden und reifen – Zeichen dafür sind Weichheit und Dunklerwerden der Haut. Andernfalls ernten Sie nach den ersten Frösten und lagern Sie sie an einem kühlen Ort, die Früchte reifen dann binnen ein bis zwei Wochen nach. Sobald die Früchte reif sind, sollten sie innerhalb weniger Tage aufgebraucht werden.
Kochen/Verarbeitung: Mispeln sind frisch vorzüglich (die Kerne müssen ausgespuckt werden), sonst eignen sie sich gut für Marmelade oder um ein Fruchtleder herzustellen (siehe Seite 324, Kapitel 22).
Nebennutzen: Bienenpflanze
Vermehrung: Veredelung
Pflege: Sehr wenig erforderlich. Benötigt keinen regelmäßigen Schnitt. Keine „Schädlinge“ oder Krankheiten bekannt.
Sorten: Ich habe unter den Sorten wenig geschmackliche Unterschiede feststellen können, die Größe der Früchte variiert jedoch, ebenso wie die Form des Baumes.
Die folgenden Sorten sind die in Großbritannien gebräuchlichsten:
´Large Russian´: Baum mit hängendem Wuchs. Früchte von 4 Zentimetern Durchmesser.
´Nottingham´: Buschiger Baum mit hängendem Wuchs. Früchte von 3 Zentimetern Durchmesser.
´Royal´: Offener Wuchs. Früchte von 4 Zentimetern Durchmesser.

Prunus armeniaca, APRIKOSE

Laubabwerfend/Immergrün: D **Zone: 5**
Sonnen-/Schatten-Präferenz: ○
Schatten-Toleranz: ○
Bewertung: ✓✓
Fortpflanzung: SF **Blüte: Weiß**

Aprikosen haben den Ruf, dass sie in Großbritannien schwer anzubauen seien. Dieser Ruf stammt aus der Zeit, bevor vor einigen Jahren neue Sorten eingeführt wurden. Diese neueren Sorten sind resistent gegen Bakteriosen, wie zum Beispiel Feuerbrand, der in feuchtem Klima zu einer ernsthaften Krankheit werden kann. Mit der Erwärmung des Klimas werden Aprikosen noch leichter zu kultivieren sein. Späte Fröste können die ganze Ernte vernichten, dem können Sie zum Beispiel mit einem Standort vor einer sonnenbeschienenen Wand entgegenwirken.

Unterlagen: In Großbritannien werden ´St Julian A´ und ´Torinel´ (beide mittelstark wachsend), in anderen Erdteilen andere verwendet.
Größe: 4 Meter hoch und breit.
Kultur: Pflanzen Sie wurzelnackte Bäume im Winter. Schutz, volle Sonne und ein möglichst frostfreier Standort im Frühling.

Blütezeit: Früh – Februar/März. Frostempfindlich, die neueren Sorten jedoch weniger.
Fruchtbildung: Beginnt nach 4–5 Jahren zu tragen. Jährlicher Ertrag: am Spalier 5–14 Kilogramm, am Baum 14–55 Kilogramm.
Verwendung: Die Früchte werden meist roh gegessen.
Ernte und Lagerung: Ernten Sie die Früchte, wenn sie weich werden. Sie sind nicht lange lagerfähig.
Kochen/Verarbeitung: Verwenden Sie die Früchte am besten frisch. Alternativ machen Sie Marmelade daraus oder trocknen sie, nachdem sie halbiert und entsteint wurden.
Nebennutzen: Bienenpflanzen. Bei einigen Sorten sind die Steine süß und essbar (wie süße Mandeln), die meisten sind jedoch giftig.
Vermehrung: Veredelung.
Pflege: Benötigt keinen regelmäßigen Schnitt. Entfernen Sie zwischen Mai und September totes Holz, um das Risiko von Krankheiten zu mindern.
Sorten: Ich kann die folgenden neueren Sorten empfehlen:
´Flavorcot´
´Goldcot´
´Hargrand´
´Harogem´
´Tomcot´
´Early Moorpark´ und ´Moorpark´ sind für Waldgärten nicht empfehlenswert, es sei denn, sie werden geschützt durch eine Wand gepflanzt.

Prunus avium, SÜSSKIRSCHE

Laubabwerfend/Immergrün: D **Zone:** 3
Sonnen-/Schatten-Präferenz: ○
Schatten-Toleranz: ◐
Bewertung: ✓✓✓
Fortpflanzung: SF–SS **Blüte:** Weiß

Süßkirschen werden in Großbritannien schon lange angebaut, dies jedoch über die letzten Jahrzehnte immer weniger, weil die üblicherweise verwendeten großen Bäume nur mühsam von Hand abgeerntet werden können, zusätzlich stellt Vogelfraß ein Problem dar. Sie sind nicht schwer anzubauen, liefern aber wahrscheinlich wenige Früchte, sofern Sie diese nicht gegen Vögel mit einem Netz schützen – was für Bäume auf der Unterlage Colt denkbar unpraktisch ist. Glücklicherweise kann man mit einer jüngeren, schwach wachsenden Unterlage deutlich kleinere Bäume erhalten (fast zu klein, um noch zur Baumkrone zu zählen), die einfacher mit Netzen geschützt werden können.

Unterlagen: Colt (mittelstark wachsend), Gisela 5 (schwach wachsend). Gisela 3 benötigt eine gute Befestigung.
Größe: Colt = 8–10 Meter hoch und 6 Meter breit
Gisela 5 = 2,5–3 Meter hoch und 2 Meter breit
Kultur: Pflanzen Sie wurzelnackte Bäume im Winter und achten Sie darauf, dass diese auf keinen Fall in einem Frostloch stehen. Zieht einen durchlässigen Boden vor. Toleriert ein wenig Schatten. Gisela 5 benötigt fruchtbaren Boden.
Blütezeit: April – ein wenig anfällig für Spätfröste
Fruchtbarkeit: Viele Sorten sind nicht selbstfruchtbar, manche der neueren Sorten sind es jedoch.
Fruchtbildung: Colt beginnt nach 3–4 Jahren zu tragen. Jährlicher Ertrag: Am Spalier 5–14 Kilogramm, als Busch 15–55 Kilogramm.
Gisela 5 beginnt nach 3–4 Jahren zu tragen. Jährlicher **Ertrag**: 10–20 Kilogramm.
Verwendung: Die Früchte werden üblicherweise roh gegessen.
Ernte und Lagerung: Ernten Sie, wenn sich die Früchte verfärben und weich werden. Sie sind nicht lange lagerfähig. (*Anm.*: Auch eingefroren sind die Früchte einige Monate haltbar und schmackhaft.)
Verarbeitung: Frisch verwenden!
Nebennutzen: Bienenpflanzen. Dieselbe Art, *Prunus avium*, wird als schnell wachsender Baum in der Forstwirtschaft genutzt; diese Sorten bringen jedoch keine guten Erträge.
Vermehrung: Veredelung
Pflege: Benötigt keinen regelmäßigen Schnitt. Entfernen Sie zwischen Mai und September totes Holz, um das Risiko von Krankheiten zu mindern.
Sorten: Um den Vogelfraß zu reduzieren, kann man Kirschen verwenden, die nicht rot reifen – es gibt Sorten, die fast weiß werden, sowie gelbe und schwarze, diese werden eher weniger gefressen. Wählen Sie Sorten, die gegen Obstbaumkrebs und das Aufplatzen der Früchte resistent sind; diese Krankheiten sind in den feuchten Bedingungen eines Waldgartens wahrscheinlicher. Bei vielen der neueren Sorten – vor allem aus Kanada – wurde dies bei der Züchtung beachtet.
Sorten, die ich empfehlen kann:
´Black Oliver Summer Sun´
´Celeste Sunburst´
´Lapins Sylvia´
´Penny Vega´
´Stella´

Prunus cerasus, SAUERKIRSCHE

Laubabwerfend/Immergrün: D **Zone:** 3
Sonnen-/Schatten-Präferenz: ○
Schatten-Toleranz: ◐
Bewertung: ✓✓✓
Fortpflanzung: SF **Blüte:** Weiß

Sauerkirschen benötigen genau wie Süßkirschen Schutz vor Vögeln, sie sind jedoch widerstandsfähigere Bäume und tolerieren schwierigere Bedingungen als Süßkirschen, vor allem, was Schatten angeht.

Unterlagen: Colt (mittelstark wachsend), Gisela 5 (schwach wachsend). Gisela 5 benötigt eine gute Befestigung.
Größe: Colt = 3,5 Meter hoch und breit
Gisela 5 = 2 Meter hoch und 1,5 Meter breit
Kultur: Pflanzen Sie wurzelnackte Bäume im Winter in jeden einigermaßen nährstoffreichen Boden. Toleriert viel Schatten – sie wachsen sogar an Nordwänden ohne direkte Sonne.
Blütenbildung: Später als die Süßkirsche – weniger anfällig für Spätfröste.
Fruchtbildung: Colt beginnt nach 3–4 Jahren zu tragen. Jährlicher Ertrag: Am Spalier 5–9 Kilogramm, als Busch 13–18 Kilogramm
Gisela beginnt nach 2¬3 Jahren zu tragen. Jährlicher Ertrag 3–8 Kilogramm.
Verwendung: Die Früchte werden meist gekocht verzehrt.
Ernte und Lagerung: Ernten Sie die Früchte, wenn sie sich verfärben und weich werden – wenn Sie den Vögeln zuvorkommen wollen, können Sie auch schon bei Beginn der Reife gepflückt werden. Sie sind widerstandsfähiger und leichter als Süßkirschen anzubauen, jedoch nicht lange lagerfähig.
Kochen/Verarbeitung: Verwenden Sie Sauerkirschen gekocht.
Nebennutzen: Bienenpflanzen
Vermehrung: Veredelung
Pflege: Benötigt keinen regelmäßigen Schnitt. Entfernen Sie zwischen Mai und September totes Holz, um das Risiko von Krankheiten zu mindern.
Sorte: ´Morello´

Prunus domestica und *Prunus* subsp. *insititia*, PFLAUMEN, einschließlich RENEKLODE, KRIECHENPFLAUME und ZWETSCHGE

Laubabwerfend/Immergrün: D **Zone:** 5
Sonnen-/Schatten-Präferenz: ○
Schatten-Toleranz: ◐
Bewertung: ✓✓✓✓
Fortpflanzung: SF–SS **Blüte:** Weiß

Pflaumen stehen oft auf der Liste der gewünschten Bäume für einen Waldgarten. Wie Äpfel werden sie auf bestimmten Unterlagen gezüchtet, wobei es für Pflaumen derzeit noch keine wirklichen schwach wüchsigen Unterlagen gibt. Wie bei den Äpfeln ist es möglich, mehrere Sorten auf einer Unterlage zu veredeln. Dies macht vor allem dann Sinn, wenn große Mengen an Früchten, die nicht lange haltbar sind, ein Problem für sie werden könnten.

Während sich die wahren Pflaumen und die Reneklode in *Prunus domestica* befinden, werden die Zwetschge und Kriechenpflaume in *Prunus* subsp. *insititia* eingeordnet (manchmal als Unterart von *P. domestica*). Wo auch immer sich die genetischen Unterschiede finden, wachsen diese pflaumenähnlichen Früchte auf Bäumen, die dazu neigen, strauchartiger als Pflaumen zu wachsen: Manchmal dornig und toleranter gegenüber Wetter- und Klimabedingungen, sind sie vor allem widerstandsfähiger und gedeihen besser als Pflaumen. Kriechenpflaume und Zwetschge sind schon lange in britischen Hecken eingebürgert. Die Kriechenpflaume neigt zu sehr kleinen Früchten, etwa halb so lang wie eine Pflaume. Sie sind nicht immer besonders süß, was sie jedoch durch Frost werden. Zwetschgen liegen in ihrer Größe zwischen Kriechenpflaume und Pflaume.

Unterlagen: In Großbritannien werden Myrobalan (stark wachsend), St Julien A (schwach wachsend) und Pixy (sehr schwach wachsend) verwendet. Pixy muss für die ersten Jahre einen Pfahl oder Ähnliches als Halterung bekommen. In anderen Erdteilen werden andere verwendet.
Größe: Myrobalan = 6–7 Meter hoch und breit
St Julien A = 3,5–4,5 Meter hoch und breit
Pixy = 2,7–3,5 Meter hoch und breit
Kultur: Die hauptsächlich verwendeten Unterlagen wurden so gezüchtet, dass sie die meisten Gartenbedingungen tolerieren. Myrobalan toleriert nasse und alkalische Böden; St Julien A toleriert trockene Böden. Spät reifende Tafelsorten brauchen die besten Standorte mit maximaler Sonne. Früh reifende Tafelsorten brauchen immer noch viel Sonne. Kochpflaumen benötigen nicht ganz so viel Sonne und können Halbschatten vertragen. Pflanzen Sie wurzelnackte Bäume im Winter und achten Sie darauf, dass diese auf keinen Fall in einem Frostloch stehen.
Blütezeit: April in Großbritannien. Anfällig für Schäden durch Spätfrost.
Fruchtbarkeit: Viele Sorten sind nicht selbstfruchtbar, daher benötigen sie meist mindestens zwei Sorten, die zu ähnlicher Zeit blühen. Um dies zu erleichtern, sind die Pflaumen meist nach Blütezeit eingeordnet.
Fruchtbildung: Zeit bis Ertragsbeginn und maximale Erträge ausgewachsener Bäume:
Myrobalan = 5–6 Jahre. Jährlicher Ertrag etwa 65 Kilogramm
St Julien A = 3–5 Jahre. Jährlicher Ertrag 40–50 Kilogramm.
Pixy = 2–3 Jahre. Jährlicher Ertrag 15–30 Kilogramm.
Verwendung: Die Früchte werden roh, gekocht oder verarbeitet verzehrt.

Ernte und Lagerung: Ernten Sie die Früchte weich und reif. Verarbeiten Sie diese schnell, da sie nicht lange haltbar sind.
Kochen/Verarbeitung: Pflaumen lassen sich nach dem Halbieren und Entkernen gut trocknen. Sie können auch eingekocht werden. Wenn Sie die Menge nicht auf einmal verarbeiten können, frieren Sie die Pflaumen bis zur späteren Verwendung ein.
Nebennutzen: Gute Bienenpflanzen
Vermehrung: Üblicherweise durch Veredelung
Pflege: Pflaumen tragen ihre Früchte an den Astspitzen und erfordern demnach keinen jährlichen Schnitt, um Ertrag zu gewährleisten. Natürlich sollten tote oder kranke Zweige entfernt werden. Jeglicher Schnitt sollte zwischen Mai und Oktober erfolgen, um das Risiko eines Befalls mit der Weißen Fliege, einem Schädling, zu minimieren.
Pflaumen sind reich tragende Bäume und benötigen Nährstoffzufuhr, um den Ertrag beizubehalten. Achten Sie besonders auf Stickstoff und Kalium und versuchen Sie, stickstofffixierende und Kalium anreichernde Pflanzen in der Nähe zu setzen (siehe Kapitel 6).
Fördern Sie Insektenjäger wie Fledermäuse, um den Schaden durch Motten und Falter zu begrenzen.
Sorten: Es ist wichtig, dass Sie Sorten wählen, die gegen Obstbaumkrebs resistent sind, da dies in feuchtem Klima, wie in Großbritannien, stark schwächend wirken kann. Wie bei den Äpfeln sollten Sie sich die Auswahl durch folgende Überlegungen erleichtern:

- gewünschte Reifezeit der Pflaumen,
- damit kompatible Blühzeiten,
- gegen Krankheiten resistente Sorten,
- lokale Sorten und Wissen über Sorten, die in der Umgebung erfolgreich wachsen.

Empfohlene Pflaumensorten

Die folgenden Sorten sind krankheitsresistente Pflanzen guter Qualität für britische Bedingungen. Die meisten Kriechenpflaumen, Zwetschgen und Mirabellen sind ebenso krankheitsresistent.

Frühe Sommerpflaumen – Reife im Juli/August
´Czar´ (auch zum Kochen)
´Denniston's Superb´
´Jubilee´
´Mirabelle de Nancy´
´Opal´
´Oullins Golden Gage´
´Purple Pershore´ (auch zum Kochen)
´Warwickshire Drooper´
´Yellow Egg´ (auch zum Kochen)

Späte Sommerpflaumen – Reife im August/September
´Farleigh Damson´
´Jefferson´
´Manaccan´
´Shropshire Prune´ (zum Kochen verwendet)

Herbstpflaumen – Reife im September/Oktober
´Langley Bullace´
´Marjorie's Seedling´
´Merryweather Damson´ (auch zum Kochen)
´Shepherd's Bullace´ (zum Kochen verwendet)

Prunus persica, PFIRSICH & NEKTARINE

Laubabwerfend/Immergrün: D **Zone:** 4
Sonnen-/Schatten-Präferenz: ○
Schatten-Toleranz: ○
Bewertung: ✓✓
Fortpflanzung: SF **Blüte:** Pink

In Großbritannien gelten Pfirsiche und Nektarinen als schwierig zu kultivieren, wenn sie nicht von einer Wand geschützt als Spalierobst gepflanzt und im Frühling vor Regen geschützt werden. Dies ist vor allem in feuchtem Klima durch die Kräuselkrankheit beim Pfirsich begründet, die zu Entlaubung und schlechter Fruchtbildung führt. Mit der Erwärmung unseres Klimas sollten Pfirsiche zunehmend leichter anzubauen sein. Nektarinen sind noch anfälliger für die Kräuselkrankheit und sollten deshalb zum Beispiel nur vor einer Wärme abstrahlenden Wand oder Ähnlichem angebaut werden. Dem zum Trotz gibt es einige gute Pfirsichsorten, die recht widerstandsfähig gegen die Kräuselkrankheit sind, und ich denke, diese lohnen sich, auch wenn Sie in nassen Jahren mit niedrigen Erträgen rechnen müssen. Unter Verwendung dieser Sorten lässt sich mit der Krankheit leben.

Unterlagen: St Julien A ist in Großbritannien am gebräuchlichsten.
Größe: 3–5 Meter hoch und breit
Kultur: Pflanzen Sie wurzelnackte Bäume im Winter. Die Pflanze benötigt einen warmen, sonnigen, geschützten Standort.
Blütezeit: Früh – empfindlich gegen Spätfröste
Verwendung: Die Früchte werden üblicherweise roh gegessen.
Ernte und Lagerung: Pflücken Sie die Früchte, wenn sie weich werden, sie sind nicht lange lagerfähig.

Verarbeitung: Verwenden Sie Pfirsiche frisch.
Fruchtbildung: Beginnt nach 2–3 Jahren zu tragen. Jährlicher Ertrag 13–36 Kilogramm; als Spalierobst 9–14 Kilogramm.
Nebennutzen: Bienenpflanze
Vermehrung: Veredelung
Pflege: Spalierobst erfordert selbstverständlich einen regelmäßigen Sommerschnitt. Erkranktes und absterbendes Holz sollte im Sommer entfernt werden.
Sorten: Wählen Sie nur Sorten, die eine mäßige Resistenz gegen die Kräuselkrankheit besitzen:
´Avalon Pride´
´Dixired´
´Hylands´
´Redhaven´
´Redwing´
´Robin Redbreast´
´Rochester´

Prunus salicina, JAPANISCHE PFLAUME

Laubabwerfend/Immergrün: D **Zone:** 3
Sonnen-/Schatten-Präferenz: ○
Schatten-Toleranz: ◐
Bewertung: ✓✓✓
Fortpflanzung: SS–SF **Blüte:** Weiß

Japanische Pflaumen sind kompaktere Bäume und krankheitsresistenter als die europäische Pflaume (*P. domestica*); sie blühen jedoch früh, was in Großbritannien und in vergleichbaren Klimaregionen ihr größter Nachteil ist. Darüber hinaus brauchen sie im Sommer viel Hitze, damit ihr neues Holz gut ausreift. Mit der Klimaerwärmung sollten sie zunehmend leichter unter britischen Bedingungen anzubauen sein.

Die herzförmigen Früchte der Japanischen Pflaume sind gewöhnlich größer als die der europäischen Pflaumen mit 3–5 Zentimeter Durchmesser. Am Baum ausgereifte Früchte schmecken exzellent und bei Weitem besser als die unreif geernteten importierten Früchte.

Unterlagen: ´St Julien A´ ist in Großbritannien die gebräuchlichste Unterlage.
Größe: 3–5 Meter hoch und breit
Kultur: Pflanzen Sie wurzelnackte Bäume im Winter. Die Pflanze braucht einen warmen, sonnigen und vor Frösten geschützten Standort.
Blütezeit: Früh – empfindlich gegen Spätfröste. Die meisten Sorten müssen von einer anderen Japanischen Pflaume fremdbestäubt werden.
Verwendung: Die Früchte werden üblicherweise roh gegessen.
Ernte und Lagerung: Pflücken Sie die Früchte, wenn sie weich werden. Sie sind nicht lange lagerfähig.
Verarbeitung: Verwenden Sie die Früchte frisch.
Fruchtbildung: Beginnt nach 3–4 Jahren zu tragen. Jährlicher Ertrag 15–40 Kilogramm.
Nebennutzen: Bienenpflanze
Vermehrung: Veredelung
Pflege: Erkranktes und absterbendes Holz sollte im Sommer entfernt werden.
Sorten:
´Beauty´: Früher August. Hellrote Früchte mit bernsteinfarben gestreiftem Fruchtfleisch, sehr aromatisch.
´Methley´: Juli. Rotviolette Früchte, die über einen Zeitraum von zwei Wochen reifen; guter Geschmack. Selbstfruchtbar.
´Satsuma´: Mitte August. Kleine bis mittelgroße Früchte mit dunkelroter Haut und rotem Fruchtfleisch, süß und saftig. Teilweise selbstfruchtbar.
´Shiro´: Mitte August. Große gelbe Früchte mit durchscheinendem saftigen Fruchtfleisch; großartiger süßer Geschmack. Selbstfruchtbar.

Europäische Birne (*Pyrus communis*) ´Nouveau Poiteau´

Pyrus communis, P. pyrifolia und *P. ussuriensis*, BIRNEN

Laubabwerfend/Immergrün: D **Zone:** 4
Sonnen-/Schatten-Präferenz: ○
Schatten-Toleranz: ◐
Bewertung: ✓✓✓
Fortpflanzung: SS–SF **Blüte:** Weiß

Birnen sind in ihren Anforderungen ein wenig anspruchsvoller als Äpfel oder Pflaumen. Sie benötigen wirklich viel Sonne, falls sie diese nicht bekommen, wird man es ihnen anmerken. Es gibt jedoch viele gute Sorten, die unter britischen Bedingungen gedeihen. Mit der Erwärmung des Klimas sollte ihre Produktivität in Großbritannien über die nächsten Jahrzehnte steigen.

Asiatische Birnen sind aus zwei asiatischen *Pyrus*-Arten entstanden: *P. pyrifolia* und *P. ussuriensis*. Ihre Früchte haben einen völlig anderen Charakter als die europäische *P. communis*. Asiatische Birnen sind gewöhnlich rund (apfelförmig) und werden frisch verzehrt, solange sie eine knackige Konsistenz und ein wohlriechendes Aroma haben.

Mostbirnen werden üblicherweise auf Birnen-Unterlagen veredelt und entwickeln sich daher mit der Zeit zu sehr großen Bäumen, sie können jedoch auch auf Quitten-Unterlagen veredelt werden. Die Früchte der Mostbirnensorten wirken adstringierend und sind roh geschmacklich nicht zu empfehlen! Das bekannte alkoholhaltige Getränk Perry ist die Birnen-Version des ebenso bekannten Apfel-Cidre und die Früchte werden wie die meisten Mostäpfel vom Boden aufgelesen.

Unterlagen: Birne (*Pyrus communis*) (stark wachsend), Pyrodwarf (mittelschwach wachsend), Quitte A (mittelschwach wachsend), Quitte C (mittelschwach wachsend). Quitte C muss für die ersten Jahre gestützt werden. In anderen Erdteilen werden andere Unterlagen verwendet.
Größe: Birne = 8–20 Meter hoch und 8 Meter breit
Pyrodwarf = 4–6 Meter hoch und breit
Quitte A = 3–5 Meter hoch und 4,5 Meter breit
Quitte C = 2,5–4 Meter hoch und 4 Meter breit
Kultur: Pflanzen Sie wurzelnackte Bäume im Winter. Die meisten Unterlagen wurden so entwickelt, dass sie alle Gartenbedingungen tolerieren; die Unterlage Birne kommt mit kargen Böden zurecht; die Unterlage Quitte C zieht fruchtbare Böden vor.
Alle Birnbäume benötigen so viel Sonne wie möglich. Legen Sie daher in einem Waldgarten besonderes Augenmerk auf die höheren Bäume, die sich südlich und westlich befinden.
Blütezeit: In Großbritannien üblicherweise im April – anfällig für Schäden durch Spätfrost.
Fruchtbarkeit: Die meisten Sorten sind nicht selbstfruchtbar, sie benötigen daher mindestens zwei Sorten mit ähnlichen Blütezeiten. Um die Wahl leichter zu machen, werden Birnen nach Blütegruppen sortiert.
Fruchtbildung: Zeit bis Ertragsbeginn und Maximalerträge eines ausgewachsenen Baumes:
Birne = 10 plus x Jahre. Jährlicher Ertrag 35–100 Kilogramm
Quitte A = 4–5 Jahre. Jährlicher Ertrag 15–45 Kilogramm
Quitte C = 3–4 Jahre. Jährlicher Ertrag 15–45 Kilogramm
Verwendung: Die Früchte werden roh oder gekocht gegessen.
Ernte und Lagerung: Ernten Sie Sommer-Birnen, wenn sie weich werden und eine andere Farbe annehmen. Ernten Sie späte Birnen im Oktober.
Lagern Sie diese an einem kühlen Ort und kontrollieren Sie häufig den Reifegrad.
Kochen/Verarbeitung: Birnen lassen sich gut trocknen (vierteln und entkernen); dies ist die beste Art, eine Überfülle zu verbrauchen.
Nebennutzen: Gute Bienenpflanzen
Vermehrung: Üblicherweise veredelt
Pflege: Bei den meisten Sorten sollte ein jährlicher Schnitt erfolgen (oder mindestens alle zwei bis drei Jahre), um neues Holz und somit Früchte zu produzieren. Birnen tragen nicht ganz so reich wie Äpfel oder Pflaumen. Wenn sie jedoch gut tragen, dann müssen Nährstoffe zugeführt werden, um diesen Ertrag zu halten. Achten Sie besonders auf Stickstoff und Kalium und versuchen Sie, stickstofffixierende und Kalium anreichernde Pflanzen in der Nähe zu setzen (zum Beispiel Beinwell, *Symphytum* spp.) [siehe Kapitel 6].
Sorten: Es sind Sorten vorzuziehen, die eine Resistenz gegen Obstbaumkrebs und Birnenschorf besitzen. Feuerbrand wird wahrscheinlich im Zuge der Klimaerwärmung ein größeres Problem in Großbritannien werden, Resistenz gegen diese Krankheit wird also wichtiger.

Versuchen Sie, Ihre Auswahl einzugrenzen, indem Sie sich wie bei den Äpfeln überlegen:
- die gewünschte Reifezeit,
- damit kompatible Blütezeiten,
- krankheitsresistente Sorten,
- lokale Sorten sowie Sorten aus Regionen bis zu 200 Kilometer weiter südlich,
- Wissen über Sorten, die in ihrer Nähe gut funktionieren.

Empfohlene Birnensorten:
Krankheiten sind bei Birnen nicht sehr verbreitet, aber viele Sorten haben empfindliche Blüten, die leicht durch Frost geschädigt werden.

Die folgenden Sorten sind für die Bedingungen in Großbritannien gut geeignet:

Sommer-Birnen – reifen im Juli/August
´Beurre Giffard´
´Jargonelle´

Frühe Herbst-Birnen – reifen im September/Oktober
´Dr. Jules Guyot´
´Hessle´
´Improved Fertility´
´Invincible´
´Merton Pride´
´Onward´
´Williams´

Späte Herbst-Birnen – reifen im Oktober/November
´Beurre Hardy´
´Conference´
´Cromwell´
´Louise Bonne of Jersey´
´Nouveau Poiteau´

Winter-Birnen – reifen im November/Februar
´Beurre Dumont´
´Glou Morceau´
´Winter Nelis´
´Cooking pears´
´Catillac´
´Kieffer´
´Asian pears´
´Chojuro´
´Shinko´
´Perry pears´
´Gin´
´Thorn´

Weniger verbreitete Obstbäume

Es gibt einige fantastische weniger bekannte Bäume mit großartigen essbaren Früchten. Einige davon mögen Sie bereits in Ziergärten gesehen haben, wo deren Früchte bewundert, aber nie gegessen werden!

Felsenbirne (*Amelanchier lamarckii*) ´Ballerina´

Amelanchier spp., FELSENBIRNEN

Laubabwerfend/Immergrün: D **Zone:** 4
Sonnen-/Schatten-Präferenz: ○
Schatten-Toleranz: ◑
Bewertung: ✓✓✓
Fortpflanzung: SF **Blüte:** Weiß

Die Arten sind: *Amelanchier laevis*, *A. canadensis*, *A. lamarckii*, *A. lamarckii* ´Ballerina´. Die größeren Felsenbirnenarten mögen nicht ganz so „nützlich" sein wie die buschige Saskatoon-Beere (*A. alnifolia*), beschrieben in Kapitel 13, Seite 165), verdienen aber vielleicht trotzdem einen Platz im Waldgarten. Sie sind den Rosazeengewächsen (*Rosacea*) aus Nordamerika zuzuordnen, wo sie in Wäldern und Dickichten wachsen.

Größe: 5–6 Meter hoch und 3–4 Meter breit
Kultur: Pflanzen Sie in Containern vorgezogene Bäume im Winter oder Frühjahr. Sie sind unkompliziert und tolerieren Halbschatten.
Blütezeit: Spät im April und früh im Mai in Großbritannien.
Fruchtbildung: Beginnt nach 2–3 Jahren zu tragen. Die Früchte reifen in Großbritannien früh im Juli und sind so groß wie Johannisbeeren, violettschwarz und süß mit dem Aroma einer süßen schwarzen Johannisbeere.
Früchte: Die Früchte sind essbar und werden üblicherweise roh gegessen.
Ernte und Lagerung: Ernten Sie, wenn die Früchte weich werden. Ein Erntekamm (Beerenpflücker) ist dabei hilfreich. Die Früchte sind bei Vögeln sehr beliebt.
Kochen/Verarbeitung: Machen Sie daraus Marmelade oder ein Fruchtleder.
Nebennutzen: Bienenpflanzen; hoher Zierwert durch die Blüte und Herbstfärbung des Laubs.
Vermehrung: Durch Saatgut (für 3 Monate kältestratifizieren) oder Veredelung
Pflege: Wenig erforderlich
Sorten: ´Ballerina´ ist ein bekannter Großstrauch mit guter Blüte- und Fruchtbildung.

Arbutus unedo, ERDBEERBAUM

Laubabwerfend/Immergrün: E **Zone:** 7
Sonnen-/Schatten-Präferenz: ○
Schatten-Toleranz: ◑
Bewertung: ✓✓
Fortpflanzung: SF **Blüte:** Weiß

Ein dichter immergrüner Großstrauch aus dem Mittelmeerraum, dessen Früchte oft roh gegessen und zur Herstellung von Wein und Likör verwendet werden.

Größe: Ausgewachsen 6–8 Meter hoch und breit, wächst jedoch langsam.
Kultur: Pflanzen Sie in Containern im Winter oder Frühjahr vorgezogene Bäume in einen sauren oder neutralen Boden. Toleriert Halbschatten.
Blütezeit: Die Blüte findet im Oktober und November statt, gleichzeitig reifen die Früchte aus der Blüte des Vorjahres.
Fruchtbildung: Beginnt nach 2–4 Jahren zu tragen. Die Früchte sind rund mit einem Durchmesser von 2 Zentimetern, rot und haben bei voller Reife einen angenehmen, feinen Geschmack. Sie haben wie Birnen Steinzellen, die vor der Reife nicht genießbar sind. Aus den Früchten kann Wein gemacht werden.
Verwendung: Die Früchte werden roh oder verarbeitet gegessen.
Ernte und Lagerung: Pflücken Sie die Früchte, wenn sie weich und rot werden. Sie werden auch von Vögeln gefressen. Sie sind nicht lange haltbar.
Kochen/Verarbeitung: Können zu Wein oder Likör weiterverarbeitet werden.
Nebennutzen: Sehr nützliche Pflanze für Hummeln. Die Rinde kann zum Gerben verwendet werden.
Vermehrung: Saatgut oder durch Stecklinge
Pflege: Wenig erforderlich. Der dichte, buschige Wuchs kann das Unterpflanzen erschweren, die Krone kann jedoch durch Aufasten, das heißt Abschneiden der unteren Zweige, höher gebracht werden.
Sorten: ´Rubra´ ist eine gute Ertragszüchtung mit guter Fruchtbildung, bildet jedoch etwas kleinere Früchte aus.

Asimina triloba, INDIANERBANANE (AMERIKANISCHE PAPAU)

Laubabwerfend/Immergrün: D **Zone:** 5
Sonnen-/Schatten-Präferenz: ○
Schatten-Toleranz: ◑
Bewertung: ✓✓✓
Fortpflanzung: SS **Blüte:** Kastanienbraun

Die amerikanische Papau, nicht zu verwechseln mit der tropischen Papau, ist ein laubabwerfender winterharter Großstrauch, der in Amerika für seine großen geschmackvollen Früchte wertgeschätzt wird. In seiner natürlichen Umgebung im Südosten der USA gehört sie zum Unterholz. In Großbritannien braucht sie jedoch gute Lichtverhältnisse. Sie wird durch Fliegen bestäubt und könnte in Großbritannien mit der Klimaerwärmung eine zunehmend verlässliche Ertragspflanze werden.

Größe: 6 Meter hoch und breit werdend, jedoch langsam wachsend
Kultur: Pflanzen Sie sorgsam im Winter oder Frühjahr in Containern vorgezogene Bäume – die Pflanze verträgt das Versetzen nicht gut. Mag ähnliche Bedingungen wie Weintrauben, also Sonne, Schutz und sauren bis neutralen Boden. Toleriert Schatten, braucht in Großbritannien jedoch Sonne.
Blütezeit: Mai/Juni in Großbritannien
Fruchtbildung: Die genannten Sorten beginnen nach ein paar Jahren zu tragen.
Verwendung: Die Früchte werden gewöhnlich roh verzehrt.
Ernte und Lagerung: Pflücken Sie die Früchte, sobald sie weich werden. Sie sind nicht gut lagerfähig.
Kochen/Verarbeitung: Essen Sie die Früchte frisch oder frieren Sie das aus der Schale entfernte Fruchtfleisch ein.
Nebennutzen: Die Samen, Blätter und die Rinde besitzen insektizide Eigenschaften. Auszüge daraus werden derzeit auf ihre krebsvorbeugenden Eigenschaften untersucht.
Vermehrung: Durch Saatgut (für 3 Monate kältestratifizieren, keimt langsam) oder durch Veredlung auf aus Saatgut gewonnenen Unterlagen. Die Sämlinge von bekannten Mutterpflanzen haben wahrscheinlich ein gutes Potenzial, bisher fand jedoch nur selten eine gezielte Züchtung dieser Art statt.
Pflege: Wenig erforderlich
Sorten: Früh reifende amerikanische Sorten sind ´Davis´, ´NC-1´, ´Pennsylvania Golden´, ´Prolific´, ´Sunflower´, ´Taylor´. *Anm.*: für Sorten: https://www.pawpawschule.de

Benthams-Hartriegel (*Cornus capitata*)

Cornus spp., HARTRIEGEL

Laubabwerfend/Immergrün: D **Zone:** 5/7
Sonnen-/Schatten-Präferenz: ○
Schatten-Toleranz: ◑
Bewertung: ✓✓✓
Fortpflanzung: SF
Blüte: [C. mas] Gelb [C. capitata/kousa] Cremegelb

In unserem Sinne nützliche Arten unter den Hartriegeln sind *Cornus capitata* (Benthams-Hartriegel), *C. kousa* (Chinesischer Blüten-Hartriegel) und *C. mas* (Kornelkirsche). Deren natürlicher Lebensraum sind Wald- und Buschland.

Einige der größeren Hartriegel produzieren exzellente essbare Früchte. Dies sind die recht bekannte Kornelkirsche (*C. mas*) und der Chinesische Blüten-Hartriegel (*C. kousa*), der wegen seiner riesigen prächtigen Blüten oft in Ziergärten anzutreffen ist. *C. capitata* ist halbimmergrün und winterhart bis Zone 7. *C. mas* trägt besser, wenn er fremdbestäubt wird.

Größe: 4–6 Meter hoch und 3–5 Meter breit
Kultur: Pflanzen Sie im Winter (wurzelnackt) oder Frühjahr (Containerware). Alle Arten sind unkompliziert, was den Boden angeht, und tolerieren ein wenig Schatten. *C. mas* trägt an einem geschützten Standort besser.
Blütezeit: *C. mas* blüht sehr früh im Februar; die anderen Arten blühen im Frühsommer.
Fruchtbildung: Beginnt nach ein paar Jahren
C. capitata: Reift im Spätherbst. Die roten Früchte sind rund, knubbelig und haben einen Durchmesser von 3–4,5 Zentimetern. Das Fruchtfleisch hat einen der Banane ähnlichen Geschmack, die Haut ist ziemlich bitter.
C. kousa: Reift ziemlich spät im Herbst. Die roten Früchte sind rund, knubbelig und haben einen Durchmesser von 2–3 Zentimetern. Das Fruchtfleisch hat einen großartigen tropischen Geschmack, die Haut ist ziemlich bitter.
C. mas: Reift Mitt- bis Spätsommer. Die Früchte sind kleine Kirschen, rot und adstringierend vor der Reife, mit einem guten Geschmack.

Verwendung: Die Früchte werden roh oder gekocht verspeist.
Ernte und Lagerung: Ernten Sie die Früchte von *C. mas*, wenn sie beginnen, weich zu werden, aber immer noch adstringierend sind. Dies vergeht, wenn die Früchte gekocht oder getrocknet werden.
C. kousa und ***C. capitata*** sollten so lange wie möglich am Baum verbleiben, bis die Früchte sehr weich sind. Beide sind nicht lange haltbar.
Kochen/Verarbeitung: Aus *C. mas* kann gute Marmelade oder Fruchtleder gemacht werden. Kochen Sie die Früchte leicht und geben Sie diese so in ein küchenübliches Passiergerät, um zuerst das Fruchtmark zu gewinnen. Die Früchte von *C. kousa* und *C. capitata* werden am besten frisch verspeist.
Nebennutzen: Zierpflanzen. Sehr hartes Holz.
Vermehrung: Meist durch Saatgut – erfordert Kältestratifizierung.
Vermehren Sie die Sorten von *C. mas* durch Veredelung.
Pflege: Wenig erforderlich
Sorten: *C. kousa* var. *chinensis* produziert größere Früchte und trägt besser als die ursprüngliche Art. ´Big Apple´ ist eine in Nordamerika gezüchtete Sorte mit sehr großen Früchten.
Gute Ertragssorten von *C. mas* sind ´Elegant´, ´Gourmet´ und ´Jolico´. ´Norman Hadden´ ist ein Hybrid mit sehr hohem Ertrag.
Anm.: Sorten ´Titus´ (mittelgroße Früchte, schnell wachsend), ´Devin´ (große Früchte), ´Jolico´ (sehr große Früchte, hoher Vitamin-C- und Zuckeranteil und kleiner Kern), ´Schönbrunner Gourmet´

Chinesischer Blüten-Hartriegel (*Cornus kousa* var. *chinensis*)

Weißdorn (*Crataegus ellwangeriana*) in voller Blüte.

Crataegus spp., WEISSDORNE

Laubabwerfend/Immergrün: D **Zone: 5**
Sonnen-/Schatten-Präferenz:
Schatten-Toleranz:
Bewertung: ✓✓✓✓
Fortpflanzung: SF **Blüte: Weiß**

Die für uns nützlichsten Arten sind *Crataegus arnoldiana*, *C. durobrivensis*, *C. ellwangeriana*, *C. pinnatifida* var. *major*, *C. schraderiana* und *C. tanacetifolia*. Diese kommen natürlich in Waldland und in Hecken vor.

Es gibt weltweit Hunderte von Weißdornarten und die meisten davon, wenn auch nicht alle, bilden essbare Früchte. Diese sind von stark unterschiedlicher Qualität, von den trockenen und geschmacksarmen Früchten mit wenig Fruchtfleisch des in Großbritannien und zumindestens auch in Deutschland heimischen Weißdorns *C. monogyna* hin zu den exzellenten, saftigen Früchten von 2–3 Zentimetern Durchmesser mit einem feinen, apfelartigen Geschmack wie die von *C. ellwangeriana* und anderen. Einige dieser früchtetragenden Weißdornarten verdienen einen Platz in nahezu jedem Waldgarten!

Größe: 4–6 Meter hoch und 3–4 Meter breit
Kultur: Pflanzen Sie wurzelnackte Bäume im Winter. Die Bäume werden gewöhnlich auf eine *C. monogyna*-Unterlage veredelt, die in nahezu jedem Boden wächst. Weißdorne sind schattentolerant, tragen aber besser mit ein wenig Besonnung.
Blütezeit: Im Frühjahr, die Blüten sind recht frostverträglich.
Fruchtbildung: Beginnt nach 2–4 Jahren. Die Früchte sind gewöhnlich rot und reifen im September und Oktober.
Verwendung: Die Früchte werden roh, gekocht oder verarbeitet verzehrt.
Ernte und Lagerung: Sobald die Früchte weich werden, erntet man sie am besten, indem man ein Netz oder eine Plane auslegt und die Äste schüttelt. Die Früchte sind für ein paar Wochen haltbar.

Kochen/Verarbeitung: Die Früchte zuerst leicht kochen und mithilfe eines Passiergeräts verflüssigen, um das Fruchtfleisch zu gewinnen. Damit lässt sich dann eine hervorragende Marmelade oder ein Fruchtleder herstellen.
Nebennutzen: Bienenpflanzen
Vermehrung: Durch Saatgut (erfordert Kältestratifizierung) oder durch Veredelung
Pflege: Wenig erforderlich. Manche Arten sind sehr dornig. Die Baumkrone kann mit der Zeit erhöht werden, indem die untersten Äste entfernt werden.
Sorten:
Alle Sorten der folgenden Arten tragen Früchte von guter Qualität und Größe. Von den meisten gibt es noch keine benannten Zuchtsorten.
C. arnoldiana: Früchte von 1,5–2 Zentimetern; exzellenter Geschmack roh. Dorniger Baum.
C. durobrivensis: Früchte von 1,5–2 Zentimetern; exzellenter Geschmack roh. Dorniger Baum.
C. ellwangeriana: Früchte von 1,5–2 Zentimetern; exzellenter Geschmack roh. Dorniger Baum.
C. gemosa: Früchte von 1,2–2 Zentimetern. Dorniger Baum.
C. orientalis: Früchte von 1,5–2 Zentimetern; gelblich rot. Ähnlicher Baum wie *C. tanacetifolia*.
C. pedicellata: Früchte von 1,5 Zentimetern, mäßiger Geschmack roh; reift sehr spät im Herbst. Wenige Dornen.
C. pinnatifida major ´Big Golden Star´: Früchte von 3–3,5 Zentimetern, am besten gekocht und gesüßt. Dornenloser Baum.
C. schraderiana: Früchte von 1,5–2 Zentimetern; exzellenter Geschmack roh. Dorniger Baum.
C. tanacetifolia: Früchte von 1,5–2 Zentimetern; exzellenter Geschmack roh. Dornenloser Baum mit kerniger Wüchsigkeit, kleiner als die meisten hier genannten Bäume.

BÄUME, DIE STAUNÄSSE IM WINTER TOLERIEREN

Erlen (*Alnus* spp.)
Moorbirke (*Betula pubescens*)
Stiel-Eiche (*Quercus robur*)
Weißdorne (*Crataegus* spp.)
Stein-Eiche (*Quercus petraea*)

Decaisnea fargesii, BLAUGURKE/ BLAUSCHOTE

Laubabwerfend/Immergrün: D **Zone:** 5
Sonnen-/Schatten-Präferenz: ○
Schatten-Toleranz: ◑
Bewertung: ✓✓✓
Fortpflanzung: SF **Blüte:** Grünlich-Gelb

Eine außergewöhnliche, essbare Pflanze, die aus den feuchten Wäldern Chinas stammt. Sie wird in Ziergärten wegen ihrer erstaunlichen hellblauen Früchte gepflanzt. Das Fruchtfleisch ist essbar und hat einen feinen Geschmack, ähnlich einer Melone.

Größe: 4–6 Meter hoch und 2–4 Meter breit
Kultur: Pflanzen Sie über den Winter wurzelnackte Bäume. Die Art ist unkompliziert und toleriert Halbschatten.
Blütezeit: Frühsommer
Fruchtbildung: Beginnt nach 3–4 Jahren zu tragen.
Verwendung: Das Fruchtfleisch wird roh verzehrt.
Ernte und Lagerung: Pflücken Sie die Früchte, wenn sie saftig, blau und weich sind. Sie sind nicht lange haltbar.
Kochen/Verarbeitung: Verwenden Sie sie frisch – öffnen Sie die Schoten entlang der Naht und lösen Sie das

Früchte des Weißdorns der Art *Crataegus ellwangeriana*.

Fruchtfleisch mit einem Löffel heraus. Die kleinen schwarzen Samen können entfernt oder mitgegessen werden. Die Haut der Schoten ist nicht essbar.
Nebennutzen: Die Früchte enthalten Latex und wurden zur Gewinnung von Gummi verwendet.
Vermehrung: Durch Saatgut – erfordert 4 Monate Kältestratifizierung
Pflege: Keine erforderlich

Diospyros spp., KAKI/PERSIMONE/ LOTUSPFLAUME

Laubabwerfend/Immergrün: D **Zone:** 5/6
Sonnen-/Schatten-Präferenz: ○
Schatten-Toleranz: ○
Bewertung: ✓✓
Fortpflanzung: SS **Blüte:** Weiß

Folgende Arten sind für uns interessant: Kaki oder Kakipflaume (*Diospyros kaki*), Lotuspflaume (*D. lotus*) und Amerikanische Persimone (*D. virginiana*). Die letztgenannte Art stammt ursprünglich aus trockenen Wald-Habitaten. Diese Pflanzenfamilie ist in Großbritannien und Europa nicht besonders bekannt. In Großbritannien wird die Kakifrucht manchmal nach den hier verkauften Früchten aus Israel Sharonfrucht genannt. Sie ist mit Zone 6 weniger winterhart als die beiden anderen Arten. Alle Arten tragen sehr gute, essbare Früchte, die vor ihrer vollständigen Reife adstringierend wirken.

Kakis fruchten in Großbritannien derzeit noch ungleichmäßig, da sie einen langen, heißen Sommer benötigen, damit die Früchte reifen; die Fruchtbildung wird sich aufgrund der Klimaerwärmung verbessern. Die Lotuspflaume und die Amerikanische Persimone fruchten in Großbritannien gut. Die Früchte verbleiben auch nach dem Blattfall am Baum; sie reifen manchmal spät bis in den November und Dezember hinein.
Unterschiede: Sharonfrüchte sind tomatenförmig, haben eine gelborangefarbene Schale und enthalten nahezu kein Tannin, sind also direkt essbar. Kakis hingegen sind runder und haben eine rötliche Schale, sie sind etwas größer als Persimonen (*D. virginiana*), beide benötigen Frost, um genießbar zu sein.

Größe: *D. kaki*: 4–6 Meter hoch und breit
D. lotus: 10 Meter hoch und 6 Meter breit
D. virginiana: 15 Meter hoch und 8 Meter breit
Kultur: Pflanzen Sie im Winter mit großer Sorgfalt wurzelnackte Bäume, denn die Pflanze verträgt das Umpflanzen schlecht. Sie ist allerdings unkompliziert, was die Bodenbedingungen angeht. Eine gute Besonnung wird bevorzugt, sie ist für *D. kaki* eine sehr wichtige Voraussetzung für ein gutes Gedeihen.
Blütezeit: Im Sommer
Fruchtbildung: Einige Sorten von *D. kaki* benötigen keine Bestäubung, andere schon. *D. lotus* und *D. virginiana* sind nicht selbstfruchtbar, hier werden männliche und weibliche Bäume zur Fruchtbildung benötigt.
Fruchtbildung: Beginnt nach 3–6 Jahren zu tragen. Die Früchte von *D. kaki* haben einen Durchmesser von 5–7 Zentimetern, *D. lotus* von etwa 1,5 Zentimetern und *D. virginiana* von etwa 2,5–3,5 Zentimetern.
Verwendung: Die Früchte werden gewöhnlich roh verzehrt.
Ernte und Lagerung: Ernten Sie so spät wie möglich, gewöhnlich nachdem die Blätter gefallen sind. Lagern Sie die Früchte an einem kühlen Ort für bis zu 1–2 Monate. Bringen Sie diese dann zur Reifung ins Warme.
Kochen/Verarbeitung: Am besten frisch verwendet
Nebennutzen: Bienenpflanzen. Unreife Früchte enthalten hohe Mengen an Tannin und können zum Gerben und Färben verwendet werden.
Vermehrung: Durch Saatgut (erfordert 2–3 Monate Kälte Stratifikationszeit) oder durch Veredelung auf Sämlingsunterlagen derselben Art.
Pflege: Wenig erforderlich
Sorten: *D. kaki* hat zahlreiche Sorten, die meisten davon aus China und Japan. Für britische und ähnliche klimatische Bedingungen empfehle ich folgende in Südfrankreich angebaute Sorten:
´Fuyu´
´Kostata´
´Mazelli´
Es gibt keine Zuchtsorten von *D. lotus*. Von *D. virginiana* wurden in den USA einige gute Ertragssorten gezüchtet, Sämlinge dieser Sorten haben ein gutes Potenzial.

Sorten, die für britische und ähnliche klimatische Bedingungen am besten geeignet sind:
´Early Golden´
´Garretson´
´John Rick´
´Meader´
´Miller´
´Runkwitz´
´Szukis´

In Russland wurden japanische und amerikanische Persimonen miteinander gekreuzt, um widerstandsfähigere Pflanzen als *D. kaki*, aber mit der gleichen Fruchtgröße, zu schaffen. Zwei dieser Sorten sind:
´Nikita's Gift´
´Russian Beauty´

GERBSTOFFE
Einige Früchte enthalten Gerbstoffe wie Tannine, solange sie unreif sind, der Geschmack wirkt dadurch adstringierend und unangenehm (Er erzeugt ein pelziges Gefühl im Mund!). Dies sind unter anderen die Früchte von Persimonen und von *Elaeagnus*-Arten. Sobald die Früchte die volle Reife erreichen, schwinden die Tannine und die Früchte werden wohlschmeckend. Wenn Sie also jemals eine unreife Frucht einer *Elaeagnus* versuchen und diese als unangenehm empfinden, dann haken Sie sie noch nicht ab! Viele Früchte schmecken unangenehm, bis sie reif sind (zum Beispiel Birnen).

Früchte von *Elaeagnus* x *ebbingei* reifen im Frühjahr.

Elaeagnus x *ebbingei*, WINTERGRÜNE ÖLWEIDE

Laubabwerfend/Immergrün: E **Zone:** 6
Sonnen-/Schatten-Präferenz: ○
Schatten-Toleranz: ●
Bewertung: ✓✓✓
Fortpflanzung: SS **Blüte:** Weiß

Als eine der immergrünen *Elaeagnus*-Vertreter ist diese Gartenhybride in Hecken als dichter, ganzjähriger Schutz gut verwendbar; zudem trägt sie im Frühling essbare Früchte. Das sind aber eher kleine, sozusagen frühe Häppchen. Der Strauch wird nie hohe Erträge liefern.

Größe: 4 Meter hoch und breit
Kultur: Pflanzen Sie dieses in Containern vorgezogene Gehölz im Winter oder Frühjahr und befestigen Sie es dabei gut. Die Pflanze ist unkompliziert, toleriert tiefen Schatten und freien Stand und ist außerdem trockenheitstolerant.
Blütezeit: Im Oktober/November, mit starkem Duft; nicht selbstbefruchtend: zwei genetisch unterschiedliche Pflanzen sind zur Fruchtbildung erforderlich.
Fruchtbildung: März bis Mai. Die Früchte sind rot, oval, 1,5–2 Zentimeter lang und wirken adstringierend, bis sie reif sind.
Verwendung: Die Früchte werden im Frühjahr gewöhnlich roh verzehrt.
Ernte und Lagerung: Pflücken Sie die Früchte, sobald sie Farbe annehmen und weich werden. Sie sind für etwa 1–2 Wochen haltbar.
Kochen/Verarbeitung: Kochen Sie die Früchte leicht und passieren Sie diese durch ein Sieb, um das Fruchtmark zu gewinnen. Damit können Sie Marmelade oder Fruchtleder herstellen oder sie einfach gekocht verzehren.
Nebennutzen: Bienenpflanze und Stickstofffixierer
Vermehrung: Durch halbreife Stecklinge im Sommer
Pflege: Wenig erforderlich. Schnittverträglich, falls ein Schnitt notwendig wird.
Sorten: ´Limelight´ ist ein guter Bestäuber.

Korallen-Ölweide (*Elaeagnus umbellata*) in Blüte.

Elaeagnus x *umbellata*, KORALLEN-ÖLWEIDE

Laubabwerfend/Immergrün: D **Zone:** 3
Sonnen-/Schatten-Präferenz: ○
Schatten-Toleranz: ◑
Bewertung: ✓✓✓✓
Fortpflanzung: SS **Blüte:** Weiß

Diese laubabwerfende Ölweide gehört mit Sicherheit zu meiner Liste der zehn besten Pflanzen für einen Waldgarten. Sie ist eine großartige Vielzweckpflanze, die ursprünglich in Dickichten und Wäldern Ostasiens wächst und aus deren Früchte wunderbare Marmeladen und Fruchtleder hergestellt werden können. Sie ist gut in Hecken und als Windschutz verwendbar. In Großbritannien beginnt der Laubaustrieb im Februar, ihre Blätter verliert sie erst im Dezember, ist also nicht lange unbelaubt. In manchen wärmeren Regionen der Welt wird die Korallen-Ölweide als beikrautiges Ärgernis betrachtet.

Größe: 5 Meter hoch und breit in Großbritannien; in wärmeren Gebieten größer werdend
Kultur: Pflanzen Sie wurzelnackte Exemplare von Früh- bis Mittwinter (sie treiben schon sehr früh im Spätwinter aus). Das Gehölz ist unkompliziert, was die Bodenbedingungen angeht, toleriert ein wenig Schatten und einen freien, exponierten Stand; gut geeignet für Hecken.
Blütezeit: Früh im Frühjahr
Fruchtbildung: Beginnt nach 2–3 Jahren zu tragen. Die Früchte messen 7–10 Millimeter im Durchschnitt, sind gesprenkelt rot und wirken adstringierend, bis sie im September/Oktober ihre volle Reife erlangen.
Verwendung: Die Früchte werden roh, gekocht oder verarbeitet verzehrt.
Ernte und Lagerung: Ernten Sie die Früchte, wenn sie dunkelrot sind, auch wenn sie immer noch adstringierend wirken – dies vergeht durch das Kochen oder Trocknen. Am einfachsten legen Sie eine Plane oder ein Tuch auf den Boden, pflücken von Hand und lassen die Früchte fallen. Sie sind für ein paar Wochen haltbar.

Kochen/Verarbeitung: Kochen Sie die Früchte leicht und passieren Sie sie durch ein Sieb, um das Fruchtmark zu gewinnen. Damit können Sie Marmelade oder Fruchtleder herstellen oder sie einfach als gekochte Frucht verzehren.
Nebennutzen: Es handelt sich um eine großartige Pflanze für Wildbienen und Hummeln. Sie ist ein guter Stickstofffixierer.
Vermehrung: Durch Saatgut (erfordert 3 Monate Stratifikation) oder durch ausgereifte Stecklinge.
Pflege: Wenig erforderlich
Sorten: Gute Ertragssorten aus den USA und Großbritannien sind:
´Big Red´
´Brilliant Rose´
´Hidden Springs´
´Jewel´
´Newgate´
´Red Cascade´
´Sweet 'n' Tart´

Korallen-Ölweide (*Elaeagnus* x *umbellata*)

MARMELADE AUS FRÜCHTEN DER KORALLEN-ÖLWEIDE

Nachfolgend eine meiner Lieblingsmarmeladen; sie bewahrt den vorzüglichen Geschmack der Früchte der Korallen-Ölweide.

2,5 kg Früchte der Korallen-Ölweide
2,5 kg Zucker

- Geben Sie die frischen Früchte in einen Topf, dessen Boden mit Wasser bedeckt ist. Bringen Sie sie zum Kochen und lassen das Ganze für 5–10 Minuten unter häufigem Rühren köcheln.
- Die Früchte sind nun weich genug, dass sie sich leicht passieren lassen. Verarbeiten Sie die Früchte chargenweise und werfen Sie die übrig gebliebenen Samen weg.
- Geben Sie das Fruchtmus zurück in den Topf und lassen es aufkochen. Geben Sie den Zucker hinzu. Bringen Sie das Ganze zum Brodeln und achten Sie darauf, wann sich die Mischung setzt. Sobald sie sich setzt, füllen Sie das Mus in Einmachgläser und verschließen sie.

Der Schneeglöckchenbaum (*Halesia carolina*) mit jungen Früchten.

Halesia carolina, SCHNEEGLÖCKCHENBAUM

Laubabwerfend/Immergrün: D **Zone:** 5
Sonnen-/Schatten-Präferenz: ○
Schatten-Toleranz: ◐
Bewertung: ✓✓✓✓
Fortpflanzung: SF **Blüte:** Weiß

Ein in Europa nahezu unbekannter Baum. In feuchten Wäldern der USA produziert dieser Baum eine sehr gute Ernte von jungen, knackigen Früchten mit einem Geschmack, der an Gurken und Erbsen erinnert. Sie eignen sich hervorragend für Salate oder Sauerkonserven wie Pickles.

Größe: In Großbritannien an die 3–4 Meter hoch und breit werdend, aber langsam und buschig wachsend.
Kultur: Pflanzen Sie im Winterhalbjahr wurzelnackte Bäume. Der Schneeglöckchenbaum ist unkompliziert, zieht jedoch sonnige Standorte vor.
Blütezeit: Er erfreut uns in der Mitte des Frühjahres mit einer Fülle weißer Blüten, die einen sehr hohen Zierwert haben.
Fruchtbildung: Nach 3–4 Jahren beginnt der Baum zu tragen. Die Früchte sind vierflügelig, grün und 2–3 Zentimeter lang. Sie können vom späten Juni an für etwa 3 Wochen geerntet werden.
Ernte und Lagerung: Pflücken Sie die grünen Früchte, sobald sie groß genug sind, das heißt 1 Zentimeter oder mehr. Verbrauchen Sie diese zügig.
Kochen/Verarbeitung: Die Früchte müssen nur für einige Minuten leicht gekocht werden.
Nebennutzen: Gute Bienenpflanze. Die Blüten sind auch in Salaten essbar.
Vermehrung: Durch Saatgut, das 3 Monate lang stratifiziert werden muss
Pflege: Keine erforderlich

Sanddorn (*Hippophae rhamnoides*) ´Leikora´

Hippophae spp., SANDDORN

Laubabwerfend/Immergrün: D **Zone:** 3/7
Sonnen-/Schatten-Präferenz:
Schatten-Toleranz:
Bewertung: ✓✓✓✓
Fortpflanzung: M/F **Blüte:** Gelblich-Braun

Das für uns interessante Artenspektrum umfasst den bekannten Sanddorn *Hippophae rhamnoides* und den aus dem Himalaya stammenden Weidenblättrigen Sanddorn *H. salicifolia*. Sie kommen ursprünglich von offenen Standorten mit gut durchlässigen Böden. *H. salicifolia* ist weniger winterhart (Zone 6–7).

Größe: *H. rhamnoides* – 3–4 Meter hoch und mehr als 5 Meter breit, manchmal niedriger.
H. salicifolia – 10 Meter hoch und 6–8 Meter breit
Kultur: Pflanzen Sie vom frühen Winter bis Wintermitte wurzelnackte Bäume, denn sie treiben schon sehr früh im Spätwinter aus. Ein gut durchlässiger Boden und volle Besonnung sind optimal. Beide Arten kommen auch mit einem freien Stand gut zurecht.
Blütezeit: Frühjahr, frosttolerant
Fruchtbildung: Nach 2–3 Jahren beginnen die Gehölze zu tragen. Die in dichten Beständen wachsenden Früchte sind rund oder oval und 8–15 Millimeter lang, orangefarbig und saftig.
Verwendung: Die Früchte werden üblicherweise gekocht oder verarbeitet verzehrt. Roh sind sie sauer.
Ernte und Lagerung: Die Ernte beginnt, wenn die Früchte im Sommer Farbe annehmen und weich werden. Sie werden nahe an den Zweigen gebildet und müssen normalerweise von Hand geerntet werden – eine ziemlich klebrige Angelegenheit, da immer einige Früchte platzen und die Hände mit Saft bedeckt werden. Alternativ können Sie die stark tragenden Äste abschneiden (eine Art, den Pflegeschnitt mit der Ernte zu verbinden), sie in Stücke scheiden und einfrieren. Wenn die Früchte einmal eingefroren sind, lassen sie sich leicht entfernen. Sie sind nicht lange haltbar.
Kochen/Verarbeitung: Kochen Sie die Früchte leicht und passieren Sie diese dann durch ein Küchensieb, um das Fruchtmus zu gewinnen. Mit dem Mus können Sie dann eine gute Marmelade kochen oder es mit anderem Fruchtfleisch mischen, um Fruchtleder herzustellen.
Nebennutzen: Gute Bienenpflanze und Stickstofffixierer. Gut als Hecke zu verwenden.
Vermehrung: Durch ausgereifte Stecklinge von guten Zuchtsorten
Pflege: Der größte Nachteil von *H. rhamnoides* ist die starkwüchsige Bildung von Wurzelausläufern. Sie müssen Arbeit investieren, damit er sich nicht dorthin ausbreitet. wo Sie ihn nicht haben möchten. *H. salicifolia* bildet weniger Wurzelausläufer, die Früchte sind jedoch nicht so leicht zu ernten.
Sorten: Aus *H. rhamnoides* sind gute Ertragssorten (und männliche Bestäuber) gezüchtet worden:

weiblich:	**männlich:**	**selbstfruchtbar:**
´Frugna´	´Pollmix´	´Friesdorfer Orange´
´Leikora´	´Romeo´	
´Orange Energy´		

Morus spp., MAULBEEREN

Laubabwerfend/Immergrün: D **Zone:** 5
Sonnen-/Schatten-Präferenz:
Schatten-Toleranz:
Bewertung: ✓✓✓
Fortpflanzung: SF **Blüte:** Pink-Grün

Die Maulbeerarten beinhalten *Morus nigra* (Schwarze Maulbeere), *M. alba* (Weiße Maulbeere), *M. rubra* (Rote Maulbeere) und deren Hybride. Diese sind großartige Obstbäume mit verlässlichem Ertrag und wundervollen Früchten: Kein Waldgarten sollte ohne (mindestens!) eine der Arten auskommen. Darüber hinaus können die Blätter gekocht und gegessen werden. Im Mittelmeerraum werden sie wie Weinblätter verwendet, um kleine Esspäckchen zu wickeln. In Großbritannien müssen wir sehr junge Bäume gegen Gehäuse- und Nacktschnecken schützen, die gerne die Rinde fressen. Die Maulbeere ist im Laubaustrieb im Frühjahr einer der spätesten Bäume. Die Früchte reifen über mehrere Wochen im August und September; Vögel werden manche davon fressen.

Größe: 5,10 Meter hoch und breit, kann jedoch durch Schnittmaßnahmen kleiner gehalten werden.
Kultur: Pflanzen Sie wurzelnackte Bäume und Containerware im Winter oder zeitigen Frühjahr (sie treiben sehr spät aus). Die Arten sind, was die Böden angeht, genügsam; sie benötigen etwas Sonne und Windschutz (die Äste sind recht brüchig).
Blütezeit: Später Frühling – später als jegliche Fröste

Fruchtbildung: Gute Ertragszüchtungen beginnen nach etwa 2 Jahren zu tragen. Sämlinge können dafür bis zu 15 Jahre benötigen!
Verwendung: Die Früchte werden gewöhnlich frisch verzehrt.
Ernte und Lagerung: Ernten Sie über einen längeren Zeitraum so, wie die Früchte reifen. Am einfachsten ist es, ein Tuch oder eine Plane auszulegen und die Äste leicht zu schütteln oder anzustoßen. Die Früchte sind nicht lagerfähig.
Kochen/Verarbeitung: Behandeln Sie die Früchte wie Himbeeren. Die Blätter können zum Beispiel gedämpft werden, zum Einwickeln von Speisen vor dem Kochen oder als Lage in einer Lasagne verwendet werden.
Nebennutzen: Die Blätter kann man gekocht essen. Die russische Maulbeere (*M. alba* var. *tatarica*) ist als Windschutz geeignet.
Vermehrung: Veredelung oder halbreife Stecklinge.
Pflege: Wenig erforderlich. Sollten Sie den Baum durch Schnitt niedrig halten wollen, dann schneiden Sie ihn im Frühsommer. Maulbeeren können in einem 1–4-Jahreszyklus zur Blattproduktion auf Kopf geschnitten werden; für dieses System ist es empfehlenswert, in der Nähe einige die Fruchtbarkeit fördernde Pflanzen zu setzen, um die Blattproduktion aufrechtzuerhalten.
Sorten:

M. alba:	***M. nigra***:
´Pakistan´	´Black Tabor´
	´Chelsea´

Hybride (*M. alba* x *M. rubra*):
´Capsrum´
´Carman´
´Illinois Everbearing´
´Italian´
´Ivory´
´Wellington´

Prunus cerasifera, KIRSCHPFLAUME & MIRABELLE

Laubabwerfend/Immergrün: D **Zone: 4**
Sonnen-/Schatten-Präferenz: ○
Schatten-Toleranz: ◑
Bewertung: ✓✓✓
Fortpflanzung: SS **Blüte: Weiß**

Kirschpflaumen und Mirabellen sind widerstandsfähige Bäume und tragen leckere Früchte, die im Juli vor den meisten anderen Pflaumen reifen. Durch die frühe Blüte ist der Ertrag sehr variabel, die jüngeren Sorten ´Golden Sphere´ und ´Gypsy´ sind verlässlicher. Trotz ihrer unberechenbaren Fruchtbildung sind Kirschpflaumen den Platz wert, den sie für sich beanspruchen, wenn dieser verfügbar ist, da sie weitgehend für sich selbst sorgen.

Unterlagen: Myrobalan (stark wachsend), St Julien A (schwach wachsend).
Auch auf den eigenen Wurzelstöcken.
Größe: Eigene Wurzel und Myrobalane: 6–7 Meter hoch und breit.
St Julien A: 3,5–4,5 Meter hoch und breit.
Kultur: Pflanzen Sie im Winter wurzelnackte Bäume. Unkompliziert. Tolerieren einen freien Stand, der Fruchtertrag wird dann jedoch gering sein.
Blütezeit: Früh im Frühling, anfällig für Frostschäden
Fruchtbildung: Beginnt nach 3–4 Jahren. Die Früchte ähneln kleinen Pflaumen und haben einen exzellenten Geschmack.
Verwendung: Die Früchte werden üblicherweise frisch verzehrt.
Ernte und Lagerung: Ernten Sie die Früchte, sobald sie Farbe annehmen und weich werden. Sie sind nicht lange haltbar.
Kochen/Verarbeitung: Essen Sie die Früchte frisch! Falls Sie zu viel davon haben, dann halbieren und entsteinen Sie die Früchte und trocknen beziehungsweise dörren sie danach.
Nebennutzen: Bienenpflanze; auch als Hecke und Windschutz geeignet.
Vermehrung: Veredelung oder Saatgut (erfordert 3 Monate Stratifikationszeit).
Pflege: Wenig benötigt.
Sorten: ´First´, ´Golden Sphere´, ´Gypsy´, ´Magda Jensen´, ´Ruby´

Prunus spinosa, SCHLEHDORN, SCHLEHE

Laubabwerfend/Immergrün: D **Zone: 4**
Sonnen-/Schatten-Präferenz: ○
Schatten-Toleranz: ◑
Bewertung: ✓✓✓
Fortpflanzung: SS **Blüte: Weiß**

Der Schlehdorn ist ein dorniger Strauch oder kleiner Baum, der Wurzelausläufer bildet. Er blüht im Frühling und trägt blauviolette Früchte von 1–1,5 Zentimetern Durchmesser, diese oft in großen Mengen. In Großbritannien ist er als früchtetragende Wildpflanze sehr bekannt. Ich würde allerdings nicht empfehlen, dieses Gehölz in Ihrem Waldgarten anzupflanzen. Wenn er dort jedoch bereits wächst (vielleicht in einer der Hecken), dann lohnt es sich, ihn auch zu nutzen.

Größe: Üblicherweise 2–4 Meter hoch, manchmal größer, bildet durch seine Wurzelausläufer heckenartige, dichte Bestände.
Kultur: Pflanzen Sie im Winter wurzelnackte Bäume. Genügsam. Toleriert einen freien Stand und ein wenig Schatten, dort ist der Fruchtertrag jedoch gering.

Blütezeit: Früh im Frühjahr und ist einigermaßen frostbeständig.
Fruchtbildung: Beginnt nach 3–4 Jahren zu tragen. Die Früchte ähneln kleinen Pflaumen oder Kriechenpflaumen, roh sind sie sauer und wirken adstringierend
Verwendung: Die Früchte werden nach Verarbeitung verzehrt.
Ernte und Lagerung: Die Früchte sind am leichtesten zu ernten, indem man über einem Korb oder ausgelegten Tuch gegen die Äste schlägt.
Kochen/Verarbeitung: Die adstringierende Wirkung wird beseitigt, indem man die Früchte zerdrückt oder quetscht. Erhitzen bringt eine süßende Wirkung mit sich.
Nebennutzen: Bienenpflanze. Die Blüten können ebenfalls gekocht und gegessen werden (zum Beispiel paniert und in einem Teigmantel angebraten). Nützlich als Hecke oder Windschutz.
Vermehrung: Durch Saatgut, das 3 Monate stratifiziert wurde.
Pflege: Wenig erforderlich. Bei erforderlichen Schnittarbeiten sollte wegen Verletzungsgefahr auf die nicht ungefährlichen Dornen geachtet werden.

Sambucus nigra, SCHWARZER HOLUNDER

Laubabwerfend/Immergrün: D **Zone:** 5
Sonnen-/Schatten-Präferenz: ○
Schatten-Toleranz: ◐
Bewertung: ✓✓✓
Fortpflanzung: SF **Blüte:** Weiß

Der Holunder ist eine weithin bekannte, wild vorkommende Nahrungspflanze in europäischen Heckenbiotopen und Wäldern. Daher haben Sie vielleicht ohnehin bereits einige Pflanzen vor Ort und müssen sie nicht extra anschaffen. Es gibt jedoch einige gute Blüte- und Fruchtsorten vom Schwarzen Holunder, die es wert sind, gepflanzt zu werden. Tatsächlich schätze ich den Holunder persönlich mehr für seine Blüten als für seine Früchte. Der Rote Holunder (*S. racemosa*) und der Amerikanische Holunder (*S. canadensis*) sind in Kapitel 13 (Seiten 174 beziehungsweise 185) aufgeführt.

Größe: 4–6 Meter hoch und breit.
Kultur: Pflanzen Sie von Früh- bis Mittwinter (sie treiben schon sehr früh aus) wurzelnackte Exemplare. Der Holunder mag feuchte, nährstoffreiche Böden, ist aber nicht sonderlich anspruchsvoll. Er toleriert einen freien Stand und Schatten, blüht und trägt jedoch am besten in der Sonne.
Blütezeit: Mai bis Juni über einen Zeitraum von 4–5 Wochen.
Fruchtbildung: Beginnt nach 2 Jahren zu tragen. Die Früchte reifen im August/September.
Verwendung: Die Früchte werden gewöhnlich zusammen mit anderen Früchten gekocht verspeist.
Ernte und Lagerung: Die Blüten werden an sonnigen Tagen gepflückt, sobald sie beginnen, Pollen abzuwerfen. Die Früchte werden am besten mit einem Erntekamm (Beerenpflücker) geerntet. Falls nötig, pflücken Sie zuerst den gesamten Fruchtbestand. Weder die Blüten noch die Früchte sind lange haltbar.
Kochen/Verarbeitung: Die Blüten können in Teig frittiert als Holunderblüten-Küchlein oder zur Zubereitung von Getränken wie Sirup, Likör oder Wein verwendet werden. Die Früchte sind gekocht am besten – und sogar noch besser als Wein, der für zwei bis drei Jahre reifen muss.
Nebennutzen: Heckenpflanze
Vermehrung: Durch ausgereifte Stecklinge, was sehr leicht gelingt.
Pflege: Wenig erforderlich. Falls Sie die Pflanze buschig und niedriger halten wollen, um an die Blüten und Früchte heranzukommen, kann der Holunder alle paar Jahre auf Kopfhöhe eingekürzt werden.
Sorten: Gute Zuchtsorten für Blüten und Früchte sind:
´Bradet´
´Cae Rhos Lligwy´ (grüne Früchte, die von Vögeln weniger gefressen werden)
´Donau´
´Franzi´
´Godshill Samnor´
´Haschberg´
´Ina Samyl´
´Sambu´
´Samdal´
´Samidan´
´Sampo´
´ Viridis´ (grüne Früchte, die von Vögeln weniger gefressen werden)

Devon-Mehlbeere (*Sorbus devoniensis*)

Sorbus spp., VOGELBEERE, MEHLBEERE & SPEIERLING

Laubabwerfend/Immergrün: D **Zone:** 6
Sonnen-/Schatten-Präferenz: ○
Schatten-Toleranz: ◐
Bewertung: ✓✓✓
Fortpflanzung: SF **Blüte:** Cremefarben

Die Artengruppe umfasst unter anderem *Sorbus devoniensis* (Devon-Mehlbeere), *S. domestica* (Speierling) und *S. thibetica* (Tibetische Mehlbeere). Viele Vertreter der *Sorbus*-Arten haben essbare Früchte. Hier werden jedoch nur einige der besseren Gehölze besprochen.
Die britischen einheimischen Arten *S. aria* (Echte Mehlbeere) und *S. torminalis* (Elsbeere) tragen recht akzeptable Früchte. Die Gewöhnliche Vogelbeere, auch Eberesche genannt (*S. aucuparia* etc.), entwickelt sehr bittere Früchte, die nicht besonders wohlschmeckend sind. In Ihren Waldgarten können Sie definitiv bessere Bäume pflanzen!

Größe: *S. devoniensis*: 6 Meter hoch und 4 Meter breit
S. domestica: 10 Meter hoch und 6 Meter breit, langsam wachsend.
S. thibetica: 10–15 Meter hoch und breit.
Kultur: Pflanzen Sie wurzelnackte Ware im Winter oder Containerware im Frühjahr. Sie sind anspruchslos, was den Boden angeht; alle tolerieren ein wenig Schatten.
Blütezeit: im Frühjahr – tolerieren Fröste.
Fruchtbildung: Beginnt nach 3–5 Jahren. Die Früchte reifen im Herbst.
Die Früchte von *S. devoniensis* werden als große Büschel gebildet: Jede Frucht misst 1,5 Zentimeter, sie ist mehlig und hat einen an Mandeln erinnernden Geschmack.
Die Früchte von *S. thibetica* sind ähnlich, aber ein wenig größer. Die Früchte des Speierlings (*Sorbus domestica*) sehen aus wie kleine Äpfel oder Birnen, sind 3–4 Zentimeter lang, saftig und aromatisch und wirken adstringierend, bis sie gänzlich reif sind.
Verwendung: Die Früchte werden roh, gekocht oder verarbeitet verzehrt.
Ernte und Lagerung: Pflücken Sie die Früchte im Herbst, wenn sie weich werden. Sie sind für einige Wochen lagerfähig.
Kochen/Verarbeitung: *S. devoniensis* und *S. thibetica* können wie Mispeln (*Mespilus germanica*) behandelt werden (siehe Seite 111). *S. domestica* wird am besten gekocht, um die adstringierende Wirkung zu beseitigen.
Nebennutzen: Der Saft der Speierling-Früchte (*S. domestica*) wird zur Herstellung von Apfelmost oder zur Aufbesserung von Apfelsaft verwendet.
Vermehrung: Durch Saatgut (3 Monate Stratifikationszeit) und durch Veredelung.
Pflege: Wenig erforderlich.
Sorten:
Sorbus devoniensis:
´Devon Belle´
Sorbus domestica:
´Rosie´
Sorbus thibetica:
´John Mitchell´

Bäume für Nüsse und Samen

Wenn Sie in Ihrem Waldgarten Nussbäume anpflanzen möchten, gibt es einige sehr wichtige Dinge, über die Sie sich Gedanken machen sollten.

Ernte

Die meisten Nüsse müssen unter dem Baum geerntet werden, da sie entweder auf natürlichem Wege herunterfallen (Ausnahmen bestätigen die Regel, zum Beispiel Walnüsse) oder heruntergeschüttelt werden. Wenn sie auf dem Boden landen und von dort eingesammelt werden sollen, dann ergibt es wenig Sinn, dort einen dichten, ausdauernden Pflanzenteppich wachsen zu lassen – Sie werden dann immer zwischen dem Laub nach den Nüssen suchen müssen. Im kommerziellen Anbau ist aus diesem Grund unter den Bäumen Gras oder freier Boden.

In einem Waldgarten gibt es jedoch auch andere Möglichkeiten. Sie könnten zum Beispiel eine dichte Fläche aus Beinwell (*Symphytum* spp.) unter der Baumkrone anlegen, die im Herbst kurz vor der Ernte zurückgeschnitten wird. Effektiv haben Sie dann zur Erntezeit einen freien Boden, ebenso wie über den Winter. Die Beinwell-Pflanzen werden jedoch im folgenden Frühjahr wieder kräftig austreiben.

Eine andere Möglichkeit ist die, Netze zur Ernte einzusetzen. So können Sie unter den Bäumen eine größere Auswahl an Pflanzen anbauen, nach Möglichkeit jedoch keine über einen Meter Höhe. Ein Netz mit ausreichend feiner Maschenweite wird kurz vor der Nussernte über die Ebene der krautigen Bodendecker ausgebreitet, dort für zwei bis drei Wochen für die Dauer der Ernte belassen und dann entfernt. Die Nüsse werden so von Hand aus dem Netz geerntet. Die Bodendecker bekommen weiterhin Licht und wachsen zur Erntezeit ohnehin nicht stark, daher verfangen sie sich nicht im Netz. Für mehr Informationen zur Nussernte lesen Sie Kapitel 22.

Eichhörnchen

Der zweite wichtige und zu beachtende Faktor sind Eichhörnchen: Grauhörnchen (aus dem Osten der USA) in Großbritannien, Eurasisches Eichhörnchen in Kontinentaleuropa und beide Arten in Nordamerika. Diese entfernen die Haselnüsse von den Bäumen, noch bevor sie reif sind, und holen sich die meisten anderen Nüsse, bevor diese vom Baum fallen. Eine Ausnahme ist die Esskastanie, deren stachelige Hüllen die Eichhörnchen abzuschrecken scheinen, daher werden sie hier nicht zum Ärgernis, bis die Kastanien zu Boden fallen. In Großbritannien schälen Eichhörnchen auch die Rinde von Walnuss- und Hickory-Bäumen (*Carya*) und schädigen sie damit schwer.

Araucaria araucana, CHILENISCHE ARAUKARIE, ANDENTANNE

Laubabwerfend/Immergrün: E **Zone:** 6
Sonnen-/Schatten-Präferenz: ○
Schatten-Toleranz: ○
Bewertung: ✓✓
Fortpflanzung: M/F **Blüte:** Blassgelb

Die meisten Menschen erkennen diesen Baum mit seinem faszinierenden Erscheinungsbild und entweder sie lieben ihn oder hassen ihn. Seine Herkunft sind die offenen Berghänge in Südamerika. Er hat unverwechselbare scharfkantige Blätter. Ich liebe ihn, denn er trägt köstliche Nüsse mit einem Geschmack zwischen Kastanie und Kochbanane an riesigen Fruchtständen mit 20 Zentimetern Durchmesser, jeder davon enthält 200 bis 300 Nüsse. Nach langen Jahren entwickelt er eine hohe, aber kleine Krone, in jungem Alter ist er langsam wachsend. Der größte Nachteil ist der, dass Sie eine männliche und eine weibliche Pflanze zur Fruchtbildung brauchen, das Geschlecht sich jedoch bei Jungpflanzen nicht feststellen lässt. Darüber hinaus dauert es eine lange Zeit, bis der Baum zu tragen beginnt! Er eignet sich also vielleicht für einen größeren Waldgarten, in dem Sie mehrere Exemplare davon anpflanzen können. Betrachten Sie diesen Baum als langfristige Investition in die Kronenebene mit Früchten für Ihre Kinder!

Größe: Erreicht allmählich 20 Meter Höhe. 5 Meter hoch nach 10 Jahren.
Kultur: Pflanzen Sie in Containern vorgezogene Bäume im Winter oder Frühjahr. Der Baum mag feuchten Boden, feuchtes Klima und Sonne.
Blütezeit: Sommer.
Fruchtbildung: Beginnt nach etwa 25 Jahren zu tragen! Die reifen Zapfen öffnen sich im Herbst, woraufhin die Nüsse zu Boden fallen.
Verwendung: Die Nüsse werden gekocht oder geröstet gegessen.
Ernte und Lagerung: Sammeln Sie die Nüsse (Samen) vom Boden aus Netzen oder Ähnlichem. Die Erntezeit ist in Südengland Mitte September, weiter nördlich erst gegen Ende September. Sie halten sich kühl gelagert für 6–12 Monate.
Kochen/Verarbeitung: Die etwa 4 Zentimeter langen Samen werden am besten in der Schale leicht gekocht. Kochen oder rösten Sie diese für 10 Minuten und schneiden dann die Schale mit einem scharfen Messer der Länge nach auf, um die Kernhälften zu entnehmen.
Vermehrung: Durch Saatgut, lange Keimdauer
Pflege: Keine erforderlich.

Gemeiner Erbsenstrauch (*Caragana arborescens*)

Caragana arborescens, GEWÖHNLICHER ERBSENSTRAUCH

Laubabwerfend/Immergrün: D **Zone:** 2
Sonnen-/Schatten-Präferenz: ○
Schatten-Toleranz: ○
Bewertung: ✓✓
Fortpflanzung: SF **Blüte:** Gelb

Diese Leguminose (Schmetterlingsblütler) stammt ursprünglich aus Ostasien, wo sie an offenen Standorten mit gut durchlässigen Böden vorkommt. Der Strauch produziert Samen und kann daher auch dort angebaut werden, wo es Eichhörnchen gibt. Er ist eine der wenigen winterharten holzigen Sträucher aus der Familie der Leguminosen. In Großbritannien wächst er langsam, da er ein eher kontinentales Klima bevorzugt. Daher befindet er sich hier häufiger in der Strauchebene als in der Baumkrone.

Größe: In Großbritannien meist 2–3 Meter hoch und 2 Meter breit; in wärmeren Klimazonen doppelt so groß.
Kultur: Pflanzen Sie im Winter wurzelnackte oder in Containern vorgezogene Exemplare. Volle Sonne, gut durchlässiger Boden. Toleriert einen freien Stand.

Blütezeit: Mitte des Frühjahrs. Wird von Bienen bestäubt.
Fruchtbildung: Beginnt nach 3–5 Jahren. Es entwickeln sich Hülsen (5 Zentimeter lang und 6 Zentimeter breit), die kleinen Erbsen ähnelnden Samen enthalten.
Verwendung: Die jungen Hülsen werden frisch verzehrt; die jungen Samen werden frisch oder gekocht gegessen. Die getrockneten Samen werden wie getrocknete Erbsen eingeweicht und gekocht.
Ernte und Lagerung: Die sehr jungen Schoten werden geerntet, wenn sie etwa 3 Zentimeter lang sind. Für die Samen können größere, noch grüne Hülsen geerntet werden. Die reifen Hülsen verfärben sich braun, bevor sie aufplatzen und die Samen freigeben, diese sind für Jahre lagerfähig.
Kochen/Verarbeitung: Die jungen Hülsen und die grünen Samen sind roh ein wunderbar leckeres Häppchen. Die reifen Samen müssen über Nacht eingeweicht und für 15–20 Minuten gekocht werden.
Nebennutzen: Sehr gute Bienenpflanze. Stickstofffixierer und gut als Windschutz geeignet. Wird gelegentlich als Hühnerfutter angebaut.
Vermehrung: Durch Saatgut – keine Keimruhe. Anrauen fördert scheinbar die Keimung.
Pflege: Wenig nötig.

Carya spp., HICKORY/PEKANNUSS

Laubabwerfend/Immergrün: D **Zone:** 5
Sonnen-/Schatten-Präferenz: ○
Schatten-Toleranz: ◑
Bewertung: ✓✓
Fortpflanzung: SS **Blüte:** Grünlich-Gelb

Diese Gehölzgruppe besteht aus *Carya illinoinensis* (Pekannuss), *C. laciniosa* (Königsnuss) und *C. ovata* (Schuppenrinden-Hickory). Die meisten Bäume dieser aus Nordamerika stammenden Vertreter tragen wundervolle essbare Nüsse, geschmacklich der Walnuss ähnelnd. Mit Ausnahme der Pekannuss braucht man jedoch einen leistungsstarken Nussknacker, um die Nüsse zu öffnen. In ihren ersten Jahren wachsen alle sehr langsam, während sie eine große Pfahlwurzel ausbilden. Nicht alle kommen gut mit gemäßigtem Klima zurecht – die hier angegebenen sind die besten. Die meisten benötigen Sommerhitze, damit der Zuwachs verholzen kann. Derzeit wachsen sie in der südlichen Hälfte Großbritanniens am besten, mit dem Klimawandel kann sich dies möglicherweise nach Norden verschieben.

Größe: Pekannüsse erreichen 6 Meter Höhe; die restlichen allmählich 15–20 Meter hoch und breit in Großbritannien.
Kultur: Pflanzen Sie sorgfältig im Winter in Containern vorgezogene Bäume – sie vertragen Verpflanzen nicht gut. Sonniger und geschützter Standort. (Sie bevorzugen feuchte Böden und tolerieren Staunässe).
Blütezeit: Im späten Frühjahr und Frühsommer. Wird vom Wind bestäubt.
Fruchtbildung: Veredelte Sorten tragen nach 5–7 Jahren, Sämlinge von diesen Sorten nach etwa 10 Jahren. Die nördlichen Pekannüsse haben etwa die Größe von Eicheln. Königsnüsse sind bis zu 6 Zentimeter lang, größer als Walnüsse, Schuppenrinden-Hickory-Nüsse sind bis zu 4 Zentimeter lang.
Verwendung: Die Nüsse werden roh oder gekocht verzehrt.
Ernte und Lagerung: Sammeln Sie vom Boden auf oder verwenden Sie ausgespannte Netze. Trocknen Sie die Nüsse, falls nötig. Die getrockneten Nüsse sind 1–2 Jahre lagerfähig.
Kochen/Verarbeitung: Bereiten Sie die Nüsse wie Walnüsse zu (*Juglans regia*, siehe Seite 133). Zum Knacken der Nüsse siehe oben.
Nebennutzen: Genießbarer Pflanzensaft; wird zur Gewinnung angezapft wie Ahorn für Sirup. Hartes Nutzholz.
Vermehrung: Durch Saatgut (3 Monate Stratifikationszeit) oder durch Veredelung auf eine Sämlingsunterlage
Pflege: Wenig erforderlich
Sorten
C. illinoinensis:
Die sogenannten nördlichen Pekannuss-Sorten (unten) sind am besten für eine Kultur in Großbritannien geeignet – die größeren südlichen Sorten verlangen zu viel Hitze (zumindest noch für die nächsten Jahrzehnte).
´Carlson No. 3´
´Cornfield´
´Lucas´
C. laciniosa:
´Henry´
C. ovata:
´Grainger´
´Weschke´
´Wilcox´
´Yoder No. 1´

Hybrid-Esskastanie (*Castanea sativa* x *crenata*) ´Marigoule´

Castanea spp., KASTANIEN

Laubabwerfend/Immergrün: D **Zone:** 5
Sonnen-/Schatten-Präferenz: ○
Schatten-Toleranz: ◑
Bewertung: ✓✓✓✓
Fortpflanzung: SS **Blüte:** Grünlich-Gelb

Die in Großbritannien verwendete Arten sind *Castanea sativa* (Esskastanie) und *C. sativa* x *crenata* (Hybrid-Esskastanie). Dies ist einer der vielversprechendsten Nussbäume für Großbritannien, besonders im feuchteren Westen, wo sich einige der anderen Nussbäume weniger wohlfühlen. Es gibt einige fantastische Sorten, die ich nun seit über zehn Jahren ausprobiert habe – sie liefern riesige Erträge an großen Nüssen bei sehr wenig Arbeit. Falls Sie diese nicht alle frisch verwenden können, versuchen Sie es mit Trocknen – sie halten sich so für Jahre und sind in getrocknetem Zustand leichter zu öffnen. Bisher gibt es keine schwachwüchsigen Unterlagen für Esskastanien; eine Möglichkeit, die Bäume etwas kleiner zu halten, ist sie als Kopfbaum zu erziehen, dies etwa alle zehn Jahre (wenn sie etwa acht Meter Höhe und Breite erreichen). Dabei müssen Sie jedoch akzeptieren, dass sie nach dem Rückschnitt die folgenden ein bis zwei Jahre wenig oder keinen Ertrag liefern. Pflanzen Sie eine gute Bestäubersorte, um die Fremdbestäubung zu garantieren.

Größe: Werden allmählich 15–20 Meter hoch und 10–15 Meter breit.
Kultur: Pflanzen Sie im Winter wurzelnackte Bäume. Bevorzugt sinnige Standorte und gut durchlässige, saure bis neutrale Böden.
Blütezeit: Hochsommer. Werden von Wind und Insekten bestäubt.
Fruchtbildung: Die meisten Bäume sind nicht selbstfruchtbar. Am besten pflanzen Sie zu den anderen Sorten eine als guter Bestäuber bekannte Sorte an.
Fruchtbildung: Beginnt nach 3–4 Jahren. Die Nüsse fallen in Großbritannien vom späten September bis zum frühen November. Zehnjährige Bäume können 25–50 Kilogramm Ertrag pro Jahr liefern.
Verwendung: Die Nüsse werden gekocht und geröstet gegessen und zur Weiterverarbeitung gemahlen.
Ernte und Lagerung: Lesen Sie die Nüsse täglich vom Boden oder aus den Netzen ab. Tragen Sie robuste Handschuhe, um die restlichen Hüllen zu entfernen. Lagern Sie die Nüsse an einem kühlen und feuchten Ort, wo sie für ein paar Wochen lagerfähig sind.
Kochen/Verarbeitung: Bereiten Sie die Nüsse durch Rösten oder halbiert durch 5–10 Minuten Kochen zu, die Hälften der Kerne sollten sich dann leicht herauslösen. Trocknen Sie die ganzen Nüsse in einem Dörrgerät. Getrocknete Nüsse sind für Jahre haltbar. Nach dem Entfernen der Schale können die Kerne zu Mehl gemahlen werden.
Nebennutzen: Bienenpflanze. Gutes Nutzholz.
Vermehrung: Die unten stehenden Vertreter werden durch Veredelung auf Unterlagen von Sämlingen oder einer Hybridsorte vermehrt. Manche der Hybriden können durch grüne Stecklinge vermehrt werden.
Pflege: Wenig erforderlich. Die Baumkrone kann mit der Zeit nach oben gebracht werden, indem die untersten Äste entfernt werden. Stark tragende Bäume müssen mit Nährstoffen versorgt werden.
Sorten: Als Einzelbaum wählen Sie die teilweise selbstfruchtbare Sorte ´Marigoule´.

Gute Fruchtbildung:
´Bouche de Betizac´ (Hybrid)
´Bournette´ (Hybrid, auch teilweise Bestäuber)
´Maridonne´ (Hybrid)
´Marigoule´ (Hybrid, auch teilweise Bestäuber, teilweise selbstfruchtbar)
´Marlhac´ (Hybrid)
´Marron de Lyon´
Die besten Bestäuber:
´Belle Epine´ (auch gute Fruchtbildung)
´Marron de Goujounac´

BÄUME, DIE TROCKENHEIT TOLERIEREN

Robinie (*Robinia pseudoacacia*)
Judasbaum (*Cercis siliquastrum*)
Eukalyptus (*Eucalyptus* spp.)
Europäische *Birne (Pyrus communis)*
Feige (*Ficus carica*)
Ginkgo (*Ginkgo biloba*)
Weißdorne (*Crataegus* spp.)
Kiefern (*Pinus* spp.)
Esskastanien (*Castanea sativa*)

Hasel (*Corylus avellana*)

Corylus spp., HASEL

Laubabwerfend/Immergrün: D **Zone: 4-5**
Sonnen-/Schatten-Präferenz: ○
Schatten-Toleranz: ●
Bewertung: ✓✓✓
Fortpflanzung: SF **Blüte: Grünlich-Gelb, Rot**

Die beiden für uns interessanten Arten sind *Corylus avellana* (Gemeine Hasel) und *C. maxima* (Lambertshasel). Tatsächlich hybridisieren beide schon seit langer Zeit, daher sind die meisten Sorten eine Mischung beider. Die Bezeichnung „Cobnuts“ kann sich auf beide beziehen! Sie sind unkompliziert anzubauen, nicht allzu groß und verdienen so einen Platz in jedem Waldgarten (der nicht von Eichhörnchen frequentiert wird). Ihre eigenen Haselnüsse werden Ihnen viel besser schmecken als die meist aus der Türkei importierten. Sie sind selbstfruchtbar, die Fremdbestäubung verbessert jedoch den Ertrag.

Größe: 5–6 Meter hoch und breit.
Kultur: Pflanzen Sie im Winter wurzelnackte Sträucher in gut durchlässigen Boden. Schatten wird toleriert, die Fruchtbildung ist jedoch in der Sonne am besten.
Blütezeit: Spät im Winter und im zeitigen Frühjahr, über etwa 6 Wochen. Werden vom Wind bestäubt.
Fruchtbildung: Beginnt nach 2–3 Jahren. Die Nüsse reifen im September. Der durchschnittliche Jahresertrag pro Baum beträgt 5 Kilogramm.
Verwendung: Die Nüsse werden roh oder gekocht verzehrt.
Ernte und Lagerung: Ernten Sie vom Boden oder mit Netzen. Eine Erntehilfe (siehe Seite 324, Kapitel 22) ist großartig für Haselnüsse geeignet. Trocknen Sie die Nüsse, falls nötig. Getrocknete Nüsse sind für Jahre haltbar.
Kochen/Verarbeitung: Das Entfernen der Schale ist der hauptsächliche Aufwand. Ich habe mir eine Maschine zum Nüsseknacken gebaut, die extrem gut funktioniert (siehe Agroforestry News, Vol 13 No 3 für die Baupläne, erhältlich über die Homepage des ART). Die Kerne sind roh oder geröstet großartig.
Nebennutzen: Sie können durch einen Rückschnitt nützliche Stangen gewinnen; die folgenden 1–2 Jahre werden dann jedoch ohne Ertrag sein.
Vermehrung: Durch Stockabsenker – gewöhnlich auf den eigenen Wurzeln gezogen. Saatgut muss 16 Wochen stratifiziert werden.
Pflege: Bei einem großen Busch ist wenig Pflege nötig. Falls Sie einen einstämmigen Baum möchten, müssen jedes Jahr die Wurzelausläufer entfernt werden, vorzugsweise im Sommer.
Hasel sind keine Starkzehrer und kommen mit dem zurecht, was sie im Boden vorfinden.
Sorten:
´Butler Hall's Giant´
´Corabel Kent Cob´
´Cosford Pearson's Prolific´
´Emoa 1 Tonda di Giffoni´
´Ennis Webb's Prize Cob´
´Gunslebert´

Ginkgo biloba, GINKGO

Laubabwerfend/Immergrün: D **Zone:** 4
Sonnen-/Schatten-Präferenz: ○
Schatten-Toleranz: ◐
Bewertung: ✓
Fortpflanzung: M/F **Blüte:** Cremegelb

Der Ginkgo ist ein weitbekannter Zierbaum, nur wenige Menschen scheinen jedoch zu wissen, dass er auch essbare Nüsse produziert, wohl weil männliche und weibliche Pflanzen zur Fruchtbildung nötig sind. Die Früchte selbst sind nicht essbar – viel schlimmer ist jedoch ihr Geruch nach ranziger Butter –, aber die Nüsse darin, etwa 1,5 Zentimeter lang, sind gekocht sehr schmackhaft und werden in China schon lange als Nahrung verwendet. Der größte Nachteil ist die lange Dauer, bevor der Baum beginnt, Früchte zu tragen.

Größe: 15–25 Meter hoch und 4–6 Meter breit – ein hoher Baum mit einer schlanken Kronenform.
Kultur: Pflanzen Sie im Winter in Containern vorgezogene oder wurzelnackte Bäume. Unkompliziert, was den Boden angeht, mag jedoch Sonne.
Blütezeit: Sommer
Fruchtbildung: Bis er beginnt zu tragen, kann es kann 20 Jahre dauern!
Verwendung: Die Nüsse werden gewöhnlich gekocht verzehrt.
Ernte und Lagerung: Ernten Sie die Früchte, wenn sie vom Baum fallen. Das Fruchtfleisch muss entfernt werden – am besten geben Sie die Früchte in einen Betonmischer mit 2 Zentimeter großen Steinen und Wasser und lassen das Fruchtfleisch durch die Steine entfernen: Übrig bleiben am Ende die sauberen Nüsse. Lassen Sie diese abtrocknen. Kühl gelagert sind sie so mehrere Monate haltbar.
Kochen/Verarbeitung: Bereiten Sie die Nüsse durch 10-minütiges Kochen oder Rösten zu. Die Schale ist einfach zu entfernen.
Nebennutzen: Die Blätter und deren Extrakt werden in großem Maßstab medizinisch genutzt: Die aktiven Bestandteile wirken gefäßerweiternd – sie verbessern die Blutversorgung, vor allem im Gehirn.
Vermehrung: Durch Saatgut oder Veredelung.
Pflege: Keine erforderlich
Sorten:

weiblich:	**männlich:**	**selbstfruchtbar:**
´King of Dongting´	´Saratoga´	´Dr. Causton´
´McFarland´		
´Ohasuki´		

Die Früchte der Japanischen Walnuss (*Juglans ailantifolia* var. *cordiformis*) hängen in Büscheln.

Juglans ailantifolia var. *cordiformis*, JAPANISCHE WALNUSS

Laubabwerfend/Immergrün: D **Zone:** 4
Sonnen-/Schatten-Präferenz: ○
Schatten-Toleranz: ◐
Bewertung: ✓✓✓
Fortpflanzung: SS **Blüte:** Grünlich-Gelb

Als wahrscheinlich die beste der „unbekannten" Nüsse in diesem Abschnitt hat die Japanische Walnuss in Großbritannien und anderswo fantastisches Potenzial. Der Baum ist schnellwüchsiger und frostverträglicher als echte Walnüsse, trägt jedoch leicht Nüsse von vergleichbarer Qualität. Durch die riesigen Blätter wirkt sie wie eine tropische Pflanze. Die Nüsse selbst sind herzförmig, ein wenig kleiner als Walnüsse, mit einem angenehmen Geschmack.

Größe: 15 Meter hoch und breit als ausgewachsener Baum.
Kultur: Pflanzen Sie im Winter wurzelnackte Bäume – sie verträgt eine Verpflanzung nicht gut. Sonniger Standort, sonst genügsam.
Blütezeit: Frühling, mäßig frostbeständig.
Fruchtbildung: Veredelte Sorten beginnen nach 4–5 Jahren zu tragen; Sämlinge der Sorten nach 6–8 Jahren. Die Nüsse wachsen zu 10–25 Stück an langen Strängen in grünen Schalen. Sie fallen in den Schalen vom Baum, diese müssen entfernt werden. Der Ertrag ist nicht so hoch wie bei Walnüssen.
Verwendung: Die Nüsse werden roh oder gekocht verzehrt.
Ernte und Lagerung: Sammeln Sie die Nüsse, wenn sie in den dunkel vertrockneten Schalen zu Boden fallen. Am besten geben Sie die Nüsse in einen Betonmischer mit 2–4 Zentimeter großen Steinen und Wasser und lassen die Hüllen durch die Steine entfernen: Übrig bleiben am Ende die sauberen Nüsse. Alternativ können Sie die Nüsse für ein paar Stunden einweichen und entfernen dann die Schalen mit einer Bürste von Hand. Getrocknet sind sie dann für 1–2 Jahre haltbar.
Kochen/Verarbeitung: Verarbeiten Sie die Früchte wie Walnüsse (*Juglans regia*, siehe rechts). Das Entfernen der Schalen ist aufwändig – siehe dazu meine Notiz zum maschinellen Nussknacker im Text zu den Haselnüssen (*Corylus* spp., Seite 130).
Nebennutzen: Aus den Schalen kann ein braunes bis mittelbraunes Färbemittel gewonnen werden. Der Pflanzensaft kann durch Anzapfen geerntet und wie der des Ahorns verwendet werden (siehe Seite 139).
Vermehrung: Veredelung oder Saatgut (erfordert 3 Monate Stratifikationszeit)
Pflege: Wenig erforderlich. Siehe meine Notiz zur Allelopathie im Eintrag zu Walnüssen (*Juglans regia*) gegenüber.
Sorten:
´Brock´
´Campbell CW3´
´Fodermaier´
´Imshu´
´Locket´
´Rhodes´
´Simcoe´
´Stealth´

BÄUME AUS SAATGUT ANZIEHEN

Die Anzucht von Obstbäumen aus Saatgut lohnt sich nur, wenn die Elternpflanze keine hohe Zuchtform ist. Bei Bäumen wie der Japanischen Walnuss haben Sie gute Chancen, einen Baum zu bekommen, der mindestens so gut wie die Elternpflanzen trägt.
Bei Bäumen, die seit Jahrtausenden gezüchtet werden, wie dem Apfel, ist es hingegen unwahrscheinlich, dass Sie einen Baum bekommen, der ebenso gute Früchte trägt wie die Elternpflanzen. Hier ist nur die Veredelung zielführend.

Juglans nigra, SCHWARZNUSS

Laubabwerfend/Immergrün: D **Zone:** 4
Sonnen-/Schatten-Präferenz: ○
Schatten-Toleranz: ◐
Bewertung: ✓✓
Fortpflanzung: SS **Blüte:** Grünlich-Gelb

Dieser Nussbaum ist in Großbritannien ebenfalls relativ unbekannt. In seiner Herkunftsregion in Nordamerika trifft man ihn häufiger an. Schwarznüsse sind schnell wachsende große Bäume, die rundliche Nüsse von der Größe von Walnüssen tragen. Die Nüsse sind nur mit einem leistungsstarken Nussknacker zu öffnen, die Kerne haben einen sehr guten Geschmack. Sämlinge der weiter unten aufgeführten Sorten haben ein gutes Potenzial, weil bislang wenig Zuchtarbeit erfolgt ist. Hier nicht im Detail beschrieben, aber von ähnlichem Charakter und ebenfalls mit gutem Potenzial sind die Butternuss

(*Juglans cinerea*) und die Buartnuss (*Juglans* x *bixbyi*, eine Hybride aus Butternuss und Japanischer Walnuss).
Größe: 20+ Meter hoch und breit als ausgewachsener Baum
Kultur: Pflanzen Sie im Winter wurzelnackte Bäume; verträgt Verpflanzung nicht gut. Sonniger Standort, sonst anspruchslos.
Blütezeit: Frühjahr. Mäßig frostbeständig.
Fruchtbildung: Veredelte Sorten beginnen nach 4–5 Jahren zu tragen; Sämlinge dieser Sorten erst nach 6–8 Jahren. Die Nüsse bilden sich in Zweier- und Dreierpaaren in runden grünen Schalen. Die Nüsse fallen in den Schalen vom Baum, diese müssen dann entfernt werden. Die Erträge sind nicht ganz so hoch wie die von Walnüssen.
Verwendung: Die Nüsse werden roh oder gekocht verzehrt.
Ernte und Lagerung: Sammeln Sie die Nüsse, wenn sie in den dunkel vertrockneten Schalen zu Boden fallen. Verarbeiten Sie diese wie Japanische Walnüsse (*Juglans ailantifolia* var. *cordiformis*, siehe Seite 132). Getrocknet sind sie bis zu einem Jahr haltbar.
Kochen/Verarbeitung: Verarbeiten Sie die Früchte wie Walnüsse (*Juglans regia*). Das Entfernen der Schalen ist aufwändig – siehe dazu meine Notiz zum maschinellen Nussknacker im Eintrag zu Haselnüssen (*Corylus* spp., Seite 131).
Nebennutzen: Aus den Schalen kann ein braunes Färbemittel gewonnen werden. Der Pflanzensaft kann durch Anzapfen geerntet und wie Ahornsaft verwendet werden (siehe Seite 139).
Vermehrung: Veredelung oder Saatgut (3-monatige Stratifikationszeit erforderlich).
Pflege: Kaum. Siehe meine Notiz zur Allelopathie im Eintrag zu Walnüssen (*Juglans regia*) gegenüber.
Sorten:
´Bicentennial´
´Emma K´
´Thomas´
´Weschcke´

Juglans regia, WALNUSS

Laubabwerfend/Immergrün: D **Zone:** 4
Sonnen-/Schatten-Präferenz: ○
Schatten-Toleranz: ◐
Bewertung: ✓✓✓
Fortpflanzung: SS **Blüte:** Grünlich-Gelb

Walnüsse gehören zu den schmackhaftesten Nüssen, die Sie anbauen können, sie sind jedoch nicht ganz so unproblematisch wie viele andere Nussbäume.

Größe: Erreichen allmählich eine Höhe von 20 Metern und eine Breite von 15 Metern, sind jedoch langsam wachsend.
Kultur: Pflanzen Sie im Winter wurzelnackte Bäume – verträgt Verpflanzung nicht gut. Sonniger Standort, sonst anspruchslos.
Blütezeit: Spätes Frühjahr – wählen Sie in Großbritannien möglichst spät blühende Sorten, um Frostschäden zu vermeiden.
Fruchtbildung: Veredelte Sorten beginnen nach 4–5 Jahren zu tragen. Die Nüsse bilden sich in Trauben zu 2–3 Nüssen und fallen aus der grünen Hülle, sobald sie reif sind.
Verwendung: Die Nüsse werden roh oder gekocht verzehrt.
Ernte und Lagerung: Sammeln Sie die Nüsse vom Boden oder aus Netzen. Sie fallen aus ihren vertrockneten Schalen, dann können sie mit einem Nuss-Sammler (Seite 324, Kapitel 22) gut aufgelesen werden. Trocknen Sie die Nüsse zur Aufbewahrung. Getrocknete Nüsse sind 2–3 Jahre lagerfähig. Walnüsse liefern erst nach 10–15 Jahren große Erträge.
Kochen/Verarbeitung: Roh oder geröstet schmecken sie hervorragend. Das Entfernen der Schalen ist auch hier aufwändig – siehe dazu meine Notiz zum maschinellen Nussknacker im Text zu Haselnüssen (*Corylus* spp., Seite 130).
Nebennutzen: Aus den Schalen kann ein braunes Färbemittel gewonnen und der Pflanzensaft durch Anzapfen geerntet werden.
Vermehrung: Veredelung
Pflege: Der durch ein Bakterium hervorgerufene Walnussbrand (*Xanthomonas arboricola* pv. *Juglandis*) und die durch einen Pilz ausgelöste Blattfleckenkrankheit (*Marssonina juglandis*) können in Großbritannien ernst zu nehmende Krankheiten sein; versuchen Sie, resistente Sorten zu pflanzen. Die Walnussgewächse (Juglandaceae) üben auf viele andere Pflanzenarten eine allelopathische Wirkung aus: Die chemischen Stoffe in ihren Blättern und Wurzeln haben einen das Pflanzenwachstum unterdrückenden Effekt, beispielsweise auf Äpfel und Pflanzen aus den Familien der Schmetterlingsblütler (Leguminosae) und Nachtschattengewächse (Solanaceae). Achten Sie deshalb darauf, welche Arten Sie Walnüssen unterpflanzen. Tragende Walnüsse benötigen Nährstoffzufuhr.
Sorten: Die folgenden Sorten sind spät blühend und gegen die beiden hauptsächlichen in Großbritannien vorkommenden Krankheiten resistent.
´Corne du Perigord´
´Franquette´
´Ferjean Mayette´
´Fernette Meylanaise´
´Fernor´
´Ronde de Montignac´

Nicht ganz so krankheitsresistent, aber trotzdem empfehlenswert:
´Chandler´
´Hartley´

Zapfen der Pinie (*Pinus pinea*)

Pinus spp., KIEFERN

Laubabwerfend/Immergrün: E **Zone:** 5/7
Sonnen-/Schatten-Präferenz: ○
Schatten-Toleranz: ○
Bewertung: ✓✓
Fortpflanzung: SF **Blüte:** Grünlich-Gelb

Die für uns interessanten Arten sind *Pinus armandii* (Armands-Kiefer), *P. cembra* (Zirbelkiefer), *P. cembroides* (Mexikanische Nusskiefer), *P. edulis* (Rocky-Mountain-Kiefer), *P. monophylla* (Einblättrige Kiefer), *P. koraiensis* (Koreanische Nusskiefer), *P. gerardiana* (Nepal-Nusskiefer), *P. sibirica* (Sibirische Zirbelkiefer) und *P. pinea* (Pinie, Mittelmeerkiefer). *P. radiata* (Monterey-Kiefer) und *P. nigra* var. *maritima* (Korsische Kiefer) sind nützlich als Windschutz.

Obwohl alle Kiefern essbare Samenkerne produzieren, tragen nur einige so wie die oben aufgeführten Arten Kerne, die groß genug sind, dass es sich für einen Verzehr lohnt. Viele andere bilden so kleine Kerne aus, dass sie nur Nagern wie Mäusen und so weiter als Nahrung dienen. Die Mexikanische Kiefer zieht ein trockenes und heißes Klima vor und gedeiht daher im Osten Großbritanniens besser, während die Pinie (Mittelmeerkiefer) sehr gut im Westen zurechtkommt. Die Zapfen müssen während der Reifung geerntet werden, solange sie noch geschlossen sind, was bei großen Bäumen eine Herausforderung sein kann. Im Erwerbsbau werden manchmal lange Bambusstangen eingesetzt, um diese herunterzuschlagen; sonst muss jemand hinaufklettern und sie abschneiden. *P. pinea* ist nur bis Zone 7 winterhart. Alle Arten tragen besser, wenn sie fremdbestäubt werden.

Größe: Variabel: Die Kiefern neigen in Großbritannien dazu, große Sträucher zu werden, bis zu 3–5 Meter hoch und breit. Die Pinie kann 20 Meter hoch und 10 Meter breit mit einer hohen Schirmkrone werden.
Kultur: Pflanzen Sie im Winter oder Frühjahr im Container vorgezogene Bäume. Sie benötigen einen sonnigen Standort bei gut durchlässigem Boden. Sie tolerieren einen freien Stand.
Blütezeit: Sommer
Fruchtbildung: Beginnt nach 8–10 Jahren. Je nach Art brauchen die Zapfen 1–2 Jahre zur Reifung.
Verwendung: Die Samen werden roh oder gekocht verzehrt.
Ernte und Lagerung: Ernten Sie, wenn Sie sehen, dass die Zapfen sich öffnen, oder im Herbst, wenn sie alt genug sind. Sie müssen von den Ästen geschnitten werden, wenn nötig mithilfe einer Stangensäge oder Teleskopschere. Die meisten Zapfen öffnen sich durch Wärme und die Samen fallen dann heraus. Getrocknete Pinienkerne sind mehrere Jahre lagerfähig. Kiefern bringen nie wirklich große Erträge – 10 Kilogramm ist eine gute Ernte bei einem ausgewachsenen Baum, deswegen sind Pinienkerne im Handel so teuer.
Kochen/Verarbeitung: Am besten roh essen. Das Entfernen der Schalen ist aufwändig – siehe dazu meine Notiz zum mechanischen Nussknacker im Eintrag zu Haselnüssen (*Corylus* spp., Seite 131).
Nebennutzen: Aus den Kiefernnadeln kann ein Kräutertee zubereitet werden. (Harz!)
Vermehrung: Gelingt leicht durch Saatgut (erfordert 1–3 Monate Stratifikationszeit).
Pflege: Wenig erforderlich

Prunus dulcis, MANDEL

Laubabwerfend/Immergrün: D **Zone:** 6
Sonnen-/Schatten-Präferenz: ○
Schatten-Toleranz: ○
Bewertung: ✓✓
Fortpflanzung: SF–SS **Blüte:** Weiß, Pink

Es ist auch in Großbritannien möglich, eigene Mandeln anzubauen! Ich bekomme bereits seit mehreren Jahren gute Mandel-Ernten und mit der durch die Klimaerwärmung abnehmenden Gefahr von Spätfrösten werden meine Sträucher zunehmend verlässlicher tragen. Das junge Holz ist für Frostschäden im Frühjahr anfällig. Sogar die selbstfruchtbaren Sorten tragen bei Fremdbestäubung besser.

Unterlagen: Mandelsämling, St Julian, A. Myran
Größe: 5–6 Meter hoch und breit bei langsamem Wachstum.
Kultur: Pflanzen Sie im Winter wurzelnackte Bäume an einen vollsonnigen, geschützten Standort; vermeiden Sie frostgefährdete Lagen.
Blütezeit: Zeitiges Frühjahr – anfällig für Frostschäden
Fruchtbildung: Beginnt nach 3–4 Jahren. Die Früchte reifen im Oktober, die grünen Schalen platzen dann auf und die Nüsse fallen heraus.
Verwendung: Die Nüsse werden roh oder gekocht verzehrt.
Ernte und Lagerung: Die Nüsse fallen aus den Schalen und werden vom Boden oder aus Netzen gesammelt.

Trocknen Sie diese zur Lagerung. In der Schale getrocknete Mandeln sind für 1–2 Jahre haltbar.
Kochen/Verarbeitung: Verwenden Sie die Nüsse roh oder geröstet. Das Entfernen der Schalen ist aufwändig – siehe dazu meine Notiz zum maschinellen Nussknacker im Eintrag zu Haselnüssen (*Corylus* spp., Seite 131).
Vermehrung: Veredelung
Pflege: Entfernen Sie im Sommer totes oder krankes Holz.
Mandeln sind sogenannte Leichtzehrer; d.h. sie benötigen kaum Dünger.
Sorten: Die folgenden sind spät blühende und krankheitsresistente Sorten:
´Ferraduel´
´Ferragnes´
´Ingrid´ *
´Lauranne´
´Mandaline´
´Robijn´ *
* Dies sind Kreuzungen aus Pfirsichen und Mandeln. Die Bäume und Früchte sehen wie normale Mandeln aus, während die Samen wie Pfirsichsamen (das heißt gröber als die meisten Mandeln) aussehen, aber einen süßen Kern enthalten. Die Bäume sind widerstandsfähiger als echte Mandeln.

Quercus spp., EICHEN

Laubabwerfend/Immergrün: D/E **Zone: 3-7**
Sonnen-/Schatten-Präferenz: ○
Schatten-Toleranz: ◑
Bewertung: ✓✓
Fortpflanzung: SF **Blüte: Grünlich-Gelb**

Die heimischen Eichen, *Quercus robur* (Stiel-Eiche) und *Q. petraea* (Trauben-Eiche) (winterhart bis Zone 5), können beide in einem Waldgarten verwendet werden – sie tragen nur einmal im Abstand von mehreren Jahren reich. *Q. ilex* (Stein-Eiche) und *Q. macrolepis* (Valonia-Eiche) sind zwei europäische Arten, die wenig Tannin enthalten. *Q. ilex* wächst für viele Jahre langsam und buschig, *Q. douglasii* (Blau-Eiche) und *Q. kelloggii* (Kalifornische Schwarz-Eiche) sind zwei amerikanische Arten mit geringem Tanningehalt. Alle sind bis Zone 7 winterhart.

Die meisten amerikanischen Eichen brauchen heiße Sommer, damit der junge Zuwachs abhärtet, daher gedeihen sie noch nicht ganz so gut in Großbritannien, wo das junge Fruchtholz oft im Winter abstirbt.

Die Früchte (Eicheln) der Eichen sind essbar, die meisten jedoch sind voll von Tanninen, die für Menschen giftig wirken, daher müssen sie zuerst verarbeitet werden, um die Tannine zu entfernen (siehe Kasten). Es gibt jedoch auch ein paar Arten, die „süße“ Eicheln produzieren, die wenig oder gar nicht verarbeitet werden müssen. Eine der besten Produzenten von „süßen“ Eicheln ist *Q. ilex* (Stein-Eiche). Eine ihrer Unterarten, die Ballota-Eiche (*Q. ilex* ssp. *ballota*), wird schon lange in der mediterranen Klimazone wie Spanien und Portugal wegen ihrer süßen Eicheln angebaut.

Größe: Großbäume, ausgewachsen bis zu 20–30 Meter hoch.
Kultur: Pflanzen Sie im Winter wurzelnackte oder in Containern vorgezogene Bäume. Genügsam, was den Boden angeht. Sonne oder Halbschatten.
Blütezeit: Spätes Frühjahr und Frühsommer.
Fruchtbildung: Variiert von Art zu Art. *Q. ilex* beginnt nach 3–5 Jahren zu tragen.
Viele Eichen tragen nur eine reichhaltige Ernte im Abstand von mehreren Jahren.
Verwendung: Die Eicheln sind nach der Verarbeitung essbar.

EICHELMEHL

Glücklicherweise ist es recht einfach, die Gerbstoffe aus Eicheln zu entfernen. Die Tannine sind wasserlöslich. Wenn Sie sich anschauen, wie Eicheln dort verarbeitet werden, wo sie häufig gebraucht werden – oft als Hauptnahrungsmittel (zum Beispiel in Nordamerika) –, dann werden Sie feststellen, dass diese aus der Schale entfernt, zerstoßen und für einige Tage in einem feinmaschigen Netz in fließendes Gewässer gehängt werden müssen.

Die meisten von uns haben keinen Bach in ihrem Garten, befolgen Sie daher diese Schritte:

- Lassen Sie die Eicheln nach dem Sammeln an einem trockenen Ort weiterreifen – die Kerne werden sich zusammenziehen und sich so von der Schale trennen. Nun können Sie die Kerne der Länge nach teilen, die Kernhälften können dann leicht mit einer Messerspitze aus der Schale entfernt werden.
- Mahlen Sie die Kerne grob in einem Standmixer oder einer Kaffeemühle bis zur Konsistenz von gehackten Nüssen.
- Füllen Sie einen Krug zur Hälfte mit den gehackten Eicheln. Füllen Sie den Krug ganz mit Wasser auf und stellen Sie ihn an einen kühlen Ort – ein Kühlschrank ist gut geeignet.
- Schütten Sie zweimal täglich so viel Wasser wie möglich ab und füllen Sie mit frischem Wasser auf. Wiederholen Sie dies 3–4 Tage lang und Sie werden feststellen, dass das anfänglich von den Tanninen verfärbte braune Wasser zunehmend klarer wird.
- Nach 3–4 Tagen sind die Tannine entfernt und Sie können das Wasser ausleeren und das Mehl verwenden. Wir machen manchmal ziemlich gute Plätzchen aus Eichelmehl, Sie können das Mehl jedoch auch in salzigen und süßen Gerichten verwenden.

Ernte und Lagerung: Sammeln Sie die Eicheln vom **Boden**: Am einfachsten geht dies mit einem Nuss-Sammler (siehe Seite 324, Kapitel 22). Lagern Sie diese für mehrere Monate an einem kühlen Ort.
Kochen/Verarbeitung: Um die Kerne zu entfernen, schneiden Sie die Eicheln der Länge nach auf und holen Sie die Hälften mit der Messerspitze aus der Schale. Wenn diese wenig Tannin enthalten, können Sie sie direkt für Brot, Kuchen und so weiter verwenden. Siehe Kasten auf Seite 135 für die Verarbeitung von Tanninen und Hinweis auf Rezepte für Eicheln.
Nebennutzen: Gutes Nutzholz.
Vermehrung: Durch Saatgut.
Pflege: Wenig erforderlich.

Bäume mit essbaren Blättern

Einige Baumarten haben vorzügliche essbare Blätter. Insbesondere Linden (*Tilia* spp.) können die Hauptzutat für viele Salate liefern und ich würde diese immer in einem Waldgarten einplanen.

Winter-Linde (*Tilia cordata*).

Tilia spp., LINDEN

Laubabwerfend/Immergrün: D **Zone:** 2-5
Sonnen-/Schatten-Präferenz: ○
Schatten-Toleranz: ●
Bewertung: ✓✓✓✓
Fortpflanzung: SF **Blüte:** Blassgelb

Siehe auch Seite 178 (Kapitel 13, Sträucher ...)

Die für uns interessanten Arten sind *Tilia americana* (Amerikanische Linde), *T. cordata* (Winter-Linde – diese hat die feinsten Blätter), *T. platyphyllos* (Sommer-Linde) und *T. tomentosa* (Silber-Linde). Alle diese Arten sind Waldbäume.

Linden gehören zu den „Salatpflanzen", die ich in meinem Waldgarten am häufigsten nutze. Es sind die jungen Blätter, die gegessen werden und als Hauptzutat in einem Salat dienen (statt Kopfsalat). Sie haben einen sehr milden Geschmack (in der Tat vergleichbar mit Kopfsalat), daher werden würzigere Blüten und Blätter hinzugegeben, um den Salat interessanter zu machen.

Da die Blätter geerntet werden, möchten Sie natürlich keine riesigen Lindenbäume, deren Blätter außerhalb Ihrer Reichweite sind. Planen Sie daher in regelmäßigen Abständen einen Rückschnitt. Um die Form eines runden Busches zu wahren, sollte der erste Rückschnitt nach 6–8 Jahren erfolgen und danach alle 1–5 Jahre (oder alle 4–5 Jahre, falls der Baum als Gerüst für eine früchtetragende Kletterpflanze dient – siehe Seite 292, Kapitel 18). Ich selbst setze den Schnitt hoch an (tatsächlich ein Kopfschnitt) und entferne alles Wachstum unter 1,5 Metern Höhe. Damit stelle ich sicher, dass die Jungtriebe nicht von Rotwild gefressen werden. Der einzige Nachteil dieser Schnittmethode ist der, dass solche Bäume nicht blühen – den leckeren und bekannten Lindenblütentee bekommen Sie so nicht. Falls Sie Lindenblüten wollen, müssen Sie einen ausgewachsenen Baum von 20 Metern Höhe und 12 Metern Breite haben; Sie brauchen also einen sehr großen Waldgarten, um diesen Platz zu rechtfertigen. *T. americana* und *T. cordata* sind winterhart bis Zone 2–3; die anderen bis Zone 5.

Größe: Als Kopfbaum in Niederwaldbewirtschaftung (wie oben beschrieben) 4 Meter hoch und breit.
Kultur: Pflanzen Sie im Winter wurzelnackte Bäume. Hinsichtlich der Bodenverhältnisse genügsam. Toleriert tiefen Schatten, wächst dort jedoch langsamer.
Verwendung: Die jungen Blätter an den Triebspitzen werden gegessen, gewöhnlich roh in Salaten.
Ernte und Lagerung: Pflücken Sie über die ganze Wachstumsperiode die jungen und sehr beschatteten Blätter. Verwenden Sie diese schnell.
Kochen/Verarbeitung: Aus Lindenblättern kann ein gutes Pesto hergestellt werden.
Nebennutzen: Bienenpflanze. Die aus dem Kopfschnitt gewonnenen Äste können als Feuerholz oder zur Pilzzucht verwendet werden. Die Blätter enthalten viele Mineralien – sie wirken therapeutisch in einem daraus hergestellten Tee. Das Falllaub verbessert schnell den Boden.
Vermehrung: Durch Saatgut – erfordert eine lange Stratifikationszeit.
Pflege: Nur Kopfschneidearbeiten.

SALATE AUS DEM WALDGARTEN

Wenn ich einen Waldgartensalat zubereite, versuche ich, als Hauptzutat Blätter wie die der Linde (*Tilia* spp.) oder der Malve (*Malva* spp.) zu verwenden, die keinen starken Eigengeschmack haben und Mengen hergeben. Dann gebe ich Blätter von weiteren Stauden und Kräutern hinzu, die mehr Geschmack haben. Selten gleichen sich zwei Salate – wenn ich zum Ernten über mein Gelände gehe, kommt ein bisschen von diesem und ein wenig von jenem hinein, üblicherweise gebe ich auch ein paar Blüten hinzu und manchmal auch Früchte. Nachdem alles geschnitten und mit einem guten Dressing versehen ist, ist das Ergebnis ein sehr interessanter und geschmackvoller Salat. Einige der Salate, die ich letztes Jahr in meinen Kursen über Waldgarten-Design zubereitet habe, sind unten angegeben. 23. Mai 2009

23. Mai 2009
Pferdeeppich (*Smyrnium olusatrum*), Blätter
Kartoffel-Rosen (*Rosa rugosa*), Blüten
Fenchel (*Foeniculum vulgare*), Blätter
Sellerie (*Apium graveolens*), Blätter
Meergrüner Blattbambus (*Phyllostachys viridiglaucescens*), Sprossen
Zitronenmelisse (*Melissa officinalis*), Blätter
Moschus-Malve (*Malva moschata*), Blätter
Bärlauch (*Allium ursinum*), Blätter und Blüten
Rote Spornblume (*Centranthus ruber*), Blätter
Winter-Linde (*Tilia cordata*), Blätter
Sauerampfer (*Rumex acetosa* ´Schavel´), Blätter
Süßdolde (*Myrrhis odorata*), Blätter und junge Samen
Orientalisches Zackenschötchen (*Bunias orientalis*), Blüten
Labrador-Veilchen (*Viola labradorica*), Blätter

24. Mai 2009
Rundblättrige Minze (*Mentha suaveolens*), Blätter
Knoblauchsrauke (*Alliaria petiolata*), Blätter
Gold-Lauch (*Allium moly*), Blätter
Sommer-Linde (*Tilia platyphyllos*), Blätter
Liebstöckel (*Levisticum officinale*), Blätter
Alpen-Säuerling (*Oxyria digyna*), Blätter
Oregano (*Origanum vulgare*), Blätter
Große Fetthenne (*Sedum telephium*), Blätter
Meerkohl (*Crambe maritima*), Blüten
Sibirisches Tellerkraut (*Claytonia sibirica*), Blätter und Blüten
Silber-Linde (*Tilia tomentosa*), Blätter
Süßdolde (*Myrrhis odorata*), Blätter und junge Samen
Szechuanpfeffer (*Zanthoxylum schinifolium*), junge Blätter

5. September 2009
Rundblättrige Minze (*Mentha suaveolens*), Blätter
Zichorie (*Cichorium intybus* ´Rosso Treviso´/´Witloof´), Blätter
Bittere Reichardie (*Reichardia picroides*), Blätter
Liebstöckel (*Levisticum officinale*), Blätter
Alpen-Säuerling (*Oxyria digyna*), Blätter
Oregano (*Origanum vulgare*), Blätter
Petersilie (*Petroselinum crispum*), Blätter
Ringelblume (*Calendula officinalis*), Blätter und Blüten
Pimpinelle (*Sanguisorba minor*), Blätter
Salal (*Gaultheria shallon*), Früchte
Süßdolde (*Myrrhis odorata*), Blätter
Lauchzwiebel (*Allium fistulosum*), Blätter
Wald-Engelwurz (*Angelica sylvestris*), Blätter
Wilde Malve (*Malva sylvestris*), Blüten

6. September 2009
Korallen-Ölweide (*Elaeagnus umbellata*), Früchte
Fenchel (*Foeniculum vulgare*), Blätter
Echter Sellerie (*Apium graveolens*), Blätter
Sommer-Linde (*Tilia platyphyllos*), Blätter
Zitronenmelisse (*Melissa officinalis*), Blätter
Kapuzinerkresse (*Tropaeolum majus*), Blätter und Blüten
Rote Spornblume (*Centranthus ruber*), Blätter
Strauch-Melde (*Atriplex halimus*), Blätter
Sibirisches Tellerkraut (*Claytonia sibirica*), Blätter
Silber-Linde (*Tilia tomentosa*), Blätter
Winter-Linde (*Tilia cordata*), Blätter
Sauerampfer (*Rumex acetosa* ´Schavel´), Blätter
Orientalisches Zackenschötchen (*Bunias orientalis*), blühende Triebe

Toona sinensis, CHINESISCHER GEMÜSEBAUM

Laubabwerfend/Immergrün: D **Zone:** 5
Sonnen-/Schatten-Präferenz: ○
Schatten-Toleranz: ○
Bewertung: ✓✓
Fortpflanzung: SF **Blüte:** Blassgrün

Es handelt sich um einen aus China stammenden Waldbaum, der ein köstliches, junges Laub mit einem kräftigen, an Zwiebeln oder Knoblauch erinnernden Geschmack ausbildet. In China wird es als Gemüse verwendet. Es schmeckt roh sehr kräftig. Durch das Ernten der Neutriebe halten Sie den Baum auf natürliche Weise buschig.

Größe: Ein ausgewachsener Baum erreicht eine Höhe von 15 Metern und eine Breite von 10 Metern, er kann jedoch durch Ernten der Triebe und einen gelegentlichen kräftigen Rückschnitt wie ein Strauch gehalten werden, dann höchstens etwa 3–4 Meter hoch und breit.
Kultur: Pflanzen Sie im Winter wurzelnackte oder in Containern vorgezogene Bäume. Der Chinesische Gemüsebaum mag Sonne und heiße Sommer und toleriert die meisten Böden.
Verwendung: Die Jungtriebe werden gegessen, gewöhnlich leicht gekocht.
Ernte und Lagerung: Pflücken Sie die Jungtriebe, bevor die Blätter ganz ausgetrieben sind, und verwenden Sie diese zügig.
Kochen/Verarbeitung: Dämpfen Sie die Triebe für 5–10 Minuten.
Vermehrung: Durch Saatgut (erfordert eine 2-monatige Stratifikationszeit)
Pflege: Wenig nötig außer gelegentlichem starken Rückschnitt (Auf-Kopf-Setzen), falls erforderlich

Bäume für Kräuter und Gewürze

Ein paar Bäume sind Gewürzpflanzen. Lorbeer ist dafür bekannt, die Pfefferbäume des gemäßigten Klimas weit weniger.

Die meisten Menschen verwenden Lorbeerblätter, jedoch ist nur den wenigsten bewusst, wie einfach es ist, einen Lorbeerbaum zu pflegen. Er passt sehr gut in einen Waldgarten. Der Lorbeer kann als schattentoleranter Baum auch leicht in der Strauch-Ebene untergebracht werden.

Größe: Kann mit der Zeit 6 Meter hoch und breit werden. Wenn gewollt, kann er jedoch auch kleiner kultiviert werden.

Laurus nobilis, (ECHTER) LORBEER

Laubabwerfend/Immergrün: E **Zone:** 6
Sonnen-/Schatten-Präferenz: ○
Schatten-Toleranz: ●
Bewertung: ✓✓✓✓
Fortpflanzung: SF **Blüte:** Blassgelb

Kultur: Pflanzen Sie im Winter oder Frühjahr in Containern vorgezogene Bäume; der Lorbeer kommt mit den meisten Böden gut zurecht. Sonnige oder halbschattige Lagen sind gleich gut geeignet.
Verwendung: Die Blätter (und manchmal die Früchte) werden als Gewürz genutzt.
Ernte und Lagerung: Ernten Sie die Blätter zu jeder Jahreszeit. In warmer Umgebung trocknen sie binnen weniger Tage und sind dann für viele Monate haltbar. Die Früchte haben ebenfalls einen sehr starken Geschmack, die Fruchtbildung erfolgt in Großbritannien jedoch nur im Süden.
Kochen/Verarbeitung: Verwenden Sie die Blätter frisch oder getrocknet als Gewürz.
Nebennutzen: Das aus den Samen gewonnene Öl wird in Seifen und zur Insektenabwehr verwendet. Lorbeer kann auch als Heckenpflanze eingesetzt werden, denn er ist schnitttolerant.
Vermehrung: Durch Saatgut oder Stecklinge.
Pflege: Wenig erforderlich.

Szechuan pepper (*Zanthoxylum schinifolium*)

Zanthoxylum spp., Szechuan-Pfefferbaum

Laubabwerfend/Immergrün: D **Zone:** 6
Sonnen-/Schatten-Präferenz: ○
Schatten-Toleranz: ◐
Bewertung: ✓✓✓✓
Fortpflanzung: SF **Blüte:** Blassgrün

Nicht verwandt mit dem tropischen schwarzen Pfeffer sind diese winterharten, aus Asien stammenden Sträucher. Es sind meine Lieblings-Gewürzpflanzen in meinem eigenen Waldgarten. Diese Sträucher sind leicht anzubauen und hochproduktiv, sie tragen aromatische (oft zitrusartige) und pfeffrige Früchte, die Sie einfach an der Luft trocknen und in einer Pfeffermühle verwenden können. Alle *Zanthoxylum* produzieren pfeffrige Früchte, das Aroma unterscheidet sich jedoch von Art zu Art. Unter den größeren Sträuchern sind meine Lieblingspflanzen *Zanthoxylum armatum* (Nepalesischer Sichuanpfeffer), *Z. schinifolium* (Szechuan Pfeffer) und *Z. simulans* (Täuschende Stachelesche oder Gelbholz).

Die Blüten sind klein, grün und unscheinbar, werden jedoch von Bienen gern angenommen. Es entwickeln sich rötliche Früchte. Jede Frucht besteht aus einem einzelnen schwarzen Samen von der Größe eines Pfefferkorns, der von einer roten, papierartigen Hülle umschlossen ist. Tatsächlich ist diese Hülle der pfeffrige Teil – die Samen selbst sind geschmackslos –, gewöhnlich wird jedoch die ganze Frucht, der Samen mit der papierartigen Hülle, geerntet und getrocknet.

Größe: 3–4 Meter hoch und breit
Kultur: Pflanzen Sie im Winter in Containern vorgezogene Bäume. Diese lieben einen sonnigen Standort, sonst sind sie genügsam.
Blütezeit: Spätfrühling/Frühsommer
Fruchtbildung: Beginnt nach 3–4 Jahren zu tragen. Ein 10-jähriger Busch trägt jährlich 1,5 Kilogramm getrockneter Früchte.
Verwendung: Die jungen Blätter können als Gewürz verwendet werden. Die papierartigen „Schalen" der Früchte sind ein pfefferartiges Gewürz.
Ernte und Lagerung: Ernten Sie die Früchte, sobald die papierartigen Hüllen aufbrechen und der schwarze Samen sichtbar wird. Pflücken Sie dann immer den ganzen Fruchtstand mitsamt den Stängeln. Trocknen Sie diese in warmer Umgebung und sieben Sie den Großteil der Stängel heraus. Sie lassen sich dann für ein Jahr lagern, bei Zimmertemperatur verliert sich das Aroma jedoch binnen weniger Monate – eingefroren hält sich das Aroma sehr viel länger.
Kochen/Verarbeitung: Verwenden Sie die getrockneten Früchte (das heißt die Schale der Frucht mit dem Samen) direkt in einer Pfeffermühle.
Nebennutzen: Bienenpflanzen. Die jungen Blätter werden als Gewürz und in Sauerkonserven verwendet – sie besitzen dasselbe Aroma wie die Früchte.
Vermehrung: Durch Saatgut (benötigt eine 3-monatige Stratifikationszeit).
Pflege: Um die Ernte zu erleichtern, können sich kreuzende Äste entfernt werden, die Äste sind dornig.

Bäume mit anderen essbaren Teilen

Verschiedene Bäume einschließlich der Ahorne und Birken können angezapft werden, um Saft zu gewinnen. Aus den Fruchtständen verschiedener Sumach-Arten (*Rhus* ssp.) können Getränke hergestellt werden.

Acer spp., AHORNE & *Betula* spp., BIRKEN

Laubabwerfend/Immergrün: D **Zone:** 3-5
Sonnen-/Schatten-Präferenz:
Schatten-Toleranz:
Bewertung: ✓✓✓
Fortpflanzung: SF **Blüte:** Grünlich-Gelb

Bekanntlich wird Ahornsirup aus dem konzentrierten Pflanzensaft des Zucker-Ahorns (*Acer saccharum*) gewonnen (winterhart bis Zone 3). Er gedeiht in Großbritannien nicht ganz so gut, hier ist der Berg-Ahorn (*Acer pseudoplatanus*) (winterhart bis Zone 5) ein besserer Kandidat für das Anzapfen. Alle Birken, eingeschlossen *Betula pubescens*, die Moor-Birke, und *B. pendula*, die Hänge-Birke, können ebenfalls angezapft werden. Birken sind bis Zone 3 winterhart.

Der genießbare Baumsaft, sei er von Ahornen, Birken, Erlen oder der Walnuss-Familie, hat einen sehr kleinen Zuckeranteil, meist von nur etwa 1 Prozent. Da der Saft so aber recht schnell zu gären beginnt, muss er binnen ein oder zwei Tagen verwendet oder weiterverarbeitet werden. Natürlich können auch aus Baumsaft fermentierte Weine ebenso köstlich und einfach hergestellt werden. Um den Saft in einen Sirup zu konzentrieren, erfordert es eine Menge Hitzeenergie, die das Wasser verdunsten lässt. Sie benötigen einen Zuckeranteil von etwa 60–65 Prozent für ein haltbares Sirup. Schon allein der rohe Saft kann auch ein erfrischendes Getränk sein, in vielen Teilen der Welt wird er als Frühjahrskur getrunken.

Größe: Meist große Bäume von 15–25 Metern Höhe
Kultur: Pflanzen Sie im Winter wurzelnackte oder in Containern vorgezogene Bäume. Die Ahorne sind hinsichtlich des Bodens genügsam, benötigen jedoch etwas Sonne.
Verwendung: Die Bäume werden angezapft, um den Saft zu gewinnen.
Ernte und Lagerung: Zapfen Sie den Baum wie im Kasten Seite 140 beschrieben an. Der Saft muss dann schnell verwendet werden, sonst beginnt er zu gären.
Kochen/Verarbeitung: Siehe oben
Nebennutzen: Gutes Nutzholz. Das Wachstum wird jedoch durch das Anzapfen gebremst und das Risiko von Infektionen mit Krankheiten erhöht, was die Qualität des Nutzholzes beeinflussen wird.
Vermehrung: Durch Saatgut, das eine lange Stratifikationszeit benötigt.
Pflege: Keine nötig

ERNTE DES BAUMSAFTES DURCH ANZAPFEN

Bäume werden im Spätwinter beziehungsweise zeitigen Frühjahr angezapft, wenn der Saftdruck zu steigen beginnt. Sie können einen Baum wie folgt anzapfen: Bohren Sie durch die äußere Rinde mit einem Handbohrer ein etwa 3 Zentimeter tiefes Loch. Verwenden Sie dabei einen Bohrer mit demselben Durchmesser wie dem Spund oder dem Plastikröhrchen, das Sie einsetzen wollen.

Schieben Sie das genau passende Röhrchen in das Bohrloch (in Nordamerika gibt es für diesen Zweck hergestellte Spunde aus Metall, die direkt mit einem Schlauch verbunden sind). Der Saft fließt durch das Röhrchen in ein Behältnis, das täglich geleert wird.

Wenn der Saft beginnt trüb zu werden, ist es Zeit, das Anzapfen zu beenden. Entfernen Sie das Röhrchen und verstopfen Sie das Loch mit einem Korken oder passenden Holzstab.

Die Erntemenge an Saft ist etwa proportional zur Größe der Baumkrone; Bäume mit sehr großen Kronen liefern also am meisten Saft. Wenn Sie nur ein wenig Saft für frische Getränke möchten, können Sie jede der genannten Baumarten mit einem Stammdurchmesser ab 15 Zentimeter verwenden. In Waldgärten sind diese Gehölze für die Grundstücksgrenze geeignet.

Fruchtstand des Hirschkolben-Sumachs (*Rhus typhina*)

Rhus spp., SUMACH

Laubabwerfend/Immergrün: D **Zone:** 2
Sonnen-/Schatten-Präferenz: ○
Schatten-Toleranz: ◐
Bewertung: ✓✓✓
Fortpflanzung: SF **Blüte:** Grünlich-Gelb

Verwendbare Arten sind *Rhus glabra* (Glatter-Sumach) und *R. typhina* (Hirschkolbensumach oder Essigbaum), beide stammen aus Nordamerika.
Viele Pflanzen der Gattung tragen große Blütenkolben, aus denen viele winzige rote Früchte bilden. Diese Früchte haben einen deutlichen Zitrusgeschmack; es bereitet aber einige Mühe, sie zu ernten und zu essen.
Bitte beachten Sie: Verwenden Sie keine andere, hier nicht aufgeführte Art, es sei denn, Sie sind sich über die Verzehrbarkeit sicher oder können die nicht essbaren Gift-Sumache einwandfrei bestimmen, die von den Baumschulen manchmal unter der Gattung *Rhus* mit aufgeführt werden.

Größe: *R. glabra*: 3 Meter hoch und breit. *R. thyphina*: 3–4 Meter hoch und breit.
Kultur: Pflanzen Sie im Winter in Containern vorgezogene Bäume. Sonnig; sonst genügsam hinsichtlich der Bodenansprüche.
Blütezeit: Sommer
Fruchtbildung: Die Fruchtstände reifen im Spätsommer und Herbst.
Verwendung: Aus den Fruchtständen kann ein Getränk mit zitronigem Geschmack hergestellt werden.
Ernte und Lagerung: Ernten Sie die Fruchtstände, wenn sie beginnen, sich rot zu verfärben, und produzieren Sie das Getränk sofort (siehe Kasten Seite 141).
Kochen/Verarbeitung: Siehe Kasten oben rechts
Nebennutzen: Die Blätter haben einen hohen Tanningehalt und sind gut zum Färben (gelblich bis braun) und Beizen geeignet.
Vermehrung: Durch Saatgut (benötigt eine 2- bis 3-monatige Stratifikationszeit) oder durch das Ausgraben von Wurzelausläufern.
Pflege: Besonders *R. typhina* bildet sehr stark Wurzelausläufer. Daher rührt die Unbeliebtheit bei den meisten Gärtnern! Wenn Sie nicht wollen, dass dieses Gehölz sich ausbreitet, müssen Sie die Wurzelausläufer regelmäßig auf Bodenniveau abstechen.

LIMONADE AUS SUMACH

Eine alte traditionelle Verwendung der Blütenstände des Sumachs ist die Herstellung eines limonadeähnlichen Getränks.

- Pflücken Sie die reifen Blütenstände und weichen Sie diese über Nacht in Wasser ein. Dann sieben Sie die Flüssigkeit ab. Um einen intensiveren Geschmack zu bekommen, können Sie die kleinen Früchte von den Stängeln entfernen, in einem Standmixer mit Wasser mixen und dann absieben.

Brennholz aus Niederwaldwirtschaft

Falls Sie Bedarf an Brennholz haben, kann ein Teil des Waldgartens für dessen Gewinnung in sogenannter Niederwald(be)wirtschaft(ung) vorgesehen werden. Diese Bäume werden üblicherweise in relativ kurzer Rotation von bis zu 10 Jahren zu Niederwaldgehölzen und müssen meist als Teil der Baumebene behandelt werden, damit sie unter guten Lichtbedingungen rasch wachsen. Dafür können viele Gehölzarten verwendet werden, einige infrage kommende Bäume sind unten aufgelistet. Durch Auf-Kopf-Setzen gewonnenes, stärkeres Holz der meisten Arten kann auch zur Anzucht von Speisepilzen verwendet werden.

BAUMARTEN FÜR DIE GEWINNUNG VON BRENNHOLZ DURCH AUF-KOPF-SETZEN

Arten		Bemerkungen
Alnus glutinosa	Schwarz-Erle	Eine der wenigen Erlen, die starke Rückschnitte gut vertragen. Die Herzblättrige Erle und Rot-Erlen tun dies nicht. Stickstofffixierer.
Castanea sativa	Esskastanie	Aus Rückschnitt gewonnenes Holz eignet sich auch gut für Zaunpfähle, Pfosten und so weiter. Nach jedem Schnitt werden Sie für eine Weile keine Nüsse ernten.
Corylus avellana	Gemeine Hasel	Eine gute Verwendung von Haselsträuchern, wenn die Nussproduktion wegen eines starken Eichhörnchenvorkommens unpraktikabel ist.
Eucalyptus spp.	Eukalyptus	Falls sie diesen wegen seiner medizinisch wertvollen Blätter anbauen, ist die Niederwaldwirtschaft die beste Management-Strategie. Ergibt gutes Feuerholz.
Fraxinus excelsior	Gemeine Esche	Kann alle 3–5 Jahre auf Stock gesetzt werden. Die Wurzeln von Eschen sind sehr nährstoffhungrig und konkurrenzstark, die Wurzeln von Stockgehölzen können jedoch so im Zaum gehalten werden.
Robinia pseudoacacia	Robinie	Schnell wachsendes dichtes Holz. Achten Sie auf Wurzelaustriebe, die durch das Auf-Stock-Setzen angeregt werden. Stickstofffixierer.
Tilia spp.	Linden	Wenn Sie Bäume dieser Gattung wegen ihrer Blätter anbauen, ist der periodische Rückschnitt die beste Methode, die Größe des Baumes zu kontrollieren.

Bäume mit medizinischem Nutzen

Es gibt nicht viele Bäume, die in Waldgärten vor allem wegen ihres medizinischen Nutzens angepflanzt werden, der Eukalyptus ist jedoch oft einer davon. Viele Menschen verwenden bereits Eukalyptusöl, von dort ist es nur ein kleiner Schritt, einen eigenen Eukalyptus anzupflanzen und zu nutzen.

Eucalyptus spp., EUKALYPTUS

Laubabwerfend/Immergrün: E **Zone:** 7/8
Sonnen-/Schatten-Präferenz: ○
Schatten-Toleranz: ○
Bewertung: ✓✓
Fortpflanzung: SF **Blüte:** Weiß, Gelb, Rot

Der Hauptbestandteil der ätherischen Öle des Eukalyptusbaums ist das Eucalyptol, das wie Menthol aus der Minze in vielen Arzneimitteln gegen Erkältungen und Husten genutzt wird. Weiterhin wird es häufig in Kosmetika und Geschmacksstoffen verwendet. Die geeigneten Arten sind *Eucalyptus johnstonii* (Tasmanischer Kaugummi-Eukalyptus), *E. delegatensis* (Tasmanischer Eichen-Eukalyptus) und *E. urnigera* (Urnenbaum).

Eukalyptusbäumen haftet manchmal ein Teil des schlechten Rufs an, den der gewerbliche Anbau in Regionen mit trockenem Mittelmeerklima zu verantworten hat, wo die Kultur dieser Bäume unter anderem eine negative Auswirkung auf den Grundwasserspiegel haben kann. Daraus folgt jedoch nicht, dass alle Eukalyptusbäume schlechte Bäume sind! Tatsächlich sind sie als Gehölze mit medizinischem Nutzen sehr wertvoll, außerdem erhöhen sie die Vielfalt eines Waldgartens.

Kommerziell wird Eukalyptusöl aus den Blättern, Zweigen und aus dem Holz verschiedener Eukalyptusarten destilliert, von denen die meisten kaum winterhart sind. Ein paar der winterhärteren Arten enthalten jedoch ausreichende Mengen an ätherischen Ölen. Diese empfehle ich als Niederwald-Bäume zu behandeln, damit die Blätter in Reichweite bleiben. Für den Hausgebrauch lohnt es sich nicht, die Öle zu destillieren. Stattdessen schneiden Sie bei einer schweren Erkältung ein paar Triebe mit Blättern ab und geben diese in eine Schüssel, übergießen sie mit kochendem Wasser und inhalieren den Dampf. Alternativ legen Sie ein paar Triebe über Nacht halb unter Ihr Kissen. *E. johnstonii* ist winterhart bis Zone 8; *E. delegatensis* und *E. urnigera* bis Zone 7.

Größe: 4 Meter hoch und 1,5 Meter breit (Rückschnitt alle 5 Jahre).
Kultur: Pflanzen Sie im Winter oder Frühjahr in Containern vorgezogene Bäume. Eukalyptusarten gedeihen auf den meisten Böden mit ausreichender Durchlässigkeit und lieben einen sonnigen Standort.
Vermehrung: Durch Saatgut – die Samen sind sehr klein, keimen aber sehr gut.
Pflege: Durch Niederwaldwirtschaft bleiben die Triebe in guter Erntehöhe. Auf Stock setzen im späten Frühjahr, um Schadpilzbefall wie die Silberblattkrankheit zu vermeiden. Eukalyptus kann auf manche Pflanzenarten eine wuchsunterdrückende, allelopathische Wirkung ausüben, dazu gehören Äpfel, Kiefern, Bohnen und Kartoffeln.

Stickstofffixierende Bäume

In der Baumkrone, also in nahezu voller Sonne, können stickstofffixierende Pflanzen am effektivsten arbeiten. Hier werden deshalb die meisten Waldgärten einige stickstofffixierende Bäume und Sträucher enthalten. Einige der höheren Bäume können ein stickstofffixierendes oberes Kronendach bilden: In meinem Waldgarten sind fast alle sehr hohen Bäume Herzblättrige Erlen (*Alnus cordata*). Das von hohen Baumarten fallende Laub verteilt sich weiter, daher wird der enthaltene Stickstoff auch über weitere Entfernungen verbreitet, als es bei niedrigen Gehölzarten der Fall ist.

Acacia spp., AKAZIEN

Laubabwerfend/Immergrün: E **Zone:** 8
Sonnen-/Schatten-Präferenz: ○
Schatten-Toleranz: ○
Bewertung: ✓✓
Fortpflanzung: SF **Blüte:** Gelb

Geeignete Arten sind *Acacia dealbata* (Silber-Akazie) und *A. decurrens* (Australische Silber-Akazie), beide aus Australien stammend. Akazien gehören zur Familie der Schmetterlingsblütler (Leguminosen).

Manche Leser mögen erstaunt sein, dass ich hier eine vorwiegend tropische Gehölzart nenne. In der Tat sind jedoch manche der Akazien schnellwüchsig und widerstandsfähig genug, um sie in milderen Regionen in Betracht zu ziehen. In meinem Waldgarten in Südwestengland habe ich damit begonnen, Mimosen anzupflanzen, um unsere zunehmend milderen Winterbedingungen auszunutzen.

Größe: 10 Meter hoch und 5 Meter breit; kann durch Rückschnitt auf Strauchgröße gehalten werden.
Kultur: Pflanzen Sie im Frühjahr in Containern vorgezogene Bäume, und zwar spät genug, um Fröste zu ver-

meiden. Akazien bevorzugen die volle Sonne und einen einigermaßen durchlässigen Boden.
Nebennutzen: Gute Bienenpflanze, die im Spätwinter und im zeitigen Frühjahr blüht
Vermehrung: Durch Saatgut
Pflege: Rückschnitt oder erhöhen Sie die Baumkrone, indem Sie die untersten Zweige entfernen.

Alnus spp., ERLEN

Laubabwerfend/Immergrün: D **Zone:** 3/6
Sonnen-/Schatten-Präferenz: ○
Schatten-Toleranz: ◐
Bewertung: ✓✓✓✓
Fortpflanzung: SF **Blüte:** Blassgrün

Geeignete Arten sind *Alnus cordata* (Herzblättrige Erle), *A. glutinosa* (Schwarz-Erle), *A. rubra* (Rot-Erle) und *A. sinuata* (Grün-Erle). Auch Erlen fixieren Stickstoff durch Knöllchenbakterien (*Aktinorrhiza*, rote Wurzelknöllchen). Erlen gehören zu meinen beliebtesten stickstofffixierenden Bäumen, die einen freien Stand und nasse Böden tolerieren. Ich verwende die Herzblättrige Erle am häufigsten, weil sie mit trockeneren Böden im Sommer zurechtkommt und eine schöne konische Krone ausbildet, die nicht zu viel Schatten wirft. Die Herzblättrige Erle und die Rot-Erle sind schlecht als Niederwald-Bäume geeignet. *A. cordata* und *A. rubra* sind winterhart bis Zone 6, *A. glutinosa* und *A. sinuata* bis Zone 3.

Größe: *A. cordata*: 20 Meter hoch und 6 Meter breit
A. glutinosa: 20 Meter hoch und 15 Meter breit. Für Auf-Kopf-Setzen geeignet.
A. rubra: 30 Meter hoch und 6 Meter breit
A. sinuata: 10 Meter hoch und 4 Meter breit. Für Auf-Kopf-Setzen geeignet.
Kultur: Pflanzen Sie im Winter wurzelnackte Bäume. Erlen bevorzugen feuchte Böden (*A. cordata* toleriert trockenere Böden im Sommer als die restlichen). Sie tolerieren nasse Böden für längere Perioden.
Nebennutzen: Genießbarer Pflanzensaft. Durch Schnitt gewonnene Äste von *A. glutinosa* können als Brennholz und zur Pilzzucht verwendet werden.
Vermehrung: Durch Saatgut (leicht, benötigt eine 1- bis 2-monatige Stratifikationszeit).
Pflege: Die Baumkrone kann durch Entfernen der untersten Äste bis auf halbe Baumhöhe erhöht werden. Dabei möchten Sie vielleicht einige Äste für Kletterpflanzen belassen (siehe Seite 292, Kapitel 18).

Caragana arborescens, ERBSENSTRAUCH

Für eine ausführliche Beschreibung siehe Seite 128 unter „Bäume für Nüsse und Samen“. Der Erbsenstrauch ist einer der wenigen winterharten Gehölze unter den Leguminosen und als solcher ein guter Stickstofffixierer.

Cercis spp., JUDASBÄUME

Laubabwerfend/Immergrün: D **Zone:** 6-7
Sonnen-/Schatten-Präferenz: ○
Schatten-Toleranz: ○
Bewertung: ✓✓
Fortpflanzung: SF **Blüte:** Pink

Für uns geeignete Arten sind *Cercis occidentalis* (Amerikanischer Judasbaum) und *C. siliquastrum* (Echter Judasbaum). Sie gehören zur Familie der Schmetterlingsblütler (Leguminosen). Es handelt sich um kleine Bäume oder Großsträucher aus warmen, gemäßigten Klimaregionen. Sie haben in der Blüte einen hohen Zierwert (die Blüten bilden sich vor den Blättern). Der Judasbaum wird so genannt, weil der biblische Judas Iskariot sich an einem solchen Gehölz erhängt haben soll, nachdem er Jesus Christus verraten hatte.

Größe: Etwa 5 Meter hoch und breit – langsam wachsend
Kultur: Pflanzen Sie im Winter oder Frühjahr wurzelnackte oder in Containern vorgezogene Bäume. Sie benötigen einen sonnigen oder leicht schattigen Standort mit einigermaßen durchlässigen Böden.
Nebennutzen: Bienenpflanzen; essbare Blüten
Vermehrung: Durch Saatgut – anrauen und dann für 8 Wochen stratifizieren
Pflege: Wenig nötig

Elaeagnus spp., (laubabwerfende) ÖLWEIDEN

Laubabwerfend/Immergrün: D **Zone:** 3
Sonnen-/Schatten-Präferenz: ○
Schatten-Toleranz: ◐
Bewertung: ✓✓✓✓
Fortpflanzung: SS **Blüte:** Weiß

Für uns geeignete Arten sind *Elaeagnus angustifolia* (Oleaster, Schmalblättrige Ölweide), *E. commutata* (Silber-Ölweide) und *E. umbellata* (Korallen-Ölweide).

Elaeagnus spp., (immergrüne) ÖLWEIDEN

Laubabwerfend/Immergrün: E **Zone:** 6
Sonnen-/Schatten-Präferenz: ○
Schatten-Toleranz: ●
Bewertung: ✓✓✓✓
Fortpflanzung: SS **Blüte:** Weiß

Diese Gruppe enthält die Arten *E. glabra*, *E. pungens* und *E. x ebbingei*. *Elaeagnus* ist eine vielseitige Gattung, dessen Arten in gemäßigtem Klima exzellente Stickstofffixierer (durch Symbiose mit Knöllchenbakterien) sind. Die immergrünen Arten sind kleiner, weniger widerstandsfähig und schattentoleranter. Ausführliche Beschreibungen von *E. umbellata* und *E. x ebbingei* finden Sie im Abschnitt „Weniger gebräuchliche Obstbäume“, Seiten 122–123.

Größe: *E. angustifolia*: 7 Meter hoch und 3 Meter breit
E. commutata: 4–5 Meter hoch und 3–4 Meter breit
E. glabra (immergrün): 3–4 Meter hoch und breit
E. pungens (immergrün): 3–4 Meter hoch und 2–3 Meter breit
E. umbellata (Korallen-Ölweide): 4–6 Meter hoch und breit
E. x ebbingei (immergrün): 3–4 Meter hoch und breit
Kultur: Pflanzen Sie im Winter oder Frühjahr wurzelnackte, in Containern vorgezogene Exemplare. Die immergrünen Arten benötigen Stützpfähle. Genügsam hinsichtlich der Bodenansprüche.
Nebennutzen: Essbare Früchte an Immergrünen im Frühjahr; an laubabwerfenden Bäumen im Herbst
Vermehrung: Durch Saatgut (benötigt eine 2- bis 3-monatige Stratifikationszeit) oder durch ausgereifte Hartholzstecklinge.
Pflege: Wenig erforderlich. Alle Arten vertragen einen Schnitt sehr gut, wenn dieser nötig wird.

Hippophae spp., SANDDORNE

Für eine ausführliche Beschreibung siehe Seite 124 im Abschnitt „Weniger gebräuchliche Obstbäume“. Sanddorne sind Stickstofffixierer über Wurzelknöllchen (Aktinorrhiza), sie produzieren ebenfalls essbare Früchte.

Maackia amurensis, ASIATISCHES GELBHOLZ

Laubabwerfend/Immergrün: D **Zone:** 4
Sonnen-/Schatten-Präferenz: ○
Schatten-Toleranz: ○
Bewertung: ✓✓
Fortpflanzung: SF **Blüte:** Cremefarben

Hier handelt es sich um einen selteneren winterharten Baum aus der Familie der Schmetterlingsblütler (Leguminosen).

Größe: 10–15 Meter hoch und 7–10 Meter breit
Kultur: Pflanzen Sie im Winter wurzelnackte Bäume. Toleriert die meisten durchlässigen Böden, bevorzugt einen sonnigen Standort.
Nebennutzen: Nutzholz von guter Qualität. Derzeit wird an den krebsvorbeugenden Eigenschaften von Stoffen aus der Rinde geforscht.
Vermehrung: Durch Saatgut
Pflege: Sie können die Baumkrone mit der Zeit durch Entfernen der unteren Äste erhöhen.

Kalifornischer Gagelstrauch (*Myrica californica*)

Myrica spp., GAGELSTRÄUCHER

Laubabwerfend/Immergrün: D/E **Zone:** 6/8
Sonnen-/Schatten-Präferenz: ○
Schatten-Toleranz: ◐
Bewertung: ✓✓✓✓
Fortpflanzung: SF **Blüte:** Grünlich-Gelb

Die hier enthaltenen Arten sind *Myrica californica* (Kalifornischer Gagelstrauch), *M. cerifera* (Wachsmyrte) und *M. rubra* (Pappelpflaume). Alle *Myrica*-Arten fixieren Stickstoff durch Wurzelknöllchen (Aktinorrhiza).
Bei den Gagelstrauchgewächsen (Myricaceae) handelt es sich um eine interessante Familie, die auch den in Großbritannien heimischen Gagelstrauch (*Myrica gale*) [siehe Seite 179, Kapitel 13] enthält. Die drei oben genannten Arten sind immergrün, wobei die beiden ersten als Wachs produzierende Pflanzen ungewöhnlich sind. *M. rubra* ist winterhart bis Zone 8.

Größe: 4–8 Meter hoch und 2–3 Meter breit.
Kultur: Pflanzen Sie im Winter wurzelnackte oder in Containern vorgezogene Bäume. Die meisten Gagelstraucharten ziehen saure Böden in sonniger oder schattiger Lage vor.
Ernte und Lagerung: Ernten Sie die Blätter vom Spätfrühling bis zum Herbst (und Winter bei Immergrünen). Trocknen Sie diese zur Lagerung wie Lorbeerblätter.
Kochen/Verarbeitung: Verwenden Sie die Blätter genau wie Lorbeerblätter als Gewürz.
Nebennutzen: Bienenpflanze. Die Früchte und Blätter können als Geschmacksstoff verwendet werden. Aus dem die Früchte umgebenden Wachs können Kerzen und anderes hergestellt werden (siehe Kasten). Die Früchte von *M. rubra* sind größer und essbar.
Vermehrung: Gewöhnlich durch Saatgut – entfernen Sie das Wachs, bevor Sie die Samen für 2–3 Monate stratifizieren.
Pflege: Sehr wenig nötig

KERZEN AUS DER WACHSMYRTE

Ein sehr fruchtbarer Wachsmyrtenstrauch (*Myrica cerifera*) liefert etwa 3 Kilogramm wachsiger Beeren pro Jahr, aus denen Wachskerzen hergestellt werden können.

- Geben Sie die Beeren in eine Pfanne und bedecken Sie sie 15 Zentimeter hoch mit Wasser. Bringen Sie das Wasser zum Kochen, dabei rühren und drücken Sie die Früchte gegen den Pfannenrand, um das Wachs abzureiben.
- Innerhalb kurzer Zeit schwimmt das Wachs auf dem Wasser. Schöpfen Sie es mit einem Löffel ab und geben Sie es durch ein grobes Tuch, um alle Feststoffe herauszufiltern.
- Schmelzen Sie das Wachs noch einmal und formen es zu Kerzen, entweder indem Sie einen Docht immer wieder ins Wachs tauchen oder mithilfe einer Gussform.
- 4 Kilogramm Beeren ergeben 1 Kilogramm Wachs. Die Kerzen sind leicht aromatisch und rauchen beim Löschen der Flamme nicht. Die frühen amerikanischen Siedler zogen diese Kerzen meist solchen aus Paraffin oder Talg vor.

Robinia pseudoacacia, ROBINIE/ SCHEINAKAZIE

Laubabwerfend/Immergrün: D **Zone:** 3
Sonnen-/Schatten-Präferenz: ○
Schatten-Toleranz: ◑
Bewertung: ✓✓✓
Fortpflanzung: SF **Blüte:** Weiß

Nur die wenigsten Menschen scheinen zu wissen, dass die Scheinakazie eines der am häufigsten angebauten Nutzhölzer ist, das hinsichtlich der Qualität Eichenholz in nichts nachsteht. Als einer der wenigen winterharten Bäume aus der Familie der Schmetterlingsblütler (Leguminosen) trägt sie Blüten, die von Bienen sehr gerne besucht werden. In Osteuropa wird eine Menge Robinienhonig geerntet; dort wurden auch einige gute Sorten zur Nutzholzernte gezüchtet. Die Blätter sind klein, daher lässt die Baumkrone viel Licht hindurch. Die größten Nachteile des Baumes sind seine Dornen (weniger bei gezüchteten Sorten) und seine Neigung zur Ausläuferbildung, besonders wenn er auf Kopf gesetzt wird.

Größe: Bis zu 25 Meter hoch und 15 Meter breit
Kultur: Pflanzen Sie im Winter wurzelnackte Bäume. Sonniger Standort und ein einigermaßen durchlässiger Boden.
Nebennutzen: Bienenpflanze. Die Blätter wirken insektizid. Wertvolles Nutzholz.
Vermehrung: Durch Saatgut (keine Keimruhe); benannte Zuchtsorten durch Wurzelstecklinge
Pflege: Erhöhen Sie die Krone mit der Zeit durch Entfernen der unteren Äste. Achten Sie auf Wurzelausläufer. Wurzelausläufer sind vor allem eine Reaktion auf harten Schnitt, bleibt dieser aus, sind sie selten ein Problem.

Shepherdia argentea, SILBERBLÄTTRIGE BÜFFELBEERE

Laubabwerfend/Immergrün: D **Zone:** 2
Sonnen-/Schatten-Präferenz: ○
Schatten-Toleranz: ◑
Bewertung: ✓
Fortpflanzung: SS **Blüte:** Gelb

Dieser aus Nordamerika stammende Strauch ist eng mit den Ölweiden (*Elaeagnus*) verwandt.

Größe: 4–6 Meter hoch und breit
Kultur: Pflanzen Sie im Winter in Containern vorgezogene Bäume (treibt früh aus). Unkompliziert. Zieht Sonne vor.
Nebennutzen: Bienenpflanze. Essbare Früchte (nicht selbstbefruchtend). Gut als Heckenpflanze geeignet.
Vermehrung: Durch Saatgut – benötigt eine 3-monatige Stratifikationszeit
Pflege: Wenig nötig

Italienische Erlen (*Alnus cordata*) im Winter.

Kapitel 12

Gestaltung der Baumebene

Die Gestaltung der Baumebene betrachte ich als den wichtigsten Teil bei der Gestaltung eines Waldgartens. Die Baumdichte ist entscheidend, wenn Sie versuchen, unter der Baumkrone andere Ertragspflanzen anzubauen. Der Fehler passiert leicht, dass zu dicht gepflanzt wird – wie der Waldgartenpionier Robert A. de J. Hart herausfinden musste –, weil winzige Jungbäume unbedeutend erscheinen und es so aussieht, als wäre zwischen ihnen eine Menge Platz.

Ungeachtet dessen sollten Sie keine Angst davor haben, bei der Gestaltung der Baumebene ein paar Fehler zu machen. Nichts ist in Stein gemeißelt – falls Sie mit der Zeit herausfinden, dass Sie in einem Bereich zu dicht gepflanzt haben, können Sie jederzeit ein paar Bäume herausnehmen, um die Situation zu korrigieren.

Ich empfehle Ihnen in jedem Fall die Planung der Baumebene auf Papier mithilfe eines maßstabgetreuen Plans von ihrem Standort. Verwenden Sie dazu den Lageplan, den Sie, wie in Kapitel 9, Seite 94 beschrieben, in einem Maßstab von 1:100 oder 1:200 angelegt haben.

Im nächsten Schritt müssen Sie eine Liste der Bäume erstellen, die Sie sich für Ihre Baumebene wünschen. Diese wird von Ihren Vorlieben für verschiedene Arten von Früchten abhängen; dafür ist, wie in Kapitel 11 nachzulesen, eine breite Auswahl an Bäumen verfügbar. Bis Sie den unten beschriebenen Gestaltungsprozess begonnen haben, werden Sie jedoch wahrscheinlich nicht wissen, ob sie zu viele, zu wenige oder genau die richtige Anzahl an Bäumen haben. Als Faustregel können Sie davon ausgehen, dass Sie pro 20 bis 40 Quadratmeter Gartenfläche Platz für etwa einen Baum haben – der niedrigere Wert bei kleineren Gärten und der höhere bei großen Gärten, in denen einige der wahrscheinlich von Ihnen gewählten Bäume größere Ausmaße annehmen. Im Laufe des Gestaltungsprozesses können Sie jedoch jederzeit Bäume hinzufügen oder herausnehmen.

Baumabstände und Seitenprofil der Baumebene

Allgemein sollten Sie diese hohen Bäume nicht enger zusammenpflanzen, als es ihre maximale Ausdehnung erlaubt. Sie sollten vermeiden, dass sich die Baumkronen zu viel berühren oder gar ineinanderwachsen, da dies darunter tiefen Schatten wirft und aneinanderreibende Äste die Verbreitung von Krankheiten fördern können. Da ein Waldgarten aber natürlich in drei Dimensionen wächst, ist es möglich, dass sich auf einer Planungszeichnung die Baumkronen überlappen, während sie sich in der Realität auf verschiedenen Höhen befinden.

Zum Beispiel habe ich in meinem Waldgarten einige hohe Italienische Erlen (*Alnus cordata*) hochgeastet, sodass sie auf sieben bis acht Metern astfrei sind, während an deren Südseite und teilweise unter ihrer Baumkrone ein Obstbaum steht. Wegen seiner Ausrichtung verliert der Obstbaum durch die Erle nahezu kein Licht, profitiert jedoch vom zusätzlichen Schutz gegen Wind und Frost und vom zusätzlichen Stickstoff durch die Blätter und Wurzeln der Erle.

Italienische Erle mit Obstbaum. Der Obstbaum kann unter die Baumkrone der Erle auf der Südseite platziert werden.

Versuchen Sie, den Querschnitt Ihrer Baumebene der umgebenden Landschaft anzupassen. Dies bietet Ihnen nicht nur Vorteile, was den Windstrom über Ihren Waldgarten angeht (sodass der meiste Wind irgendwann über Ihren Garten hinwegströmt statt durch ihn hindurch), es sieht auch in der Landschaft eingebettet „richtig" aus. Wenn Sie also auf beiden Seiten Felder haben, zielen Sie auf einen gewölbten, domartigen Querschnitt; wenn Sie auf einer Seite Wald haben, streben Sie besser eine zum Wald hin ansteigende Halbkuppel an und so weiter. Dies gibt Ihnen Hinweise, wo Sie im Garten die höheren und wo Sie die niedrigeren Bäume in dieser Ebene platzieren müssen. Natürlich kann es auch förderlich sein, dass Sie an exponierten Seiten Windschutz pflanzen, was den Querschnitt der Baumkronen ebenfalls beeinflusst.

Mögliche Seitenprofile der Baumebene
(a) Die Grenzen des Waldgartens sind sowohl niedrig als auch offen: Das Seitenprofil der Baumebene ist oben gewölbt. (b) Der Waldgarten grenzt auf einer Seite an Wald: Das Profil der Baumebene kann die Form einer Halbkuppel haben. (c) Der Waldgarten grenzt auf beiden Seiten an Wald: Das Profil der Baumkronen kann flach sein.

Über das Befolgen der obigen Anleitung zum Querschnitt hinaus, sollten Sie versuchen, die Bäume mit niedrigerer Krone an das südliche Ende des Waldgartens und die höheren Bäume an das nördliche Ende zu platzieren. Dies minimiert die Menge an Schatten, den Bäume auf das werfen, was nördlich von ihnen wächst. Dies kann jedoch in Konflikt mit der Querschnittsregel treten – beispielsweise wenn sich im Norden ein offenes Feld befindet und Sie die Höhe der Baumebene nach Norden hin abfallen lassen wollen. Schließen Sie in diesem Fall einen Kompromiss und verschieben Sie den höchsten Punkt ihrer Querschnittskurve weiter nach Norden.

In einer nördlichen gemäßigten Klimazone wie in Großbritannien ist es für Obstbäume am besten, wenn Sie für (ausgewachsene) Bäume einen Abstand von einem Viertel bis zur Hälfte des Kronendurchmessers einplanen um ein durchlässiges Blätterdach zu erzeugen, das ausreichend Licht in die unteren Ebenen hineinlässt. In großen Waldgärten ist es möglich, die Bäume an manchen Stellen dichter zusammenzudrängen (aber nie-

Seitenprofil der Baumebene
Hier ist das Profil eine angepasste Kuppelform – der Scheitelpunkt wird zur Nordseite hin verschoben, um die Beschattung zu minimieren.

mals so dicht, dass sich die einzelne Baumkrone nicht voll ausdehnen kann). Dann müssen Sie jedoch davon ausgehen, dass die Ebenen darunter, vor allem die der Stauden, weniger produktiv sein werden. Die meisten fruchtbildenden Pflanzen erhalten 70–90 Prozent ihrer Energie durch direktes Sonnenlicht. Nur eine oder zwei Stunden direkter Sonne, die durch die Sträucher und anderen Pflanzen zu den unteren Ebenen hindurchfiltert, kann die Menge an Energie verdoppeln, die die Pflanzen dort erhalten, und so einen riesigen Unterschied in ihrer Produktivität machen.

Wenn Bäume in weiteren Abständen als oben empfohlen gepflanzt werden, fühlt sich der Garten weniger wie ein Wald an und noch weniger wie eine Plantage. Sehr enge Abstände führen zu hohen, dünnen und unproduktiven Bäumen, die (falls es sich um Obstbäume handelt) nur ganz oben an der Baumkrone Früchte tragen.

Beispiel 1: Lassen Sie bei zwei Bäumen mit einem Kronendurchmesser von fünf Metern einen Abstand von 1,5–2,5 Metern zwischen den ausgewachsenen Baumkronen. Eine Lücke von zwei Metern würde dann verlangen, dass die Bäume in einem Abstand von 7 Metern zueinander gepflanzt werden.

Beispiel 2: Bei Bäumen mit unterschiedlichen Größen ermitteln Sie den Abstand mit den Durchschnittswerten der Kronendurchmesser. Bei Bäumen mit jeweils 3 Metern und 5 Metern Durchmesser (ergibt einen Mittelwert von 4 Metern), lassen Sie zwischen den voll ausgebildeten Baumkronen eine Lücke von 1–2 Metern. In der Praxis ist die kleinere Lücke geeignet, wenn der kleinere Baum südlich vom größeren steht, und die größere Lücke, wenn der kleinere Baum im Norden steht. Befinden sich die Bäume in Ost-West-Ausrichtung zueinander, dann ist eine mittlere Lücke passend.

In wärmeren und südlicheren Klimazonen können die Lücken zwischen den Baumkronen ein wenig reduziert werden, da dort mehr Sonnenenergie ankommt.

Versuchen Sie, nicht immer die maximalen oder minimalen Lücken zwischen Baumkronen zu erreichen. Unregelmäßigkeit ist auf verschiedene Arten vorteilhaft – sie führt zu unterschiedlichen Nischen unter den Bäumen, wodurch sich der Waldgarten natürlicher und „wilder“ anfühlt. Versuchen Sie immer, Variationen in vertikaler und horizontaler Dichte sowie Variationen in der zeitlichen Abfolge und Saisonalität der Wachstumsmuster zu ermöglichen.

Lücken zwischen Baumkronen

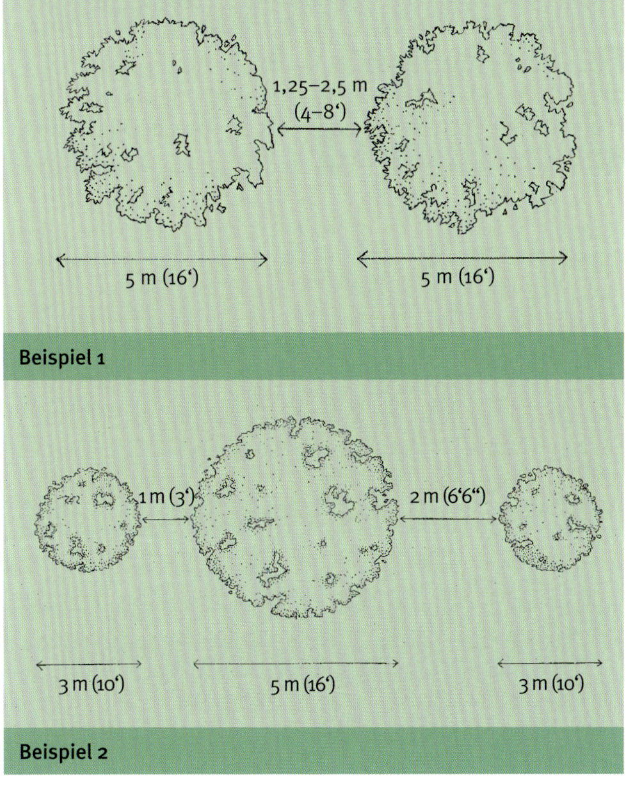

Damit ein Waldgarten für seinen eigenen Stickstoffvorrat sorgt, müssen Sie eine Gesamtfläche an stickstofffixierenden Bäumen (in der Baumebene) und Sträuchern (in der Baum- oder Strauchebene) von 10–30 Prozent der gesamten Kronenoberfläche anpeilen. Falls Ihre anderen hohen Bäume größtenteils stark zehrende Obstbäume sind, zielen Sie besser auf das obere Ende dieser Spanne. Weniger stark tragende Bäume benötigen nicht ganz so viel (siehe Seite 53, Kapitel 6 für mehr Informationen zu Stickstofffixierern).

Der Gestaltungsprozess der Baumebene

Ich bezeichne die Entwicklung des Designs der Baumebene als Jonglierakt, und zwar sowohl in Gedanken als auch physisch auf dem Lageplan, mit dem Sie arbeiten. Es gibt eine Menge Faktoren, die Sie zur gleichen Zeit beachten müssen, was zu Beginn etwas entmutigend sein kann. Machen Sie einfach einen Anfang, und Sie werden bald sehen, wie es funktioniert.

Finden Sie für die Liste Ihrer Bäume die Form und Abmessungen (Höhe x Breite) für jeden einzelnen Baum: Sie finden diese Informationen in Kapitel 11, in Verzeichnissen von Gartenpflanzen und in der exzellenten Datenbank „Plants For A Future" unter www.pfaf.org. Sie sollten sich darüber hinaus die Anforderungen der einzelnen Bäume an Sonne, Boden, Schutz und Bestäubung notieren. Schneiden Sie für jeden Baum eine Pappscheibe maßstabgerecht zu Ihrem Lageplan aus (es gibt Kreisschneider für Papier und Karton, die Ihnen eine Menge Zeit sparen) und notieren Sie darauf, wenn möglich, die Anforderungen der Pflanze an Licht, Boden und so weiter, damit Sie diese zur Hand haben. Sie können Klebestreifen oder Ähnliches verwenden, um die Baumkreise temporär auf Ihrem Plan zu befestigen.

Manche Bäume erreichen durch die Art ihrer Pflege eine andere Maximalausdehnung als die eines ausgewachsenen Baumes. Stark beschnittene oder auf Kopf geschnittene Bäume werden beispielsweise die Größe von Sträuchern annehmen: Ich habe einige stark eingekürzte Linden (*Tilia* spp.) wegen ihrer essbaren Blätter, die im Fünf-Jahres-Turnus zurückgeschnitten werden; dadurch erreichen sie höchstens einen Maximaldurchmesser von etwa fünf Metern. Eine ausgewachsene Linde wird sehr viel größer. Viele Obstbäume können ebenfalls stark zurückgeschnitten werden, um sie kleiner zu halten. Deren Neuaustrieb wird jedoch mit Verzögerung Früchte tragen – etwa ein Jahr für schnell fruchttragende Arten (zum Beispiel Hasel, Weißdorne und Maulbeeren) und zwei bis drei Jahre bei Arten, die länger brauchen, um in den Fruchtertrag zu kommen (zum Beispiel Hickory, Pekannuss, Esskastanie und Persimonen). Auch andere Bäume können geschnitten werden, um sie kleiner als ihre Maximalausdehnung zu halten. Bei welchen Arten das möglich ist, erfahren Sie aus den Angaben in Kapitel 11.

Geben Sie dem Gestaltungsprozess ausreichend Zeit. Falls Sie nicht gerade einen winzigen Garten haben, kann das alles nicht in wenigen Stunden geschehen! Hängen Sie den Lageplan mit den Baumkreisen an eine Pinnwand oder breiten Sie diesen auf einem Tisch aus, wo er, wenn nötig, für Monate bleiben kann. Verbringen Sie eine oder zwei Stunden mit dem Gestaltungsplan und gönnen sich dann eine Pause. Kehren Sie am nächsten Tag oder eine Woche später zurück. Sie werden feststellen, dass Sie neue Ideen zur Platzierung Ihrer Bäume entwickelt haben. Das Bewegen eines Baumes auf dem Plan führt meist zu einer Verkettung von anderen Verschiebungen und damit zu erwarteten und auch unerwarteten Ergebnissen.

Falls große Lücken bleiben, haben Sie Platz, um mehr Bäume hinzuzufügen – machen Sie sich Gedanken darüber, welche anderen Bäume Sie noch dazu haben möchten. Behalten Sie dabei die stickstofffixierenden Gehölze im Auge. Falls Ihnen die Bäume zu beengt vorkommen, müssen Sie vielleicht manche entfernen.

Von Zeit zu Zeit sollten Sie hinaus in Ihren geplanten Garten gehen und sich Ihr derzeitiges Konzept dort vor Augen führen. Wo an ihrem Standort bereits Bäume stehen, kann es sehr nützlich sein, einen Sonnen-Kompass (ein auf einer Grundplatte angebrachter und mit den möglichen Einfallswinkeln der Sonne zum Sonnenaufgang, Sonnenuntergang und zu verschiedenen Zeiten im Jahr markierter Kompass) zu verwenden. Mit diesem können Sie an jeder gegebenen Stelle ermitteln, wie viel Sonne dort über den Verlauf des Jahres einfallen wird. Dies kann Ihnen die Entscheidung erleichtern, ob die Stelle ein guter Standort für einen sonnenhungrigen Obstbaum ist oder ob dort ein Baum, der weniger Sonne benötigt, besser geeignet wäre.

Das Diagramm 1 (Seite 151) zeigt die Richtung von Sonnenaufgang und Sonnenuntergang in verschiedenen Monaten über das Jahr in Großbritannien (zur Monatsmitte, dabei zeigt Nord die Nordfestlegung an. Sollte in Ihrer Gegend die Abweichung des magnetischen Nordpols vom wahren Norden mehr als ein paar Grad betragen, dann müssen Sie den Plan entsprechend neigen, wenn Sie ihn mit dem Kompass ausrichten.) Dies ist für die meisten gemäßigten Regionen recht genau. Kopieren Sie den Plan auf einen Karton und befestigen Sie in der Mitte einen einfachen Kompass so, dass Sie dessen Nord mit dem Nord auf dem Karton ausrichten.

Diagramm 2 zeigt den maximalen Winkel der Sonne über den Verlauf des Jahres für den 50°/50. Breitengrad (London, UK). In gemäßigten Klimazonen können Sie für alle 160 Kilometer, die Sie nördlicher liegen, den Winkel um 1 Grad verringern; entsprechend können Sie für alle 160 Kilometer, die Sie südlicher liegen, den Winkel um 1 Grad vergrößern. Peilen Sie entlang der Markierung über Ihren aufgeklebten und flach liegenden Plan, um festzustellen, wie hoch der Sonnenstand in dieser Richtung sein wird.

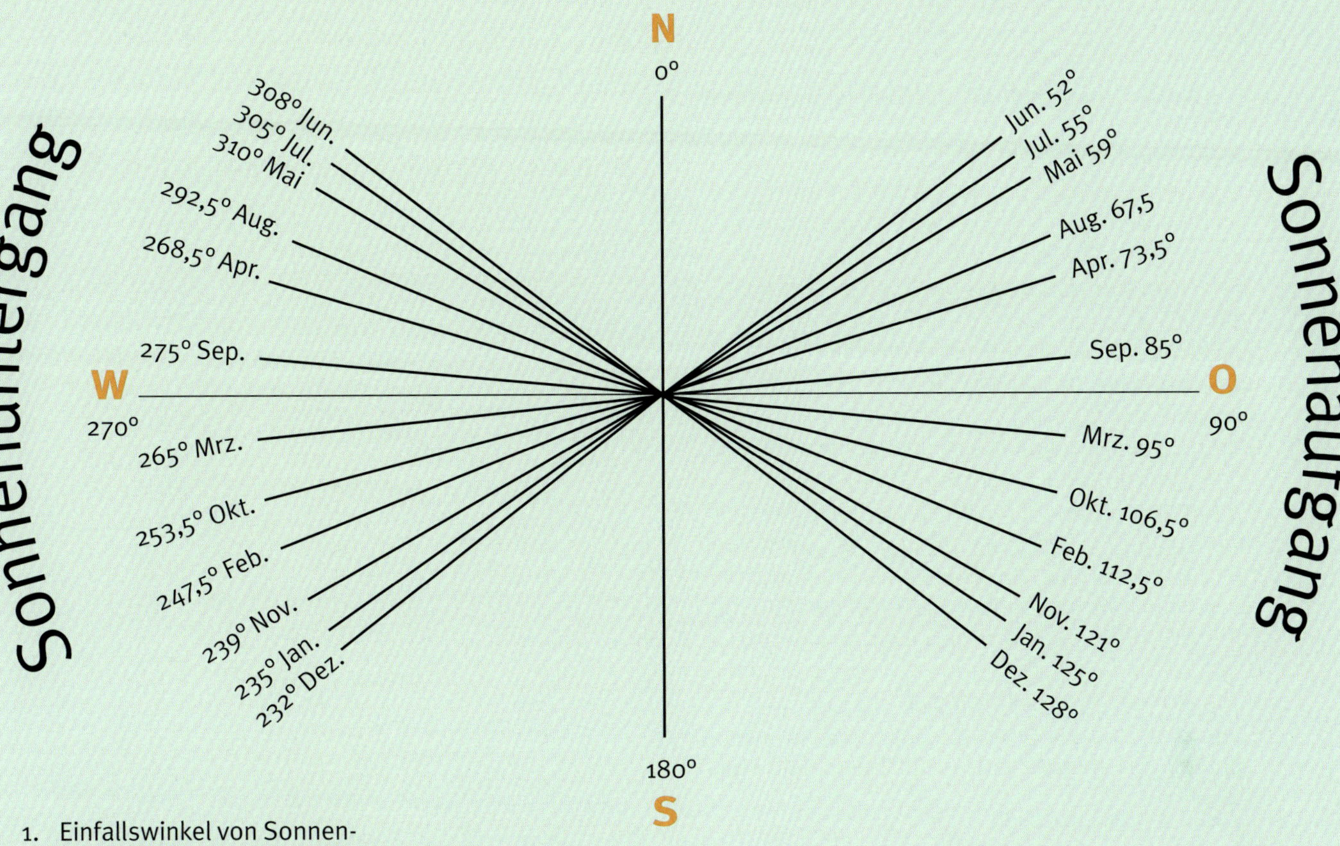

1. Einfallswinkel von Sonnenuntergang und -aufgang für 45°–55° Geografische Breite.

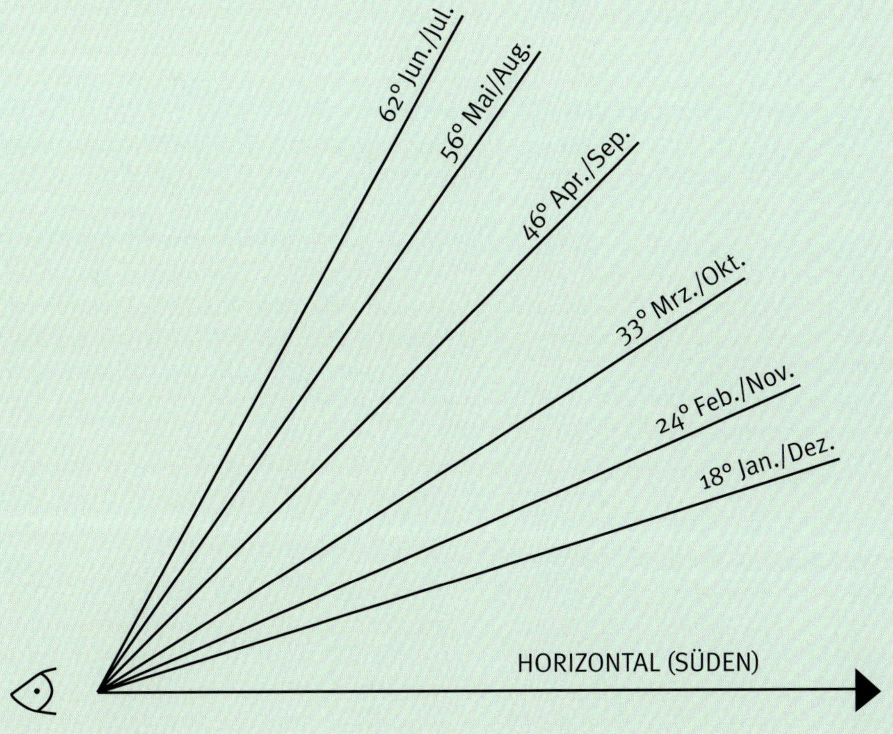

2. Maximaler Einfallswinkel der Sonne für 50° Geografische Breite.

Versuchen Sie, während des Gestaltungsprozesses für die Baumebene folgende Punkte im Auge zu behalten:

- Die Höhe des Gesamtprofils, das Sie für den Garten anpeilen.
- Lücken zwischen Baumkronen.
- Ausrichtung und andere Merkmale des Standorts, zum Beispiel steile Hänge – diese können sowohl Gelegenheiten als auch Probleme bieten.
- Unterschiede in den Böden über den gesamten Standort.
- Mikroklima im Garten. Empfindliche Bäume gedeihen gewöhnlich besser im Windschatten anderer Bäume.
- Die Anforderungen jedes einzelnen Baumes an Licht/Schatten, Feuchtigkeit und Nährstoffe.
- Die Anforderungen für erfolgreiche Bestäubung. Bäume, die eine Fremdbestäubung durch einen anderen Baum verlangen, sollten relativ nah beieinandergepflanzt werden (etwa einen oder zwei Bäume entfernt), sonst können Bienen nicht leicht von Baum zu Baum gelangen und vom Wind getragener Pollen kommt in einem Wald nicht weit.
- Allelopathie und Konkurrenz – einige Bäume können auf andere Pflanzen einen nachteiligen Effekt haben (siehe Kasten).
- Zuträgliche Auswirkungen auf andere Bäume – Schutz, Stickstofffixierung, Mineraliensammler und so weiter.
- Höhe der Baumkronen – die Baumkronen können mit der Zeit erhöht werden, indem die unteren Äste entfernt werden; dies eignet sich am besten für Bäume, die keine Früchte tragen.
- Platzierung von stickstofffixierenden Bäumen. Sie stehen am besten nahe bei stark tragenden Obstbäumen und stark beschnittenen Pflanzen wie Bambus; dabei oft nördlich der zu versorgenden Pflanzen, um die Beschattung zu minimieren.
- Mischung der Arten – versuchen Sie, die Arten so zu mischen, dass Bäume derselben Gattung oder Art nicht nebeneinanderstehen (es sei denn, die Bestäubung erfordert dies) zur Verringerung der Gefahr von Schädlingen und Krankheiten.
- Ihre möglichen ästhetischen Zielsetzungen.
- Zuletzt, auch wenn Sie mit einer planerischen Draufsicht arbeiten: Versuchen Sie, in drei Dimensionen zu denken.

Fahren Sie mit Ihrem Gestaltungsprozess fort, bis Sie mit dem Lageplan zufrieden sind, dann kleben Sie die Kreise auf den Plan. Es wird niemals den „idealen" fertigen Plan geben – Sie könnten bis in alle Ewigkeit mit Ihren Baumkreisen spielen –, irgendwann müssen Sie jedoch mit der Planung aufhören und hinausgehen und Bäume pflanzen! Fragen Sie sich, ob Sie Ihre Ziele erreicht haben. Gewöhnlich ist Ihre Planung auf einen Pflanztermin im Herbst oder Winter ausgelegt, daher haben Sie sich wohl bereits eine Frist gesetzt, auf die Sie hinarbeiten können. Meiner Einschätzung nach sollten Sie mindestens 2 Monate für den Gestaltungsprozess der Baumebene einplanen. Ich habe etwa 2 Stunden wöchentlich über 6 Monate auf meine Gestaltung verwendet.

BÄUME MIT NACHTEILIGEN AUSWIRKUNGEN AUF ANDERE PFLANZEN

Die meisten Bäume treten mit anderen Pflanzen nicht sonderlich in Konkurrenz oder beeinflussen sie auf andere negative Weise, einige Bäume sind jedoch dafür bekannt.

- Die Familie (*Juglandaceae*) der Walnüsse (insbesondere die Echte Walnuss (*Juglans regia*) und die des Eukalyptus (*Eucalyptus* spp.) sind bekannt dafür, dass sie wachstumshemmende (allelopathische) Effekte auf verschiedene Pflanzen unter ihrer Baumkrone auslösen. Es sind jedoch nicht alle Pflanzen davon beeinträchtigt. Durch *Juglans regia* sind die Äpfel und Schmetterlingsblütler (Leguminosen) betroffen. Sie sollten also vermeiden, diese unter Juglandaceaen zu pflanzen. Ich habe unter vereinzelt stehenden, stark beschnittenen Eukalyptusbäumen keine Auswirkungen feststellen können, es scheint also, dass dort solche Effekte nur auftreten, wenn sie in größerer Anzahl zusammenstehen.

- Manche Bäume, zum Beispiel die Esche (*Fraxinus excelsior*), Pappeln (*Populus* spp.) und Baum-Weiden (*Salix* spp.), haben sehr konkurrenzstarke Wurzeln (Strauch-Weiden weniger), daher kann es schwierig sein, andere Bäume neben diesen zu pflanzen.)

Sobald Ihr Design bereit ist, sollten Sie die Pflanzpositionen der Bäume vor Ort in Ihrem Garten markieren. Um zu vermeiden die Entfernungen genau ausmessen zu müssen, messen Sie stattdessen Ihre genaue Schrittlänge (messen Sie 20 Schritte und teilen Sie diese Zahl durch 20) und schreiten die Entfernungen ab, wandeln Sie dazu die Strecken auf Ihrem Plan in Schrittlängen um. Beginnen Sie mit einer kleinen Zahl relativ genauer Markierungen und verwenden Sie diese dann als Ausgangspunkte für weitere Messungen (Messergebnisse über mehrere Punkte führen zu Ungenauigkeit). Markieren Sie sich die Baumpositionen mit Bambusstecken oder geraden Stöcken. Nun sind Sie bereit zu pflanzen.

Seien Sie sich zuletzt bewusst, dass ein Waldgarten ein komplexes System darstellt und als solches nie ganz beschrieben, vorhergesehen oder kontrolliert werden kann. Obwohl Sie einen endgültigen Plan für die Bäume entwickelt haben, sollten Sie immer für eine Weiterentwicklung als Reaktion auf sich ändernde Umstände offen sein. Manchmal sterben Bäume, oder es wird offensichtlich, dass sie am falschen Platz stehen. Vielleicht müssen Sie ein paar davon umsetzen, bevor sie zu groß werden, oder einen Baum ganz entfernen. Alles das ist völlig natürlich – Sie versuchen schließlich nicht, einen formalen Garten zu erschaffen, der sich nie verändern darf.

Beispiele für Gestaltungen der Baumebene

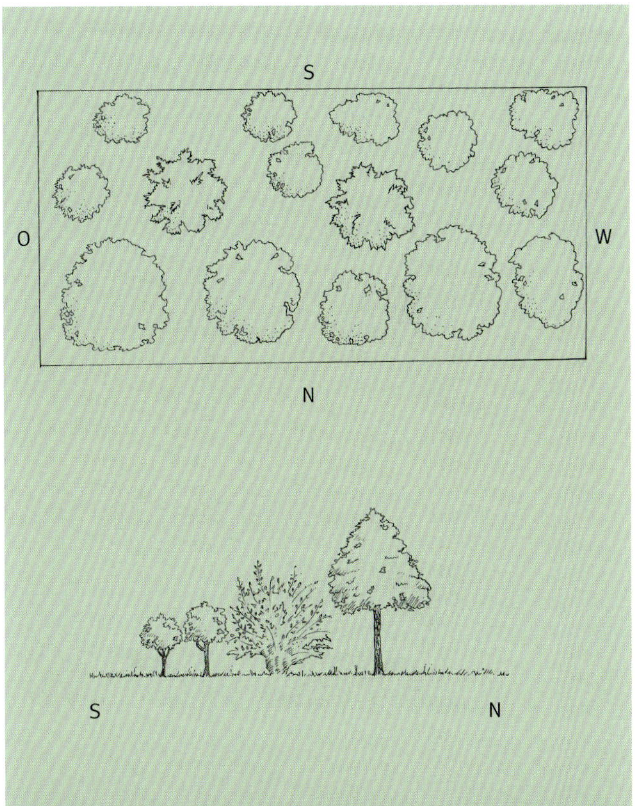

Gestaltungsbeispiel für einen schmalen in Ost-West-Ausrichtung gelegenen Garten.

Dieser Garten ist lang und schmal, der Länge nach verläuft er von Ost nach West. Exponiertheit gegen Wind ist kein Problem, es werden also keine Hecken benötigt.

Das Profil der Baumebene ist von Süden nach Norden ansteigend geplant, um die Beschattung zu minimieren. Die nördliche Kante bietet Raum für vier große Bäume und eine eingekürzte Linde, die kleiner ist und Schatten verträgt. Die Südseite des Gartens ist vor allem von Obstbäumen auf halb schwachwüchsigen Unterlagen besetzt – Pflaumen, Birnen und Äpfel. Die Birnen befinden sich in der Mitte der Pflanzung, weil sie so mehr Schutz bekommen. Weiterhin sind dort ein paar Korallen-Ölweiden (*Elaeagnus umbellata*) platziert, die eher Großsträucher als Bäume sind. Die Korallen-Ölweide und die größere Italienische Erle (*Alnus cordata*) sind Stickstofffixierer und sollten effektiv den meisten oder ganzen Stickstoff liefern, den die Obstbäume benötigen.

Die Bewohner wünschen sich eine offene, sonnige Fläche zur Freizeitnutzung, diese kann sich jedoch nicht direkt am Haus befinden, da es dort die meiste Zeit des Jahres schattig ist. Stattdessen werden beim Haus schattentolerante Bäume und Sträucher angepflanzt (Kochapfelsorten benötigen deutlich weniger Sonne als Tafeläpfel, da sie weniger Energie zur Zuckerproduktion brauchen), die zur offenen Fläche hin niedriger werden. Nördlich der offenen Fläche stehen ein Erbsenstrauch (*Caragana arborescens* – ein Stickstofffixierer) und Obstbäume, die in ihrer Höhe zum Nordende des Gartens hin ansteigen. Das Seitenprofil der Bäume zeigt, dass sich von beiden Seiten zur offenen Fläche hin die Höhen verringern, um dort den Lichteinfall zu maximieren und Schatten zu minimieren.

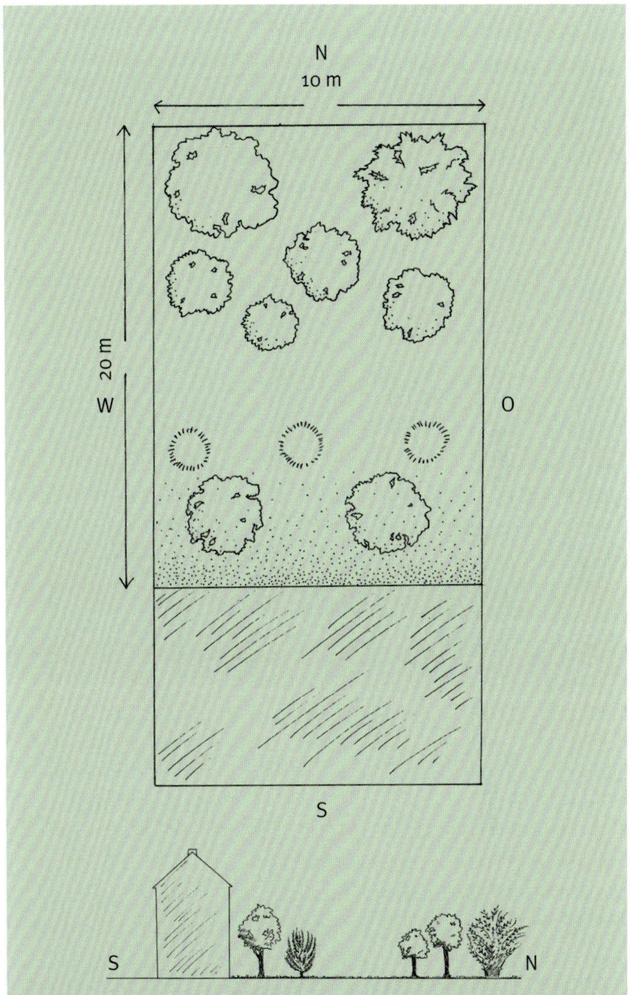

Gestaltungsbeispiel für einen schmalen von Nord nach Süd verlaufenden Garten.

Dies ist ein weiterer schmaler Garten, in diesem Fall von Nord nach Süd verlaufend mit einem Haus auf der südlichen Seite – eine übliche Situation in Vorstädten. Auch hier ist Windschutz kein Thema.

Ein nahezu quadratischer Standort für einen Garten, der im Westen an Waldland angrenzt. Wiederum ist Windschutz kein Thema. Die Höhe der Bäume steigt von Ost nach West und von Süd nach Nord. Die westliche Kante des Waldgartens kann für große Bäume verwendet werden, da der Wald, der dort an den Garten angrenzt, für ein flaches Profil der Baumebene sorgt und die Westwinde so über den Garten hinwegstreichen. Beachten Sie die Lage des Teiches im Garten: Teiche werden am besten in sehr guten Lichtverhältnissen angelegt, damit dort ein gesundes und artenreiches Ökosystem entstehen kann. Aus diesem Grund fällt die Höhe der Bäume zum Süden und Westen des Teiches hin ab und so kann eine Menge Sonnenlicht einfallen. Nördlich des Teiches werden die Bäume zum Norden hin wieder höher.

Der unten links dargestellte Garten ist ebenso annähernd quadratisch, in diesem Fall liegt er jedoch an einem Südhang. Windschutz gegen Winde vom Südwesten ist zu beachten, daher wurde entlang der südlichen und westlichen Kanten ein Windschutz angepflanzt.

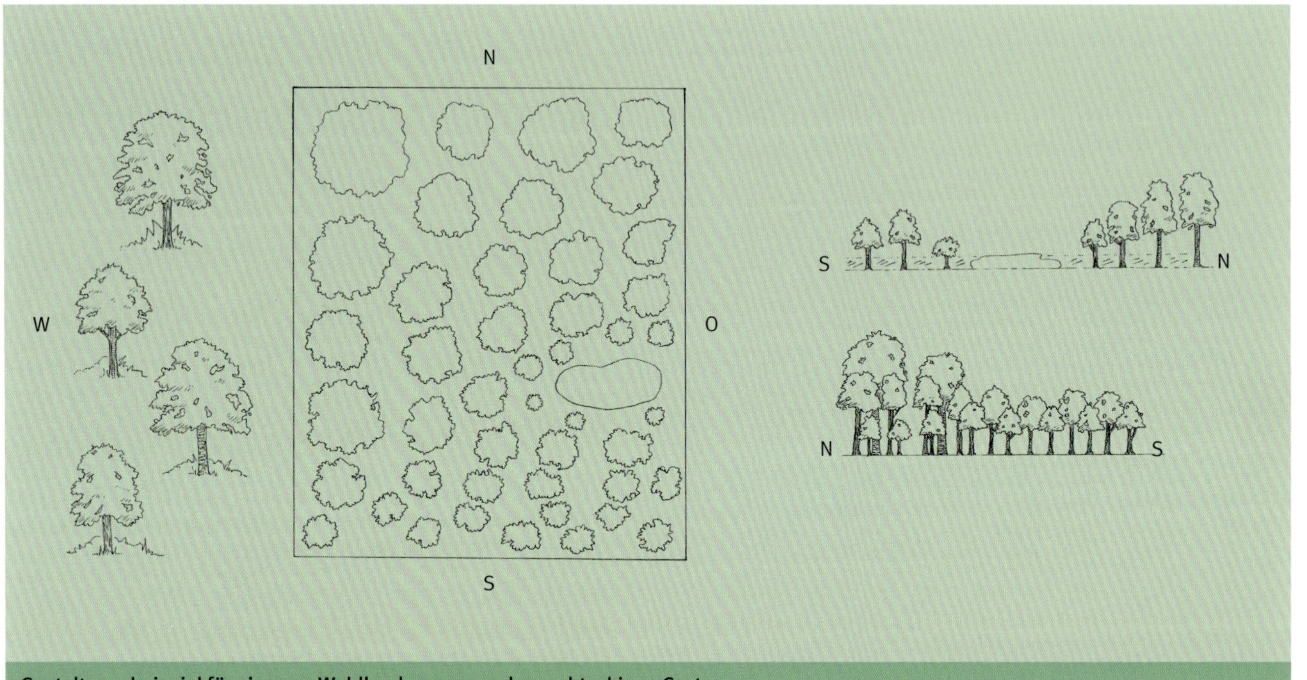

Gestaltungsbeispiel für einen an Waldland angrenzenden rechteckigen Garten.

Das Seitenprofil der Bäume zeigt das Ansteigen der Höhe von West nach Ost. Es steigt ebenso von Süd nach Nord an, was hier jedoch wegen der Hanglage eine weniger wichtige Anforderung ist, um den Schatten zu minimieren. Eine flache südliche Hanglage (etwa bis zu 10 Grad) kann im Planungsstadium mehr oder weniger ignoriert werden, da dies keinen großen Unterschied macht. Mehr als 10 Grad kann einen Unterschied machen, der bei steilen Hängen ab 25 Grad sehr bedeutend wird.

Ein etwa quadratischer Standort, dieser liegt an einem Nordhang. Windschutz ist im Westen ein Thema, daher ist an der westlichen Kante ein Windschutz eingeplant.

Gestaltungsbeispiel für eine Hanglage.

Dieses Beispiel zeigt sehr gut, warum Nordhänge in nördlichen Gefilden (hohen geografischen Breiten) nicht ideal für Waldgärten sind. Jeder in der Südhälfte gepflanzte Baum wird bedeutenden Schatten auf fast alles nördlich davon werfen. In diesem Beispiel wollen die Eigentümer glücklicherweise(!) eine vernünftige Menge einjährigen Gemüses anbauen, daher ist auf der südlichsten Seite des Gartens eine ganze Fläche dafür reserviert. Ein zweiter Gürtel ist für niedrige Beerensträucher bestimmt, die nur etwa 1 Meter hoch werden. Die nördliche Hälfte des Gartens wird dann zum eigentlichen Waldgarten, dessen Bäume zur Nordseite hin stark ansteigen. Die Beerensträucher können unterpflanzt und diese Sträucher daher als eine niedrige Baumkrone betrachtet werden – Sie brauchen dafür nicht immer Bäume!

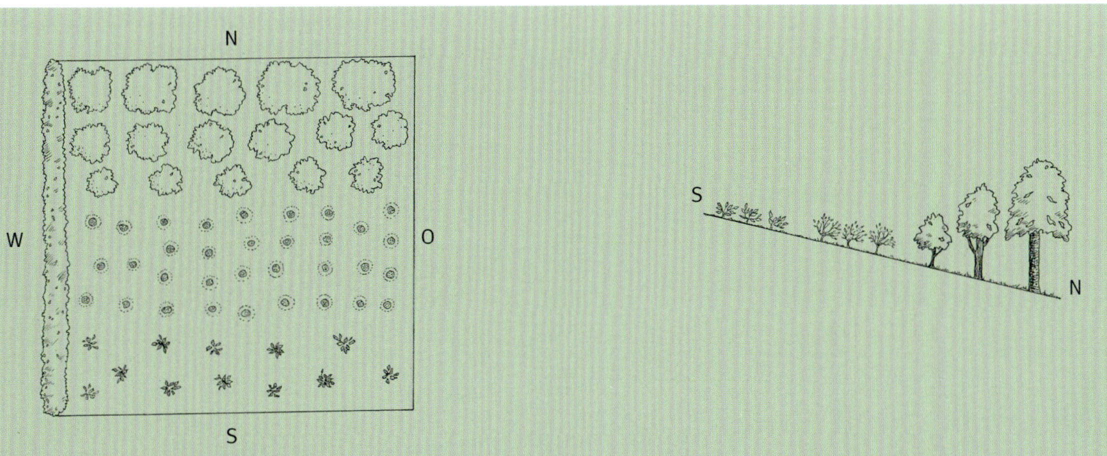

Gestaltungsbeispiel für eine Nordhanglage

Reifende Früchte der Erlenblättrigen Felsenbirne (*Amelanchier alnifolia*).

Kapitel 13

Arten für die Strauchebene

Die hier beschriebenen Sträucher reichen von kleinen aufrecht wachsenden Arten bis hin zu 3 Meter Höhe erreichenden Sträuchern. Einige der letztgenannten größeren Sträucher können natürlich in manchen Waldgärten als Arten für die Baumebene dienen. Entsprechend können auch einige Bäume als Sträucher behandelt werden, etwa wenn diese stark beschnitten oder als Kopfbäume kultiviert werden – zum Beispiel Linden (*Tilia* spp.) und der Chinesische Surenbaum (*Toona sinensis*). Als solche tauchen diese eher in der Strauch-ebene statt der Baumebene eines Gartens auf.

Beachten Sie, dass viele früchtetragende Sträucher zwar Schatten tolerieren, die Fruchtbildung jedoch im Schatten gewöhnlich niedriger ist. Jedoch folgt daraus nicht, dass Sonne immer am besten ist, denn wenn der Ertrag des beschatteten Strauches zu dem des den Schatten verursachenden Baumes hinzugezählt wird, dann kann der Gesamtertrag des Gartens trotzdem höher sein. Rote Johannisbeeren tragen zum Beispiel recht gut im Schatten laubabwerfender Bäume und können so unter schattigen Bäumen wie einer Esche (*Fraxinus excelsior*) platziert werden, wo wenige andere früchtetragende Pflanzen gedeihen können. Ihr Fruchtertrag wird nicht so hoch wie an einem sonnigeren Standort sein (wahrscheinlich nur 50–70 Prozent), wäre aber immer noch eine gute Verwendung des Platzes.

Bekannte Beerensträucher

Die meisten Menschen werden zumindest einige der hier genannten Pflanzen kennen und haben vielleicht manche davon schon in ihrem Garten. An dieser Stelle lohnt es sich anzumerken, dass von Beginn an krankheitsresistente Ertragssorten ausgewählt werden sollten, statt mit von Freunden geschenkten Pflanzen unbekannter Herkunft ein Risiko einzugehen!

OBSTBÄUME AUF SCHWACHWÜCHSIGEN UNTERLAGEN

Für Details zu Obstbäumen siehe Kapitel 11, „Arten für die Baumebene“. Ich kann Obstbäume auf schwachwüchsigen Unterlagen (faktisch Sträucher) allgemein für Waldgärten nicht empfehlen, weil diese anfälliger für Krankheiten sind und mit Konkurrenz nicht gut zurechtkommen. In bestimmten Fällen können jedoch Äpfel auf Unterlagen wie M27 und M9 (die jeweils bis zu 1,5 Meter und 2 Meter hoch werden) geeignet sein.

Jostabeere (*Ribes* x *culverwellii*).

Ribes x nidigrolaria, JOSTABEERE

Laubabwerfend/Immergrün: D **Zone:** 5
Sonnen-/Schatten-Präferenz: ○
Schatten-Toleranz: ◐
Bewertung: ✓✓✓✓
Fortpflanzung: SF **Blüte:** Weißlich-Pink

Dies ist eine Hybride aus der Schwarzen Johannisbeere und der Stachelbeere (*Ribes nigrum* und *Ribes uva-crispa*, siehe Seiten 158 und 160, auch *Ribes divaricatum* wurde eingekreuzt), die keine Stacheln hat, größere Früchte als Johannisbeeren bildet und keine Probleme mit Krankheiten hat. Die Jostabeere wächst als Stammbusch.

Größe: 1,5–3 Meter hoch und 1–2 Meter breit.
Bedingungen: Toleriert die meisten Bodenbedingungen und ein wenig Schatten.
Blütezeit: Frühjahr; bestäubt durch Bienen; frosttolerant.
Fruchtbildung: Juli/August; trägt reichhaltig. Die Früchte sind süß und Stachelbeeren ähnlich.
Verwendung: Behandeln Sie diese wie Stachelbeeren (*Ribes uva-crispa*, siehe Seite 160).
Ernte und Lagerung: Behandeln Sie diese wie Stachelbeeren.
Kochen/Verarbeitung: Wie Stachelbeeren
Nebennutzen: Bienenpflanze

Vermehrung: Ausgereifte Stecklinge im Spätherbst
Pflege: Wenig nötig, sonst gelegentlicher Schnitt, um neues Holz zu produzieren.
Sorten: ´Josta´, ´Jocheline´, ´Jogranda´, ´Jostine´, ´Jonova´, ´Rikö´

Ribes divaricatum, OREGON-STACHELBEERE

Laubabwerfend/Immergrün: D **Zone:** 4
Sonnen-/Schatten-Präferenz: ○
Schatten-Toleranz: ◐
Bewertung: ✓✓✓✓
Fortpflanzung: SF **Blüte:** Grünlich-Lila

Mit seinen großen Stacheln ist dies ein nützlicher Strauch in Hecken und andernorts, um Tiere und Menschen fernzuhalten! Die Oregon-Stachelbeere trägt den bekannten Gartenstachelbeeren ähnliche Früchte und bildet einen mehrzweigigen Strauch aus.

Größe: 2–3 Meter hoch und 1,5 Meter breit.
Bedingungen: Toleriert die meisten Bodenbedingungen und ein wenig Schatten.
Blütezeit: Frühjahr; frosttolerant; Bestäubung durch Bienen.
Fruchtbildung: Juli/August; trägt reichhaltig. Die Früchte haben einen Durchmesser von 1–1,5 Zentimeter.
Verwendung: Behandeln Sie diese wie Gartenstachelbeeren (*Ribes uva-crispa*, siehe Seite 160).
Ernte und Lagerung: Behandeln Sie diese wie Gartenstachelbeeren.
Kochen/Verarbeitung: Wie Gartenstachelbeeren
Nebennutzen: Bienenpflanze; Heckenpflanze
Vermehrung: Ausgereifte Stecklinge im Spätherbst
Pflege: Eindämmen durch Rückschnitt.

Schwarze Johannisbeere (*Ribes nigrum*).

Ribes nigrum, SCHWARZE JOHANNISBEERE

Laubabwerfend/Immergrün: D **Zone:** 5
Sonnen-/Schatten-Präferenz: ○
Schatten-Toleranz: ◐
Bewertung: ✓✓✓✓
Fortpflanzung: SF **Blüte:** Rötlich-Braun

Die meisten Gärtnerinnen und Gärtner kennen und lieben diese Pflanze und deren schwarze Früchte mit ihrem intensiven Geschmack. Verlässlich und einfach im Anbau, werden Schwarze Johannisbeeren in den meisten Waldgärten gepflanzt, wo sie aus dem Wurzelstock einen mehrstämmigen Strauch bilden.

Größe: Bis zu 2 Meter hoch und 1 Meter breit
Bedingungen: Toleriert die meisten Böden und leichten Schatten. An schattigeren Standorten nimmt die Fruchtbildung ab.
Blütezeit: Mitte des Frühjahrs; einigermaßen frostresistent; bestäubt durch Bienen.
Fruchtbildung: Zwischen Mitte Juni und Mitte September, sortenabhängig. Die Büsche tragen für 15–20 Jahre.
Verwendung: Frische Früchte, Marmelade, Fruchtleder, Soßen (zum Beispiel großartig in Joghurt, gebackenem Kuchen und so weiter).
Ernte und Lagerung: Trägt reichhaltig, bis zu 4 Kilogramm pro Busch. Leicht zu Eingemachtem zu verarbeiten/haltbar zu machen. Die frischen Früchte sind 1–2 Wochen haltbar.
Kochen/Verarbeitung: Für sich sind die Früchte zu saftig, um daraus Fruchtleder herzustellen, aber gemischt mit Früchten mit festerem Fruchtfleisch, wie zum Beispiel der Pflaume, sind sie großartig.
Nebennutzen: Bienenpflanze. Die Blätter können in Tees, die Früchte als violettes Färbemittel verwendet werden.

Vermehrung: Ausgereifte Stecklinge im Spätherbst – Sie können die Stecklinge direkt in den Garten in die meisten Böden stecken.
Pflege: Führen Sie gelegentlich einen Pflegeschnitt durch, indem Sie ältere Äste ganz entfernen, um neues Wachstum anzuregen. Unter schattigen Bedingungen wächst die Schwarze Johannisbeere dem Licht nach und fruchtet so auch weiter oben – was auch ein Vorteil sein kann. Die Johannisbeergallmilbe (*Cecidophyopsis ribis*) kann in Verbindung mit dem Blackcurrant Reversion Virus (BRV) die Produktivität senken: Es gibt ein paar dagegen resistente Sorten. Darüber hinaus sollten Sie von Haseln Abstand nehmen, die der andere Wirt sind.
Sorten:
´Ben Alder´: Mittelfrüh. Späte Blüte, produziert hohe Erträge großer Früchte von guter Qualität.
´Ben Connan´: Mittelspäte Sorte. Späte Blüte; große Erträge großer Früchte an kompakten Büschen.
´Ben Gairn´: Frühsorte. Eine neue krankheits- und BRV-resistente Sorte, die hohe Erträge großer Früchte von exzellenter Qualität liefert.
´Ben Hope´: Mittelfrüh. Neue Sorte mit guter Resistenz gegen Krankheiten und Johannisbeergallmilbe (was BRV vermeidet). Sehr wüchsiger, aufrecht wachsender Strauch, reich tragend mit geschmacklich exzellenten Früchten.
´Ben Lomond´: Mittelspäte Sorte. Späte Blüte; sehr große Früchte mit sehr gutem Geschmack. Die Büsche sind mittelstark wachsend.
´Ben More´: Mittelspäte Sorte. Sehr späte Blüte; sehr hohe Erträge riesiger Früchte an wüchsigen Sträuchern.
´Ben Nevis´: Mittelspäte Sorte. Späte Blüte; die Früchte sind sehr groß und leicht süß. Sehr hohe Erträge an Sträuchern mit mittelstarkem Wachstum.
´Ben Sarek´: Mittelspäte Sorte. Späte Blüte; sehr hohe Erträge sehr großer Früchte an kleinen, ausladenden Sträuchern.
´Ben Tirren´: Sehr späte Sorte. Späte Blüte; sehr hohe Erträge sehr großer Früchte von sehr gutem Geschmack.
´Black Reward´: Mittelspäte Sorte. Späte Blüte; mittelgroße Früchte von gutem Geschmack in langen Trauben. Sehr wüchsige Büsche, die gute Erträge liefern.
´Byelorussian Sweet´: Frühe Sorte. Sehr widerstandsfähig; sehr große Früchte; hohe Erträge. Eine winterharte russische Züchtung mit frostresistenten Blüten.
´Hystawneznaya´: Sehr frühe Sorte (Mitte Juni). Früchte mittlerer Größe. Eine winterharte russische Züchtung mit frostresistenten Blüten.
´Jet´: Sehr späte Sorte. Sehr späte Blüte, Früchte von mittlerer Größe und leicht zu ernten; sehr wüchsige Sträucher.

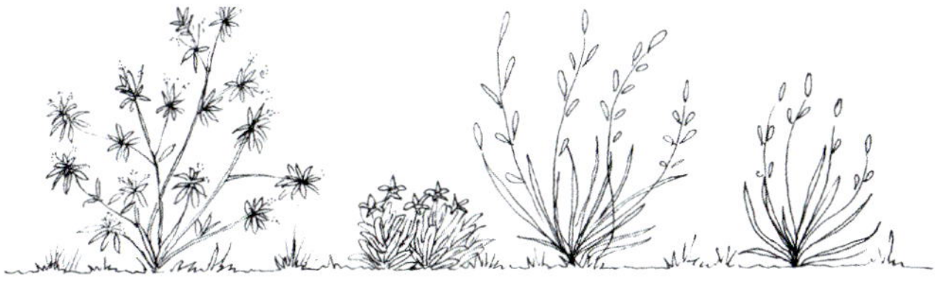

Rote Johannisbeere (*Ribes rubrum*).

Ribes rubrum, ROTE/WEISSE JOHANNISBEERE

Laubabwerfend/Immergrün: D **Zone:** 6
Sonnen-/Schatten-Präferenz: ○
Schatten-Toleranz: ●
Bewertung: ✓✓✓✓
Fortpflanzung: SF **Blüte:** Grünlich-Gelb

Eine weitere vielseitige Ribes-Art, die schattentoleranter als die anderen Arten ist und sich so als nützlicher Beerenstrauch für schattige Standorte anbietet. Sie bildet einen Stammbusch. Die Weiße Johannisbeere ist dieselbe Art wie die Rote Johannisbeere und mit dieser bis auf die Farbe identisch.

Größe: 2 Meter hoch und 1 Meter breit; kleiner bei starkem Schnitt.
Bedingungen: Toleriert die meisten Bodenbedingungen und recht tiefen Schatten unter laubabwerfenden Bäumen, fruchtet auch im Schatten gut.
Blütezeit: Zeitiges bis mittleres Frühjahr; resistent gegen Fröste; bestäubt durch Bienen.
Fruchtbildung: Mitte Juni bis früher September, sortenabhängig. Die Büsche tragen für 10–15 Jahre.
Verwendung: Frische Früchte (leicht säuerlich), Gelee (die Samen sind den meisten Menschen zu groß für Marmelade), Fruchtleder, Soßen, in Kuchen verbacken und so weiter.
Ernte und Lagerung: Jährlicher Ertrag bis zu 4 Kilogramm pro Busch. Die frischen Früchte sind 1–2 Wochen haltbar.
Kochen/Verarbeitung: Kochen Sie die Früchte leicht und passieren Sie sie durch ein Sieb, um die Samen zu entfernen. Das Fruchtfleisch kann dann leicht verarbeitet werden. Mischen Sie mit festerem Fruchtfleisch (oder Nüssen und Ähnlichem), um Fruchtleder herzustellen.
Nebennutzen: Bienenpflanze

Vermehrung: Ausgereifte Stecklinge im Spätherbst – Sie können die Stecklinge direkt in den Garten in die meisten Böden stecken.
Pflege: Unter schattigen Bedingungen wächst die Rote Johannisbeere aufstrebend und fruchtet so auch weiter oben – was auch ein Vorteil sein und Ihren Rücken schonen kann. Vögel lieben die Beeren – Weiße Johannisbeeren (siehe unten) und später reifende Sorten Roter Johannisbeeren werden weniger gefressen. Solange es nicht an neuem Zuwachs mangelt, sind wenige Schnittmaßnahmen nötig.
Sorten:
Rote Johannisbeere:
´Cherry´: Frühe Sorte. Die Früchte sind riesig und tiefrot; gute Erträge. Wüchsige Sträucher.
´Jonkheer van Tets´: Frühe Sorte. Die Früchte sind sehr groß und dunkelrot; sehr hohe Erträge. Resistent gegen Blattläuse; wüchsige Sträucher.
´Junifer´: Sehr frühe Sorte; sehr frühe Blüte; sehr hohe Erträge
´Laxton's Number One´: Mittelfrühe Sorte. Sehr hohe Erträge mittelgroßer Früchte, leicht zu ernten. Späte Blüte. Wüchsiger Strauch.
´Red Lake´: Mittelfrüh. Trägt sehr hohe Mengen sehr großer dunkelroter Früchte mit gutem Geschmack an langen Rispen. Späte Sorte.
´Redstart´: Späte Sorte. Sehr reichtragend, mittelgroße Früchte mit gutem Geschmack. Kleiner Strauch.
´Rondom´: Späte Sorte. Späte Blüte; mittelgroße Früchte an langen Rispen, leicht zu ernten. Sehr produktiv.
´Rovada´: Späte Sorte. Sehr große Früchte an langen Rispen; sehr reichtragend.
´Stanza´: Mittelspäte Sorte. Mittelgroße tiefrote Früchte; sehr hohe Erträge. Wüchsiger Busch; späte Blüte.
Weiße Johannisbeere:
´Blanka´ : Späte Sorte – reift im August. Außerordentlich hohe Erträge.
´White Versailles´: Mittelspäte Sorte. Mäßiger Ertrag von Früchten mit gutem Geschmack.

Als stachelige Verwandte der Johannisbeere trägt die Gartenstachelbeere größere und süßere Früchte und ist recht schattentolerant. Sie bildet einen Stammbusch.

Ribes uva-crispa, STACHELBEERE/ GARTENSTACHELBEERE

Laubabwerfend/Immergrün: D **Zone: 5**
Sonnen-/Schatten-Präferenz: ○
Schatten-Toleranz: ◑
Bewertung: ✓✓✓✓
Fortpflanzung: SF **Blüte: Grünlich-Weiß**

Größe: 1–1,5 Meter hoch und breit
Bedingungen: Toleriert die meisten Bodenbedingungen und recht viel Schatten
Blütezeit: Frühling; recht frostresistent; bestäubt durch Bienen
Fruchtbildung: Mitte Juni bis später August, sortenabhängig. Grüne saure Stachelbeeren können zum Kochen im Mai geerntet werden. Die Büsche tragen für etwa 25 Jahre.
Verwendung: Die frischen reifen Früchte sind süß und können in Marmeladen, Fruchtleder, Soßen, gebackenem Kuchen und so weiter verwendet werden. Die unreifen Früchte werden manchmal gekocht und gesüßt.
Ernte und Lagerung: Jährlicher Ertrag etwa 4 Kilogramm pro Strauch in guten Lichtverhältnissen; weniger im Schatten. Die frischen Früchte sind für 1–2 Wochen haltbar.
Kochen/Verarbeitung: Ergibt ein gutes Fruchtleder, das Fruchtfleisch muss dann ein wenig verdickt werden.
Nebennutzen: Bienenpflanze
Vermehrung: Ausgereifte Stecklinge im Spätherbst – am besten in ein Anzuchtbeet im Freien gesetzt
Pflege: Unter schattigen Bedingungen wächst die Stachelbeere dem Licht nach und fruchtet so weiter oben – was auch ein Vorteil sein kann. Der Amerikanische Stachelbeer-Mehltau kann Schäden anrichten – wählen Sie, wenn möglich, mehltauresistente Sorten. Gelegentlicher Schnitt kann für gleichbleibende Erträge erforderlich sein.
Sorten: Alle folgenden Sorten sind resistent gegen den Amerikanischen Mehltau.
´Annelli´: Spätsorte. Rote Früchte mit gutem Geschmack. Wüchsige Sträucher.
´Black Velvet´: Mittelspäte Sorte. Dunkle, rötlich schwarze ovale Früchte mit sehr gutem Geschmack.
´Gold Ball´: Spätsorte. Gelblich grüne Früchte mit gutem Geschmack.
´Hamamekii´: Mittelspäte Sorte. Rote Früchte mit gutem Geschmack. Wüchsige Sträucher.
´Hino Red´: Mittelspät. Früchte mittlerer Größe, dunkelrot mit sehr gutem Geschmack.
´Hino Yellow´: Mittelspät. Gelblich grüne Früchte, mittelgroß mit gutem Geschmack. Sträucher mit kompaktem Wuchs.
´Invicta´: Mittelspät. Sehr hohe Erträge mittelgroßer grüner Früchte mit gutem Geschmack. Wüchsige und zum Verbreiten neigende Sträucher.

´Pax´: Frühsorte. Dunkelrote runde Früchte mit exzellentem Geschmack. Die Sträucher haben nur wenige Stacheln.

Rubus fruticosus, BROMBEERE

Laubabwerfend/Immergrün: D **Zone:** 6
Sonnen-/Schatten-Präferenz: ○
Schatten-Toleranz: ●
Bewertung: ✓✓✓✓
Fortpflanzung: SF **Blüte:** Weiß

In natürlicher Umgebung breitet sich die Brombeere durch Absenker aus, das heißt, ihre Triebspitze biegt sich zum Boden und entwickelt dort Wurzeln. In einem „normalen" Garten wird es diesen und ähnlichen Beeren üblicherweise nicht erlaubt, Absenker zu bilden und so zu wandern. Aber wie auch die Himbeeren (*Rubus idaeus*, siehe rechts) sind diese Pflanzen gesünder und produktiver, wenn Sie ihnen zumindest manchmal erlauben, sich auszubreiten. In einem Waldgarten kann man Brombeeren leicht das Ausbreiten erlauben. Ich ermuntere sie, die niedrigen Äste von Bäumen und Sträuchern auf ihrer Süd- oder Westseite zu erklimmen, damit die Früchte weiter vom Boden entfernt und besser vor Vögeln versteckt sind.

Größe: 2–4 Meter – große Sträucher
Bedingungen: Toleriert die meisten Böden und tiefen Schatten, dort ist die Fruchtbildung jedoch reduziert.
Blütezeit: Frühling; frosttolerant; bestäubt durch Bienen
Fruchtbildung: August bis Oktober
Verwendung: Frische Früchte; auch gekocht. Marmelade, in Kuchen gebacken und so weiter.
Die Früchte sind nicht geschmacksintensiv genug, dass sie sich zur Trocknung eignen.
Ernte und Lagerung: Die meisten Sorten reifen über mehrere Wochen. Die frischen Früchte sind nicht lange haltbar.
Nebennutzen: Bienenpflanze. Die knackigen jungen Triebspitzen sind essbar und gekocht sehr lecker (nur verwendbar, solange die Stacheln noch weich sind). Aus den Blättern können Tees hergestellt werden. Aus den Trieben und Früchten kann violetter Farbstoff gewonnen werden. Die Stängel sind zum Flechten geeignet (die Stacheln können entfernt werden, indem man den Stängel durch ein Loch zieht).
Vermehrung: Ausgereifte Stecklinge im Winter gelingen recht gut. Die Triebspitzen wurzeln dort, wo sie den Boden berühren, und bilden neue Pflanzen.
Pflege: Wenig nötig. Es empfiehlt sich, in einem Waldgarten stachellose Sorten anzupflanzen, sodass sie sich leicht von wilden Brombeeren unterscheiden lassen.

Sorten:
´Adrienne´: Frühsorte. Trägt lange Früchte mit exzellentem Geschmack; leicht zu ernten. Stachellose Ruten und eine gute Ertragspflanze.
´Ashton Cross´: Mittelfrüh. Dünne, stachelige, sehr wüchsige Ruten. Die Früchte sind klein bis mittelgroß mit gutem Geschmack. Sehr hohe Erträge.
´Bedford Giant´: Frühsorte. Stachelige, wüchsige Ruten. Sehr große Früchte mit mittelmäßigem Geschmack. Sehr hohe Erträge.
´Black Satin´: Mittelspäte Sorte. Wüchsige Ruten, resistent gegen die Brombeer-Blattfleckenkrankheit (*Sphaerulina westendorpii*). Die Früchte sind sehr groß, fest und halten sich gut. Produktive Sorte.
´Helen´: Sehr frühe Sorte. Stachellose Ruten; Strauch mit kompaktem Wuchs. Die Früchte sind sehr groß mit sehr gutem Geschmack.
´Himalaya´: Mittelspäte Sorte. Lange und kräftige dornige Stacheln, extrem wüchsig. Früchte mittlerer Größe mit mittelmäßigem Geschmack. Mäßige Erträge. Gut für Begrenzungen und Windschutz geeignet.
´Loch Ness´: Mittelspäte Sorte. Stachelige Ruten. Große und feste Früchte; extrem hohe Erträge.
´Oregon Thornless´: Mittelspäte Sorte. Stachellos, immergrüne oder halb immergrüne Ruten mittlerer Wüchsigkeit. Früchte mittlerer Größe, rund-oval, fest und süß von gutem Geschmack. Bringt in fruchtbaren Böden gute Erträge.
´Thornfree´: Spätsorte. Wüchsige, stachellose Ruten. Feste mittelgroße Früchte von gutem süßlich-sauren Geschmack. Außerordentlich hohe Erträge.
´Waldo´: Mittelfrüh. Stachellose Ruten von mittlerer Wüchsigkeit. Große und feste Früchte von gutem Geschmack und guter Haltbarkeit. Sehr hohe Erträge.

Rubus idaeus, HIMBEERE

Laubabwerfend/Immergrün: D **Zone:** 3
Sonnen-/Schatten-Präferenz: ○
Schatten-Toleranz: ◐
Bewertung: ✓✓✓✓
Fortpflanzung: SF **Blüte:** Weiß

Diese Frucht möchte nahezu jeder in seinem Waldgarten haben. Die Himbeere kommt natürlich an Waldrändern vor und bewegt sich durch Wurzelausläufer zusammen mit dem Waldrand im Zuge der Sukzession hin zu einem Wald.

In einer „normalen" Situation in Gärten ist das Himbeerbeet gewöhnlich von gemähten Wegen umgeben, auch sonst wird der Pflanze nicht erlaubt, sich im Garten auszudehnen. Als Folge erschöpfen die Himbeerpflanzen recht schnell den Vorrat an bestimmten Mikronährstoffen im Boden, sie sind gestresst und werden von Krankheiten befallen, oft von Viruskrankheiten. Die produktive Lebensdauer solch eines Beetes ist etwa 10 Jahre. In einem Waldgarten empfehle ich Ihnen dringend, Ihre Himbeeren wandern zu lassen! Sie bleiben so viel länger gesund und produktiv. Das bedeutet jedoch nicht, dass Sie ihnen absolut freie Bahn lassen müssen – Sie können kontrollieren, wohin Sie das Wachstum erlauben. In einem herkömmlichen Garten werden Himbeeren außerdem vertikal hochgebunden und mit Netzen gegen Vogelfraß geschützt. Dies sollte in einem Waldgarten nicht nötig werden. Stattdessen erlauben Sie den Himbeeren, sich über andere Sträucher oder ausdauernde Pflanzen zu legen; die Früchte sind an gebogenen Ruten besser vor Vögeln versteckt. Zur Ernte heben Sie die Ruten an und schauen an der Unterseite nach den Früchten. Natürlich werden Vögel immer ein paar Früchte fressen, auf diese Weise sollte aber auch genug für Sie übrig bleiben.

Größe: Etwa 2 Meter hoch, breitet sich durch Wurzelausläufer aus, die Ruten sind zweijährig.
Bedingungen: Toleriert die meisten Böden und recht tiefen Schatten.
Blütezeit: Frühjahr; recht frosttolerant. Bestäubt durch Bienen.
Fruchtbildung: Später Juni bis November (bis Dezember in milden Regionen)
Verwendung: Frische Früchte; auch gekocht. Marmeladen und so weiter.
Ernte und Lagerung: Die meisten Sorten reifen über mehrere Wochen. Die frischen Früchte sind nicht lange haltbar.
Kochen/Verarbeitung: Das Fruchtfleisch muss mit dickerem (zum Beispiel dem Fruchtfleisch von Pflaumen) gemischt werden, um es als Fruchtleder zu trocknen.
Nebennutzen: Bienenpflanze. Die Blätter sind für Tees geeignet.
Vermehrung: Wurzelausläufer ausgraben
Pflege: Wenig erforderlich. Die abgestorbenen Ruten können abgebrochen oder weggeschnitten werden. Es empfiehlt sich, in einem Waldgarten stachellose Sorten anzupflanzen, sodass Sie diese leicht von den wilden Sorten unterscheiden und diese entfernen können.
Sorten:
Im Sommer tragende Himbeeren:
´Glen Ample´: Mittelfrüh. Wüchsige Ruten, aufrecht und stachellos. Mittelgroße hellrote, konisch runde und feste Früchte (aber in kühleren Klimazonen leicht zerfallend), von exzellentem Geschmack; leicht zu ernten. Trägt reichhaltig.
´Glen Clova´: Mittelfrühe Sorte. Aufrechte und starke Ruten. Früchte von gutem Geschmack, mittelgroß, rund, hellrot, reifen über einen längeren Zeitraum. Sehr hohe Erträge.
´Glen Garry´: Mittelfrühe Sorte. Reich tragende Ruten, stachellos und von mäßiger Wüchsigkeit. Die Früchte sind sehr groß, konisch, fest und blassrot, von exzellentem Geschmack.
´Glen Lyon´: Mittelfrühe Sorte. Die Ruten etablieren sich schnell; stachellos und von mäßiger Wüchsigkeit. Mittelgroße Früchte, hellrot, fest und leicht zu ernten, mit säuerlichem Geschmack. Gut haltbar.
´Glen Magna´: Späte Sorte. Aufrechte Ruten, wüchsig, recht zahlreich mit wenig Stacheln. Sehr große dunkelrote Früchte, lang und konisch; recht fest von exzellentem Geschmack. Trägt außerordentlich reich.
´Glen Moy´: Frühe Sorte. Aufrechte Ruten, wüchsig, stachellos. Große und feste Früchte von gutem Geschmack. Gute Erträge. Produziert gelegentlich Früchte im Herbst an den jungen Ruten.
´Glen Prosen´: Mittelfrüh. Ruten von mäßiger Wüchsigkeit. Feste Früchte; mittelgroß und von gutem Geschmack. Gute Erträge.
´Glen Rosa´: Mittelfrüh. Aufrechte Ruten von mäßiger Wüchsigkeit; stachellos. Früchte mittlerer Größe, rot und fest von recht gutem Geschmack; gute Qualität und leicht zu ernten. Mäßige Erträge; gut für kühlere Klimabedingungen geeignet.
´Glen Shee´: Wüchsige Ruten, ziemlich aufrecht und stachellos. Eher blasse Früchte, fest und fleischig, mit weicher Haut und mäßigem Geschmack.
´Glen Yarra´: Mittelfrüh. Starke, aufrechte und stachellose Ruten. Mittelgroße Früchte, fest und rot. An Regionen mit wärmeren Wintern besser angepasst.
´Leo´: Sehr späte Sorte – bis spät im August. Aufrechte und sehr wüchsige Triebe, die sich in den frühen Jahren langsam vermehren; lange Seitentriebe. Große runde hellorangerote Früchte; fest mit leicht säuerlichem, gutem Geschmack. Mäßige Erträge; toleriert nährstoffarme Böden.
´Malling Admiral´: Mittelspäte Sorte. Wüchsige und ziemlich aufrechte Ruten. Sehr große rote und feste Früchte von gutem Geschmack. Lassen sich leicht ablösen. Sehr gute Erträge.
´Malling Jewel´: Mittelfrüh. Robuste Ruten. Große und rote Früchte von gutem Geschmack. Hängt gut an den Ruten und lässt sich leicht ablösen. Sehr hohe Erträge; frostresistent. Späte Blüte; leicht zu ernten.
´Malling Joy´: Mittelspäte bis späte Sorte. Hohe und sich ausbreitende Ruten; bildet viele Seitentriebe und sollte daher mit etwas größerem Abstand gepflanzt werden. Sehr große konische Früchte; sehr fest, fast unbehaart, von gutem, leicht säuerlichem Geschmack. Lässt sich leicht ablösen. Trägt außerordentlich reich.
´Malling Promise´: Frühe Sorte – Juni. Wüchsige Ruten, aber zu Beginn in der Vermehrung eher langsam. Früchte von gutem Geschmack, sehr groß, hellrot, weich und leicht zerfallend. Lassen sich leicht ablösen. Sehr hohe Erträge und frostresistent.
´Octavia´: Späte Sorte. Nützliche Sorte mit großen Früchten, die im August und September reifen.
´Tulameen´: Mittelfrühe bis späte Sorte. Wüchsige Ruten, ziemlich aufrecht und nur an der Basis mit Dornen bewehrt. Sehr große Früchte, fest und von gutem Geschmack; leicht zu ernten. Reift über eine sehr lange Dauer. Sehr produktiv.
Im Herbst tragende Himbeeren:
´All Gold´: Gelbfrüchtige Variante von Autumn Bliss
´Autumn Bliss´: Reift ab Mitte August. Sehr produktive/fruchtbare Ruten, ziemlich aufrecht und von mittlerer

Höhe – benötigt wenig Rankhilfe. Sehr große rote und feste Früchte von mildem Geschmack, die leicht zu ernten sind. Eine gute, verlässliche Ertragspflanze.
´Fallgold´: Produktive Ruten von mäßiger Wüchsigkeit. Sehr große, runde gelbe und süße Früchte, die sich gut einfrieren lassen. Sehr widerstandsfähig.
´Zeva´: Reift ab Mitte August. Wüchsige Ruten, die sich jedoch langsam etablieren; mittlere Höhe. Sehr große konische dunkelrote Früchte, weich und leicht zerfallend, von sehr gutem Geschmack. Außerordentlich reichtragend.

Rubus x *loganobaccus*, LOGANBEERE & *Rubus* spp., RUBUS-HYBRIDE

Loganbeeren und *Rubus*-Hybride tragen Früchte, die längere und größere Versionen von Brombeeren sind. Siehe *Rubus fruticosus* (Brombeere), Seite 161, für Details zum Anbau.

Sorten:
´Boysenberry´: Mittelfrüh. Wüchsige Ruten, schlank und stachelig. Sehr große dunkelrotviolette Früchte von exzellentem Geschmack. Sehr hohe Erträge.
´Loganberry´: Mittelfrüh. Von mäßiger Wüchsigkeit. Sehr große Früchte, bordeauxfarben und saftig von exzellentem Geschmack. Sehr hohe Erträge. Stachellose Klone sind verfügbar. [*R.* x *loganobaccus*]
´Sunberry´: Frühe Sorte. Stämmige Ruten, stachelig und extrem wüchsig. Mittelgroße, violettschwarze Früchte von angenehmem Geschmack. Sehr hohe Erträge.
´Tayberry´: Sehr frühe Sorte. Ruten von mäßiger Wüchsigkeit; sich verzweigend. Die Früchte sind sehr groß, dunkelpurpurrot von sehr gutem süß-säuerlichen Geschmack; leicht zu ernten. Hohe Erträge. Es gibt eine stachelige Mutation „Sorte“ (´Buckingham Tayberry´). [*R. fruticosus* x *R. idaeus*]

Rubus phoenicolasius, JAPANISCHE WEINBEERE

Laubabwerfend/Immergrün: D **Zone:** 5
Sonnen-/Schatten-Präferenz: ○
Schatten-Toleranz: ◐
Bewertung: ✓✓✓✓
Fortpflanzung: SF **Blüte:** Weißlich-Pink

Diese unübliche *Rubus*-Art ist in Großbritannien weitverbreitet. Der Name stammt wohl von der weinroten Farbe der Früchte, die von gutem Geschmack sind und nicht zwingend zu Wein verarbeitet werden müssen!

Größe: 1,5–2 Meter hoch und 2 Meter breit, mit gebogenen zweijährigen Ruten.
Bedingungen: Toleriert die meisten Böden; benötigt für gute Fruchtbildung ein wenig Sonne, toleriert aber Schatten.
Blütezeit: Frühling; recht frosttolerant
Fruchtbildung: Später Juli bis früher September; trägt reichhaltig. Die Früchte sind bis zur Reife durch belaubte Blütenkelche vor „Schädlingen“ geschützt.
Verwendung: Wie Himbeeren (*Rubus idaeus*; siehe Seite 161)
Ernte und Lagerung: Die frischen Früchte sind nicht lange haltbar, reifen aber über einen langen Zeitraum.
Kochen/Verarbeitung: Wie Himbeeren
Nebennutzen: Bienenpflanze
Vermehrung: Abschneiden von Absenkern oder durch Saatgut
Pflege: Entfernen Sie die alten, toten stacheligen Ruten, um den Zugang zu erleichtern. Lassen Sie die Triebspitzen nicht wurzeln, wenn Sie nicht möchten, dass der Strauch sich ausbreitet. Die Stiele sind sehr stachelig, seien Sie also bei der Pflege vorsichtig.
Sorten: Keine bekannt.

Vaccinium australe & *V. corymbosum*, HOCHBUSCHIGE HEIDELBEERE & NÖRDLICHE AMERIKANISCHE HEIDELBEERE

Laubabwerfend/Immergrün: D/E **Zone:** 2-6
Sonnen-/Schatten-Präferenz: ○
Schatten-Toleranz: ◑
Bewertung: ✓✓✓✓
Fortpflanzung: SF **Blüte:** Weiß

Nördliche amerikanische Heidelbeeren sind sehr winterhart, meist meinen wir diese Art, wenn wir von Heidelbeeren oder Blaubeeren sprechen. Die meisten Nördlichen Heidelbeer-Arten wachsen als hohe Büsche/Sträucher (das heißt mindestens 1 Meter hoch), es gibt jedoch auch niedrigere Büsche von etwa halber Höhe.

Vaccinium ashei, KANINCHENÄUGIGE HEIDELBEERE & *V. darrowii*, DARROWS HEIDELBEERE

Laubabwerfend/Immergrün: E **Zone:** 6-9
Sonnen-/Schatten-Präferenz: ○
Schatten-Toleranz: ◑
Bewertung: ✓✓✓✓
Fortpflanzung: SF **Blüte:** Weiß

Die südlichen Heidelbeerarten sind weniger winterhart als die nördlichen Varianten. Oft sind diese immergrün und benötigen weniger Kälte über den Winter. Manche Sorten bilden hohe, andere halbhohe Sträucher. Heidelbeeren sind selbstfruchtbar, die Fremdbestäubung mit einer zweiten Sorte bringt jedoch höhere Erträge. Diese Sträucher lieben saure Böden und tragen köstliche Früchte.

Größe: 1–1,5 Meter hoch und breit
Bedingungen: Saurer Boden (unter pH 5,5) ist für viele Sorten unabdingbar, einige der südlichen Arten tolerieren jedoch einen pH-Wert von 6,0. Benötigen Sonne – tolerieren nur wenig Schatten.
Blütezeit: Frühling; bestäubt durch Bienen
Fruchtbildung: Sommer. Trägt für 50 Jahre.
Verwendung: Die frischen Früchte können roh oder gekocht verzehrt werden.
Ernte und Lagerung: Die Sträucher können 5 Kilogramm Ertrag pro Jahr liefern. Die frischen Früchte können für 1–2 Wochen aufbewahrt werden. Die ganzen Früchte können getrocknet werden.
Nebennutzen: Sehr nützliche Pflanze für Hummeln. Aus den Früchten und Blättern kann ein violettes Färbemittel gewonnen werden.
Vermehrung: Durch grüne Stecklinge im Sommer
Pflege: Sobald die Produktivität der Sträucher sinkt, sollten Sie im März etwas des ältesten, nicht mehr tragenden Holzes entfernen. Die Früchte sind attraktiv für Vögel.
Sorten:
´Berkeley´: Nördliche hoch wachsende Art. Mittelfrüh. Aufrechter, wüchsiger Strauch, ausladend und sehr produktiv. Mittelgroße Früchte, hellblau und fest, von mildem, süßem Geschmack. Mäßige Qualität. Resistent gegen Aufplatzen der Früchte. Die Früchte fallen zu Boden, wenn zu spät geerntet wird; trägt auf schweren Böden besser.
´Bluecrop´: Nördliche hoch wachsende Art. Frühe Sorte. Aufrechter Strauch von mäßiger Wüchsigkeit mit schöner Herbstfärbung. Sehr große Früchte, hellblau, fest und von mäßiger Qualität; eine gute Ertragspflanze. Resistent gegen Trockenheit und Aufplatzen der Früchte. Trotz ihres Alters immer noch die weltweit führende Ertragssorte.
´Bluetta´: Nördliche hoch wachsende Art. Frühe Sorte. Ein ausladender Strauch von mäßiger Wüchsigkeit und Produktivität. Kleine bis mittelgroße Früchte, hellblau und fest, werden nach der Reife schnell weich. Schwer durch Schnitt zu kultivieren.
´Chandler´: Nördliche hoch wachsende Art. Mittelspäte Sorte. Wüchsiger Strauch, aufrecht, gut verzweigt und mit hohem Ertrag. Sehr große und hellblaue Früchte; fest und von gutem Geschmack. Reifen über einen langen Zeitraum.
´Darrow´: Nördliche hoch wachsende Art. Sehr späte Sorte. Aufrechter und wüchsiger Strauch. Sehr große Früchte, fest und hellblau, sehr gute Qualität. Resistent gegen Aufplatzen der Früchte.
´Duke´: Nördliche hoch wachsende Art. Früh bis mittelfrüh. Wüchsiger und aufrechter Strauch mit zahlreichen Ruten; relativ späte Blüte. Früchte mittlerer Größe, hellblau und fest von mildem Geschmack.
´Earliblue´: Nördliche hoch wachsende Art. Frühe Sorte. Strauch mit starkem, aufrechtem Wuchs und schöner Herbstfärbung; produktiv, aber unregelmäßig fruchtend. Sehr große, aromatische Früchte, hellblau und von guter Qualität. Resistent gegen Aufplatzen der Früchte und verfrühten Fruchtfall.
´Herbert´: Nördliche hoch wachsende Art. Mittelfrüh. Vielverzweigter Strauch, relativ offener und ausladender Wuchs; von mäßiger Wüchsigkeit. Sehr große Früchte, mittelblau, in sehr schweren kompakten Trauben von exzellentem Geschmack. Resistent gegen Aufplatzen der Früchte.
´Jersey´: Nördliche hoch wachsende Art. Späte Sorte. Aufrechter und ausladender Strauch. Kleine bis mittelgroße Früchte; exzellenter Geschmack. Für mechanische Ernte geeignet und häufig zur Weiterverarbeitung angebaut.
´Misty´: Südliche hoch wachsende Art. Hoher, aufrechter und wüchsiger Strauch mit kleiner Krone. Große hellblaue und feste Früchte.
´Patriot´: Nördliche hoch wachsende Art. Frühe Sorte. Kleiner, offener und ausladender Strauch (1,2 Meter), sehr winterhart. Große hellblaue Früchte von sehr guter Qualität.

´Reka´: Nördliche hoch wachsende Art. Frühe Sorte. Busch mit sehr hohen Erträgen. Früchte mittlerer Größe.
´Sunshine Blue´: Südliche hoch wachsende Art. Kleiner Strauch von 1,2 Metern Breite. Kleine Früchte; fest und von gutem Geschmack. Gut haltbar. Toleriert Böden von bis zu pH 6 und Trockenheit.

Weniger bekannte Beerensträucher

Die meisten dieser Sträucher werden in verschiedenen Regionen der Welt wegen ihrer Früchte angebaut und für einige davon wurden gute Ertragssorten gezüchtet. Diese können bedeutend zur Vielfalt Ihrer Strauchebene beitragen und neue wundervolle Geschmacksrichtungen bieten.

Saskatoon-Beere oder Erlenblättrige Felsenbirne (*Amelanchier alnifolia*).

Amelanchier alnifolia, ERLENBLÄTTRIGE FELSENBIRNE/ SASKATOON-BEERE

Laubabwerfend/Immergrün: D **Zone:** 4
Sonnen-/Schatten-Präferenz: ○
Schatten-Toleranz: ◐
Bewertung: ✓✓✓
Fortpflanzung: SF **Blüte:** Weiß

Ein winterharter, aus Nordamerika stammender Großstrauch mit exzellenten, an Blaubeeren erinnernden Früchten. Die Saskatoon-Beere gehört zu den Felsenbirnen. Auch die Früchte anderer Felsenbirnenarten sind essbar – siehe Seite 117, Kapitel 11.

Größe: 2–3 Meter hoch und 2 Meter breit – bildet langsam Wurzelausläufer
Bedingungen: Toleriert die meisten Böden und leichten Schatten
Blütezeit: Frühling. Hoher Zierwert; mäßig frosttolerant.
Fruchtbildung: Beginnt nach 2–3 Jahren zu tragen. Die Früchte sind von dunkelvioletter Farbe und reifen in Großbritannien meist im Juli.
Verwendung: Verwenden Sie diese frisch oder gekocht.
Ernte und Lagerung: Die Ernte kann schnell mit einem Erntekamm erledigt werden. Der durchschnittliche jährliche Ertrag beläuft sich auf 4 Kilogramm pro Pflanze. Die frischen Früchte sind für 1–2 Wochen haltbar.
Kochen/Verarbeitung: Ergibt eine gute Marmelade. Kochen Sie die Früchte leicht und passieren Sie diese durch ein Küchensieb, um die Kerne zu entfernen.
Nebennutzen: Bienenpflanze; Heckenpflanze
Vermehrung: Durch Saatgut – benötigt eine Stratifizierzeit von 5 Monaten
Pflege: Wenig erforderlich. Vögel lieben die Beeren! Gegebenenfalls müssen Sie die Sträucher mit einem Vogelschutznetz bedecken.
Sorten: In Kanada wurden einige Sorten gezüchtet, unter anderem:
´Martin´: Frühe Sorte mit sehr großen Früchten von exzellentem Geschmack.
´Northline´: Aufrechter Strauch bis zu 2 Meter Höhe; starke Wurzelausläuferbildung. Eher birnenförmige Früchte, sehr groß und süß von gutem Geschmack.
´Regent´: Winterhart, buschiger Strauch von 1,2–2 Metern Höhe; bildet Wurzelausläufer und ist sehr produktiv mit sehr süßen Früchten; mäßiger Geschmack (viele Samen). Beginnt nach 2 Jahren zu tragen.
´Smoky´: Ausladender Strauch, 2–2,5 Meter hoch, trägt sehr große, rotviolette runde Früchte (bis 1,8 Zentimeter) ab etwa 2–3 Jahren nach der Pflanzung. Die Früchte sind süß mit mäßigem Geschmack; reifen im Juli. Sehr kälte- und trockenheitsresistent.
´Thiessen´: Kleiner rundlicher Baum oder offener Strauch bis 5 Meter Höhe; moderate Wurzelausläuferbildung. Sehr große Früchte mit mäßigem Geschmack; produktiv.

Erdbeerbaum (*Arbutus unedo* ´Rubra´)

Arbutus unedo, ERDBEERBAUM/ HAGAPFEL/MEERKIRSCHE

Für eine ausführliche Beschreibung siehe Seite 117, Kapitel 11 (Arten der Baumebene). Die Zwergsorten sind Sträucher und somit hier aufgeführt.
Sorten:
´Compacta´: Zwergsorte von bis zu 2 Metern Höhe
´Elfin King´: Zwergsorte von bis zu 2 Metern Höhe; reichhaltige Blüten- und Fruchtbildung
´Rubra´: Reichhaltige Blüten- und Fruchtbildung; die Früchte sind unterdurchschnittlich klein.

Purpur-Apfelbeere (*Aronia prunifolia* ´Nero´).

Aronia arbutifolia, *A. melanocarpa* & *A. x prunifolia*, APFELBEEREN/ARONIA

Laubabwerfend/Immergrün: D **Zone: 4**
Sonnen-/Schatten-Präferenz: ○
Schatten-Toleranz: ◑
Bewertung: ✓✓✓✓
Fortpflanzung: SF **Blüte: Weiß**

Diese aus amerikanischen Waldlandschaften stammenden Sträucher tragen Beeren, die reif angenehm schmecken. Die Früchte enthalten sehr viele Nährstoffe und der Saft wird oft zu Obstsäften als Mischung beigegeben. In Kontinentaleuropa werden die Beeren kommerziell zur Saftgewinnung angebaut.

Größe: *A. arbutifolia* (Rote oder Filzige Apfelbeere): 3 Meter hoch und 1,5 Meter breit
A. melanocarpa (Schwarze Apfelbeere): 2 Meter hoch und 3 Meter breit
A. x prunifolia (Pflaumenblättrige oder Purpur-Apfelbeere [Naturhybride der oben genannten Arten]): 3 Meter hoch und 2,5 Meter breit
Bedingungen: Toleriert die meisten Böden. Toleriert Schatten, dort ist jedoch die Fruchtbildung geringer.
Blütezeit: Spätes Frühjahr; recht frosttolerant
Fruchtbildung: August/September. Beginnt nach 2–3 Jahren zu tragen.
Verwendung: Die Früchte sind so groß wie Johannisbeeren und werden roh, gekocht oder zu Saft oder Eingemachtem verarbeitet verzehrt.
Ernte und Lagerung: Die Ernte gelingt am einfachsten mit einem Erntekamm. In der Sonne tragen die Sträucher reichhaltig. Die frischen Früchte sind 1–2 Wochen haltbar.
Kochen/Verarbeitung: Die Früchte können zu einer guten Marmelade verarbeitet und mit anderen Früchten zur Herstellung von Fruchtleder gemischt werden. Kochen Sie diese leicht und passieren sie durch ein Küchensieb, um die Samen zu entfernen.
Nebennutzen: Bienenpflanze; Heckenpflanze
Vermehrung: Durch Saatgut – erfordert eine Stratifizierungszeit von 3 Monaten. Die Arten werden durch Stecklinge vermehrt.
Pflege: Wenig nötig
Sorten: Diese wurden wegen ihrer großen Früchte und guten Erträge ausgewählt:
A. melanocarpa:
´Hugin´
A. prunifolia:
´Nero´
´Viking´

Berberis spp., BERBERITZEN

Laubabwerfend/Immergrün: D/E **Zone: 6**
Sonnen-/Schatten-Präferenz: ○
Schatten-Toleranz: ◑
Bewertung: ✓✓✓
Fortpflanzung: SF **Blüte: Gelb**

Dies ist eine große Gruppe von laubabwerfenden und immergrünen Sträuchern, die in der Natur in Hecken und Wäldern vorkommen. Die meisten Menschen kennen Berberitzen als Ziersträucher in Gärten, meist als dornige Hecken. Berberitzen eignen sich gut als Hecken zum Schutz vor Tieren (und Menschen), sie produzieren aber auch essbare Früchte. Die Früchte sind klein, säuerlich, bei Vögeln beliebt und können als solche als „Opferpflanze" verwendet werden, um Vögel von wertvolleren Früchten abzulenken. Ich nasche gelegentlich die reifen Früchte, öfter jedoch die getrockneten Früchte der Gojibeere, die am Strauch trocknen und dort über den Winter verbleiben.

Größe: Variabel, die meisten sind jedoch etwa 3 Meter hoch und 2 Meter breit. Einige sind laubabwerfend (zum Beispiel *B. aristata*, *B. georgei*, *B. koreana* und *B. vulgaris*); andere sind immergrüne Arten (zum Beispiel *B. asiatica*, *B. buxifolia*, *B. darwinii* und *B. lycium*).
Bedingungen: Tolerieren die meisten Böden und Schatten. Die immergrünen Arten kommen auch mit tiefem Schatten (unter laubabwerfenden Gehölzen) zurecht.
Blütezeit: Frühjahr und Sommer
Fruchtbildung: Spätsommer und Herbst. Die Früchte sind gewöhnlich 1–1,6 Zentimeter lang und säuerlich.
Verwendung: Die Früchte können roh oder gekocht gegessen oder eingemacht werden.
Ernte und Lagerung: Am besten als gelegentliche Häppchen. Die frischen Früchte sind nicht lange haltbar.
Kochen/Verarbeitung: Ein Erntekamm funktioniert bei den meisten Berberitzen gut und ist die einzig vernünftige Art, eine größere Menge an Früchten zu ernten.
Nebennutzen: Bienenpflanze. Heckenpflanze. Gelbes Färbemittel aus Rinde und Wurzeln. Die Wurzeln haben medizinischen Nutzen (als Quelle für Berberin, das krebsvorbeugend wirkt und weitere Eigenschaften besitzt).
Vermehrung: Durch Saatgut (benötigt eine Stratifizierungszeit von 2–3 Monaten) oder durch halb ausgereifte Stecklinge (siehe Kap. Vermehrung).

Pflege: Wenig erforderlich. Berberitzen sind sehr schnitttolerant. Vögel mögen die Früchte.
Sorten: Als Hybriden mit hohen Erträgen empfehle ich *B. x carminea* ´Buccaneer´ und *B. x lologensis* ´Mystery Fire´. In der ehemaligen UdSSR wurde die Sorte ´Rubin´ aus *B. koreana* als gut fruchtende Art mit hohem Vitamingehalt gezüchtet.

Japanische Kopf-Eibe oder Pflaumen-Eibe (*Cephalotaxus harringtonii* var. *drupacea*).

Cephalotaxus spp., PFLAUMEN-EIBEN/KOPFEIBEN

Laubabwerfend/Immergrün: E **Zone:** 6
Sonnen-/Schatten-Präferenz: ◐
Schatten-Toleranz: ●
Bewertung: ✓✓✓✓
Fortpflanzung: M/F **Blüte:** Blassgrün

Siehe auch Seite 176 und 177 unter „Sträucher für Nüsse und Samen“.

Ursprünglich aus den Wäldern Chinas und Japans, eignen sich diese Sträucher als gute Ertragspflanzen im Unterholz an sehr schattigen Standorten. Bei Besuchern meines Waldgartens rufen diese Pflanzen meist die Reaktion hervor: „Was ist das denn?“ Sie sehen aus wie kleine Eiben, tragen jedoch kirschgroße grünliche Früchte, die überhaupt nicht nach Pflaumen aussehen! Das ist eine meiner Lieblingspflanzen unter den weniger bekannten Arten: Das Aroma der reifen Früchte ist das von süßem Karamell gemischt mit Pinienkernen – sehr markant. Die Chinesische Pflaumeneibe ist *C. fortunei*; die Japanische Pflaumeneibe ist C. harringtonii.

Größe: 3–5 Meter hoch und breit, jedoch langsam wachsend und erreicht erst nach 15–20 Jahren ihre endgültige Größe.
Bedingungen: Toleriert die meisten Böden, zieht ein wenig Schatten vor, toleriert aber Vollschatten und fruchtet dort auch gut:
Blütezeit: In Großbritannien im Mai. Die Blüten sind recht unscheinbar. Durch Wind bestäubt.
Fruchtbildung: Beginnt nach 4–5 Jahren zu tragen. Die Früchte reifen in Großbritannien spät im Oktober und im November. Die grünen Früchte werden bei Reife dunkler und weich.
Verwendung: Frische Früchte – ich esse sie roh direkt vom Strauch.
Ernte und Lagerung: Ernten Sie die Früchte, wenn sie im November dunkler und weich werden. Die frischen Früchte sind für 1–2 Wochen haltbar.
Kochen/Verarbeitung: Ich habe die Früchte bisher noch nie verarbeitet. Sie sind ziemlich saftig und müssten zur Herstellung eines Fruchtleders mit festeren Früchten vermischt werden.
Nebennutzen: Der erdnussgroße ölige Kern im Samen ist ebenfalls essbar und hat einen harzigen Geschmack. Die Blätter und Triebe sind von hohem medizinischen Nutzen (sie enthalten Krebs bekämpfende Stoffe).
Vermehrung: Durch Saatgut – benötigt eine Stratifizierungszeit von 3 Monaten. Auch durch halb ausgereifte Stecklinge im Herbst ist eine Vermehrung möglich.
Pflege: Wenig nötig

Chaenomeles spp., ZIERQUITTEN

Laubabwerfend/Immergrün: D **Zone:** 5
Sonnen-/Schatten-Präferenz: ○
Schatten-Toleranz: ◐
Bewertung: ✓✓✓✓
Fortpflanzung: SF **Blüte:** Pink, Rot, Weiß

Für einen Waldgarten betrachte ich diese Arten als vielseitigere Ertragspflanzen als die echte Quitte (*Cydonia oblonga*). Die Blüten sind deutlich frosttoleranter, daher sind diese zuverlässigere Ertragspflanzen, sie sind schattentolerant, und die Früchte, wenn auch säuerlich, haben ein wundervolles Spektrum von Zitrusgeschmack – von zitronen- bis orangenartig. Ich ziehe die Verwendung der Früchte zur Herstellung von Getränken vor (siehe Kasten auf Seite 168). Den meisten Menschen sind die Früchte zu sauer, um sie roh zu essen, ich kenne jedoch auch Leute, die sie roh lieben, was zeigt, wie unterschiedlich die Geschmäcke sein können.

Größe: *C. x californica*: 1,8 Meter hoch und breit
C. cathayensis: 3 Meter hoch und breit
C. japonica: 1 Meter hoch und 2 Meter breit
C. speciosa: 3 Meter hoch und 5 Meter breit
C. x superba: 1,5 Meter hoch und 2 Meter breit
Bedingungen: Tolerieren die meisten Böden und viel Schatten
Blütezeit: Frühling; frosttolerant
Fruchtbildung: Beginnen schon jung zu tragen. Die Früchte haben im Durchschnitt einen Durchmesser von 3–4 Zentimetern, *C. cathayensis* trägt jedoch Früchte von 10–12 Zentimetern Durchmesser.
Verwendung: Gewöhnlich gekocht, eingemacht oder zu Getränken verarbeitet
Ernte und Lagerung: Die Früchte reifen im September und Oktober und verfärben sich dann oft gelblich. An einem kühlen Ort sind sie für mehrere Wochen lagerfähig. Meist gebe ich ein paar direkt in den Gefrierschrank, sie lassen sich dann aufgetaut viel leichter verflüssigen.
Kochen/Verarbeitung: Siehe „Quitten-Limonade“ im Kasten oben rechts. Sie können auch Gelee herstellen und die Früchte kochen, besonders zusammen mit anderen Früchten, um einen zitronigen Geschmack zu bekommen.
Nebennutzen: Bienenpflanzen; Heckenpflanzen
Vermehrung: Durch Saatgut – benötigt eine Stratifizierungszeit von 3–5 Monaten. Durch Sommerstecklinge mit Astring.
Pflege: Wenig oder keine nötig. Diese sind fantastische Ertragspflanzen mit niedrigen Pflegeansprüchen.
Sorten: Alle können verwendet werden; die folgenden Sorten sind als Pflanzen mit hohen Erträgen und großen Früchten bekannt.

C. x californica:
´Enchantress´: Kompakter Strauch; die Blüten sind dunkelrosa bis pink; die Früchte sind groß und gelb.
´Masterpiece´: Die Blüten sind pink bis rot, frühe Sorte; die Früchte sind groß und oval.
C. cathayensis: Früchte 7–10 Zentimeter
C. japonica:
´Cido´: Zuchtsorte aus dem Baltikum. Trägt sehr hohe Mengen an größeren Früchten.
C. speciosa:
´Aurora´: Hochwüchsig; die Blüten sind pink mit gelben Farbtönen. Die Früchte sind groß und orange.
´Falconnet Charlet´: Wüchsig; die Blüten sind hell- und dunkelpink; die Früchte sind groß und apfelförmig.
´Grandiflora´: Dehnt sich durch starken Wuchs aus. Die Blüten sind weiß, pink und gelblich; die Früchte sind groß und oval.
C. x superba:
´Boule de Fer´: Bis zu 2 Meter hoch; sehr dornig. Blüht früh, die Früchte sind karminrot. Sehr hohe Erträge.
´Crimson and Gold´: Trägt Massen an apfelgroßen Früchten
´Fusion´: Fruchtet schon sehr jung, trägt große Früchte
´Nicoline´: bis 1,8 Meter hoch, üppige Blüte mit scharlachroten Blüten, die von runden, tiefgelben Früchten gefolgt werden.
´Ruby Glow´: Aufrechter, wüchsiger Strauch mit wenigen Dornen; rote Blüten, große und ovale Früchte.

QUITTEN-LIMONADE

Dies ist ein wunderbares sommerliches Kaltgetränk. Am einfachsten ist es aus gefrorenen und aufgetauten Früchten herzustellen, da diese dann weich werden.

- Halbieren Sie 300 Gramm Früchte und entfernen Sie die Samen.
- Verflüssigen Sie die Früchte mit Wasser und füllen Sie auf 2,5 Liter auf.
- Süßen Sie das Getränk nach Geschmack – ich verwende 180 Gramm Zucker für die oben genannte Menge.

Goumi oder Reichblütige Ölweide (*Elaeagnus multiflora*).

Elaeagnus multiflora, REICHBLÜTIGE ÖLWEIDE

Laubabwerfend/Immergrün: D **Zone: 6**
Sonnen-/Schatten-Präferenz:
Schatten-Toleranz:
Bewertung: ✓✓✓✓
Fortpflanzung: SF–SS **Blüte: Weiß**

Dieser aus japanischen Wäldern stammende Strauch sieht aus wie eine kleinere Version der Korallen-Ölweide (*Elaeagnus umbellata*) und trägt kirschgroße Früchte. Gewöhnlich ist er selbststeril, kann sich also nicht selbst befruchten; daher macht es Sinn, zur Fremdbestäubung 2 verschiedene Sorten anzupflanzen.

Größe: 2–3 Meter hoch und breit
Bedingungen: Toleriert die meisten Böden und etwas Schatten
Blütezeit: Frühjahr
Fruchtbildung: Beginnt nach 3–4 Jahren. Die Früchte sind 2–2,5 Zentimeter lang und oval.
Verwendung: Frische Früchte, Marmelade und andere Konservierungsmethoden
Ernte und Lagerung: In Großbritannien reifen die Früchte im frühen August und verfärben sich rötlich. Vor der vollen Reife wirken sie adstringierend. Ernten Sie, wenn

sich die Früchte von orange nach rot dunkler färben. Sie sind nicht lange haltbar.
Kochen/Verarbeitung: Die Früchte enthalten einen Samen, der zur Verarbeitung entfernt werden muss. Kochen Sie die Früchte leicht und passieren Sie sie durch ein Küchensieb. Das Fruchtfleisch ist hervorragend für Marmelade und Fruchtleder geeignet.
Nebennutzen: Bienenpflanze; Heckenpflanze; Stickstofffixierer
Vermehrung: Durch Saatgut – benötigt eine Stratifizierungszeit von 2–3 Monaten
Pflege: Wenig nötig. Sollten Vögel die Früchte für sich entdecken, dann ernten und verarbeiten Sie diese schnell.
Sorte: ´Sweet Scarlet´: Zuchtform aus den USA, selbstfruchtbar, hohe Ertragsmengen an größeren und süßeren Früchten als die der Art.

Fuchsia spp., FUCHSIEN

Laubabwerfend/Immergrün: E **Zone:** 8
Sonnen-/Schatten-Präferenz: ○
Schatten-Toleranz: ◑
Bewertung: ✓✓✓
Fortpflanzung: SF **Blüte:** Weiß, Rot, Lila

Viele Menschen sind überrascht zu erfahren, dass alle Fuchsienblüten essbar sind. Außerhalb ihres natürlichen Herkunftsgebietes in Südamerika scheinen nur eine kleine Zahl an Fuchsienarten und -sorten Früchte zu tragen, da die meisten nur wegen ihrer Blüten gezüchtet wurden – die natürlich nicht wie in ihrer natürlichen Umgebung von Kolibris bestäubt werden. Bienen mögen die Blüten, dies führt aber selten zur Bestäubung. Die Früchte sind kirschgroß, dunkelblau oder schwarz, mit einem sehr angenehmen Geschmack, der an Pflaumen erinnert mit einem pfeffrigen Nachgeschmack. Das überirdische Pflanzenwachstum ist von -5 bis -10 Grad Celsius winterhart. Die Wurzeln sind winterhärter, so werden die Pflanzen in kälteren Klimazonen zu Stauden. *Fuchsia magellanica* ist die winterhärteste Art und wird hier beschrieben.

Größe: 1–3 Meter hoch und breit
Bedingungen: Zieht gut durchlässige Böden vor sowie Sonne oder leichten Schatten. Vermeiden Sie Frostlöcher.
Blütezeit: Sommer
Fruchtbildung: Herbst. Die Früchte sind 1,5–2,5 Zentimeter lang.
Verwendung: Die Früchte sind kirschgroß und exzellent mit einem ungewöhnlichen pfeffrigen Pflaumengeschmack.
Ernte und Lagerung: Ernten Sie die Früchte, sobald sie dunkel und weich werden. Verwenden Sie diese schnell. Sie reifen im Spätsommer und Herbst über einen langen Zeitraum.
Kochen/Verarbeitung: Ich esse sie einfach roh. Zweifelsohne könnten Sie daraus auch Marmelade herstellen, für ein Fruchtleder sind sie jedoch nur für sich zu saftig, um sie zu trocknen.
Nebennutzen: Bienenpflanze. Heckenpflanze in milderen Gebieten. Aus dem Holz kann ein schwarzer Farbstoff gewonnen werden.
Vermehrung: Durch halb ausgereifte Stecklinge im Sommer
Pflege: Mulchen Sie im Winter die Pflanzen in kälteren Gebieten, um die Wurzeln zu schützen. Schneiden Sie im Frühling totes Holz heraus.
Sorten:
´Globosa´: Buschig, 0,6–1 Meter hoch. Trägt zahlreiche Früchte.
´var. gracilis´: Eleganter Strauch, 1–2 Meter hoch. Die Blüten sind zierlich, schmal und rotviolett.
´Phyllis´: Sehr winterhart, buschig, aufrecht; 30–45 Zentimeter hoch. Die Blüten sind rosig bis kirschrot und zahlreich.
´Riccartonii´: Sehr winterhart, aufrecht, 2–3 Meter hoch; rotviolette Blüten

Gaultherie, Salal (*Gaultheria shallon*).

Gaultheria shallon, GAULTHERIE/ SHALLON-SCHEINBEERE

Laubabwerfend/Immergrün: E **Zone:** 6
Sonnen-/Schatten-Präferenz: ○
Schatten-Toleranz: ●
Bewertung: ✓✓✓✓
Fortpflanzung: SF **Blüte:** Weiß

Die Gaultherie ist ein weiterer sehr schöner, früchtetragender Strauch für schattige Standorte, heimisch im Unterholz von Wäldern im westlichen Nordamerika. Er trägt Früchte von der Größe von Johannisbeeren mit einem an Blaubeeren erinnernden Geschmack.

Größe: 1,2 Meter hoch und 1,5 Meter breit, dehnt sich durch Wurzelausläufer aus
Bedingungen: Benötigt sauren Boden. Toleriert Vollschatten und fruchtet im Schatten gut.
Blütezeit: Spätes Frühjahr und Sommer

Fruchtbildung: August und September. Beginnt nach 2–3 Jahren zu tragen. Die Früchte sind dunkelblau, 1 Zentimeter Durchmesser, zahlreich, süß und von gutem Geschmack.
Verwendung: Frische Früchte, Marmelade, gekocht und so weiter. Der Geschmack erinnert an Blaubeeren.
Ernte und Lagerung: Pflücken Sie die Früchte von Hand, sobald sie dunkel und weich werden. Die frischen Früchte sind etwa eine Woche haltbar.
Kochen/Verarbeitung: Die Samen sind winzig, daher können Sie die ganze Frucht für Marmelade, Fruchtleder und so weiter verwenden.
Nebennutzen: Für Hummeln sehr nützlich. Heckenpflanze.
Vermehrung: Durch Saatgut – benötigt eine Stratifizierungszeit von vier 4 Monaten. Sie können ebenso Wurzelausläufer ausgraben.
Pflege: Wenig nötig. Die Gaultherie wächst in jungem Alter langsam, bildet jedoch Wurzelausläufer in bis zu 30 Zentimetern Entfernung. Schneiden Sie also Sprosse dort zurück, wo Sie diese nicht wünschen. Es handelt sich um eine exzellente Ertragspflanze für schattige Standorte.
Sorten: Keine Zuchtsorten für höhere Fruchtbildung

TROCKENHEITSTOLERANTE STRÄUCHER

Besenginster (*Cytisus scoparius*)
Büffelbeeren (*Shepherdia* spp.)
Chilenische Guave (*Myrtus ugni*)
Zwergkastanie (*Castanea pumila*)
Ölweiden (*Elaeagnus* spp.)
Spalier-Becherkätzchen (*Garrya elliptica*)
Vierflügeliger Salzbusch (*Atriplex canescens*)
Weißdorne (*Crataegus* spp.)
Amerikanischer Schneeball (*Viburnum opulus* var. *americanum*)
Wald-Geißblatt (*Lonicera periclymenum*) (Kletterpflanze – siehe Kapitel 17)
Wacholder (*Juniperus communis*)
Lavendel (*Lavandula* spp.)
Gewürzsumach (*Rhus aromatica*)
Rosmarin (*Rosmarinus officinalis*)
Salbei (*Salvia officinalis*)
Gaultherie (*Gaultheria shallon*)
Strauchmelde (*Atriplex halimus*)
Sanddorn (*Hippophae rhamnoides*)
Erbsenstrauch (*Caragana arborescens*)
Strauchlupine (*Lupinus arboreus*)
Akazien (*Acacia* spp.)

Juniperus communis, WACHOLDER

Laubabwerfend/Immergrün: E **Zone:** 3
Sonnen-/Schatten-Präferenz: ○
Schatten-Toleranz: ◑
Bewertung: ✓✓
Fortpflanzung: M/F **Blüte:** Gelb

Wacholder ist ein heimischer immergrüner Strauch des offenen Geländes und wegen seiner Früchte bekannt, die zur Herstellung von Gin verwendet werden. Am besten ziehen Sie ein paar Pflanzen aus Saatgut heran oder kaufen einige Sämlinge, so dass Sie männliche und weibliche Sträucher bekommen und so die Fruchtbildung sicherstellen können.

Größe: Sehr variabel – 1–5 Meter hoch und breit
Bedingungen: Gut durchlässiger Boden. Sonne und leichter Schatten.
Blütezeit: Sommer
Fruchtbildung: Die Früchte reifen über 2–3 Jahre, sie reifen im Herbst.
Verwendung: Gewöhnlich als Aromastoff gekocht oder zur Herstellung von Gin!
Ernte und Lagerung: Ernten Sie die Früchte, wenn sie dunkel werden. Trocknen Sie diese zur Lagerung.
Kochen/Verarbeitung: Großartig als Würzmittel
Nebennutzen: Die Jungtriebe können für Tees verwendet werden. Heckenpflanze.
Vermehrung: Durch Saatgut; benötigt eine Stratifizierungszeit von 6 Monaten. Lange Keimdauer.
Pflege: Wenig nötig

Lonicera caerulea, BLAUE HECKENKIRSCHE

Laubabwerfend/Immergrün: D **Zone:** 2
Sonnen-/Schatten-Präferenz: ○
Schatten-Toleranz: ◐
Bewertung: ✓✓
Fortpflanzung: SS **Blüte:** Blassgelb

Dies ist ein ungewöhnlicher, aus Sibirien und ähnlichen Regionen stammender Beerenstrauch, der ein kontinentales Klima vorzieht. Auch als Honigbeere oder Maibeere bekannt, ist er durch seine sehr frühe Blüte besonders wertvoll als Nährpflanze für Insekten.

Größe: 1,5 Meter hoch und breit
Bedingungen: Toleriert die meisten Böden. Für eine gute Fruchtbildung wird Sonne benötigt, toleriert jedoch auch etwas Schatten.
Blütezeit: Frühjahr (März/April in Großbritannien). Frosttolerant.
Fruchtbildung: Sommer. Die Früchte sind klein, 0,8–1 Zentimeter lang, und dunkelblau.
Verwendung: Frische Früchte, gekocht, eingemacht und so weiter. Der Geschmack ähnelt Blaubeeren mit ein wenig mehr Säure.
Ernte und Lagerung: Ernten Sie die Früchte, sobald sie dunkel und weich werden, und verbrauchen Sie diese schnell.
Kochen/Verarbeitung: Die Samen sind winzig, daher kann die ganze Frucht für Marmeladen, Fruchtleder und so weiter verwendet werden.
Nebennutzen: Bienenpflanze

Vermehrung: Halb ausgereifte Stecklinge im Spätsommer oder ausgereifte Stecklinge im Winter
Pflege: Wenig erforderlich
Sorten: ´Blue Velvet´, ´Maistar´ und ´Mailon´ sind Sorten mit größeren Früchten.

Lycium barbarum, GEMEINER BOCKSDORN/GOJI-BEERE

Laubabwerfend/Immergrün: D **Zone:** 6
Sonnen-/Schatten-Präferenz: ○
Schatten-Toleranz: ◐
Bewertung: ✓✓✓
Fortpflanzung: SF **Blüte:** Blasslila

Siehe auch Seite 181 unter „Sträucher mit anderen essbaren Teilen“.

Über die letzten Jahre wurde diese als „Superfood“ bekannt. Offen gesagt, halte ich alle Früchte für Superfood und alle enthalten Mengen an gesunden Stoffen. Nichtsdestotrotz ist Goji leicht anzubauen und die Früchte sind getrocknet am leckersten – sie haben ein mildes Lakritzaroma. In vielen Teilen Großbritanniens hat sich diese Pflanze ausgewildert.

Größe: 2–3 Meter hoch und breit – ein unordentlich und zerzaust aussehender, eher stacheliger Strauch.
Bedingungen: Toleriert die meisten Böden und Schatten. Zieht zur guten Fruchtbildung ein wenig Sonne vor.
Blütezeit: Sommer; blüht ähnlich wie viele Nachtschattengewächse
Fruchtbildung: Herbst. Fruchtbildung beginnt schon in jungem Alter. Die Früchte sind rot und oval, 1,5–2 Zentimeter lang.
Verwendung: Frische Früchte – geschmacklich recht gut, aber besser getrocknet
Ernte und Lagerung: Ernten Sie die reifen Früchte und trocknen Sie diese zur Lagerung.
Kochen/Verarbeitung: Die Früchte sind getrocknet am besten. Sie können in einem Dörrgerät ganz getrocknet werden.
Nebennutzen: Bienenpflanze. Die Triebe und Blätter können als gekochtes Gemüse gegessen werden, sie besitzen ein leicht minziges Aroma.
Vermehrung: Durch Saatgut – keine Keimruhe. Die Spitzen gebogener Triebe können bei Bodenkontakt anwurzeln.
Pflege: Wenig nötig. Gegebenenfalls sollten Sie den Strauch daran hindern, sich durch Absenker zu weit auszudehnen.
Sorten: ´Crimson Star´ ist eine verbesserte Fruchtsorte. (Anm: Chinesische Ertragssorten: No. 1 Lifeberry® etc.)

Mahonie (*Mahonia aquifolium*)

Mahonia aquifolium, M. nervosa & M. repens, MAHONIEN

Laubabwerfend/Immergrün: E **Zone:** 5
Sonnen-/Schatten-Präferenz: ○
Schatten-Toleranz: ●
Bewertung: ✓✓✓
Fortpflanzung: SF **Blüte:** Gelb

Die Früchte aller Mahonienarten sind essbar. Sie sind alle violett, johannisbeergroß, säuerlich im Geschmack und gut zum Einmachen geeignet. Die Sträucher sind immergrün und widerstandsfähig und benötigen kaum Pflege. Die hier aufgeführten Arten kommen alle aus Waldländern im Westen Nordamerikas.

Größe: *M. aquifolium* (Gewöhnliche Mahonie) ist 1,5 Meter hoch und 1 Meter breit.
M. nervosa (Nervige Mahonie) und *M. repens* (Kriechende Mahonie) sind 1 Meter hoch.
Bedingungen: Tolerieren die meisten Böden, Trockenheit und Vollschatten, fruchten jedoch besser mit ein wenig Sonne
Blütezeit: Später Winter bis in den Frühling
Fruchtbildung: Sommer
Verwendung: Gekocht oder verarbeitet zu Marmeladen oder Eingemachtem.
Ernte und Lagerung: Ernten Sie und verarbeiten die Früchte zügig.
Kochen/Verarbeitung: Die Früchte sind für die meisten Menschen zu sauer, um sie roh zu essen, ergeben aber eine gute Marmelade.
Nebennutzen: Bienenpflanzen; Heckenpflanzen. Essbare Blüten; blau bis violettes Färbemittel aus den Früchten. *M. nervosa* und *M. repens* eignen sich gut als Bodendecker.
Vermehrung: Durch Saatgut – benötigt eine 4-monatige Stratifizierungszeit. Wurzelausläufer der niedrigen Arten können ausgegraben und verpflanzt werden.
Pflege: Wenig erforderlich. *M. nervosa* und *M. repens*

bilden langsam Wurzelausläufer. Alle 3 Arten sind sehr widerstandsfähige Sträucher für schattige Standorte und benötigen kaum Pflege.
Sorte: ´Apollo´ ist eine gute Fruchtsorte von *M. aquifolium*.

Myrtus ugni (syn. *Ugni molinae*), CHILENISCHE GUAVE

Laubabwerfend/Immergrün: E **Zone:** 8
Sonnen-/Schatten-Präferenz: ○
Schatten-Toleranz: ◑
Bewertung: ✓✓
Fortpflanzung: SF **Blüte:** Weiß

Zu viktorianischen Zeiten wurde diese kommerziell in Großbritannien angebaut und ist eine der leckersten unbekannteren Früchte zum Direktverzehr. Sie stammt ursprünglich aus Chile – die Früchte ähneln jedoch in keiner Weise tropischen Guaven!

Größe: 1–2,5 Meter hoch und breit
Bedingungen: Gut durchlässiger Boden und Sonne oder Halbschatten; benötigt außerdem Schutz vor kalten Winden im Winter.
Blütezeit: Spätes Frühjahr
Fruchtbildung: Die Früchte reifen im frühen Winter (November/Dezember). Sie haben einen Durchmesser von 1 Zentimeter, sind dunkelrot, süß und aromatisch mit einem erdbeerähnlichen Geschmack.
Verwendung: Sehr gut als frische Früchte
Ernte und Lagerung: Die Früchte reifen langsam im frühen Winter und müssen nicht zu häufig geerntet werden. Sie lassen sich für ein paar Wochen lagern.
Kochen/Verarbeitung: Am besten roh verzehren
Nebennutzen: Die Blätter können für Tees verwendet werden.
Vermehrung: Durch Saatgut – keine Keimruhe
Pflege: Wenig erforderlich
Sorten: Keine Fruchtsorten erhältlich. ´Flambeau´ hat panaschierte Blätter.

Poncirus trifoliata, (DREIBLÄTTRIGE) ORANGE/BITTERORANGE

Laubabwerfend/Immergrün: D **Zone:** 5
Sonnen-/Schatten-Präferenz: ○
Schatten-Toleranz: ◑
Bewertung: ✓✓
Fortpflanzung: SF **Blüte:** Weiß

Die meisten Zitrusarten können in gemäßigtem Klima nicht im Freien angebaut werden, ihre asiatische nahe verwandte *Poncirus*-Art jedoch schon. Sie trägt golfballgroße Früchte, die als Ersatz für Zitronen verwendet werden können.

Größe: 2–3 Meter hoch und breit; langsam wachsend
Bedingungen: Gut durchlässiger Boden und Sonne oder leichter Schatten
Blütezeit: Spätes Frühjahr und Sommer
Fruchtbildung: Beginnt erst nach einigen Jahren. Die orangefarbenen Früchte haben einen Durchmesser von 3–4 Zentimetern und bestehen vor allem aus Schale.
Verwendung: Pressen Sie die Früchte, um zitronenähnlichen Saft zu gewinnen, oder verwenden Sie die Schale für Eingemachtes und Ähnliches.
Ernte und Lagerung: Herbst. An einem kühlen Ort für ein paar Wochen lagerfähig.
Kochen/Verarbeitung: Die Früchte haben eine dicke Rinde und nur einen kleinen fleischigen Teil. Die Rinde kann gerieben und für marmeladenähnliche eingemachte Speisen verwendet werden.
Nebennutzen: Bienenpflanze; Heckenpflanze. Auch als Unterlage für Zitruspflanzen verwendet.
Vermehrung: Durch Saatgut – keine Keimruhe
Pflege: Wenig nötig
Sorten: Keine Züchtungen für Fruchtertrag bekannt

Prunus tomentosa, FILZKIRSCHE

Laubabwerfend/Immergrün: D **Zone:** 2
Sonnen-/Schatten-Präferenz: ○
Schatten-Toleranz: ◑
Bewertung: ✓✓
Fortpflanzung: PSF **Blüte:** Weiß

Dies ist eine interessante chinesische Strauchkirsche, auch Nanking-Kirsche oder Japanische Mandel-Kirsche genannt. Ihre runden Früchte von gutem, kirschähnlichem Geschmack können aufgrund ihrer kleinen Form sehr viel einfacher als echte Kirschen vor Vögeln geschützt werden.
Größe: 1,5–2,5 Meter hoch und breit

Bedingungen: Toleriert die meisten Böden; mag ein wenig Sonne
Blütezeit: Frühjahr, anfällig für Spätfröste
Fruchtbildung: Die Früchte reifen im Spätsommer. Sie messen etwa 1–1,2 Zentimeter und enthalten einen einzelnen Samen.
Verwendung: Am besten frisch verzehrt oder wie Kirschen zum Beispiel in Kuchen gebacken.
Ernte und Lagerung: Ernten Sie die Früchte, wenn sie sich färben und die Vögel anfangen, Interesse zu zeigen. Verarbeiten Sie diese zügig.
Kochen/Verarbeitung: Wie gewöhnliche Kirschen
Nebennutzen: Bienenpflanze
Vermehrung: Durch Saatgut – benötigt eine dreimonatige Stratifizierungszeit
Pflege: Wenig erforderlich. Falls nötig, verwenden Sie Netze gegen Vogelfraß.
Sorten: Keine Züchtungen für Fruchtertrag

Ribes odoratum, GOLD-JOHANNISBEERE

Laubabwerfend/Immergrün: D **Zone:** 3
Sonnen-/Schatten-Präferenz: ○
Schatten-Toleranz: ◐
Bewertung: ✓✓✓
Fortpflanzung: SF **Blüte:** Weiß

Diese seltene nordamerikanische Art der Johannisbeere, auch Missouri-Johannisbeere genannt, hat aromatische gelbe Blüten und auffallende Früchte.

Größe: 1–1,5 Meter hoch und breit
Bedingungen: Tolerieren die meisten Böden und Sonne oder Halbschatten
Blütezeit: Frühling. Die Blüten sind gelb und zierend mit einem nelkenähnlichen Aroma.
Fruchtbildung: Juli/August
Verwendung: Frische Früchte – ähnlich den Johannisbeeren
Ernte und Lagerung: Die Früchte messen 1,2 Zentimeter und schmecken angenehm, ähnlich wie würzige Schwarze Johannisbeeren. Verbrauchen Sie diese innerhalb 1–2 Wochen. Liefert nicht so hohe Erträge wie Schwarze Johannisbeeren.
Kochen/Verarbeitung: Wie Schwarze Johannisbeeren
Nebennutzen: Bienenpflanze. Die Blätter können in Tees verwendet werden.
Vermehrung: Ausgereifte Stecklinge im Herbst
Pflege: Wenig erforderlich
Sorten: ´Crandall´ fruchtet zuverlässig und trägt recht gut.

Kartoffel-Rose (*Rosa rugosa*)

Rosa spp., ROSEN

Laubabwerfend/Immergrün: D **Zone:** 2
Sonnen-/Schatten-Präferenz: ○
Schatten-Toleranz: ◐
Bewertung: ✓✓✓✓
Fortpflanzung: SF **Blüte:** Pink-Lila

Die Hagebutten aller Rosenarten sind essbar und reich an Nährstoffen wie Vitamin C. In allen Hagebutten umschließt eine dünne Schicht essbaren Fruchtfleischs die Samen und Haare, die nicht essbar sind. Größere Hagebutten können leicht frisch verzehrt werden und haben einen süßen Geschmack. Die einfachste Art, Hagebutten zu verarbeiten, ist sie zu halbieren und den Saft mittels eines Dampfentsafters herauszuholen – so umgehen Sie das mühsame Entfernen der Samen. Der Saft kann dann zu Kräuterlikör, Sirup, Gelee und so weiter verarbeitet werden. Alternativ können Sie die ganzen Hagebutten zerkleinern und sie sofort für 15 Minuten in kochendes Wasser geben, absieben und die verbleibende Flüssigkeit verwenden. Die Blüten aller Rosen sind eine hübsche und aromatische Beigabe zu Salaten. *Rosa rugosa*, die Kartoffel- oder Apfel-Rose, ist wegen ihrer sehr großen und runden Hagebutten meine Lieblingsrose; sie ist außerdem sehr winterhart und frei von Krankheiten. Sie können deren Hagebutten halbieren, die Samen und Haare mit einem Teelöffel entfernen und das Fruchtfleisch zur Lagerung trocknen. Damit können Sie später hervorragende Kräutertees machen. Die folgenden Angaben beziehen sich auf diese Art.

Größe: 1,5–2 Meter hoch – sie breitet sich langsam durch Wurzelausläufer aus.
Bedingungen: Toleriert die meisten Böden und Halbschatten
Blütezeit: Spätes Frühjahr bis Spätsommer/Frühherbst. Bestäubt durch Bienen.
Fruchtbildung: Die Hagebutten sind sehr groß, 2,5–3 Zentimeter Durchmesser, und werden reichhaltig ab Spätsommer am Strauch getragen.
Verwendung: Frisch verzehrt und in Eingemachtem, Kräutertees und so weiter verwendet
Ernte und Lagerung: Ernten Sie über einen langen Zeit-

raum von Spätsommer bis Herbst. Die frischen Früchte sind etwa für eine Woche haltbar.
Kochen/Verarbeitung: Hagebutten können als Vorrat für Hagebuttentee getrocknet werden: Sie halbieren die Früchte, löffeln Samen und Haare heraus, dann verflüssigen und trocknen Sie die Früchte. Das so getrocknete Fruchtfleisch kann von Hand pulverisiert werden. Sie können auch Sirup oder Marmelade aus Hagebutten herstellen – siehe Kasten unten.
Nebennutzen: Bienenpflanze; Heckenpflanze. Die Blüten sind essbar und können in Salaten oder Ähnlichem verwendet werden, auch als Badezusatz und so weiter.
Vermehrung: Durch Saatgut – benötigt eine viermonatige Stratifizierungszeit. Sie können auch Wurzelausläufer ausgraben und verpflanzen.
Pflege: Wenig nötig
Sorten: Keine Zuchtsorten

HAGEBUTTEN-MARMELADE

- Halbieren Sie die Hagebutten und löffeln Sie die Samen und Haare mit einem Teelöffel heraus.
- Passieren Sie die Früchte durch ein Küchensieb oder verflüssigen Sie diese.
- Kochen Sie diese für 5–10 Minuten mit ein wenig Wasser, dann geben Sie wie bei jedem anderen Marmeladenrezept Zucker hinzu.

HAGEBUTTEN-SIRUP

- Verflüssigen oder passieren Sie die ganzen Hagebutten.
- Geben Sie das Fruchtfleisch in kochendes Wasser.
- Lassen Sie dies für 15 Minuten ruhen und sieben Sie dann ab.
- Geben Sie der Flüssigkeit Zucker hinzu, kochen Sie diese auf und füllen sie ab.

Sambucus racemosa, ROTER HOLUNDER

Laubabwerfend/Immergrün: D **Zone:** 4
Sonnen-/Schatten-Präferenz: ○
Schatten-Toleranz: ◐
Bewertung: ✓✓✓
Fortpflanzung: SF **Blüte:** Cremeweiß

Der in Europa vorkommende Rote Holunder mit seinen roten Früchten ist kleiner als der Schwarze Holunder (*Sambucus nigra*) [siehe Seite 126]. Sein Nutzen ist identisch mit dem des Schwarzen Holunders. Wegen seiner geringeren Größe ist er jedoch besser für das Unterholz eines Waldgartens geeignet. Beachten Sie, dass der Kanadische Holunder (*Sambucus canadensis*) auf (Seite 185) als Blütenpflanze aufgeführt ist.

Größe: 3 Meter hoch und breit
Bedingungen: Toleriert die meisten Böden und viel Schatten
Blütezeit: Mitte des Frühjahrs
Fruchtbildung: Sommer. Die Früchte sind rot, 4 Millimeter im Durchmesser und werden an großen Blütenständen gebildet.
Verwendung: Gekocht oder für Wein und Ähnliches wie *S. nigra* verwendet
Ernte und Lagerung: Wie *S. nigra*
Kochen/Verarbeitung: Wie *S. nigra*
Nebennutzen: Essbare Blüten – auf dieselbe Art und Weise zu nutzen wie die von *S. nigra* oder *S. canadensis* (zum Beispiel in Teig frittiert). Heckenpflanze.
Vermehrung: Durch Saatgut – benötigt eine neunmonatige Stratifizierungszeit. Auch über ausgereifte Stecklinge möglich.
Pflege: Wenig nötig. Dies ist ein weiterer anspruchsloser Strauch, der verlässlich Erträge liefert.

Vaccinium arctostaphylos, KAUKASISCHE HEIDELBEERE

Laubabwerfend/Immergrün: D **Zone:** 6
Sonnen-/Schatten-Präferenz: ○
Schatten-Toleranz: ◐
Bewertung: ✓✓✓✓
Fortpflanzung: SF **Blüte:** Weiß

Dies ist eine der größeren reich tragenden Arten der Gattung *Vaccinium*.

Größe: 3 Meter hoch und 2 Meter breit
Bedingungen: Benötigt sauren Boden. Trägt auch in tiefem Schatten gut.
Blütezeit: Frühling
Fruchtbildung: Sommer. Trägt süße dunkelblaue Früchte von 8–10 Millimetern Durchmesser.
Verwendung: Frische Früchte oder getrocknet wie andere Heidelbeeren
Ernte und Lagerung: Trägt reichhaltig Früchte über die Dauer mehrerer Wochen. Die frischen Früchte sind für 1–2 Wochen haltbar.
Kochen/Verarbeitung: Wie Blaubeeren, am besten werden sie frisch verzehrt.
Nebennutzen: Sehr gute Bienenpflanze
Vermehrung: Durch Saatgut – benötigt eine dreimonatige Stratifizierungszeit
Pflege: Wenig nötig

Viburnum opulus var. *americanum* / Syn. *V. opulus* ssp. *trilobum*, AMERIKANISCHER SCHNEEBALL

Laubabwerfend/Immergrün: D **Zone:** 2
Sonnen-/Schatten-Präferenz: ○
Schatten-Toleranz: ◐
Bewertung: ✓✓✓
Fortpflanzung: SF **Blüte:** Weiß

Siehe auch Seite 185 unter „Sträucher mit medizinischem Nutzen“. Der Amerikanische Schneeball ist im Englischen auch als „cramp bark“ (wörtlich übersetzt „Krampf-Borke“) bekannt und hat eine lange Tradition medizinischer Verwendung.

Der Amerikanische Schneeball ist nicht mit der echten Kranbeere (*Vaccinium macrocarpon*) – siehe Seite 207, Kapitel 15) verwandt, sondern eine amerikanische *Viburnum*-Art, die eng mit dem Gewöhnlichen Schneeball (*Viburnum opulus*) verwandt ist. In Nordamerika ist er auch als *V. opulus* ssp. *trilobum* bekannt. Er trägt hellrote Früchte mit einer mir nicht zusagenden Bitterkeit, andere jedoch mögen diesen Geschmack; der Strauch wird in Nordamerika wegen seiner Früchte kommerziell angebaut. Aus den Früchten wird Eingemachtes wie Highbush-Cranberry-Gelee hergestellt.

Größe: 3 Meter hoch und breit
Bedingungen: Auf den meisten Böden gut wachsend; toleriert nasse Böden und recht tiefen Schatten
Blütezeit: Frühsommer. Bestäubt durch Bienen und andere Insekten.
Fruchtbildung: Herbst
Verwendung: Gewöhnlich in Kuchen verbacken, zu Gelee verarbeitet und so weiter. Der Geschmack wird durch Frost besser, bleibt jedoch trotzdem ungewöhnlich und gewöhnungsbedürftig.
Ernte und Lagerung: Reich tragend; große Fruchtstände hellroter saftiger Früchte von 1 Zentimeter Durchmesser. Die nicht geernteten Früchte vertrocknen oft am Strauch. Vögel zeigen bis Mitte des Winters daran kein Interesse. Die frischen Früchte sind etwa 1 Woche haltbar.
Kochen/Verarbeitung: In Nordamerika werden die Früchte in kommerziellen Plantagen geerntet, um ein bitteres kranbeerenähnliches Gelee daraus herzustellen. Dazu verwenden Sie 50 Prozent Fruchtpulpe und 50 Prozent Zucker und befolgen ein Standardrezept für Gelee.
Nebennutzen: Bienenpflanze. Heckenpflanze. Die Rinde wird medizinisch als krampflösendes Mittel verwendet.
Vermehrung: Durch Saatgut – benötigt eine 6-monatige Stratifizierungszeit. Auch über ausgereifte Stecklinge möglich.
Pflege: Wenig nötig
Sorten: ´Phillips´ und ´Wentworth´ sind gute Zuchtsorten für Fruchterträge.

Sträucher für Nüsse und Samen

Einige Sträucher sind nützliche Quellen für essbare Nüsse und Samen. Die meisten davon brauchen gute Lichtverhältnisse, um einen guten Ertrag zu liefern (mit Ausnahme der Pflaumen-Eiben).

BAMBUS

Für eine ausführliche Beschreibung siehe Seite 181 unter „Sträucher mit anderen essbaren Pflanzenteilen“.

Alle Bambusarten bilden essbare Samen aus. Bambussamen sind in China und anderen Teilen Asiens als essbares „Getreide“ sehr geschätzt. Bambus gehört schließlich zu den Gräsern, ein Bambussamen ist demnach wie ein süßes Reiskorn. Die meisten Bambusarten blühen selten und sind so keine verlässliche Quelle für Samen. Einige der kleineren Arten jedoch, die sich nicht so gut für Stecken und essbare Sprosse eignen, blühen recht oft – *Pleioblastus simonii* (Buschbambus) hat bei mir bisher gut geblüht. Die reifen Samen können mit einem Tennisschläger oder Ähnlichem von den Bambusruten gedroschen und mit einem Korb aufgefangen werden. Wie bei den meisten Gräsersamen muss die papierähnliche Hülle entfernt werden, bevor diese gegessen werden können.

Reifendes Bambusgetreide am Buschbambus (*Pleioblastus simonii*).

Castanea pumila, ZWERGKASTANIE

Laubabwerfend/Immergrün: D **Zone:** 5
Sonnen-/Schatten-Präferenz:
Schatten-Toleranz:
Bewertung: ✓✓
Fortpflanzung: SS **Blüte:** Grünlich-Gelb

Dies sind aus Nordamerika stammende zwergwüchsige süße Kastanien. Sie wachsen eher in der Form eines buschigen Strauches als eines Baumes und haben kleinere, aber süßere Nüsse in kleinen stacheligen Hüllen.

Größe: 2–4 Meter hoch, bildet manchmal Wurzelausläufer
Kultur: Pflanzen Sie in Containern vorgezogene Sträucher im Winter. Mag einen leicht sauren, gut durchlässigen Boden. Toleriert Schatten, fruchtet jedoch mit Sonne besser. Mag heiße Sommer. In auf kühlen Sommern folgenden Wintern kann die Pflanze teilweise zurücksterben.
Blütezeit: Sommer. Bestäubt durch Wind, Bienen und andere Insekten.
Fruchtbildung: Herbst. Die Nüsse haben einen Durchmesser von 1,2 Zentimetern.
Verwendung: Die Nüsse sind sehr süß, sie werden roh gegessen oder wie Esskastanien gekocht. Halbieren Sie die Nüsse und lösen Sie die Kernhälften mit der Messerspitze aus der weichen braunen Schale.
Ernte und Lagerung: Sammeln Sie die Nüsse vom Boden auf, wenn die Hüllen aufspringen. Sie können getrocknet werden.
Kochen/Verarbeitung: Wie Esskastanien
Nebennutzen: Bienenpflanze
Vermehrung: Durch Saatgut – Aussaat im Herbst
Pflege: Wenig nötig
Sorten: Keine

Cephalotaxus spp., KOPF-/PFLAUMENEIBEN

Eine ausführliche Beschreibung finden Sie auf Seite 165 unter „Weniger bekannte Beerensträucher". Jede Frucht produziert nur jeweils einen einzelnen Samen.
Die Samen sind erdnussgroß und enthalten einen essbaren Kern, ölig und ein wenig harzig – ganz ähnlich Pinienkernen.

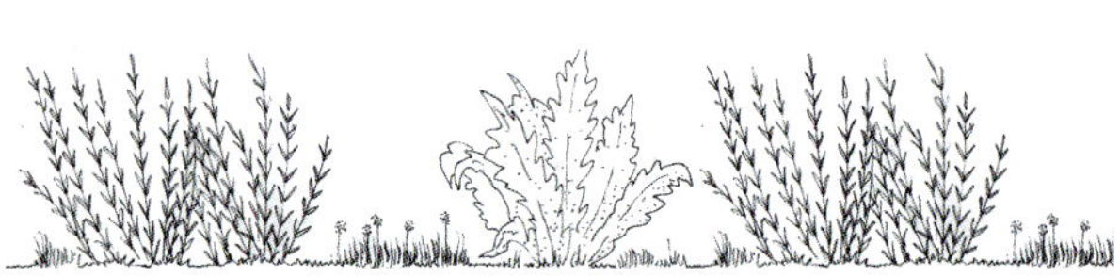

Gemeine Pimpernuss (*Staphylea pinnata*).

Staphylea pinnata, GEMEINE PIMPERNUSS & *S. trifolia*, AMERIKANISCHE PIMPERNUSS

Laubabwerfend/Immergrün: D **Zone:** 5
Sonnen-/Schatten-Präferenz:
Schatten-Toleranz:
Bewertung: ✓✓
Fortpflanzung: SF **Blüte:** Weiß

Diese beiden sind in Waldland vorkommende Sträucher, die kleine, essbare Nüsse tragen. Wie bei anderen kleinen Nüssen ist das Entfernen der Schale eine Herausforderung – ich lasse sie bei kleiner Einstellung durch meinen maschinellen Nussknacker laufen, was für mich ganz gut funktioniert. Sollten Sie den Anbau jeglicher Nüsse mit harten Schalen ernsthaft erwägen, sollten Sie sich auch effiziente Methoden überlegen, wie Sie diese knacken! [Die Bauanleitung für meinen Nussknacker finden Sie in Agroforestry News, Vol 13 No 3.]

Größe: *S. pinnata*: 2–3 Meter hoch und breit. *S. trifolia*: 3–5 Meter hoch und breit.
Kultur: Pflanzen Sie wurzelnackte oder in Containern vorgezogene Pflanzen im Winter. Tolerieren Schatten und die meisten Böden, ziehen jedoch feuchte Böden vor.
Blütezeit: Spätes Frühjahr nach den letzten Frösten. Bestäubt durch Fliegen.
Fruchtbildung: Herbst. Die Früchte sind grüne, etwa 3–4 Zentimeter lange mit Luft gefüllte Blasen und enthalten jeweils ein paar Samen. Die Samen von *S. pinnata* sind im Durchmesser 1,2 Zentimeter groß, die von *S. trifolia* messen 0,6 Zentimeter.
Verwendung: Als frische Früchte
Ernte und Lagerung: Ernten Sie von September bis November, wenn die Hüllen zu trocknen beginnen und sich hellbraun färben. Die Hüllen lassen sich leicht öffnen und die Samen entfernen. Trocknen Sie die Samen zur Lagerung.

Kochen/Verarbeitung: Die Kerne sind weich und schmackhaft. Ich esse sie gewöhnlich roh, sie wären jedoch bestimmt auch gut in Kuchen, Keksen und so weiter.
Nebennutzen: Aus den Samen kann Speiseöl gewonnen werden.
Vermehrung: Durch Saatgut – sie benötigen 13–22 Wochen Stratifizierungszeit unter warmen Bedingungen, gefolgt von 13 Wochen Kältestratifizierung.
Pflege: Keine erforderlich. Gut schnittverträglich. Aber: Erosionsschutz, also Mulchen notwendig, denn die Pflanzen haben ein dichtes faseriges, flaches Wurzelsystem.

Xanthoceras sorbifolium, GELBHORN

Laubabwerfend/Immergrün: D **Zone:** 4
Sonnen-/Schatten-Präferenz: ○
Schatten-Toleranz: ◑
Bewertung: ✓✓
Fortpflanzung: SF **Blüte:** Weiß

Dieser Strauch aus Nordchina trägt zahlreiche kantige Samen. Die Kerne haben das feine Aroma und die Textur von Paranüssen.

Größe: 2–3 Meter hoch und breit. Kann langsam wachsende Wurzelausläufer bilden.
Kultur: Pflanzen Sie im Winter in Containern vorgezogene Pflanzen in einen gut durchlässigen Boden. Mag viel Sonne und will vor kalten Winden im Frühjahr geschützt werden. Eignet sich am besten für Gegenden mit heißen und trockenen Sommern. Langsam wachsend.
Blütezeit: Mitte des Frühjahrs (in Großbritannien im Mai) – anfällig für Spätfröste. Zierpflanze.
Fruchtbildung: Die Früchte sind ledrige, dickwandige Kapseln, oben am dickeren Ende 4–6 Zentimeter breit, die 8–10 braune Samen enthalten.
Verwendung: Als frische Früchte, geröstet, gemahlen und gekocht. Die Schalen müssen zuerst entfernt werden.
Ernte und Lagerung: Ernten Sie, sobald die Früchte trocknen. Trocknen Sie die Samen zur Lagerung.
Kochen/Verarbeitung: Können wie Esskastanien getrocknet werden. Nach dem Entfernen der Schale können die Früchte zu einem Mehl gemahlen werden.
Nebennutzen: Bienenpflanze. Speiseöl aus den Samen.
Vermehrung: Durch Saatgut – keine Keimruhe. Durch Wurzelstecklinge und durch ausgegrabene Wurzelausläufer.
Pflege: Reagiert gut auf Düngung

Sträucher mit essbaren Blättern

Ich ernte eine Menge Blätter von Sträuchern (oder wie Sträucher erzogenen Bäumen), hauptsächlich für Salate. Es ist ein Vergnügen, Blätter im Stehen pflücken zu können – und nicht so mühsam, wie ständig vom Boden ernten zu müssen.

Strauch-Melde (*Atriplex halimus*).

Atriplex canescens, VIERFLÜGEL-SALZBUSCH & *A. halimus*, STRAUCH-MELDE

Laubabwerfend/Immergrün: E **Zone:** 7
Sonnen-/Schatten-Präferenz: ○
Schatten-Toleranz: ○
Bewertung: ✓✓
Fortpflanzung: SF **Blüte:** Pink

Bei diesen Arten handelt es sich um Sträucher mit gräulichen Blättern von sonnigen, exponierten Standorten im Mittelmeerraum und den amerikanischen Prärien.

Größe: *A. canescens*: 2 Meter hoch und breit, *A. halimus*: 1,5 Meter hoch und breit
Kultur: Pflanzen Sie im Frühjahr in Containern vorgezogene Pflanzen. Lieben einen sonnigen Stand und einen durchlässigen Boden. Benötigen in Großbritannien einen günstigen Standort.
Verwendung: Die Blätter sind roh oder gekocht essbar und haben einen leicht salzigen Geschmack. Am besten für Salate geeignet.
Ernte und Lagerung: Ernten Sie über das ganze Jahr und verwenden Sie sie sofort.
Kochen/Verarbeitung: Keine erforderlich
Nebennutzen: Heckenpflanze. Die jungen Triebe können ebenfalls nach leichtem Kochen gegessen werden.
Vermehrung: Durch Saatgut – keine Keimruhe. Ebenfalls durch halb ausgereifte Stecklinge.

Pflege: Keine erforderlich. Der Strauch wird durch regelmäßige Ernte von Blättern und Trieben klein gehalten. Gut für Küstenregionen geeignet.

Rotbuchen (*Fagus sylvatica*) hinter den blühenden Stängeln des Ackerlauchs (*Allium ampeloprasum* var. *babingtonii*).

Fagus sylvatica, ROT-BUCHE

Laubabwerfend/Immergrün: D **Zone:** 5
Sonnen-/Schatten-Präferenz: ○
Schatten-Toleranz: ●
Bewertung: ✓✓✓
Fortpflanzung: SF **Blüte:** Grünlich-Gelb

Die Rot-Buche ist eine weitere großartige Salatpflanze, in einem Waldgarten wird sie jedoch am besten als geschnittener Strauch gehalten (2–3 Meter hoch und breit) und nicht als Großbaum, der eine Menge Platz benötigt.

Größe: Geschnitten auf 2–3 Meter Höhe und Breite
Kultur: Pflanzen Sie im Winter wurzelnackte Bäume. Sonne oder Schatten. Alle Böden.
Verwendung: Die jungen Blätter können in Salaten verwendet werden – sie haben ein zitroniges Aroma.
Ernte und Lagerung: Ernten Sie die Blätter innerhalb der ersten 3 Wochen nach Austrieb im Mai.
Kochen/Verarbeitung: Keine erforderlich
Nebennutzen: Bei geschnittenen Bäumen keine. Aus den Samen von großen Bäumen kann Speiseöl gewonnen werden.
Vermehrung: Durch Saatgut – erfordert 16 Wochen Stratifizierungszeit
Pflege: Jährlicher Winterschnitt

Tilia spp., LINDEN

Für eine detaillierte Beschreibung siehe Seite 136, Kapitel 11 („Bäume mit essbaren Blättern“).

Linden produzieren exzellente Salatblätter. Aus durch Ernte klein gehaltenen Linden entwickeln sich effektive Sträucher und werden gewöhnlich in der Strauchebene angepflanzt. Der Rückschnitt kann auf verschiedene Zeitspannen angelegt werden, von jährlich (was einen Strauch von 2 Metern Höhe und Breite erzeugt) über alle 5 Jahre (3,5 Meter) bis hin zu einem 10-jährigen oder längeren Turnus (6 Meter).

Toona sinensis, CHINESISCHER SURENBAUM

Für eine ausführliche Beschreibung siehe Seite 138, Kapitel 11 („Arten der Baumebene“).
Der Chinesische Surenbaum produziert Triebe mit einem vorzüglichen Knoblaucharoma, die roh oder gekocht verwendet werden können.

Sträucher für Kräuter und Gewürze

Einige der unten aufgeführten Sträucher – zum Beispiel Rosmarin und Salbei – sind weitbekannt, es gibt jedoch einige großartige, weniger bekannte Gewürzsträucher, bei denen es sich lohnt, sie in den Waldgarten zu holen.

Calycanthus spp., GEWÜRZSTRAUCH

Laubabwerfend/Immergrün: D **Zone:** 5/7
Sonnen-/Schatten-Präferenz: ○
Schatten-Toleranz: ◑
Bewertung: ✓✓✓
Fortpflanzung: SF **Blüte:** Rot

Diese in Amerika heimischen Sträucher sind *C. floridus* (Echter Gewürzstrauch), winterhart bis Zone 5, und *C. occidentalis* (Kalifornischer Gewürzstrauch), winterhart bis Zone 7.

Größe: 2,5–3 Meter hoch und breit
Kultur: Pflanzen Sie im Winter in Containern vorgezogene Pflanzen. Der Strauch toleriert die meisten Böden. Sonne oder Halbschatten.
Verwendung: Die getrocknete Rinde ist ein guter Ersatz für Zimt.
Ernte und Lagerung: Ernten Sie 2–3 Jahre alte Zweige im Juli/August und entrinden Sie diese. Trocknen Sie die Rinde zur Lagerung.

Kochen/Verarbeitung: Zu verwenden wie Zimtstangen
Nebennutzen: Die Blätter enthalten Kampfer, das medizinisch zur Desinfektion und als Insektenschutzmittel verwendet wird.
Vermehrung: Durch Saatgut – benötigt 3 Monate Stratifizierung
Pflege: Wenig nötig

Drimys lanceolata, TASMANISCHER BERGPFEFFER

Laubabwerfend/Immergrün: E **Zone**: 8
Sonnen-/Schatten-Präferenz: ○
Schatten-Toleranz: ◐
Bewertung: ✓✓
Fortpflanzung: M/F **Blüte**: Weiß

Dies ist ein eher seltener Gewürzstrauch aus Tasmanien und Australien, der pfeffrige Samen produziert.

Größe: 4 Meter hoch und 2,5 Meter breit
Kultur: Pflanzen Sie in Containern vorgezogene Pflanzen spät genug im Frühjahr, um Fröste zu vermeiden. Sonne oder Halbschatten. Schutz vor kalten Winden.
Blütezeit: Frühling
Fruchtbildung: Herbst
Verwendung: Die Samen werden als Ersatz für Pfeffer verwendet, die Blätter als Gewürz.
Ernte und Lagerung: Ernten Sie die reifen Samen im Oktober. Trocknen Sie diese zur Lagerung.
Kochen/Verarbeitung: Geben Sie die getrockneten Samen direkt in eine Mühle.
Vermehrung: Gewöhnlich durch Saatgut – keine Keimruhe
Pflege: Wenig nötig

Laurus nobilis, ECHTER LORBEER

Für eine ausführliche Beschreibung siehe Seite 138, Kapitel 11 „Bäume für Kräuter und Gewürze“.
Lorbeer kann leicht durch Schnitt als Strauch erzogen werden.

Amerikanischer Gagelstrauch (*Myrica pensylvanica*).

Myrica gale, GAGELSTRAUCH & *M. pensylvanica*, AMERIKANISCHER GAGELSTRAUCH

Laubabwerfend/Immergrün: D **Zone**: 2
Sonnen-/Schatten-Präferenz: ○
Schatten-Toleranz: ◐
Bewertung: ✓✓✓✓
Fortpflanzung: SF **Blüte**: Grünlich-Gelb

Die Gagelstrauchgewächse (Myricaceae) sind eine interessante und nützliche Familie laubabwerfender und immergrüner Pflanzen. Alle Pflanzenteile sind aromatisch und als Gewürz verwendbar. Darüber hinaus sind die Früchte mit Wachs überzogen, das in Kanada immer noch zur kommerziellen Herstellung von Kerzen verwendet wird. Alle *Myrica*-Arten sind außerdem exzellente stickstofffixierende Pflanzen (siehe Seite 144, Kapitel 11, zu Details der größeren Arten für die Baum-Ebene).

Größe: *M. gale*: 1–2 Meter hoch und breit
M. pensylvanica: 2 Meter hoch und breit
Kultur: Pflanzen Sie im Winter wurzelnackte oder in Containern vorgezogene Pflanzen. Die Arten mögen saure und vertragen nasse Böden. Sonne oder Halbschatten.
Blütezeit: Frühling
Fruchtbildung: Herbst
Verwendung: Die Blätter und Früchte können zum Würzen verwendet werden. Das Aroma dieser Pflanzenteile von beiden Arten ist dem des Lorbeers ähnlich.
Ernte und Lagerung: Die Blätter können über das Jahr frisch verwendet und im Sommer getrocknet werden. Die Früchte sind klein, können aber schnell geerntet werden, indem man diese mit der Hand entlang den Zweigen abstreift.
Kochen/Verarbeitung: Verwenden Sie die Blätter zum Kochen wie Lorbeer. Wenn die Früchte gekocht werden, sollte man sie in einen Mullstoff oder Teefilter geben, sodass sie danach leicht entfernt werden können.
Nebennutzen: Stickstofffixierer. Aus dem Wachs der

Früchte können Kerzen hergestellt werden (siehe Seite 145).
Vermehrung: Durch Saatgut, das eine Stratifizierungszeit von 2–3 Monaten benötigt
Pflege: Wenig nötig

Myrtus communis, GEMEINE MYRTE

Laubabwerfend/Immergrün: E **Zone:** 8
Sonnen-/Schatten-Präferenz: ○
Schatten-Toleranz: ○
Bewertung: ✓
Fortpflanzung: SF **Blüte:** Weiß

Hier handelt es sich um die echte Myrte aus dem Mittelmeerraum, die mit den amerikanischen Gagelsträuchern *Myrica* spp. nicht verwandt ist.

Größe: 0,6–2 Meter hoch und breit in Großbritannien
Kultur: Pflanzen Sie im Frühjahr nach den letzten Frösten in Containern vorgezogene Pflanzen. Sorgen Sie für Sonne und Schutz vor kalten Winden.
Verwendung: Die Blätter werden als Gewürz verwendet. In warmen Klimazonen können die Früchte ebenfalls verwendet werden.
Ernte und Lagerung: Ernten Sie die Blätter von Frühjahr bis Herbst; die Früchte im Herbst. Trocknen Sie beide Pflanzenteile zur Lagerung.
Kochen/Verarbeitung: Verwenden Sie die Blätter und Früchte zum Kochen.
Nebennutzen: Bienenpflanze
Vermehrung: Durch Saatgut – keine Keimruhe
Pflege: Wenig nötig. Braucht unbedingt einen warmen und geschützten Standort.

Rosmarinus officinalis, ROSMARIN

Laubabwerfend/Immergrün: E **Zone:** 7
Sonnen-/Schatten-Präferenz: ○
Schatten-Toleranz: ○
Bewertung: ✓✓
Fortpflanzung: SF **Blüte:** Weiß

Die meisten Leute kennen die Blätter von diesem immergrünen Strauch zumindest aus der Küche. Bei guter Bodendurchlässigkeit und Sonne ist er leicht anzubauen.

Größe: 1,2 Meter hoch und breit
Kultur: Pflanzen Sie im Frühjahr in Containern vorgezogene Pflanzen. Benötigt viel Sonne, einen Schutz vor kalten Winden und einen gut durchlässigen Boden.
Verwendung: Die Blätter werden zum Würzen verwendet, außerdem die Blüten in Salaten.
Ernte und Lagerung: Die Blätter können ganzjährig geerntet werden. Trocknen Sie diese zur Lagerung.
Kochen/Verarbeitung: Verwenden Sie die Blätter zum Kochen.
Nebennutzen: Bienenpflanze
Vermehrung: Durch Saatgut – keine Keimruhe. Halb ausgereifte Stecklinge können im Sommer geschnitten werden.
Pflege: Wenig nötig

Salvia officinalis, SALBEI

Laubabwerfend/Immergrün: E **Zone:** 5
Sonnen-/Schatten-Präferenz: ○
Schatten-Toleranz: ◐
Bewertung: ✓✓✓
Fortpflanzung: SF **Blüte:** Lavendelfarben

Salbei ist ein weiteres weitbekanntes Küchenkraut. Er gedeiht in einem gut durchlässigen Boden in der Sonne.

Größe: 60 Zentimeter hoch und 1 Meter breit
Kultur: Pflanzen Sie im Winter oder Frühjahr in Containern vorgezogene Pflanzen. Bevorzugt einen sonnigen Standort und einen gut durchlässigen Boden. Toleriert Halbschatten.
Verwendung: Die Blätter werden zum Würzen verwendet, außerdem die Blüten in Salaten.
Ernte und Lagerung: Die Blätter können ganzjährig geerntet werden. Trocknen Sie diese zur Lagerung.
Kochen/Verarbeitung: Verwenden Sie die Blätter zum Kochen.
Nebennutzen: Bienenpflanze
Vermehrung: Durch Saatgut – keine Keimruhe
Pflege: Wenig nötig

Vitex agnus-castus, MÖNCHSPFEFFER

Laubabwerfend/Immergrün: D **Zone:** 7
Sonnen-/Schatten-Präferenz: ○
Schatten-Toleranz: ○
Bewertung: ✓
Fortpflanzung: SF **Blüte:** Violett

Es handelt sich um einen Zierstrauch aus Südeuropa mit aromatischen Blättern und Blüten.

Größe: 3 Meter hoch und breit
Kultur: Pflanzen Sie in Containern vorgezogene Gehölze

im Frühjahr nach den letzten Frösten und schützen Sie die Jungpflanzen über den Winter. Bevorzugt einen vollsonnigen Standort und einen Schutz vor kalten Winden.
Verwendung: Die Blätter werden zum Würzen verwendet.
Ernte und Lagerung: Ernten Sie die Blätter von Mai bis Oktober. Trocknen Sie diese zur Lagerung.
Kochen/Verarbeitung: Verwenden Sie die Blätter in gekochten Gerichten.
Nebennutzen: Bienenpflanze. Die nur im warmen Klima ausreifenden Früchte werden gerne als Pfefferersatz genommen. Die jungen Zweige sind zum Korbflechten geeignet.
Vermehrung: Saatgut – keine Keimruhe
Pflege: Wenig nötig. Vor allem junge Pflanzen sind sehr empfindlich, diese sollten in Regionen mit kalten Wintern besonders geschützt werden.

Zanthoxylum piperitum, JAPANISCHER PFEFFER

Laubabwerfend/Immergrün: D **Zone:** 6
Sonnen-/Schatten-Präferenz: ○
Schatten-Toleranz: ◑
Bewertung: ✓✓✓✓
Fortpflanzung: SF **Blüte:** Grünlich-Gelb

Dieser Strauch kommt ursprünglich aus Buschland und Hecken in Japan, er bringt reiche Ernten aromatischer und pfeffriger Früchte. In Japan wird er zum Erwerb angebaut. Siehe auch *Zanthoxylum armatum* (Nepalesischer Sichuan-Pfeffer, *Z. schinifolium* (Sichuan-Pfeffer) und *Z. simulans* (Täuschende Stachelesche), wie auf Seite 139, Kapitel 11, beschrieben. Diese können sich ebenfalls in der Strauchebene befinden.

Größe: 2 Meter hoch und breit
Kultur: Pflanzen Sie im Winter in Containern vorgezogene Pflanzen. Toleriert die meisten Böden. Sonne oder Halbschatten. In den ersten Jahren langsam wachsend.
Blütezeit: Frühsommer
Fruchtbildung: Herbst
Verwendung: Die Früchte sind als pfeffriges Gewürz verwendbar.
Ernte und Lagerung: Die Früchte werden im Herbst geerntet und getrocknet. Jede Frucht besteht aus einem einzelnen schwarzen Samen, der (bei Reife) von einer dünnen, papierartigen Hülle umschlossen ist. Tatsächlich ist es die Hülle, die den pfeffrigen Geschmack erzeugt – die Samen sind geschmacklos –, aber meist werden die ganzen Früchte gepflückt, getrocknet und in einer Pfeffermühle verarbeitet. Die jungen Blätter werden im Frühjahr geerntet und manchmal zum Einlegen verwendet.
Kochen/Verarbeitung: wie echte „Pfefferkörner"
Nebennutzen: Bienenpflanzen. Die jungen Blätter können ebenfalls als Würzmittel verwendet werden.

Vermehrung: Durch Saatgut – benötigt eine viermonatige Stratifizierungszeit
Pflege: Wenig nötig

Sträucher mit anderen essbaren Pflanzenteilen

Manche Sträucher haben essbare Teile, die in keine der oben genannten Kategorien passen. Dazu gehören zwei meiner Lieblingspflanzen für Waldgärten: Bambus (wegen seiner essbaren Sprosse) und Holunder (wegen seiner Blüten).

Junge Sprossen des Goldrohr-Bambus (*Phyllostachys aurea*).

BAMBUS

Laubabwerfend/Immergrün: E **Zone:** 6
Sonnen-/Schatten-Präferenz: ○
Schatten-Toleranz: ◑
Bewertung: ✓✓✓✓
Fortpflanzung: SF **Blüte:** Blassgrün

Siehe auch Seite 175 unter „Sträucher für Nüsse und Samen".

Alle Bambusarten produzieren essbare Sprossen. Darunter fallen die Arten *Phyllostachys* spp., *Pleioblastus* spp., *Pseudosasa japonica*, *Semiarundinaria* spp. und *Yushania* spp.

In Asien sind für die meisten Menschen Bambuspflanzen zur Ernährung und wegen ihres vielseitig verwendbaren Rohres nicht wegzudenken, und mir geht es dabei ähnlich. Sie sind eine großartige Quelle für eine an Mineralien reiche Nahrung zu einem Zeitpunkt, da es oft wenig andere essbare Pflanzen gibt.

Bambusarten werden oft in horstbildende und rhizombildende unterteilt. Die horstbildenden Arten dehnen ihr Wurzelsystem nur sehr langsam kreisförmig aus. Rhizombildende Arten können mehrere Meter außerhalb der Grenze eines Bambushains plötzlich neue Sprossen bilden. Bambus hat daher den Ruf, unkontrollierbar und invasiv zu sein, und mit Sicherheit versuchen rhizombildende Arten sich auszubreiten, die Antwort liegt jedoch in der Pflege: Schneiden Sie einfach die Sprossen ab, wo sie nicht erwünscht sind (vorzugsweise, solange sie auch klein genug zum Essen sind), und sie werden dort nicht nachwachsen. Alternativ können Sie auch Rhizomsperren eingraben, um die Ausbreitung zu verhindern. Sich ausbreitende Arten erfordern sicherlich mehr Pflegeaufwand, um sie dort fernzuhalten, wo Sie diese nicht wollen; sie sind andererseits jedoch produktiver und bilden deutlich mehr Sprossen.

Die jungen Sprossen aller Bambusarten sind essbar. *Phyllostachys* spp. (wovon die meisten rhizombildend sind) sind am besten für Großbritannien geeignet. Im Frühjahr und/oder Sommer wachsen neue Sprossen aus dem Boden, diese haben dann den gleichen Durchmesser wie das ausgewachsene Rohr. Nach der Pflanzung werden die Rohre von Jahr zu Jahr höher und dicker, bis sie das Maximum dieser Art in dieser Klimazone erreicht haben (dieselbe Art produziert in wärmerem Klima größeres Rohr). In Großbritannien kann der Durchmesser größerer Arten von 2,5 Zentimetern (zum Beispiel *Phyllostachys viridiglaucescens*) bis hin zu 6–8 Zentimetern (zum Beispiel *P. vivax*) betragen. Die Menge an essbarem Material hängt direkt mit dem Durchmesser zusammen, insofern ist die Größe für den Ertrag sehr wichtig.

Bei essbaren Sprossen ist ein Mindestdurchmesser von 1,2 Zentimetern vernünftig – darunter ist nicht genug essbares Material in den Sprossen enthalten, um den Aufwand der Ernte zu rechtfertigen.

Größe: Variiert mit Art und Klima; in Großbritannien 3–8 Meter hoch
Kultur: Pflanzen Sie im Winter in Containern vorgezogene Pflanzen. Sie tolerieren die meisten Böden, solange sie den Sommer über einigermaßen feucht bleiben. Bambus toleriert auch tiefen Schatten, funktioniert aber bei mehr Licht am besten.
Verwendung: Die Sprossen sind reich an Mineralien und werden gekocht gegessen, manchmal jedoch auch roh (siehe Kasten rechts).
Ernte und Lagerung: Die frischen Sprossen können geerntet werden, sobald sie aus dem Boden wachsen, bis hin zu einer Höhe von etwa 1 Meter; dabei sind jedoch nur die obersten 30 Zentimeter essbar. Am einfachsten ist es, die Sprossen auf Bodenniveau abzuschneiden. Sie können jedoch auch den Boden abgraben und direkt am Rhizom abschneiden, um die maximale Menge an essbarem Material zu bekommen. Bei den meisten Arten wachsen die Sprossen über einen Zeitraum von 2–3 Monaten.
Nebennutzen: Das Rohr zur Verwendung im Garten (siehe Seite 186). Die Samen sind als Getreide wie Reis essbar (siehe Seite 175 unter „Sträucher für Nüsse und Samen").
Vermehrung: Teilung der Horste. Durch Saatgut (keine Keimruhe), was jedoch nicht häufig produziert wird.
Pflege: Regelmäßig geernteter Bambus braucht viel Stickstoff. Pflanzen Sie daher am besten ein paar Stickstofffixierer in die Umgebung. Falls Sie sichergehen wollen, dass sich der Bambus nicht über eine gegebene Grenze hinaus ausbreitet, sollten Sie diese Fläche mit einer Rhizomsperre umschließen. Meist besteht diese aus dickem, flexiblem Plastik und muss mindestens 75 Zentimeter tief eingegraben werden.
Sorten: Die Tabelle gegenüber zeigt die Qualität der Sprossen und den Beginn der Sprossenbildung nach Art auf (frühes Frühjahr = April/Mai; Spätfrühling = spät im Mai/Juni; Sommer = später Juni/Juli/früher August; Frühherbst = später August/September. Dies gilt für Südengland – rechnen Sie mit 1 Woche später für Mittelengland und 2 Wochen später im Norden.).

BAMBUSSPROSSEN ESSEN

Bambussprossen werden zubereitet, indem sie der Länge nach halbiert werden, dann entfernt man die äußeren zähen Lagen, um das weiße und hellgrüne Fleisch freizulegen.

Bei manchen Arten weist das Fleisch keine Bitterkeit auf, diese können roh in Salaten gegessen werden. Die meisten anderen sind roh bitter und müssen für 10 Minuten gedämpft werden, um den bitteren Geschmack gänzlich zu entfernen. Gekochte Sprossen haben einen milden Geschmack wie Zucchini mit einem Hauch von Sellerie und Erbsen.

Halbierte Sprossen des Grünen Pulver-Bambus (*Phyllostachys viridiglaucescens*).

BAMBUSSPROSSEN			
Art		Zeitpunkt des Austriebs	Hinweise
Phyllostachys angusta	Stein-Bambus	spätes Frühjahr	nicht bitter
Phyllostachys aurea	Goldrohr-Bambus	Frühherbst	nicht bitter – guten Qualität
Phyllostachys aureosulcata	Rauher Gelbrinnen-Bambus	spätes Frühjahr	nicht bitter
Phyllostachys bambusoides	Großer Holz-Bambus	Sommer	roh bitter
Phyllostachys dulcis	Süßsprossen-Bambus	zeitiges Frühjahr	in China als essbarer Sprossenbambus geschätzt
Phyllostachys edulis	Moso-Bambus	spätes Frühjahr	in Japan als essbarer Sprossenbambus geschätzt
Phyllostachys flexuosa	Lieblicher Bambus	spätes Frühjahr	roh sehr bitter
Phyllostachys glauca	Leicht-Bambus	spätes Frühjahr	leicht bitter
Phyllostachys nidularia	Großknotiger Bambus	zeitiges Frühjahr	leicht bitter
Phyllostachys nigra	Schwarzrohr-Bambus	Sommer	roh bitter
Phyllostachys nuda	Grau-Bambus	Frühjahr	kaum bitter – gut
Phyllostachys rubromarginata	Knospen-Bambus	Sommer	gute Qualität
Phyllostachys sulphurea f. viridis	Wüchsiger Fell-Bambus	spätes Frühjahr	leicht bitter – mittlere Qualität
Phyllostachys [praecox] *viola-scens*	Früh-Bambus	spätes Frühjahr	leicht bitter
Phyllostachys viridiglaucescens	Grüner Pulver-Bambus	Frühsommer	nicht bitter – gut
Phyllostachys vivax	Glatter Bambus	Frühherbst	leicht bitter
Pleioblastus simonii	Busch-Bambus	Sommer/Frühherbst	mittlere Qualität
Pseudosasa japonica	Pfeil-Bambus	Sommer/Frühherbst	keine Bitterkeit – gut
Semiarundinaria fastuosa	Säulen-Bambus	Frühherbst	leicht bitter
Yushania anceps	Himalaya-Fontainen-Bambus	Sommer/Frühherbst	nicht bitter – gut
Yushania anceps ´Pitt White´	Himalaya-Fontainen-Bambus	Mittsommer	nicht bitter – gut
Yushania maculata	Maculata Bambus	Sommer/Frühherbst	nicht bitter – gut

Ceanothus americanus, AMERIKANISCHE SÄCKELBLUME

Laubabwerfend/Immergrün: D **Zone:** 5
Sonnen-/Schatten-Präferenz: ○
Schatten-Toleranz: ◑
Bewertung: ✓✓✓✓
Fortpflanzung: SF **Blüte:** Weiß

Ein vielseitiger und schmückender Strauch, der in Nordamerika eine lange Geschichte als Pflanze zur Herstellung von Getränken hat.

Größe: 1,2 Meter hoch und breit
Kultur: Pflanzen Sie in Containern vorgezogene Pflanzen im Winter oder Frühjahr. Mag jeden einigermaßen durchlässigen Boden und Sonne oder leichten Schatten.
Blütezeit: Über einen langen Zeitraum im Sommer
Verwendung: Die Blätter werden getrocknet zur Herstellung eines angenehmen Tees verwendet.
Ernte und Lagerung: Ernten Sie die Blätter kurz vor der Blüte und trocknen Sie diese schnell.
Kochen/Verarbeitung: Trocknen Sie die Blätter bei warmer Umgebungstemperatur.
Nebennutzen: Stickstofffixierer. Die Blüten sind reich an Saponinen und können zur Herstellung von Seife dienen. Aus den Wurzeln kann rotes Färbemittel gewonnen werden.
Vermehrung: Durch Saatgut – keine Keimruhe
Pflege: Wenig nötig

Lycium barbarum, GEMEINER BOCKSDORN/GOJIBEERE

Für eine ausführliche Beschreibung siehe Seite 171.

Neben seinem Anbaunutzen der Frucht kann Goji auch als ausdauernde Gemüsepflanze verwendet werden. Die jungen Triebe und Blätter werden im Frühjahr und Sommer geerntet und wie Spinat gekocht (gedämpft). Diese haben einen kresseähnlichen, manchmal fast minzigen Geschmack. Essen Sie zuerst nur kleine Mengen, wenn Sie diese Pflanze noch nicht kennen, da die Mitglieder dieser Familie (Solanaceae) bei manchen Menschen Reaktionen hervorrufen können.

Rhus aromatica, GEWÜRZ-SUMACH

Laubabwerfend/Immergrün: D **Zone:** 2
Sonnen-/Schatten-Präferenz: ○
Schatten-Toleranz: ◑
Bewertung: ✓✓✓
Fortpflanzung: SF **Blüte:** Gelb

Dies ist ein niedrig wachsender Strauch aus Amerika mit einer langen Tradition zur Verwendung für Getränke. Siehe auch *Rhus glabra* und *Rhus typhina*, beschrieben in Kapitel 11 (Seite 140); obwohl diese als Arten der Baum-Ebene klassifiziert sind, können sie auch in der Strauch-Ebene vorkommen. Sie haben die gleiche Verwendung wie der Gewürz-Sumach.

Größe: 1–1,5 Meter hoch und breit
Kultur: Pflanzen Sie im Winter in Containern vorgezogene Pflanzen oder Sträucher, die Sie geteilt haben. Der Gewürz-Sumach toleriert die meisten Böden und zieht einen sonnigen Standort vor.
Blütezeit: Spätes Frühjahr. Von Bienen bestäubt.
Fruchtbildung: Spätsommer und Herbst. Produziert große Kolben mit winzigen roten, behaarten Früchten.
Verwendung: Die Früchte werden zur Herstellung von Getränken verwendet.
Ernte und Lagerung: Die reifen Fruchtstände sitzen fest an den Zweigen und können so über einen langen Zeitraum geerntet werden. Schneiden Sie diese einfach mit einer Rosenschere ab.
Kochen/Verarbeitung: Lassen Sie die reifen Fruchtstände über Nacht in kaltem Wasser einweichen, um ein limonadenartiges Getränk herzustellen.
Nebennutzen: Bienenpflanze. Heckenpflanze. Die Blätter und Früchte enthalten viele Tannine zum Färben (gelb/braun) und Gerben.
Vermehrung: Durch Saatgut – benötigt eine sechsmonatige Stratifizierungszeit. Ausgraben und Verpflanzen von Wurzelaustrieben.
Pflege: Wenig erforderlich

Kanadischer Holunder (*Sambucus canadensis* ´York´).

Sambucus canadensis, KANADISCHER HOLUNDER

Laubabwerfend/Immergrün: D **Zone:** 3
Sonnen-/Schatten-Präferenz: ○
Schatten-Toleranz: ◑
Bewertung: ✓✓✓✓
Fortpflanzung: SS **Blüte:** Weiß

Dieser wundervolle Blütenstrauch gehört fast sicher auf meine Top-Ten-Liste der Waldgartenpflanzen. Sollten Sie Holunderblüten ernten wollen, sollten Sie diese Pflanze ernsthaft für Ihren Waldgarten in Erwägung ziehen. Während der Europäische Holunder (*Sambucus nigra* – siehe Seite 126, Kapitel 11) für etwa 4 Wochen von Mitte Mai bis Mitte Juni blüht, trägt der Kanadische Holunder in Großbritannien von Juli bis November Blüten (besonders wenn er nicht bestäubt wird). Sie können also den ganzen Sommer und Herbst über frische Blüten ernten. In sehr kalten Klimazonen stirbt der Strauch im Winter bis auf den Boden zurück. Pflanzen Sie nur einen Klon, falls Sie die Pflanze der Blüte wegen anbauen.

Der Kanadische Holunder bildet langsam Wurzelausläufer. Jeder Trieb wächst für 4–6 Jahre und stirbt dann ab, um durch neue ersetzt zu werden.

Größe: 2,5–3 Meter hoch und breit
Kultur: Pflanzen Sie im Winter wurzelnackte Pflanzen oder Stecklinge. Toleriert die meisten Böden und beträchtlichen Schatten.
Blütezeit: Große Blütenstände (20 Zentimeter) werden ab Juli bis November gebildet.
Fruchtbildung: Falls zwei unterschiedliche Pflanzen angebaut werden, findet die Fruchtbildung im Herbst statt.
Verwendung: Die Früchte sind denen des Europäischen Holunders sehr ähnlich und können wie diese genutzt werden. Die Blüten werden wie die anderer Holunderarten verwendet – für Tees, in Wasser als Getränk angesetzt, zur Herstellung von Likören oder Wein, oder gekocht durch Frittieren im Teigmantel und so weiter.
Ernte und Lagerung: Ernten Sie die Blüten, wenn sie sich ganz geöffnet haben und der Pollen frei herausfällt. Pflücken Sie die Blütenstände einzeln, um möglichst wenig grüne Stängel mitzuernten. Verwenden Sie diese zügig.
Kochen/Verarbeitung: Wie der Europäische Holunder. Weichen Sie die Blütenstände für 24 Stunden in 5 Liter Wasser zusammen mit 2–4 gehackten Zitronen (und gegebenenfalls Zucker) ein, um ein großartiges Sommergetränk herzustellen.
Nebennutzen: Heckenpflanze. Falls bestäubt, sind die Früchte essbar wie beim heimischen Holunder.
Vermehrung: Ausgereifte Stecklinge im Herbst
Pflege: Wenig nötig. Entfernen Sie, wenn nötig, altes und totes Holz, um den Strauch zugänglicher zu machen.
Sorten: Für die maximale Blütenausbeute pflanzen Sie nur ein Exemplar oder mehrere von einem Klon (zum Beispiel ´Johns´ oder ´York´, beide auf Blüten- und Fruchtproduktion gezüchtet).

Sträucher mit medizinischem Nutzen

Ich bin kein Heilkräuterkundiger, die Pflanzen, die ich hier nenne, sind jedoch für ihre medizinischen Eigenschaften und ihre Wirksamkeit bekannt. Bitte seien Sie sicher über Ihr Tun oder ziehen Sie einen qualifizierten kräuterkundigen Menschen hinzu, bevor Sie Pflanzen für medizinische Zwecke verwenden.

Garrya elliptica & G. fremontii, BECHERKÄTZCHEN

Laubabwerfend/Immergrün: E **Zone:** 7
Sonnen-/Schatten-Präferenz: ○
Schatten-Toleranz: ◑
Bewertung: ✓✓
Fortpflanzung: SF **Blüte:** Grau-Grün

Die Becherkätzchen sind hübsche immergrüne Sträucher, die in milden Regionen oft wegen ihrer wunderschönen Kätzchen als Zierpflanzen angebaut werden.

Größe: Bis zu 4 Meter hoch und breit
Kultur: Pflanzen Sie im Frühjahr nach den letzten Frösten in Containern vorgezogene Pflanzen. Sonne oder Halbschatten bei gut durchlässigem Boden.
Verwendung: Wird in Nordamerika schon lange medizinisch verwendet. Die Blätter (und manchmal die Rinde) werden als fiebersenkendes Mittel genutzt.
Nebennutzen: Bienenpflanzen
Vermehrung: Durch Saatgut – erfordert eine dreimonatige Stratifizierungszeit
Pflege: Wenig nötig

Lavandula spp., LAVENDEL

Laubabwerfend/Immergrün: D **Zone:** 5
Sonnen-/Schatten-Präferenz: ○
Schatten-Toleranz: ○
Bewertung: ✓✓
Fortpflanzung: SF **Blüte:** Lavendel, Blau, Violett

Lavandula angustifolia (Echter Lavendel), *L. x intermedia* (Provence-Lavendel), *L. latifolia* (Spanischer Lavendel) und *L. stoechas* (Schopf-Lavendel) sind alles aromatische immergrüne Sträucher mit gräulichen Blättern, die für ihren Zierwert und medizinischen Nutzen bekannt sind.

Größe: 60–90 Zentimeter hoch und 75 Zentimeter breit
Kultur: Pflanzen Sie im Frühjahr nach den letzten Frösten in Containern vorgezogene Pflanzen. Sie benötigen einen sonnigen Standort, kommen aber zeitweilig auch im Halbschatten zurecht; optimal ist ein gut durchlässiger Boden.
Verwendung: Die Blätter und das daraus destillierte Öl werden in Parfums, Kosmetika und als externes Desinfektionsmittel verwendet. Es auf seine krebsbekämpfenden Eigenschaften hin untersucht.
Nebennutzen: Bienenpflanze. Die Blätter und Blüten können als Würzmittel verwendet werden.
Vermehrung: Durch Saatgut – keine Keimruhe
Pflege: Das Spitzenwachstum sollte jährlich für eine Verwendung eingekürzt werden.

Viburnum opulus var. *americanum/V. trilobum*, AMERIKANISCHER SCHNEEBALL

Für eine genaue Beschreibung siehe Seite 175. *Viburnum opulus* var. *americanum* ist in Nordamerika als *V. trilobum* bekannt. Dort wird der Strauch „Highbush Cranberry" genannt. Die getrocknete Rinde wird in der Kräutermedizin häufig als krampflösendes Mittel verwendet. Die Früchte sind essbar, aber zugegebenermaßen von gewöhnungsbedürftigem Geschmack.

Sträucher für Stangen und Rohr

Die meisten Leute haben Verwendung für Stangen und Rohr im Garten, sei es als temporäre Strukturen für Kletterpflanzen, als Käfige, um Früchte zu schützen, und so weiter. Die hier angegebenen Pflanzen sind leicht in schattigeren Teilen des Gartens anzubauen.

BAMBUS

Für eine genaue Beschreibung siehe Seite 181 unter „Sträucher mit anderen essbaren Teilen". Verwendete Arten sind unter anderem *Phyllostachys* spp., *Pleioblastus* spp., *Pseudosasa japonica*, *Semiarundinaria* spp. und *Yushania* spp.

Das Rohr der meisten Bambusarten kann geschnitten und getrocknet werden, besonders der aufrechten Arten. Für die Produktion von Rohr sind wüchsige Arten vorzuziehen, die jedes Jahr eine Menge neue Triebe ausbilden. Rhimzombildende Arten sind bei Weitem produktiver als horstbildende.

Für die meisten Zwecke im Garten sind Rohre mit einem Durchmesser von 1–2,5 Zentimeter am besten geeignet. Der folgende Kasten enthält einige empfohlene Arten in diesen Größen und eine Art für größere Rohre.

BAMBUS ZUR PRODUKTION VON ROHR

Für Rohr von 1–2,5 Zentimeter Durchmesser:

Phyllostachys bissetii	Grüner Bambus
Phyllostachys praecox ´Violascens´	Violet-Bambus
Phyllostachys viridiglaucescens	Grüner Pulver-Bambus
Pleioblastus simonii	Busch-Bambus
Pseudosasa japonica	Pfeil-Bambus
Semiarundinaria fastuosa	Säulen-Bambus
Yushania anceps	Himalayafontainen-Bambus ´Pitt White´
Yushania maculata	Maculata-Bambus
Yushania maling	Maling-Bambus

Für größere Rohre von 5–7 Zentimeter Durchmesser:

Phyllostachys vivax	Glatter Bambus

An allen Rohren müssen nach dem Schnitt die Seitentriebe entfernt werden (dies dauert länger als das Fällen des Rohres). Der Japanische Pfeil-Bambus (*Pseudosasa japonica*) und die *Yushania*-Arten haben weniger belaubte Seitentriebe und sind so schneller zu entlauben.

Sie können einjähriges oder jüngeres frisches Rohr schneiden; diese haben jedoch noch kein Lignin gebildet (sind also nicht abgehärtet) und werden im Freien nur wenige Monate überleben, bevor sie zu verrotten beginnen. Rohr braucht 3 Jahre, um zu reifen und zu verholzen; wenn Sie also haltbares Rohr wollen, dürfen Sie nur diese älteren schneiden und trocknen. Dabei sollten Sie systematisch vorgehen und die Rohre jedes Jahrgangs mit einem Tupfer einer Farbe versehen, sodass Sie die 3-jährigen Rohre leicht erkennen können. Ich habe der Literatur entnommen, dass der Trennschnitt für ein Rohr durch eine Internodie (eine der Verdickungen, die in Abständen am Rohr vorkommen) führen sollte, wo das Rohr solide ist, damit sich kein Regenwasser im Inneren sammeln kann, weil dieses das Gewebe verrotten lässt und möglicherweise sogar die Rhizome schädigt.

Ich schneide jedoch immer auf Bodenniveau ab und habe damit noch keine Probleme feststellen können, daher empfehle ich dies. Sorgen Sie dafür, dass Sie keine Stumpen als Stolperfallen hinterlassen, dies kann sehr gefährlich sein. Schneiden Sie das Rohr mit einer Astschere oder einer Baumsäge. Sobald das Rohr gefällt ist, sollten alle Zweige nah am Stamm mit einer Rosenschere weggeschnitten und der dünne Spitzenwuchs gekappt werden. Dieser kann als kleine Pflanzstecken, für feine Flechtarbeiten oder als Mulch verwendet werden (sie sind besonders gut für schlammige Pfade geeignet). Die Rohre müssen dann langsam trocknen und sollten dazu abgedeckt und flach ausgelegt werden; dabei ist eine gute Belüftung wichtig. Ab und zu sollten die Rohre gedreht werden – ich hänge sie unter die Krone eines dichten Nadelbaums. 4 Millimeter des Rohrdurchmessers brauchen etwa 1 Monat zum Trocknen; so brauchen Rohre von 1,2 Zentimeter Durchmesser etwa 3 Monate zur Trocknung und Rohre von 2,5 Zentimeter Durchmesser etwa 6 Monate.

Corylus avellana, HASEL

Für eine genaue Beschreibung siehe Seite 130, Kapitel 11 „Arten für die Baumebene“.

Wenn sie alle 2–4 Jahre auf Stock gesetzt werden, bleiben Hasel in der Strauchebene. 2-jährige Triebe haben einen Durchmesser von 1,5–2,5 Zentimeter und sind 2–3 Meter lang, also ideal für die meisten Verwendungen im Garten. Hasel ist schattentolerant und in Niederwald bewirtschaftete Pflanzen können im Schatten laubabwerfender Pflanzen platziert werden.

Sträucher für Bindematerialien

Hier handelt es sich um Sträucher mit langen, robusten, schwertförmigen Blättern, die sich ausgezeichnet als Gartenzwirn und als Bindematerial eignen.

Kohl-Palme oder Kohl-Baum (*Cordyline australis*).

Cordyline australis, KOHL-PALME

Laubabwerfend/Immergrün: E **Zone:** 8
Sonnen-/Schatten-Präferenz: ○
Schatten-Toleranz: ◑
Bewertung: ✓✓
Fortpflanzung: SF **Blüte:** Weiß

Diese Palme aus Neuseeland ist gut an das Klima milder Küstengegenden angepasst und gut zur Unterpflanzung von Gehölzen geeignet.

Größe: 3–5 Meter hoch und 1 Meter breit
Kultur: Pflanzen Sie im Frühjahr nach den letzten Frösten in Containern vorgezogene Pflanzen. Die Kohl-Palme toleriert tiefsten Schatten. Sie benötigt einen Schutz vor kalten Winden.
Verwendung: Die langen Blätter (60 Zentimeter lang) werden geschnitten und dann geteilt, so können sie als Bindematerial verwendet werden.
Nebennutzen: Wie bei den meisten Palmen kann der stärkehaltige Stamm zur Nahrung gebraucht werden, was jedoch die Pflanze umbringen wird!
Vermehrung: Durch Saatgut – keine Keimruhe
Pflege: Wenig nötig

Neuseeländer Flachs (*Phormium tenax*).

Phormium tenax, NEUSEELÄNDER FLACHS

Laubabwerfend/Immergrün: E **Zone:** 7
Sonnen-/Schatten-Präferenz: ○
Schatten-Toleranz: ●
Bewertung: ✓✓✓✓
Fortpflanzung: SF **Blüte:** Weiß

Dieser Strauch aus Neuseeland liefert das beste Bindematerial. Ich pflanze ihn über meinen ganzen Waldgarten verteilt, sodass ich immer einen davon in der Nähe habe. Ich habe auch einige Exemplare als Windschutz gepflanzt, was sehr effektiv, aber bei Wind auch recht laut ist, da dann die Blätter aneinanderschlagen. *P. colensoi* (Bergflachs) ist eine kleinere Pflanze und erreicht die halbe Höhe bei gleicher Verwendung.

Größe: 2,5 Meter hoch und 3 Meter breit. Die Blütenspitze kann bis zu 4 Meter hoch werden.
Kultur: Pflanzen Sie im Winter oder in kälteren Gegenden im Frühjahr nach den letzten Frösten in Containern vorgezogene Pflanzen. Toleriert beträchtlichen Schatten und sowohl trockene als auch nasse Böden.
Blütezeit: Juli. Reich an Nektar; wird von Bienen bestäubt.
Verwendung: Die langen Blätter (1–1,5 Meter lang) werden geschnitten und dann geteilt, so können sie als Bindematerial verwendet werden.
Ernte und Lagerung: Die Blätter müssen frisch sein, um als Bindematerial zu dienen.
Nebennutzen: Bienenpflanze. Die Blätter können für Flechtarbeiten und zur Gewinnung von Papier und Fasern verwendet werden. Aus den Blüten kann ein braunes Färbemittel gewonnen werden. Der Nektar und die Samen sind essbar (die Letzteren gut in Kuchen und Brotmischungen).
Vermehrung: Durch Saatgut – keine Keimruhe
Pflege: Wenig nötig
Sorten: Es gibt zahlreiche Ziersorten, die Blätter der gestreiften oder farbigen Sorten sind jedoch oft nicht so stabil.

Die Blüten des Neuseeländer Flachs (*Phormium tenax*) sind bei Bienen sehr beliebt.

Sträucher für Flechtmaterialien

Gewerbliche Pflanzungen von Sträuchern wie die der Weide (*Salix* ssp.) für Flechtmaterialien erfordern große Flächen und volle Lichtausbeute. Wenn Sie jedoch nur genug Material brauchen, um pro Jahr ein oder zwei Körbe zu flechten, ist es sehr leicht, diese in einem Waldgarten unterzubringen. Weiden brauchen in jedem Fall viel Licht – die Positionierung ist hier wichtig –, aber es gibt andere Sträucher, die auch mit mehr Schatten auskommen. Nicht hier aufgeführt, sondern in Kapitel 15 („Stauden und Bodendecker"), Seite 253, ist das Immergrün (*Vinca* spec.), das sehr schattentolerant ist und lange biegsame Stängel besitzt, die sich für feines Flechtwerk eignen.

Cornus stolonifera ´Flaviramea´, GELBHOLZ-HARTRIEGEL

Laubabwerfend/Immergrün: D **Zone:** 2
Sonnen-/Schatten-Präferenz: ○
Schatten-Toleranz: ◑
Bewertung: ✓✓✓
Fortpflanzung: SF **Blüte:** Weiß

Die Triebe dieser amerikanischen Art mit gelbem Holz haben einen hohen Zierwert.

Größe: 2 Meter hoch und 4 Meter breit – bildet Wurzelausläufer
Kultur: Pflanzen Sie im Winter wurzelnackte Pflanzen oder Stecklinge. Toleriert Halbschatten und nasse Böden.
Verwendung: Die Zweige werden für Flechtwerk verwendet, diese können jährlich geschnitten und geerntet werden.
Nebennutzen: Roter Farbstoff aus den Wurzeln; Heckenpflanze
Vermehrung: Ausgereifte Stecklinge im Herbst
Pflege: Wenig nötig, abgesehen vom Ernteschnitt

Salix spp., WEIDEN

Laubabwerfend/Immergrün: D **Zone: 4**
Sonnen-/Schatten-Präferenz: ○
Schatten-Toleranz: ◐
Bewertung: ✓✓✓✓
Fortpflanzung: SF **Blüte: Weißlich-Gelb**

Weiden sind sehr leicht anzubauen und haben eine lange Tradition in der Verwendung als Flechtmaterial. Falls sie jährlich geschnitten werden, sollten Sie diese gut gemulcht halten, um die Konkurrenz durch Beikräuter im Frühjahr zu vermeiden; zu starke Konkurrenz kann einen Wurzelstock verdrängen. Fast alle Arten können verwendet werden, zum Flechten sind *Salix purpurea* (Purpur-Weide), *S. triandra* (Mandel-Weide) und *S. viminalis* (Korb-Weide) am besten geeignet. *Salix* ´Bowles Hybrid´ ist nützlich als Windschutz.

Größe: Jährlicher Nachwuchs nach Schnitt: *S. purpurea* 2 Meter; *S. triandra* 2,5 Meter; *S. viminalis* 4 Meter.
Kultur: Pflanzen Sie bewurzeltes Holz im Winter oder ganzjährig Stecklinge. Sonne oder Halbschatten. Tolerieren nasse Böden.
Verwendung: Die Zweige werden zum Flechten, für Zäune und so weiter verwendet – gewöhnlich werden diese jährlich geerntet.
Ernte und Lagerung: Am besten werden diese innerhalb weniger Monate nach dem Schnitt verwendet. Sollte die Rinde getrocknet sein, weichen Sie diese ein paar Tage ein, bevor sie verarbeitet wird.
Nebennutzen: Die Rinde wird medizinisch als entzündungshemmendes Mittel verwendet.
Vermehrung: Stecklinge können jederzeit geschnitten werden.
Pflege: Wenig, abgesehen vom Ernteschnitt. Rehe knabbern gern an den jungen Trieben, schützen Sie diese daher, falls nötig.
Sorten: Es gibt viele Zuchtsorten. Die bekanntesten sind:

S. purpurea:
´Dicky Meadows´
´Goldstones´
´Green Dicks´

S. triandra:
´Black Hollander´
´Black Maul´

S. viminalis:
´Brown Merrin´
´Reader´s Red´

STRÄUCHER, DIE WINTERLICHE STAUNÄSSE VERTRAGEN:

Gagelstrauch (*Myrica gale*)
Grün-Erle (*Alnus viridis*)
Amerikanischer Schneeball (*Viburnum opulus* var. *americanum*)
Weiden (*Salix* spp.)

Symphoricarpos spp., SCHNEEBEEREN

Laubabwerfend/Immergrün: D **Zone: 3**
Sonnen-/Schatten-Präferenz: ○
Schatten-Toleranz: ●
Bewertung: ✓✓✓
Fortpflanzung: SF **Blüte: Weiß, Pink**

Einige Arten sind *Symphoricarpos albus* (Gewöhnliche Schneebeere), *S. x chenaultii* (Niedrige Purpurbeere) und *S. orbiculatus* (Korallen-Schneebeere). Es handelt sich hier um Wurzelausläufer bildende Waldsträucher aus Nordamerika, die durch ihre weißen Früchte auffallen.

Größe: 2 Meter hoch und breit
Kultur: Pflanzen Sie im Winter in Containern vorgezogene Pflanzen in alle Böden. Die Schneebeeren tolerieren recht tiefen Schatten. Exzellente Pflanzen für Flechtmaterial für schattigere Standorte.
Verwendung: Die jungen Zweige sind für Flechtwerk verwendbar.
Nebennutzen: Bienenpflanzen. Die Früchte sind essbar, aber nicht wohlschmeckend.
Vermehrung: Durch Saatgut – benötigt eine neunmonatige Stratifizierungszeit.
Pflege: Wenig nötig. Kann sich weit ausbreiten und wird daher manchmal als Ärgernis betrachtet.
Sträucher für Färbemittel.

Sträucher für Färbemittel

Es gibt Hunderte Sträucher, aus denen Färbemittel gewonnen werden kann. Die folgenden sind einige der geläufigeren/besser bekannten, die nebenbei Stickstofffixierer sind.

Cytisus scoparius, BESENGINSTER

Laubabwerfend/Immergrün: D **Zone:** 5
Sonnen-/Schatten-Präferenz: ○
Schatten-Toleranz: ◐
Bewertung: ✓✓✓✓
Fortpflanzung: SF **Blüte:** Gelb

Besenginster ist leicht anzubauen und eine gute Pionierpflanze für die ersten Jahre eines Waldgartens. Außerdem ist er einer der wenigen heimischen stickstofffixierenden Sträucher in Großbritannien. Er ist eher kurzlebig – etwa 15 Jahre – und kann entsprechend geplant, um dann ersetzt zu werden. Er gehört zu den Schmetterlingsblütlern (Leguminosen), benötigt also Sonne.

Größe: 2,5 Meter hoch und 1 Meter breit
Kultur: Pflanzen Sie im Winter in Containern vorgezogene Pflanzen. Gedeiht gleichermaßen gut an sonnigen wie halbschattigen Standorten und bevorzugt einen gut durchlässigen Boden.
Blütezeit: Sommer
Verwendung: Aus Blättern und Rinde kann gelber und grüner Farbstoff gewonnen werden.
Nebennutzen: Bienenpflanze, Stickstofffixierer, Stängel für Flechtwerk, Heckenpflanze
Vermehrung: Gewöhnlich durch Saatgut – keine Keimruhe (muss angeraut werden)
Pflege: Keine erforderlich

Genista tinctoria, FÄRBERGINSTER

Laubabwerfend/Immergrün: D **Zone:** 2
Sonnen-/Schatten-Präferenz: ○
Schatten-Toleranz: ◐
Bewertung: ✓✓
Fortpflanzung: SF **Blüte:** Gelb

Der Färberginster ist eine weitere Pionierpflanze aus der Familie der Schmetterlingsblütler mit einer langen Tradition als Färbepflanze. Er bildet einen kleinen, zerzaust aussehenden und wuchernden Strauch, der selten beeindruckend wirkt, aber sowohl in der Sonne als auch in leichtem Schatten sehr gut überdauert.

Größe: 90 Zentimeter hoch und breit
Kultur: Pflanzen Sie im Winter in Containern vorgezogene Pflanzen. Sonnige Standorte sind ideal, kommt aber auch im Halbschatten zurecht, benötigt jedoch einen gut durchlässigen Boden.
Blütezeit: Sommer
Verwendung: Aus Blättern, Blüten und Rinde kann gelber und grüner Farbstoff gewonnen werden.
Nebennutzen: Bienenpflanze. Stickstofffixierer.
Vermehrung: Durch Saatgut – keine Keimruhe (muss angeraut werden)
Pflege: Keine erforderlich

Färberginster (*Genista tinctoria*) im Winter.

Sträucher zur Seifenherstellung

Wenn ich Leuten erzähle, dass einige Pflanzen direkt als Quelle für Seife (enthalten Saponine) gebraucht werden können, begegnet mir meist eine Mischung aus Interesse und Skepsis. Sich mit Blättern einzureiben ruft zugegebenermaßen eine Assoziation mit den Jägern und Sammlern der Vergangenheit auf. Mit den meisten Saponin enthaltenden Pflanzen kann ein seifiger Schaum erzeugt werden, indem die Blätter zerteilt oder gehackt und für ein paar Stunden in Wasser eingeweicht und gerührt werden. Mit dem Schaum können dann Hände, Kleidung, Stoffe und so weiter gewaschen werden.

Ceanothus americanus, AMERIKANISCHE SÄCKELBLUME

Für eine ausführliche Beschreibung siehe Seite 184.
Die Blüten dieser Pflanze sind reich an Saponinen und werden als Quelle für Seife verwendet. Sie bilden Schaum, wenn sie in Wasser zerdrückt werden, und hinterlassen nach Gebrauch einen feinen Duft.

Amerikanischer Jasmin (*Philadelphus lewisii*)

Philadelphus spp., PFEIFENSTRÄUCHER

Laubabwerfend/Immergrün: D **Zone:** 5
Sonnen-/Schatten-Präferenz: ○
Schatten-Toleranz: ◑
Bewertung: ✓✓✓
Fortpflanzung: SF **Blüte:** Weiß

Diese Sträucher sind als Zierpflanzen und für ihre duftenden Blüten im Sommer bekannt.

Größe: 3 Meter hoch und breit
Kultur: Pflanzen Sie im Winter in Containern vorgezogene Pflanzen; ist nahezu für alle Böden geeignet. Sonne oder Halbschatten.
Blütezeit: Sommer
Verwendung: Die Blätter, Blüten und Rinde enthalten viele Saponine, sie entwickeln im Wasser Schaum und können zum Waschen verwendet werden.
Vermehrung: Durch Saatgut – benötigt viermonatige Stratifizierungszeit
Pflege: Keine erforderlich
Sorten: Es sind zahlreiche Sorten erhältlich, die alle verwendet werden können.

Stickstofffixierende Sträucher

Mit den folgenden Sträuchern kann ein großer Teil des Stickstoffbedarfs eines Waldgartens abgedeckt werden.

Kätzchen der Grün-Erle (*Alnus viridis*).

Alnus viridis, GRÜN-ERLE

Laubabwerfend/Immergrün: D **Zone:** 4
Sonnen-/Schatten-Präferenz: ○
Schatten-Toleranz: ◑
Bewertung: ✓✓✓
Fortpflanzung: SF **Blüte:** Grünlich-Gelb

Dieser Strauch aus Kontinentaleuropa kommt auch in Nordamerika vor. Nach der letzten Eiszeit hat er es nicht ganz bis nach Großbritannien geschafft, fühlt sich hier jedoch auch zu Hause.

Größe: 2,5–3 Meter hoch und breit
Kultur: Pflanzen Sie im Winter in Containern vorgezogene oder wurzelnackte Sträucher. Gedeiht an sonnigen und halbschattigen Standorten mit feuchten Böden.
Verwendung: Ausgezeichneter Stickstofffixierer für gemäßigte Klimazonen
Nebennutzen: Roter Farbstoff aus der Rinde; Heckenpflanze
Vermehrung: Durch Saatgut – benötigt eine zweimonatige Stratifizierungszeit
Pflege: Kann, falls erforderlich, gelegentlich als Kopfbaum oder noch höher in der Baumkrone angesetzt zurückgeschnitten werden.

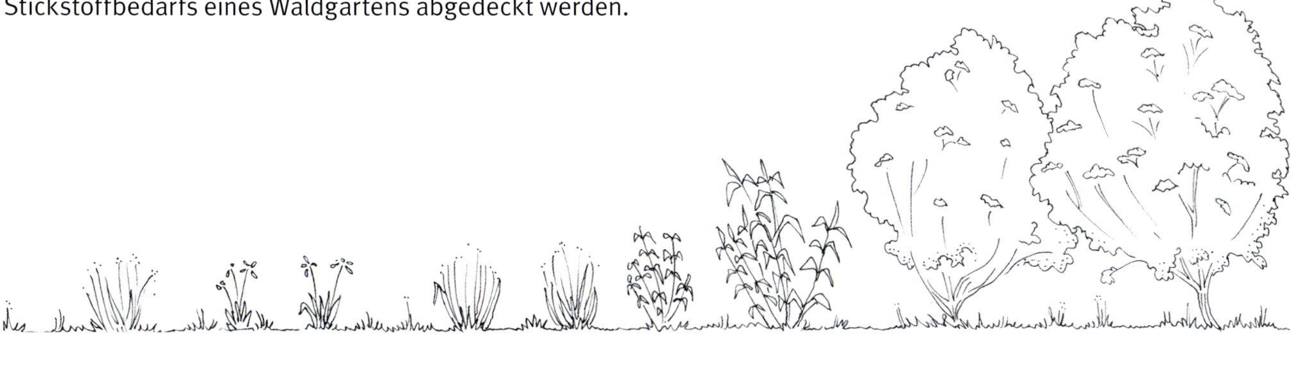

Amorpha fruticosa, BASTARDINDIGO

Laubabwerfend/Immergrün: D **Zone:** 4
Sonnen-/Schatten-Präferenz: ○
Schatten-Toleranz: ◑
Bewertung: ✓✓✓✓
Fortpflanzung: SF **Blüte:** Purpur & Gelb

Der Schein- oder Bastardindigo ist ein loser, offener Strauch unterschiedlicher Größe aus der Familie der Leguminosen, der in wärmeren Gegenden der Erde als Beikraut gilt.

Größe: 2,5–5 Meter hoch und breit
Kultur: Pflanzen Sie im Winter in Containern vorgezogene Sträucher. Benötigt Sonne oder Halbschatten und Schutz – die Zweige sind brüchig und können an exponierten Standorten abbrechen. Gut für den Ernteschnitt geeignet.
Verwendung: Ein nützlicher stickstofffixierender Strauch mit offenem Wuchs, der viele Möglichkeiten zur Unterpflanzung bietet.
Nebennutzen: Bienenpflanze
Vermehrung: Durch Saatgut – muss angeraut werden
Pflege: Durch Wind beschädigte Zweige sollten zurückgeschnitten werden. Der ganze Strauch kann nach Bedarf eingekürzt oder zur Ernte geschnitten werden.

Cytisus scoparius, BESENGINSTER

Für eine ausführliche Beschreibung siehe Seite 190 unter „Sträucher für Färbemittel". Der Besenginster ist ein sehr wirksamer stickstofffixierender Strauch, seine kleine Form begrenzt jedoch die Gesamtmenge an fixiertem Stickstoff.

Elaeagnus multiflora, GOUMI, REICHBLÜTIGE ÖLWEIDE

Für eine ausführliche Beschreibung siehe Seite 168. Goumi ist ein ausgezeichneter Aktinorrhiza-Stickstofffixierer für gemäßigte Klimazonen.

Genista tinctoria, FÄRBERGINSTER

Für eine ausführliche Beschreibung siehe Seite 190 unter „Sträucher für Färbemittel". Diese Pflanze aus der Familie der Leguminosen gehört aufgrund ihrer spärlichen Belaubung und minderen Größe jedoch nur zu den mittelmäßigen Stickstofffixierern.

Zweifarbiger Buschklee (*Lespedeza bicolor*).

Lespedeza bicolor, ZWEIFARBIGER BUSCHKLEE

Laubabwerfend/Immergrün: D **Zone:** 5
Sonnen-/Schatten-Präferenz: ○
Schatten-Toleranz: ◑
Bewertung: ✓✓✓
Fortpflanzung: SF **Blüte:** Pink, Purpur

Der zweifarbige Buschklee ist eine strauchige Leguminose aus Ostasien, die manchmal wegen ihrer zierenden purpurrosafarbenen Blüten gepflanzt wird.

Größe: 2,5 Meter hoch und breit
Kultur: Pflanzen Sie im Winter in Containern vorgezogene Sträucher. Gedeiht an sonnigen wie halbschattigen Standorten mit einem gut durchlässigen Boden.
Verwendung: Ein für die Stickstofffixierung sehr wirksamer Strauch aus der Familie der Leguminosen. Einige andere *Lespedeza*-Arten können ähnlich verwendet werden, darunter *L. maximowiczii* und *L. thunbergii* (beide ebenfalls als Buschklee bekannt).
Nebennutzen: Bienenpflanze; Tierfutter
Vermehrung: Durch Saatgut – keine Keimruhe
Pflege: Keine erforderlich

Lupinus arboreus, BAUMLUPINE

Laubabwerfend/Immergrün: E **Zone:** 8
Sonnen-/Schatten-Präferenz: ○
Schatten-Toleranz: ◑
Bewertung: ✓✓
Fortpflanzung: SF **Blüte:** Gelb

Als strauchige Leguminose aus Amerika ist die Baumlupine auf gut durchlässigen Böden zu finden.

Größe: 2 Meter hoch und breit
Kultur: Pflanzen Sie im Frühjahr nach den letzten Frösten in Containern vorgezogene Sträucher. Sonne oder Halbschatten; bevorzugt gut durchlässige, neutrale bis saure Böden. Kann sich in milden Gegenden Großbritanniens selbst aussäen.
Verwendung: Als sehr wirksame stickstofffixierende Leguminose
Nebennutzen: Bienenpflanze
Vermehrung: Durch Saatgut – keine Keimruhe, und wurzelnah entnommene Stecklinge im Frühjahr
Pflege: Keine erforderlich

Myrica gale, GAGELSTRAUCH & *M. pensylvanica*, AMERIKANISCHER GAGELSTRAUCH

Für eine ausführliche Beschreibung siehe Seite 179 unter „Sträucher für Kräuter und Gewürze“. Dies sind großartige Stickstofffixierer für gemäßigte Klimazonen. *Myrica*-Arten sind Aktinorrhiza-Pflanzen.

Shepherdia canadensis, KANADISCHE BÜFFELBEERE

Laubabwerfend/Immergrün: D **Zone:** 2
Sonnen-/Schatten-Präferenz: ○
Schatten-Toleranz: ◑
Bewertung: ✓
Fortpflanzung: SS **Blüte:** Gelb

Als eine in Amerika heimische Pflanze zieht die Kanadische Büffelbeere heiße Sommerregionen vor.

Größe: 2,5 Meter hoch und breit
Kultur: Pflanzen Sie im Winter in Containern vorgezogene Sträucher. Bevorzugt einen sonnigen Standort, gedeiht aber auch noch an geringschattigen Plätzen.
Verwendung: Ausgezeichneter Stickstofffixierer für gemäßigte Klimazonen
Nebennutzen: Essbare Früchte; Heckenpflanze
Vermehrung: Durch Saatgut – benötigt eine dreimonatige Stratifizierungszeit
Pflege: Keine erforderlich

Berberis x *lologensis* ´Mystery Fire´ in Blüte

Kapitel 14

Gestaltung der Strauchebene

In mehrerlei Hinsicht ist es einfacher, Sträucher in das Gestaltungskonzept einzupassen, als die Baumebene festzulegen. Sträucher werden fast immer behandelt, nachdem die Entscheidungen über Bäume und deren Standorte gefallen sind, es ist dann einfacher, eine Position zu ermitteln, die für jeden in Erwägung gezogenen Strauch nahezu optimal sein sollte.

Während die Gestaltung der Baumebene immer äußerst sorgfältig und gewöhnlich auf einem Lageplan erfolgen sollte, kann man mit dem Design der Sträucher etwas freizügiger verfahren. Die größeren Sträucher sollten eventuell auf Ihrem Lageplan markiert werden, für die kleineren ist dies wahrscheinlich nicht nötig. Pflanzen, die nur 1 Meter in ihrer Höhe und Breite messen – zum Beispiel viele der üblichen Beerensträucher –, können im Garten an vielen Orten untergebracht werden.

Sie müssen auch nicht zu Beginn alle Sträucher ausgewählt haben, besonders dann nicht, wenn Sie den Garten ohnehin über mehrere Jahre pflanzen und entwickeln möchten. In diesem Fall können Sie die Gestaltung der Strauch- und unteren Ebenen von Jahr zu Jahr weiterentwickeln, bis die Pflanzung abgeschlossen ist. Dies verschafft Ihnen auch die Zeit, einige der ungewöhnlicheren Pflanzen durch Saatgut, Stecklinge und so weiter zu vermehren, sollten Sie dies wünschen.

Einige Faktoren, die bei der Gestaltung der Strauchebene zu bedenken sind, entsprechen den Überlegungen zu den hohen Bäumen:

- Ausrichtung und Merkmale des Standortes, wie zum Beispiel steile Hänge. Diese bieten Möglichkeiten und stellen Probleme dar.
- Unterschiede in den Böden über den ganzen Standort
- Mikroklima im Garten. Empfindliche Sträucher wachsen üblicherweise besser im Windschatten anderer Bäume.
- Die Anforderungen jedes einzelnen Strauches an Licht/Schatten, Feuchtigkeit und Nährstoffe
- Anforderungen an die Bestäubung. Sträucher, die eine Fremdbestäubung erfordern, sollten in relativer Nähe zu einem weiteren stehen, damit Bienen leicht die Distanz überbrücken können; außerdem fliegt vom Wind getragener Pollen in einem Wald nicht so weit.
- Allelopathie und Konkurrenz (siehe Kasten auf Seite 152) – die negativen Auswirkungen jeglicher höheren Bäume
- Die positiven Auswirkungen von höheren Bäumen in der Nähe – Schutz, Stickstofffixierung und so weiter
- Die Platzierung von stickstofffixierenden Sträuchern: Diese werden am besten in die Nähe von reich tragenden und starkzehrenden Obstbäumen oder -sträuchern gesetzt, aber auch zu stark genutzten Pflanzen wie Bambus. Sie sollten südlich des zu düngenden Gehölzes gepflanzt werden, damit sie ausreichend Licht bekommen.
- Platzierung von Sträuchern derselben Gattung oder Art: Versuchen Sie zur Vermeidung von Krankheiten und Schädlingen, allgemein die Arten so zu mischen, dass sie möglichst nicht nebeneinanderstehen (es sei denn, die Bestäubung verlangt es sowieso).
- Platz: Versuchen Sie, besonders bei früchtetragenden Sträuchern so viel Raum einzuplanen, dass diese ihre volle mögliche Größe erreichen können, was deren Ertragspotenzial maximieren wird.

Papau (*Asimina triloba*)

GILDEN

Die Gestaltung der verschiedenen Ebenen eines Waldgartens (Bäume, Sträucher, Stauden, Bodendecker, Kletterpflanzen) wurde in diesem Buch getrennt beschrieben, um den Gestaltungsprozess deutlicher zu machen. Die Ebenen sind jedoch eng verwoben und jede Gestaltung für eine bestimmte Fläche sollte immer die Beziehungen zwischen den verschiedenen Ebenen berücksichtigen. In einem Waldgarten sind „Gilden" Gruppen von Arten, die einander unterstützen, die Selbstständigkeit fördern und die Arbeit verringern, die für die Pflege des Systems investiert werden muss. In einer idealen Gilde befinden sich demnach Pflanzen verschiedener Arten, die die folgenden Funktionen abdecken:

- Stickstofffixierende Pflanzen zur Versorgung mit Stickstoff
- Mineraliensammelnde Pflanzen, um die Versorgung mit anderen Nährstoffen zu unterstützen
- Pflanzen für Nutzinsekten, um Probleme mit Schädlingen zu minimieren
- Bienenpflanzen für Wild- und Honigbienen
- Pflanzen mit unterschiedlichen Wurzelsystemen, die sich den Raum und die Bodenschichten effizient aufteilen
- Aromatische Pflanzen, die Schädlinge verwirren und die Gesundheit des Systems stärken
- Bodendecker, die die Bodenoberfläche mit einer dichten Schutzschicht überziehen

Falls Sie Pflanzen verwenden, die gemeinsam in einer natürlichen Umgebung wachsen (zum Beispiel zwei heimische Pflanzen), dann haben Sie wahrscheinlich eine gute Vorstellung, wie sich diese ergänzen oder gegeneinanderwirken. Wahrscheinlicher ist es jedoch, dass Sie Mischungen von Pflanzen zusammenstellen, die so in der Natur nicht vorkommen. Das ist grundsätzlich unbedenklich, gehen Sie jedoch sicher, dass Sie sich Gestaltungsstrategien überlegen, wie Sie durch Konkurrenz entstehende Probleme minimieren. Es gibt keine festgelegte Mindestgröße einer Fläche, damit diese als Gilde zählt. Ich habe am liebsten viele Pflanzen, die einen Großteil der oben genannten Funktionen erfüllen – dies bewirkt, dass das Ökosystem sehr widerstandsfähig und resilient ist und wenig Pflege erfordert, auch wenn so weniger Raum für konkrete Ertragspflanzen verbleibt. In sehr kleinen Gärten müssen Sie vielleicht einen Kompromiss zugunsten von mehr Ertragspflanzen bei weniger Systempflanzen eingehen. Sie werden jedoch dadurch an Widerstandskraft verlieren und als Folge Ihren Pflegeaufwand erhöhen.

Schauen Sie sich im Verlauf des Gestaltungsprozess immer wieder Flächen in Ihrem Waldgarten an und fragen Sie sich: „Fehlen Pflanzentypen von der oben genannten Liste? Kann ich sie in einer der Ebenen unterbringen?"

Für die Platzierung von Sträuchern gibt es weitere zu bedenkende Faktoren:

- Für die Ernte und Pflege von einigen höheren Bäumen (besonders die meisten Obstbäume) ist ein vertikaler Zugang nötig. Sie müssen unter der Traufkante (die äußerste Ausdehnung der Baumkrone) des Baumes stehen können, um die Früchte von Hand oder mit einem Stangenwerkzeug zu ernten. Hier ist kein guter Platz, um einen Strauch zu positionieren, der den Zugang versperrt und unnötige Mühe macht.

- Der beste Standort für die meisten Sträucher ist zwischen höheren Bäumen, aber außerhalb der Traufkante, wo die Lichtverhältnisse am besten sind. Planen Sie so viel Raum ein, dass die Sträucher bei maximaler Ausdehnung wenig oder gar nicht unter die Traufkante der Obstbäume reichen. Sollten Sie die Maximalgröße des Baumes nicht kennen, dann finden Sie diese mithilfe eines Pflanzenverzeichnisses.

Vertikaler Zugang für die Ernte. Genau unter der Traufkante ist ein unpassender Platz für einen Strauch.

- Unter einem durchgängigen Blätterdach (das heißt dort, wo sich die Baumkronen berühren) oder an schattigen Standorten unter sehr großen Bäumen werden Sträucher tendenziell höher und schmaler als üblich wachsen. Dies wird meist als nachteilig betrachtet. Tatsächlich kann es jedoch manchmal recht nützlich sein: Wenn beispielsweise Rote Johannisbeeren an recht schattigen Standorten 1,5–1,8 Meter hoch werden und ihre Früchte entsprechend weit oben tragen, kann dies bei der Ernte durchaus schonender für Rücken und Knie sein.

- Wenn Sie sich Gruppen von Sträuchern oder Sträucher in direkter Nachbarschaft zueinander ausdenken, dann versuchen Sie, kleinere Sträucher im Süden zu pflanzen, um die gegenseitige Beschattung zu minimieren.

- Häufig geschnittene Bäume für Brennholz oder Ähnliches können auch in der Strauchebene untergebracht werden. Wenn diese keine Obstbäume sind, kommen sie meist mit deutlich weniger Licht aus und sind trotzdem noch produktiv.

Wie auch die Gestaltung der Baumebene ist dieser Teil ein Jonglierakt. Sollten die Bäume bereits gepflanzt sein, dann können Sie leicht mögliche gute Standorte für verschiedene Pflanzen beim Herumlaufen ausmachen. Tun Sie dies im Sommer, wenn die Bäume im Laub stehen, denn wenn die Blätter im Winter gefallen sind, erliegt man leicht der Illusion, dass der Raum größer erscheint, als er tatsächlich ist.

Beispiele für gute und schlechte Positionierung von Sträuchern

Die Zeichnungen unten und auf der Gegenseite illustrieren die oben genannten Punkte und zeigen Beispiele für die gute und schlechte Positionierung von Sträuchern.

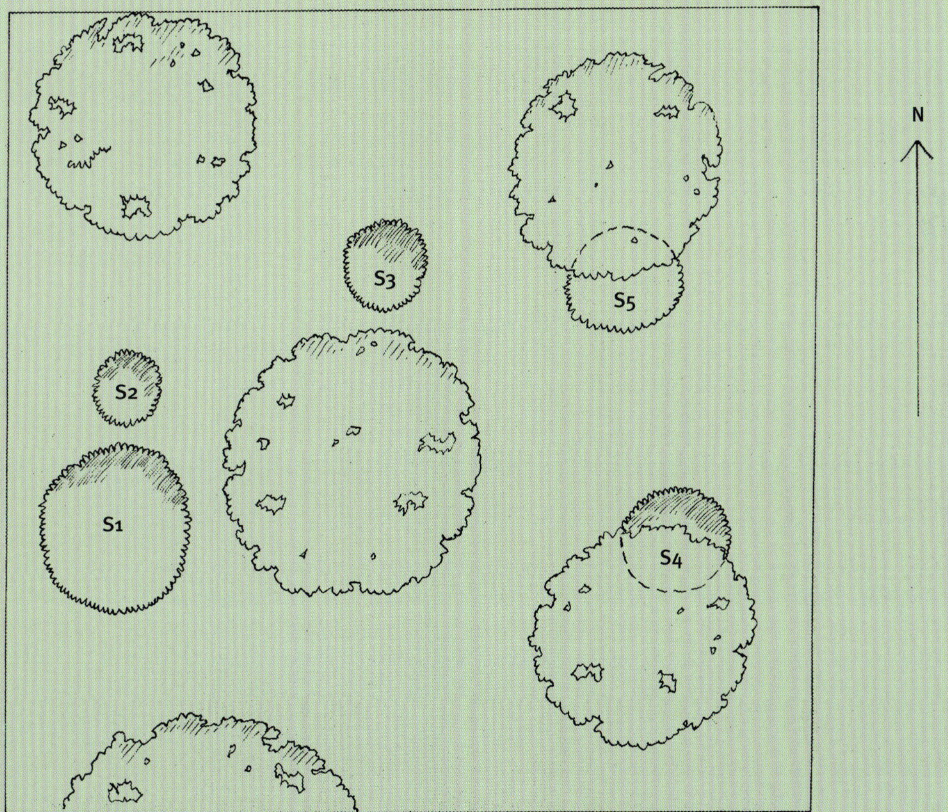

Schlechte Positionierung von Sträuchern: Nördlich von größeren Sträuchern und Bäumen ist gewöhnlich kein guter Platz für die meisten fruchttragenden Sträucher.
S2 – der kleine Strauch wird durch **S1** beschattet.
S3 – beschattet durch einen Baum.
S4 – sehr beschattet durch den Baum.
S5 – unter der Krone eines Obstbaums – behindert den Zugang.

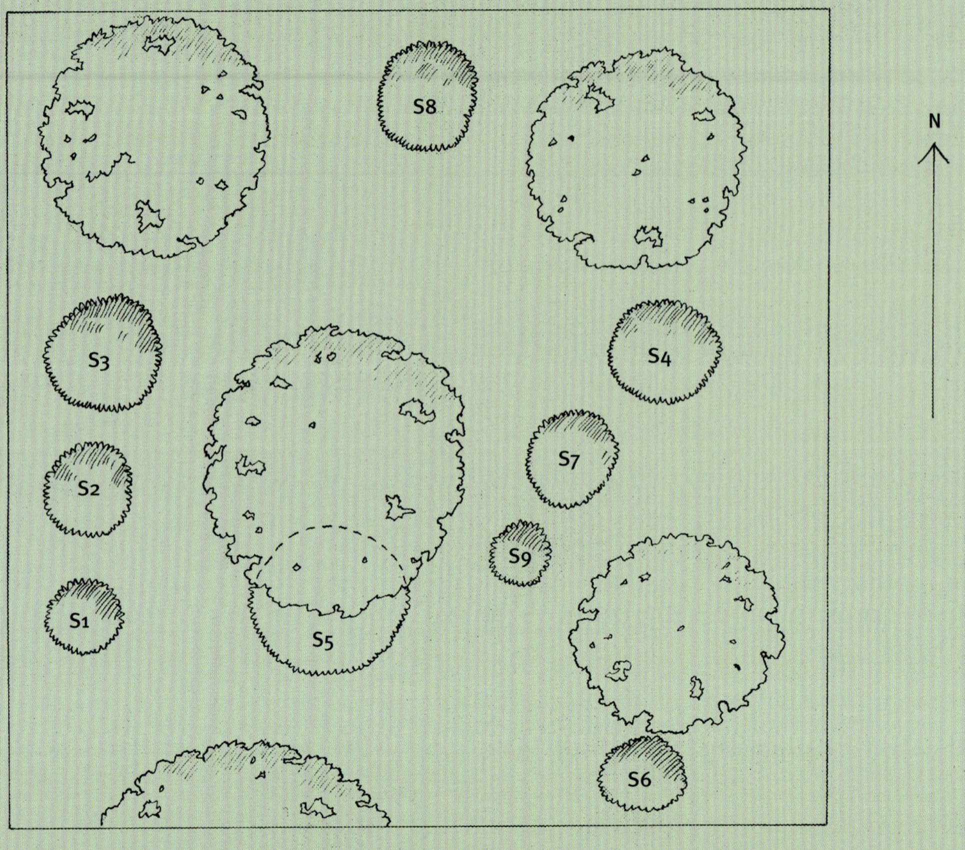

Gute Positionierung von Sträuchern: Zwischen den Baumkronen ist in der Regel die beste Position für Sträucher.
S1–S3 – der Schatten ist minimiert.
S4 – zwischen Baumkronen.
S5 – befindet sich zwar unter einer Baumkrone, es handelt sich jedoch um einen aufgeasteten Baum, der keine Früchte trägt.
S6–S9 – alle zwischen Baumkronen.

Die Wuchsform vieler Sträucher ändert sich mit dem verfügbaren Licht: Bei wenig Licht sind diese meist höher, schmaler und „langbeiniger", während sie in voller Sonne buschiger, dichter und kleiner wachsen – dies ist in den Zeichnungen gegenüber dargestellt.

Diese Unterschiede können in einem Waldgarten genutzt werden, wo ein hochgewachsener Strauch an sich nicht schlecht sein muss, er erlaubt schließlich mehr Unterpflanzung mit kleineren Pflanzen.

JEDE PLANUNG IST AUCH IMMER EINE ENTWICKLUNG, STANDORTE ENTWICKELN SICH FORTLAUFEND

Mit dem Heranwachsen und dem Altern Ihrer Bäume werden sich Plätze ergeben, an denen sich unerwartet Raum auftut, und andere, wo der Raum enger wird als erwartet. Wo sich Raum auftut, können Sie weitere Sträucher pflanzen oder sogar einfach nur Stecklinge: In der Tat gehe ich im Herbst oft herum und pflanze Stecklinge, wo ich dafür Platz sehe – sie bekommen weder Pflege noch sonstige Aufmerksamkeit und viele schaffen es nicht. Es bereitet mir jedoch nur einen sehr geringen Aufwand. Sträucher sind auch einfach zu schneiden oder sogar zu entfernen, sollten Sie feststellen, dass die Zusammenstellung bestimmter Pflanzen so nicht funktioniert. Scheuen Sie sich nicht, Sträucher einzukürzen oder zu roden und durch etwas anderes zu ersetzen – Waldgärten sind dynamische Systeme!

Typisches Wachstum von Sträuchern unter guten Lichtbedingungen.

Die gleichen Sträucher im Halbschatten: höher und schmaler gewachsen.

Chilenische Erdbeere *(Fragaria chiloensis)*.

Kapitel 15

Stauden und Bodendecker

Es gibt viele Bücher, manche davon sehr ausführlich, die sich ausschließlich mit Bodendeckern befassen, von denen viele für schattige Standorte in Waldgärten geeignet sind. In diesem Kapitel konzentriere ich mich auf einige Arten, die ich für besonders geeignet halte, vor allem, weil sie für einen Mehrfachnutzen bekannt sind, und zwar hinsichtlich ihrer Essbarkeit oder ihres medizinischen Nutzens, ihrer Fähigkeit, Mineralien einzulagern und Nutzinsekten anzulocken, ihrer Stickstofffixierung und so weiter.

Beachten Sie dabei, dass jede Pflanze, die den Boden zeitweise oder ganzjährig bedeckt, dem ganzen System als Bodenschutz zuträglich ist. Nicht alle der in diesem Kapitel beschriebenen Pflanzen sind essbar, einige üben nur Systemfunktionen aus, wie den Schutz des Bodens, können aber auch anderen Nutzen haben.

Ebenen der Stauden und Bodendecker

Obwohl ich in meiner Einführung zu den vertikalen Ebenen in Kapitel 2 auf die Bereiche der Stauden und Bodendecker separat verweise, ist diese Trennung nicht immer anwendbar. Manchmal gibt es unter Sträuchern nur eine Ebene, die nicht zwingend niedrig sein muss – es kann auch eine stark wachsende ausdauernde Pflanze sein, die 1 Meter Höhe erreicht. An mancher Stelle in Ihrem Waldgarten mag solch eine Pflanze die einzige Ebene unter einem Strauch sein, an anderer Stelle ist sie vielleicht mit einer niedrigeren Art unterpflanzt. Da es in einer Liste nicht einfach darstellbar ist, die Arten von Bodendeckern und Stauden anhand ihrer Ebene zu unterscheiden – eine Menge Pflanzen könnten sich in beiden Ebenen befinden –, sind sie in diesem Kapitel zusammen aufgeführt.

Sehr oft wird es jedoch zwei und manchmal sogar drei unterschiedliche Wuchshöhen in dieser Ebene geben. Um eine gute Bodendeckung sicherzustellen, ist es gewöhnlich ein guter Ansatz, eine Bodendeckerebene von gewünschten Pflanzen – mit Belaubung bis üblicherweise höchstens 30 Zentimetern – zu haben, die sehr niedrig unter den anderen Stauden wächst. Dies erlaubt eine Bepflanzung mit „Inseln" und anderen Techniken für Polykulturen, die ich im nächsten Kapitel beschreibe (siehe Seite 266). An anderen Stellen darf die Bodendeckerebene auch höher sein, bis etwa 60 Zentimeter, was es immer noch höheren wüchsigen Stauden (zum Beispiel größeren Beinwellarten oder Kermesbeeren, *Phytolacca americana*) erlaubt hindurchzuwachsen.

Bodendeckerpflanzungen werden wahrscheinlich von Zeit zu Zeit betreten werden müssen. Verschiedene Arten haben unterschiedliche Toleranzen was eine Begehung angeht und wenige mögen diesen allzu häufig. Versuchen Sie, jedes Mal einen anderen Weg zu wählen, damit nicht immer wieder auf den gleichen Pflanzen „herumgetrampelt" wird. Bodendecker-Pflanzen müssen nicht nur niedrig sein, sie müssen auch Schatten tolerieren und vorzugsweise auch im Schatten einen Ertrag liefern.

In der Tabelle auf Seite 202 habe ich die Wurzelstruktur der empfohlenen Bodendecker-Pflanzen aufgeführt. Seien Sie sich dieser bewusst, wenn Sie andere Pflanzen dazwischensetzen, und versuchen Sie, Flach- und Tiefwurzler wo möglich zu mischen, um den Bodenraum effektiver auszunutzen.

Die in diesem Kapitel beschriebenen Bodendeckerarten sind meist auch Stauden. Diejenigen, auf die dies nicht zutrifft, sind niedrig wachsende Sträucher und werden als solche beschrieben. Staudige Kletterpflanzen sind in Kapitel 17 aufgeführt.

Einige *Rubus*-Arten eignen sich gut als Bodendecker, wie beispielsweise die bodendeckende Himbeere (*Rubus ideaeus* ´Betty Ashburner´).

EMPFOHLENE NIEDRIGE BODENDECKER		
Art		**Wurzelstruktur**
Aegopodium podagraria	Giersch	Flachwurzler
Ajuga reptans	Kriechender Günsel	Flachwurzler
Alchemilla mollis	Frauenmantel	Flachwurzler
Allium tricoccum	Nordamerikanischer Ramp-Lauch	Flachwurzler, Zwiebeln
Allium ursinum	Bärlauch	Flachwurzler, Zwiebeln
Asarum canadense	Kanadische Haselwurz	Flachwurzler
Asarum europaeum	Haselwurz	Flachwurzler
Chrysosplenium oppositifolium, C. alternifolium	Milzkraut	Flachwurzler
Claytonia sibirica	Sibirisches Tellerkraut	Flachwurzler, Knollen
Cornus canadensis	Kanadischer Hartriegel	Flachwurzler
Duchesnea indica	Scheinerdbeere	Flachwurzler
Fragaria spp.	Erdbeere	Flachwurzler
Galax urceolata	Bronzeblatt	mitteltief wurzelnd
Galium odoratum	Waldmeister	Flachwurzler
Gaultheria procumbens	Niedere Scheinbeere	Flachwurzler
Glechoma hederacea	Gundelrebe	Flachwurzler
Heuchera americana	Purpurglöckchen	mitteltiefwurzelnd
Lotus corniculatus ´Plenus´	Hornklee	mitteltiefwurzelnd
Lysimachia nummularia	Pfennigkraut	Flachwurzler
Mitchella repens	Echte Rebhuhnbeere	Flachwurzler
Oxalis acetosella	Wald-Sauerklee	Tiefwurzler
Oxalis oregana	Oregon-Sauerklee	mitteltiefwurzelnd
Potentilla anserina	Gänsefingerkraut	Tiefwurzler, Pfahlwurzel
Pulmonaria officinalis	Lungenkraut	sehr tief wurzelnd, Pfahlwurzel
Rubus nepalensis	Himalaya-Himbeere	Flachwurzler
Rubus pentalobus	Kriech-Himbeere	Flachwurzler
Sanguinaria canadensis	Kanadische Blutwurz	Tiefwurzler
Symphytum ibericum	Kriechender Beinwell	Tiefwurzler
Tiarella cordifolia	Schaumblüte	Flachwurzler
Vinca minor	Kleines Immergrün	Flachwurzler
Viola spp.	Veilchen	Flachwurzler
Waldsteinia fragarioides	Waldsteinie	Flachwurzler
Waldsteinia ternata	Dreiblättrige Waldsteinie	Flachwurzler

EMPFOHLENE BODENDECKER PFLANZEN MITTLERER HÖHE		
Art		**Wurzelstruktur**
Geranium macrorrhizum	Balkan-Storchschnabel	mitteltiefwurzelnd
Mentha longifolia	Ross-Minze	Flachwurzler
Mentha suaveolens	Rundblättrige Apfel-Minze	Flachwurzler
Rubus ´Betty Ashburner´	Zier-Brombeere	Flachwurzler
Rubus tricolor	Chinesischer Brombeerstrauch	Flachwurzler
Saponaria officinalis	Seifenkraut	mitteltiefwurzelnd
Symphytum officinale	Echter Beinwell	sehr tief wurzelnd
Symphytum x uplandicum	Futter-Beinwell	sehr tief wurzelnd
Vinca major	Großes Immergrün	Flachwurzler

Die Pflanzen dieses Kapitels mit einer niedrigen Bewertung in ihrer Fähigkeit als Bodendecker, sollten zusammen mit einer niedriger wachsenden, guten Bodendeckerpflanze angebaut werden, um den Aufwand des Jätens zu minimieren.

Stauden und Bodendecker mit essbaren Früchten

Diese Pflanzen können vorrangig als Ertragspflanzen für Früchte angebaut werden, sie können aber natürlich zusätzlich auch andere Funktionen haben.

Berberis spp., BERBERITZEN

Dies sind horstbildende Sträucher – für ausführliche Details und größere Arten siehe Seite 166, Kapitel 13. Einige der kleineren Arten sind für diese Ebene nützlich. Pflanzen Sie diese im Abstand von 60 Zentimetern, um eine gute Bedeckung zu erzielen. *B. candidula* (laubabwerfend) wird 4 Zentimeter hoch und 1,2 Meter breit. *B. x frikartii* ´Amstelveen´ (immergrün) wird 1 Meter hoch und breit. *B. wilsoniae* (laubabwerfend) wird 1 Meter hoch und breit. Für gute Fruchtbildung sind recht gute Lichtbedingungen erforderlich.

Cornus canadensis, KANADISCHER HARTRIEGEL

Laubabwerfend/Immergrün: D **Zone:** 2
Sonnen-/Schatten-Präferenz: ◑
Schatten-Toleranz: ●
Bewertung: ✓✓
Fortpflanzung: SF
Bodendeckung: ✓✓ **Blüte:** Weiß

Es handelt sich um eine niedrige, kriechende, nordamerikanische ausdauernde Pflanze. Pflanzen Sie diese im Abstand von 35 Zentimetern, um eine gute Bedeckung zu erzielen. Sie toleriert ein wenig Fußverkehr.

Größe: 15–20 Zentimeter hoch mit weiter Ausdehnung
Kultur: Pflanzen Sie in Containern vorgezogene Pflanzen im Winter. Mag feuchte und saure Böden.
Blütezeit: Juni, bestäubt durch Insekten
Fruchtbildung: August
Verwendung: Essbare Früchte – etwa 6 Millimeter Durchmesser; eher geschmacklos
Ernte und Lagerung: Die Früchte werden im Herbst geerntet und sollten sofort verwendet werden.
Kochen/Verarbeitung: Die Früchte werden am besten mit anderen Früchten in einer gemischten Marmelade oder Eingemachtem verkocht. Gegebenenfalls sollten die Samen entfernt werden, indem man die Früchte durch ein Küchensieb passiert.
Vermehrung: Durch Saatgut oder Teilung
Pflege: Keine nötig

Wald-Erdbeere *(Fragaria vesca)*.

Fragaria spp., ERDBEEREN

Laubabwerfend/Immergrün: D/E **Zone:** 3-6
Sonnen-/Schatten-Präferenz: ○
Schatten-Toleranz: ◑
Bewertung: ✓✓✓
Fortpflanzung: SF
Bodendeckung: ✓ – ✓✓ **Blüte:** Weiß

Die möglichen Arten enthalten *Fragaria chiloensis* (Chile-Erdbeere), *F. moschata* (Moschus-Erdbeere), *F. vesca* (Wald-Erdbeere) und die Sorte *F. vesca* ´Semperflorens´, *F. virginiana* (Scharlach-Erdbeere), *F. viridis* (Knack-Erdbeere) und *F. x ananassa* (Garten-Erdbeere).
Erdbeeren sind niedrig wachsende mehrjährige krautige Pflanzen, die sich vor allem über Ausläufer ausdehnen (abgesehen von gezüchteten Arten, die keine Ausläufer bilden) und so eine Art Matte bilden. *F. vesca* und *F. viridis* sind in milden Winterregionen oft immergrün. Die Winterhärten sind unterschiedlich von Zone 3 (*F. virginiana*) bis Zone 6 (*F. moschata*). Sie sind mäßig (*F. x ananassa*, *F. virginiana*) bis gut (*F. vesca*, *F. viridis*, *F. chiloensis*) als Bodendecker geeignet. Sie tolerieren ein wenig Fußverkehr.

Größe: 15–25 Zentimeter hoch mit weiter Ausdehnung
Kultur: Pflanzen Sie in Containern vorgezogene Pflanzen oder versetzen Sie angewurzelte Ausläufer im Winter (sie treiben früh aus). Die meisten Böden sind geeignet.

Blütezeit: Ab April, je nach Art. Bestäubt durch Bienen.
Fruchtbildung: Ab Juni
Verwendung: Essbare Früchte, alle von sehr guter Qualität. Die Früchte der Art haben einen konzentrierteren Geschmack als die Zuchtformen, sind jedoch kleiner. Die Blätter können in Salaten oder Kräutertees verwendet werden.
Ernte und Lagerung: Ernten Sie die Früchte im Sommer und Herbst; Blätter über die ganze Wachstumsperiode.
Kochen/Verarbeitung: Machen Sie die Früchte lagerfähig, indem Sie diese zu Marmelade verarbeiten oder trocknen, nachdem Sie die Früchte in Scheiben geschnitten (oder bei kleinen Früchten halbiert) haben.
Nebennutzen: Bienenpflanzen
Vermehrung: Gewöhnlich durch Ausläufer
Pflege: Keine nötig, es sei denn, Sie möchten die Ausbreitung unterbinden, indem Sie Ausläufer entfernen.

Fuchsia spp., FUCHSIEN

Für eine ausführliche Beschreibung siehe Seite 169, Kapitel 13. Fuchsien sind in dieser Ebene enthalten, weil sie in vielen Gegenden mit kalten Wintern eher wie horstbildende Stauden statt wie Halbsträucher, Sträucher und Bäume (verholzte Pflanzen) wachsen und so in einer Wachstumsperiode die halbe oder zwei Drittel der Höhe der Strauchform erreichen.

Gaultheria procumbens, GAULTHERIE, NIEDERE SCHEINBEERE

Laubabwerfend/Immergrün: E **Zone:** 4
Sonnen-/Schatten-Präferenz: ◑
Schatten-Toleranz: ●
Bewertung: ✓✓
Fortpflanzung: SF
Bodendeckung: ✓ **Blüte:** Weiß

Dies ist ein niedriger, sich ausbreitender, aus Nordamerikas Wäldern stammender immergrüner Zwergstrauch. Alle anderen *Gaultheria*-Arten können ähnlich verwendet werden, die meisten sind jedoch größer (siehe *Gaultheria shallon*, Seite 169, Kapitel 13). Die wintergrüne Form toleriert ein wenig Fußverkehr.

Größe: 20 Zentimeter hoch; breitwüchsig
Kultur: Pflanzen Sie in saurem Kompost vorgezogene Pflanzen im Winter aus. Ein feuchter, saurer Boden ist essenziell.
Blütezeit: Juli/August; bestäubt durch Bienen
Fruchtbildung: Oktober bis Dezember
Verwendung: Die Früchte und Blätter der wintergrünen Art sind stark aromatisch – beide erinnern an Desinfektionsmittel –, die Früchte einiger der anderen Arten sind sehr viel wohlschmeckender (siehe zum Beispiel *G. shallon*, Seite 169).
Ernte und Lagerung: Die Früchte werden im Herbst geerntet, die Blätter jederzeit.
Nebennutzen: Großartige Bienenpflanzen. Die Früchte haben medizinischen Nutzen (entzündungshemmend – sie riechen schließlich nach Desinfektionsmittel!).
Vermehrung: Durch Saatgut oder Teilung von bewurzelten Ausläufern
Pflege: Gut in Kombination mit einer anderen mehrjährigen Pflanze – zu niedrig, um selbst Beikräuter unterdrücken zu können.

Rubus calycinoides ´Betty Ashburner´, ZIERBROMBEERE

Laubabwerfend/Immergrün: E **Zone:** 6
Sonnen-/Schatten-Präferenz: ○
Schatten-Toleranz: ◑
Bewertung: ✓✓✓
Fortpflanzung: SS
Bodendeckung: ✓✓✓ **Blüte:** Weiß

Dies ist ein immergrüner kriechender Strauch mit wurzelnden Triebspitzen. Er dehnt sich jährlich um etwa 60–90 Zentimeter aus und kann so große Flächen bedecken. Die Stängel sind ein wenig stachelig. Pflanzen Sie diese in 60–100 Zentimeter Abstand, um eine gute Bodendeckung zu erreichen. Da sie nicht selbstfruchtbar zu sein scheint, benötigen Sie eine Elternpflanze (*R. pentalobus* oder *R. tricolor*) in der Nähe zur Fremdbestäubung. Sie toleriert Fußverkehr.

Größe: 45 Zentimeter hoch und dehnt sich weit aus
Kultur: Pflanzen Sie angewurzelte Ausläufer/Absenker oder in Containern vorgezogene Pflanzen im Winter oder Frühling in jeden einigermaßen nährstoffreichen Boden. Sonne oder Schatten.
Blütezeit: Juni/Juli; bestäubt durch Bienen
Fruchtbildung: Später Juli bis früher September
Verwendung: Essbare Früchte wie kleine Himbeeren
Ernte und Lagerung: Ernten Sie die Früchte im Spätsommer und Herbst. Die Früchte müssen zeitnah nach der Ernte verarbeitet werden.
Kochen/Verarbeitung: Sie können aus den Früchten eine Himbeermarmelade herstellen.
Nebennutzen: Bienenpflanze
Vermehrung: Durch Entfernen angewurzelter Triebe.

Pflege: Wenig erforderlich; an der Ausbreitung hindern. Dies können Sie durch einen gemähten Pfad erreichen, oder Sie schneiden mehrmals im Jahr die gebogenen Triebe zurück, um diese am Anwurzeln zu hindern.

Himalaya-Himbeere *(Rubus nepalensis)*.

Rubus nepalensis, HIMALAYA-HIMBEERE

Laubabwerfend/Immergrün: E **Zone:** 7
Sonnen-/Schatten-Präferenz: ◑
Schatten-Toleranz: ●●
Bewertung: ✓✓✓✓
Fortpflanzung: SS
Bodendeckung: ✓✓✓ **Blüte:** Weiß

Die Himalaya-Himbeere, ein kriechender immergrüner Strauch, breitet sich pro Jahr um etwa 1 Meter über seine wurzelnden Triebspitzen aus. Die Stängel haben keine Stacheln. Um eine gute Bodendeckung zu erzielen, sollten Sie diese mit 45–60 Zentimeter Abstand pflanzen. Der Strauch ist hervorragend unter Sträuchern und für andere schattige Standorte geeignet und trägt dort auch gut. Er ist robust und verträgt Fußverkehr.

Größe: 30 Zentimeter hoch, weite Ausbreitung
Kultur: Pflanzen Sie angewurzelte Ausläufer/Absenker oder in Containern vorgezogene Pflanzen im Winter oder Frühling in jeden einigermaßen nährstoffreichen Boden. Sonne oder Schatten.
Blütezeit: Juni/Juli
Fruchtbildung: August/September
Verwendung: Essbare Früchte ähnlich kleinen Himbeeren.
Ernte und Lagerung: Ernten Sie die Früchte im Spätsommer. Diese müssen zeitnah verarbeitet werden.
Kochen/Verarbeitung: Ähnlich den Himbeeren kann aus den Früchten eine Marmelade gekocht werden.
Nebennutzen: Bienenpflanze
Vermehrung: Ausgraben verwurzelter Absenker
Pflege: Nur verhindern, dass sie sich unkontrolliert ausbreitet. Dies können Sie mit einem gemähten Weg erreichen, oder Sie schneiden oder verlegen die gebogenen Triebe mehrmals im Jahr, um die Bildung von Absenkern zu steuern.

Kriech-Himbeere (*Rubus pentalobus*) ´Emerald Carpet´ als Bodendecker.

Rubus pentalobus (syn. *R. Rolfei*; *R. calycinoides*), KRIECH-HIMBEERE

Laubabwerfend/Immergrün: E **Zone:** 7
Sonnen-/Schatten-Präferenz: ○
Schatten-Toleranz: ◑
Bewertung: ✓✓✓
Fortpflanzung: SF
Bodendeckung: ✓✓ **Blüte:** Weiß

Dies ist ein aus Taiwan stammender, sehr niedrig kriechend wachsender immergrüner Strauch. Er breitet sich über anwurzelnde Triebe in einer niedrigen Matte aus. Die Stängel sind leicht stachelig. Um eine gute Bodendeckung zu erzielen, sollte er mit einem Abstand von 60 Zentimetern gepflanzt werden, dazu ist die Sorte ´Emerald Carpet´ besonders gut geeignet. Der Strauch bildet unter größeren Gehölzen eine hervorragende Bodendeckung und fruchtet gut. Da er sehr niedrig wächst, kann er leicht von Beikräutern überwuchert werden. Daher sollte er zusammen mit anderen Gehölzen gepflanzt werden. Er ist robust und verträgt Fußverkehr.

Größe: 10 Zentimeter hoch, breitet sich stark aus
Kultur: Pflanzen Sie angewurzelte Ausläufer/Absenker oder in Containern vorgezogene Pflanzen im Winter oder Frühling in jeden einigermaßen nährstoffreichen Boden. Sonne oder Schatten.
Blütezeit: Juni/Juli; von Bienen bestäubt
Fruchtbildung: Juli/August
Verwendung: Essbare Früchte ähnlich kleinen Himbeeren
Ernte und Lagerung: Ernten Sie die Früchte im Sommer und Herbst, verarbeiten Sie diese zeitnah.
Kochen/Verarbeitung: Ähnlich den Himbeeren kann aus den Früchten eine Marmelade gekocht werden.
Nebennutzen: Bienenpflanze
Vermehrung: Ausgraben verwurzelter Absenker

Pflege: Gelegentliches Jäten. Verhindern Sie, dass er sich unkontrolliert ausbreitet. Dies können Sie mit einem gemähten Weg erreichen, oder Sie schneiden oder verlegen die gebogenen Triebe mehrmals im Jahr, um die Bildung von Absenkern zu steuern.

Chinesischer Brombeerstrauch (*Rubus tricolor*).

Rubus tricolor, CHINESISCHER BROMBEERSTRAUCH

Laubabwerfend/Immergrün: E **Zone:** 6
Sonnen-/Schatten-Präferenz: ◐
Schatten-Toleranz: ●●
Bewertung: ✓✓✓✓
Fortpflanzung: SS
Bodendeckung: ✓✓✓ **Blüte:** Weiß

Der Chinesische Brombeerstrauch, ein eher kriechend wachsender immergrüner Strauch aus Asien, wächst mindestens 60 Zentimeter hoch und breitet sich pro Jahr um etwa 2 Meter aus. Er kann höher werden, wenn er über sich und andere Sträucher hinwegwächst. Die Triebspitzen sind in der Lage anzuwurzeln. Die Stängel sind nicht stachelig. Um eine gute Bodendeckung zu erzielen, pflanzen Sie mit einem Abstand von 1 Meter. Die Pflanze ist für kleine Gärten zu starkwüchsig, bildet aber für größere Flächen eine sehr gute Bedeckung. Sie ist nicht selbstbefruchtend, pflanzen Sie also zwei oder mehr individuelle Pflanzen. Sie toleriert Fußverkehr.

Größe: mindestens 60 Zentimeter hoch, breitet sich stark aus
Kultur: Pflanzen Sie angewurzelte Ausläufer/Absenker oder in Containern vorgezogene Pflanzen im Winter oder Frühling in jeden einigermaßen nährstoffreichen Boden. Sonne oder Schatten.
Verwendung: Essbare Früchte ähnlich kleinen Himbeeren
Blütezeit: Juni/Juli; von Bienen bestäubt
Fruchtbildung: Mitte Juli bis früher September
Ernte und Lagerung: Ernten Sie die Früchte im Sommer und Herbst, verarbeiten Sie diese zeitnah.
Kochen/Verarbeitung: Ähnlich den Himbeeren kann aus den Früchten eine Marmelade gekocht werden.
Nebennutzen: Bienenpflanze
Vermehrung: Ausgraben angewurzelter Absenker
Pflege: Besteht aus zwei Aufgaben: 1) den Wuchs so niedrig zu halten, dass die Fläche gangbar bleibt; ich erreiche das, indem ich gelegentlich darüberlaufe, und 2) verhindern, dass er sich unkontrolliert ausbreitet. Dies können Sie mit einem gemähten Weg erreichen, oder Sie schneiden oder verlegen die gebogenen Triebe mehrmals im Jahr, um die Bildung von Absenkern zu steuern.

Der Chinesische Brombeerstrauch *(Rubus tricolor)* trägt im August seine Früchte.

Cranberry (*Vaccinium macrocarpon*) ´Olson's Honkers´.

Vaccinium macrocarpon, GROSSFRÜCHTIGE MOOSBEERE & *V. oxycoccos*, GEWÖHNLICHE MOOSBEERE

Laubabwerfend/Immergrün: E **Zone:** 2
Sonnen-/Schatten-Präferenz: ○
Schatten-Toleranz: ◐
Bewertung: ✓
Fortpflanzung: SF
Bodendeckung: ✗ **Blüte:** Weiß

Die *Vaccinium*-Arten umfassen Kranbeeren, Heidelbeeren und andere. Kranbeeren wachsen niedriger als Heidelbeeren und haben eine andere Wuchsform. Als kriechende Pflanzen verbreiten sich diese durch Anwurzeln weiter. Von der Amerikanischen Kranbeere gibt es gute Ertragssorten, darunter ´CN´, ´Olson's Honkers´ und ´Pilgrim´, die Früchte von bis zu 1,5 Zentimeter Durchmesser bilden. Die Früchte der europäischen Gewöhnlichen Moosbeere sind kleiner, aber von ähnlichem Geschmack. Die Kranbeeren haben winzige Blätter und glockenförmige Blüten. Auf fruchtbaren Böden sind sie anfällig für Probleme durch Beikräuter.

Größe: 20 Zentimeter hoch; breitwüchsig
Kultur: Pflanzen Sie in Containern mit saurem Kompost herangezogene Pflanzen im Winter oder Frühling aus. Feuchter, aber durchlässiger Boden, vorzugsweise sandig oder stark humos. Ein saurer Boden ist essenziell.
Verwendung: Die Früchte werden gegessen oder zu Saft verarbeitet. Sie sind recht sauer und für die meisten Menschen nur gesüßt genießbar.
Blütezeit: Juni bis August; von Bienen bestäubt
Fruchtbildung: August bis Oktober
Ernte und Lagerung: Die Früchte werden im Herbst geerntet – sie enthalten natürliche Konservierungsstoffe und bleiben im reifen Zustand lange an der Pflanze.
Kochen/Verarbeitung: Die erntereifen Früchte lassen sich lange Zeit unter kühlen Bedingungen lagern. Sie können getrocknet oder zu einer Marmelade verarbeitet werden oder zur bekannten Cranberry-Sauce.
Nebennutzen: Großartige Bienenpflanze
Vermehrung: Durch Entfernen angewurzelter Stängel
Pflege: Jäten ist oft erforderlich.

Preiselbeere (*Vaccinium vitis-idaea*).

Vaccinium vitis-idaea, PREISELBEERE

Laubabwerfend/Immergrün: E **Zone:** 5
Sonnen-/Schatten-Präferenz: ○
Schatten-Toleranz: ◐
Bewertung: ✓✓
Fortpflanzung: SF
Bodendeckung: ✓✓ **Blüte:** Weiß

Die Preiselbeere ist ein kriechender immergrüner Strauch aus nördlichen gemäßigten Regionen, der sich über Rhizome verbreitet. Er kommt natürlich in Mooren und im Gebirge vor. Um eine gute Bodendeckung zu erzielen, sollten Sie mit einem Abstand von 25 Zentimetern pflanzen. Die Koralle-Gruppe enthält gute Ertragssorten mit größeren Früchten.

Größe: 25–50 Zentimeter hoch; breitwüchsig
Kultur: Pflanzen Sie im Winter oder Frühling in Containern in saurem Kompost herangezogene Pflanzen aus. Feuchter, aber durchlässiger Boden, vorzugsweise sandig oder stark humos. Ein saurer Boden ist essenziell.
Verwendung: Die Früchte sind essbar und werden in Skandinavien häufig zu Marmeladen, Eingemachtem und anderem verarbeitet.
Blütezeit: Mai/Juni; von Bienen bestäubt
Fruchtbildung: August bis Oktober
Ernte und Lagerung: Die Früchte können im Herbst über einen langen Zeitraum geerntet werden. Sie enthalten denselben natürlichen Konservierungsstoff Benzoesäure wie die Kranbeeren.
Kochen/Verarbeitung: Wie Kranbeeren (siehe oben)
Nebennutzen: Großartige Bienenpflanze. Die Blätter können in Kräutertees verwendet werden.
Vermehrung: Teilung im Winter oder Frühjahr. Kann auch durch Absenker vermehrt werden.
Pflege: Keine nötig

Stauden und Bodendecker mit essbaren Blättern und Stängeln

Viele Stauden und niedrige strauchige Pflanzen haben essbare Blätter (und manchmal Stängel), die entweder als Gemüse gekocht oder roh in Salaten verwendet werden. In der Tat wird es Ihnen leichtfallen, alle Zutaten für Ihren Salat aus dieser Ebene zu ernten, und das sogar unter schattigen oder halbschattigen Bedingungen. Manche der Pflanzen in diesem Abschnitt haben auch andere essbare Teile.

Aegopodium podagraria, GIERSCH

Laubabwerfend/Immergrün: D **Zone:** 5
Sonnen-/Schatten-Präferenz: ○
Schatten-Toleranz: ●
Bewertung: ✓✓
Fortpflanzung: SF
Bodendeckung: ✓✓ **Blüte:** Blassgrün

Da er sich über Rhizome ausbreitet und gewöhnlich als Beikraut betrachtet wird, würde ich den Anbau von Giersch, eine ausdauernde krautige Pflanze, nicht unbedingt empfehlen. Wenn es diese Pflanze bei Ihnen jedoch bereits gibt, dann können Sie ihn auch nutzen. Er schmeckt besser, als er riecht, und toleriert ein wenig Fußverkehr. Die Römer haben ihn als Küchenkraut nach Großbritannien eingeführt.

Größe: Während der Blüte 30–60 Zentimeter hoch
Kultur: Kann mit konkurrenzstärkeren immergrünen Pflanzen eingehegt werden. Für jeden Boden geeignet.
Verwendung: Die Blätter können roh in Salaten gegessen oder in Gerichten mitgekocht werden.
Ernte und Lagerung: Die Blätter können über die ganze Wachstumsperiode geerntet werden.
Kochen/Verarbeitung: Keine nötig
Nebennutzen: Bienen- und Nutzinsektenpflanze
Vermehrung: Durch Saatgut oder Rhizom-Stecklinge
Pflege: Wenig nötig

Agastache foeniculum, ANIS-DUFTNESSEL & *A. rugosa*, OSTASIATISCHER RIESENYSOP

Laubabwerfend/Immergrün: D **Zone:** 8
Sonnen-/Schatten-Präferenz: ○
Schatten-Toleranz: ○
Bewertung: ✓✓✓
Fortpflanzung: SF
Bodendeckung: ✗ **Blüte:** Bläulich-Beige

Diese ausdauernde krautige Pflanze hat wunderschöne Blüten, die bei Bienen sehr beliebt sind.

Größe: Während der Blüte 30–60 Zentimeter
Kultur: Pflanzen Sie in Containern vorgezogene Pflanzen im Winter oder Frühling aus. Sie brauchen durchlässigen Boden, besonders *A. foeniculum* kommt nur schwer mit nassen Bedingungen zurecht.
Verwendung: Die Blätter können roh in Salaten gegessen oder in Gerichten mitgekocht werden. Sie haben einen wunderbaren Anisgeschmack.
Ernte und Lagerung: Die Blätter können über die ganze Wachstumsperiode geerntet werden.
Kochen/Verarbeitung: Keine nötig
Nebennutzen: Sehr gute Bienenpflanze
Vermehrung: Durch Saatgut oder Teilung
Pflege: Wenig nötig

Allium spp., FAMILIE DER ZWIEBEL- UND KNOBLAUCHGEWÄCHSE

Die Familie der Zwiebel- und Knoblauchgewächse besteht aus ausdauernden krautigen Pflanzen, die Zwiebeln bilden oder sich durch Rhizome vermehren. Nahezu alle *Allium*-Arten haben essbare Blätter, Blüten und Zwiebeln. Ich erwähne hier nur ein paar für den speziellen Kontext eines Waldgartens. Viele *Allium*-Arten brauchen gute Lichtbedingungen, es gibt jedoch auch ein paar bekannte schattentolerante Arten wie den Bärlauch (*Allium ursinum*) und seinen amerikanischen Vetter, den Nordamerikanischen Ramp-Lauch (*Allium tricoccum*). Die meisten bilden allein für sich keine gute Bodendeckung, funktionieren jedoch gut, wenn sie durch einen niedrigen Bodendecker wie der Kriech-Himbeere (*Rubus pentalobus*) hindurchwachsen.

Acker-Lauch (*Allium ampeloprasum* var. *babingtonii*) im zeitigen Frühjahr.

Allium ampeloprasum var. *babingtonii*, ACKERLAUCH

Laubabwerfend/Immergrün: D **Zone:** 6
Sonnen-/Schatten-Präferenz: ○
Schatten-Toleranz: ◐
Bewertung: ✓✓✓✓
Fortpflanzung: SF
Bodendeckung: ✗ **Blüte:** Pink-Purpur

Es handelt sich um eine an britischen Küsten heimische ausdauernde Zwiebelpflanze. Im August sterben die Blätter bis hinab zur Zwiebel ab. Sie beginnt ihr Wachstum im Oktober, wächst in Großbritannien durch den Winter und bildet dann im Mai einen Blütenstand aus. Eine Brutzwiebel (ähnlich kleinen Knoblauchzehen) bildet sich im September oben an den ausgetrockneten Blütenständen.

Größe: 45 Zentimeter hoch im Frühling; mit Blütenstand 1,5 Meter hoch
Kultur: Verteilen Sie die Zwiebelchen im Spätsommer oder pflanzen Sie Jungpflanzen im Winter aus. Für alle gut versorgten Böden.
Verwendung: Essbare Zwiebel, Stängel, Blätter und Zwiebelchen
Ernte und Lagerung: Die Zwiebel kann im Spätsommer geerntet und wie andere Zwiebeln luftgetrocknet und gelagert werden. Der Lauch kann über den Winter geerntet werden – solange er auf Bodenniveau abgeschnitten wird, sollte er nachwachsen. Die Pflanzen brauchen 2–3 Jahre, um eine lohnenswerte Größe zu erreichen.
Kochen/Verarbeitung: Die Zwiebeln sind etwa so groß wie beim Knoblauch, aber nicht in Zehen unterteilt. Sie haben einen Geschmack nach Knoblauch/Zwiebel. Schälen und zerdrücken Sie diese. Als Lauch ist die Pflanze dem einjährigen Lauch sehr ähnlich, wobei die äußeren Blätter ein wenig zäh sind. Die Zwiebelchen sind auch essbar, aber aufwändig zu schälen – sie sind einfacher ganz zu verwenden, bevor sie ihre Hüllen bilden.
Nebennutzen: Bienenpflanze
Vermehrung: Durch Zwiebelchen. Verteilen Sie diese einfach im September dort, wo Sie die Pflanze haben möchten und wo der bestehende Bewuchs nicht höher dicker als 10–15 Zentimeter ist.
Pflege: Keine erforderlich

Die Brutzwiebeln des Acker-Lauchs (*Allium ampeloprasum* var. *babingtonii*) im Spätsommer.

Allium cepa var. *aggregatum* und *A. x proliferum* SCHALOTTEN & *A. fistulosum*, WINTERHECKENZWIEBEL

Laubabwerfend/Immergrün: D **Zone:** 5
Sonnen-/Schatten-Präferenz: ○
Schatten-Toleranz: ◐
Bewertung: ✓✓✓
Fortpflanzung: SF
Bodendeckung: ✗ **Blüte:** Pink-Purpur

Die Gruppe der Schalotten enthält die Schalotte und die Etagezwiebel (*Allium x proliferum*; siehe Seite 210). Alle diese Arten bilden mehrere Bulben aus, am größten werden die der Schalotten und die Kartoffelzwiebel (2–4 Zentimeter Durchmesser). Die Bulben der Winterheckenzwiebel sind deutlich kleiner (1,2 Zentimeter).

Größe: 30–50 Zentimeter hoch
Kultur: Pflanzen Sie die Zwiebeln im Winter oder Frühjahr oder Aussaat im Frühjahr. Alle benötigen einigermaßen durchlässigen Boden.
Verwendung: Die Zwiebeln können wie kleine Speisezwiebeln verwendet werden, die Blätter wie bei Frühlingszwiebeln.
Ernte und Lagerung: Spätsommer – einige oder alle Zwiebeln können geerntet und getrocknet werden wie Speisezwiebeln. Sie können dann bis zum Frühling

gelagert werden. Die Blätter können von Frühling bis Sommer für Salate geerntet werden.
Kochen/Verarbeitung: Wie kleine Speisezwiebeln
Nebennutzen: Bienenpflanzen
Vermehrung: Durch Auspflanzen der Zwiebeln vom Herbst bis ins Frühjahr oder durch Saatgut – keine Keimruhe
Pflege: Von Zeit zu Zeit sollten die Horste an einen anderen Ort verpflanzt werden, um die Anhäufung von Zwiebelkrankheiten zu vermeiden.

Allium x proliferum, ETAGENZWIEBEL

Laubabwerfend/Immergrün: D **Zone:** 4
Sonnen-/Schatten-Präferenz: ○
Schatten-Toleranz: ◑
Bewertung: ✓✓✓✓
Fortpflanzung: SF
Bodendeckung: ✗ **Blüte:** Pink-Purpur

Diese Art bildet einen Horst von Zwiebeln und darüber hinaus eine Brutzwiebel am Ende des Blütenstands.

Größe: 50–100 Zentimeter hoch
Kultur: Pflanzen Sie die Zwiebelchen ganzjährig. Die Pflanze mag Sonne und einen einigermaßen durchlässigen Boden.
Verwendung: Die Zwiebelchen sind essbar – siehe Acker-Lauch (*Allium ampeloprasum* var. *babingtonii*) auf Seite 209. Die Blätter können wie die der Frühlingszwiebel gegessen werden.
Ernte und Lagerung: Die Blätter werden im Frühjahr geerntet, die Zwiebelchen im Spätsommer. Trocknen Sie die Zwiebelchen zur Lagerung.
Kochen/Verarbeitung: Die jungen Zwiebelchen können ganz in Suppen, Eintöpfen und Ähnlichem verwendet werden. Reifere Zwiebelchen müssen zuerst geschält werden.
Nebennutzen: Bienenpflanze
Vermehrung: Durch Zwiebelchen im Herbst oder Frühjahr
Pflege: Wenig erforderlich. Geben Sie auf Schnecken acht, auch bei etablierten Pflanzen. Die Pflanze wird sich fortbewegen, indem sich die Stängel der Brutzwiebeln umbiegen, bis diese den Boden berühren. Dort wurzeln die Zwiebelchen dann an.

Neapolitanischer Lauch (*Allium neapolitanum*).

Allium neapolitanum, NEAPOLITANISCHER LAUCH

Laubabwerfend/Immergrün: D **Zone:** 7
Sonnen-/Schatten-Präferenz: ○
Schatten-Toleranz: ◑
Bewertung: ✓✓✓✓
Fortpflanzung: SF
Bodendeckung: ✗ **Blüte:** Weiß

Der horstbildende und zwiebelartige Neapolitanische Lauch stirbt im Frühsommer bis auf die Zwiebel zurück, beginnt sein Wachstum erneut im Oktober, wächst in entsprechenden Gegenden über den Winter hinweg und blüht mitten im Frühling. Ich mag diese Pflanze besonders wegen ihrer nach Knoblauch schmeckenden Blätter im Spätherbst und frühen Winter.

Größe: 30–50 Zentimeter hoch
Kultur: Pflanzen Sie Zwiebeln im Herbst oder Jungpflanzen im Frühling. Die Pflanze mag Sonne und einen einigermaßen durchlässigen Boden.
Verwendung: Die Blätter und Blüten sind hervorragend in Salaten oder gekocht.
Ernte und Lagerung: Die flachen Blätter können in milden Regionen den ganzen Winter über geerntet werden.
Kochen/Verarbeitung: Verwenden Sie diese wie Schnittlauch oder die Blätter von Frühlingszwiebeln.
Nebennutzen: Bienenpflanzen; essbare Zwiebeln
Vermehrung: Durch Saatgut oder durch Auspflanzen der Zwiebeln im Sommer/Herbst
Pflege: Wenig nötig

Allium tricoccum, Nordamerikanischer Ramp-Lauch

Siehe *Allium ursinum*, rechts.

Allium tuberosum, KNOBLAUCH-SCHNITTLAUCH

Laubabwerfend/Immergrün: D **Zone:** 5
Sonnen-/Schatten-Präferenz: ○
Schatten-Toleranz: ◑
Bewertung: ✓✓✓
Fortpflanzung: SF
Bodendeckung: ✗ **Blüte:** Pink-Purpur

Dies ist ein in der asiatischen Küche viel verwendetes Kraut, das in Großbritannien mehr Aufmerksamkeit verdient hätte.

Größe: 30–50 Zentimeter hoch
Kultur: Pflanzen Sie die Jungpflanzen im Winter oder Frühjahr. Sie mögen Sonne und einen einigermaßen durchlässigen Boden.
Verwendung: Die Blätter und Blüten sind hervorragend in Salaten oder gekocht.
Ernte und Lagerung: Die flachen Blätter können über die ganze Vegetationsphase geerntet werden.
Kochen/Verarbeitung: Verwenden Sie diese wie Schnittlauch oder Blätter von Frühlingszwiebeln.
Nebennutzen: Bienenpflanze
Vermehrung: Durch Saatgut oder Teilung der Horste
Pflege: Wenig erforderlich

Bärlauch (*Allium ursinum*).

Allium ursinum, BÄRLAUCH

Laubabwerfend/Immergrün: D **Zone:** 4
Sonnen-/Schatten-Präferenz: ◑
Schatten-Toleranz: ●
Bewertung: ✓✓✓✓
Fortpflanzung: SF
Bodendeckung: ✓✓ **Blüte:** Weiß

Bärlauch ist ein ausdauerndes Zwiebelgewächs und eine weitbekannte europäische Waldpflanze, die im Spätwinter und Frühling nur für wenige Monate austreibt. Er sät sich selbst aus und bildet Kolonien. Die Pflanze liefert von Februar bis Juni eine gute Bodendeckung, jedoch nicht für den Rest des Jahres. Pflanzen Sie Bärlauch mit einem Abstand von 30 Zentimetern, um eine gute Bodendeckung zu erreichen. Der in Nordamerika heimische wilde Lauch *Allium tricoccum* ist weitgehend ähnlich.

Größe: 30 Zentimeter hoch und breit
Kultur: Am einfachsten zu etablieren durch Aussaat im Sommer – diese keimt im folgenden Spätwinter. Bärlauch bevorzugt einen feuchten, humosen Boden. Toleriert saure Böden.
Verwendung: Die Blätter und Blüten sind sehr geeignet in Salaten (sie schmecken nach Knoblauch) und (kurz) gekocht.
Ernte und Lagerung: Ernten Sie in Großbritannien von Februar bis Mai.
Kochen/Verarbeitung: Geben Sie diese erst in den letzten Minuten zu gekochten Gerichten, da das Aroma durch das Kochen schnell verfliegt.
Nebennutzen: Bienenpflanze. Die Zwiebeln sind essbar, aber klein und kaum der Mühe wert.
Vermehrung: Durch Saatgut – am besten im Juni ausgesät
Pflege: Weil Bärlauch im Juni abstirbt, sollte er in einer Polykultur angebaut werden (siehe Seite 266, Kapitel 16) mit einer Pflanze, die ab Juni die Bodendeckung zumindest bis zum Ende der Vegetationsperiode übernimmt. Ich habe mit Bärlauch auf einer Fläche gemischt mit Gundermann (*Glechoma hederacea*) gute Erfahrungen gemacht.

Althaea officinalis, ARZNEI-EIBISCH

Laubabwerfend/Immergrün: D **Zone:** 3
Sonnen-/Schatten-Präferenz: ○
Schatten-Toleranz: ◐
Bewertung: ✓✓✓
Fortpflanzung: SF
Bodendeckung: ✓ **Blüte:** Weiß-Pink

Der Arznei-Eibisch ist eine horstbildende mehrjährige krautige Pflanze, die auf feuchten Böden gedeiht.

Größe: Die Blütenstände werden 1,5–2 Meter hoch.
Kultur: Setzen Sie die Jungpflanzen im Winter. Die Pflanze verträgt fast jeden Boden.
Verwendung: Die Blätter und Blüten sind roh essbar, die Wurzeln roh oder gekocht.
Ernte und Lagerung: Die Blätter und Blüten werden im Frühling und Sommer geerntet. Ernten Sie die jüngeren Wurzeln am Rand der Pflanze, diese können in Sand für einige Monate gelagert werden.
Kochen/Verarbeitung: Die Blätter und Blüten sind in Salaten essbar, die behaarten Blätter sind jedoch nicht für jeden angenehm. Die jungen Wurzeln sind stärkehaltig, süß und knackig und sind roh oder gedämpft sehr lecker.
Nebennutzen: Bienen- und Schmetterlingspflanze; medizinischer Nutzen, besonders als entzündungshemmendes Mittel
Vermehrung: Durch Saatgut
Pflege: Keine nötig; robust, sobald die Pflanze etabliert ist

Wald-Engelwurz *(Angelica sylvestris)*.

Angelica sylvestris, WALD-ENGELWURZ

Laubabwerfend/Immergrün: D **Zone:** 5
Sonnen-/Schatten-Präferenz: ○
Schatten-Toleranz: ◐
Bewertung: ✓✓✓
Fortpflanzung: SF
Bodendeckung: ✓✓✓ **Blüte:** Cremefarben

Wald-Engelwurz ist eine stark wachsende horstbildende mehrjährige Pflanze und ein ausgezeichneter hoher Bodendecker. Pflanzen Sie mit einem Abstand von 90 Zentimetern, um eine gute Bodendeckung zu erreichen.

Größe: 60–80 Zentimeter hoch; die Blütenstände sind 2–3 Meter hoch.
Kultur: Aussaat im Frühjahr oder Auspflanzen junger Pflanzen im Winter. Zieht einen fruchtbaren Schluffboden vor.
Verwendung: Die Blätter werden in Salaten verwendet oder gekocht.
Ernte und Lagerung: Die Blätter werden im Frühling und Sommer geerntet.
Kochen/Verarbeitung: Verwenden Sie die Blätter als Würzmittel. Sie können die Stängel auch wie die der normalen 2-jährigen Engelwurz kandieren. Ich verwende die Blätter nur spärlich in Salaten.
Nebennutzen: Zieht Nutzinsekten an
Vermehrung: Durch Saatgut
Pflege: Die Pflanze kann sich sehr freizügig selbst aussäen, daher empfehle ich, die Samenstände vor der Reife abzuschneiden.

Aquilegia vulgaris, AKELEI

Laubabwerfend/Immergrün: D **Zone: 4**
Sonnen-/Schatten-Präferenz: ◑
Schatten-Toleranz: ◑
Bewertung: ✓✓✓
Fortpflanzung: SF
Bodendeckung: ✗ **Blüte: Blau**

Die Akelei als kurzlebige, hohe, verzweigte mehrjährige krautige Pflanze wird oft in Zuchtformen in Ziergärten angebaut und entkommt von dort oft hinaus in die Wildnis.

Größe: Erreicht in der Blüte eine Höhe von 1 Meter
Kultur: Aussaat im Frühjahr oder Auspflanzen junger Pflanzen im Winter. Fühlt sich in Wäldern und an feuchten Standorten zu Hause. Sie zieht neutrale bis alkalische Böden vor.
Verwendung: Essbare Blüten und junge Blätter
Ernte und Lagerung: Die jungen Blätter können über die gesamte Vegetationszeit geerntet werden. Ernten Sie keine Blätter, die Anzeichen von Mehltau aufweisen. Die Blüten können von April bis Juli geerntet werden.
Kochen/Verarbeitung: Die jungen Blätter sind roh oder gekocht (gedämpft) von mildem Geschmack und ein ausgezeichnetes Blattgemüse. Die Blüten sind mit süßem Nektar gefüllt und eignen sich gut für Salate.
Vermehrung: Sie ist kurzlebig, sät sich aber oft selbst wieder aus.
Pflege: Wenig nötig

Asparagus officinalis, SPARGEL

Laubabwerfend/Immergrün: D **Zone: 4**
Sonnen-/Schatten-Präferenz: ○
Schatten-Toleranz: ○
Bewertung: ✓✓
Fortpflanzung: M/F
Bodendeckung: ✗ **Blüte: Grünlich-Gelb**

Spargel ist eine rhizombildende, sommergrüne, ausdauernde krautige Pflanze, die sich langsam ausbreitet.

Größe: Die Blütenstände erreichen eine Höhe von 1–1,5 Meter.
Kultur: Pflanzen Sie die Wurzelstöcke (Rhizome) im Winter auf einem kleinen Hügel, da die Pflanze einen durchlässigen Boden mag.
Verwendung: Die Triebe sind ein bekanntes Frühjahrsgemüse.
Ernte und Lagerung: Die Triebe werden im Frühling geerntet.
Kochen/Verarbeitung: Kochen Sie die Wurzeln für wenige Minuten und servieren Sie diese mit geschmolzener Butter, oder mit einer delikaten Soße entsprechend den zahlreichen Rezepten.
Nebennutzen: Bienenpflanze
Vermehrung: Durch Saatgut oder Teilung des Wurzelstocks
Pflege: Sehr anfällig für Probleme mit Beikräutern, pflanzen Sie diese durch einen niedrigen Bodendecker.

Asphodeline lutea, GELBER AFFODIL, GELBWURZ

Laubabwerfend/Immergrün: D **Zone: 6**
Sonnen-/Schatten-Präferenz: ○
Schatten-Toleranz: ◑
Bewertung: ✓✓
Fortpflanzung: SF
Bodendeckung: ✗ **Blüte: Gelb**

Die Gelbwurz ist eine horstbildende ausdauernde krautige Pflanze aus trockenen Regionen in Südeuropa.

Größe: Die Blütenstände werden bis zu 1,5 Meter hoch, die Pflanze wird 30 Zentimeter breit.
Kultur: Pflanzen Sie Jungpflanzen im Winter aus. Gedeiht auf allen gut durchlässigen Böden.
Verwendung: Essbare Triebe, Blüten und Wurzeln
Ernte und Lagerung: Die jungen Triebe werden ab Spätsommer durch den ganzen Winter bis zum Frühjahr geerntet; die Blüten im Frühling, die Wurzeln im Winter. Die Wurzeln können für mehrere Monate in Sand gelagert werden.
Kochen/Verarbeitung: Die jungen Triebe werden wie Spargel zubereitet und schmecken sehr gut. Die Blüten sind süß und werden in Salaten verwendet. Die Wurzeln – eher klein, aber zahlreich – werden gekocht verzehrt und haben einen nussigen Geschmack.
Vermehrung: Durch Saatgut oder durch Teilung im Spätsommer/Frühherbst
Pflege: Schnecken und Kaninchen fressen gern die jungen Triebe.

Meerrübe oder Wilde Rübe (*Beta vulgaris* ssp. *maritima*)

Beta vulgaris ssp. *maritima*, WILDE RÜBE/MEERRÜBE

Laubabwerfend/Immergrün: E **Zone:** 6
Sonnen-/Schatten-Präferenz: ○
Schatten-Toleranz: ◑
Bewertung: ✓✓✓
Fortpflanzung: SF
Bodendeckung: ✓ **Blüte:** Grün

Diese horstbildende ausdauernde krautige Pflanze (manchmal überjährige) Pflanze ist in milden Regionen oft immergrün. Sie ist ein Vorfahre der Bete, des ausdauernden Spinats und des Mangolds.

Größe: In der Blüte bis zu 90 Zentimeter hoch und 30 Zentimeter breit
Kultur: Aussaat im Frühjahr oder Auspflanzen von jungen Pflanzen im Winter oder Frühjahr. Gedeiht auf allen gut durchlässigen Böden.
Verwendung: Die Blätter sind ein ausgezeichnetes Kochgemüse.
Ernte und Lagerung: Die Blätter können über das ganze Jahr mit Schwerpunkt im Frühling und Sommer geerntet werden. Die Wurzeln werden im Winter geerntet und können wie Bete gelagert werden.
Kochen/Verarbeitung: Dämpfen Sie die Blätter wie anderes Kochgemüse oder verwenden Sie diese in Lasagne, Eintöpfen oder Ähnlichem.
Nebennutzen: Die Wurzeln sind gekocht schmackhaft und haben einen den Süßkartoffeln ähnelnden Geschmack. Meist sind sie nicht viel dicker als ein Finger.
Vermehrung: Durch Saatgut
Pflege: Wenig erforderlich. Kaninchen fressen sie gern!

Brassica oleracea, GEMÜSEKOHL

Laubabwerfend/Immergrün: E **Zone:** 8
Sonnen-/Schatten-Präferenz: ○
Schatten-Toleranz: ◑
Bewertung: ✓
Fortpflanzung: SF
Bodendeckung: ✓ **Blüte:** Gelb

Diese horstbildende ein- bis zweijährige (Kulturformen) oder ausdauernde krautige Pflanzen umfassen die mehrjährigen Sorten ´Nine Star Perennial´ (Brokkoli), ´Daurbenton Perennial Kale´ und sogenannte ´Tree Collards´ (Baumkohl) (die Letzteren können über 4 Meter hoch werden). Sie sind anfällig für die üblichen Kohlschädlinge und -krankheiten, auch aus dem Tierreich wie Kohlweißling, Tauben und so weiter.

Größe: Meist 60–100 Zentimeter hoch und breit
Kultur: Pflanzen Sie junge Pflanzen im Winter oder Frühjahr in humosen Boden – es handelt sich um starkzehrende Pflanzen.
Verwendung: Die Blätter und Blütenstände werden wie Gemüse gekocht und gegessen.
Ernte und Lagerung: Gewöhnlich werden die jungen Blätter geerntet und gekocht. Die Sorte ´Nine Star Perennial´ bildet viele kleine blumenkohlähnliche Köpfe, die im Sommer geerntet werden.
Kochen/Verarbeitung: Die Blätter werden ganzjährig geerntet und wie Kohl gedämpft.
Nebennutzen: Bienenpflanzen
Vermehrung: Durch Saatgut oder besser Ausläufer, Absenker oder Stecklinge, die während der gesamten Vegetationsperiode abgenommen werden können. Man steckt sie 2–3 Zentimeter tief in die Erde, die untersten Blätter werden abgenommen.
Pflege: Die Blüte kann die Lebensdauer der Pflanze verringern, halten Sie diese also, wenn möglich, von der Blüte ab. Halten Sie von Frühjahr bis Herbst nach Schädlingen und Krankheiten Ausschau.

Ausdauernder Kohl (*Brassica oleracea*) wächst inmitten eines Chinesischen Brombeerstrauchs (*Rubus tricolor*).

Türkische Rauke/Orientalisches Zackenschötchen (*Bunias orientalis*)

Bunias orientalis, TÜRKISCHE RAUKE

Laubabwerfend/Immergrün: D/E **Zone:** 4
Sonnen-/Schatten-Präferenz: ○
Schatten-Toleranz: ◑
Bewertung: ✓✓✓✓
Fortpflanzung: SF
Bodendeckung: ✓ **Blüte:** Gelb

Es handelt sich um eine horstbildende zwei-, seltener auch mehrjährige krautige Pflanze, von der in Großbritannien über den Winter oft eine Blattrosette verbleibt. Pflanzen Sie diese mit 45 Zentimetern Abstand, um eine gute Bodendeckung zu erzielen.
Ausgezeichneter Pionier und Erstbesiedler gestörter Flächen, gilt bei uns als invasiv. Strategie: Von der Blüte abhalten und konsumieren.

Größe: In der Blüte bis zu 80 Zentimeter hoch und 30 Zentimeter breit
Kultur: Aussaat im Frühjahr oder Auspflanzen von jungen Pflanzen im Winter in alle einigermaßen fruchtbaren Böden
Verwendung: Essbare junge Blätter und Blütenstände
Ernte und Lagerung: Die jungen Blätter werden im Frühjahr geerntet, größere Blätter und Blütenstände im Sommer.
Kochen/Verarbeitung: Die Blütenstände schmecken wie ein senfiger Brokkoli und sind ausgezeichnet roh in Salaten oder gedämpft zu verwenden. Auch die Blätter schmecken senfartig – sie sind gekocht am besten, aber die sehr jungen Blätter können auch roh verwendet werden.
Nebennutzen: Bienenpflanze
Vermehrung: Durch Saatgut; auch durch Wurzelteilung
Pflege: Keine nötig; sehr robust, sobald die Pflanze etabliert ist.

Gewöhnlicher Knollen-Kümmel (*Bunium bulbocastanum*).

Bunium bulbocastanum, GEWÖHNLICHER KNOLLEN-KÜMMEL

Laubabwerfend/Immergrün: D **Zone:** 5
Sonnen-/Schatten-Präferenz: ○
Schatten-Toleranz: ◑
Bewertung: ✓✓✓
Fortpflanzung: SF
Bodendeckung: ✓✓ **Blüte:** Weiß

Gewöhnlicher Knollen-Kümmel ist eine in Großbritannien und Kontinentaleuropa beheimatete horstbildende, ausdauernde krautige Pflanze mit fein verzweigten Blättern. Im Englischen ist sie ebenfalls wegen ihrer essbaren Wurzel übersetzt als „Knolliger Kümmel" bekannt, schmeckt aber tatsächlich mehr wie Esskastanie.

Größe: In der Blüte 60–80 Zentimeter hoch und breit
Kultur: Setzen Sie Jungpflanzen im Winter oder Frühjahr aus. Für jeden Boden geeignet.
Verwendung: Essbare Blätter, Stängel, Samen und Wurzeln
Ernte und Lagerung: Die Blätter werden über die ganze Wachstumsperiode geerntet, die Samen im Herbst und die Knollen im Winter.
Kochen/Verarbeitung: Die fein gehackten Blätter können roh als Salatkräuter oder zum Würzen von Gerichten in größeren Mengen genommen werden. Die Samen werden als ein dem Kreuzkümmel ähnliches Gewürz verwendet. Die knollige Wurzel kann gekocht gegessen werden und schmeckt wie süße Esskastanie.
Nebennutzen: Zieht Nutzinsekten an.
Vermehrung: Durch Saatgut
Pflege: Wenig erforderlich, ein wenig Jäten im Frühjahr.

Riesen-Glockenblume (*Campanula lactiflora*).

Campanula spp., GLOCKENBLUMEN

Campanula spp. enthält sowohl alpine als auch winterharte ausdauernde Formen, diese sind unten getrennt aufgeführt.

Laubabwerfend/Immergrün: E **Zone:** 3-5
Sonnen-/Schatten-Präferenz: ○
Schatten-Toleranz: ◑
Bewertung: ✓✓
Fortpflanzung: SF
Bodendeckung: ✓ **Blüte:** Blau, Purpur, Pink, Weiß

Die alpinen Arten umfassen *Campanula cochleariifolia* (Zwerg-Glockenblume), *C. portenschlagiana* (Dalmatiner-Glockenblume) und *C. poscharskyana* (Hängepolster-Glockenblume). All diese sind immergrüne horstbildende, ausdauernde krautige Pflanzen. Pflanzen Sie diese mit 30 Zentimeter Abstand, um eine gute Bodendeckung zu erreichen.

Größe: Bis zu 30 Zentimeter hoch und 20 Zentimeter breit.
Kultur: Setzen Sie im Frühjahr Jungpflanzen. Alpine Arten wachsen in Spalten in Wänden und zwischen Steinen und benötigen einen gut durchlässigen Boden.
Verwendung: Ihre essbaren Blüten für Salate. Die Blätter können ebenfalls in Salaten verwendet werden, sie können jedoch manchmal ein wenig zäh sein.
Ernte und Lagerung: Ernten Sie die Blätter über das ganze Jahr und die Blüten im Frühling und Sommer.
Kochen/Verarbeitung: Die Blätter können auch in Eintöpfe, Suppen und Ähnliches gegeben werden.
Nebennutzen: Großartige Bienenpflanzen
Vermehrung: Durch Teilung oder basale Stecklinge im Frühjahr oder durch Saatgut. Sie säen sich oft selbst aus.
Pflege: Wenig erforderlich

Laubabwerfend/Immergrün: D/E **Zone:** 2-8
Sonnen-/Schatten-Präferenz: ○
Schatten-Toleranz: ◑
Bewertung: ✓✓
Fortpflanzung: SF
Bodendeckung: ✓ **Blüte:** Blau, Purpur, Pink, Weiß

Winterharte ausdauernde Glockenblumen (laubabwerfend, sofern nicht anders angegeben): *C. glomerata* (Knäuel-Glockenblume), *C. lactiflora* (Riesen-Glockenblume), *C. latifolia* (Breitblättrige Glockenblume), *C. persicifolia* (Pfirsichblättrige Glockenblume, immergrün) und *C. rapunculoides* (Acker-Glockenblume). All diese sind robuste Pflanzen, die feuchtere Wetterbedingungen und mehr Schatten als die alpinen Arten tolerieren. Pflanzen Sie diese mit einem Abstand von 20–30 Zentimetern, um eine Bodendeckung zu erzielen.

Größe: 30–150 Zentimeter hoch und 20–30 Zentimeter breit.
Kultur: Pflanzen Sie Jungpflanzen im Winter aus. Für alle Böden geeignet.
Verwendung: Essbare Blüten für Salate. Die Blätter können ebenfalls in Salaten verwendet werden, sie können jedoch manchmal ein wenig zäh sein.
Ernte und Lagerung: Ernten Sie die Blüten und Blätter im Frühling und Sommer.
Kochen/Verarbeitung: Die Blätter können auch in Eintöpfe, Suppen und Ähnliches gegeben werden.
Nebennutzen: Großartige Bienenpflanzen
Vermehrung: Durch Saatgut. Sie säen sich oft selbst aus.
Pflege: Wenig erforderlich

Cardamine pratensis, WIESENSCHAUMKRAUT

Laubabwerfend/Immergrün: E **Zone:** 4
Sonnen-/Schatten-Präferenz: ◑
Schatten-Toleranz: ◑
Bewertung: ✓✓
Fortpflanzung: SF
Bodendeckung: ✗ **Blüte:** Weiß

Diese bekannte ausdauernde, krautige Wildblume mag feuchte Böden im Schatten und überwintert als Blattrosette.

Größe: 45 Zentimeter hoch und 30 Zentimeter breit
Kultur: Setzen Sie in Containern angezogene Pflanzen oder geteilte Pflanzen im Winter oder Frühjahr.

Verwendung: Die Blätter und Blüten können in Salaten gegessen werden – sie sind recht feurig und stechend. Die Blätter entwickeln später im Frühjahr einen unangenehmen öligen Geschmack.
Ernte und Lagerung: Ernten Sie die Blätter im Winter und junge Blätter und Blüten im Frühjahr.
Nebennutzen: Bienenpflanze
Vermehrung: Durch Saatgut oder Teilung
Pflege: Wenig nötig

Rote Spornblume (*Centranthus ruber*).

Centranthus ruber, ROTE SPORNBLUME

Laubabwerfend/Immergrün: E **Zone:** 7
Sonnen-/Schatten-Präferenz: ○
Schatten-Toleranz: ◐
Bewertung: ✓✓✓
Fortpflanzung: SF
Bodendeckung: ✓✓ **Blüte:** Pink

Als europäische horstbildende, ausdauernde krautige Pflanze sät sich die Rote Spornblume selbst aus (besonders in Mauerspalten) und bildet größere Kolonien. In milderen Gegenden ist sie immergrün und bildet auf gut durchlässigen Böden eine gute Bodendeckung. Pflanzen Sie diese mit einem Abstand von 60 Zentimetern, um eine gute Bodendeckung zu erzielen.

Größe: 60–100 Zentimeter hoch und 30–50 Zentimeter breit
Kultur: Setzen Sie Jungpflanzen im Winter oder säen Sie Saatgut im Frühjahr in Mauern aus. Gut durchlässige Böden. Gedeiht in Mauern und an steinigen Hängen. Sehr trockenheitsresistent.
Verwendung: Die jungen Blätter sind mit ihrem Ackerbohnen ähnelnden Geschmack gut für Salate geeignet. Wenn die Pflanzen an einem sehr trockenen Standort wachsen, können sie zum Sommer hin einen bitteren Geschmack entwickeln.
Ernte und Lagerung: Die jungen Blätter können über das ganze Jahr hinweg geerntet werden.
Nebennutzen: Sehr gute Nährpflanze für Schmetterlinge. Die Wurzeln sind essbar und wurden früher in Suppen verwendet; ich habe dies jedoch noch nicht ausprobiert.
Vermehrung: Durch Saatgut oder durch Teilung im Frühjahr
Pflege: Wenig erforderlich. Die fleischigen Wurzeln können in Mauerspalten hineinwachsen und diese mit der Zeit aufbrechen, achten Sie darauf! Die Pflanze sät sich unter guten Bedingungen freizügig selbst aus.

TROCKENHEITSRESISTENTE STAUDEN & BODENDECKER

Wahrer Bärenklau (*Acanthus mollis*)
Kriechender Günsel (*Ajuga reptans*)
Cardy (*Cynara cardunculus*)
Chinesischer Brombeerstrauch (*Rubus tricolor*)
Salomonssiegel (*Polygonatum multiflorum*)
Purpur-Sonnenhut (*Echinacea purpurea*)
Breitblättrige Platterbse (*Lathyrus latifolius*) (Kletterpflanze – siehe Kapitel 17)
Fenchel (*Foeniculum vulgare*)
Schildampfer (*Rumex scutatus*)
Schnittknoblauch (*Allium tuberosum*)
Hopfen (*Humulus lupulus*) (Kletterpflanze – siehe Kapitel 17)
Prächtige Fetthenne (*Sedum spectabile*)
Zitronenmelisse (*Melissa officinalis*)
Lungenkraut (*Pulmonaria officinalis*)
Große Fetthenne (*Sedum telephium*)
Immergrün (*Vinca* spp.)
Rote Spornblume (*Centranthus ruber*)
Balkan-Storchschnabel (*Geranium macrorrhizum*)
Meerkohl (*Crambe maritima*)
Niedere Scheinbeere (*Gaultheria procumbens*)

Guter Heinrich (*Chenopodium bonus-henricus*).

Chenopodium bonus-henricus, GUTER HEINRICH

Laubabwerfend/Immergrün: D **Zone:** 5
Sonnen-/Schatten-Präferenz: ○
Schatten-Toleranz: ◑
Bewertung: ✓✓✓✓
Fortpflanzung: SF
Bodendeckung: ✓ **Blüte:** Blassgrün

Guter Heinrich ist eine horstbildende, ausdauernde krautige Pflanze, sie ist in Großbritannien und Europa heimisch. Pflanzen Sie sie mit einem Abstand von 30 Zentimetern, um eine Bodendeckung zu erzielen.

Größe: 60 Zentimeter hoch und 40 Zentimeter breit
Kultur: Setzen Sie Jungpflanzen im Winter. Für alle Böden geeignet.
Verwendung: Gekocht sind Blätter und Stängel essbar.
Ernte und Lagerung: Die Blätter können über die gesamte Wachstumsperiode hinweg geerntet werden, die Stängel nur jung.
Kochen/Verarbeitung: Eine großartige Spinatpflanze. Die Blätter und Stängel werden lediglich für wenige Minuten gedämpft.
Nebennutzen: Die Samen können ähnlich wie Mohnsamen auch zum Kochen verwendet werden. Die Pflanze ist ein guter Mineraliensammler.
Vermehrung: Durch Saatgut
Pflege: Keine nötig

Chrysosplenium alternifolium, WECHSELBLÄTTRIGES MILZKRAUT

Siehe *Chrysosplenium oppositifolium* unten.

Gegenblättriges Milzkraut (*Chrysosplenium oppositifolium*).

Chrysosplenium oppositifolium, GEGENBLÄTTRIGES MILZKRAUT

Laubabwerfend/Immergrün: E **Zone:** 5
Sonnen-/Schatten-Präferenz: ◑
Schatten-Toleranz: ●
Bewertung: ✓✓✓✓
Fortpflanzung: SF
Bodendeckung: ✓✓ **Blüte:** Gelb

Diese kontinentaleuropäische, ausdauernde krautige Pflanzen wächst kriechend in Bodennähe. In milden Gegenden kann sie fast den ganzen Winter über grün bleiben. *C. alternifolium* ist ihr sehr ähnlich und kann auf dieselbe Art genutzt werden. An feuchten, schattigen Standorten bildet sie eine gute Bodendeckung und toleriert ein wenig Fußverkehr.

Größe: 15 Zentimeter hoch, breitet sich kriechend aus
Kultur: Pflanzen Sie Sämlinge oder geteilte Pflanzen im Winter oder Frühjahr aus. Benötigt einen feuchten Standort und zieht saure Böden vor.
Verwendung: Eine wunderbare Salatpflanze. Die Blätter und Stängel sind knackig und mild.
Ernte und Lagerung: Die Blätter und Stängel können über die gesamte Wachstumsperiode geerntet werden.
Vermehrung: Durch Saatgut oder Teilung
Pflege: Keine nötig

Cichorium intybus, WEGWARTE/ ZICHORIE

Laubabwerfend/Immergrün: D **Zone:** 3
Sonnen-/Schatten-Präferenz: ○
Schatten-Toleranz: ◑
Bewertung: ✓✓✓
Fortpflanzung: SF
Bodendeckung: ✗ **Blüte:** Blau

Nicht alle Formen dieser tief wurzelnden Pflanze aus Kontinentaleuropa sind ausdauernd und krautig. Viele Zuchtformen sind ein- oder überjährig. Ausdauernde Sorten sind unter anderem ´Cerolio´, ´Dentarella´ (´Italian Dandelion´), ´Grumolo´, ´Italo Rossico´ (´Red Rib Dandelion´), ´Puntarella´, ´Rossa di Treviso´, ´Rossa di Verona´ und ´Spadona´.

Größe: Eine kleine, 30 Zentimeter breite, dem Löwenzahn ähnliche Pflanze, der Blütenstand kann jedoch eine Höhe von 1,2 Metern erreichen
Kultur: Aussaat im Frühjahr oder Auspflanzen junger Pflanzen im Winter/Frühling. Für jeden Boden geeignet, sie wächst jedoch auf fruchtbaren Böden üppiger.
Verwendung: Die etwas bitteren Blätter werden für Salate verwendet und zu gekochten Gerichten gegeben.
Ernte und Lagerung: Die Blätter werden über die gesamte Wachstumsperiode geerntet.
Kochen/Verarbeitung: Die Blätter müssen nur wenige Minuten gekocht werden.
Nebennutzen: Die Wegwarte ist wegen ihrer tiefen Wurzel ein guter Mineraliensammler. Die Wurzeln können im Herbst und Winter geerntet werden. Geröstet kann daraus ein kaffeeähnliches Getränk zubereitet werden. Sie lassen sich in Sand oder einem ähnlichen Medium gut lagern.
Vermehrung: Durch Saatgut
Pflege: Wenig nötig, sobald sich die Pflanze etabliert hat

Sibirisches Tellerkraut (*Claytonia sibirica*).

Claytonia sibirica (syn. *Montia sibirica*), SIBIRISCHES TELLERKRAUT

Laubabwerfend/Immergrün: D/E **Zone:** 3
Sonnen-/Schatten-Präferenz: ◑
Schatten-Toleranz: ●
Bewertung: ✓✓✓✓
Fortpflanzung: SF
Bodendeckung: ✓✓ **Blüte:** Weiß

In Regionen mit milden Wintern ist diese horstbildende, ausdauernde krautige Pflanze aus Asien immergrün. Im Schatten sät sie sich selbst aus und bildet eine Art Matte. Bei sehr kalter oder zugiger Witterung stirbt sie bis in die Knolle zurück. Pflanzen Sie mit einem Abstand von 30 Zentimetern, um eine gute Bodendeckung zu erreichen – die Pflanze toleriert ein wenig Fußverkehr. Einige verwandte Arten wie *C. caroliniana* und *C. virginiana* können auf ähnliche Art verwendet werden.

Größe: 20–30 Zentimeter hoch und breit
Kultur: Pflanzen Sie im Winter oder versetzen Sie eine der zahlreichen Selbstaussaaten im Frühjahr. Gedeiht auf jedem einigermaßen feuchten Boden.
Verwendung: Eine großartige Salatpflanze – die Stängel und Blätter sind zart und knackig mit einem an Rote Bete erinnernden Geschmack.
Ernte und Lagerung: Die Blätter und Stängel können das ganze Jahr über geerntet werden.
Nebennutzen: Die Knollen werden gekocht gegessen, sind jedoch recht klein.
Vermehrung: Durch Saatgut oder durch Teilung im Frühling
Pflege: Keine nötig

Echter Meerkohl (*Crambe maritima*).

Crambe maritima, ECHTER MEERKOHL

Laubabwerfend/Immergrün: D **Zone:** 4
Sonnen-/Schatten-Präferenz: ○
Schatten-Toleranz: ◑
Bewertung: ✓✓
Fortpflanzung: SF
Bodendeckung: ✓✓ **Blüte:** Weiß

Echter Meerkohl ist eine aus Küstengegenden bekannte horstbildende, ausdauernde krautige Pflanze aus der Familie der Brassicaceae. Pflanzen Sie mit 60 Zentimetern Abstand, um eine gute Bodendeckung zu erzielen. Verwandte größere Arten können ähnlich genutzt werden, darunter *C. cordifolia* (Riesenschleierkraut: wird bis zu 1,5 Meter hoch; 1,2 Meter Pflanzabstand für eine gute Bodendeckung) und *C. tatarica* (Tatarischer Meerkohl: erreicht bis zu 90 Zentimeter Höhe; Pflanzabstand 90 Zentimeter für eine gute Bodendeckung).

Größe: 80 Zentimeter hoch und 50–60 Zentimeter breit
Kultur: Pflanzen Sie Wurzelstecklinge im Winter oder ziehen Sie Jungpflanzen aus Saatgut heran und pflanzen diese im Winter in einen durchlässigen Boden aus.
Verwendung: Essbare junge Blätter, Blütenstände und Wurzeln
Ernte und Lagerung: Die jungen Blätter werden im Frühjahr geerntet (sie werden später sehr zäh), die ungeöffneten oder sich gerade öffnenden Blütenstände im Sommer. Die Wurzeln werden im Winter ausgegraben – ernten Sie die äußeren Wurzeln und lassen Sie die Pfahlwurzel nachwachsen. Die Wurzeln können in feuchtem Sand für mehrere Monate gelagert werden.
Kochen/Verarbeitung: Die jungen oder die gebleichten Jungtriebe werden am besten gedämpft und besitzen einen an Kohl erinnernden Geschmack. Die leckeren Blütenstände werden wie Brokkoli zubereitet (und schmecken auch so) und können roh oder gekocht verzehrt werden. Die Wurzeln sind stärkehaltig und werden am besten gekocht (oder geröstet) gegessen, so sind sie leichter verdaulich.
Nebennutzen: Bienenpflanze
Vermehrung: Durch Saatgut, Teilung im Frühjahr oder Wurzelstecklinge im Winter
Pflege: Achten Sie auf die für Kohlarten gewöhnlichen Schädlinge und Krankheiten, die Pflanze ist jedoch meist nicht zu stark betroffen.

Cryptotaenia japonica, MITSUBA

Laubabwerfend/Immergrün: D **Zone:** 8
Sonnen-/Schatten-Präferenz: ○
Schatten-Toleranz: ◑
Bewertung: ✓✓✓
Fortpflanzung: SF
Bodendeckung: ✗ **Blüte:** Weiß

Mitsuba ist eine horstbildende, mehrjährige krautige Pflanze aus Asien.

Größe: 60 Zentimeter hoch und 20 Zentimeter breit
Kultur: Ziehen Sie Jungpflanzen aus Saatgut heran, halten Sie diese im Schatten und pflanzen Sie sie im Winter in einen einigermaßen fruchtbaren Boden aus.
Verwendung: Die Blätter und Stängel sind in Salaten und gekochten Gerichten ein wunderbar schmeckendes Kraut.
Ernte und Lagerung: Ernten Sie die Blätter und Stängel über die gesamte Vegetationszeit.
Kochen/Verarbeitung: Die Blätter und Stängel müssen nur wenige Minuten gekocht und können in größeren Mengen verwendet werden.
Nebennutzen: Wirkt anziehend auf Nutzinsekten
Vermehrung: Durch Saatgut
Pflege: Wenig nötig

Schein-Erdbeere (*Duchesnea indica*).

Duchesnea indica, SCHEIN-ERDBEERE

Laubabwerfend/Immergrün: SE **Zone:** 6
Sonnen-/Schatten-Präferenz: ◑
Schatten-Toleranz: ●
Bewertung: ✓✓✓✓
Fortpflanzung: SF
Bodendeckung: ✓✓ **Blüte:** Gelb

Hier handelt es sich um eine immergrüne oder halb immergrüne, ausdauernde krautige Pflanze aus Asien, die sich über Ausläufer ausbreitet. Das Laub ähnelt dem der Erdbeerpflanze. Die Früchte sind rot und rundlich und haben einen Durchmesser von 1–1,5 Zentimeter. Sie eignet sich gut als niedriger Bodendecker unter anderen Pflanzen oder in Mischkultur mit größeren mehrjährigen Pflanzen. Sie toleriert Fußverkehr.

Größe: 15 Zentimeter hoch, breitet sich weit aus
Kultur: Pflanzen Sie Jungpflanzen oder angewurzelte Ausläufer im Winter in jeden einigermaßen fruchtbaren Boden aus.
Verwendung: Die Blätter können in Salate gegeben werden. Sie haben keinen starken Geschmack, sind jedoch recht angenehm. Die Früchte können ebenso in Salate gegeben werden, nicht wegen ihres (wässrigen) Geschmacks, sondern wegen der knackigen Samen auf ihrer Oberfläche, um Textur zu erzeugen.
Ernte und Lagerung: Ernten Sie die Blätter zu jeder Zeit, die Früchte im Sommer und Herbst.
Nebennutzen: Bienenpflanze
Vermehrung: Durch Saatgut oder Entfernen angewurzelter Ausläufer
Pflege: Keine nötig, nur Ausläufer müssen entfernt oder umgelegt werden, um sie an der Ausbreitung zu hindern.

Epilobium angustifolium (syn. *Chamerion angustifolium*), SCHMALBLÄTTRIGES WEIDENRÖSCHEN

Laubabwerfend/Immergrün: D **Zone:** 3
Sonnen-/Schatten-Präferenz: ○
Schatten-Toleranz: ◑
Bewertung: ✓✓
Fortpflanzung: SF
Bodendeckung: ✓✓ **Blüte:** Pink-Purpur

Das Schmalblättrige Weidenröschen ist eine robuste sommergrüne, ausdauernde krautige Pflanze, die sich über Rhizome ausbreitet und so große Horste bildet. Sie ist häufig auf Brachflächen und nach Bränden zu finden.

Größe: 1–2 Meter hoch, breitet sich aus
Kultur: Setzen Sie Sämlinge oder geteilte Pflanzen im Winter oder bringen Sie im Frühjahr breitwürfig Saatgut aus. Für alle Böden geeignet.
Verwendung: Die jungen Triebe werden am besten wie Kochgemüse zubereitet. Außerdem sind sie sauer eingelegt ausgezeichnet.
Ernte und Lagerung: Die jungen Triebe (20–30 Zentimeter hoch) können ab dem Frühjahr geerntet werden.
Kochen/Verarbeitung: Dämpfen Sie die jungen Triebe für 10 Minuten und servieren Sie sie mit Butter oder einer Soße.
Nebennutzen: Das Mark der Stängel schmeckt nach Gurke und ist ein erfrischender Snack.
Vermehrung: Saatgut oder Teilung. Aller Wahrscheinlichkeit nach müssen Sie diese Pflanze gar nicht erst aussäen!
Pflege: Wenig nötig; sät sich auf jeder gestörten Fläche von selbst aus

Fenchel (*Foeniculum vulgare*).

Foeniculum vulgare, FENCHEL

Laubabwerfend/Immergrün: D **Zone:** 5
Sonnen-/Schatten-Präferenz: ○
Schatten-Toleranz: ◐
Bewertung: ✓✓✓✓
Fortpflanzung: SF
Bodendeckung: ✗ **Blüte:** Grünlich-Gelb

Fenchel ist eine horstbildende, zweijährige bis ausdauernde krautige Pflanze mit einem feinen, gefiederten Laub, das Beikräuter nicht beschattet – lassen Sie Fenchel durch einen niedrigeren Bodendecker wachsen.

Größe: In der Blüte 1–1,5 Meter hoch und 40 Zentimeter breit
Kultur: Ziehen Sie junge Pflanzen aus Saatgut heran und pflanzen Sie diese im Winter aus. Ein gut durchlässiger Boden ist unabdingbar.
Verwendung: Alle oberirdischen Pflanzenteile sind essbar.
Ernte und Lagerung: Die Blätter können über die ganze Vegetationszeit geerntet werden, die Samen im Herbst.
Kochen/Verarbeitung: Fenchelblätter sind ein bekanntes, nach Anis schmeckendes Kraut, das sich gut für Salate und Kochgerichte eignet. Die Samen sind für Kochgerichte, Eingelegtes und Sauerkonserven, Chutneys und vieles mehr geeignet.
Nebennutzen: Eine für Nutzinsekten sehr nützliche Pflanze; Mineraliensammler
Vermehrung: Durch Saatgut oder durch Teilung im Frühjahr
Pflege: Wenig erforderlich

Galium odoratum (syn. Asperula odorata), WALDMEISTER

Laubabwerfend/Immergrün: D **Zone:** 4
Sonnen-/Schatten-Präferenz: ○
Schatten-Toleranz: ●
Bewertung: ✓✓
Fortpflanzung: SF
Bodendeckung: ✓✓ **Blüte:** Weiß

Waldmeister ist eine niedrige, sich über seine Wurzel ausbreitende Pflanze. Pflanzen Sie mit 25 Zentimeter Abstand, um eine gute Bodendeckung zu erreichen. Die Pflanze toleriert ein wenig Fußverkehr.

Größe: 20 Zentimeter hoch; breitwüchsig
Kultur: Pflanzen Sie junge Pflanzen im Winter. Feuchte, aber durchlässige Böden.
Verwendung: Die frischen Blätter werden als Beilage für Weine, Liköre und andere Getränke verwendet.
Ernte und Lagerung: Verwenden Sie die Blätter über die Dauer der Wachstumsperiode.
Nebennutzen: Bienenpflanze
Vermehrung: Durch Saatgut, Teilung im Frühjahr oder grüne Stecklinge
Pflege: Wenig nötig; gut als ausdauernde krautige Pflanze für die unterste Ebene geeignet

Gundermann oder Gundelrebe (*Glechoma hederacea*).

Glechoma hederacea, GUNDELREBE/GUNDERMANN

Laubabwerfend/Immergrün: D **Zone:** 6
Sonnen-/Schatten-Präferenz: ◑
Schatten-Toleranz: ◑
Bewertung: ✓✓✓
Fortpflanzung: SF
Bodendeckung: ✓✓ **Blüte:** Bläulich-Violett

In milden Gegenden kann der Gundermann immergrün sein. Die Anhänge (Stolone) können anwurzeln. Die Pflanze wird manchmal als „Unkraut" bezeichnet. Es handelt sich um eine meist wintergrüne, ausdauernde krautige Pflanze. Sie toleriert ein wenig Fußverkehr.

Größe: 60 Zentimeter hoch; bildet eine Art Matte
Kultur: Sollte der Gundermann nicht bereits bei Ihnen wachsen, ist die Pflanze am einfachsten im Frühjahr durch Auspflanzen eines Ablegers in jeden feuchten Boden anzusiedeln.
Verwendung: Die aromatischen Blätter werden für Kräutertees verwendet.
Ernte und Lagerung: Die Blätter können jederzeit geerntet werden.
Nebennutzen: Eine gute Bienenpflanze. Früher wurde sie zum Klären/Bierbrauen verwendet.
Vermehrung: Durch Saatgut, Teilung der angewurzelten Stolone oder durch grüne Stecklinge
Pflege: Keine nötig

Funkie(rechte Spalte):
Viele Arten der Funkien werden als Gemüse verwendet, darunter *H. crispula*, *H. longipes*, *H. montana*, *H. plantaginea*, *H. sieboldii*, *H. sieboldiana*, *H. undulata* und *H. ventricosa*. Großblättrige Sorten von *H. sieboldiana* sind unter anderem ´Big Daddy´, ´Blue Umbrella´ und ´Elegans´.

Hosta spp., FUNKIE

Laubabwerfend/Immergrün: D **Zone:** 4
Sonnen-/Schatten-Präferenz: ◑
Schatten-Toleranz: ●
Bewertung: ✓✓✓
Fortpflanzung: SF
Bodendeckung: ✓✓ **Blüte:** Weiß, Lavendel, Violett

Funkien sind horstbildende, ausdauernde krautige Pflanzen aus Asien. Pflanzen Sie mit einem Abstand von 40–60 Zentimetern, um eine gute Bodendeckung zu erreichen.

Größe: Die meisten Arten sind 30–100 Zentimeter hoch und breit.
Kultur: Setzen Sie Jungpflanzen im Winter – schützen Sie diese vor Schnecken. Gedeihen auf nahezu allen Böden.
Verwendung: Die eingerollten Blatttriebe (ähnlich dem Chicorée) werden meist gekocht gegessen, sie sind jedoch auch roh in Salaten verwendbar.
Ernte und Lagerung: Die Blatttriebe werden im Frühjahr geerntet. Die Pflanze wird neue Triebe für dieses Jahr ausbilden.
Kochen/Verarbeitung: Die Triebe werden gewöhnlich gedämpft, gebraten oder gekocht – lecker mit einer Soße oder etwas Butter.
Vermehrung: Durch Saatgut oder durch Teilung im Spätsommer oder zeitigen Frühjahr
Pflege: Wenig erforderlich. Schnecken fressen Funkien mit Vorliebe, passen Sie also besonders auf junge Pflanzen auf.

Levisticum officinale, LIEBSTÖCKEL

Laubabwerfend/Immergrün: D **Zone:** 4
Sonnen-/Schatten-Präferenz: ○
Schatten-Toleranz: ◑
Bewertung: ✓✓✓
Fortpflanzung: SF
Bodendeckung: ✗ **Blüte:** Grünlich-Gelb

Liebstöckel ist eine horstbildende, tief wurzelnde winterharte, ausdauernde krautige Pflanze, die am besten in eine niedrige Bodendeckung gepflanzt wird.

Größe: In der Blüte 1,5–2 Meter hoch und 40 Zentimeter breit
Kultur: Pflanzen Sie den Liebstöckel im Winter in jeden einigermaßen fruchtbaren Boden.
Verwendung: Dieses stark aromatische Kraut hat einen an Hefe und Sellerie erinnernden Geschmack. Die Samen werden als Gewürz verwendet.

Ernte und Lagerung: Ernten Sie die Blätter im Frühjahr und Sommer, die Samen im Herbst.
Kochen/Verarbeitung: Die Blätter werden spärlich in Salaten oder Suppen, Eintöpfen und so weiter verwendet. Die Samen werden am besten gemahlen als Gewürz eingesetzt und haben den gleichen Geschmack wie die Blätter.
Nebennutzen: Wirkt anziehend auf Nutzinsekten
Vermehrung: Durch Saatgut
Pflege: Keine nötig

Die Moschus-Malve (*Malva moschata*) mit unterschiedlichen Blattformen.

Malva spp., MALVEN

Laubabwerfend/Immergrün: D **Zone: 4**
Sonnen-/Schatten-Präferenz: ○
Schatten-Toleranz: ◐
Bewertung: ✓✓✓
Fortpflanzung: SF
Bodendeckung: ✗ **Blüte: Pink-Violett**

Viele Arten der Malven können verwendet werden, unter anderem *Malva alcea* (Rosen-Malve), *M. moschata* (Moschus-Malve), *M. sylvestris* (Wilde Malve) und *M. verticillata* (Quirl-Malve). Alle sind horstbildende Stauden mit Blattrosetten. *M. alcea* und *M. moschata* sind in Gegenden mit milden Wintern immergrün. Die Blätter der verschiedenen Arten weisen unterschiedliche Formen von ganzblättrig bis fein geteilt auf, was die Artbestimmung oft nicht ganz leicht macht.

Größe: 60–100 Zentimeter hoch und 20–30 Zentimeter breit
Kultur: Aussaat im Frühjahr oder Auspflanzen junger Pflanzen im Winter (sie treiben früh aus) in jeden Boden, der nicht zu sauer ist. Am besten nicht in übermäßig fruchtbare Böden, da sich hier ein Nitratüberschuss in den Blättern niederschlagen kann.
Verwendung: Essbare Blätter, Blüten und junge Fruchtstände (im Englischen sind sie als „cheeses“ [Käselaibe] bekannt, denn so ähnlich sehen sie aus).
Ernte und Lagerung: Die jungen Blätter können jederzeit geerntet werden. Die Blüten werden im späten Frühjahr und im Sommer geerntet.
Kochen/Verarbeitung: Malven produzieren ein ausgezeichnetes Schleimstoffe enthaltendes Salatblatt. Die Blätter verdicken außerdem Eintöpfe und Suppen. Die Blüten werden am besten in Salaten verwendet. Die Früchte (die „Käselaibe“) der meisten Arten ergeben einen guten Snack.
Nebennutzen: Bienenpflanzen
Vermehrung: Durch Saatgut oder durch weiche basale Stecklinge im Frühjahr
Pflege: Wenig nötig. Es handelt sich hier um ein- bis mehrjährige oder kurzlebige, ausdauernde krautige Pflanzen.

Rosen-Malve (*Malva alcea*).

Wilde Malve (*Malva sylvestris*) ´Mystic Merlin´.

Straußenfarn (*Matteuccia struthiopteris*).

Matteuccia struthiopteris, STRAUSSENFARN

Laubabwerfend/Immergrün: D **Zone:** 2
Sonnen-/Schatten-Präferenz: ◑
Schatten-Toleranz: ●
Bewertung: ✓✓
Fortpflanzung: SF
Bodendeckung: ✓✓ **Blüte:** –

Eine ausdauernde Pflanze aus nördlicheren gemäßigten Regionen, die sich über Rhizome ausbreitet und Kolonien bildet. Pflanzen Sie mit 60 Zentimeter Abstand, um eine gute Bodendeckung zu erzielen. Die eingerollten jungen Triebe entrollen sich mit ihrem Wachstum, was ihnen im Englischen den Namen „fiddleheads" (Geigenköpfe) verleiht.

Größe: Bis zu 1,5 Meter Höhe oder mehr; jede Pflanze wird 60 Zentimeter breit.
Kultur: Pflanzen Sie junge oder geteilte Exemplare im Winter oder zeitigen Frühjahr in jeden feuchten Boden an einem schattigen Standort.
Verwendung: Die jungen Blatttriebe werden gekocht verwendet, in den USA werden diese immer noch kommerziell angebaut. Dies ist einer der wenigen Farne, die als sicher essbar bekannt sind.
Ernte und Lagerung: Pflücken Sie die Blatttriebe, wenn sie im Frühling noch eng eingerollt und etwa 5–6 Zentimeter hoch sind.
Kochen/Verarbeitung: Die Blatttriebe werden für 15 Minuten gekocht (nicht kürzer, da nicht ganz gekochte Triebe Magenbeschwerden hervorrufen können). Der Geschmack liegt zwischen Spargel und Brokkoli.
Vermehrung: Teilung im zeitigen Frühjahr oder Aussaat von Sporen
Pflege: Keine nötig

Zitronenmelisse (*Melissa officinalis*).

Melissa officinalis, ZITRONENMELISSE

Laubabwerfend/Immergrün: D **Zone:** 4
Sonnen-/Schatten-Präferenz: ○
Schatten-Toleranz: ◑
Bewertung: ✓✓✓
Fortpflanzung: SF
Bodendeckung: ✓✓ **Blüte:** Lila

Die Zitronenmelisse ist eine horstbildende, aromatische, ausdauernde krautige Pflanze, die in ganz Europa vorkommt. Sie ist krautig, die Mitte kann jedoch in wintermilderen Klimazonen immergrün sein. Sie kann sich freizügig selbst aussäen.

Größe: 60–80 Zentimeter hoch und 40 Zentimeter breit
Kultur: Pflanzen Sie junge Exemplare im zeitigen Frühjahr in einen gut durchlässigen Boden.
Verwendung: In kleinen Mengen sind die Blätter gut für Salate geeignet. Die Blätter und Stängel ergeben einen guten Kräutertee. Es sind Sorten mit größeren Mengen an ätherischen Ölen verfügbar.
Ernte und Lagerung: Die Blätter zum Essen sollten vor allem im Frühling geerntet werden, wenn sie noch zart sind, für Tees können die Blätter jedoch ganzjährig verwendet werden. Sie können getrocknet werden, verlieren so aber viel ihres Geschmacks.
Kochen/Verarbeitung: Die Blätter werden eher nicht gekocht, da so das Aroma schnell verloren geht.
Nebennutzen: Bienenpflanze und Mineraliensammler; allgemeine Schutzfunktion als aromatische Pflanze
Vermehrung: Durch Saatgut oder durch Teilung im Frühling. Die Sorte ´Citronella´ enthält mehr ätherische Öle.
Pflege: Ich schneide die vertrockneten Stängel im Winter ab, um dem neuen Wachstum möglichst viel Licht zu verschaffen.

Mentha spp., MINZEN

Die Minzen sind herausragend für einen Waldgarten geeignet – solange sie dort feuchten Boden haben und es Ihnen nichts ausmacht, dass sie sich ausbreiten. Sie sind recht schattentolerant, sehr aromatisch (was das gesamte System unterstützt) und sehr attraktiv für Nutzinsekten. Darüber hinaus sind sie gute Nahrungspflanzen. Einige Arten sind unter milden Klimabedingungen immergrün. Nicht alle Minzen bilden eine gute Bodendeckung; solche, die es nicht tun, sollten zusammen mit niedrig wachsenden Arten gepflanzt werden. Alle sich ausbreitende ausdauernde krautige Pflanzen, die sich über Rhizome knapp unter der Bodenoberfläche verbreiten.

Verwendung: Die Blätter und Stängel werden für Tees und als Würzkraut verwendet und können getrocknet werden.
Ernte und Lagerung: Ernten Sie die Blätter frisch jederzeit und ganzjährig. Die Menge an ätherischen Ölen ist kurz vor der Blüte am höchsten, dies ist der beste Zeitpunkt zur Ernte und schnellen Trocknung.
Kochen/Verarbeitung: Um den Geschmack zu bewahren, sollten Sie Minzen erst gegen Ende des Kochvorgangs zu Gerichten geben. In Chutneys, Eingelegtem, Sauerkonserven, Mixed Pickles erzeugen sie eine minzige Geschmacksnote.
Vermehrung: Vermehren Sie die Pflanzen durch Saatgut (dies ist für die genetische Vielfalt vorteilhaft) oder durch Stecklinge von Wurzeln oder Trieben.
Pflege: Hindern Sie die Pflanze an der unerwünschten Ausbreitung. Ich schneide im Winter die toten Stängel ab oder trete sie flach, um dem neuen Wachstum möglichst viel Licht zu geben. Bei wenig genetischer Variabilität kann Minzenrost, eine Pilzerkrankung, als ernsthafte Krankheit auftreten.

Mentha aquatica, WASSERMINZE

Laubabwerfend/Immergrün: D **Zone:** 6
Sonnen-/Schatten-Präferenz: ○
Schatten-Toleranz: ◑
Bewertung: ✓✓✓
Fortpflanzung: SF
Bodendeckung: ✗ **Blüte:** Rötlich-Violett

Wasserminze breitet sich sporadisch aus, indem sie hier und dort neue Austriebe bildet.

Größe: 60 Zentimeter hoch, unregelmäßige Ausbreitung
Kultur: Aussaat in nassen Boden oder Kompost. Jungpflanzen oder Wurzelstecklinge werden am besten im Winter in feuchte oder nasse Böden ausgepflanzt. Toleriert nasse Böden und sumpfige Bedingungen.

´Bowles's Minze´ (*Mentha* ´Bowles's Minze´).

Mentha x villosa var. *alopecuroides*, ´BOWLES'S MINZE´

Laubabwerfend/Immergrün: D **Zone:** 5
Sonnen-/Schatten-Präferenz: ○
Schatten-Toleranz: ●
Bewertung: ✓✓✓✓
Fortpflanzung: SF
Bodendeckung: ✗ **Blüte:** Hellrötlich-Violett

Die ´Bowles's Minze´ breitet sich sporadisch aus, indem sie hier und dort neue Austriebe bildet.

Größe: 90–120 Zentimeter hoch, unregelmäßige Ausbreitung
Kultur: Pflanzen Sie Wurzelstecklinge oder junge Exemplare im Winter in einen feuchten Boden.

Mentha longifolia, ROSSMINZE

Laubabwerfend/Immergrün: D **Zone:** 6
Sonnen-/Schatten-Präferenz: ○
Schatten-Toleranz: ◑
Bewertung: ✓✓✓✓
Fortpflanzung: SF
Bodendeckung: ✓✓✓ **Blüte:** Rötlich-Violett

Dies ist eine stark wachsende, sich ausbreitende Pflanze. Sie bildet eine dichte Bodendeckung, die vertrockneten Stängel schützen den Boden im Winter. Pflanzen Sie mit 60–90 Zentimetern Abstand, um eine gute Bodendeckung zu erreichen. Sie toleriert Fußverkehr.

Größe: 1,5 Meter hoch, dichte Ausbreitung
Kultur: Wie für ´Bowle's Minze´

Mentha x piperita, PFEFFERMINZE

Laubabwerfend/Immergrün: D **Zone:** 3
Sonnen-/Schatten-Präferenz: ○
Schatten-Toleranz: ◐
Bewertung: ✓✓
Fortpflanzung: SF
Bodendeckung: ✗ **Blüte:** Hellrötlich-Violett

Die Pfefferminze breitet sich aus, indem sie hier und dort neue Austriebe bildet. Sie besitzt ein gutes Aroma, beginnt aber spät zu wachsen und ist so anfällig für Probleme mit Beikräutern. Gute Sorten sind unter anderem ´Swiss´ und ´Moroccan´ der Unterart *Mentha* x *piperita* var. *piperita* ´Nigra´.

Größe: 60 Zentimeter hoch, unregelmäßige Ausbreitung
Kultur: Pflanzen Sie Wurzelstecklinge oder junge Exemplare im Winter in einen feuchten Boden.

Mentha spicata, GRÜNE MINZE/ WALD-MINZE

Laubabwerfend/Immergrün: D **Zone:** 3
Sonnen-/Schatten-Präferenz: ○
Schatten-Toleranz: ◐
Bewertung: ✓✓✓
Fortpflanzung: SF
Bodendeckung: ✓ **Blüte:** Rötlich-Violett

Die Wald-Minze ist eine weitere sich ausbreitende ausdauernde krautige Pflanze, die eine bessere Bodendeckung bildet als die Pfefferminze. Pflanzen Sie diese mit einem Abstand von 45 Zentimetern, um eine gute Bodendeckung zu erreichen.

Größe: 80–100 Zentimeter hoch, recht dichte Ausbreitung
Kultur: Pflanzen Sie Wurzelstecklinge oder junge Exemplare im Winter in einen feuchten Boden.

Rundblättrige Minze (*Mentha suaveolens*).

Mentha suaveolens, RUNDBLÄTTRIGE MINZE

Laubabwerfend/Immergrün: D/E **Zone:** 6
Sonnen-/Schatten-Präferenz: ○
Schatten-Toleranz: ◐
Bewertung: ✓✓✓✓
Fortpflanzung: SF
Bodendeckung: ✓✓✓ **Blüte:** Rötlich-Violett

Die Rundblättrige oder Wohlriechende Minze ist eine sich ausbreitende Pflanze, die in Gegenden mit milden Wintern immergrün sein kann. Pflanzen Sie diese Art mit einem Abstand von 60 Zentimetern, um eine gute Bodendeckung zu erreichen. Sie toleriert Fußverkehr.

Größe: 60–90 Zentimeter hoch, dichte Ausbreitung
Kultur: Pflanzen Sie Wurzelstecklinge oder junge Pflanzen im Winter in einen feuchten Boden.

Süßdolde (*Myrrhis odorata*) mit jungen Früchten.

Myrrhis odorata, SÜSSDOLDE

Laubabwerfend/Immergrün: D **Zone:** 5
Sonnen-/Schatten-Präferenz: ◑
Schatten-Toleranz: ●
Bewertung: ✓✓✓✓
Fortpflanzung: SF
Bodendeckung: ✓ **Blüte:** Weiß

Die Süßdolde ist eine in Europa heimische horstbildende, ausdauernde krautige Pflanze mit einer tiefen Pfahlwurzel. Pflanzen Sie diese mit 30–45 Zentimetern Abstand, um eine gute Bodendeckung zu erzielen. Wo die Winter kalt genug sind, sät sie sich selbst aus.

Größe: 60–100 Zentimeter hoch und 40 Zentimeter breit
Kultur: Pflanzen Sie junge Exemplare im Winter (treibt früh aus). Gut für jeden einigermaßen durchlässigen Boden geeignet.
Verwendung: Ein fantastisches, nach Anis schmeckendes Kraut, alle Pflanzenteile sind essbar.
Ernte und Lagerung: Ernten Sie die Blätter ganzjährig, die jungen Samen im Sommer und die Wurzeln im Winter. Die Wurzeln können für mehrere Monate in Sand gelagert werden.
Kochen/Verarbeitung: Verwenden Sie die Blätter als Hauptzutat in Salaten. Traditionell wurden diese mit sauren Früchten gekocht, um diese zu süßen. Die jungen grünen Samen sind ein knackiger Snack und können so auch in Salate gegeben werden. Die Wurzeln sind roh oder gekocht außerordentlich schmackhaft, sie werden wie anderes Wurzelgemüse gekocht oder gebraten.
Nebennutzen: Wirkt anziehend auf Nutzinsekten und Bienen; Mineraliensammler
Vermehrung: Durch Saatgut (dieses sollte nicht austrocknen und benötigt 5 Monate Stratifizierungszeit) oder durch Teilung im Frühjahr oder Herbst
Pflege: Wenig erforderlich. Hasen und Kaninchen fressen diese Pflanze gern.

Nasturtium officinale, ECHTE BRUNNENKRESSE

Laubabwerfend/Immergrün: E **Zone:** 2
Sonnen-/Schatten-Präferenz: ○
Schatten-Toleranz: ◑
Bewertung: ✓✓
Fortpflanzung: SF
Bodendeckung: ✓ **Blüte:** Weiß

Eine wintergrüne, ausdauernde krautige Pflanze mit anwurzelnden Stängeln. In Regionen mit milden Wintern ist sie immergrün.

Größe: 30 Zentimeter hoch; kriechend rankend
Kultur: Aussaat auf nassen Kompost. Versetzen Sie die Pflanzen im Winter oder Frühjahr ins Freiland. Zieht nasse Böden oder seichte Gewässer vor, wächst aber auch auf anderen feuchten Böden.
Verwendung: Eine bekannte Gemüsepflanze
Ernte und Lagerung: Ernten Sie die Blätter und Stängel ganzjährig. Ernten Sie nicht an Gewässern, bei denen Sie sich über Verunreinigungen nicht sicher sind.
Kochen/Verarbeitung: Aus Brunnenkresse kann eine wundervolle Suppe gekocht werden, sie findet aber auch in Salaten, auf Sandwiches und in anderen Kochgerichten Verwendung.
Nebennutzen: Bienenpflanze; reinigt Wasser
Vermehrung: Durch Saatgut oder Teilung der angewurzelten Stängel
Pflege: Keine nötig

Origanum vulgare, OREGANO, ECHTER DOST

Laubabwerfend/Immergrün: D **Zone:** 5
Sonnen-/Schatten-Präferenz: ○
Schatten-Toleranz: ●
Bewertung: ✓✓✓✓
Fortpflanzung: SF
Bodendeckung: ✓✓ **Blüte:** Pink

Dieses bekannte Kraut ist eine in Europa heimische horstbildende, ausdauernde krautige Pflanze. Pflanzen Sie es mit einem Abstand von 45 Zentimetern, um eine gute Bodendeckung zu erzielen. Die Pflanze toleriert ein wenig Fußverkehr.

Größe: 45–60 Zentimeter hoch und 30–40 Zentimeter breit
Kultur: Bringen Sie junge Pflanzen im Winter oder zeitigen Frühjahr in einen gut durchlässigen Boden, der nicht zu sauer ist.
Verwendung: Oregano ist ein bekanntes Küchenkraut. Ich verwende ihn oft in Salaten.
Ernte und Lagerung: Ernten Sie die Blätter ganzjährig.
Kochen/Verarbeitung: Am besten frisch verwenden, er verliert getrocknet viel Aroma.
Nebennutzen: Bienen- und Schmetterlingspflanze. Eine nützliche aromatische Pflanze für die Unterpflanzung, die der Gesundheit des ganzen Gartensystems dient.
Vermehrung: Durch Saatgut, Teilung im Frühjahr oder basale Stecklinge im späten Frühjahr
Pflege: Keine nötig

Oxalis acetosella, WALD-SAUERKLEE

Laubabwerfend/Immergrün: D **Zone:** 3
Sonnen-/Schatten-Präferenz: ◐
Schatten-Toleranz: ●
Bewertung: ✓✓✓
Fortpflanzung: SF
Bodendeckung: ✓ **Blüte:** Weißlich-Pink

Der Wald-Sauerklee ist eine sich ausbreitende, in Europa heimische ausdauernde krautige Pflanze. Sie sät sich an geeigneten Standorten leicht selbst aus und bildet dort eine Matte. Pflanzen Sie mit 40 Zentimeter Abstand, um eine gute Bodendeckung zu erreichen.

Größe: 20 Zentimeter hoch
Kultur: Pflanzen Sie aus Saatgut gewonnene Jungpflanzen im Winter in einen humosen Boden, der feucht, aber durchlässig sein soll.
Verwendung: Die Blätter sind gekocht oder in Salaten essbar und haben einen wunderbar zitronigen Geschmack. Wie alle Ampferarten sollten diese wegen der enthaltenen Oxalsäure in Maßen gegessen werden. Die Blüten sind gut für Salate geeignet.
Ernte und Lagerung: Die Blätter können ganzjährig geerntet werden, die Blüten im Frühling.
Kochen/Verarbeitung: Er kann wie andere Ampferarten in Suppen oder anderen Kochgerichten verarbeitet werden.
Nebennutzen: Mineraliensammler. Der Wald-Sauerklee bildet ein Geflecht aus kleinen Pfahlwurzeln. Diese reichen 15–20 Zentimeter tief, sind 5–6 Zentimeter lang und 8–9 Millimeter dick, schmecken süß und sind roh in Salaten eine köstliche Zutat.
Vermehrung: Durch Saatgut oder Teilung
Pflege: Keine nötig

Oxalis oregana, OREGON-SAUERKLEE

Laubabwerfend/Immergrün: E **Zone:** 7
Sonnen-/Schatten-Präferenz: ◐
Schatten-Toleranz: ●
Bewertung: ✓✓✓
Fortpflanzung: SF
Bodendeckung: ✓✓ **Blüte:** Pink-Violett

Eine niedrige, mattenbildende, ausdauernde krautige Pflanze, die aus nordamerikanischen Wäldern stammt. In milden Regionen breitet sich der Oregon-Sauerklee über anwurzelnde Stängel aus. Er toleriert ein wenig Fußverkehr.

Größe: 20 Zentimeter hoch, weite Ausbreitung
Kultur: Ziehen Sie geteilte Pflanzen ab dem Frühjahr heran und setzen Sie diese im Winter in einen feuchten und sauren Boden.
Verwendung: Die frischen Blätter werden in Salaten verwendet und haben einen zitronigen Geschmack. Sie können auch gekocht werden. Wie alle Ampferarten sollten Sie diesen in Maßen genießen.
Ernte und Lagerung: Verwenden Sie die Blätter ganzjährig.
Kochen/Verarbeitung: Kann wie andere Ampferarten als Suppe gekocht oder in anderen Kochgerichten verwendet werden
Nebennutzen: Eine sehr gute, mehrjährige Pflanze für die unterste Bodenebene
Vermehrung: Durch Teilung in Frühling
Pflege: Wenig nötig

Alpen-Säuerling (*Oxyria digyna*).

Oxyria digyna, ALPEN-SÄUERLING

Laubabwerfend/Immergrün: D **Zone:** 2
Sonnen-/Schatten-Präferenz: ○
Schatten-Toleranz: ◐
Bewertung: ✓✓✓✓
Fortpflanzung: SF
Bodendeckung: ✗ **Blüte:** Grünlich-Gelb

Eine europäische horstbildende, ausdauernde krautige Pflanze, die sich selbst freizügig aussät.

Größe: 50 Zentimeter hoch und 40 Zentimeter breit
Kultur: Eine Aussaat ins Freiland im Frühjahr oder Auspflanzen junger Exemplare im Winter in einen durchlässigen, aber feuchten Boden
Verwendung: Die Blätter und Stiele sind in Salaten oder gekocht essbar. Sie haben eine schmelzende Textur und einen wunderbar zitronigen Geschmack. Essen Sie diese wie andere Ampferarten auch in Maßen.
Ernte und Lagerung: Ernten Sie die Blätter über das ganze Jahr.
Kochen/Verarbeitung: Kann wie andere Ampferarten als Suppe gekocht oder in anderen Kochgerichten verwendet werden
Vermehrung: Durch Saatgut; sät sich selbst leicht aus
Pflege: Keine nötig

Peltaria alliacea, LAUCH-SCHEIBENSCHÖTCHEN

Laubabwerfend/Immergrün: D **Zone:** 6
Sonnen-/Schatten-Präferenz: ○
Schatten-Toleranz: ◐
Bewertung: ✓✓
Fortpflanzung: SF
Bodendeckung: ✗ **Blüte:** Weiß

Das Lauch-Scheibenschötchen ist eine horstbildende europäische, ausdauernde krautige Pflanze, in Regionen mit milden Wintern ist sie immergrün. Pflanzen Sie mit einem Abstand von 30 Zentimetern, um eine gute Bodendeckung zu erreichen.

Größe: 30 Zentimeter hoch und breit
Kultur: Aussaat ins Freiland im Winter oder Frühjahr; gedeiht auf allen Böden
Verwendung: Die Blätter haben einen an Knoblauch und Senf erinnernden Geschmack. Verwenden Sie die Blätter in kleinen Mengen roh in Salaten oder gekocht.
Ernte und Lagerung: Ernten Sie die Blätter jederzeit, außer in heißen, trockenen Perioden, dann werden sie bitter.
Kochen/Verarbeitung: Die Blätter werden mit ihrem Alter schärfer; ab Spätfrühling werden sie am besten gekocht zu Eintöpfen, Suppen und so weiter gegeben.
Nebennutzen: Die Blüten sind ebenfalls in Salaten essbar.
Vermehrung: Durch Saatgut oder Teilung im Frühjahr oder Herbst
Pflege: Keine nötig

Amerikanische Kermesbeere (*Phytolacca americana*).

Phytolacca americana, AMERIKANISCHE KERMESBEERE

Laubabwerfend/Immergrün: D **Zone:** 4
Sonnen-/Schatten-Präferenz: ○
Schatten-Toleranz: ◑
Bewertung: ✓✓✓✓
Fortpflanzung: SF
Bodendeckung: ✓✓ **Blüte:** Weiß

Es handelt sich um eine in Amerika heimische stark wachsende ausdauernde krautige Pflanze, die sich langsam ausbreitet, um Kolonien zu bilden. Beachten Sie, dass die rohen Blätter und Stängel und die tief purpurfarbenen Früchte giftig sind und niemals verzehrt werden dürfen!

Größe: 2–4 Meter hoch und 60 Zentimeter breit
Kultur: Pflanzen Sie im Winter oder zeitigen Frühjahr (sie treiben spät aus) in einen einigermaßen fruchtbaren Boden.
Verwendung: Die jungen Triebe sind in Nordamerika ein weitbekanntes Wildgemüse.
Ernte und Lagerung: Die jungen Triebe werden bis zu einer Höhe von 60 Zentimetern geerntet, solange sie im Frühling noch grün sind.
Kochen/Verarbeitung: Die Triebe sind roh giftig und müssen richtig zubereitet werden. Legen Sie diese in kaltes Wasser, das Sie zum Kochen bringen und dann abschütten. Füllen Sie mit neuem Wasser auf und kochen Sie die Triebe für 10 Minuten. Die jungen Triebe sehen aus wie eine größere Form von Spargel und schmecken mit Butter oder einer Soße köstlich.
Nebennutzen: Bienenpflanze. Aus den Früchten kann ein tiefvioletter bis schwarzer Farbstoff gewonnen werden, der auch als Tinte geeignet ist. Es handelt sich um einen Mineraliensammler.
Vermehrung: Durch Saatgut (benötigt 3 Monate Stratifizierungszeit) oder durch Teilung im Frühling
Pflege: Keine nötig
(Anm.: Auch hier eine als invasiv bezeichnete Pflanze, auch hier bei entsprechender Strategie kein Problem.)

TINTE AUS KERMESBEEREN

Die Kermesbeeren (*Phytolacca* ssp.) liefern einen Farbstoff für rote Tinte, mit dem amerikanische Ureinwohner früher ihre Pferde verziert haben. Die Unabhängigkeitserklärung der Vereinigten Staaten wurde mit fermentiertem Saft aus Kermesbeeren geschrieben (daher auch der gebräuchliche Name der Beeren: „inkberry“, Tintenbeere). Viele Briefe, die aus dem amerikanischen Bürgerkrieg nach Hause verschickt wurden, wurden ebenfalls mit dieser Tinte geschrieben. Die Schrift dieser noch erhaltenen Briefe erscheint braun.

Plantago spp., WEGERICH

Laubabwerfend/Immergrün: D **Zone:** 5
Sonnen-/Schatten-Präferenz: ○
Schatten-Toleranz: ◑
Bewertung: ✓✓✓✓
Fortpflanzung: SF
Bodendeckung: ✗ **Blüte:** Grünlich-Braun

Alle Arten können verwendet werden, die besten unter ihnen sind *P. lanceolata* (Spitzwegerich) und *P. major* (Breitwegerich). Sie sind in Europa heimische als einjährig bis ausdauernd krautig wachsende Pflanzen mit schmalen braunen Samenständen. Der Spitzwegerich hat lange, schmale Blätter, während der Breitwegerich entsprechend seines Namens viel breitere Blätter ausbildet.

Größe: In der Blüte 45 Zentimeter hoch und 35 Zentimeter breit
Kultur: Aussaat im Frühjahr oder Auspflanzen junger Pflanzen im Winter. Für alle Böden geeignet.
Verwendung: Die jungen Blätter können gegessen werden.
Ernte und Lagerung: Ernten Sie die jungen Blätter im Frühling oder, falls die Pflanze zurückgeschnitten wurde, den neuen Austrieb im Frühling und Sommer.
Kochen/Verarbeitung: Die Blätter sind sehr gut bekömmlich und werden gehackt zu Salaten oder Suppen gegeben.
Nebennutzen: Farbstoff (gelb bis braun) und medizinischer Nutzen. Die Blätter enthalten Allantoin, mit dem gereizte Haut und Insektenstiche behandelt werden können. Die Samen sind essbar und werden geerntet, wenn die Samenkapseln reif sind. Diese werden getrocknet, gemahlen und dann gekocht.
Vermehrung: Durch Saatgut. Wahrscheinlich müssen Sie diese Pflanze nicht gezielt in Ihren Waldgarten einführen!
Pflege: Keine nötig

Triebe der Echten Weißwurz (*Polygonatum odoratum*).

Polygonatum spp., ECHTE WEISSWURZ/SALOMONSSIEGEL

Laubabwerfend/Immergrün: D **Zone:** 3-6
Sonnen-/Schatten-Präferenz:
Schatten-Toleranz:
Bewertung: ✓✓✓✓
Fortpflanzung: SF
Bodendeckung: ✓ – ✓✓ **Blüte:** Cremefarben

Alle Arten können ähnlich verwendet werden. Es handelt sich unter anderem um *Polygonatum biflorum* (syn. *P. commutatum*), *P. x hybridum* in Sorten (Hybride aus *P. multiflorum x P. odoratum*), *P. multiflorum* (Vielblütige Weißwurz), *P. odoratum* (Wohlriechende Weißwurz) und *P. verticillatum* (Quirlblättrige Weißwurz). Die größeren Arten bilden dickere Triebe und liefern demnach mehr essbares Material.

Diese ausdauernde krautige Pflanzen breiten sich langsam aus. Pflanzen Sie mit einem Abstand von 30 Zentimetern, um eine gute Bodendeckung zu erzielen. *P. biflorum* (Große Weißwurz) ist die größte Art (80–150 Zentimeter) und liefert gegenüber den anderen Arten die beste Bodendeckung.

Größe: 60–150 Zentimeter hoch und 20–30 Zentimeter breit
Kultur: Pflanzen Sie im Winter (sie treiben früh aus) in einen humosen Boden.
Verwendung: Die jungen Triebe werden als Kochgemüse verwendet.
Ernte und Lagerung: Die jungen Triebe werden im Frühling geerntet und in Bodennähe abgeschnitten, sobald sie 20–30 Zentimeter erreichen. Die Blätter an der Spitze werden manchmal entfernt, da sie bitter sein können.
Kochen/Verarbeitung: Die Triebe werden wie Spargel kurz gekocht und haben einen wunderbar süßen Geschmack.
Nebennutzen: Bienenpflanzen
Vermehrung: Durch Saatgut oder durch Teilung im Frühjahr
Pflege: Wenig nötig. Schnecken können an jungen Pflanzen Schaden anrichten.

Reichardia picroides, BITTERE REICHARDIE

Laubabwerfend/Immergrün: D **Zone:** 8-9
Sonnen-/Schatten-Präferenz:
Schatten-Toleranz:
Bewertung: ✓
Fortpflanzung: SF
Bodendeckung: ✗ **Blüte:** Gelb

Die Bittere Reichardie ist eine in Südeuropa heimische, horstbildende ausdauernde Pflanze, deren Überdauerungsknospen an der Erdoberfläche liegen (Hemikryptophyt). In Regionen mit milden Wintern ist sie immergrün. Wegen unserer nassen Winter und unserer üblichen Tiefsttemperaturen von etwa -5 Grad Celsius ist es schwierig, sie als ausdauernde Pflanze zu kultivieren.

Größe: In der Blüte bis zu 80 Zentimeter hoch und 25 Zentimeter breit.
Kultur: Ziehen Sie die Pflanzen aus Saatgut heran und bringen Sie diese im Frühjahr nach den letzten Frösten aus. Ein gut durchlässiger Boden ist zwingend notwendig, sonst wird die Pflanze über den Winter eingehen.
Verwendung: Die Blätter werden in Salaten verwendet und haben einen angenehmen, an Gurken erinnernden Geschmack.
Ernte und Lagerung: Die Blätter können ganzjährig geerntet werden.
Kochen/Verarbeitung: Kann zu Eintöpfen und Ähnlichem gegeben werden und ist in wenigen Minuten ausreichend gekocht.
Vermehrung: Durch Saatgut
Pflege: Sammeln Sie von Ihren Pflanzen jedes Jahr Saatgut für den Fall, dass diese den Winter nicht überleben sollten.

Schild-Ampfer (*Rumex scutatus*).

Rumex spp., AMPFER

Laubabwerfend/Immergrün: D **Zone:** 5
Sonnen-/Schatten-Präferenz: ○
Schatten-Toleranz: ◑
Bewertung: ✓✓✓
Fortpflanzung: SF
Bodendeckung: ✗ **Blüte:** Grün

Die Ampferarten umfassen unter anderem *Rumex acetosa* (Wiesen-Sauerampfer), *R. acetosella* (Kleiner Sauerampfer), *R. alpinus* (Alpen-Ampfer), *R. patientia* (Garten-Ampfer) und *R. scutatus* (Schild-Ampfer). Sie alle sind tief wurzelnde, horstbildende, ausdauernde krautige Pflanzen. Sie sind meist krautig, einige Sorten von *R. acetosa* (zum Beispiel ´Schavel´) sind immergrün.

Größe: 40 Zentimeter hoch und 30 Zentimeter breit
Kultur: Pflanzen Sie im Winter (sie treiben früh aus); für alle Böden geeignet.
Verwendung: Die Blätter sind roh in Salaten oder gekocht essbar. Genießen Sie diese in Maßen, die zitronige Bitterkeit, die Sie schmecken, rührt von der enthaltenen Oxalsäure.
Ernte und Lagerung: Die Blätter werden hauptsächlich im Frühjahr geerntet.
Kochen/Verarbeitung: Kochen Sie die Blätter in Suppen, Eintöpfen und anderen Gerichten.
Nebennutzen: Mineraliensammler
Vermehrung: Durch Saatgut oder durch Teilung im Frühling
Pflege: Wenig nötig. Falls Sie die Selbstaussaat vermeiden wollen, brechen Sie die unreifen Samenstände ab.

Sanguisorba minor (syn. *Poterium sanguisorba*), KLEINER WIESENKNOPF

Laubabwerfend/Immergrün: D **Zone:** 5
Sonnen-/Schatten-Präferenz: ○
Schatten-Toleranz: ◑
Bewertung: ✓✓
Fortpflanzung: SF
Bodendeckung: ✗ **Blüte:** Magenta

Dies ist eine in Europa heimische, ausdauernde krautige Pflanze. Die Blattqualität ist an feuchten Standorten am besten.

Größe: 50 Zentimeter hoch und 30 Zentimeter breit
Kultur: Pflanzen Sie im Winter in einen feuchten Boden.
Verwendung: Die zarten jungen Blätter werden für Salate verwendet. Die stärkeren Blätter können gekocht gegessen werden.
Ernte und Lagerung: Die jungen Blätter werden im Frühling vor der Blüte geerntet.
Kochen/Verarbeitung: Geben Sie ältere Blätter zu Suppen, Eintöpfen und so weiter.
Nebennutzen: Bienenpflanze; Mineraliensammler
Vermehrung: Durch Saatgut oder durch Teilung im Frühling
Pflege: Keine nötig

Scorzonera hispanica, SCHWARZWURZEL

Laubabwerfend/Immergrün: D **Zone:** 4
Sonnen-/Schatten-Präferenz: ○
Schatten-Toleranz: ◑
Bewertung: ✓✓
Fortpflanzung: SF
Bodendeckung: ✗ **Blüte:** Gelb

Diese in Europa heimische Staude ist als einjähriges Wurzelgemüse bekannt. Sie ist jedoch eine mehrjährige Pflanze und wird hier als Blattgemüse behandelt.

Größe: In der Regel 1,3 Meter hoch und 25 Zentimeter breit
Kultur: Aussaat im Frühjahr oder Auspflanzen im Winter. Gedeiht auf gut durchlässigen Böden.
Verwendung: Die Blätter eignen sich gut für Salate und haben einen milden Geschmack. (Sie können blanchiert werden, um sie noch zarter zu machen.)

Ernte und Lagerung: Die Blätter und jungen Triebe werden im Frühling geerntet.
Kochen/Verarbeitung: Die Blätter können in Suppen, Eintöpfen und so weiter gekocht werden, haben dann aber wenig Geschmack. Die Wurzeln (siehe „Nebennutzen“) werden wie anderes Wurzelgemüse gekocht oder gebraten.
Nebennutzen: Die Wurzeln sind gekocht essbar und bleiben selbst nach einigen Jahren Wachstum noch zart.
Vermehrung: Durch Saatgut
Pflege: Keine nötig

Prächtige Fetthenne (*Sedum spectabile*).

Sedum spectabile, PRÄCHTIGE FETTHENNE & *S. telephium*, GROSSE FETTHENNE

Laubabwerfend/Immergrün: D **Zone:** 6
Sonnen-/Schatten-Präferenz: ○
Schatten-Toleranz: ◑
Bewertung: ✓✓✓
Fortpflanzung: SF
Bodendeckung: ✓✓ **Blüte:** Pink, Cremefarben

Sedum spectabile ist eine horstbildende, ausdauernde krautige Pflanze mit fleischigen Blättern und großen violetten bis pinkfarbenen Blüten. *S. telephium* ist eine sich langsam ausbreitende Staude mit fleischigen Blättern. Es sind viele Zuchtformen für den Garten erhältlich. Pflanzen Sie mit 30–40 Zentimetern Abstand, um eine gute Bodendeckung zu erzielen.

Größe: *S. spectabile*: 45 Zentimeter hoch und breit; *S. telephium* wird 60 Zentimeter hoch und 30 Zentimeter breit.
Kultur: Pflanzen Sie junge Pflanzen im Winter in einen durchlässigen Boden.
Verwendung: Die Blätter eignen sich mit ihrer Textur von Sukkulenten und ihrem milden Geschmack besonders für Salate.
Ernte und Lagerung: Die Blätter können ganzjährig geerntet werden, bei sehr trockenem Wetter können sie jedoch etwas bitter werden.
Kochen/Verarbeitung: Am besten roh verwendbar
Nebennutzen: Fantastische Bienenpflanzen
Vermehrung: Durch Saatgut, Teilung im Frühjahr oder grüne Stecklinge im Frühsommer
Pflege: Keine nötig

Smilacina racemosa, TRAUBIGES DUFTSIEGEL

Laubabwerfend/Immergrün: D **Zone:** 4
Sonnen-/Schatten-Präferenz: ◑
Schatten-Toleranz: ●
Bewertung: ✓✓✓
Fortpflanzung: SF
Bodendeckung: ✓ **Blüte:** Cremefarben

Das Traubige Duftsiegel, eine in Amerika heimische horstbildende, ausdauernde krautige Pflanze, verbreitet sich langsam durch Rhizome. Pflanzen Sie die Staude mit einem Abstand von 45 Zentimetern, um eine gute Bodendeckung zu erzielen.

Größe: 90 Zentimeter hoch und 60 Zentimeter breit
Kultur: Pflanzen Sie im Winter in einen humosen, sauren oder neutralen Boden.
Verwendung: Die jungen Triebe werden wie Spargel gekocht und schmecken ähnlich wie der Salomonssiegel (*Polygonatum* spp.).
Ernte und Lagerung: Die jungen Triebe werden im Frühling geerntet. Schneiden Sie diese bis zu einer Höhe von 20 Zentimetern auf Bodenniveau ab.
Kochen/Verarbeitung: Kochen Sie die Triebe wie Spargel.
Nebennutzen: Die kleinen Früchte können ebenfalls gegessen werden.
Vermehrung: Durch Saatgut im Herbst oder durch Teilung der Rhizome im Frühling.
Pflege: Keine nötig

Stellaria graminea, GRAS-STERNMIERE

Laubabwerfend/Immergrün: D **Zone:** 4
Sonnen-/Schatten-Präferenz:
Schatten-Toleranz:
Bewertung: ✓✓✓
Fortpflanzung: SF
Bodendeckung: ✓ **Blüte:** Weiß

Diese europäische, mehrjährige krautige Pflanzen ist in Hecken und Wäldern aufzufinden und bedeckt dort oft große Flächen.

Größe: 50 Zentimeter hoch; bildet Matten
Kultur: Aussaat im Frühjahr oder Auspflanzen im Winter. Gedeiht auf den meisten Böden.
Verwendung: Die Triebe sind sehr gut für die Verwendung in Salaten geeignet oder leicht gekocht.
Ernte und Lagerung: Ernten Sie die jungen Triebe vom Frühling bis in den Sommer.
Kochen/Verarbeitung: Dämpfen Sie die Triebe für einige Minuten.
Nebennutzen: Bienenpflanze
Vermehrung: Durch Saatgut
Pflege: Keine nötig

Taraxacum officinale, LÖWENZAHN

Laubabwerfend/Immergrün: D **Zone:** 5
Sonnen-/Schatten-Präferenz:
Schatten-Toleranz:
Bewertung: ✓✓✓
Fortpflanzung: SF
Bodendeckung: ✓ **Blüte:** Gelb

Wahrscheinlich wächst diese Pflanze bereits bei Ihnen und deshalb kämen Sie nie auf die Idee, sie gezielt anzupflanzen! Es handelt sich hier um eine tief wurzelnde, horstbildende, ausdauernde krautige Pflanze, die in milden Wintern immergrün sein kann.

Größe: 40 Zentimeter hoch und breit
Kultur: Sie können Sorten mit besonderen Blattformen aus Saatgut heranziehen und sie im Winter in einen feuchten Boden auspflanzen.
Verwendung: Ein sehr guter Mineraliensammler. Die Blätter können in Maßen zu Salaten gegeben werden (wenn Sie diese über Hitze für ein paar Sekunden welken lassen, verlieren sie viel ihrer Bitterkeit). Aus den Blüten kann ein feiner Wein hergestellt werden (siehe Kasten unten).
Ernte und Lagerung: Die Blätter sollten am besten im Frühling geerntet werden, wenn sie noch wenig bitter sind. Sie können vor der Ernte gebleicht werden, um die Bitterstoffe zu reduzieren oder zu entfernen. Die Blüten werden vor allem im Frühling geerntet, wenn sie in Masse blühen, aber auch ganzjährig.
Kochen/Verarbeitung: Die Blätter werden gewöhnlich roh verwendet.
Nebennutzen: Die Wurzeln können geröstet, gemahlen und in kochendes Wasser gegeben werden, um ein geschmacklich an Kaffee erinnerndes Getränk herzustellen. Löwenzahn wirkt sehr anziehend auf Nutzinsekten.
Vermehrung: Durch Saatgut
Pflege: Keine nötig. Falls Sie die Selbstaussaat vermeiden wollen, sollten Sie die jungen Samenstände entfernen.

WEIN AUS LÖWENZAHN

Es gibt Dutzende Rezepte für Wein aus Löwenzahn. Hier ist nur eines davon, mit dem ich gute Ergebnisse erzielt habe:

- Ernten Sie genug Blüten, um 2 Liter Volumen zu füllen (verwenden Sie dazu einen Messbecher). Pflücken Sie die Blüten mit möglichst wenig Stängeln und grünem Pflanzenmaterial.
- Bringen Sie 4,5 Liter Wasser zum Kochen. Schütten Sie das kochende Wasser über die Blüten, bedecken Sie das Gefäß mit einem Tuch und lassen die Flüssigkeit 2 Tage ziehen.
- Bringen Sie die Flüssigkeit wieder zum Kochen und geben Sie die Schale von 4 Orangen (ohne Mark) dazu. Kochen Sie diese für 10 Minuten.
- Sieben Sie die Flüssigkeit in einen Eimer ab, dann geben Sie 1,5 Kilogramm Zucker hinzu. Rühren Sie, bis sich dieser aufgelöst hat.
- Sobald die Flüssigkeit abgekühlt ist, geben Sie den Saft der Orangen und die Hefe hinzu. Schütten Sie die Flüssigkeit in einen Fermentierbehälter mit einem luftdichten Verschluss.
- Sobald sich die Flüssigkeit geklärt hat, füllen Sie diese in Flaschen ab und lagern sie liegend. Am besten schmeckt der Wein, wenn er mindestens 1 Jahr gereift ist.

Urtica dioica, GROSSE BRENNNESSEL

Laubabwerfend/Immergrün: D/E **Zone:** 4
Sonnen-/Schatten-Präferenz: ○
Schatten-Toleranz: ◑
Bewertung: ✓✓✓✓
Fortpflanzung: SF
Bodendeckung: ✓✓ **Blüte:** Grünlich-Gelb

Die Brennnessel ist eine bekannte ausdauernde krautige Pflanze mit Nesselhaaren an den Stängeln und Blättern, die ein Brennen auslösen. In Regionen mit milden Wintern kann sie immergrün sein. Aller Wahrscheinlichkeit nach wollen Sie diese nicht gezielt pflanzen, sie wird aber ohnehin vorhanden sein!

Größe: Gewöhnlich 70–100 Zentimeter hoch, kann aber auf fruchtbaren Böden bis zu 2 Meter Höhe erreichen.
Kultur: Sie können bei Bedarf Wurzelstecklinge der Pflanze im Winter auspflanzen. Sie gedeiht auf den meisten Böden, zieht jedoch fruchtbare Böden vor (Zeigerpflanze!).
Verwendung: Die jungen Triebe werden kurz gekocht und sind ein wunderbares Frühlingsgemüse.
Ernte und Lagerung: Die jungen Triebe und Blätter werden im zeitigen Frühjahr geerntet.
Kochen/Verarbeitung: Die jungen Triebe können gedämpft oder gebraten werden. Sollten die Stängel zu hart sein, entfernen Sie die Blätter (natürlich mit Handschuhen!) und werfen die Stängel vor dem Kochen weg.
Nebennutzen: Wichtige Futterpflanze für Schmetterlingsraupen. Brennnesseln sind reich an Stickstoff und können in Wasser zu einem Flüssigdünger verarbeitet werden (Brennnesseljauche). Fasern, die aus den Stängeln gewonnen werden. Grüner Farbstoff. Guter Mineraliensammler.
Vermehrung: Durch Saatgut oder Teilung, falls Sie diese Pflanze vermehren wollen.
Pflege: Schneiden Sie die Blütenstände oder jungen Samenstände ab, um zu vermeiden, dass sie sich ausbreitet. Das erreichen Sie auch, indem Sie im Sommer alle sichtbaren Stängel ausreißen; dies wird die Pflanze ausreichend bremsen.

Viola spp., VEILCHEN

Laubabwerfend/Immergrün: D/E **Zone:** 4-8
Sonnen-/Schatten-Präferenz: ◑
Schatten-Toleranz: ◑
Bewertung: ✓✓
Fortpflanzung: SF
Bodendeckung: ✓ – ✓✓ **Blüte:** Verschiedene

Veilchen sind kleine, meist rhizombildende, ausdauernde krautige Pflanzen. Sie müssen recht dicht gepflanzt werden, um eine gute Bodendeckung zu erreichen. Einige Arten, wie zum Beispiel das Duftveilchen (*Viola odorata*), verbreiten sich über Rhizome und säen sich freizügig selbst aus. Viele sind sommergrün, manche immergrün oder halb immergrün (beispielsweise ist das Duftveilchen bei günstigen Klimabedingungen immergrün). Sie etablieren sich nur langsam und viele Arten sind eher kurzlebig. Veilchen wachsen sehr niedrig, insofern kann es gut funktionieren, größere Stauden zwischen ihnen zu pflanzen. Immergrüne Arten haben eine bessere Bodendeckung, sommergrüne oder halb immergrüne eine eher schlechtere. Sie tolerieren ein wenig Fußverkehr.

Alle Veilchenarten können wie unten beschrieben verwendet werden. Die Blüten, besonders die der gelb blühenden Art, sollten in Maßen gegessen werden. Das Duftveilchen (*V. odorata*) ist eine der geeignetsten essbaren Arten.

Größe: 15–20 Zentimeter hoch und 25–30 Zentimeter breit
Kultur: Pflanzen Sie im Winter (sie treiben früh aus) in einen durchlässigen, aber feuchten Boden.
Verwendung: Die Blüten, Blütenknospen und Blätter sind alle in Salaten essbar und die Blätter können gekocht werden.
Ernte und Lagerung: Ernten Sie die Blüten und Blütenknospen über die Wachstumsperiode, die Blätter ganzjährig.
Kochen/Verarbeitung: Die Blätter enthalten Schleimstoffe und können zum Eindicken von Suppen und Eintöpfen dienen.
Nebennutzen: Bienenpflanzen
Vermehrung: Durch Saatgut, Teilung im Frühjahr oder Herbst oder durch Absenker
Pflege: Ein wenig Jäten wird erforderlich sein, vor allem während sich die Pflanzen etablieren.

Stauden und Bodendecker mit anderen essbaren Teilen

Die Pflanzen dieser Kategorie sind ausdauernde Knollengewächse sowie solche mit anderen essbaren krautigen Teilen wie Blüten oder fleischige Stängel.

Armoracia rusticana, MEERRETTICH

Laubabwerfend/Immergrün: D **Zone:** 5
Sonnen-/Schatten-Präferenz: ○
Schatten-Toleranz: ◑
Bewertung: ✓✓✓
Fortpflanzung: SF
Bodendeckung: ✓✓ **Blüte:** Weiß

Diese bekannte Pflanze ist robust, tief wurzelnd und horstbildend. Pflanzen Sie mit 45 Zentimeter Abstand, um eine gute Bodendeckung zu erzielen

Größe: 60–100 Zentimeter hoch
Kultur: Pflanzen Sie Wurzelstücke im Winter (treiben früh aus). Gedeiht auf fast allen feuchten Böden.
Verwendung: Die Wurzeln werden als scharfes Gewürz verwendet.
Ernte und Lagerung: Die Wurzeln werden im Winter geerntet. Es wird Ihnen nicht so leicht gelingen, eine ganze Wurzel zu ernten, daher brechen Sie einfach die obersten 10–15 Zentimeter ab; die Pflanze wächst aus der Restwurzel wieder nach. Es ist besser, die Wurzeln direkt nach der Ernte zu verbrauchen, als sie einzulagern.
Kochen/Verarbeitung: Die Wurzel wird gerieben (Das treibt Ihnen die Tränen in die Augen!) und als scharfes, senfähnliches Würzmittel in vielen würzigen Gerichten verwendet. Mit Essig, Salz und Zucker kann eine Meerrettichsoße zubereitet werden.
Nebennutzen: Die sehr jungen Blätter werden leicht gedämpft gegessen. Sie können sehr gut sein, die Qualität variiert jedoch stark mit der individuellen Pflanze. Sie sind zu zäh, um sie roh zu essen.
Vermehrung: Durch Saatgut oder Wurzelstücke
Pflege: Keine nötig. Es ist nicht leicht, den Meerrettich wieder loszuwerden!

Camassia quamash, ESSBARE PRÄRIELILIE

Laubabwerfend/Immergrün: D **Zone:** 5
Sonnen-/Schatten-Präferenz: ○
Schatten-Toleranz: ◑
Bewertung: ✓✓✓
Fortpflanzung: SF
Bodendeckung: ✓✓ **Blüte:** Blau

Die Essbare Präirielilie ist eine ausdauernde krautige Pflanze aus Nordamerika. Sie besiedelt leicht große Flächen und produziert Massen von Zwiebeln mit etwa 2,5 Zentimeter Durchmesser. Der Kochvorgang ist etwas kompliziert.

Größe: 80 Zentimeter hoch und 20 Zentimeter breit
Kultur: Pflanzen Sie die Zwiebeln im Winter oder zeitigen Frühjahr in einen feuchten, aber durchlässigen und humosen Boden.
Verwendung: Die Zwiebeln werden gebraten verzehrt.
Ernte und Lagerung: Ernten Sie im Winter, nachdem die Pflanze oberirdisch abgestorben ist. Die Zwiebeln können trocken monatelang gelagert werden.
Kochen/Verarbeitung: Die Zwiebeln müssen für eine lange Dauer bei einer hohen Temperatur gekocht werden, um genießbar zu sein. Traditionell wurden sie in Gruben für 2–3 Tage gedämpft! Danach bekommen sie einen süßen, kürbisähnlichen Geschmack.
Vermehrung: Die Zwiebeln sind leicht über Zierpflanzen-Gärtnereien zu bekommen.
Pflege: Wenig nötig, sobald die Pflanze etabliert ist

Cardy (*Cynara cardunculus*).

Cynara cardunculus, CARDY & *C. cardunculus* ssp. *scolymus*, ARTISCHOCKE

Laubabwerfend/Immergrün: E **Zone:** 7
Sonnen-/Schatten-Präferenz: ○
Schatten-Toleranz: ◑
Bewertung: ✓✓
Fortpflanzung: SF
Bodendeckung: ✓✓ **Blüte:** Blau

Es handelt sich um robuste, graublättrige Pflanzen aus dem Mittelmeerraum, die einjährig angebaut und aus Samen vermehrt wird. Botanisch gehört sie zu den ausdauernden Pflanzen. Man weiß heute, dass es unterschiedliche Formen derselben Art sind. Pflanzen Sie mit einem Abstand von 60 Zentimetern, um eine gute (wenn auch recht hohe) Bodendeckung zu erreichen. Die Artischocke wurde auf größere Fruchtstände gezüchtet.

Nach meiner Erfahrung ist die Cardy etwas winterhärter als die Artischocke.

Größe: 80–210 Zentimeter hoch und 50–100 Zentimeter breit, manchmal auch größer
Kultur: Ziehen Sie Jungpflanzen heran und pflanzen Sie diese im späten Frühjahr aus. Ein gut durchlässiger Boden ist unabdingbar. Bei Staunässe im Winter kann die Pflanze eingehen.
Verwendung: Essbare junge Blütenstände und Blattrippen
Ernte und Lagerung: Ernten Sie die Blattstängel im Frühling (manchmal werden die Pflanzen abgedeckt, um die Stängel zu bleichen), die ungeöffneten Blütenstände im Sommer und Herbst.
Kochen/Verarbeitung: Die Artischocke ist eine der wenigen gut bekannten, ausdauernden Gemüsepflanzen. Die ungeöffneten Blütenstände können gekocht und die Deckblätter und das Herz gegessen werden. Die Blütenstände der Cardy sind etwas kleiner, können aber auf dieselbe Art verzehrt werden. Die Mittelrippen der Blätter beider Pflanzen können gekocht, geschält und dann gegessen werden, sie schmecken wie bitterer Sellerie. Besser ist es, sie zu blanchieren.
Nebennutzen: Großartige Bienenpflanze, falls Sie zulassen, dass sich die Blüten öffnen
Vermehrung: Durch Saatgut oder Teilung
Pflege: Wenig nötig. Nach dem Winter können die Horste so klein sein, dass Beikräuter Platz finden, dann wird etwas Jäten nötig.

Filipendula ulmaria, ECHTES MÄDESÜSS

Laubabwerfend/Immergrün: D **Zone: 2**
Sonnen-/Schatten-Präferenz: ○
Schatten-Toleranz: ◐
Bewertung: ✓✓✓
Fortpflanzung: SF
Bodendeckung: ✓ **Blüte: Weiß**

Mädesüß ist eine robuste, tief wurzelnde, horstbildende Staude, die oft in Hecken zu finden ist. Pflanzen Sie diese mit 45 Zentimeter Abstand, um eine gute Bodendeckung zu erzielen.

Größe: 1 Meter hoch und 60 Zentimeter breit
Kultur: Pflanzen Sie im Winter in einen feuchten oder nassen und ausreichend fruchtbaren Boden.
Verwendung: Aus den Blüten können gute Kräutertees und Wein hergestellt werden.
Ernte und Lagerung: Die Blüten werden im Sommer geerntet.
Nebennutzen: Guter Mineraliensammler, attraktiv für Nutzinsekten
Vermehrung: Durch Saatgut oder Teilung im Frühjahr oder Herbst
Pflege: Keine nötig

Glycyrrhiza echinata & G. glabra, RUSSISCHES & ECHTES SÜSSHOLZ

Laubabwerfend/Immergrün: D **Zone: 6**
Sonnen-/Schatten-Präferenz: ○
Schatten-Toleranz: ◐
Bewertung: ✓✓✓
Fortpflanzung: SF
Bodendeckung: ✗ **Blüte: Bläulich-Purpur**

Die Süßhölzer (oder Lakritzen = Wurzelextrakt der Süßhölzer) sind sehr tief wurzelnde Stauden, die viele Mineralien aus tiefen Unterböden anreichern.

Größe: Bis zu 5 Meter hoch
Kultur: Pflanzen Sie aus Saatgut im Winter aus. Falls Sie die Wurzeln ernten wollen, ist ein tiefer Unterboden hilfreich. In jedem Fall sollte der Boden gut durchlässig und nicht zu sauer sein.
Verwendung: Die Wurzeln der Süßholzpflanze sind bekannt für ihren essbaren und medizinischen Nutzen. Sie sind gut für Kräutertees geeignet; die getrockneten Wurzeln können gehackt und für ein paar Minuten in siedendes Wasser gegeben werden.
Ernte und Lagerung: Graben Sie die Wurzeln im Winter aus. Wenn Sie nur den oberen Teil der Wurzel entfernen, kann die Pflanze normal aus den in der Erde verbliebenen Wurzeln nachwachsen. Die Wurzeln können getrocknet werden und lassen sich so gut lagern.
Nebennutzen: Als Leguminose (Hülsenfrüchtler) ist sie eine stickstofffixierende Pflanze, zudem ein Mineraliensammler und eine gute Bienenpflanze.
Vermehrung: Durch Saatgut (muss angeraut werden) oder durch Wurzelstecklinge (jedes Wurzelstück sollte mindestens ein „Auge“ [Knospe] haben)
Pflege: Süßholz beginnt erst im späten Frühjahr zu wachsen, zu dieser Zeit sind die Pflanzen anfällig für Konkurrenz durch Beikräuter. Am besten lassen Sie sie durch eine niedrige Bodendeckung hindurchwachsen.

Topinambur (*Helianthus tuberosus*).

Helianthus tuberosus, TOPINAMBUR

Laubabwerfend/Immergrün: D **Zone:** 2
Sonnen-/Schatten-Präferenz: ○
Schatten-Toleranz: ◑
Bewertung: ✓✓✓
Fortpflanzung: SF
Bodendeckung: ✗ **Blüte:** Gelb

Der Topinambur ist eine in Nordamerika heimische knollenbildende Staude. Sie ist horstbildend und breitet sich langsam kolonienartig aus.

Größe: 2–3 Meter hoch und 40 Zentimeter breit
Kultur: Pflanzen Sie die Knollen im Winter oder zeitigen Frühjahr in einen feuchten und durchlässigen Boden.
Verwendung: Ein bekanntes ausdauerndes Knollengemüse
Ernte und Lagerung: Die Knollen werden im Winter nach den Frösten ausgegraben. Zur Lagerung belassen Sie diese im Boden.
Kochen/Verarbeitung: Die Knollen werden gekocht oder gebraten verzehrt. Sie sind nicht ganz so gut verdaulich wie viele andere Knollen, was bei vielen Menschen Blähungen hervorruft. (Anm.: Inulin ist ein sehr wertvoller, wichtiger Stoff, an den der Organismus sich gewöhnt, sodass die Verdauungsprobleme meist mit der Zeit weniger werden.)
Nebennutzen: Die Blüten entwickeln sich wie kleine bleibende Sonnenblumen. Sie sind attraktiv für Bienen und andere Nutzinsekten. Die trockenen Stängel eignen sich gut als Anzündhölzer. Die Pflanzen bilden über den Sommer einen schnell wachsenden Blick- und Windschutz.
Vermehrung: Durch Auspflanzen von Knollen oder Teilen davon mit mindestens einem Auge (Knospe)
Pflege: Am besten werden sie jedes Jahr ausgegraben, andernfalls werden die Pflanzen irgendwann verschwinden. Sie werden immer ein paar Knollen übersehen, es werden also immer neue Pflanzen nachkommen! An windigen Standorten können die hohen Pflanzen leicht umgeweht werden; hier hilft es, die Spitzen der Pflanzen in 80–100 Zentimetern Höhe abzuschneiden, um sie buschig zu halten, oder Sie verwenden eine kleiner bleibende Sorte.

Hemerocallis spp., TAGLILIEN

Laubabwerfend/Immergrün: D/E **Zone:** 4
Sonnen-/Schatten-Präferenz: ○
Schatten-Toleranz: ◑
Bewertung: ✓✓✓
Fortpflanzung: SF
Bodendeckung: ✓– ✓✓ **Blüte:** Verschiedene

Es gibt Hunderte gezüchtete Sorten von Taglilien, die meisten davon sind horstbildende ausdauernde krautige Pflanzen aus Asien. Manche Sorten sind immergrün und bilden so eine bessere Bodendeckung als die sommergrünen Sorten. Pflanzen Sie mit einem Abstand von 45 Zentimetern, um eine gute Bodendeckung zu erreichen.

Größe: 45–60 Zentimeter hoch und 30–45 Zentimeter breit
Kultur: Pflanzen Sie im Winter. Die Pflanzen gedeihen auf allen Böden. Schützen Sie die Jungpflanzen vor Schneckenfraß.
Verwendung: Die Blüten sind eine gute Zutat für Salate, können aber auch gekocht werden. Die getrockneten Blütenknospen werden in China als „Goldene Nadeln" verkauft und dort in Suppen und anderen Kochgerichten verwendet. Die Blüten und deren Knospen haben einen moschusartigen, erdigen Geschmack.
Ernte und Lagerung: Pflücken Sie die Blüten und Knospen im Sommer und Herbst. Die Knospen können getrocknet werden und sind dann lagerfähig.
Kochen/Verarbeitung: Ernten Sie die Blütenknospen zur Trocknung früh am Morgen, bevor sich die Blüten öffnen. Die getrockneten Knospen sollten vor der Verwendung in Kochgerichten eine halbe Stunde eingeweicht werden.
Nebennutzen: Aus den Blüten kann grüner und gelber Farbstoff gewonnen werden. Die Knollen und jungen Triebe sind essbar, können jedoch Verdauungsstörungen erzeugen.
Vermehrung: Durch Saatgut oder Teilung im Frühjahr oder Herbst
Pflege: Wenig nötig. Verhindern Sie bei jungen Pflanzen Fraßschäden durch Schnecken.

Petasites japonicus, ASIATISCHE PESTWURZ

Laubabwerfend/Immergrün: D **Zone:** 4
Sonnen-/Schatten-Präferenz: ◑
Schatten-Toleranz: ●
Bewertung: ✓✓✓✓
Fortpflanzung: SF
Bodendeckung: ✓✓ **Blüte:** Grünlich-Gelb

Die Asiatische Pestwurz ist eine große und robuste, kriechende ausdauernde krautige Pflanze und, wie schon der Name verrät, in asiatischen Wäldern beheimatet. Sie bildet riesige basale Blätter aus und kann sich ausbreiten und große Kolonien bilden.

Größe: 1,1 Meter hoch und 1,5 Meter breit
Kultur: Pflanzen Sie vorgezogene oder geteilte Pflanzen im Frühjahr oder Herbst an ihren endgültigen Standort in einen feuchten und humosen Boden.
Verwendung: Die Blattstängel werden in Japan als Gemüse verwendet.
Ernte und Lagerung: Ernten Sie die Blattstängel (wie einen Riesen-Sellerie) im Frühjahr.
Kochen/Verarbeitung: Die Blattstängel sollten in 10–20 Zentimeter große Stücke geschnitten und 10 Minuten gekocht werden. Danach werden sie kurz in kaltem Wasser abgeschreckt, die äußere faserige Haut wird abgezogen. Die Stücke werden dann gebraten oder zu Suppen, Eintöpfen und Ähnlichem gegeben. Der Geschmack erinnert an Sellerie.
Nebennutzen: Bienenpflanze. Die großen Blütenknospen im Frühjahr können ebenfalls gegessen werden, sind aber ein wenig bitter.
Vermehrung: Gewöhnlich durch Teilung im Frühjahr oder Herbst
Pflege: Keine nötig, es sei denn, die Pflanze dehnt sich zu rasch aus! Manche betrachten sie als „Unkraut".

Potentilla anserina, GÄNSE-FINGERKRAUT

Laubabwerfend/Immergrün: D **Zone:** 5
Sonnen-/Schatten-Präferenz: ○
Schatten-Toleranz: ◑
Bewertung: ✓✓✓
Fortpflanzung: SF
Bodendeckung: ✓✓ **Blüte:** Gelb

Das Gänse-Fingerkraut ist eine niedrig wachsende europäische ausdauernde krautige Pflanze, die sich kräftig über Stolone ausbreitet. In Großbritannien wurde sie früher wegen ihrer Wurzel angebaut und in Nordamerika diente sie mindestens 20 indigenen Jäger- und Sammlerstämmen als Hauptnahrungsmittel.

Größe: 30 Zentimeter hoch, weite Verbreitung
Kultur: Pflanzen Sie im Winter in alle Böden, außer sehr sauren.
Verwendung: Die Speicherwurzeln werden roh oder gekocht verspeist.
Ernte und Lagerung: Die Speicherwurzeln (im Gegensatz zu den horizontal wachsenden Wurzeln) werden vom Frühherbst bis in den Winter geerntet. Jede Pflanze produziert 1–6 dieser Wurzeln, jede davon ist 15–30 Zentimeter lang und 3–7 Millimeter breit. Auch wenn sie dünn sind, sind sie knackig und stärkehaltig; in der Tat enthalten sie mehr Stärke als Kartoffeln. Sie können getrocknet und so leicht gelagert werden.
Kochen/Verarbeitung: Die Wurzeln können gebraten oder 10 Minuten gekocht werden; sie haben einen wundervoll nussigen Geschmack.
Nebennutzen: Bienenpflanze
Vermehrung: Durch Saatgut oder Teilung
Pflege: Keine nötig; toleriert Fußverkehr

Primula vulgaris, STÄNGELLOSE SCHLÜSSELBLUME

Laubabwerfend/Immergrün: D **Zone:** 6
Sonnen-/Schatten-Präferenz: ◑
Schatten-Toleranz: ●
Bewertung: ✓✓✓
Fortpflanzung: SF
Bodendeckung: ✓ **Blüte:** Gelb

Als bekannte horstbildende europäische ausdauernde krautige Pflanze sät sich die Schlüsselblume unter guten Bedingungen in Wäldern und Hecken selbst aus. Sie beginnt sehr zeitig mit ihrem Wachstum zum Winterende. Pflanzen Sie die Stängellose Schlüsselblume mit 30 Zentimeter Abstand, um eine gute Bodendeckung zu erzielen.

Größe: 20 Zentimeter hoch und 30 Zentimeter breit
Kultur: Aussaat ins Freiland im Herbst oder Auspflanzen im Winter in einen humosen Boden
Verwendung: Schon früh im Jahr sind die Blüten eine willkommene Zugabe zu Salaten. Sie ist eine meiner Lieblingspflanzen: Nebenbei symbolisiert die Blume außerdem die Grafschaft Devon!
Ernte und Lagerung: Die Blüten werden im zeitigen Frühjahr geerntet.

Kochen/Verarbeitung: Roh verwenden
Nebennutzen: Bienenpflanzen
Vermehrung: Durch Saatgut oder Teilung, beides im Herbst
Pflege: Keine nötig

Medizinal-Rhabarber (*Rheum palmatum*) ´Atrosanguineum´.

Rheum spp., RHABARBER

Laubabwerfend/Immergrün: D **Zone:** 3/6
Sonnen-/Schatten-Präferenz: ○
Schatten-Toleranz: ◐
Bewertung: ✓✓✓✓
Fortpflanzung: SF
Bodendeckung: ✓✓✓ **Blüte:** Cremefarben

Die meisten, vielleicht sogar alle *Rheum*-Arten produzieren essbare Blattstängel. Meine Lieblingsarten sind *R. australe* (Himalaya-Rhabarber) und *R. palmatum* (Medizinal-Rhabarber), *R. x hybridum* (Garten-Rhabarber) ist winterhart bis Zone 3, *R. australe* und *R. palmatum* bis Zone 6. Rhabarber sind große und robuste ausdauernde krautige Pflanzen mit tiefen Wurzeln und riesigen Blättern. *R. palmatum* ist einer der größten, dessen Blütenstände 2–2,5 Meter Höhe erreichen und eine Breite von 1–1,5 Meter. Pflanzen Sie diese mit einem Abstand von 1,2 Metern, um eine gute Bodendeckung zu bewirken. *R. australe* entspricht mit 1,5 Metern Höhe und 1 Meter Breite in seiner Größe eher dem Garten-Rhabarber. Pflanzen Sie diese mit einem Abstand von 80 Zentimetern für eine gute Bodendeckung.

Größe: 1–2,5 Meter hoch und 1–1,5 Meter breit
Kultur: Pflanzen Sie im Winter in Containern vorgezogene Pflanzen (sie treiben früh aus), am besten in einen humosen Boden.
Verwendung: Die Blattstängel sind essbar und werden gewöhnlich gekocht und gesüßt. Die Stängel von *R. australe* ähneln in ihrem Geschmack Äpfeln, die von *R. palmatum* schmecken eher nach Stachelbeere.
Ernte und Lagerung: Die Blattstängel werden hauptsächlich vor Ende Juni geerntet, weil danach die enthaltene Oxalsäure zunimmt. Die Blätter sind nicht essbar und in der Tat giftig.
Kochen/Verarbeitung: Schneiden Sie die Blattstängel in 2,5 Zentimeter große Stücke und kochen Sie diese mit wenig Wasser etwa 5–10 Minuten. Süßen Sie nach Geschmack. Sie können außerdem in Kuchen und Ähnlichem gebacken werden.
Nebennutzen: Mineraliensammler; medizinischer Nutzen als Abführmittel
Vermehrung: Durch Saatgut oder durch Teilung im zeitigen Frühjahr
Pflege: Keine nötig

Sium sisarum, ZUCKERWURZEL

Laubabwerfend/Immergrün: D **Zone:** 4
Sonnen-/Schatten-Präferenz: ○
Schatten-Toleranz: ◐
Bewertung: ✓✓✓
Fortpflanzung: SF
Bodendeckung: ✗ **Blüte:** Weiß

Die Zuckerwurzel ist eine in Europa heimische horstbildende Staude, die früher wegen ihrer essbaren, süßen weißen Wurzeln in Gemüsebeeten zu finden war.

Größe: In der Blüte 1,2 Meter hoch und 30 Zentimeter breit
Kultur: Ziehen Sie Pflanzen aus Saatgut heran und pflanzen Sie die Jungpflanzen im Winter oder Frühjahr aus. Sie gedeihen am besten in einem feuchten und fruchtbaren Boden.
Verwendung: Die Wurzeln werden gewöhnlich gekocht verzehrt.
Ernte und Lagerung: Graben Sie die Wurzeln im Winter aus. Sie ähneln einem Bündel bleistiftdicker weißer Pastinaken.
Kochen/Verarbeitung: Kochen Sie die Wurzeln in Wasser oder braten Sie diese an. Sie haben einen guten Geschmack zwischen Kartoffel und Pastinake.
Nebennutzen: Mineraliensammler
Vermehrung: Durch Saatgut oder Teilung. Die Pflanzen lassen sich sehr leicht teilen, indem man sie einfach auseinanderzieht. Wenn Sie sie ausgraben, können Sie einfach ein paar davon wieder einpflanzen.
Pflege: Möglicherweise muss die Pflanze für gleichbleibende Produktivität gedüngt werden.

Stachys affinis, KNOLLENZIEST

Laubabwerfend/Immergrün: D **Zone:** 5
Sonnen-/Schatten-Präferenz: ○
Schatten-Toleranz: ◐
Bewertung: ✓✓
Fortpflanzung: SF
Bodendeckung: ✗ **Blüte:** Purpur, Weiß

Hier handelt es sich um eine ausdauernde krautige Pflanze aus Asien, die sich durch Bildung neuer Knollen ausbreitet. Jede Pflanze produziert im Herbst eine Zahl neuer Knollen.

Größe: 45 Zentimeter hoch, bildet Matten
Kultur: Pflanzen Sie die Knollen im Winter oder zeitigen Frühjahr aus (sie treiben früh aus). Wächst in den meisten Böden, gedeiht aber am besten in nahrhaften Böden.
Verwendung: Die Knollen sind weiß, 2,5–5 Zentimeter lang und 1 Zentimeter dick, knackig und haben einen angenehmen süßen Geschmack (irgendwo zwischen Apfel und Paprika).
Ernte und Lagerung: Ernten Sie die kleinen Knollen im Winter – im milden Großbritannien können sie in der Erde gelagert werden.
Kochen/Verarbeitung: Die Knollen sind gut roh essbar, können aber auch leicht gekocht werden. Kochen Sie sie 5–10 Minuten oder braten Sie sie an.
Nebennutzen: Bienenpflanze
Vermehrung: Indem Sie einige der neuen Knollen wieder einpflanzen
Pflege: Keine nötig

Stauden und Bodendecker mit medizinischem Nutzen

Die hier aufgeführten Pflanzen sind nur einige der besser bekannten aus der riesigen Auswahl möglicher Medizinpflanzen, die Sie anbauen können. Wie immer beim medizinischen Einsatz von Pflanzen, sollten Sie sich über die Art der Verwendung sicher sein oder einen qualifizierten Kräuterkundigen zurate ziehen.

Echinacea angustifolia & E. purpurea, SCHMALBLÄTTRIGER SONNENHUT & PURPUR-SONNENHUT

Laubabwerfend/Immergrün: D **Zone:** 3
Sonnen-/Schatten-Präferenz: ○
Schatten-Toleranz: ◑
Bewertung: ✓✓
Fortpflanzung: SF
Bodendeckung: ✗ **Blüte:** Purpur, Pink, Gelb

Beim Sonnenhut handelt es sich um eine horstbildende ausdauernde krautige Pflanze, die an trockenen Standorten in Nordamerika anzutreffen ist.

Größe: In der Blüte 1,2 Meter hoch und 45 Zentimeter breit
Kultur: Pflanzen Sie im Winter oder Frühjahr in gut durchlässigen Boden mit hohem Humusanteil. Schützen Sie die Jungpflanzen vor Schneckenfraß.
Verwendung: Die Wurzeln und oberirdischen Pflanzenteile haben einen medizinischen Nutzen und werden in der Naturheilkunde als immunsystemstärkendes Mittel eingesetzt.
Ernte und Lagerung: Die Wurzeln werden im Herbst oder Winter ausgegraben und können getrocknet werden.
Vermehrung: Durch Saatgut oder durch Wurzelstecklinge vom Spätherbst bis in den frühen Winter
Pflege: Wenig nötig. Verhindern Sie bei jungen Pflanzen Schäden durch Schneckenfraß.

Hydrastis canadensis, KANADISCHE GELBWURZ

Laubabwerfend/Immergrün: D **Zone:** 3
Sonnen-/Schatten-Präferenz: ◑
Schatten-Toleranz: ●
Bewertung: ✓✓
Fortpflanzung: SF
Bodendeckung: ✗ **Blüte:** Grünlich-Weiß

Die Kanadische Gelbwurz ist eine horstbildende ausdauernde krautige Pflanze, die in den Wäldern Nordamerikas beheimatet ist. Sie kann sich als schwer zu kultivieren erweisen.

Größe: 50 Zentimeter hoch und 30 Zentimeter breit
Kultur: Pflanzen Sie im Winter in einen durchlässigen sauren bis neutralen Boden.
Verwendung: Dies ist eine bekannte Medizinpflanze, die in der Naturheilkunde verwendet wird. Sie wirkt entzündungshemmend und antibakteriell.
Ernte und Lagerung: Die Wurzeln werden im Spätherbst und Winter geerntet und können dann nach Trocknung gelagert werden.
Vermehrung: Durch Saatgut funktioniert sie am besten.
Pflege: Warten Sie, bis Ihre Bäume und Sträucher herangereift sind (frühestens nach 10 Jahren), bevor Sie versuchen, die Gelbwurz darunter anzupflanzen. Sobald sie etabliert ist, wird wenig Pflege nötig sein.

Hypericum perforatum, ECHTES JOHANNISKRAUT

Laubabwerfend/Immergrün: D **Zone:** 3
Sonnen-/Schatten-Präferenz: ○
Schatten-Toleranz: ◑
Bewertung: ✓✓✓
Fortpflanzung: SF
Bodendeckung: ✗ **Blüte:** Gelb

Eine locker horstbildende ausdauernde krautige Pflanze. Sie kann sich selbst hier und dort aussäen.

Größe: 1 Meter hoch und 30 Zentimeter breit
Kultur: Aussaat im Frühjahr oder Auspflanzen im Winter in einen durchlässigen Boden.
Verwendung: Es handelt sich um eine bekannte Medizinpflanze, die in der Naturheilkunde verwendet wird. Sie wirkt stimmungsaufhellend und adstringierend.
Ernte und Lagerung: Die Blütenstände werden im Sommer geerntet.
Nebennutzen: Gute Bienenpflanze und gute Färbepflanze (rot)
Vermehrung: Durch Saatgut
Pflege: Keine nötig

Panax ginseng, GINSENG

Laubabwerfend/Immergrün: D **Zone:** 6
Sonnen-/Schatten-Präferenz: ◑
Schatten-Toleranz: ●
Bewertung: ✓
Fortpflanzung: SF
Bodendeckung: ✗ **Blüte:** Gelb

Panax ginseng ist eine horstbildende ausdauernde krautige Pflanze aus den Wäldern Asiens. Der Amerikanische Ginseng (*P. quinquefolius*) ist ähnlich und kann ebenso wie die Asiatin verwendet werden. Der Anbau dieser Pflanzen ist nicht leicht und auf die Ernte müssen Sie eine lange Zeit warten!

Größe: 30–50 Zentimeter hoch und 30 Zentimeter breit
Kultur: Pflanzen Sie im Frühjahr in einen humosen und feuchten, aber durchlässigen, sauren Boden. Schützen Sie die Jungpflanzen vor Schnecken und Mäusen.
Verwendung: Ginseng ist eine bekannte Medizinalpflanze; sie wird in der chinesischen Medizin als Adaptogen hoch wertgeschätzt.
Ernte und Lagerung: Geerntet werden die Wurzeln von Pflanzen, die 6–10 Jahre lang in der Wildnis oder unter Waldgartenbedingungen gewachsen sind. Solche werden in warmer Umgebung getrocknet.
Nebennutzen: Mineraliensammler
Vermehrung: Durch Saatgut – starke Keimruhe: Bevor sie keimbereit werden, müssen sie über 18 Monate 3 Phasen (kalt-warm-kalt) durchlaufen.
Pflege: Sie werden die Pflanzen ein wenig verhätscheln müssen, der Pflegeaufwand ist also höher als für viele andere Waldpflanzen. Mäuse und Schnecken sind nur zwei der Tiere, die gerne an Ginseng nagen.

Solidago canadensis & S. virgaurea, KANADISCHE & GEWÖHNLICHE GOLDRUTE

Laubabwerfend/Immergrün: D **Zone:** 5
Sonnen-/Schatten-Präferenz: ○
Schatten-Toleranz: ◑
Bewertung: ✓✓✓
Fortpflanzung: SF
Bodendeckung: ✓✓ **Blüte:** Gelb

Die Gewöhnliche Goldrute (*Solidago virgaurea*) und die Kanadische Goldrute (*S. canadensis*) sind ausdauernde krautige Pflanzen mit holzigen Wurzelstöcken und hellgelben Blüten, die sich gerne ausbreiten.

Größe: 1–2 Meter hoch; verbreitet sich stark
Kultur: Pflanzen Sie im Winter oder zeitigen Frühjahr in einen durchlässigen Boden.
Verwendung: Die Blätter sind schon lange in der Kräuterheilkunde als entzündungshemmend bekannt.
Ernte und Lagerung: Die Blätter werden im Frühsommer kurz vor der Blüte geerntet.
Nebennutzen: Attraktiv für Nutzinsekten, besonders Netzflügler (*Neuroptera*). Mineraliensammler.
Vermehrung: Durch Saatgut oder durch Teilung im Herbst oder Frühjahr. Kann sich an günstigen Standorten selbst aussäen.
Pflege: Wenig nötig

Tanacetum parthenium, MUTTERKRAUT

Laubabwerfend/Immergrün: D **Zone:** 5
Sonnen-/Schatten-Präferenz: ○
Schatten-Toleranz: ◑
Bewertung: ✓✓✓
Fortpflanzung: SF
Bodendeckung: ✓ **Blüte:** Weiß und Gelb

Das Mutterkraut, auch „Fieberkraut" genannt, ist eine bekannte Medizinpflanze, die schon lange zur Fiebersenkung eingesetzt wird. Es handelt sich um eine ausdauernde krautige Blühpflanze. Sie kann sich dort, wo es offenen Boden gibt, allzu freizügig selbst aussäen.

Größe: 60 Zentimeter hoch und 25 Zentimeter breit
Kultur: Pflanzen Sie im Winter in einen einigermaßen durchlässigen Boden.
Verwendung: Die Blätter und Blütenstände werden

für medizinische Zwecke eingesetzt, oft in Form von Kräutertee.
Ernte und Lagerung: Die Blätter und Blütenstände werden im Sommer geerntet und zur Lagerung getrocknet.
Nebennutzen: Attraktiv für Bienen und andere Nutzinsekten
Vermehrung: Durch Saatgut oder durch Teilung im Frühling
Pflege: Wenig erforderlich. Sollten Sie in der Nähe offenen Boden haben und die Pflanze an der Ausbreitung hindern wollen, wird empfohlen, die Samenstände zu entfernen, bevor die Samen reif werden.

Stauden und Bodendecker als Stickstofffixierer und Mineraliensammler

Auch wenn die Stickstofffixierung unter schlechteren Lichtbedingungen weniger effizient ist, gibt es doch oft viele Gelegenheiten, die Stickstofffixierer in den helleren Teilen dieser Ebene einzusetzen. Einige der Mineraliensammler funktionieren auch unter schattigen Bedingungen gut, sie können also auch gut unter Bäumen eingesetzt werden.

Bärenschote (*Astragalus glycyphyllos*).

Astragalus glycyphyllos, BÄRENSCHOTE

Laubabwerfend/Immergrün: D **Zone:** 5
Sonnen-/Schatten-Präferenz: ○
Schatten-Toleranz: ◑
Bewertung: ✓✓✓
Fortpflanzung: SF
Bodendeckung: ✗ **Blüte:** Blassgrün

Die Bärenschote ist eine kriechende mehrjährige, krautige Pflanze.

Größe: Mindestens 1 Meter lange Stängel
Kultur: Pflanzen Sie im Winter oder zeitigen Frühjahr in einen einigermaßen durchlässigen Boden.
Verwendung: Eine auf der Bodendeckerebene nützliche stickstofffixierende Staude, die anderen Pflanzen nicht unbedingt in die Quere kommt.
Vermehrung: Durch Saatgut; benötigt eine Stratifizierungszeit
Pflege: Wenig nötig. Die Bärenschote produziert nicht viel Schatten, demnach muss sie mit anderen Stauden zusammengepflanzt werden, um eine gute Bodendeckung zu erzielen. Sie kann gut in Saatmischungen verwendet werden.

Gewöhnlicher Hornklee (*Lotus corniculatus*).

Lotus corniculatus, GEWÖHNLICHER HORNKLEE

Laubabwerfend/Immergrün: D **Zone:** 5
Sonnen-/Schatten-Präferenz: ○
Schatten-Toleranz: ◑
Bewertung: ✓✓✓
Fortpflanzung: SF
Bodendeckung: ✓✓ **Blüte:** Gelb

Der Hornklee ist eine in Europa heimische horstbildende krautige Pflanze. Die Sorte ´Pleniflorus´ wächst niedriger und verteilt sich besser über den Boden als die Ausgangspflanze. Der Hornklee toleriert ein wenig Fußverkehr.

Größe: 40 Zentimeter hoch und breit, ´Plenus´ wird bis zu 60 Zentimeter breit
Kultur: Aussaat im Frühjahr oder Auspflanzen junger Pflanzen im Winter in einen gut durchlässigen Boden. Zieht einen neutralen bis alkalischen pH-Wert vor.
Verwendung: Ein guter Stickstofffixierer
Nebennutzen: Attraktiv für Bienen und andere Nutzinsekten
Vermehrung: Durch Saatgut
Pflege: Keine nötig

Lotus uliginosus, SUMPF-HORNKLEE

Laubabwerfend/Immergrün: D **Zone:** 6
Sonnen-/Schatten-Präferenz: ○
Schatten-Toleranz: ◐
Bewertung: ✓✓✓
Fortpflanzung: SF
Bodendeckung: ✓✓ **Blüte:** Gelb

Es handelt sich um eine ähnliche, aber größere Art als *L. corniculatus*. Sie ist ebenfalls horstbildend, kommt aber mit feuchten Böden besser zurecht als *L. corniculatus*.

Größe: Bis zu 80 Zentimeter hoch und breit
Kultur: Pflanzen Sie im Winter in einen einigermaßen durchlässigen Boden. Toleriert leicht saure Böden.
Verwendung: Ein guter Stickstofffixierer
Nebennutzen: Attraktiv für Bienen und andere Nutzinsekten
Vermehrung: Durch Saatgut
Pflege: Keine nötig

Lupinus perennis, AUSDAUERNDE LUPINE

Laubabwerfend/Immergrün: D **Zone:** 4
Sonnen-/Schatten-Präferenz: ○
Schatten-Toleranz: ◐
Bewertung: ✓✓✓✓
Fortpflanzung: SF
Bodendeckung: ✓✓ **Blüte:** Blau

Sie ist die winterhärteste Vertreterin der Gruppe der mehrjährigen Lupinen. Diese können als Stickstofffixierer und Mineraliensammler verwendet werden und sind attraktive Blühpflanzen.

Größe: Bis zu 70 Zentimeter hoch und breit
Kultur: Pflanzen Sie im Winter, am besten in einen sauren und durchlässigen Boden.
Verwendung: Sehr guter Stickstofffixierer. Beachten Sie, dass die Samen dieser Lupine nicht essbar sind.
Nebennutzen: Bienenpflanze; Mineraliensammler
Vermehrung: Durch Saatgut, das angeraut werden muss
Pflege: Keine nötig

Geflecktes Lungenkraut (*Pulmonaria officinalis*).

Pulmonaria officinalis, GEFLECKTES LUNGENKRAUT

Laubabwerfend/Immergrün: E **Zone:** 6
Sonnen-/Schatten-Präferenz: ◐
Schatten-Toleranz: ●
Bewertung: ✓✓✓✓
Fortpflanzung: SF
Bodendeckung: ✓✓ **Blüte:** Blau, Lila

Das Gefleckte Lungenkraut ist eine meist horstbildende immergrüne ausdauernde krautige Waldpflanze, deren Blätter gefleckt sind. Sie blüht im Spätwinter und im zeitigen Frühjahr. Pflanzen Sie mit einem Abstand von 40 Zentimetern, um eine gute Bodendeckung zu erreichen. Auf feuchten Böden akzeptiert sie direkte Sonne; sie toleriert ein wenig Fußverkehr.

Größe: 25 Zentimeter hoch und 30–45 Zentimeter breit
Kultur: Pflanzen Sie im Früh- bis Mittwinter (treibt früh aus) in einen möglichst humosen Boden.
Verwendung: Guter Mineraliensammler und eine sehr gute und frühe Bienenpflanze
Nebennutzen: Die jungen Blätter sind essbar, ich kann sie jedoch wegen ihrer unangenehmen Konsistenz nicht empfehlen. Traditionell wird sie zur Behandlung von Lungenkrankheiten eingesetzt.
Vermehrung: Durch Saatgut und Teilung im Spätfrühling oder Herbst oder durch Wurzelstecklinge im Winter
Pflege: Keine nötig

Beinwell (*Symphytum officinale*).

Symphytum spp., BEINWELL

Laubabwerfend/Immergrün: D/E **Zone:** 5
Sonnen-/Schatten-Präferenz: ○
Schatten-Toleranz: ◐
Bewertung: ✓✓✓✓
Fortpflanzung: SF
Bodendeckung: ✓✓✓ **Blüte:** Weiß, Blau, Lila

Diese Gruppe enthält *Symphytum ibericum* (Kriechender Beinwell), *S. officinale* (Echter Beinwell), *S. orientale* (Orientalischer Beinwell), *S. tuberosum* (Knoten-Beinwell) und *S. x uplandicum* (Russischer oder Futter-Beinwell). Die Varietäten Bocking No.4 und No.14 sind respektive der Arznei-Beinwell mit hohem Allantoingehalt und der Küchen Beinwell mit hohem Eiweißgehalt.

Die meisten Beinwell-Arten sind horstbildende ausdauernde krautige Pflanzen, die sich langsam über Rhizome ausbreiten. *S. ibericum* (bis zu 40 Zentimeter hoch) ist immergrün und breitet sich schneller aus, da auch seine Stängel Wurzeln bilden. So ist er gut für eine niedrige Bodendeckung geeignet. *S. officinale* wird 1,5 Meter hoch und 60–100 Zentimeter breit. *S. orientale* ist auch immergrün und erreicht 90 Zentimeter Höhe und 50 Zentimeter Breite. *S. tuberosum* wird 40–60 Zentimeter hoch und breit; *S. x uplandicum* wird bis zu 2 Meter hoch und 1 Meter breit. Sie tolerieren Fußverkehr.

Größe: Variabel, siehe oben
Kultur: Aussaat im Spätwinter oder Auspflanzen im Winter in einen feuchten Boden
Verwendung: Fantastischer Mineraliensammler, insbesondere von Kalium, und als solcher sehr gut unter Obstbäumen und Beerensträuchern angesiedelt. Die größeren Arten können mehrmals im Verlauf des Jahres zurückgeschnitten und der Schnitt als Mulch verwendet werden.
Nebennutzen: Großartige Bienenpflanze. Die Blätter und Wurzeln von *S. officinale* werden schon lange für medizinische Zwecke verwendet, beispielsweise in äußerer Anwendung, um die Heilung nach Knochenfrakturen zu begünstigen. Mittlerweile wird die innere Anwendung der Wurzeln nicht mehr als sicher empfohlen. Die Blätter des Echten und des Futter-Beinwells können roh oder gekocht gegessen werden, roh haben sie jedoch eine unangenehme Konsistenz und sind nicht empfehlenswert.
Vermehrung: Durch Saatgut, Wurzelstecklinge im Spätwinter oder Frühling oder Teilung im Frühling
Pflege: Wenig erforderlich. Außer dem sterilen (Hybrid-) Futter-Beinwell ist ein wenig Selbstaussaat wahrscheinlich.

Kriechender Beinwell (*Symphytum ibericum*).

Trifolium pratense, ROTKLEE

Laubabwerfend/Immergrün: D **Zone:** 6
Sonnen-/Schatten-Präferenz: ○
Schatten-Toleranz: ◐
Bewertung: ✓✓✓
Fortpflanzung: SF
Bodendeckung: ✓✓ **Blüte:** Rot-Pink

Der Rotklee, eine ein- bis zweijährige oder überwinternde grüne, ausdauernde krautige Pflanze, ist weitbekannt als Teil landwirtschaftlicher Gras- und Kleemischungen. Wo die Lichtbedingungen vorteilhaft sind, kann er als nützliche bodendeckende Gründüngerpflanze eingesetzt werden. Er ist ein wenig kurzlebiger als der Weißklee (*T. repens*, siehe rechts).

Größe: Bis zu 60 Zentimeter hoch und breit
Kultur: Aussaat im Frühjahr; mag einen durchlässigen, nicht zu sauren Boden
Verwendung: Primär als guter Stickstofffixierer; gute Bienenpflanze
Nebennutzen: Die jungen Triebe können im Frühling gegessen werden und die Blüten werden im Spätfrühling und Sommer in Kräutertees verwendet.
Vermehrung: Er ist in größeren Mengen erhältlich und kann breitwürfig ausgebracht werden.

Pflege: Rotklee kann nach 3–4 Jahren beginnen abzusterben und muss dann gegebenenfalls durch andere Pflanzen ersetzt werden.

Trifolium repens, WEISSKLEE

Laubabwerfend/Immergrün: D **Zone:** 4
Sonnen-/Schatten-Präferenz: ○
Schatten-Toleranz: ◑
Bewertung: ✓✓✓
Fortpflanzung: SF
Bodendeckung: ✓✓ **Blüte:** Weiß

Der Weißklee ist eine niedrig wachsende, krautige, ausdauernde europäische Pflanze, die sich über Stolone ausbreitet. Viele Kleearten sind exzellente Stickstofffixierer, der Weißklee toleriert jedoch den meisten Schatten. In der Sonne erfüllt er die Funktion der Bodendeckung allerdings besser. Er toleriert ein wenig Fußverkehr.

Größe: 10–20 Zentimeter hoch; breitet sich frei aus
Kultur: Aussaat im Frühjahr; mag einen durchlässigen, nicht zu sauren Boden
Verwendung: Primär als guter Stickstofffixierer; gute Bienenpflanze
Nebennutzen: Die jungen Triebe können im Frühling gegessen werden und die Blüten werden im Spätfrühling und Sommer in Kräutertees verwendet.
Vermehrung: Er ist im Allgemeinen in größeren Mengen erhältlich und kann breitwürfig ausgebracht werden.
Pflege: Keine nötig

Echter Baldrian (*Valeriana officinalis*).

Valeriana officinalis, ECHTER BALDRIAN

Laubabwerfend/Immergrün: D **Zone:** 4
Sonnen-/Schatten-Präferenz: ○
Schatten-Toleranz: ◑
Bewertung: ✓✓✓
Fortpflanzung: SF
Bodendeckung: ✓ **Blüte:** Weiß

Der Echte Baldrian ist eine in Europa heimische, stark wachsende und robuste, ausdauernde krautige Pflanze, die sich freizügig selbst aussät.

Größe: 1,2–2 Meter hoch und 40–80 Zentimeter breit
Kultur: Aussaat im Frühjahr oder Auspflanzen junger Pflanzen im Winter. Für alle Böden geeignet.
Verwendung: Hauptsächlich als Mineraliensammler und um Nutzinsekten anzuziehen
Nebennutzen: Die Wurzeln haben eine starke medizinische Wirkung (als Beruhigungsmittel). Sie werden im Winter geerntet.
Vermehrung: Durch Saatgut oder Teilung im Frühjahr oder Herbst
Pflege: Wenig nötig. Unter günstigen Bedingungen sät er sich stark selbst aus, gegebenenfalls möchten Sie das unterbinden, indem Sie die unreifen Samenstände wegschneiden.

Stauden und Bodendecker mit anderen Nutzen

Einige der ebenfalls in dieser niedrigen Ebene verwendbaren Pflanzen werden nachfolgend aufgeführt. Manche davon sind effizient bodendeckende Arten, die für Bienen und andere Nutzinsekten nützlich sind, für den Menschen jedoch keinen direkten Nutzen bieten, also Pflanzen mit systemunterstützenden Funktionen.

Acanthus mollis, WAHRER BÄRENKLAU

Laubabwerfend/Immergrün: D **Zone: 6**
Sonnen-/Schatten-Präferenz: ○
Schatten-Toleranz: ◐
Bewertung: ✓✓
Fortpflanzung: SF
Bodendeckung: ✓✓ **Blüte: Weißlich-Lila**

Dies ist eine vornehmlich horstbildende ausdauernde krautige Planze, sie kann jedoch auch Wurzelaustriebe bilden. Diese tief wurzelnde Pflanze ist in Strauchlandschaften Südeuropas beheimatet. Pflanzen Sie mit einem Abstand von 90 Zentimetern, um eine gute Bodendeckung zu bewirken.

Größe: 1–1,5 Meter hoch und 60–90 Zentimeter breit
Kultur: Pflanzen Sie junge Pflanzen im Winter oder Frühjahr. Toleriert alle Böden, zieht jedoch einen fruchtbaren Schluff vor. Schützen Sie die Jungpflanzen vor Schneckenfraß.
Verwendung: Bienenpflanze
Vermehrung: Aussaat im Frühjahr, Teilung im Frühjahr oder Herbst oder Wurzelstecklinge im Winter
Pflege: Wenig nötig. Schnecken sind eine Gefahr für die jungen Pflanzen. Eine sehr robuste Pflanze, sobald sie etabliert ist.

Kriechender Günsel (*Ajuga reptans*).

Ajuga reptans, KRIECHENDER GÜNSEL

Laubabwerfend/Immergrün: E **Zone: 6**
Sonnen-/Schatten-Präferenz: ○
Schatten-Toleranz: ●
Bewertung: ✓✓
Fortpflanzung: SF
Bodendeckung: ✓✓ **Blüte: Purpur**

Der Kriechende Günsel ist seinem Namen entsprechend eine sich kriechend ausbreitende ausdauernde krautige Pflanze. Pflanzen Sie den Günsel mit einem Abstand von 30 Zentimetern, um eine gute Bodendeckung zu erreichen.

Größe: 10–30 Zentimeter hoch
Kultur: Pflanzen Sie junge Pflanzen oder bewurzelte Stängel im Winter (treibt früh aus), bevorzugt in einen feuchten Boden.
Verwendung: Sehr gute Bienen- und Schmetterlingspflanze
Vermehrung: Teilung der angewurzelten Stängel
Pflege: Wenig nötig

Weicher Frauenmantel (*Alchemilla mollis*).

Alchemilla mollis, WEICHER FRAUENMANTEL

Laubabwerfend/Immergrün: D **Zone:** 5
Sonnen-/Schatten-Präferenz: ◑
Schatten-Toleranz: ●
Bewertung: ✓✓✓
Fortpflanzung: SF
Bodendeckung: ✓✓ **Blüte:** Gelb

Eine auf feuchten Böden gedeihende ausdauernde, mehrjährige Pflanze, die sich freizügig selbst aussät. Pflanzen Sie diese mit einem Abstand von 40–60 Zentimetern, um eine gute Bodendeckung zu erreichen. Sie toleriert ein wenig Fußverkehr und ist trockenheitsresistent.

Größe: 30–50 Zentimeter hoch
Kultur: Pflanzen Sie im Winter bevorzugt in einen feuchten und humosen Boden. Die Pflanze wird wahrscheinlich mit der fortschreitenden Entwicklung des Waldgartens immer besser gedeihen.
Verwendung: Guter Bodendecker
Vermehrung: Durch Saatgut oder durch Teilung im Frühjahr oder Herbst
Pflege: Stirbt über Winter oberirdisch vollständig ab und macht so ein wenig Jäten im Frühling erforderlich.

Gewöhnliche Haselwurz (*Asarum europaeum*).

Asarum europaeum, GEWÖHNLICHE HASELWURZ & *A. canadense*, KANADISCHE HASELWURZ

Laubabwerfend/Immergrün: D/E **Zone:** 2/4
Sonnen-/Schatten-Präferenz: ◑
Schatten-Toleranz: ● ●
Bewertung: ✓✓✓
Fortpflanzung: SF
Bodendeckung: ✓✓ **Blüte:** Bräunlich-Rot

Hier handelt es sich um niedrig wachsende ausdauernde krautige Pflanzen lichter Wälder. *A. europaeum* ist immergrün. Sie verbreitet sich über Rhizome. Pflanzen Sie die Staude mit einem Abstand von 30 Zentimetern, um eine gute Bodendeckung zu erreichen. *A. canadense* ist winterhart bis Zone 2, *A. europaeum* bis Zone 4. Sie tolerieren ein wenig Fußverkehr.

Größe: Bis zu 30 Zentimeter hoch
Kultur: Pflanzen Sie im Winter bevorzugt in einen feuchten, humosen Boden.
Verwendung: Die Wurzeln wurden früher für einen dem Ingwer ähnlichen Aromastoff verwendet; mittlerweile wird dies nicht mehr empfohlen, da es inzwischen Zweifel an ihrer Unbedenklichkeit gibt. Die Pflanzen bilden jedoch an schattigen Standorten eine gute niedrige Bodendeckung.
Nebennutzen: Grüner Farbstoff aus den Blättern
Vermehrung: Durch Saatgut oder durch Teilung im Frühjahr
Pflege: Benötigt im Frühjahr oft ein wenig Jäten

Chrysogonum virginianum, GOLDKÖRBCHEN

Laubabwerfend/Immergrün: SE **Zone:** 5
Sonnen-/Schatten-Präferenz:
Schatten-Toleranz:
Bewertung: ✓✓✓✓
Fortpflanzung: SF
Bodendeckung: ✓✓ **Blüte:** Gelb

Eine niedrig wachsende, halb immergrüne ausdauernde krautige Pflanze aus Nordamerika, die sich durch Stolone ausbreitet. Pflanzen Sie diese mit einem Abstand von 30 Zentimetern, um eine gute Bodendeckung zu erreichen. Sie toleriert ein wenig Fußverkehr.

Größe: 10 Zentimeter hoch (höher in der Blüte)
Kultur: Pflanzen Sie im Winter in einen einigermaßen durchlässigen, aber feuchten Boden.
Verwendung: Ein guter Bodendecker unter anderen Pflanzen
Nebennutzen: Bienenpflanze im Frühling
Vermehrung: Durch Saatgut, Teilung oder gezieltes Umlegen von Ausläufern
Pflege: Keine nötig

Galax urceolata, BRONZEBLATT

Laubabwerfend/Immergrün: E **Zone:** 4
Sonnen-/Schatten-Präferenz:
Schatten-Toleranz:
Bewertung: ✓✓
Fortpflanzung: SF
Bodendeckung: ✓✓ **Blüte:** Weiß

Diese Pflanze ist eine aus Nordamerika stammende niedrig wachsende immergrüne, ausdauernde krautige Pflanze mit glänzenden Blättern. Sie breitet sich durch Rhizombildung aus. Pflanzen Sie sie mit 30 Zentimetern Abstand, um eine gute Bodendeckung zu erreichen. Sie toleriert ein wenig Fußverkehr.

Größe: 25 Zentimeter hoch, weite Ausbreitung
Kultur: Pflanzen Sie im Winter in einen feuchten und sauren, aber durchlässigen Boden.
Verwendung: Schutz des Bodens durch Verwendung als Bodendecker in der untersten Ebene.
Vermehrung: Durch Saatgut oder durch Teilung im Frühjahr
Pflege: Wenig erforderlich

Geranium macrorrhizum, FELSEN-STORCHSCHNABEL

Laubabwerfend/Immergrün: D **Zone:** 3
Sonnen-/Schatten-Präferenz:
Schatten-Toleranz:
Bewertung: ✓✓
Fortpflanzung: SF
Bodendeckung: ✓✓ **Blüte:** Pink

Hier handelt es sich um eine robuste europäische ausdauernde krautige Pflanze, die sich über Stolonen ausbreitet. Pflanzen Sie diese mit 45 Zentimeter Abstand, um eine gute Bodendeckung zu erzielen. Sie toleriert ein wenig Fußverkehr.

Größe: 30 Zentimeter hoch, breitet sich aus
Kultur: Pflanzen Sie im Winter in einen durchlässigen Boden.
Verwendung: Guter Bodendecker in der untersten Ebene
Nebennutzen: Bienenpflanze. Die Blätter enthalten ätherische Öle.
Vermehrung: Durch Teilung im Frühjahr
Pflege: Wenig nötig

Heuchera spp., PURPURGLÖCKCHEN

Laubabwerfend/Immergrün: E **Zone:** 5
Sonnen-/Schatten-Präferenz:
Schatten-Toleranz:
Bewertung: ✓✓✓
Fortpflanzung: SF
Bodendeckung: ✓✓ **Blüte:** Verschiedene

Die Arten sind unter anderen *Heuchera americana* (Hohes Purpurglöckchen), *H. micrantha* var. *diversifolia* (Verschiedenblättrige Purpurglöckchen), *H. glabra* (Kahles Purpurglöckchen), *H. micrantha* (Kleinblütiges Purpurglöckchen), *H. sanguinea* (Echtes oder Blut-Purpurglöckchen) und *H. versicolor* (Wechselfarbiges Purpurglöckchen). Es sind immergrüne oder halb immergrüne horstbildende ausdauernde krautige Pflanzen. Pflanzen Sie diese mit 30–40 Zentimeter Abstand, um eine gute Bodendeckung zu erzielen. Sie tolerieren ein wenig Fußverkehr.

Größe: 45–100 Zentimeter hoch und 30–40 Zentimeter breit
Kultur: Pflanzen Sie im Winter in einen feuchten, gut durchlässigen Boden.

Verwendung: Die Wurzeln werden als Beizmittel zum Färben verwendet, daher der englische Name „alum root“ (Alaunwurzel).
Ernte und Lagerung: Die Wurzeln werden im Herbst geerntet.
Nebennutzen: Sehr gute Bienenpflanzen. *H. americana* ist besonders gut als ausdauernder Bodendecker für die unterste Ebene geeignet.
Vermehrung: Durch Saatgut oder durch Teilung im Herbst
Pflege: Wenig nötig

Lysimachia nummularia, PFENNIGKRAUT

Laubabwerfend/Immergrün: D **Zone:** 4
Sonnen-/Schatten-Präferenz: ◑
Schatten-Toleranz: ◑
Bewertung: ✓✓
Fortpflanzung: SF
Bodendeckung: ✓✓ **Blüte:** Gelb

Hier handelt es sich um eine sehr stark wachsende, sich über Stolone niedrig ausbreitende, ausdauernde krautige Pflanzen. Pflanzen Sie diese mit einem Abstand von 60 Zentimetern, um eine gute Bodendeckung zu erreichen. Sie toleriert Fußverkehr und eignet sich gut als Bodendecker der untersten Ebene.

Größe: 5 Zentimeter hoch, weite Ausbreitung
Kultur: Pflanzen Sie im Winter oder zeitigen Frühjahr. Toleriert die meisten Böden, zieht jedoch feuchte Böden vor.
Verwendung: Niedriger Bodendecker für die unterste Ebene
Nebennutzen: Bienenpflanze
Vermehrung: Durch Teilung im Frühjahr oder Absenker
Pflege: Wenig erforderlich

Mitchella repens, ECHTE REBHUHNBEERE

Laubabwerfend/Immergrün: E **Zone:** 4
Sonnen-/Schatten-Präferenz: ◑
Schatten-Toleranz: ●
Bewertung: ✓✓
Fortpflanzung: SF
Bodendeckung: ✓✓ **Blüte:** Weiß

Es handelt sich um einen in nordamerikanischen Wäldern heimischen kriechenden Strauch, der sich über Ausläufer zu Matten ausbreitet. Pflanzen Sie die Echte Rebhuhnbeere mit einem Abstand von 20 Zentimetern, um eine gute Bodendeckung zu erreichen. Sie toleriert Fußverkehr.

Größe: 5 Zentimeter hoch, weite Ausbreitung
Kultur: Pflanzen Sie das in Containern vorgezogene Gehölz im Winter oder Frühjahr in einen feuchten und sauren, aber durchlässigen Boden.
Verwendung: Ein sehr guter Bodendecker für die unterste Ebene
Nebennutzen: Bienenpflanze. Die Früchte sind essbar, aber geschmackslos.
Vermehrung: Durch Saatgut, Teilung im Frühjahr oder Stecklinge im Sommer
Pflege: Wenig nötig

Sanguinaria canadensis, KANADISCHE BLUTWURZ

Laubabwerfend/Immergrün: D **Zone:** 3
Sonnen-/Schatten-Präferenz: ◑
Schatten-Toleranz: ●
Bewertung: ✓✓
Fortpflanzung: SF
Bodendeckung: ✓✓ **Blüte:** Gelb und Weiß

Es handelt sich um eine in lichten Wäldern Nordamerikas heimische Staude mit kriechendem Wurzelstock, die sich über Rhizome zu niedrigen Matten ausbreitet. Pflanzen Sie mit einem Abstand von 25 Zentimetern, um eine gute Bodendeckung zu erzielen.

Größe: 20–50 Zentimeter hoch und 30 Zentimeter breit
Kultur: Pflanzen Sie im Winter. Bevorzugt humose und toleriert nasse Böden.
Verwendung: Aus den Rhizomen kann roter Farbstoff gewonnen werden.
Ernte und Lagerung: Die Rhizome werden im Spätherbst oder im Winter geerntet. Wenn man sie anschneidet, tritt roter Pflanzensaft aus.
Nebennutzen: Bienenpflanze; medizinischer Nutzen, ihre krebshemmenden Eigenschaften sind in der Erforschung
Vermehrung: Durch Saatgut im Herbst oder durch Teilung nach der Blüte im Frühling
Pflege: Keine nötig

Gewöhnliches Seifenkraut (*Saponaria officinalis*).

Saponaria officinalis, GEWÖHNLICHES SEIFENKRAUT

Laubabwerfend/Immergrün: D **Zone:** 4
Sonnen-/Schatten-Präferenz: ○
Schatten-Toleranz: ◑
Bewertung: ✓✓✓
Fortpflanzung: SF
Bodendeckung: ✓ **Blüte:** Pink, Weiß

Das Seifenkraut ist eine sich über Rhizome ausbreitende europäische ausdauernde krautige Pflanze. Pflanzen Sie sie mit einem Abstand von 45 Zentimetern, um eine ausreichende Bodendeckung zu erreichen, am besten wird sie jedoch mit einer niedrigeren Pflanze zusammen kultiviert. Sie toleriert ein wenig Fußverkehr.

Größe: 60 Zentimeter hoch, weite Ausbreitung
Kultur: Pflanzen Sie im Früh- bis Mittwinter (treibt früh aus) in einen gut durchlässigen, aber nicht zu sauren Boden.
Verwendung: Alle Pflanzenteile enthalten Saponine und können so als Seife verwendet werden. Wenn Sie die Blätter und Wurzeln in Wasser einweichen und reiben, können Sie darin Ihre Kleider oder sich selbst waschen! Die Wurzeln werden auch heute noch als mildes Reinigungsmittel für alte Wandbehänge und Ähnliches angewandt.
Ernte und Lagerung: Die oberirdischen Teile der Pflanze können ganzjährig geerntet werden, die Wurzeln im Winter.
Nebennutzen: Bienen- und Schmetterlingspflanze
Vermehrung: Durch Saatgut (benötigt 8 Wochen Stratifizierungszeit) oder durch Teilung im Frühling oder Herbst
Pflege: Keine nötig

Tiarella cordifolia, HERZBLÄTTRIGE SCHAUMBLÜTE

Laubabwerfend/Immergrün: D **Zone:** 3
Sonnen-/Schatten-Präferenz: ◑
Schatten-Toleranz: ●
Bewertung: ✓✓
Fortpflanzung: SF
Bodendeckung: ✓✓ **Blüte:** Cremefarben

Die Schaumblüte ist eine in den Wäldern Nordamerikas heimische stark wachsende ausdauernde krautige Pflanze, die sich über Rhizome zu niedrigen Matten ausbreitet. In Gegenden mit milden Wintern ist sie immergrün. Pflanzen Sie sie mit einem Abstand von 35 Zentimetern, um eine gute Bodendeckung zu erreichen. Sie toleriert ein wenig Fußverkehr.

Größe: 30 Zentimeter hoch; breitet sich aus
Kultur: Pflanzen Sie im Winter (treibt früh aus). Toleriert die meisten Böden, zieht jedoch einen feuchten, humosen Boden vor.
Verwendung: Attraktiv für Nutzinsekten
Vermehrung: Durch Saatgut oder durch Teilung im Frühjahr
Pflege: Keine nötig

Großes Immergrün (*Vinca major*).

Vinca major & *V. minor*, GROSSES & KLEINES IMMERGRÜN

Laubabwerfend/Immergrün: E **Zone:** 4/7
Sonnen-/Schatten-Präferenz: ◐
Schatten-Toleranz: ● ●
Bewertung: ✓✓✓✓
Fortpflanzung: SF
Bodendeckung: ✓✓✓ **Blüte:** Violett, Weiß

Immergrün sind europäische immergrüne, niedrige Halbsträucher, die sich über Rhizome und Stolone zu Matten ausbreiten. Pflanzen Sie das Immergrün mit einem Abstand von 40–45 Zentimetern, um eine gute Bodendeckung zu erreichen. Sie tolerieren Fußverkehr. *Vinca major* ist winterhart bis Zone 7, *V. minor* bis Zone 4.

Größe: *Vinca minor* wird 25–40 Zentimeter hoch, *V. major* erreicht 45–60 Zentimeter. Sie breiten sich weit aus.
Kultur: Pflanzen Sie im Winter. Gedeiht auf allen Böden.
Verwendung: Die Stängel sind dünn und biegsam und sind somit sehr gut für feine Flechtarbeiten geeignet. Gute Bienenpflanzen, die das ganze Jahr über blühen.
Ernte und Lagerung: Ernten Sie die Stängel ganzjährig.
Vermehrung: Teilung von Herbst bis zum Frühling, halb reife, grüne Stecklinge im Sommer
Pflege: Wenig nötig. Gegebenenfalls müssen Sie sie an der unerwünschten Ausbreitung hindern.

Waldsteinia ternata, DREIBLÄTTRIGE WALDSTEINIE

Laubabwerfend/Immergrün: E **Zone:** 4
Sonnen-/Schatten-Präferenz: ◐
Schatten-Toleranz: ●
Bewertung: ✓✓✓
Fortpflanzung: SF
Bodendeckung: ✓✓ **Blüte:** Gelb

Diese niedrig wachsende immergrüne, in Eurasien vorkommende ausdauernde, Ausläufer bildende Rhizomstaude breitet sich über Stolone aus und bildet Matten. Ihr Laub gleicht dem der Erdbeere, aus den gelben Blüten entwickeln sich winzige grüne, nicht essbare Früchte. *Waldsteinia fragarioides* (auch „Golderdbeere" oder „Erdbeer-Waldsteinie" genannt) ist der Dreiblättrigen Waldsteinie sehr ähnlich. Sie toleriert ein wenig Fußverkehr.

Größe: 10 Zentimeter hoch, weite Ausbreitung
Kultur: Pflanzen Sie im Winter. Gedeiht in jedem Boden.
Verwendung: Eine ausgezeichnete Pflanze für die unterste Ebene. Bienenpflanze.
Vermehrung: Durch Teilung im Frühling
Pflege: Schnecken können in manchen Fällen zum Problem werden.

Die grünen Samen der Süßdolde (*Myrrhis odorata*) sind essbar.

Kapitel 16

Gestaltung der Bodendeckerebene

Es gibt zahlreiche Pflanzen, die in der unteren Ebene als Bodendecker und unter anderen Sträuchern eingesetzt werden können. Die verwendeten Pflanzen können eine Mischung sein aus sommergrünen Stauden (das heißt solche, deren oberirdische Pflanzenteile im Winter absterben), immergrünen Stauden, kriechenden oder sich durch Ausläufer verbreitenden Stauden, Zwiebeln, niedrigen Sträuchern und kriechenden Sträuchern (Zwergsträuchern). Kletternde und rankende Stauden können auch dazugehören, diese klettern jedoch auch jenseits dieser Ebene, wohin sie nur können. Die Nutzungsintensität dieser Ebene hängt vor allem von der Größe des Waldgartens ab. Die meisten wünschen hier eine Palette von ausdauerndem Gemüse oder Früchten; es gibt jedoch andere, sehr wichtige Funktionen, die Pflanzen hier erfüllen können, besonders die folgenden:

- Der Boden sollte das ganze Jahr über möglichst bedeckt bleiben, entweder mit lebendem Bewuchs oder einer dichten Mulchschicht aus abgestorbenen Pflanzenresten. Dies ist essenziell. Es stellt sicher, dass der Boden vor Austrocknen durch die Sonnenhitze, schwerem Regen und Ähnlichem geschützt ist, eine lose, krümelige Struktur bewahrt und möglichst viele Regenwürmer und andere Bodenorganismen unterstützt. Solange der Boden in gutem Zustand bleibt, wird alles, was darin wächst, davon Nutzen haben.

- Pflanzen dieser Ebene können Mineraliensammler, wie zum Beispiel Beinwell (*Symphytum* spp.) oder Ampfer (*Rumex* spp.), sein. Diese tief wurzelnden Pflanzen erreichen Nährstoffquellen, an die andere Pflanzen nicht gelangen können, und so sind alle ihre Pflanzenteile reich an Nährstoffen. Wenn im Winter die oberirdischen Pflanzenteile absterben oder geschnitten und am Boden belassen werden, um zu verrotten, dann werden die Nährstoffe langsam in die oberen Bodenschichten abgegeben und reichern so die Erde für benachbarte Pflanzen an.

- Wo die Lichtverhältnisse nicht zu schlecht sind, können die Pflanzen auch Stickstofffixierer sein, die ebenfalls den Boden für andere Pflanzen mit Nährstoffen anreichern. Beispiele sind Platterbsen (*Lathyrus* spp.) und die Bärenschote/Süßholz-Tragant (*Astragalus glycyphyllos*).

- Die sich auf dieser Ebene befindenden Pflanzen können sehr attraktiv auf Nutzinsekten wirken und so als Hauptstütze der Schädlingsregulierung eines Waldgartens fungieren.

- Es wurde die Theorie formuliert – bisher unbewiesen, da noch niemand die entsprechende Forschung betrieben hat –, dass der Anbau hocharomatischer Pflanzen unter und um Bäume und Sträucher herum deren Gesundheit fördere, und zwar weil diese, wie zum Beispiel die Minzen (*Mentha* spp.), Zitronenmelisse (*Melissa officinalis*) und Oregano (*Origanum vulgare*), über die Wachstumsperiode große Mengen an ätherischen Ölen freisetzen. Diese wirken gegen bakterielle und pilzliche Erreger (dazu gibt es ausreichende wissenschaftliche Belege), könnten theoretisch Schädlinge verwirren und eine Schutzwirkung gegen bakterielle und pilzliche Krankheiten auf andere Pflanzen in der Nähe entfalten. Der britische Waldgartenpionier Robert A. de J. Hart hat fest an diesen Effekt geglaubt und auch aus meiner Erfahrung spricht vieles dafür. Ich pflanze aus diesem Grund eine Menge aromatischer Pflanzen gezielt in meinem Waldgarten aus. Darüber hinaus sind sie auch für uns Menschen sehr angenehm!

Rundblättrige Minze (*Mentha suaveolens*). Minzen sind exzellente aromatische Pflanzen, außerdem locken sie Nutzinsekten an.

- Weil auf der Bodenoberfläche eine dicke Schicht von Pflanzen wächst, die sich größtenteils selbst versorgt, können sehr wenige Beikrautsamen aufgehen und sich etablieren. Das verringert den Pflegeaufwand für diese Ebene.

Größe des Waldgartens und die Bodendeckerebene

Die Bodendeckerebene eines größeren Waldgartens besteht wahrscheinlich zu großen Teilen aus Pflanzen, die nicht direkt für Nahrung, Medizin oder Ähnliches geerntet werden, sondern einen der oben beschriebenen Nutzen erfüllen. Betrachten Sie diese Pflanzen nicht als unproduktiv, denn sie erledigen eine genauso wichtige Aufgabe wie die Nahrungspflanzen.

In einem kleineren Waldgarten ist es wahrscheinlicher, dass im größten Teil der Bodendeckerebene Pflanzen stehen, die unmittelbarer genutzt werden, aus dem einfachen Grund, weil weniger Platz verfügbar ist. Sie werden jedoch einige der oben aufgeführten Nutzen verlieren, wenn die meisten Pflanzen direkte Erntepflanzen sind, was wiederum Auswirkungen auf die selbsterhaltende Natur des Gartens haben wird: Es wird so wahrscheinlicher, dass Sie zum Beispiel Materialien für die Fruchtbarkeit in den Garten importieren müssen und sich Probleme mit Schädlingen verstärken können. Je mehr man diese Ebene mit Erntepflanzen besetzt, desto weniger werden die Funktionen „Nährstoffzufuhr“ und „Schädlingskontrolle“ erfüllt – weil die Pflanzen eben geerntet werden.

Ohne Staudenebene

Natürlich könnten Sie die Ebenen der Bäume und Sträucher, also die Gehölzebene, eines Waldgartens bepflanzen und darunter eine Grasdecke haben, die Sie beweiden lassen oder mähen. Tatsächlich ist dies für einige Gärtner eine zeitweilige Maßnahme, während sie die Unterpflanzung über mehrere Jahre vornehmen. Eine permanente Weide- oder Mähroutine unter Bäumen kann jedoch die Bodenstruktur schädigen und dem gesamten System die Gelegenheit einer viel höheren Artenvielfalt nehmen. Damit werden die allgemeine Gesundheit und der Erfolg des Systems gemindert.

Den Bodenbewuchs ungemäht, unbeweidet oder unbepflanzt zu lassen ist keine gute Idee, denn dann werden Beikräuter wie Nesseln und Brombeeren unter den guten Lichtbedingungen zu Beginn eines Waldgartens schnell dominieren. Innerhalb weniger Jahre wird dann selbst der Zugang zum Waldgarten durch eine 2 Meter hohe Brombeerhecke nahezu unmöglich. Während dies in neuen Waldlandpflanzungen akzeptabel sein kann, weil die Bäume so dicht gepflanzt sind, dass sie Brombeeren in etwa 10 Jahren ausschatten werden, sind die Bäume in einem Waldgarten mit so großen Abständen platziert, dass Sie sich nicht auf Schatten verlassen können, um die Beikräuter zu kontrollieren.
Wie Sie die Ebene der Bodendecker angehen, hängt von Ihrer Ausgangslage ab und wie schnell Sie die Pflanzung bewerkstelligen wollen.

Übergangsweise Bodendecker

Anhand der Tabelle gegenüber können Sie sehen, dass es in der Entwicklung vieler Waldgärten Phasen gibt, in denen Sie den Boden mit Pflanzenbewuchs bedeckt haben wollen (zum Beispiel, um ihn in gutem Zustand zu halten), jedoch noch nicht bereit sind, die in dieser Ebene letztendlich gewünschten Pflanzen einzubringen. In diesem Fall ist es möglich, für die Zwischenzeit eine temporäre oder übergangsweise Bodendeckung zu säen. Wenn Sie mit Weideland beginnen, wird dies vorerst als Übergangsdeckung ausreichen, solange mindestens einmal im Jahr gemäht wird (besser jedoch zwei- oder dreimal). Es kann jedoch trotzdem von Wert sein, andere Arten einzuführen, besonders wenn Sie fast nur Gräser haben. Leguminosen wie Klee (siehe Seiten 258-259) und mineraliensammelnde Pflanzen wie die auf Seite 260 können in Weideland eingesät werden – am besten, wenn das Gras nach dem Mähen kurz ist – und eingewalzt oder festgetreten werden, damit die Samen Bodenkontakt haben. Solche Pflanzen hinzuzufügen kann die Bodenfruchtbarkeit bis zum Zeitpunkt, zu dem Sie ihre endgültigen Stauden und andere Bodendecker pflanzen, bedeutend verbessern und diese so auf lange Sicht unterstützen.

Sollten Sie mit einem offenen Standort beginnen – oder haben einen solchen durch Beseitigen des vorhergehenden Bewuchses durch Flächenmulchen geschaffen –, können diesen aber noch nicht mit Ihrer endgültigen Pflanzenauswahl bepflanzen, dann sollten Sie den Boden nicht länger frei lassen, als es unbedingt nötig ist. Neben der Einladung an Beikräuter, den offenen Boden zu besiedeln, werden aus dem Boden auch Nährstoffe leicht ausgewaschen und die Bodenstruktur kann sich schnell verschlechtern.

Die Cardy (*Cynara cardunculus*) wurde mit Douglas-Sumpfblume (*Limnanthes douglasii*) als übergangsweiser Bodendeckung untersät.

WEGE ZUR UMSETZUNG DER STAUDENEBENE		
Ausgangssituation	**Pflanzen der Staudenebene auf einmal**	**Pflanzen der Staudenebene über mehrere Jahre**
Offener Standort, Weideland	Ohne Einsatz von Herbiziden nicht möglich. Die Weidegräser müssen beseitigt werden (vorzugsweise durch Mulchen über die Dauer eines Jahres), bevor die Ebene der Stauden gepflanzt werden kann.	Empfohlen – so geht die Mehrheit der Gärtner vor. Das bestehende Weideland kann Stück für Stück zur Wiederbepflanzung gemulcht werden; die nicht gemulchten Flächen sollten gemäht werden, damit sie sich nicht zurück zu Buschland entwickeln.
Offener Standort, kultivierter Boden	Bestimmt möglich, wahrscheinlich aber aufgrund der Menge an Pflanzen und Arbeit eher an kleineren Standorten machbar.	Für größere Standorte ist es hier empfohlen, die Staudenebene in Abschnitten zu pflanzen. Den Boden für länger als ein paar Monate offen zu lassen, ist keine gute Möglichkeit – Beikräuter werden diesen schnell besiedeln. Daher sollte die Fläche, die nicht im ersten Jahr bepflanzt wird, mit einer vorübergehenden Bodendeckung gesät werden (siehe links).
Hecken/Busch	Ohne den Einsatz von Herbiziden unmöglich, sofort umzusetzen (außer an sehr kleinen Standorten). Nicht wünschenswert, weil unerwünschte holzige und ausdauernde Pflanzen geschnitten und/oder gemulcht werden müssen, um sicherzustellen, dass diese entfernt sind und nicht nachwachsen werden.	Ich empfehle, im ersten Jahr keine Pflanzen der Staudenebene zu setzen, dadurch können Sie sichergehen, dass keine unerwünschten Pflanzen verblieben sind. Es gibt nichts Schlimmeres, als Ihre Unterpflanzung in vermeintlich „sauberen" Boden zu starten, um dann festzustellen, dass viele Beikräuter wieder nachwachsen. Eine übergangsweise Bodendeckung (siehe links) mag hier geeignet sein.
Wald/Forst	Wahrscheinlich nicht möglich, es sei denn, die Bodenebene ist recht „sauber". Der Baumbestand muss wahrscheinlich ausgedünnt und geschnitten werden, um Platz für Waldgartenarten zu schaffen; danach wird es möglich sein, einen Teil der Bepflanzung der Bodenebene vorzunehmen.	Auch hier wahrscheinlich die beste Option. Diese erlaubt es, Brombeeren und andere unerwünschte Pflanzen zu entfernen. Eine übergangsweise Bodendeckung (siehe links) mag hier geeignet sein.

Da Übergangs-Bodendecker oft für größere Flächen gedacht sind, werden hier oft günstige und leicht verfügbare Arten verwendet – Gräser und Gründüngerpflanzen. Einige davon können für 2–4 Jahre ohne Mähen oder Schnitt überdauern, bevor sie als Beikräuter problematisch werden. Jenseits dieses Zeitraums müssen sie geschnitten werden, wenn man verhindern will, dass sich die Fläche wieder zu Buschland entwickelt. Wenn sie zu dünn oder lückig werden, müssen sie womöglich mit einem anderen Bodendecker übersät werden. Sobald Sie die gewünschten Stauden und anderen Bodendecker unterpflanzen, beseitigen Sie die Übergangs-Bodendecker, vorzugsweise durch Mulchen.

Gründüngung mit einzelnen Arten

Einjährige Gründüngerpflanzen können als kurzzeitige Bodenbedeckung für bis zu ein Jahr eingesetzt werden, einige davon überwintern jedoch auch. Im Unterschied zu ihrer Verwendung im landwirtschaftlichen Anbau werden diese in einem Waldgarten üblicherweise nicht in den Boden eingearbeitet, sondern man lässt sie nach der Blüte absterben. Selbstaussaat wird dabei vorkommen. Diese wird jedoch durch den Schatten und/oder die nachfolgenden ausdauernden Pflanzen bald entfernt. Diese Gründüngung kann manchmal vor ihrem Absterben (während diese höher wächst und so mehr Licht auf den Boden lässt) mit einjährigen krautigen Pflanzen unterpflanzt werden. Dies ist mir beispielsweise mit Senf (*Sinapsis* spp.) schon öfter gelungen.

Die unten angegebenen Saatmengen sind für die Aussaat auf größeren Flächen (pro Flächeneinheit) unterschiedlich. Auf großen Flächen empfiehlt sich weniger Saatgut pro Flächeneinheit, weil dort gewöhnlich ein größerer Anteil der Saat erfolgreich keimt und zu Pflanzen heranwächst. Dies liegt an geringeren Fraßschäden durch Schnecken und Ähnliches, weil diese auf großen Flächen weniger Rückzugsmöglichkeiten in direkter Nähe haben.

Borago officinalis, BORRETSCH
Tiefe Pfahlwurzel; gut zum Aufbrechen von verdichteten Böden
Aussaat: April bis Mai
Saatmengen: 3 g/m², 30 kg/ha

Fagopyrum esculentum, BUCHWEIZEN
Gut für nährstoffarme Böden
Aussaat: Mai bis August
Saatmenge: 10 g/m², 100 kg/ha

Lupinus angustifolius, BITTERLUPINE/BLAUE LUPINE
Leguminose; zieht saure Böden vor. Tief wurzelnd, anfänglich langsames Wachstum.
Aussaat: März bis Juli
Saatmenge: 10 g/m², 100 kg/ha

Medicago lupulina, HOPFENKLEE
Überjährige Leguminose, gedeiht in den meisten nicht zu sauren Böden; toleriert Schatten
Aussaat: März bis August
Saatmenge: 3 g/m², 30 kg/ha

Phacelia tanacetifolia, PHACELIA
Bienen lieben die Blüten. Gedeiht in allen Böden. Überwintert in milderen Regionen.
Aussaat: März bis September
Saatmenge: 3 g/m², 30 kg/ha
Lebensdauer: 2 Jahre

Raphanus sativus, ÖLRETTICH
Tiefe Pfahlwurzel; gut zum Aufbrechen von verdichteten Böden
Aussaat: Mai bis August
Saatmenge: 8 g/m², 80 kg/ha

Sinapsis alba, GELBSENF
Schnelle Bodendeckung; gedeiht auf allen Böden. Überwintert in milden Regionen, wenn er später als August ausgesät wird.
Aussaat: April bis September
Saatmenge: 5 g/m², 50 kg/ha

Trifolium incarnatum, INKARNATKLEE
Leguminose; gedeiht in den meisten Böden, sofern diese nicht zu sauer sind.
Aussaat: März bis August. Überwintert bis zum Frühjahr, wenn er im Juli/August ausgesät wird.
Saatmenge: 8 g/m², 80 kg/ha

Trifolium subterraneum, BODENFRÜCHTIGER KLEE
Leguminose; toleriert saurere Böden als die anderen Kleearten. Kann sich selbst aussäen (schiebt seine Samen selbst in die Erde) und überdauert an sonnigen Standorten. Im Unterschied zu anderen Kleearten ist dies keine gute Bienenpflanze.
Aussaat: April bis Mai
Saatmenge: 8 g/m², 80 kg/ha

Vicia faba, ACKERBOHNE
Leguminose; gewöhnlich zur Überwinterung bis zum folgenden Sommer ausgesät. Zieht schwerere Böden vor.
Aussaat: September bis November
Saatmenge: 25 g/m², 25 kg/ha

Vicia sativa, WICKE
Leguminose; zieht schwerere Böden vor. Überwintert bis zum Frühsommer, wenn sie später als Juli gesät wird.
Aussaat: März bis Oktober
Saatmenge: 10 g/m², 100 kg/ha

Längerfristig überdauernde Gründüngungen aus nur einer Art, die als Übergangsbodendecker tauglich sind, sind meist Leguminosen wie die unten aufgeführten. Denken Sie daran, dass Leguminosen gute Lichtverhältnisse erfordern und absterben, wenn der Schatten zunimmt. Von den unten genannten Arten ist der Weißklee (*Trifolium repens*) am langlebigsten und schattentolerantesten.

Lotus corniculatus, HORNKLEE
Zieht alkalische Böden vor; gute Bienenpflanze
Aussaat: April bis August
Saatmenge: 1 g/m², 10 kg/ha
Dauer: 2 Jahre

Medicago sativa, LUZERNE
Sehr tief wurzelnd und ein hervorragender Mineraliensammler.
Um die Stickstofffixierung sicherzustellen beziehungsweise zu intensivieren, kann die Pflanze mit einem Inokulat ausgesät werden. (Das Inokulat bewirkt eine gesteigerte Knöllchenbildung und damit eine höhere Stickstoffleistung. Extrem trockenheitstolerant; benötigt pH 6,0 oder mehr.
Die Triebe sind essbar. Bienenpflanze.
Aussaat: April bis Juli
Saatmenge: 2–3 g/m², 20–30 kg/ha
Dauer: 2 Jahre

Onobrychis viciifolia, FUTTER-ESPARSETTE
Für alkalische Böden. Die Sorten ´Giant´ und ´Cotswold Common´ sind empfehlenswert. Bienenpflanze.
Aussaat: April bis August
Saatmenge: 7–8 g/m², 70–80 kg/ha
Dauer: 2–3 Jahre

Trifolium pratense, ROTKLEE
Eine aufrecht wachsende Pflanze, die sich schnell etabliert. Die besten Sorten sind die folgenden mit später Blattbildung: ´Pawera´ und ´Britta´. Essbare Blätter, Blüten und Samen. Bienenpflanze.
Aussaat: April bis August
Saatmenge: 2–3 g/m², 20–30 kg/ha
Dauer: 2 Jahre

Trifolium repens, WEISSKLEE
Eine kriechende Pflanze, die sich durch Stolone ausbreitet. Für längerfristige Bodendeckungen ist dies die beste Art, sowohl für sich als auch als Basis für Mischungen. Die Sorten ´Aran´, ´Alice´ und ´Donna´ sind empfehlenswert. Essbare Blätter und Blüten. Bienenpflanze.
Aussaat: April bis August
Saatmenge: 2–3 g/m², 20–30 kg/ha
Dauer: 3–4 Jahre

Oregano (*Origanum vulgare*), untersät mit Senf (*Sinapsis* spp.).

Saatmischungen

Mischungen von Gräsern und Leguminosen (und vielleicht ein paar mineraliensammelnde Pflanzen), die gemäht werden, sind robuster und haben eine längere Lebensdauer als nur aus einer Art bestehende Bodendeckungen. Beispielsweise überdauern Luzerne und Wiesen-Lieschgras zusammen 4–5 Jahre; Weißklee und Deutsches Weidelgras sogar mehr als 10 Jahre. Der mit dem Heranwachsen der Bäume und Sträucher zunehmende Schatten kann natürlich die Beständigkeit von gesäten Bodendeckungen beeinflussen.

Mischungen von Arten, die Weißklee als Grundlage enthalten, überdauern am längsten, und dabei ist Weißklee die schattentoleranteste der aufgeführten Leguminosen – diese ist wichtig für Bodendeckungen, die 3–5 Jahre bestehen müssen, weil der zunehmende Schatten die Population anderer Leguminosen verschwinden lassen wird.

Indem zusätzliche Arten (zum Beispiel die unten aufgeführten Gräser) verwendet werden, wird die Bodendeckung als Ganzes robuster, weil verschiedene Arten unterschiedliche Nischen in und über der Erde besetzen. Bedenken Sie auch, dass die in Saatmischungen verwendeten Arten relativ günstig als Saatgut erhältlich sein müssen. Deswegen werden hier hauptsächlich landwirtschaftlich verwendete Gräser genannt.

Einige empfohlene Saatmischungen sind im Folgenden angegeben.

Medicago sativa, LUZERNE und *Phleum pratense*, WIESEN-LIESCHGRAS, *Festuca pratensis*, WIESEN-SCHWINGEL
Aussaat: April bis Juli
Saatmenge: 2 g + 0,5 g/m², 20 kg + 5 kg/ha
Lebensdauer: 4–5 Jahre

Trifolium pratense, ROTKLEE und *Lolium perenne*, DEUTSCHES WEIDELGRAS
Aussaat: April bis August
Saatmenge: 7,5 g + 0,5 g/m², 75 kg + 5 kg/ha
Lebensdauer: bis zu 3 Jahre

Onobrychis viciifolia, FUTTER-ESPARSETTE und *Phleum pratense*, WIESEN-LIESCHGRAS oder *Festuca pratensis*, WIESEN-SCHWINGEL
Aussaat: April bis August
Saatmenge: 7,5 g + 0,5 g/m², 75 kg + 5 kg/ha
Lebensdauer: 5–7 Jahre

Trifolium repens, WEISSKLEE und *Lolium perenne*, DEUTSCHES WEIDELGRAS und *Festuca rubra* ssp. *rubra*, GEWÖHNLICHER ROT-SCHWINGEL
Aussaat: April bis August
Saatmenge: 1 g + 1,5 g + 1 g/m², 10 kg + 15 kg + 10 kg/ha
Lebensdauer: 10 Jahre oder länger

Lotus corniculatus, GEWÖHNLICHER HORNKLEE und *Lolium perenne*, DEUTSCHES WEIDELGRAS
Aussaat: April bis August
Saatmenge: 1 g + 1¬2 g/m², 10 kg + 15 kg/ha
Lebensdauer: 5+ Jahre

Hier einige empfohlene Grasarten, die Sie für Ihre eigenen Mischungen verwenden können:

Festuca rubra ssp. *rubra*, GEWÖHNLICHER ROTSCHWINGEL
Ein niedriges, sich durch Rhizome ausbreitendes Gras; trockenheitstolerant. Lässt sich gut mit Weißklee kombinieren.

Festuca pratensis, WIESEN-SCHWINGEL
Lässt sich gut mit Luzerne und Futter-Esparsette kombinieren.

Lolium perenne, DEUTSCHES WEIDELGRAS
Ein ausdauerndes und strapazierfähiges Gras. Es gibt zahlreiche Sorten; kleinwüchsige Sorten (zum Beispiel ´Manhattan´, ´Numan´) sind am besten als Bodendecker geeignet. Lässt sich gut mit Weißklee kombinieren.

Phleum pratense, WIESEN-LIESCHGRAS
Gut für feuchte Regionen geeignet. Lässt sich gut mit Luzerne und Futter-Esparsette kombinieren.

Tief wurzelnde Weidekräuter (Mineraliensammler)

Die Samen einiger dieser Art, die durch ihre tief in den Unterboden reichenden Wurzeln Mineralien anreichern, können Saatmischungen hinzugegeben werden. Die Mineralien werden für andere Pflanzen verfügbar, wenn die Pflanze geschnitten wird oder im Winter abstirbt. Alle diese Arten tolerieren Halbschatten.

Bellis perennis, GÄNSEBLÜMCHEN
Essbare junge Blätter und Blüten

Cichorium intybus, WEGWARTE
Alle Pflanzenteile sind essbar; Bienenpflanze; Färbepflanze. Zieht neutrale bis alkalische Böden vor.

Linaria vulgaris, ECHTES LEINKRAUT
Bienen- und Schmetterlingspflanze; Färbepflanze

Ononis spinosa, DORNIGE HAUHECHEL
Essbare junge Triebe und Wurzeln. Stickstofffixierende Art; zieht alkalische Böden vor.

Plantago spp. (*P. lanceolata*, *P. major*), WEGERICHE
Essbare Pflanzenteile

Sanguisorba minor und *S. officinalis*, KLEINER und GROSSER WIESENKNOPF
Essbare Blätter und Triebe; Bienenpflanzen

Valeriana officinalis, BALDRIAN
Wurzeln medizinisch nutzbar; Schmetterlingspflanze. Kann sich sehr kräftig selbst aussäen!

Einige andere weitverbreitete Arten wie Ampfer (*Rumex* spp.) und Löwenzahn (*Taraxacum officinale*) sind gute Mineraliensammler. Oft werden diese als „Unkraut" betrachtet, sie werden sich wahrscheinlich von selbst in den Garten aussäen und müssen daher nicht gezielt gesät werden.

Breitwürfige Aussaat

Das Saatgut für eine übergangsweise Bodendeckung sollte vor oder nachdem die wichtigsten Bäume gepflanzt wurden auf saubere Erde gesät und dann in die Bodenoberfläche eingewalzt oder festgetreten werden. Säen Sie zwischen März/April und August aus.

Das Saatgut für die Bodendeckung sollte gleichmäßig über die ganze zur Aussaat vorbereitete Fläche verteilt werden. Auf einer kleinen Fläche ist es am besten, das Saatgut zuerst mit einem halben Eimer voll trockenem feinen Sand zu mischen. Diese Mischung kann dann von Hand ausgebracht werden: Halten Sie den Eimer mit dem linken Arm seitlich am Körper (angenommen, Sie sind rechtshändig), greifen Sie mit der Rechten jeweils eine Handvoll der Mischung und werfen sie nach links und rechts hinaus, während Sie vorwärtslaufen (umgekehrt, falls Sie linkshändig sind). Bedecken Sie so die gesamte Fläche entlang paralleler Pfade und kreuzen Sie dann rechtwinklig, sofern genug Saatmischung übrig ist.

Für größere Flächen kann es sich lohnen, eine handbetriebene Maschine zur Aussaat einzusetzen. Diese aus der altertümlichen Sämaschine weiterentwickelten Geräte sind kontrollierbarer und einstellbar. Eine Trommel wird mit dem Saatgut gefüllt und Sie tragen die Maschine vor der Brust, während Sie vorwärtsgehen und die Kurbel drehen. Dabei können Sie die Aussaatmenge einstellen – beginnen Sie immer mit einer vorsichtigeren Einstellung, damit Ihnen das Saatgut nicht vorzeitig ausgeht! Solange der Boden vor der Aussaat zu einem fachgerechten Saatbeet kultiviert wurde, bleibt nach der Verteilung des Saatguts nichts zu tun. Das Saatgut einzuwalzen oder festzutreten kann die Keimung verbessern, bei Massensaatgut mache ich mir die Mühe meist nicht.

Siehe Seite 75, Kapitel 7, für Beispiele zu Übergangs-Bodendeckern und Sukzessionspflanzungen.

Prinzipien für Gestaltung und Pflanzung der Staudenebene

Es wird Ihnen auf lange Sicht viel Arbeit ersparen, wenn Sie diesen Teil der Planung richtig machen, denn in diesen Ebenen können Beikräuter Ihre Vorstellungen am ehesten durchkreuzen.

Stellen Sie sicher, dass vor der Pflanzung alle unerwünschten Arten beseitigt sind

Dies ist sehr wichtig. Wie bei jeder Art des Gärtnerns darf man nicht in von Beikräutern besiedelten Boden pflanzen und dabei gute Ergebnisse erwarten. Ganze Flächen müssen vorbereitet werden, bevor diese Ebenen bepflanzt werden. Ausdauernde Gräser und tief wurzelnde Beikräuter wie Löwenzahn (unter dem Vorzeichen, dass Sie diesen nicht essen wollen) und Ampfer können nur durch Mulch über eine Dauer von 6¬12 Monaten beseitigt werden. Dabei muss man oft einen Kompromiss zwischen ökologischem Denken und Machbarkeit eingehen. Zweifelsohne sind Mulchfolien aus Plastik für diese Aufgabe sehr effizient – ich habe sie schon oft verwendet. Die Alternative, mehrere Lagen dicker Karton, verlangt in der Ausbringung und Erhaltung deutlich mehr Arbeit. Siehe Seiten 71–73, Kapitel 7, für Details.

Versuchen Sie, Flächen mit nur einer oder wenigen Arten zu bepflanzen

Beginnen Sie nicht, indem Sie die Dinge zu kompliziert machen, es wird Ihnen nur eine Menge Arbeit bescheren. Die Komplexität der Arten wird mit der Zeit auf natürliche Weise zunehmen. Versuchen Sie nicht, auf einer Fläche (minimal 3–4 Quadratmeter) mehr als eine Handvoll Pflanzenarten zu mischen. Wenn Sie es trotzdem tun, wird wahrscheinlich Folgendes passieren: Weil die Flächen individueller Pflanzen sehr klein sind, werden einige von anderen Arten überwuchert, es sei denn, Sie unternehmen beträchtliche Anstrengungen, dies zu verhindern. Größere Flächen individueller Arten sind leichter dagegen zu „verteidigen“, von anderen Arten überwältigt zu werden. Sollten Sie Mischkulturen von niedrigen Stauden anpflanzen wollen, dann gibt es zur Minimierung dieses Problems einige grundlegende Richtlinien – siehe Seite 267.

Entwickeln Sie die Gestaltung mit unterschiedlichen Pflanzentypen

Um das Design dieser Ebene zu vereinfachen, finde ich es nützlich, die hier verwendeten Pflanzen in Kategorien einzuteilen. Für unterschiedliche Gegebenheiten bieten sich horstbildende, ausläuferbildende, sich selbst aussäende Pflanzen und Mischungen der genannten an.

Horstbildende Pflanzen

Hier geht es um Stauden, deren Wurzeln einen Horst bilden, oder kleine holzige Sträucher. Sie breiten sich weder durch Wurzelausläufer noch durch Rhizome oder selbstwurzelnde Triebe aus (obwohl sie sich manchmal durch Samen vermehren können), daher bezeichne ich diese Pflanzen mit einem Augenzwinkern als „sich anständig benehmende Pflanzen“.

Um mit ihnen Flächen zu erzeugen, müssen viele Einzelpflanzen in angemessenen Abständen gesetzt werden. Beispiele sind die Zitronenmelisse (*Melissa officinalis*) und die Süßdolde (*Myrrhis odorata*).

Die Süßdolde (*Myrrhis odorata*) – eine horstbildende Pflanze.

Sich ausbreitende und ausläuferbildende Pflanzen

Hier handelt es sich um niedrige Stauden oder Gehölze, die sich auf eine der folgenden Arten verbreiten:

- durch oberirdische Triebe, die bei Bodenkontakt Wurzeln ausbilden (Stolone, wie zum Beispiel bei Erdbeeren [Fragaria spp.] und bei bodendeckenden Himbeeren wie der Himalaya-Himbeere [*Rubus nepalensis*]),
- durch unterirdische Wurzeln beziehungsweise Rhizome (zum Beispiel Minzen [*Mentha* spp.]).

Im konventionellen Gartenbau werden diese Pflanzen oft als „unbändig“, als „schwer kontrollierbar“ oder sogar als „invasiv“ betrachtet. In einem Waldgarten können sie jedoch außerordentlich nützlich sein, besonders weil viele davon gut unter größeren Stauden gedeihen.

In größeren Waldgärten sind sie meist ein wichtiger Teil der Staudenebene und halten als solche den Boden gut mit erwünschtem Pflanzenbewuchs bedeckt. In manchen Fällen werden Sie Begrenzungen einrichten müssen, damit sie sich nicht weiter als gewünscht ausbreiten – siehe Seite 265.

Die Himalaya-Himbeere (*Rubus nepalensis*) – eine sich vegetativ ausbreitende Pflanze.

Selbstaussäende Pflanzen

Sie werden feststellen, dass selbst bei Stauden, die Massen an Samen produzieren, wenig Selbstaussaat stattfindet, wenn es im Frühjahr nicht einen offenen Boden oder solchen mit wenig Bewuchs gibt. Ein Beispiel ist der Echte oder Arznei-Beinwell (*Symphytum officinale*), der in konventionellen Gärten oft als Ärgernis gilt. In einem Waldgarten hingegen wird nur gelegentlich eine Beinwellpflanze anderswo erscheinen. Natürlich können Sie diese dann fast immer dort belassen, wo sie aufgetaucht ist, weil der Beinwell eine unglaublich nützliche Pflanze ist. Manche Stauden bilden, selbst wenn man sie in großer Anzahl anpflanzt, keine dichte Bedeckung, sie schaffen es dennoch meist, sich stellenweise selbst auszusäen – ein Beispiel ist das Johanniskraut (*Hypericum perforatum*). Sie können davon ausgehen, dass solche Pflanzen an unerwarteten Stellen auftauchen. Ich empfehle, diese genau dort wertzuschätzen und zu belassen.

Beinwell (*Symphytum officinale*) – eine sich selbst aussäende Pflanze.

Integrieren Sie in jedem Fall schattentolerante Arten

Die meisten Waldgärten beginnen mit einem relativ freien Standort, demnach werden sich die Lichtbedingungen mit der Zeit von ziemlich sonnig nach ziemlich schattig verschieben. Sie müssen zu Beginn nicht alle schattentoleranten oder schattenliebenden Bodendecker pflanzen, mit Sicherheit können Sie zu diesem Zeitpunkt auch Pflanzen verwenden, die sonnige oder gute Lichtbedingungen mögen. Diese werden jedoch über die Zeit mit zunehmendem Schatten an vielen Standorten abnehmen und dort sozusagen aussterben. Sie haben an diesem Punkt mehrere Möglichkeiten: Sie können zu einem späteren Zeitpunkt mit eher schattenliebenden Arten nachpflanzen (was beinhalten kann, dass Sie durch das Verschwinden einer Art eine von Beikräutern besiedelte Fläche mulchen müssen). In der Tat können Sie jedoch auch gleich zu Beginn schattenliebende Arten in die Mischung mit aufnehmen. In diesem Fall wird sich das Verhältnis zwischen sonnenliebenden und schattenliebenden Pflanzen mit zunehmendem Schatten über die Zeit verschieben und Sie können so eine gesunde Bodendeckung bewahren, ohne nachpflanzen zu müssen. Zugegebenermaßen muss hier ein wenig experimentiert werden, weil bisher wenig zu Mischungen von Stauden und deren Reaktion auf den zunehmenden Schatten geforscht wurde.

Für Flächen in tiefem Schatten sollten Sie darüber nachdenken, mehr Frühjahrsblüher zu verwenden, also zum Beispiel Pflanzen, die im späten Winter mit ihrem Wachstum beginnen, im Frühjahr blühen und die sich dann für den Rest des Jahres in eine unterirdische Zwiebel oder Knolle zurückziehen. Diese Pflanzen kommen in Wäldern natürlich vor und nutzen das zusätzlich verfügbare Licht, bevor die Bäume ihr Laub voll ausgetrieben haben.

Versuchen Sie, Arten anzubauen, die sich leicht vermehren lassen

Sie brauchen in dieser Ebene eine Menge Pflanzen. Typischerweise benötigen Sie 3–10 Pflanzen pro Quadratmeter Bepflanzung. Daher brauchen Sie selbst bei einem relativ kleinen Waldgarten von 100 Quadratmetern Fläche 300–1.000 Pflanzen. Nicht viele Menschen sind in der Lage, alle diese Pflanzen (auf einmal) zu kaufen, und die meisten wollen daher versuchen, einen großen Teil davon selbst aufzuziehen. Glücklicherweise lassen sich viele Stauden leicht durch Saatgut vermehren. Für diese können Sie jährlich Saatgut einkaufen (vielleicht nur, bis Sie Ihr eigenes Saatgut produzieren), was weder schwierig noch teuer ist. Oder Sie richten ein Anzuchtbeet zur vegetativen Vermehrung ein (siehe unten).

Die Wald-Erdbeere (*Fragaria vesca*) ist leicht durch Absenker zu vermehren.

Richten Sie Anzuchtbeete zur Vermehrung von Stauden ein

Darüber sollten Sie in den frühen Phasen eines Waldgartens auf jeden Fall nachdenken. Zwar habe ich gesagt, dass Sie die Gestaltung dieser Ebene erst nach der Gestaltung der Baum- und Strauchebene angehen sollten. Besonders für sich ausbreitende Pflanzen (sofern Sie solche verwenden wollen) ist es jedoch sehr nützlich, Anzuchtbeete bereits im ersten oder zweiten Jahr einzurichten, damit diese produktiv sind, sobald Sie die Bäume und Sträucher gepflanzt haben.

Für wurzelnde Pflanzen wie Erdbeeren (*Fragaria* spp.) oder bodendeckende Himbeeren (*Rubus* spp.) müssen Sie eine oder mehrere Mutterpflanzen haben, deren Ausläufer Sie gezielt legen, um zusätzliche Pflanzen zu produzieren; diese werden dann entfernt und verpflanzt. Bei rhizombildenden Pflanzen wie Minzen (*Mentha* spp.) erlauben Sie der Mutterpflanze jedes Jahr, sich auszubreiten, um dann im Winter das neue Wachstum auszugraben und einzutopfen. Alternativ verpflanzen Sie Stücke des Rhizoms, um neue Pflanzen zu gewinnen. Horstbildende Stauden, die sich leicht durch Stecklinge, üblicherweise im Sommer, vermehren lassen, können auch in Anzuchtbeete gesteckt werden, wenn Sie viele davon benötigen. Der Mutterpflanze sollten nur ein Mal pro Wachstumsperiode Stecklinge entnommen werden.

Für Stauden, die sich durch Wurzelstecklinge vermehren lassen, wie der Beinwell (*Symphytum* spp.), lohnt sich ein Anzuchtbeet ebenso. Hier wird eine Mutterpflanze gepflanzt, die dann jeden Winter/Frühling ausgegraben wird, um die meisten Wurzeln zur Vermehrung abzuschneiden. Danach wird sie wieder eingepflanzt.

Der Orientalische Beinwell (*Symphytum orientale*) lässt sich leicht durch Wurzelstecklinge vermehren.

Siehe Anhang 1 für Details zu den Methoden der Vermehrung von Stauden und Bodendeckern.

Pflanzen Sie nicht zu nahe an junge Bäume und Sträucher

Konkurrenz (meist um Wasser in trockenen Perioden im Sommer) ist die häufigste Todesursache für junge Gehölze. Sollte es inmitten Ihrer Bodendecker-Bepflanzung wenige Jahre alte Gehölze geben, dann achten Sie darauf, nicht näher als 40–50 Zentimeter zu pflanzen, um übermäßige Konkurrenz auszuschließen. Sobald sie etabliert sind, können die meisten Bäume und Sträucher mit mehr Konkurrenz leben, bei kleineren Arten kann jedoch der Ertrag durch zu viel Konkurrenz gemindert werden.

Verwenden Sie die Technik des Wander-Flächenmulchs

Mit dieser Mulchtechnik können Sie bewirken, dass sich ausbreitende Pflanzen auf eine unbewachsene Fläche kontrolliert ausdehnen, ohne dass Sie dabei eine Pflanzung vornehmen müssen. Ich habe diese Technik viele Male mit großartigen Ergebnissen für Minzen (Ross-Minze [*Mentha longifolia*], Rundblättrige Minze [*M. suaveolens*]) und bodendeckende Himbeeren (Himalaya-Himbeere [*Rubus nepalensis*], Chinesischer Brombeerstrauch [*R. tricolor*]) genutzt.

1. Entfernen Sie auf einer Fläche, am besten ist ein langer und schmaler Streifen von 1–2 Meter Breite, die ausdauernden Kräuter und Gräser durch Mulchen für 6–12 Monate.
2. Pflanzen Sie einzelne Pflanzen der Arten, die Sie hier ansiedeln wollen.
3. Sofort nachdem Sie die einzelnen Pflanzen gepflanzt haben, mulchen Sie eine an das bepflanzte Areal angrenzende und parallel verlaufende Fläche. Die Breite dieses gemulchten Streifens hängt von der verwendeten Art ab – 1 Meter für schwächer wachsende Pflanzen (zum Beispiel Kriech-Himbeere [*Rubus pentalobus*]), 1,5 Meter für mittelstark wachsende Pflanzen (zum Beispiel Minzen [*Mentha* spp.]); 2 Meter für starkwüchsige Pflanzen (zum Beispiel Himalaya-Himbeere [*Rubus nepalensis*], Chinesischer Brombeerstrauch [*R. tricolor*]).
4. Belassen Sie den Flächenmulch für 12 Monate auf dieser zweiten Fläche. In diesem Zeitraum werden die Pflanzen unter dem Mulch abgetötet und die sich ausbreitende Art wird sich entweder unter der Erde (zum Beispiel Minzen) oder oberirdisch (zum Beispiel bodendeckende Himbeeren) in die gemulchte Fläche ausbreiten. Wenn Sie den Mulch entfernen, ist die sich ausbreitende Pflanze bereit, die neue Fläche zu besiedeln.
5. Mulchen Sie jetzt den nächsten parallel angrenzenden Streifen. Wenn der verwendete Mulch nicht biologisch abbaubar ist, wie zum Beispiel eine UV-beständige Gewebefolie, dann können Sie diese einfach verschieben und für die neue Fläche verwenden. Wiederholen Sie diesen Vorgang so lange, bis Ihre Fläche die gewünschte Größe erreicht hat.

Flächenmulch aus Gartenbaugewebe parallel zu einer mit Minze bepflanzten Fläche.

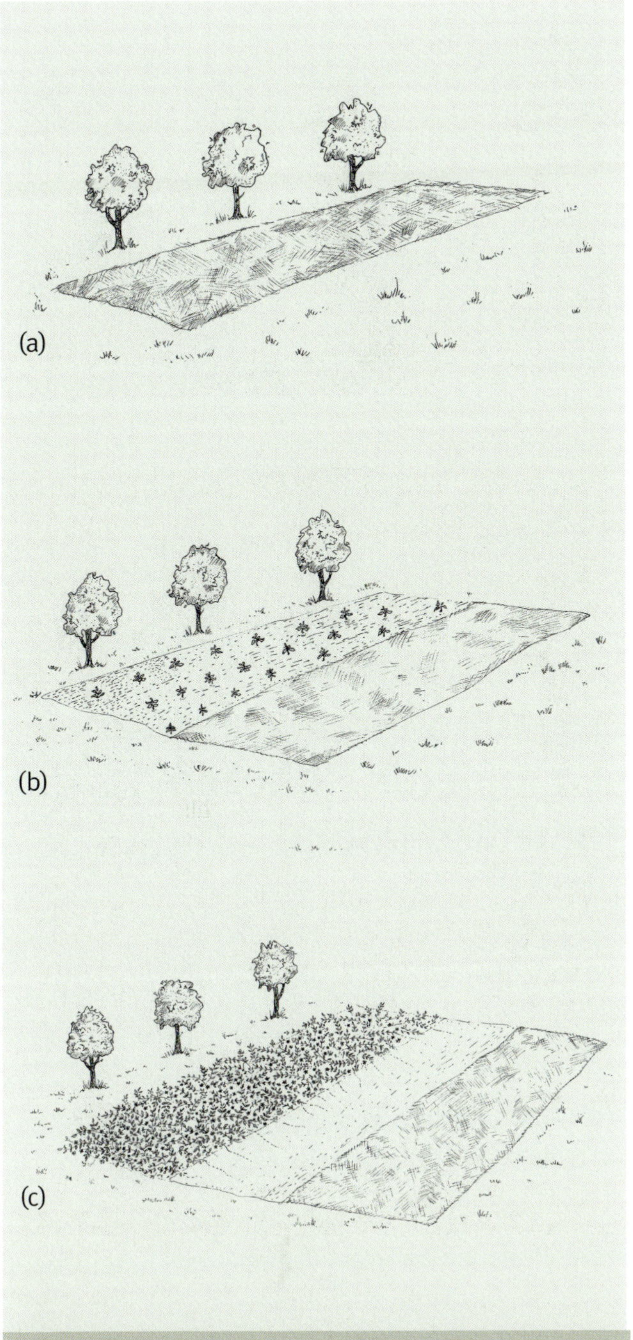

Wander-Flächenmulch
(a) Ein Flächenmulch wird verlegt, um Gräser und Ähnliches zu entfernen. (b) Der Flächenmulch wird auf eine parallel angrenzende Fläche verlegt und die Erstpflanzung einer sich ausbreitenden Pflanze wird vorgenommen, zum Beispiel eine bodendeckende Himbeere. (c) Ein Jahr später haben sich die Pflanzen etabliert. Der Flächenmulch wird parallel weiter verlegt und die sich ausbreitenden Pflanzen können sich auf die neue freie Fläche ausdehnen.

Legen Sie Grenzen für die Bodendeckung fest

Wenn Sie sich ausbreitende Pflanzen in dieser Ebene verwenden, werden manche, vor allem die stark wachsenden, wahrscheinlich irgendeine Art von Begrenzung benötigen, damit sie sich nicht überallhin ausbreiten. Mit den folgenden leicht anzuwendenden Methoden können Sie dies erreichen.

- Gehen Sie zweimal pro Jahr entlang der Grenze (die Sie definieren) und schneiden einfach alle oberirdischen Triebe, die aus der zugewiesenen Fläche herausragen, ab oder biegen sie zurück. Dies funktioniert gut mit holzigen Pflanzen wie den bodendeckenden Himbeeren *Rubus nepalensis* und *R. tricolor*.
- Schaffen Sie einen Pfad als Begrenzung. Dieser Pfad wird mehrmals pro Jahr gemäht. Das ist wirkungsvoll bei Stauden, die sich über Rhizome verbreiten, wie die Minzen, diese überleben auf gemähten Flächen nicht oder überqueren diese.
- Eine Fläche mit sehr tiefem Schatten ist für die meisten sich ausbreitenden Arten eine gute Begrenzung. Dichte immergrüne Sträucher wie die Shallon-Scheinbeere (*Gaultheria shallon*) oder die Ebbings-Ölweide (*Elaeagnus* x *ebbingei*) sind ideal für eine schattige Begrenzung.

Die Shallon-Scheinbeere (*Gaultheria shallon*) erzeugt eine undurchdringliche Begrenzung.

Beachten Sie immer, was darüber wächst

Selbstverständlich müssen Sie unter Bäumen, verglichen mit den offenen Räumen dazwischen, mit mehr Schatten rechnen. Die Dichte von Baumkronen variiert jedoch stark. Als Faustregel gilt, dass Bäume mit kleineren Blättern mehr Licht durchlassen als solche mit großen Blättern.

Eine weitere Auswirkung von Bäumen mit großen Blättern ist die, dass deren im Herbst fallende Blätter weniger robuste Pflanzen ersticken können. Dies mag nicht weiter schlimm sein, falls die Stauden krautig sind und bereits zum Winter hin absterben, immergrüne Stauden (zum Beispiel *Bergenia* spp.) können jedoch davon Schaden nehmen. Sollten die Blätter nicht schnell verrotten (wie zum Beispiel die der Kastanien, *Castanea* spp.), kann dies das Wachstum aller Pflanzen im Frühjahr beeinträchtigen. So wie die Kastanien haben auch viele Ahornarten (*Acer* spp.) große Blätter. Unter solchen Bäumen müssen Sie sicherstellen, dass Sie in der Bodendeckerebene kräftige Pflanzen, wie zum Beispiel Beinwell (*Symphytum* spp.), verwenden.

Pflanzen Sie zur besseren Bedeckung in einem versetzten Muster

Wenn Sie diese Ebene dann tatsächlich bepflanzen, versuchen Sie, die einzelnen Pflanzen in einem versetzten Muster und nicht in einem quadratischen Raster zu pflanzen. Sie benötigen so zwar einige Pflanzen mehr, erzielen jedoch eine bessere Bedeckung der Fläche und somit des Bodens und lassen weniger Lücken, die durch Beikräuter besiedelt werden können. Dies ist ein kleines Detail, macht jedoch einen spürbaren Unterschied aus.

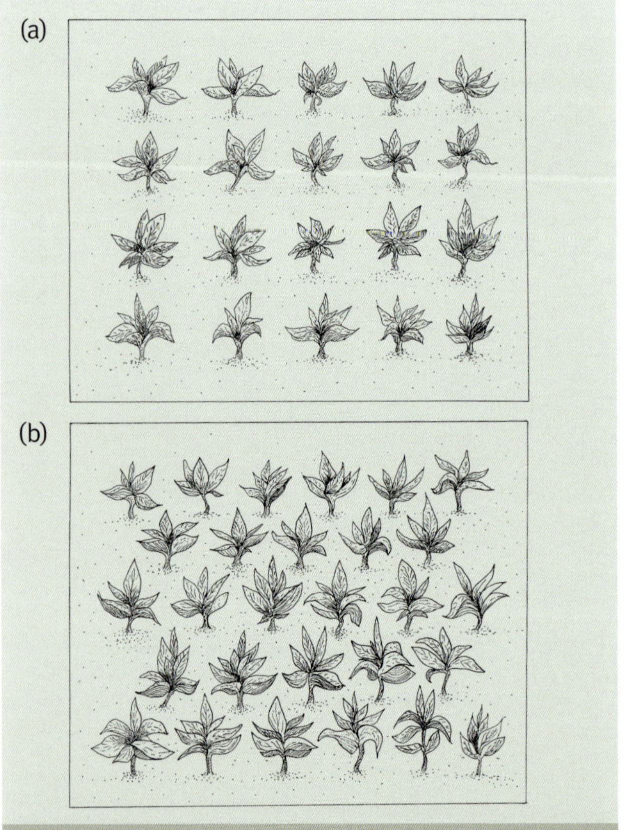

Versetzte Pflanzung
(a) Pflanzung nach quadratischem Raster. (b) Die versetzte Pflanzung bedeckt den Boden viel effektiver.

ZUSAMMENFASSUNG:
DESIGNPRINZIPIEN FÜR DIE EBENE DER BODENDECKER

- Gehen Sie sicher, dass vor der Pflanzung alle Beikräuter beseitigt sind.
- Versuchen Sie, lose Gruppen von ein bis drei Arten anzulegen.
- Verwenden Sie verschiedene Pflanzentypen für unterschiedliche Situationen.
- Achten Sie darauf, auch schattentolerante Pflanzen einzubringen.
- Pflanzen Sie Arten, die sich leicht vermehren lassen.
- Richten Sie Anzuchtbeete ein.
- Pflanzen Sie nicht zu nah an jungen Bäumen und Sträuchern.
- Verwenden Sie die Technik der Ausdehnungsstreifen/des Wander-Flächenmulchs.
- Legen Sie, wo nötig, Grenzen für die Bodendeckung fest.
- Achten Sie darauf, was darüber wächst.
- Pflanzen Sie in einem versetzten Muster.

Die Verwendung von Polykulturen (Mischkulturen und anderen Pflanzengemeinschaften)

Unter Polykulturen verstehe ich eine engere Zusammenstellung von verschiedenen Arten, als einfach nur mehrere größere Gruppen verschiedener Arten zu pflanzen. So weit müssen Sie nicht gehen – Ihre Bodendeckerebene einfach nur als Reihe von Flächen mit jeweils einer Art zu entwerfen, ist eine vollkommen gültige Herangehensweise und sollte gute Ergebnisse bringen. Wenn Sie sich schattige Standorte in der Natur anschauen, finden Sie in der Bodendeckerebene selten zahlreiche Arten an einem Ort. Meist gibt es hier größere Flächen von nahezu nur einer Art oder eine Mischung aus nur wenigen Arten, die dort in Gemeinschaft wachsen.

Vorteile von Polykulturen

- Eine Mischung von Pflanzen nutzt den Bodenraum und das Sonnenlicht effizienter aus. Jede Art hat ihre eigenen Charakteristiken hinsichtlich ihrer Wurzeln und oberen Pflanzenteile, die sich niemals gänzlich decken. Indem Sie Boden und Sonnenlicht maximal ausschöpfen, maximieren Sie auch die gesamten Funktionen dieser Ebene, einschließlich der Bodenpflege und des geringeren Pflegeaufwands.

- Mischungen von Pflanzen erhöhen die Widerstandsfähigkeit der Bodendeckerebene. Dadurch, dass die Bedeckung aus mehreren Arten besteht, ist sie als

Ganzes weniger anfällig für größere Schäden durch Schädlinge und Krankheiten – meist ist dadurch nur eine Pflanze betroffen. In ähnlicher Weise wird die Bodendeckung weniger anfällig für klimatische Extreme oder gelegentliche Störungen wie Fraßschäden (zum Beispiel durch Rotwild) oder Schäden durch Betreten.

Nachteile von Polykulturen

- Bei einer Mischung von Pflanzen kann die Effizienz der Ernte abnehmen. Wenn in einer Mischkultur aus zwei Arten beide von Zeit zu Zeit geerntet werden, wird die Ernte wahrscheinlich zeitintensiver sein als in einem Beet mit nur einer Art. Um dies zu vermeiden, könnten Sie beispielsweise die schwerer erreichbaren Arten nach ihren Funktionen zur Bodenverbesserung oder zur Schädlingsabwehr auswählen und nicht als direkte Ertragspflanze.

- In seltenen Fällen kann eine Pflanze eine nachteilige Wirkung auf andere Pflanzen ausüben, dies ist als Allelopathie bekannt. Wo dieses Phänomen auftritt, wird es gewöhnlich von einer stark aromatischen Pflanze durch deren aromatische Wirkstoffe meist in den Blättern erzeugt.

- Durch die Verwendung von Mischkulturen wird die Gestaltung dieser Ebene komplexer und zeitaufwändiger.

Richtlinien für die Zusammenstellung von Stauden in Polykulturen

Wenn Sie Pflanzen mischen, sollten Sie für jede einzelne Art die folgenden Faktoren betrachten:

- Relative Höhe: Eine niedrigere Pflanze muss schattentoleranter sein, um in einer Mischkultur zu überleben.

- Wenn Sie „Inseln" einer Art in ein „Meer" von einer anderen Art pflanzen wollen, sollten Sie Pflanzen mit ähnlicher Wuchsstärke auswählen, sonst kann schnell eine Pflanze die andere verdrängen.

- Lichtbedürfnisse

- Verteilung und Pflanzabstand

- Pflanzzeitpunkt: Müssen die verschiedenen Arten gleichzeitig gepflanzt oder kann eine zu einem späteren Zeitpunkt gepflanzt werden? (Diese müsste dann schattentolerant sein.)

- Pflanzmuster: wie Arten relativ zueinander gepflanzt werden.

Pflanzentypen

Horstbildende Stauden, kleine Sträucher und sich ausbreitende Sträucher und Stauden können alle auf verschiedenste Arten kombiniert werden. Immergrüne Pflanzen sind sehr effizient, um den Boden das ganze Jahr über bedeckt zu halten und Nährstoffverlust durch Auswaschung über den Winter zu vermeiden.

Wenn in eine Pflanzengemeinschaft mindestens eine Pflanze des sich ausbreitenden Typs aufgenommen wird, macht es diese effizienter. Wenn in der Bedeckung Lücken entstehen sollten (zum Beispiel, weil eine Pflanze abstirbt, wie es manchmal vorkommt), dann kann die sich ausbreitende Pflanze schnell – innerhalb von Wochen oder ein paar Monaten – diese Lücke füllen, bevor sich dort eine konkurrenzstarke und unerwünschte Pflanze ansiedelt.

Jahreszeitliche Variationen

Über den Jahresverlauf haben verschiedene Pflanzen unterschiedliche Wachstumsmuster, so kann es vorkommen, dass in manchen Jahreszeiten nur eine Pflanze sichtbar ist. Ein Beispiel, das bei mir gut funktioniert, ist eine Mischung aus Bärlauch (*Allium ursinum*) und Gundelrebe (*Glechoma hederacea*). Im Winter sprießt der Bärlauch aus der Zwiebel und von der Gundelrebe ist nichts zu sehen. Der Bärlauch für sich sorgt für eine gute Bodendeckung. Im Frühjahr beginnt die Gundelrebe, unter dem Bärlauch zu wachsen. Dieser blüht im späten Frühling und beginnt danach abzusterben. Bis zum Mittsommer ist er verschwunden, während die Gundelrebe kräftiger wird und den Boden über den Sommer und Herbst vollständig bedeckt, um dann im frühen Winter abzusterben.

Um die Erschwernisse bei der Ernte zweier zusammen gepflanzter Ertragspflanzen minimal zu halten, achten Sie zuallererst darauf, solche Arten zu mischen, die unterschiedliche Höhen erreichen. Darüber hinaus ist es hilfreich, Ertragspflanzen (sei dies Blattgemüse oder Früchte) so zu kombinieren, dass sie verschiedene Erntezeiten haben, um nicht eine Pflanze durch die Ernte einer anderen zu schädigen.

Zwei horstbildende Arten in einer Polykultur

Zwei verschiedene Arten von horstbildenden Stauden oder Sträuchern haben selten die gleiche Wuchsstärke und Größe. Deswegen ist es meist keine gute Idee, diese beiden Arten einfach abwechselnd zu pflanzen (A–B–A–B–A–B und so weiter). In diesem Fall passiert es meist, dass die stärker oder früher wachsende und höher oder dichter wachsende Pflanze die andere mit der Zeit verdrängt, was letztlich zum Absterben dieser Pflanze führt.

Sibirisches Tellerkraut (*Claytonia sibirica*) wächst zusammen mit der Großen Fetthenne (*Sedum telephium*) – zwei horstbildende Pflanzen.

Eine bessere Strategie ist es, Pflanzen der konkurrenzstärkeren Art inmitten einer größeren Anzahl der weniger konkurrenzstarken Art zu pflanzen – noch einmal das Bild: Schaffen Sie „Inseln" der konkurrenzstärkeren Pflanze in einem „Meer" der schwächeren Pflanze.

Horstbildende Pflanzen in einer Mischkultur. Die höhere Pflanze bildet „Inseln" inmitten der niedrigeren Pflanzen.

Gewöhnlich ist es die höhere Art, die die „Inseln" bildet, diese müssen keine regelmäßigen Abstände haben. Die niedrigere Art sollte ein wenig schattentoleranter sein. Beide Arten werden am besten gleichzeitig gepflanzt, natürlich werden dazu mehr Pflanzen der kleineren Art benötigt. Jede der Arten kann immergrün oder laubabwerfend sein.

In Fällen, in denen eine der horstbildenden Pflanzen ein kleiner Strauch ist, kann es vorteilhaft sein, diesen ein Jahr früher zu pflanzen, bevor Sie die zweite Art einführen, besonders wenn der Strauch langsam wächst – Sie wollen vermeiden, dass dieser verdrängt wird, bevor er seine volle Größe erreicht hat. Falls Sie junge Sträucher ein Jahr früher pflanzen, halten Sie den Boden in der Zwischenzeit gemulcht, damit keine Beikräuter eindringen können.

Die folgenden beiden Beispiele zeigen jeweils zwei horstbildende Arten, die zusammen angelegt werden.

Salvia officinalis, SALBEI + *Rumex scutatus*, SCHILD-AMPFER

Salbei ist ein immergrüner aromatischer Strauch mit gräulichen Blättern, der etwa 60 Zentimeter hoch wird. Der Schild-Ampfer ist eine Staude, die im Winter oberirdisch abstirbt, aber dann im Frühjahr schnell wächst und eine Matte von Ausläufern bildet, die den Boden zwischen und unter den Salbeibüschen bedeckt.

Cynara cardunculus, CARDY + *Origanum vulgare*, OREGANO

Die Cardy ist eine immergrüne Gemüsepflanze aus dem Mittelmeerraum, nah verwandt mit der Artischocke, und mag günstige Lichtbedingungen. Sie wird sehr groß und wirft beträchtlichen Schatten, im Winter ist sie etwas kleiner. Unter ihr gibt es ausreichend Platz für Stauden, die die guten Lichtbedingungen im Winter und Frühjahr ausnutzen können. Oregano ist ein erstaunlich schattentolerantes Kraut das in dieser Situation gut gedeiht.

Eine horstbildende und eine sich ausbreitende Pflanze in einer Polykultur

Auch hier ist die Idee, „Inseln" der horstbildenden Pflanze in einem „Meer" der sich ausbreitenden Pflanze zu bilden. Sollte die horstbildende Pflanze stark wachsend und kräftig sein, können die Inseln aus einer einzelnen Pflanze bestehen, andernfalls können sie aus mehreren Pflanzen gebildet werden. Weil die sich ausbreitenden Pflanzen sich sozusagen fortbewegen und offenen Boden besiedeln, können sie in der Regel mit recht großem Abstand gepflanzt werden und sind so effektiv und ökonomisch in Hinsicht auf die benötigte Anzahl. Solange Sie Flächen mit offenem Boden gemulcht halten, können Sie tatsächlich die Pflanzabstände daran ausrichten, wie viele Pflanzen Sie zur Verfügung haben.

Gold-Lauch (*Allium moly*), eine horstbildende Pflanze, wächst gemeinsam mit Erdbeeren (*Fragaria x biflora*), einer ausläuferbildenden Pflanze.

Die Süßdolde (*Myrrhis odorata*), eine horstbildende Pflanze, wächst gemeinsam mit einer Bodendeckung aus Schein-Erdbeeren (*Duchesnea indica*).

Die beiden Arten können gleichzeitig gepflanzt werden oder die horstbildende Pflanze wird ein Jahr früher gepflanzt (dies kann notwendig sein, wenn diese ein langsam wachsender Strauch ist).

Eine horstbildende Pflanze, die gemeinsam mit einer auf großem Abstand gepflanzten ausbreitenden Pflanze zusammensteht.

Die sich ausbreitende Pflanze füllt die offenen Flächen zwischen den horstbildenden Pflanzen zügig aus.

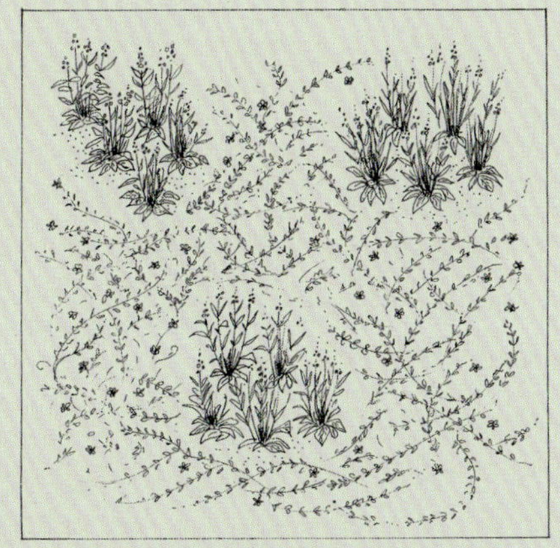

Eine kleinere horstbildende Pflanze gemeinsam mit einer ausläuferbildenden Pflanze. Am besten wird eine Gruppe der horstbildenden Pflanze gesetzt, um inmitten der ausläuferbildenden Pflanze substanziellere „Inseln“ zu schaffen

Auch hier können sowohl immergrüne als auch laubabwerfende Pflanzen verwendet werden. Die horstbildende Pflanze muss höher als die ausläuferbildende Pflanze sein, sonst wird sie wahrscheinlich verdrängt werden. Selbstredend muss die ausläuferbildende Art schattentoleranter als die horstbildende Pflanze sein. Im Folgenden sind einige Beispiele hierfür angegeben:

Angelica sylvestris, WALD-ENGELWURZ + *Mentha suaveolens*, RUNDBLÄTTRIGE MINZE
Die Engelwurz ist eine sehr hohe Staude (2,5 Meter) und muss sich nicht um Konkurrenz sorgen. Die Rundblättrige Minze kann darunter überleben und gedeiht besonders im späten Winter und Frühjahr, wenn sie vor der Engelwurz zu wachsen beginnt.

Claytonia sibirica, SIBIRISCHES TELLERKRAUT + BOWLES'S MINZE
Bowles's Minze ist die größere der beiden Pflanzen. Wie alle Minzen ist sie ein sich ausbreitendes Kraut, erzeugt aber keine dichte Bodendeckung, sondern produziert jedes Jahr eher sporadisch Austriebe. Das Sibirische Tellerkraut ist sehr schattentolerant und gedeiht unter der Minze. In Großbritannien ist es immergrün, außer unter sehr trockenen oder kalten Bedingungen, wo es sich in den Boden zurückzieht.

Sibirisches Tellerkraut (*Claytonia sibirica*), eine horstbildende Pflanze, wächst gemeinsam mit Bowle's Minze, einer sich ausbreitenden Art.

Crambe maritima, MEERKOHL + Rubus tricolor, CHINESISCHER BROMBEERSTRAUCH
Die meisten Kohlarten benötigen für ihre Entwicklung eine Menge Platz, dadurch bleibt jedoch darunter potenziell viel offener Boden. Der Chinesische Brombeerstrauch ist die wüchsigste unter den Bodendecker-Himbeeren, daher müssen die darin gepflanzten Stauden hoch und robust sein, um Licht zu bekommen. Beinwell (*Symphytum* spp.) funktioniert ebenfalls gut mit dem Chinesischen Brombeerstrauch.

Phormium colensoi, NEUSEELÄNDER BERG-FLACHS + *Rubus nepalensis*, HIMALAYA-HIMBEERE
Die niedrig wachsende Himbeere erzeugt hier eine gute Bodendeckung, dabei ist es einfach, darin Stauden und kleine Sträucher mit ausreichender Wuchsstärke zu pflanzen. Bei mir wächst diese Kombination an einem sehr schattigen Fleck.

Zwei sich ausbreitende Arten in einer Mischkultur

In dieser Kombination ist die Wahrscheinlichkeit höher, dass eine Art die andere dominiert und verdrängt, daher funktioniert sie meist nur, wenn entweder beide Arten ähnliche Wüchsigkeit und einen ähnlichen Habitus haben, oder andererseits, wenn eine davon immergrün, schattentolerant und schwach wachsend ist, während die andere ihr Laub abwirft und stärker wächst. Pflanzen Sie beide Arten gleichzeitig – die Pflanzabstände sind hier nicht sonderlich wichtig, da sich beide Pflanzen sozusagen fortbewegen. Unten sind Beispiele angegeben:

Fragaria vesca, WALD-ERDBEERE + *Duchesnea indica*, SCHEIN-ERDBEERE
Beide Pflanzen haben einen ähnlichen Habitus: Sie sind Stauden mit anwurzelnden Ausläufern. Beide sind halb immergrün und erreichen eine ähnliche Höhe.

Mentha x piperita, PFEFFERMINZE + *Rubus nepalensis*, HIMALAYA-HIMBEERE
Obwohl die Pfefferminze eine sich ausbreitende Art ist, erzeugt sie keine dichte Bodendeckung, sondern produziert später im Frühjahr scheinbar zufällig sporadisch Austriebe. Diese können leicht durch die niedrige Himalaya-Himbeere hindurchwachsen. Als immergrüne Pflanze hält die Himalaya-Himbeere den Boden bedeckt und in gutem Zustand.

Das jährliche Kürbisbeet ist umringt von Seifenkraut (*Saponaria officinalis*).

Kapitel 17

Einjährige, Zweijährige und Kletterpflanzen

Damit sie in Waldgärten gedeihen, müssen diese Pflanzen sorgfältig positioniert werden (siehe Kapitel 18 für mehr Informationen) . Beachten Sie, dass ich zwar die Begriffe „Einjährige", „Zweijährige" und „Stauden" verwende, die Unterscheidungen jedoch in der Realität oft nicht ganz so einfach sind. Einige einjährige Pflanzen (bekannt als winterharte Einjährige) überwintern und durchleben so Teile zweier Vegetationsphasen – jedoch nicht länger als ein Jahr. Einige Stauden überleben nur wenige Jahre und können gelegentlich auch zweijährig sein. Zum Zweck des praktischen Gestaltungskonzeptes muss jedoch eine Unterscheidung gemacht werden.

Einjährige und Zweijährige

Diese Gruppen enthalten natürlich den Großteil der „konventionellen" Gemüsearten, die im Allgemeinen angebaut werden; ich werde nur wenige davon hier aufführen. Die meisten Gemüsepflanzen stammen aus sonnigen Regionen – aus Küstengebieten, dem Mittelmeerraum, Mittelamerika und so weiter – und brauchen volle Sonne, um zu gedeihen. Manche der unten aufgeführten Arten sind als „Unkraut" bekannt; die wenigsten Menschen wissen jedoch, dass einige davon gut essbar sind.

Die Bewertung der Eigenschaft als Bodendecker in diesem Kapitel bezieht sich auf den Zeitraum, in dem diese Pflanzen kräftig wachsen. Natürlich kann keine dieser Arten als längerfristige Bodendeckung dienen.

Die hier gemachten Angaben zu laubabwerfend/immergrün müssen bei winterharten Einjährigen und Mehrjährigen wie folgt interpretiert werden: laubabwerfend = ohne Laub über den einzigen Winter; immergrün = belaubt über den einzigen Winter.

Alliaria petiolata, KNOBLAUCHSRAUKE

Laubabwerfend/Immergrün: D **Zone:** 5
Sonnen-/Schatten-Präferenz: ◑
Schatten-Toleranz: ◐
Bewertung: ✓✓✓
Fortpflanzung: SF
Bodendeckung: ✓ **Blüte:** Weiß

Es handelt es sich um eine europäische zweijährige Pflanze, manchmal überlebt sie auch länger als zwei Jahre. Der oberirdische Trieb stirbt im Winter ab.

Größe: 1–1,2 Meter hoch und 30 Zentimeter breit während der Blüte
Kultur: Aussaat im Frühjahr oder Pflanzen junger Setzlinge im Spätfrühling. Gedeiht in den meisten Böden. Toleriert ein wenig Staunässe.
Verwendung: Die Blätter haben einen an Knoblauch und Senf erinnernden Geschmack und eignen sich gut für Salate oder Suppen. Sie werden mit zunehmendem Alter schärfer. Die Samen können als scharfes senfähnliches Gewürz verwendet werden.
Ernte und Lagerung: Blätter im Frühjahr, Samen im Sommer
Kochen/Verarbeitung: Ab dem späten Frühjahr werden die Blätter zu scharf, um sie roh zu genießen, sie werden dann besser in Suppen, Eintöpfen und Ähnlichem verwendet.
Nebennutzen: Schmetterlingspflanze
Vermehrung: Durch Saatgut
Pflege: Keine nötig

Amphicarpaea bracteata, ERDBOHNE

Laubabwerfend/Immergrün: D **Zone:** 5
Sonnen-/Schatten-Präferenz: ◑
Schatten-Toleranz: ◐
Bewertung: ✓✓✓
Fortpflanzung: SF
Bodendeckung: ✓ **Blüte:** Weißlich-Pink

Dies ist eine aus Nordamerika stammende einjährige Schlingpflanze (die oft fälschlicherweise als mehrjährige Art klassifiziert wird). Interessanterweise bildet sie zwei Arten von Blüten aus, eine im oberen Pflanzenteil und eine unten, aus der sich dann eine Hülse entwickelt, die sich knapp unter dem Erdboden eingräbt.

Größe: Bis zu 1,5 Meter hoch
Kultur: Ziehen Sie Jungpflanzen vor und pflanzen Sie die Setzlinge dann im Spätfrühling ins Freiland. Toleriert die meisten Böden, auch saure.
Verwendung: Stickstofffixierer. Die Samen, sowohl die oberirdischen als auch die im Boden, sind essbar. Die Samen im Boden können bis zu 15 Millimeter dick werden, die oberirdischen sind kleiner.
Ernte und Lagerung: Ernten Sie die oberirdischen Samen im Herbst und die im Boden von Herbst bis in den Winter. Trocknen Sie diese sorgfältig zur Lagerung.
Kochen/Verarbeitung: Wie bei allen Leguminosen müssen die getrockneten Samen gekocht werden. Die Samen im Boden können, sofern sie weich genug sind, roh gegessen werden (und schmecken wie Bohnen).
Nebennutzen: Bienenpflanze
Vermehrung: Durch Saatgut
Pflege: Wenig erforderlich. Pflanzen Sie sie auf die Südseite von Sträuchern, in die sie hinaufklettern kann.

Arctium lappa & A. minus, KLETTEN

Laubabwerfend/Immergrün: D **Zone:** 3/5
Sonnen-/Schatten-Präferenz: ○
Schatten-Toleranz: ◐
Bewertung: ✓✓✓
Fortpflanzung: SF
Bodendeckung: ✓✓ **Blüte:** Pink

Kletten sind tief wurzelnde zweijährige Pflanzen aus Europa und Asien. In manchen Teilen der Welt, wie zum Beispiel in Japan, ist die Klette als Wurzelgemüse bekannt und wird weitverbreitet wegen ihrer einjährigen Wurzeln angebaut. Der oberirdische Pflanzenteil stirbt im Winter ab. *A. lappa* ist bis Zone 3 winterhart, *A. minus* bis Zone 5.

Größe: 2 Meter hoch in der Blüte in ihrem zweiten Jahr
Kultur: Aussaat im Frühjahr direkt oder in Container, Auspflanzen im Spätfrühling in jeden einigermaßen durchlässigen Boden
Verwendung: Die Wurzeln werden als Gemüse gekocht (was die Pflanze dann natürlich effektiv zu einer Einjährigen macht).
Ernte und Lagerung: Im Winter werden die Wurzeln einjähriger Pflanzen ausgegraben.
Kochen/Verarbeitung: Die Wurzeln werden in Wasser gekocht oder gebraten.
Nebennutzen: Bienen- und Schmetterlingspflanze; Mineraliensammler
Vermehrung: Durch Saatgut (keine Keimruhe)
Pflege: Keine nötig

Barbarea verna, FRÜHLINGS-BARBARAKRAUT

Laubabwerfend/Immergrün: D **Zone:** 6
Sonnen-/Schatten-Präferenz: ○
Schatten-Toleranz: ◐
Bewertung: ✓✓✓
Fortpflanzung: SF
Bodendeckung: ✗ **Blüte:** Gelb

Es handelt sich um eine europäische zweijährige Pflanze aus der Gattung der Kreuzblütler, die recht oft in Gemüsegärten angebaut wird. Der oberirdische Teil der Pflanze stirbt im Winter zurück.

Größe: 60 Zentimeter hoch und 30 Zentimeter breit
Kultur: Aussaat im Frühling direkt ins Freiland in einen feuchten, aber durchlässigen Boden
Verwendung: Die jungen Blätter schmecken pfeffrig und werden in Salaten verwendet, ältere Blätter können gekocht werden.
Ernte und Lagerung: Frühjahr und Sommer
Kochen/Verarbeitung: Die Blätter müssen nur kurz gekocht werden.
Nebennutzen: Bienenpflanze
Vermehrung: Durch Saatgut (keine Keimruhe) – kann dicht gesät werden
Pflege: Keine nötig

Beta vulgaris ssp. *cicla*, MANGOLD

Laubabwerfend/Immergrün: E **Zone:** 7
Sonnen-/Schatten-Präferenz: ○
Schatten-Toleranz: ◑
Bewertung: ✓✓✓
Fortpflanzung: SF
Bodendeckung: ✓✓ **Blüte:** Grün

Mangold ist eine bekannte Gemüseart. Solange die Blüte verhindert wird, kann der Mangold für ein paar Jahre als Mehrjährige kultiviert werden. In milden Winterregionen, in denen die Temperatur nicht unter –6 Grad Celsius fällt, können die Spitzen über den Winter grün bleiben.

Größe: 60 Zentimeter hoch, 40 Zentimeter breit und 1,2–1,5 Meter hoch oder mehr in der Blüte im zweiten Jahr
Kultur: Aussaat ins Freiland im Frühjahr oder Auspflanzen von Topfsetzlingen im späten Frühling in jeden durchlässigen Boden
Verwendung: Die Blätter, im Fall von Mangold auch die dicken Blattstängel, sind ein gutes Kochgemüse.
Ernte und Lagerung: Ernten Sie die Blätter zu jeder Jahreszeit.
Kochen/Verarbeitung: Dämpfen Sie die Blätter und Blattstängel und servieren Sie sie mit einer Soße, verwenden Sie diese als Lage in einer Lasagne oder Ähnlichem.
Vermehrung: Durch Saatgut; sät sich leicht selbst aus
Pflege: Keine nötig

Beta vulgaris ssp. *maritima*, WILDE RÜBE

Die Wilde Rübe hat einjährige, zweijährige und ausdauernde Formen. Für eine ausführliche Beschreibung siehe Seite 214, Kapitel 15 (Stauden und Bodendecker-Arten).

Calendula officinalis, RINGELBLUME

Laubabwerfend/Immergrün: D **Zone:** 6
Sonnen-/Schatten-Präferenz: ○
Schatten-Toleranz: ◑
Bewertung: ✓✓✓✓
Fortpflanzung: SF
Bodendeckung: ✓✓ **Blüte:** Gelb

Diese bekannte europäische Einjährige ist schon lange als Medizinpflanze in Gebrauch, ich verwende sie viel in Salaten. Sie ist sehr leicht anzubauen.

Größe: 50–70 Zentimeter hoch und 30 Zentimeter breit
Kultur: Aussaat ins Freiland im Frühjahr oder Auspflanzen von Topfsetzlingen im späten Frühling. Für alle Böden geeignet.
Verwendung: Die aromatischen Blätter und die Blütenblätter schmecken sehr gut in Salaten.
Ernte und Lagerung: Die Blätter können im Frühjahr und Sommer geerntet werden, die Blüten im Sommer und Herbst.
Nebennutzen: Bienenpflanze, attraktiv für Schwebfliegen, medizinischer Nutzen durch antiseptische und entzündungshemmende Wirkung. Eine sehr nützliche Pflanze!
Vermehrung: Durch Saatgut; sät sich leicht selbst aus
Pflege: Keine nötig

Campanula rapunculus, RAPUNZEL-GLOCKENBLUME

Laubabwerfend/Immergrün: D **Zone:** 4
Sonnen-/Schatten-Präferenz: ○
Schatten-Toleranz: ◑
Bewertung: ✓✓✓
Fortpflanzung: SF
Bodendeckung: ✓ **Blüte:** Blau

Die Rapunzel-Glockenblume ist eine in Europa heimische zweijährige Pflanze, die früher in größerem Ausmaß in England, Deutschland und anderen Ländern wegen ihrer Wurzel angebaut wurde. Die oberirdischen Pflanzenteile sterben über den Winter ab.

Größe: 30 Zentimeter hoch und breit im ersten Jahr; 1 Meter hoch zur Blüte im zweiten Jahr
Kultur: Aussaat ins Freiland im Frühjahr oder Auspflanzen von Topfsetzlingen im späten Frühling. Für alle Böden geeignet.
Verwendung: Hauptsächlich als Wurzelgemüse. Die Wurzeln werden nach dem ersten Jahr geerntet, bevor die Pflanze Blüten bildet. Jede Pflanze bildet eine einzelne große Pfahlwurzel aus, die bis zu 30 Zentimeter lang und 2 Zentimeter dick werden kann.
Ernte und Lagerung: Ernten Sie die Wurzeln über den Winter.
Kochen/Verarbeitung: Die Wurzeln werden gekocht (in Wasser oder gedämpft für 10–15 Minuten) und schmecken süß wie Walnüsse. Roh sind sie bitter.
Nebennutzen: Bienenpflanze. Die jungen basalen Blätter sind wie bei anderen *Campanula*-Arten essbar und schmecken gut in Salaten, ältere Blätter dagegen können zäh sein. Die jungen Triebe können im Frühjahr als Kochgemüse verwendet werden.
Vermehrung: Durch Saatgut. Falls Sie ins Freiland aus-

säen, sollten Sie einen Reihenabstand von 22 Zentimetern einhalten und die Pflanzen auf 10 Zentimeter Abstand ausdünnen.
Pflege: Schneiden Sie alle Blütenstände ab, die sich im ersten Jahr bilden, um die größtmögliche Wurzel zu bekommen.

Cardamine flexuosa, WALD-SCHAUMKRAUT & *C. hirsuta*, BEHAARTES SCHAUMKRAUT

Laubabwerfend/Immergrün: D **Zone:** 4
Sonnen-/Schatten-Präferenz: ○
Schatten-Toleranz: ◑
Bewertung: ✓✓✓
Fortpflanzung: SF
Bodendeckung: ✗ **Blüte:** Weiß

Diese europäischen Einjährigen kommen sehr schnell in die Blüte und säen sich aus. Sie tauchen oft als Beikraut in Topfpflanzen in Baumschulen auf und säen sich überall dort aus, wo sie offenen Boden finden.

Größe: 30–45 Zentimeter hoch und 20 Zentimeter breit
Kultur: Aussaat auf offenen Boden von Frühjahr bis Herbst. Gedeiht auf allen Böden.
Verwendung: Die Blätter und Stängel haben einen an Senf erinnernden Geschmack und passen gut in Salate.
Ernte und Lagerung: Ernten Sie die Blätter und Blattstängel das ganze Jahr über.
Vermehrung: Durch Saatgut; sät sich leicht selbst aus
Pflege: Keine nötig

Claytonia perfoliata (syn. *Montia perfoliata*), GEWÖHNLICHES TELLERKRAUT

Laubabwerfend/Immergrün: E **Zone:** 4
Sonnen-/Schatten-Präferenz: ○
Schatten-Toleranz: ◑
Bewertung: ✓✓✓
Fortpflanzung: SF
Bodendeckung: ✓✓ **Blüte:** Pink

Dies ist eine in Nordamerika heimische, winterharte einjährige Pflanze, die in Großbritannien gewöhnlich den Winter überdauert. Der Name „miner's lettuce" im Englischen („Minenarbeiter-Salat") rührt daher, dass sie für die Bergarbeiter während des Goldrausches 1849 in Kalifornien als Hauptnahrungsmittel diente.

Größe: 30 Zentimeter hoch und breit
Kultur: Aussaat ins Freiland im Frühjahr oder Herbst in einen feuchten Boden
Verwendung: Die Blätter und Stängel eignen sich gut für Salate und können auch gekocht werden.
Ernte und Lagerung: Die Blätter werden im Herbst, Winter und Frühjahr verwendet.
Kochen/Verarbeitung: Die Blätter werden Suppen, Eintöpfen und Ähnlichem beigegeben und müssen nur wenige Minuten gekocht werden.
Vermehrung: Durch Saatgut; sät sich leicht selbst aus
Pflege: Keine nötig

Lathyrus odoratus, DUFTENDE PLATTERBSE

Laubabwerfend/Immergrün: D **Zone:** 9
Sonnen-/Schatten-Präferenz: ○
Schatten-Toleranz: ◑
Bewertung: ✓✓✓
Fortpflanzung: SF
Bodendeckung: ✗ **Blüte:** Verschiedene nach Sorte

Diese einjährige Platterbse ist eine bekannte Zierpflanze, aus der viele Sorten auf ihre Blüheigenschaften hin gezüchtet wurden.

Größe: Bis zu 2–3 Meter hoch; eine einjährige schlingende Kletterpflanze

Kultur: Aussaat im Frühling. Schützen Sie sie vor Mäusen. Gedeiht auf jedem feuchten Boden.
Verwendung: Stickstofffixierer
Nebennutzen: Bienenpflanze. Wie bei den anderen *Lathyrus*-Arten (siehe Seiten 283–284) sind die jungen Samen ein leckerer Snack, solange man sie in Maßen genießt (sie enthalten einen Giftstoff, der sich anreichern und bei übermäßigem Genuss Beschwerden auslösen kann). Sie wird oft als Schnittblume verwendet.
Vermehrung: Durch Saatgut; muss jedes Jahr aufs Neue aufgezogen und ausgepflanzt werden
Pflege: Wenig nötig, sobald die Pflanzen begonnen haben zu klettern

Lunaria annua, EINJÄHRIGES SILBERBLATT

Laubabwerfend/Immergrün: E **Zone:** 8
Sonnen-/Schatten-Präferenz: ○
Schatten-Toleranz: ◐
Bewertung: ✓✓✓
Fortpflanzung: SF
Bodendeckung: ✓ **Blüte:** Blau

Das Einjährige Silberblatt ist eine winterharte, nordeuropäische, entgegen ihrem Namen zweijährige Pflanze, die oft über den Winter grün bleibt.

Größe: 60 Zentimeter hoch und 30 Zentimeter breit
Kultur: Aussaat im Frühjahr und Auspflanzen der jungen Pflanzen in jeden Boden. Sie bevorzugen neutrale bis alkalische Böden. Schnell wachsend und trockenheitsresistent.
Verwendung: Blätter, Blüten und Pfahlwurzeln sind essbar.
Ernte und Lagerung: Die Blätter werden vom Spätsommer bis ins Frühjahr geerntet, die Blüten im Spätfrühling und Sommer und die Wurzeln im Winter.
Kochen/Verarbeitung: Die Blätter und Blüten sind fleischig und zart und besitzen einen senfähnlichen Geschmack – sie eignen sich ausgezeichnet für Salate. Die Pfahlwurzeln werden bis 10 Zentimeter lang und 1–1,5 Zentimeter dick, können roh oder gekocht gegessen werden und schmecken wie Rettich.
Nebennutzen: Gute Bienen- und Schmetterlingspflanze
Vermehrung: Durch Saatgut; sät sich leicht selbst aus
Pflege: Keine nötig

Malva pusilla, KLEINBLÜTIGE MALVE & *M. verticillata*, QUIRL-MALVE

Laubabwerfend/Immergrün: D **Zone:** 5
Sonnen-/Schatten-Präferenz: ○
Schatten-Toleranz: ◐
Bewertung: ✓✓
Fortpflanzung: SF
Bodendeckung: ✓ **Blüte:** Weiß und Pink

Es handelt sich um einjährige Arten, es gibt jedoch auch ausdauernde Formen von *M. verticillata*, siehe Seite 224, Kapitel 15 (Stauden und Bodendecker).

Größe: In der Blüte 50–80 Zentimeter hoch und 30 Zentimeter breit
Kultur: Aussaat ins Freiland im Frühjahr in jeden einigermaßen fruchtbaren Boden
Verwendung: Die Blätter und Blüten eignen sich gut für Salate.
Ernte und Lagerung: Ernten Sie die Blätter über die ganze Vegetationszeit und die Blüten im Sommer.
Kochen/Verarbeitung: Die Blätter enthalten Schleimstoffe und können zum Eindicken von Suppen, Eintöpfen und so weiter verwendet werden.
Nebennutzen: Bienenpflanzen
Vermehrung: Durch Saatgut
Pflege: Keine nötig
Sorten: *M. verticillata* ´Crispa´ hat Blätter mit eingerollten Rändern.

Medicago lupulina, HOPFENKLEE

Laubabwerfend/Immergrün: E **Zone:** 5
Sonnen-/Schatten-Präferenz: ○
Schatten-Toleranz: ◐
Bewertung: ✓✓✓
Fortpflanzung: SF
Bodendeckung: ✓✓ **Blüte:** Gelb

Diese Leguminose wird oft als Gründüngerpflanze verwendet. In milderen Regionen kann sie überwintern und so zweijährig werden.

Größe: 30 Zentimeter hoch und 20 Zentimeter breit
Kultur: Aussaat ins Freiland von Frühling bis Herbst in einen einigermaßen durchlässigen Boden
Verwendung: Sehr guter Stickstofffixierer. Die gekeimten Sprosse sind essbar.
Ernte und Lagerung: Ernten Sie die Samen im Herbst.

Kochen/Verarbeitung: Die Samen können wie die anderer Leguminosen als gekeimte Sprossen verwendet werden.
Nebennutzen: Bienenpflanze
Vermehrung: Durch Saatgut – meist breitwürfig ausgebracht
Pflege: Keine nötig

Oxalis tuberosa, KNOLLIGER SAUERKLEE

Laubabwerfend/Immergrün: D **Zone:** 9
Sonnen-/Schatten-Präferenz: ○
Schatten-Toleranz: ○
Bewertung: ✓
Fortpflanzung: SF
Bodendeckung: ✓✓ **Blüte:** Gelb

Der Knollige Sauerklee ist eine knollige und buschig wachsende mehrjährige, sukkulente, krautige Pflanze aus Südamerika. Dort ist sie ein sehr bekanntes Knollengemüse, in Großbritannien muss sie jedoch mit Ausnahme der mildesten Regionen als überwinterte Einjährige behandelt werden, da die Knollen nur bis etwa –5 Grad Celsius Bodentemperatur winterhart sind. Die Entwicklung der Knollen beginnt erst im Spätsommer, sie braucht daher für einen guten Ertrag einen langen frostfreien Herbst.

Größe: 30 Zentimeter hoch und breit
Kultur: Setzen Sie die Knollen im Frühjahr in Container und pflanzen sie nach den letzten Frösten aus ins Freiland. Bevorzugt einen durchlässigen, nährstoffreichen Boden.
Verwendung: Die Knollen sind roh oder gekocht exzellent. Sie haben roh einen süßsauren Geschmack und eine knackige Textur, sie verlieren die Säure (Oxalsäure), sobald sie ein paar Tage der Sonne ausgesetzt wurden.
Ernte und Lagerung: Ernten Sie die Knollen im Herbst nach den ersten Frösten. An einem kühlen Ort lassen sie sich gut lagern.
Kochen/Verarbeitung: Kochen oder braten Sie die Knollen für 10–15 Minuten, sie schmecken dann sehr lecker, wie leicht säuerliche Kartoffeln.
Vermehrung: Durch die Knollen, von denen Sie im Frühjahr einige der im Winter eingelagerten wieder auspflanzen
Pflege: Gewöhnlich wird die Pflanze im Herbst ausgegraben und im Frühling wieder ausgepflanzt, da sie sehr kälteempfindlich ist

Sisymbrium officinale, WEG-RAUKE

Laubabwerfend/Immergrün: D **Zone:** 5
Sonnen-/Schatten-Präferenz: ◑
Schatten-Toleranz: ◐
Bewertung: ✓✓✓
Fortpflanzung: SF
Bodendeckung: ✓ **Blüte:** Gelb

Eine einjährige Pflanze aus Europa und Nordafrika, die oft als „Unkraut" betrachtet wird, obwohl sie eine lange Tradition der kulinarischen Verwendung aufweist.

Größe: 90 Zentimeter hoch und 30 Zentimeter breit
Kultur: Aussaat im Frühjahr; gedeiht auf allen Böden
Verwendung: Die jungen Blätter und die Spitzen der jungen Blütentriebe sind senfartig und werden jung in Salaten verwendet oder älter gekocht. Die Samen werden als senfähnliches Gewürz verwendet.
Ernte und Lagerung: Ernten Sie die Blätter und Triebe im Frühjahr und die Samen im Sommer.
Kochen/Verarbeitung: Die Blätter werden mit zunehmendem Alter schärfer. Ältere Blätter können roh zu scharf sein und werden dann besser in Suppen, Eintöpfen und so weiter gekocht.
Nebennutzen: Bienenpflanze
Vermehrung: Durch Saatgut
Pflege: Keine nötig

Smallianthus sonchifolia (syn. Polymnia edulis, P. sonchifolia), YACON

Laubabwerfend/Immergrün: D **Zone:** 9
Sonnen-/Schatten-Präferenz: ○
Schatten-Toleranz: ◐
Bewertung: ✓
Fortpflanzung: SF
Bodendeckung: ✓✓ **Blüte:** Gelb

Yacon ist ein weiteres Knollengemüse, das in Südamerika sehr oft angebaut wird, in Großbritannien muss die ausdauernde krautige Pflanze jedoch mit Ausnahme der mildesten Regionen als überwinterte Einjährige behandelt werden, da die Knollen nur bis etwa –5 Grad Celsius Bodentemperatur winterhart sind. Sie zieht ein heißes und feuchtes Klima vor.
Größe: 1–2 Meter hoch und 40 Zentimeter breit

Kultur: Pflanzen Sie die Knollen im Spätfrühling und schützen Sie sie vor späten Frösten. Bevorzugt einen durchlässigen, nährstoffreichen Boden.
Verwendung: Die Knollen sind sowohl roh als auch gekocht ausgezeichnet, mit einem süßen Geschmack und knackig wie ein Apfel. Die enthaltene Stärke ist Inulin (wie auch in Topinambur), das für viele Menschen unverdaulich ist und Blähungen herbeiführt.
Ernte und Lagerung: Ernten Sie die Knollen im Herbst nach den ersten Frösten. An einem kühlen Ort lassen sie sich gut lagern. Sie können die Größe einer großen Kartoffel erreichen.
Kochen/Verarbeitung: Kochen Sie diese wie Kartoffeln.
Nebennutzen: Die Blüten sind attraktiv für Nutzinsekten.
Vermehrung: Durch im Frühjahr ausgepflanzte Knollen
Pflege: Gewöhnlich wird die Pflanze im Herbst ausgegraben und im Frühling wieder ausgepflanzt.

Pferdeeppich/Alisander (*Smyrnium olusatrum*).

Smyrnium olusatrum, PFERDEEPPICH

Laubabwerfend/Immergrün: D **Zone:** 5
Sonnen-/Schatten-Präferenz: ◑
Schatten-Toleranz: ●
Bewertung: ✓✓✓
Fortpflanzung: SF
Bodendeckung: ✓✓ **Blüte:** Grünlich-Gelb

Der Pferdeeppich ist eine stark wachsende zweijährige krautige Pflanze aus Europa, sie wurde von den Römern als Küchenkraut nach Großbritannien gebracht.

Größe: In der Blüte 1,5 Meter hoch und 80 Zentimeter breit
Kultur: Aussaat im Herbst oder Anzucht junger Pflanzen, um diese im Winter auszupflanzen. Gedeiht auf allen Böden.
Verwendung: Die Blätter eignen sich gut für Salate (in kleinen Mengen wegen ihres starken Geschmacks) oder können in Eintöpfen, Suppen und so weiter gekocht werden. Sie haben einen dem Liebstöckel ähnlichen Geschmack, ebenso wie die Samen, die als Würzmittel verwendet werden.
Ernte und Lagerung: Die Blätter werden im Frühjahr geerntet, die Samen im Herbst.
Kochen/Verarbeitung: Selbst beim Kochen sind nicht viele Blätter nötig, um einen würzenden Geschmack abzugeben. Die Samen sollten gemahlen als Gewürz verwendet werden.
Nebennutzen: Attraktiv für Nutzinsekten. Die Wurzeln ein Jahr alter Pflanzen können als Gemüse gekocht werden.
Vermehrung: Durch Saatgut
Pflege: Keine nötig

Stellaria media, VOGELMIERE

Laubabwerfend/Immergrün: D **Zone:** 5
Sonnen-/Schatten-Präferenz: ○
Schatten-Toleranz: ◑
Bewertung: ✓✓✓
Fortpflanzung: SF
Bodendeckung: ✓ **Blüte:** Weiß

Es handelt sich um ein häufig aufzufindendes einjähriges Kraut in europäischen und amerikanischen Gärten. Seinen Namen verdankt es seiner großen Beliebtheit bei Hühnern. Wird auch von manchen Menschen gegessen.

Größe: 40 Zentimeter
Kultur: Falls es notwendig ist, können Sie diese Pflanze ganzjährig aussäen. Gedeiht auf den meisten kultivierten Böden.
Verwendung: Die jungen Blätter und Stängel schmecken gut in Salaten; ältere können gekocht werden.
Ernte und Lagerung: Ernten Sie die Blätter und Stängel ganzjährig.
Kochen/Verarbeitung: Die Blätter und Stängel müssen nur wenige Minuten gedämpft werden. Sie eignen sich gut für Suppen und Omeletts.
Nebennutzen: Bienenpflanze; Mineraliensammler
Vermehrung: Durch Saatgut; sät sich in bearbeitetem Boden selbst aus
Pflege: Keine nötig

Große Kapuzinerkresse (*Tropaeolum majus*).

Tropaeolum majus, GROSSE KAPUZINERKRESSE

Laubabwerfend/Immergrün: D **Zone:** 5
Sonnen-/Schatten-Präferenz: ○
Schatten-Toleranz: ◑
Bewertung: ✓✓✓✓
Fortpflanzung: SF
Bodendeckung: ✓✓ **Blüte:** Rot, Orange, Gelb

Die Kapuzinerkresse ist eine ein- bis mehrjährige krautige Kletterpflanze aus Südamerika und kann in warmen Klimazonen ausdauernd sein. Es gibt kletternde und buschige Formen. Ich pflanze lieber die kletternde Form an, weil sie besser aus eigener Kraft einen sonnigen Standort aufsuchen kann.

Größe: 3 Meter hoch
Kultur: Aussaat im Frühjahr in Container, dann Auspflanzen nach den letzten Frösten in einigermaßen nährstoffreichen Boden
Verwendung: Die pfeffrig schmeckenden Blätter und Blüten sind hervorragend in Salaten geeignet. Die jungen Samen schmecken ebenfalls pfeffrig und können als Ersatz für Kapern eingelegt oder gekocht werden.
Ernte und Lagerung: Die Blätter können ganzjährig geerntet werden, die Blüten von Sommer bis Herbst und die Samen im Herbst.
Nebennutzen: Bienenpflanze; attraktiv für Nutzinsekten
Vermehrung: Durch Saatgut. Für den Fall, dass sie sich nicht ausreichend selbst aussäen, ziehe ich jedes Jahr sicherheitshalber einige Jungpflanzen an.
Pflege: Wenig erforderlich. Gegebenenfalls müssen Sie die kletternde Form daran hindern, kleinere Pflanzen zu überwuchern.

Ullucus tuberosus, OLLUCO

Laubabwerfend/Immergrün: D **Zone:** 9
Sonnen-/Schatten-Präferenz: ○
Schatten-Toleranz: ○
Bewertung: ✓
Fortpflanzung: SF
Bodendeckung: ✗ **Blüte:** Rot

Diese knollenbildende mehrjährige krautige Pflanze aus Südamerika ist in ihrer Herkunftsregion weitverbreitet, in Großbritannien muss sie jedoch mit Ausnahme der mildesten Regionen als überwinterte Einjährige behandelt werden, da die Knollen nur bis etwa –5 Grad Celsius Bodentemperatur winterhart sind. Sie beginnt erst im frühen Herbst mit der Knollenbildung, daher braucht sie einen langen frostfreien Herbst, um einen guten Ertrag zu liefern.

Größe: 30 Zentimeter hoch und breit
Kultur: Pflanzen Sie die Knollen im Frühjahr in Container, dann Auspflanzen nach den letzten Frösten in einen durchlässigen, nährstoffreichen Boden.
Verwendung: Die Knollen von der Größe kleiner Kartoffeln sind roh oder gekocht ausgezeichnet. Sie sind knackig und haben einen nussigen Geschmack.
Ernte und Lagerung: Ernten Sie die Knollen vorsichtig im Herbst nach den ersten Frösten. An einem kühlen, dunklen Ort lassen sie sich gut lagern.
Kochen/Verarbeitung: Braten oder kochen Sie die Knollen wie Kartoffeln.
Nebennutzen: Die Blätter sind wie Spinat essbar.
Vermehrung: Durch Knollen, die wie Kartoffeln im Frühjahr gepflanzt werden
Pflege: Gewöhnlich wird die Pflanze im Herbst ausgegraben und im Frühling wieder ausgepflanzt, da sie nicht winterhart ist.

Vicia sativa, FUTTERWICKE

Laubabwerfend/Immergrün: E **Zone:** 5
Sonnen-/Schatten-Präferenz: ○
Schatten-Toleranz: ◑
Bewertung: ✓✓✓
Fortpflanzung: SF
Bodendeckung: ✓✓✓ **Blüte:** Weiß und Purpur

Die Futterwicke ist eine in Europa heimische einjährige krautige Kletterpflanze. Die meisten anderen Wicken, von denen einige ausdauernd sind, können ähnlich verwendet werden. Sie bevorzugen Standorte in Hecken, an denen sie etwas Sonne bekommen.

Größe: Kletternd, kann 1,2 Meter hoch werden, bleibt meist aber deutlich kleiner
Kultur: Aussaat im Frühjahr und Einrechen der Saat. Gedeiht in jedem einigermaßen nährstoffreichen Boden.
Verwendung: Die jungen Triebe können in Maßen in Salaten oder als Gemüse gekocht gegessen werden. Die grünen Samen sind fleischig und schmecken köstlich. Ähnlich wie bei den Platterbsen (*Lathyrus* spp., siehe Seite 283) sollten sie nicht in größeren Mengen verspeist werden, weil sonst gesundheitliche Probleme auftreten können. In kleineren Mengen ist dies jedoch kein Problem.
Ernte und Lagerung: Die jungen Triebe können im zeitigen Frühjahr geerntet werden, die grünen Samen im Sommer.
Kochen/Verarbeitung: Dämpfen Sie die jungen Triebe für wenige Minuten. Die grünen Samen können roh gegessen oder ebenfalls für ein paar Minuten gedämpft werden.
Nebennutzen: Bienenpflanze; Stickstofffixierer
Vermehrung: Durch Saatgut
Pflege: Keine nötig

Kletternde Stauden

Diese Kletterpflanzen sterben jeden Winter bis auf den Boden zurück, manchmal hinterlassen sie dabei tote Stängel, die sie in der nächsten Saison als Kletterhilfe benutzen. Wenn sie an nichts hinaufklettern können, bilden sie meist einen dichten Hügel und können so Funktionen als Bodendecker erfüllen. Aus diesem Grund sind in diesem Abschnitt Bewertungen zur Bodendeckung angegeben. Beachten Sie jedoch, dass diese Pflanzen, wenn sie denn einen Weg zum Hinaufklettern finden, bald all ihre Energie ins Klettern legen und somit ihren Wert als Bodendecker verlieren. Die meisten dieser Pflanzen kommen an Waldrändern vor, das heißt, sie mögen ihre Wurzeln in einem feuchten, humosen Boden und klettern nach oben zum Licht hin.

Apios americana, ERDBIRNE

Laubabwerfend/Immergrün: D **Zone:** 3
Sonnen-/Schatten-Präferenz: ○
Schatten-Toleranz: ◐
Bewertung: ✓✓✓
Fortpflanzung: SF
Bodendeckung: ✗ **Blüte:** Purpur

Es handelt sich um eine in Nordamerika heimische windende, ausdauernde krautige Pflanze (nicht zu verwechseln mit der Erdnuss, *Arachis hypogaea*, die im Englischen auch manchmal „groundnut" genannt wird). Sie produziert Ketten von Knollen, die im Boden von der Mutterpflanze ausstrahlen. Die Knollen sind 5–6 Zentimeter dick, oft aber walnussgroß.

Größe: 2,5 Meter hoch und 30 Zentimeter breit
Kultur: Pflanzen Sie die Knollen im Spätwinter oder ziehen sie in Containern vor und pflanzen sie im Frühjahr in einen feuchten Boden aus. Toleriert saure Böden.
Verwendung: Die Knollen werden gekocht gegessen.
Ernte und Lagerung: Die Knollen können ganzjährig geerntet werden.
Kochen/Verarbeitung: Die stärkehaltigen Knollen werden wie Kartoffeln zubereitet und 10–15 Minuten gekocht. Der Geschmack erinnert an Kartoffeln und Erdnüsse.
Nebennutzen: Bienenpflanze und stickstofffixierende Pflanze
Vermehrung: Durch die Knollen
Pflege: Wenig erforderlich. Es kann 2–3 Jahre dauern, bis sich die Pflanze etabliert hat. Pflanzen Sie sie auf die Südseite von Sträuchern, an denen sie hinaufklettern kann.

Dioscorea spp., YAMS

Laubabwerfend/Immergrün: D **Zone:** 5
Sonnen-/Schatten-Präferenz: ○
Schatten-Toleranz: ◐
Bewertung: ✓✓
Fortpflanzung: SF
Bodendeckung: ✗ **Blüte:** Weiß

Die meisten Bewohner gemäßigter Klimazonen denken bei Yams an tropische Pflanzen, die man hier nicht einmal in Erwägung ziehen kann, aber das trifft nicht zu. Es gibt mehrere Arten, die auch unter kühleren Klimabedingungen als ausdauernde krautige Kletterpflanzen wachsen und sich im Winter in ihre essbare Wurzel oder Knolle zurückziehen. Die für gemäßigte Klimazonen geeigneten Arten sind unter anderen *D. batatas* (Chinesische Yam oder Lichtwurzel) und *D. japonica* (Japanische Berg-Yam oder Yamaimo).

Einige Yams werden auch „Luft-Kartoffel" (im Englischen „air potatoes") genannt, weil sie oberirdisch aus jeder Blattachsel runde „Knollen" austreiben, die leicht geerntet werden können. Diese Miniknollen (ich nenne sie „Yamlinge") können, auch wenn sie nicht ganz so groß werden, genau wie die unterirdischen Knollen gekocht und gegessen werden. *D. japonica* und *D. batatas* produzieren große Mengen dieser etwa 1 Zentimeter dicken Luftknollen. *D. bulbifera* (Luftkartoffel) bildet größere Knollen, ich habe diese jedoch noch nicht angebaut, und wahrscheinlich braucht sie wärmere Sommer, als wir sie derzeit in Großbritannien bekommen (in südlichen Teilen der USA wird sie als „Unkraut" betrachtet). Yams sind Rankpflanzen und sollten am besten auf die Südseite von Sträuchern gepflanzt werden, an denen sie hochklettern können, um möglichst viel Licht zu bekommen.
Größe: 4 Meter oder höher und 30 Zentimeter breit
Kultur: Pflanzen Sie die Knollen in Container und bringen Sie sie nach den letzten Frösten aus. Bevorzugt

einen durchlässigen, aber feuchten Boden mit hohem Humusanteil.
Verwendung: Sowohl die oberirdischen als auch die Knollen im Boden können gegessen werden.
Ernte und Lagerung: Ernten Sie die oberirdischen Knollen von Spätsommer bis Herbst und die im Boden verankerten Knollen im Winter. Die Knollen sind über den Winter in einem leicht feuchten Medium (zum Beispiel Sand) bei kühlen Temperaturen lagerfähig. Sie lassen sich auch gut im Kühlschrank aufbewahren.
Kochen/Verarbeitung: Beide Arten von Knollen können gekocht, gebraten oder gebacken werden – sie haben eine mehlige Textur und einen milden, aber sehr angenehmen Geschmack.
Vermehrung: Durch die oberirdischen Knollen
Pflege: Keine nötig

Jiaogulan (*Gynostemma pentaphyllum*).

Gynostemma pentaphyllum, UNSTERBLICHKEITSKRAUT

Laubabwerfend/Immergrün: D **Zone:** 7
Sonnen-/Schatten-Präferenz: ◐
Schatten-Toleranz: ●
Bewertung: ✓✓✓✓
Fortpflanzung: M/F
Bodendeckung: ✓ **Blüte:** –

Das Unsterblichkeitskraut ist eine schlanke, kletternde, einjährige bis ausdauernde Pflanze aus China, die dort wegen ihres medizinischen Nutzens hoch wertgeschätzt wird (daher auch das „Kraut der Unsterblichkeit" genannt wird).

Größe: 3 Meter oder höher
Kultur: Pflanzen Sie im Winter oder Frühjahr in Containern vorgezogene Exemplare (treiben spät aus). Bevorzugt einen feuchten, aber durchlässigen Boden und einen Standort, an dem sie an Sträuchern oder einem Zaun hochklettern kann.
Verwendung: Geerntet werden die Blätter und für medizinische Zwecke eingesetzt, sie wirken als Antioxidans und Adaptogen. Gewöhnlich wird aus ihnen ein Kräutertee bereitet. Sie haben einen holzigen Geschmack und werden daher am besten mit anderen Kräutern gemischt, um einen wohlschmeckenden Tee zu kochen.
Ernte und Lagerung: Die Blätter können vom Sommer bis in den Frühherbst geerntet und zur Lagerung getrocknet werden.
Vermehrung: Am einfachsten durch Teilung oder Absenker. Die Pflanze produziert nicht viele Samen; zur Fruchtbildung sind sowohl eine männliche als auch eine weibliche Pflanze erforderlich.
Pflege: Wenig erforderlich

Hablitzia tamnoides, KAUKASISCHER RANKSPINAT

Laubabwerfend/Immergrün: D **Zone:** 4
Sonnen-/Schatten-Präferenz: ◐
Schatten-Toleranz: ◐
Bewertung: ✓✓✓
Fortpflanzung: SF
Bodendeckung: ✗ **Blüte:** Blassgelb

Es handelt sich um eine aus dem Kaukasus stammende ausdauernde, rankende Kletterpflanze.

Größe: 3 Meter oder höher; 30 Zentimeter breit
Kultur: Pflanzen Sie im Winter oder zeitigen Frühjahr in Containern vorgezogene Exemplare in einen feuchten und durchlässigen Boden.
Verwendung: Werden die Triebe gedämpft, sind sie ein gutes, spinatähnliches Gemüse.
Ernte und Lagerung: Die Blätter und jungen Triebe werden vor allem im Frühjahr geerntet. Die Pflanze beginnt sehr früh zu wachsen; die jungen Triebe sind frostresistent.
Vermehrung: Durch Teilung, Absenker oder Saatgut. Die Pflanzen produzieren nicht viele Samen.
Pflege: Wenig erforderlich

Die weiblichen Blüten („Zapfen“) des Hopfens (*Humulus lupulus*).

Humulus lupulus, HOPFEN

Laubabwerfend/Immergrün: D **Zone:** 5
Sonnen-/Schatten-Präferenz: ○
Schatten-Toleranz: ◐
Bewertung: ✓✓✓✓
Fortpflanzung: M/F
Bodendeckung: ✗ **Blüte:** Blassgrün

Hopfen ist eine in Europa heimische mehrjährige Schlingpflanze. Viele Sorten beispielsweise ´Fuggle´ und ´Mathon´, wurden als Brauhopfen gezüchtet. Eine gute Zwergsorte, die nur 2,5 Meter hoch wird, ist ´First Gold´. Sie bietet den Vorteil, dass die Frucht in Reichweite bleibt, während der Ertrag im Vergleich mit einer traditionellen, doppelt so hohen Sorte nahezu gleich ist.

Größe: Stark wachsende Sorten können 6 Meter Höhe erreichen.
Kultur: Pflanzen Sie im Winter in Containern vorgezogene Exemplare (sie treiben sehr früh aus) in einen feuchten und durchlässigen Boden.
Verwendung: Die weiblichen Blüten („Zapfen“) werden zum Brauen verwendet.
Ernte und Lagerung: Die Zapfen werden im frühen bis mittleren Herbst geerntet.
Nebennutzen: Die jungen Triebe können als Gemüse gekocht werden.
Vermehrung: Durch Wurzelstecklinge, Teilung oder Absenker
Pflege: Wenig erforderlich. Die alten Stängel können als Rankhilfe für die neuen Triebe belassen werden.

Hopfen (*Humulus lupulus*) ´Fuggle´.

Lathyrus latifolius & *L. sylvestris*, BREITBLÄTTRIGE PLATTERBSE & WALD-PLATTERBSE

Laubabwerfend/Immergrün: D **Zone:** 5
Sonnen-/Schatten-Präferenz: ○
Schatten-Toleranz: ◐
Bewertung: ✓✓✓
Fortpflanzung: SF
Bodendeckung: ✗ **Blüte:** Pink-Purpur

Platterbsen sind in Europa heimische Rankpflanzen. Die sommergrünen ausdauernden krautigen Arten lassen sich sehr gut mit anderen Stauden in Mischkultur pflanzen, an denen sie hinaufklettern können, um ans Licht zu gelangen: *Lathyrus latifolius* (Breitblättrige Platterbse) und *L. sylvestris* (Wald-Platterbse).

Größe: 1–3 Meter hoch und 15 Zentimeter breit
Kultur: Pflanzen Sie im Winter oder zeitigen Frühjahr in Containern vorgezogene Exemplare in einen durchlässigen, aber nicht zu sauren Boden.
Verwendung: Hauptsächlich als stickstofffixierende Begleitpflanze. Die jungen Erbsen in den Hülsen sind köstlich und schmecken genau wie Gartenerbsen, sollten aber nur in kleinen Mengen verzehrt werden, da sie einen Giftstoff enthalten, der sich im Körper anreichern und in großen Mengen ernsthafte Beschwerden auslösen kann (dies ist bisher nur aus Situationen bekannt, als diese während einer Hungersnot gegessen wurden).
Ernte und Lagerung: Ernten Sie die Schoten im Sommer.
Kochen/Verarbeitung: Die jungen Schoten schmecken roh köstlich, sie könnten auch gekocht werden, was jedoch bei den zu erwartenden Erträgen nicht lohnenswert ist.
Nebennutzen: Bienenpflanzen. Ich esse die Samen in den jungen Schoten gern; beachten Sie aber die oben erwähnte Giftigkeit.

Vermehrung: Durch Saatgut; Anrauung erleichtert die Keimung.
Pflege: Keine nötig

Die Wald-Platterbse (*Lathyrus sylvestris*) in Mischkultur mit der Rundblättrigen Minze (*Mentha suaveolens*).

Lathyrus tuberosus, KNOLLEN-PLATTERBSE

Laubabwerfend/Immergrün: D **Zone:** 6
Sonnen-/Schatten-Präferenz: ○
Schatten-Toleranz: ◑
Bewertung: ✓
Fortpflanzung: SF
Bodendeckung: ✗ **Blüte:** Pink

Es handelt sich um eine in Europa heimische ausdauernde krautige Rankpflanze. Die Knollen sind essbar, jedoch recht klein. Ich hatte mit dieser Pflanze das Problem, dass häufig Mäuse die Knollen im Boden gefressen haben.

Größe: 1,2 Meter hoch und 15 Zentimeter breit
Kultur: Pflanzen Sie im Frühjahr in Containern vorgezogene Pflanzen in einen durchlässigen, aber nicht zu sauren Boden. Schützen Sie sie vor Mäusen.
Verwendung: Die Knollen werden gekocht gegessen. Sie enthalten nicht den Giftstoff, der in den Samen und dem Laub der anderen *Lathyrus*-Arten enthalten ist.
Ernte und Lagerung: Die Knollen werden im Winter geerntet, wenn die oberirdischen Pflanzenteile abgestorben sind. Sie haben gewöhnlich einen Durchmesser von 2–3 Zentimetern.
Kochen/Verarbeitung: Kochen Sie die Knollen in Wasser oder braten Sie sie; sie schmecken wie Süßkartoffeln.
Nebennutzen: Bienenpflanze
Vermehrung: Durch Saatgut oder Knollen
Pflege: Achten Sie auf Schnecken- und Mäusefraß.

Passiflora incarnata, WINTERHARTE PASSIONSBLUME

Laubabwerfend/Immergrün: D **Zone:** 6
Sonnen-/Schatten-Präferenz: ○
Schatten-Toleranz: ◑
Bewertung: ✓✓
Fortpflanzung: SF
Bodendeckung: ✗ **Blüte:** Blau und Weiß

Dieser aus Nordamerika stammende ausdauernde krautige Kletterstrauch gehört zu den Passionsblumen. Er beginnt im Frühling erst spät zu wachsen, daher der Name „Maypop“ im Englischen.

Größe: Bis zu 5 Meter hoch und 40 Zentimeter breit
Kultur: Pflanzen Sie im späten Frühling nach den letzten Frösten in Containern vorgezogene Exemplare in einen durchlässigen, sauren bis neutralen Boden.
Blüte: Die Blüten mit hohem Zierwert werden im Frühsommer gebildet und von Bienen bestäubt.
Fruchtbildung: Die Früchte reifen von September bis November.
Verwendung: Das Fruchtfleisch ist essbar und hat einen guten Geschmack.
Ernte und Lagerung: Die Früchte werden im Herbst geerntet.
Nebennutzen: Bienenpflanze
Vermehrung: Durch Saatgut oder Absenker
Pflege: Keine

Tropaeolum tuberosum, KNOLLIGE KAPUZINERKRESSE/MASHUA

Laubabwerfend/Immergrün: D **Zone:** 8
Sonnen-/Schatten-Präferenz: ○
Schatten-Toleranz: ◑
Bewertung: ✓
Fortpflanzung: SF
Bodendeckung: ✗ **Blüte:** Gelb

Die Knollige Kapuzinerkresse ist eine knollenbildende, ausdauernde Kletterpflanze aus Südamerika. Sie benötigt einen langen Sommer, um ausreichend große Knollen zu bilden.

Größe: 2 Meter oder höher und 40 Zentimeter breit
Kultur: Pflanzen Sie die Knollen im Spätwinter oder zeitigen Frühjahr. Bevorzugt einen feuchten, durchlässigen, sauren bis neutralen Boden.

Verwendung: Die Knollen werden als Kochgemüse verwendet; sie haben einen pfeffrigen Geschmack.
Ernte und Lagerung: Die Knollen werden vom Spätherbst bis in den Winter geerntet.
Kochen/Verarbeitung: Braten oder kochen Sie die Knollen wie Kartoffeln.
Nebennutzen: Bienenpflanze; essbare Blätter und Blüten wie andere Kapuzinerkressen
Vermehrung: Durch Saatgut oder Knollen
Pflege: In Gegenden mit kalten Wintern können die Knollen im Boden erfrieren. Sollte dieses Risiko bestehen, müssen sie im Herbst ausgegraben, über den Winter in feuchtem Sand gelagert und im Frühjahr wieder ausgepflanzt werden.

Vicia sylvatica, WALD-WICKE

Laubabwerfend/Immergrün: D **Zone:** 3
Sonnen-/Schatten-Präferenz: ○
Schatten-Toleranz: ◑
Bewertung: ✓✓✓
Fortpflanzung: SF
Bodendeckung: ✗ **Blüte:** Weiß und Purpur

Die Wald-Wicke ist eine in weiten Teilen Europas und Asiens beheimatete schlingende ausdauernde krautige Pflanze. Sie ist eine der vielen Wicken, die als gute Stickstofffixierer einsetzbar sind. Einige Wicken sind eher klein und tun sich schwer, im Halbschatten zu überleben, die Wald-Wicke ist jedoch groß genug, um sich durch Klettern bessere Lichtverhältnisse zu schaffen.

Größe: Bis zu 2 Meter hoch
Kultur: Ziehen Sie Jungpflanzen heran, um diese im Frühjahr in einen feuchten, durchlässigen Boden auszupflanzen.
Verwendung: Stickstofffixierer; in kleinen Mengen essbare Samen (die Wicken enthalten wie die *Lathyrus*-Arten Giftstoffe, die sich durch übermäßigen Verzehr anreichern können)
Ernte und Lagerung: Die Samen können im Herbst geerntet werden.
Kochen/Verarbeitung: Die rohen Samen sind ein leckerer Snack. Die getrockneten Samen können gekocht werden.
Nebennutzen: Bienenpflanze
Vermehrung: Durch Saatgut
Pflege: Wenig erforderlich

Holzige Kletterpflanzen

Alle holzigen Kletterpflanzen können als Dämmung für Hausfassaden eingesetzt werden. Wenn sie an einer Gebäudewand hinaufwachsen, erhöhen sie den Dämmungswert dieser Mauer. So halten sie das Gebäude im Winter wärmer und im Sommer kühler. Manche sommergrüne, schlingende, verholzte Kletterpflanzen wie *Akebia*, *Parthenocissus* oder *Vitis* kann auch Mauern mit losem oder altem Putz beschädigen und sollte daher dort vermieden werden. Alle unten genannten Kletterpflanzen können Dachschindeln beschädigen, wenn man ihnen erlaubt, über die Wand hinaus zwischen die Schindeln zu wachsen. Sie sollten sie stoppen, bevor sie das Ende der Hauswand erreichen. Wie auch die krautigen ausdauernden Kletterpflanzen bilden diese Pflanzen einen Haufen, wenn sie nirgends emporwachsen können, und dienen dann als Bodendecker, deswegen ist dafür eine Bewertung angegeben.

Purpur-Strahlengriffel (*Actinidia arguta* var. *purpurea*).

Actinidia arguta, *A. deliciosa* & *A. kolomikta*, MINI-KIWI, KIWIBEERE

Laubabwerfend/Immergrün: D **Zone:** 2/7
Sonnen-/Schatten-Präferenz: ○
Schatten-Toleranz: ◑
Bewertung: ✓✓✓
Fortpflanzung: M/F
Bodendeckung: ✗ **Blüte:** Weiß

Die Art *A. deliciosa* ist die bekannte flaumige Kiwifrucht (Chinesische Kiwi). *A. arguta* (Kiwibeere, Scharfzähniger Strahlengriffel) und *A. kolomikta* (Kolomikta-/Amur-Strahlengriffel) werden winterharte Kiwis genannt. Meiner Meinung nach schmecken die winterharten Kiwis sogar besser als die gewöhnlichen haarigen Kiwifrüchte: Die Früchte sind kleiner, etwa 3,5 Zentimeter lang, haben aber eine glatte Haut, eine weiche Schale und einen köstlichen Geschmack. Die winterharten Kiwis brauchen gegenüber der flaumigen Kiwi weniger Sommerhitze zur Reifung der Früchte. Sie sind alle in asiatischen Wäldern heimische, stark wachsende Schlingpflanzen. Die beiden winterharten Arten sind normalerweise in der Lage, sich gegenseitig zu bestäuben. Die unten angegebenen Details gelten für alle drei Arten; was sie unterscheidet, ist lediglich die Winterhärte: *A. deliciosa* ist bis Zone 7 winterhart und die winterharten Kiwis bis Zone 2.

Größe: 30 Meter in Bäume hinein, falls Sie dies zulassen!
Kultur: Pflanzen Sie im Winter in Containern vorgezogene Exemplare. Gedeiht auf allen Böden. Schützen Sie die Jungpflanzen vor Frost, Schnecken und Katzen.
Blüte: Die unscheinbaren Blüten erscheinen im Spätfrühling. Alle Kiwiarten sind zweihäusig – die Pflanzen sind entweder männlich oder weiblich, zur Fruchtbildung müssen beide vor Ort sein.
Fruchtbildung: Die Früchte reifen von September bis November.
Verwendung: Die Früchte schmecken frisch vorzüglich.
Ernte und Lagerung: Die Früchte werden im Herbst geerntet.
Kochen/Verarbeitung: Die Früchte eignen sich besonders gut zur Herstellung von Fruchtleder, weil die Samen winzig sind und die ganze Frucht verflüssigt werden kann.
Nebennutzen: Essbarer Pflanzensaft
Vermehrung: Durch Absenker oder grüne Stecklinge. Sie benötigen etwa einen männlichen Bestäuber für bis zu acht weibliche Pflanzen, es gibt jedoch auch selbstbefruchtende Sorten.
Pflege: Schützen Sie die jungen Pflanzen vor Katzen (die durch Stoffe in den Blättern angezogen werden) und Schnecken. Alle Arten sind in Großbritannien anfällig für Frostschäden im Frühjahr, pflanzen Sie diese also auf keinen Fall in ein Frostloch. Sie benötigen einen regelmäßigen Schnitt, um sie auf
Sorten:

A. arguta:
Weibliche Pflanzen:
´Anna´
var. *cordifolia*
(syn. *cordifolia*)
´Geneva´
´Geneva 2´
´Jumbo´
´Kens Red´
´MSU´
var. *purpurea sadowa*
´Weiki female´
Männliche Pflanzen:
´Meader´
´74-32´
´Weiki male´
selbstfruchtbar:
´Issai´

A. deliciosa:
Weibliche Pflanzen:
´Hayward´
Männliche Pflanzen:
´Atlas´
selbstfruchtbar:
´Boskoop´
´Jenny´

A. kolomikta:
Weibliche Pflanzen:
´Arctic Beauty´
´Dr. Szymanowski´
´Red Beauty´
´Sientiabrskeja´
´Tomoko´
Männliche Pflanzen:
´Adam´

Eine Mini-Kiwi (*Actinidia arguta*) wächst an einer Kopfbaum-Linde (*Tilia tomentosa*) empor.

Akebia quinata & A. trifoliata, FINGERBLÄTTRIGE AKEBIE & KLEEBLÄTTRIGE AKEBIE, KLETTERGURKE

Laubabwerfend/Immergrün: E **Zone:** 5
Sonnen-/Schatten-Präferenz: ○
Schatten-Toleranz: ◐
Bewertung: ✓
Fortpflanzung: SS
Bodendeckung: ✓✓ **Blüte:** Purpur

Es handelt sich um verholzte immergrüne oder halb immergrüne oder laubabwerfende schlingende Kletterpflanzen aus Asien. Die Früchte der Akebie kann man immer noch auf Märkten in Japan finden. Der Name der Sorte ´Chocolate Vine´ im Englischen (oft fälschlich als „Schokoladenwein" übersetzt) leitet sich von der violettbräunlichen Farbe und dem würzigen Duft der Blüten ab. In manchen Regionen mit wärmerem Klima werden sie als „Unkraut" betrachtet.

Größe: 5–10 Meter hoch und 40 Zentimeter breit
Kultur: Pflanzen Sie im Winter wurzelnackte oder in Containern vorgezogene Exemplare aus (treiben sehr früh). Gedeiht auf den meisten Böden.
Blüte: Frühling
Fruchtbildung: Die essbaren Balgfrüchte reifen im September/Oktober.
Verwendung: Das Fruchtfleisch der Früchte ist roh essbar und hat einen süßen Geschmack wie Wassermelone. Essen Sie die Samen mit oder spucken Sie sie aus.
Ernte und Lagerung: Ernten Sie die Früchte im Herbst und verwenden Sie diese sofort.
Nebennutzen: Die Stängel eignen sich hervorragend für Flechtarbeiten. Die Triebe beider Pflanzen werden in der

traditionellen chinesischen Heilkunde oft verwendet.
Vermehrung: Durch Saatgut oder Absenker
Pflege: Um sie auf einer handhabbaren Größe zu halten, können Schnittmaßnahmen erforderlich werden.

Clematis vitalba, GEWÖHNLICHE WALDREBE

Laubabwerfend/Immergrün: D **Zone:** 4
Sonnen-/Schatten-Präferenz: ◑
Schatten-Toleranz: ●
Bewertung: ✓✓✓
Fortpflanzung: SF
Bodendeckung: ✗ **Blüte:** Grünlich-Weiß

Die Waldrebe ist ein stark wachsender, lianenartiger sommergrüner Kletterstrauch aus Europa, der sich sehr kräftig selbst aussäen kann (Liane).

Größe: 10 Meter oder höher
Kultur: Pflanzen Sie im Herbst die flauschigen Samen oder setzen Sie junge Pflanzen im Winter aus. Gedeiht auf allen Böden.
Verwendung: Die Stängel eignen sich gut für Flechtarbeiten.
Ernte und Lagerung: Die Stängel werden im Winter geerntet.
Nebennutzen: Bienenpflanze
Vermehrung: Durch Saatgut
Pflege: Wenig erforderlich

Lonicera periclymenum, WALDGEISSBLATT

Laubabwerfend/Immergrün: D **Zone:** 5
Sonnen-/Schatten-Präferenz: ○
Schatten-Toleranz: ◑
Bewertung: ✓✓
Fortpflanzung: SF
Bodendeckung: ✗ **Blüte:** Weiß und Gelb

Das Waldgeißblatt ist eine in Europa heimische laubabwerfendes Klettergehölz (Liane). Sie kommt häufig wild in Wäldern und Hecken vor.

Größe: 4 Meter hoch
Kultur: Pflanzen Sie im Winter junge Exemplare aus. Gedeiht auf allen Böden.
Verwendung: Die Stängel eignen sich gut für Flechtarbeiten.
Ernte und Lagerung: Die Stängel werden im Winter geerntet.
Nebennutzen: Bienenpflanze
Vermehrung: Durch Saatgut
Pflege: Wenig erforderlich

Parthenocissus quinquefolia, WILDER WEIN, SELBSTKLETTERNDE JUNGFERNREBE

Laubabwerfend/Immergrün: D **Zone:** 3
Sonnen-/Schatten-Präferenz: ○
Schatten-Toleranz: ●
Bewertung: ✓✓✓
Fortpflanzung: SF
Bodendeckung: ✓✓ **Blüte:** Grün

Diese sehr stark wachsende sommergrüne, selbstkletternde Pflanze wird oft wegen ihrer auffällig roten Herbstfärbung zur Zierde an Wände gepflanzt. Allzu oft wird sie in solchen Fällen nicht gepflegt und kann so leicht Schäden an Dächern verursachen.

Größe: 20–30 Meter hoch oder mehr
Kultur: Pflanzen Sie junge Exemplare im Winter aus. Gedeiht auf allen Böden.
Verwendung: Die Stängel eignen sich gut für Flechtarbeiten.
Ernte und Lagerung: Die Stängel werden im Winter geerntet.
Nebennutzen: Bienenpflanzen
Vermehrung: Durch Saatgut oder Absenker
Pflege: Kann sehr stark wüchsig sein und so regelmäßige Maßnahmen erfordern

Schisandra chinensis, SCHISANDRA, CHINESISCHES SPALTKÖRBCHEN

Laubabwerfend/Immergrün: D **Zone:** 4
Sonnen-/Schatten-Präferenz: ○
Schatten-Toleranz: ◑
Bewertung: ✓✓
Fortpflanzung: SS
Bodendeckung: ✗ **Blüte:** Cremefarben-Pink

Die Schisandra ist eine in Nordchina und im Osten Russlands heimische Liane, eine laubabwerfende, ausdauernde verholzte Kletterpflanze, die seit Langem wegen ihres medizinischen Nutzens wertgeschätzt wird.

Größe: 7 Meter oder höher
Kultur: Pflanzen Sie im Winter (treibt früh aus) in Containern vorgezogene Exemplare. Gedeiht auf allen Böden. Schützen Sie die Jungpflanzen vor Schnecken.
Blüte: Frühjahr. Diese Art ist zweihäusig – Pflanzen sind männliche oder weibliche Vertreter, denn beide werden zur Fruchtbildung benötigt, es sei denn, Sie pflanzen die selbstfruchtbare Sorte ´Eastern Prince´.
Fruchtbildung: Die Früchte reifen von August bis Oktober.
Verwendung: Die Früchte sind essbar und haben einen ausgewogenen Geschmack. Sie haben etwa die Größe von Johannisbeeren und werden in Trauben gebildet.
Ernte und Lagerung: Die Früchte werden im Herbst geerntet.
Nebennutzen: Eine wichtige Heilpflanze in China, die als Adaptogen verwendet wird
Vermehrung: Durch Saatgut, Absenker oder Teilung
Pflege: Um sie auf einer handhabbaren Größe zu halten, können Schnittmaßnahmen erforderlich werden.

Vitis spp., WEINREBE

Laubabwerfend/Immergrün: D **Zone:** 5
Sonnen-/Schatten-Präferenz: ○
Schatten-Toleranz: ◑
Bewertung: ✓✓✓✓
Fortpflanzung: SF
Bodendeckung: ✓✓ **Blüte:** Grün

Weinreben sind sehr stark wachsende mit Sprossranken versehene Kettersträucher. *Vitis vinifera* ist die ursprüngliche Weinrebe – hybride Sorten stammen von dieser und verschiedenen amerikanischen und russischen Arten ab, die meist robuster sind. Es gibt Hunderte von Sorten, die hier rechts angegebenen sind für britische Bedingungen geeignet.

Größe: 30 Meter in Bäume hinauf!
Kultur: Pflanzen Sie im Winter (treibt früh aus) wurzelnackte oder in Containern vorgezogene Exemplare. Mag einen feuchten, gut durchlässigen Boden.
Blüte und Fruchtbildung: Blüht im Voll- bis Spätfrühling, die Früchte reifen von September bis Oktober.
Verwendung: Die Früchte werden frisch verzehrt und zu Saft und Wein verarbeitet. Die Blätter werden in der Küche verwendet.
Ernte und Lagerung: Die Früchte werden im Herbst geerntet, die Blätter können ganzjährig genutzt werden.
Nebennutzen: Essbarer Pflanzensaft. Aus den Samen kann Öl gewonnen werden.
Vermehrung: Durch ausgereifte Stecklinge im Winter oder durch Absenker; kann auch auf Unterlagen veredelt werden
Pflege: Die Weinrebe verlangt einen Schnitt, um sie auf einer handhabbaren Größe zu halten (siehe Kapitel 18).
Sorten: Die Sorten sind nicht nach Art unterteilt, da die meisten komplexe Hybride sind und weil die essbaren Weinreben gewöhnlich alle als eine Gruppe betrachtet werden. Wenn die Art hier nicht angegeben ist, handelt es sich um eine Hybride.

Tafeltrauben:
Rot:
[*V. vinifera*] ´Black Prince´
´Black Strawberry´
´Brandt´ (´Brant´)
´Fragole´ (´Fragola´)
´Gagarin´ (´Gagarin Blue´)
´Glenora´ (´Glenora Seedless´)
´Kempsey Black´
´Marshall Joffre´ (´Maréchal Joffre´)
´Regent´
´Reliance´ (kernlos)
´Rembrant´
´Rondo´
´Saturn´ (kernlos)
´Schuyler´
[*V. purpurea*] ´Spetchley Park´
´Tereshkova´
Weiß:
´Aurora´
[*V. vinifera*] ´Chasselas Rose´ (´Chasselas Rosé´)
[*V. vinifera*] ´Lakemont´ (kernlos)
´Phoenix´ (´Phönix´)
´Precoce de Malingre´ (´Précoce de Malingre´)
[*V. vinifera*] ´Reichensteiner´
´Zalagyongye´ (´Zalagyöngye´)
Weintrauben:
Rot:
´Baco´ (´Baco Noir´)
[*V. vinifera*] ´Black Prince´
´Kempsey Black´

´Leon Millot´ (´Léon Millot´)
´Marshall Joffre´ (´Maréchal Joffre´)
´Rembrant´
´Rondo´
´Siebel´ (syn. ´Siebel 13053´)
[*V. purpurea*] ´Spetchley Park´
´Triomphe d'Alsace´
Weiß:
´Aurora´ (syn. ´Siebel 5279´)
[*V. vinifera*] ´Bacchus´
[*V. vinifera*] ´Chardonnay´
[*V. vinifera*] ´Chasselas Rose´ (´Chasselas Rosé´)
[*V. vinifera*] ´Reichensteiner´
´Zalagyongye´ (´Zalagyöngye´)

Wisteria spp., BLAUREGEN, WISTERIE/GLYZINIE

Laubabwerfend/Immergrün: D **Zone:** 4-6
Sonnen-/Schatten-Präferenz: ○
Schatten-Toleranz: ◐
Bewertung: ✓✓✓
Fortpflanzung: SF
Bodendeckung: ✓✓ **Blüte:** Weiß, Violett, Blau

Die Glyzinien sind bekannt als sommergrüne, stattliche, linkswindende, kletternde Zierpflanzen, meist sieht man sie an Hauswänden, sie könnten aber genauso gut an einem Baum emporranken und zu sehr großen, mächtigen Pflanzen heranwachsen. Gehen Sie also sicher, dass der als Rankhilfe vorgesehene Baum auch groß und kräftig genug dafür ist. Die Glyzinien sind einige der wenigen holzigen kletternden Stickstofffixierer (Schmetterlingsblütler, Leguminose). Die Arten sind *W. floribunda* (Japanische Wisteria) und *W. sinensis* (Chinesische Wisteria).

Größe: 6–10 Meter und mehr in Bäume hinauf
Kultur: Pflanzen Sie im Winter oder zeitigen Frühjahr in Containern vorgezogene Sträucher aus. Der Blauregen benötigt einen feuchten, durchlässigen Boden, der nicht ausgesprochen fruchtbar sein muss.
Verwendung: Stickstofffixierer
Nebennutzen: Bienenpflanzen. Behandeln Sie Berichte von essbaren Pflanzenteilen mit größter Vorsicht!
Vermehrung: Durch Saatgut oder ausgereifte Stecklinge. Blühende Sorten sind oft veredelt.
Pflege: Wenig erforderlich, wenn Bäume als Rankhilfe verwendet werden. Wisterien, die an Wänden wachsen, müssen regelmäßig geschnitten werden. *Eulecanium excrescens*, ein Insekt aus der Familie der Napfschildläuse, ein Schädling aus China, der 2001 in Großbritannien erstmalig auftrat, kann die Pflanze durch Saugen des Pflanzensafts schädigen; in einem diversen Ökosystem sollte dies jedoch kein Problem sein.

Hopfen (*Humulus lupulus*) ´Fuggle´, an einer Italienischen Erle emporwachsend (*Alnus cordata*).

Kapitel 18

Gestaltung mit Einjährigen, Zweijährigen und Kletterpflanzen

Einjährige und Zweijährige

Diese kurzlebigen Pflanzen benötigen meist offenen Boden und werden daher in einem Waldgarten nur unter folgenden Bedingungen überleben:

- Wenn sie sich im Schatten oder Halbschatten selbst aussäen können und die Samen dort hinfallen, wo im Frühjahr der Boden offen oder nur spärlich mit Pflanzenbewuchs bedeckt ist. Da in Waldgärten der Boden immer mit Bewuchs bedeckt ist, sodass selbst im Winter nur wenig Bodenfläche ungeschützt bleibt, ist es hier für kurzlebige Pflanzen eine Herausforderung, zu überleben.

- Wenn sie jedes Jahr von Neuem ausgesät und/oder herangezogen und dann ausgepflanzt werden. Sicherlich lohnt sich die Überlegung, besonders bei erwünschten Einjährigen, die sich in einem Waldgarten nur schwerlich selbst aussäen. Ich ziehe beispielsweise jedes Jahr einige Pflanzen Kapuzinerkresse und Ringelblumen vor, weil diese für mich im Garten von hohem Wert sind.

So oder so ist die Pflege von Flächen mit kurzlebigen Pflanzen für den Gärtner fast immer mit mehr Arbeit verbunden – vor allem mit Jäten, weil sich der offene Boden nach Absterben der Pflanzen für das Eindringen von Beikräutern geradezu anbietet.

Natürlich sind die meisten herkömmlichen Gemüsepflanzen unter die Einjährigen und Zweijährigen zu zählen. Die meisten stammen aus warmen Gegenden wie Küstenregionen, aus dem Mittelmeerraum und aus mittel- und südamerikanischen Klimaregionen. Bis auf wenige Ausnahmen werden sie im Schatten nicht gedeihen. Manch einer hält seinen Gemüsegarten mit Einjährigen gänzlich vom Waldgarten getrennt – es ist jedoch auch durchaus möglich, einjähriges Gemüse zu integrieren. Dies kann entweder in einer größeren Lichtung oder auf mehreren kleinen Flächen mit guten Lichtbedingungen geschehen. Siehe Kapitel 19 für Informationen zur Gestaltung solcher Flächen.

Kletterpflanzen

Heutzutage ist es meist üblich, für Kletterpflanzen Strukturen wie Wände, Zäune und Rankhilfen zu schaffen und zu nutzen. Wenn Sie in Ihrem Waldgarten oder an dessen Rändern bereits solche Strukturen haben, ergibt es sicher Sinn, diese auch zu nutzen. Eine Rankhilfe oder Pergola kann sich gut für ein schattiges Ruheplätzchen im Waldgarten eignen. Ich ziehe es jedoch vor, hauptsächlich natürliche Methoden zu verwenden, um meine Kletterpflanzen zu unterstützen – damit meine ich vor allem andere Pflanzen. Auf diese Art wurden Kletterpflanzen vor den Zeiten der Rankhilfen aus Pfosten und Draht kultiviert.

KLETTERPFLANZEN WOLLEN KLETTERN

Kletterpflanzen wie Weinreben oder Kiwis werden schnell bis zu 30 Meter hoch an Bäumen emporklettern, wenn Sie ihnen die Möglichkeit dazu geben. In diesem Fall sind dann natürlich die Früchte weit außerhalb Ihrer Reichweite. Ich rate davon ab, Kletterpflanzen so hoch wachsen zu lassen, es sei denn, Ihnen (oder Ihren Kindern) macht es Spaß, so weit nach oben zu klettern, um zu ernten.

Einige Kletterpflanzen können auch als üppige bodendeckende Pflanzen kultiviert werden. Abgesehen davon, können kletternde Stauden oder Sträucher natürlich erst in einen Waldgarten eingeführt werden, wenn es etwas gibt, an dem sie emporklettern können. Es kann also durchaus sein, dass Sie 5–8 Jahre warten müssen, bevor Sie diese Kletterpflanzen sinnvoll anbauen können.

Die meisten Kletterpflanzen kommen natürlich am Waldrand vor, das heißt, sie mögen ihre Wurzeln in einem kühlen Waldboden, während sie an den Rändern von Gehölzen zur Sonne hin klettern.

Kletternde Stauden

Diese Pflanzen sterben jeden Winter bis auf den Boden zurück, daher werden sie niemals die Höhen einiger holziger Kletterpflanzen erreichen. Hopfen erreicht eine Höhe von 6 Metern, das ist ungefähr die Maximalhöhe, die krautige Kletterpflanzen erreichen können.

Verholzte Kletterstauden werden am besten auf die Südseite eines geeignet großen Strauches oder Baumes gepflanzt, damit die Pflanze an diesem (wenn nötig mit einer Rankhilfe) emporwachsen kann. Idealerweise ist der Strauch oder Baum in diesem Fall keine Ertragspflanze, da die Erntemenge durch den zusätzlichen Schatten der Kletterpflanze sinken wird. Sofern die Kletterpflanze nicht zu stark wachsend ist, wird immer ein Ertrag möglich sein. Hopfen, eine üppig wachsende Pflanze, leite ich an der Südseite meiner Italienischen Erlen hoch. An diesen habe ich absichtlich ein paar untere Äste auf der Südseite stehen lassen. Der Hopfen als Schlingpflanze benötigt zu Beginn eventuell eine Stange oder einen Stecken, um dorthin zu gelangen, danach hält er sich an den Ästen fest. Eine ähnliche Ausrichtung zum Baum wähle ich für manche holzige Kletterpflanzen (siehe Bild rechts).

Pflanzen Sie die Kletterpflanze mit ein wenig Abstand zum Stamm des Gehölzes, an dem sie hochklettern soll, um die Wurzelkonkurrenz möglichst gering zu halten – 1 Meter ist ausreichend, es darf jedoch gerne mehr sein, besonders wenn der Strauch eine eher runde Form und einen großen Durchmesser hat.

Eine einfache Alternative dazu ist es, jedes Jahr, wie man es bei Stangenbohnen gewohnt ist, eine Struktur aus Stangen, Rohren oder Ähnlichem zu bauen, an der die Staude hinaufklettern kann.

Klettergehölze

Früchtetragende holzige Kletterpflanzen wie die Weinreben und Kiwis neigen vor allem am jungen Holz zur Fruchtbildung – deswegen tragen solche, die auf hohe Bäume hinaufklettern, ihre Früchte oben an den Spitzen. Hier brauchen Sie eine Strategie, wie Sie das fruchtende Holz möglichst tief halten. Ich wende bei der Aufzucht und der Erziehung von holzigen Kletterpflanzen hauptsächlich zwei Methoden an:

Bei der ersten Methode dient ein größerer Baum als Rankhilfe, in meinem Garten ist dies meist die Italienische Erle (*Alnus cordata*), ein stickstofffixierender Baum. Gewöhnlich hebe ich die Baumkrone an, indem ich die unteren Seitenäste entferne; wenn der Baum jedoch als Rankhilfe für eine Kletterpflanze dienen soll, dann belasse ich auf der Höhe zwischen 1,8 Metern und 3 Metern ein paar Äste (auf Stumpen eingekürzt) auf der Südseite des Stammes. Die Kletterpflanze wird auf diese Äste geleitet und ihre Seitentriebe werden eingeflochten, um einen beständigen Rahmen zu bilden. Die Blätter der Kletterpflanze sind dann hauptsächlich in der Sonne. Jedes Jahr erlaubt man nun das Wachstum kurzer Fruchttriebe, im Winter beim Entfernen überflüssigen Holzes werden die zukünftigen Fruchttriebe belassen. Die Früchte hängen in dem Flechtwerk aus den Zweigen beider Pflanzen und sind dort leicht zu ernten. Ich verwende diese Methode vor allem für Weinreben.

Eine Kletterpflanze klettert in einen Baum hinauf. Diese Weinrebe wurde in die unteren Äste geleitet, die an einer Italienischen Erle eigens zu diesem Zweck belassen wurden.

Alternativ verwende ich einen stark beschnittenen Kopfbaum als Rankgerüst für die Kletterpflanze, meist ist dies bei mir eine Linde. Ich pflanze Linden (*Tilia* spp.) als Blattgemüse und behandle sie wie große Sträucher; sie werden dann 3–4 Meter hoch und breit, anstatt als hoher Baum aufzuwachsen. In Großbritannien wird der erste Rückschnitt nach Pflanzung des Jungbaums nach 6–8 Jahren vorgenommen und danach alle 4–5 Jahre. Ich setze den Schnitt hoch an (das heißt eigentlich im Kopfholzbetrieb bewirtschaftet) und entferne bis zu einer Höhe von 1,5 Metern alle Äste, so werden die jungen Triebe vor Wildfraß geschützt. Jeder andere in Niederwaldwirtschaft genutzte Kopfbaum, etwa ein eingekürzter stickstofffixierender Baum (zum Beispiel die Silber-Akazie, *Acacia dealbata*), könnte in ähnlicher Weise als Rankhilfe für Kletterer dienen.

Das Klettergehölz (ich verwende meist Kiwis, vor allem die frostharten Arten – siehe Seite 285, Kapitel 17) wird gepflanzt, wenn der Baum (erstmalig oder zu einem späteren Schnitt) zurückgeschnitten wird. Pflanzen Sie Klettergehölz mit einem Abstand von 1–2 Metern zum Stamm des Rankbaumes.

- Mithilfe einer Stange wird die Kletterpflanze zur Mitte des Baumes hingeleitet.
- Der zurückgeschnittene Baum und die Kletterpflanze wachsen gemeinsam, die Kletterpflanze strebt dabei automatisch immer wieder zu den besten Lichtbedingungen zum Kronenrand hin und bildet neue Triebe aus. Dort bilden sich dann die Früchte.
- Wenn der Baum das nächste Mal im Turnus zurückgeschnitten wird, dann wird die Kletterpflanze ebenfalls (auf gleicher Höhe mit dem Baum) eingekürzt und der Ablauf beginnt von Neuem.
- Nach dem Rückschnitt verlieren Sie zwar ein Jahr Fruchtertrag, für ein leichtes und nachhaltiges Ranksystem ist dies jedoch ein geringer Preis.

Eine Kletterpflanze wird in einen Niederwald-Baum geleitet.
(a) Eine Linde wird gepflanzt. (b) 4–6 Jahre später ist der Baum groß genug für den ersten Rückschnitt. (c) Der Baum wird hoch eingekürzt und männliche und weibliche Kiwipflanzen werden gesetzt. (d) Die Triebe der Kiwi wachsen über die äußere Kronenfläche der Linde und bilden dort Früchte. (e) Zum nächsten Rückschnitt werden die Kiwis mit eingekürzt.

Verschiedene uralte und traditionelle agrarforstwirtschaftliche Systeme in Europa verwendeten Bäume als Rankhilfen für Weinreben. Dies waren oft Pappeln, manchmal auch Maulbeeren. Sie können sich vorstellen, dass es recht schwierig und zeitintensiv sein muss, Trauben unter Einsatz langer Leitern aus der Krone eines großen Maulbeerbaums ernten zu müssen. Darüber hinaus wäre die Beschattung der Maulbeere durch die Weinblätter stark genug, um die Ertragsmenge der Maulbeere zu mindern.

Es gibt viele weitere Methoden, Rankhilfen für Kletterpflanzen zu schaffen, und sicher fallen Ihnen auch eigene Lösungen ein. Eine, die ich persönlich noch nicht ausprobiert habe, die aber durchaus machbar scheint, ist die Verwendung eines sogenannten Opferbaums.

- Pflanzen Sie einen Baum mit recht dauerhaftem Holz, der sich nicht kappen lässt.
- Dies könnte eine Kiefer (*Pinus* spp.) oder eine andere Konifere wie der Riesen-Lebensbaum (*Thuja plicata*) sein. Manche Arten wie die Kiefern können für 4–5 Jahre den Nebennutzen haben, dass Sie aus den Nadeln Kräutertees zubereiten können.

Die Ranken einer Kleinfruchtigen Kiwi (*Actinidia arguta*) wachsen durch eine Kopf-Winterlinde (*Tilia cordata*).

- Wenn der Baum nach 4–5 Jahren etwa 2–2,5 Meter hoch ist, bringen Sie diesen zum Absterben, indem Sie ihn „ringeln", das heißt in einem breiten Ring um den Stammansatz die Rinde entfernen. Dann pflanzen Sie Ihre Kletterpflanze daneben.

- Die Kletterpflanze nutzt den Baum als Rankgerüst. Möglicherweise müssen Sie manchmal dafür sorgen, dass sie zu den Ästen hingeleitet wird.

- In der Zwischenzeit pflanzen Sie 1–2 Meter entfernt einen neuen „Opferbaum", der übernimmt, sobald der tote Baum zu zerfallen beginnt.

- Wenn der erste Baum beginnt zu verrotten, schneiden Sie die Kletterpflanze zurück und leiten sie in den neuen, gerade geringelten Opferbaum. Und so weiter.

Teil 3

Weitere Gestaltungselemente und Pflegemaßnahmen

Blick über den Teich in meinem Garten im Frühling. Die gerade Laub austreibenden großen Bäume sind Italienische Erlen (*Alnus cordata*). Der Strauch mit den Kätzchen ist eine Grün-Erle (*Alnus viridis*).

Kapitel 19

Lichtungen

Die Gestaltung von Lichtungen

Obwohl dieses Buch von Waldgärten handelt, gibt es öfter spezielle Gründe, warum man irgendwo eine hellere Lücke zwischen Bäumen belassen möchte – also etwas, das einer Lichtung oder Waldwiese eines natürlichen Waldes ähnelt. Dies kann folgende Gründe haben:

- Sie möchten Feldfrüchte anbauen, die eine regelmäßige Pflege und zusätzliches Licht benötigen – dies trifft auf die meisten bekannten einjährigen Gemüsearten zu.
- Sie möchten Sträucher oder Bäume als Ertragspflanzen anbauen, die zusätzliches Licht und mehr Wärme benötigen, zum Beispiel Pfirsichbäume.
- Sie möchten Sträucher oder Bäume anpflanzen, die sonst kaum überlebensfähig wären, indem Sie diesen Gehölzen einen geschützten und sonnigen Standort geben, wie zum Beispiel der Kakipflaume (*Diospyros kaki*) in Großbritannien.
- Sie haben einen Teich.
- Sie möchten eine offene Fläche zur Freizeitnutzung – solche würde ich als „Aufenthaltsort" bezeichnen. Orte, an denen man ausruhen, essen und spielen kann, sind wichtig und erhöhen die Funktionalität Ihres Gartens. Indem Sie mehr Zeit im Garten verbringen, profitiert dieser durch die zugeteilte Aufmerksamkeit. Ihnen fallen mehr und mehr Details auf und es wird Ihnen zunehmend bewusst, wie er funktioniert. Nicht jeder Aufenthaltsort muss jedoch in einer Lichtung liegen, genauso gut kann im Sommer ein schattiges Plätzchen unter Bäumen zum Verweilen einladen.

Entschließen Sie sich jedoch, eine Lichtung einzuplanen, sollten Sie sich über die Gestaltung zu einem frühen Zeitpunkt Gedanken machen, spätestens jedoch, bevor Sie mit der Pflanzung der hohen Bäume anfangen.

Das Klima in einer Lichtung wird durch das des umliegenden Waldgartens beeinflusst, hauptsächlich als Folge von direkter Sonneneinstrahlung (Sonnenlicht). Allgemein bedeutet das, dass tagsüber höhere Temperaturen und nachts nahezu normale Temperaturen herrschen. In dieser Situation haben empfindlichere Pflanzenarten eine bessere Chance, dass ihr Holz bis zum Herbst abhärtet; so können Sie ihr Absterben durch Winterkälte vermeiden. Pflanzen, die auf niedrige Temperaturen empfindlich reagieren, gedeihen in einer Lichtung jedoch nicht zwingend besser – beispielsweise sind solche Vertreter, die ihr Laub früh austreiben, immer noch anfällig für Frostschäden im Frühjahr.

Ein Teich ist eine Art Lichtung. Die gegenüberliegende Seite des Teiches (nach Süden hin) wurde offen gehalten, um gute Lichtbedingungen zu erzeugen.

Licht

Der zu berücksichtigende kritische Faktor bei der Gestaltung von Lichtungen ist die Verfügbarkeit von Licht. Bei einer zu kleinen oder schlecht durchdachten Lichtung wird die Sonne nicht ausreichend durchdringen, worüber sonnenliebende Arten nicht glücklich sein werden.

Der Großteil der für eine Pflanze verfügbaren Energie (70–90 Prozent) wird aus direktem Sonnenlicht gewonnen. Anders gesagt ist die Energie, die Pflanzen durch direkte Sonneneinstrahlung gewinnen können, 3–10 Mal so hoch wie die durch diffuses Tageslicht, unabhängig davon, ob dieses durch bedeckten Himmel oder einen schattigen Standort erzeugt wird.

Pflanzen, die eine große Hecke oder einen Waldrand in ihrem Norden haben, aber trotzdem einen Großteil der direkten Sonneneinstrahlung abbekommen, verlieren nur 5–15 Prozent der gesamten Energie (etwa die Hälfte des diffusen Lichtes). Dieser Verlust wird gewöhnlich durch den zusätzlichen Schutz, den diese Pflanzen genießen, mehr als kompensiert. Dies trägt auch zu einem vorteilhaften Mikroklima bei, indem sie besser gedeihen als eine vergleichbare Pflanze in vollem Sonnenlicht an einem weniger geschützten Standort.

Das bedeutet auch, dass die Höhe der Hecke am Nordrand der Lichtung kein wichtiger begrenzender Faktor ist: Diese Gehölze sollten nur hoch genug sein, um die in der Lichtung gesetzten Pflanzenarten vor kalten Nordwinden zu schützen.

Alles, was an den Rändern um die Lichtung herum wächst, kann potenziell Sonnenlicht aus dieser Richtung blockieren. Besonders im Osten, Westen und Süden sollten Sie diese Beschattung unbedingt minimieren.

- Gehölze, die am Ostrand der Lichtung wachsen, blockieren das morgendliche Sonnenlicht, wenn die Sonne noch niedrig steht und kühle Temperaturen herrschen.
- Gehölze, die am Westrand der Lichtung stehen, blockieren Sonnenlicht am späten Nachmittag und Abend, wenn die Sonne niedrig steht und warme Temperaturen herrschen.
- Gehölze, die am Südrand der Lichtung wachsen, blockieren das Sonnenlicht zur Mittagszeit, wenn die Sonne in ihrem Zenit steht.
- Gehölze am Nordrand der Lichtung blockieren fast kein Sonnenlicht.

Für Sie könnte jetzt naheliegen, dass das Sonnenlicht am Morgen und das am Abend für eine Pflanze zur Gewinnung von Energie gleichwertig sind: Dem ist jedoch nicht so. Wenn die Lufttemperatur am Morgen kühler ist, läuft die Fotosynthese weniger effizient als am Nachmittag und Abend bei wärmeren Temperaturen. Die Sonne am Nachmittag und Abend ist daher viel wertvoller als die Morgensonne, besonders trifft dies in gemäßigten Klimazonen wie in Großbritannien zu, wo der Morgen meist kühl ist. Ihr lokales Mikroklima kann natürlich auch beeinflussen, wie viel Morgen- und Nachmittagssonne Sie abbekommen.

Bäume umringen eine Lichtung. Dabei sollten die Bäume im Westen am niedrigsten sein, gefolgt von den Bäumen im Osten und Süden. Bäume an der Nordseite können beliebig groß sein.

Wenn Sie also über die Gehölze an den Rändern einer Lichtung nachdenken, befolgen Sie die folgenden allgemeinen Regeln:

- Die Höhe der Pflanzen am östlichen Rand ist nicht ganz so kritisch, solange dort keine großen Bäume stehen. Es ist nicht nur so, dass die frühe östliche Morgensonne für Pflanzen weniger wertvoll ist, in der Tat kann die an frostigen Tagen direkt auf gefrorenes Pflanzengewebe scheinende Sonne viel größeren Schaden anrichten.

- Die Höhe der Pflanzen am westlichen Rand ist besonders wichtig. Um die Menge an Sonne in der zweiten Tageshälfte zu maximieren, müssen diese Pflanzen recht niedrig sein.

- Die Höhe der Pflanzen am südlichen Rand ist von ähnlicher Wichtigkeit. Da die Sonne jedoch viel höher steht, wenn sie nach Süden zieht, dürfen diese Pflanzen höher als die im Westen sein, sie sollten aber immer noch recht niedrig sein.

- Die Pflanzen auf der Nordseite können so hoch wie gewünscht sein. Tatsächlich sollten diese mindestens so hoch sein wie der größte in der Lichtung verwendete Baum, damit der maximale Schutz gegen Nordwinde gegeben ist.

Idealerweise gelingt es Ihnen, die Gehölze zu den Rändern hin abzustufen, besonders an den westlichen und südlichen Rändern. Wie im Bild dargestellt, maximieren Sie so die Menge an direktem Sonnenlicht in der Lichtung.

Egal, wie groß Sie Ihre Lichtung anlegen, wird es immer am südlichen Rand einen Streifen geben, der nie direkte Sonne bekommt. Hier müssen Sie Pflanzen einplanen, die Schatten tolerieren.

Die Breite dieses Streifens, der kein direktes Licht erhält, beträgt (in den Breitengraden Großbritanniens) etwa zwei Drittel der Pflanzenhöhe am Südrand. Sollten dort also Sträucher von 3 Metern Höhe stehen, bekäme in der Lichtung ein Streifen von etwa 2 Metern keine direkte Sonne. Für eine Lichtung gibt es keine perfekte Form. Versuchen Sie jedoch, um das verfügbare Sonnenlicht

Bäume am Südrand einer Lichtung. Die Höhe der Gehölze ist so abgestuft, dass die größtmögliche Menge an Sonne in die Lichtung fallen kann.

zu maximieren, allgemein die Ausdehnung von Ost nach West größer anzulegen als von Nord nach Süd. In der Praxis sorgen Landschaftsmerkmale sowie Bäume und Sträucher entlang der seitlichen Begrenzungen dafür, dass die Ränder der Lichtung unregelmäßig wellenförmig sind. In kleinen Gärten sind Lichtungen nur praktikabel, wenn die Arten entlang des Südrands klein sind (in britischen Breitengraden nicht mehr als etwa 2 Meter).

Bäume am Südrand einer Lichtung. Die Höhe der Gehölze ist so abgestuft, dass die größtmögliche Menge an Sonne in die Lichtung fallen kann.

Zur Linken grenzt ein Chinesischer Brombeer-Strauch (*Rubus tricolor*) an den Pfad, zur Rechten Cardys (*Cynara cardunculus*) mit einem Mulch aus Flachsmatten.

Kapitel 20

Wege und Pfade

In einem Waldgarten werden immer Wege benötigt, die Anzahl und Dichte permanenter Wege kann jedoch zwischen kleinen und großen Waldgärten stark variieren. Je größer der Garten, desto weniger Wege werden gewöhnlich pro Flächeneinheit benötigt. Dies liegt daran, dass es in einem großen Waldgarten eher Flächen gibt, die nicht so häufig besucht werden, und mehr Flächen mit Unterpflanzung, die weniger intensiv genutzt werden. In einem kleinen Garten hingegen ist es wahrscheinlicher, dass der größte Teil der Fläche intensiv genutzt wird und so einen guten Zugang haben sollte.

Allgemein ist es am besten, die Anzahl der geplanten Wege möglichst gering zu halten, weil diese immer Arbeit erfordern, damit sie begehbar bleiben. Ich unterteile Wege in zwei Kategorien:

- Hauptwege – sie werden häufig genutzt, um auch entlegene Teile des Gartens zu erreichen und um Mulch und andere Materialien zu transportieren,
- Nebenwege – über diese gelangt man zu bestimmten Bereichen zur Ernte oder für andere Arbeiten.

Hauptwege

Einige Hauptwege sind immer nötig. Diese sollten zu Beginn Ihres Gestaltungsprozesses geplant werden, sodass zwischen Gehölzen die nötigen Abstände vorgesehen werden. Die Wege sollten mindestens 1 Meter breit sein, möglicherweise breiter, besonders wenn Sie darauf Gerät bewegen wollen.

Die Hauptwege werden bei jedem Wetter stark begangen und sollten permanent bedeckt sein, entweder mit einer lebenden Bodendeckung (eine Mischung aus hauptsächlich Gräsern), einer Mulchschicht oder (in kleinen Gärten) einer festen Oberfläche. Siehe „Wegoberflächen“, Seite 304).

Den Verlauf Ihrer Hauptwege durch den Waldgarten können Sie gestalten, wie Sie möchten. Bedenken Sie dabei jedoch, dass Sie alle Bereiche Ihres Gartens in kurzer Entfernung vom Hauptweg aus (etwa 5 Meter) erreichen können. Gute Orte für Hauptwege sind entlang von Hecken (wo Sie wegen intensiver Konkurrenz im Wurzelraum ohnehin nur schwierig anderes anpflanzen könnten) und dort, wo sie für Arten, deren Ausbreitung Sie kontrollieren wollen, eine Barriere bilden. Bei steilen Hängen vermeiden Sie Bodenerosion, indem Sie die Wege mit möglichst wenig Steigung anlegen und so, dass Sie die Höhenkontur schneiden, wenn nötig im Zickzackkurs.

Die Hauptwege müssen so breit sein, dass Sie Materialien darauf transportieren können und nicht von überhängendem nassen Laub beeinträchtigt werden.

Nebenwege

Nebenwege sind nicht immer erforderlich, besonders in größeren Gärten, da dort der Fußverkehr sehr eingeschränkt stattfindet und die meisten Bodendecker das gelegentliche Begehen gut verkraften. Erst wenn die Bodendecker an der Häufigkeit des Begehens leiden, werden Nebenwege notwendig. Tatsächlich zeigen sie sich in diesen Fällen meist als „Trampelpfade“ – nämlich die Strecken, die Sie am häufigsten laufen – und bestehende Bodendecker auf dem Weg werden wahrscheinlich verdrängt werden.

Insofern können Nebenwege ungeplant bleiben, bis irgendwo ein Zugang nötig wird. Der Nachteil dieser Vorgehensweise ist, dass sich die Wege so wahrscheinlich aus Ihrer Ausgangspflanzung der Staudenebene entwickeln und einige konkurrenzstarke Arten enthalten, die Sie dort nicht wirklich möchten. Der Fußverkehr wird die meisten bestehenden Pflanzen – diejenigen, die Sie eigentlich möchten – verdrängen und offene Flächen verdichteten Bodens schaffen, die dann nur von Pflanzen besiedelt werden, die unter solchen Bedingungen gedeihen. Letztendlich kann nur eine Pflanzenart einer hohen Fußverkehrsfrequenz widerstehen: die Gräser. Daher können Sie einen sich abzeichnenden Nebenweg immer mit einer geeigneten Mischung an Gräsern übersäen, die dann mit der Zeit die Fläche dominieren.

Nebenwege können recht eng sein; sollten sie durch Flächen mit überhängenden Bäumen und Sträuchern führen, werden Sie oft durchnässt, wenn Sie sie nach einem Regen benutzen. Versuchen Sie hier, die Wege mindestens 60 Zentimeter breit anzulegen.

Sollte Ihr Garten klein sein und Sie mit Sicherheit wissen, wo Ihre Nebenwege liegen werden, können diese natürlich zu Beginn mit eingeplant werden. Unter sehr begrenzten Bedingungen können sie auch aus Trittsteinen bestehen.

Wegoberflächen

Woraus Ihre Wege bestehen, kann oft durch den Maßstab bestimmt sein: In großen Waldgärten ist es aus Gründen der Kosten und Pflege wahrscheinlicher, dass diese aus lebendiger Bedeckung bestehen, das heißt Mischungen aus Gräsern. Bei kleineren Gärten werden feste und andere Oberflächen zu einer Option.

Schattentolerante Gräsermischungen

Graswege müssen gemäht und gegebenenfalls gejätet werden, um zu verhindern, dass die Gräser nach beiden Seiten in die Beete einwandern. In tiefem Schatten wird die Grasnarbe sehr dünn werden.

Um Graswege anzulegen:

- Verwenden Sie einen hohen Anteil an Deutschem Weidelgras, das Fußverkehr sehr gut verträgt.
- Verwenden Sie auch schattentolerantere Gräser wie Gewöhnlichen Rot-Schwingel und Rot-Straußgras.
- Weißklee kann als Stickstofffixierer verwendet werden. Er verträgt von allen Kleearten am meisten Schatten.
- Säen Sie früh nach Anlegen des Gartens, wenn die Lichtbedingungen noch gut sind.
- Säen Sie deutlich höhere Mengen an Saatgut aus, damit Sie viele kleine Pflanzen bekommen. So bleiben mit zunehmendem Schatten trotzdem genug Pflanzen, um eine dichte Bedeckung zu erreichen.

Nachfolgend sind einige geeignete Mischungen für Wege und beanspruchte Flächen angegeben. Manche Saatguthersteller verkaufen Mischungen, andere verkaufen einzelne Arten und Sie können sich so die Mischung selbst zusammenstellen.

Standard-Mischung für Wege in Waldgärten

Saatmenge in Gramm pro Quadratmeter	
Lolium perenne, DEUTSCHES/ENGLISCHES WEIDELGRAS	35 Gramm
Festuca rubra ssp. *commutata,* NEUSEELÄNDISCHER ROT-SCHWINGEL	14 Gramm
Festuca rubra ssp. *rubra,* GEWÖHNLICHER ROT-SCHWINGEL	14 Gramm
Agrostis capillaris, ROT-STRAUSSGRAS	2 Gramm
Poa pratensis, WIESEN-RISPENGRAS	3 Gramm
Gesamt-Aussaatmenge: 68 Gramm pro Quadratmeter	

Immer noch recht robuste Mischung ohne Weidelgras

Saatmenge in Gramm pro Quadratmeter	
Agrostis capillaris, ROT-STRAUSSGRAS	7 Gramm
Festuca rubra ssp. *commutata,* NEUSEELÄNDISCHER ROT-SCHWINGEL	25 Gramm
Festuca rubra ssp. *rubra,* GEWÖHNLICHER ROT-SCHWINGEL	20 Gramm
Poa pratensis, WIESEN-RISPENGRAS	18 Gramm
Gesamt-Aussaatmenge: 70 Gramm pro Quadratmeter	

Besonders robuste Mischung für eine gute Winterbedeckung

Saatmenge in Gramm pro Quadratmeter	
Lolium perenne, DEUTSCHES/ENGLISCHES WEIDELGRAS	28 Gramm (Mischen Sie hier 2 oder 3 Sorten.)
Festuca rubra ssp. *rubra,* GEWÖHNLICHER ROT-SCHWINGEL	7 Gramm
Gesamt-Aussaatmenge: 35 Gramm pro Quadratmeter	

Besonders robuste Mischung für eine gute Sommerbedeckung

Saatmenge in Gramm pro Quadratmeter	
Lolium perenne, DEUTSCHES/ENGLISCHES WEIDELGRAS	24 Gramm
Festuca rubra ssp. *commutata,* NEUSEELÄNDISCHER ROT-SCHWINGEL	16 Gramm
Festuca rubra ssp. *rubra,* GEWÖHNLICHER ROT-SCHWINGEL	8 Gramm
Agrostis capillaris, ROT-STRAUSSGRAS	5 Gramm
Gesamt-Aussaatmenge: 53 Gramm pro Quadratmeter	

Weißklee (*Trifolium repens* ´Wild White´ oder ähnliche Sorte) kann den obigen Mischungen mit einer Saatmenge von 5–10 Gramm pro Quadratmeter beigemischt werden.

Für Wege empfohlene Grassorten

Lolium perenne, DEUTSCHES/ENGLISCHES WEIDELGRAS:
´Entrar´, ´Manhattan´, ´Numan´, ´Troubadour´

Agrostis capillaris, ROT-STRAUSSGRAS:
´Highland´

Festuca rubra ssp. *rubra*, GEWÖHNLICHER ROT-SCHWINGEL:
´Boreal´, ´Estica´

Festuca rubra ssp. *commutata*, NEUSEELÄNDISCHER ROT-SCHWINGEL:
´Enjoy´, ´Tatjana´

Poa pratensis, WIESEN-RISPENGRAS:
´Enprima´

Säen Sie Graswege sehr dicht.

Materialien für feste Wegoberflächen

Mögliche Materialien für feste Wegoberflächen sind Ziegelsteine, Pflastersteine, Kies und so weiter. Diese sind nur für kleine Gärten geeignet, da sie initial sehr viel Arbeit erfordern, jedoch später wenig Pflege brauchen. Falls Sie nicht auf gebrauchtes Material zurückgreifen können, sind sie außerdem sehr teuer. Bei Kies wird mit der Zeit ein Jäten nötig werden.

Organische Mulchmaterialien für Wege

Die am häufigsten verwendeten Materialien sind Stroh, Rindenmulch oder Holzhäcksel. Alle haben Vor- und Nachteile. Robert A. de J. Hart verwendete mit Stroh gemulchte Wege; diese werden jedoch mit der Zeit schlüpfrig.

Jedes für Wege verwendete organische Mulchmaterial wird recht schnell komprimiert und abgebaut und bildet so bald ein Saatbeet für einwandernde Samen. Um das häufige Jäten dieser Flächen zu vermeiden, müssen die Materialien von Zeit zu Zeit aufgefrischt werden.

Mit Stroh gemulchte Wege

- Diese können etwa 2 Jahre halten, bevor das Material ersetzt werden muss.
- Ein kleiner Strohballen (etwa 30 Kilogramm) reicht für etwa 2 Quadratmeter. Viele Landwirte stellen keine kleinen Ballen mehr her, der Bezug kann daher problematisch sein.
- Die Kosten hängen vom gültigen Handelspreis für Stroh ab.
- Stroh ist schnell und leicht auszulegen – meist lässt es sich in etwa 10 Zentimeter dicken Stücken vom Ballen schälen, die so direkt ausgelegt werden können.

Wege mit Rinden- oder Holzhäckselmulch

- Diese Wege können 3–5 Jahre überdauern, wenn 5 Zentimeter tief mit grobem Mulch gemulcht wird.
- 100 Liter reichen für 4 Quadratmeter bei einer Tiefe von 2,5 Zentimetern oder für 2 Quadratmeter bei 5 Zentimeter Tiefe. (Anm.: Möglicherweise können Sie diese sogar kostenfrei von Garten- und Baumpflegeunternehmen bekommen, die ihr Häckselgut sonst kostenpflichtig entsorgen müssen.)
- Wenn Sie Rindenmulch oder Häckselgut in größeren Mengen von einem Sägewerk kaufen, sind diese deutlich günstiger.
- Werden Holzhäcksel als Mulch für Pflanzen verwendet, können sie zu einem Stickstoffmangel führen, wenn sie in den Boden eingearbeitet werden. Als Material für Wege sind sie dagegen unbedenklich.
- Rindenmulch und Holzhäcksel sind recht schnell und einfach auszubringen.

Feste Mulchmaterialien für Wege

Mögliche feste Mulchmaterialien für Wege sind Kunststofffolien, Teppiche, Kartonagen und so weiter. Ich kann diese nicht empfehlen, da sie mit der Zeit ersetzt und häufig gejätet werden müssen.

Essbare Pilze auf Stammholz zu vermehren ist die einfachste Art, Holz in Nahrung zu verwandeln.

Kapitel 21

Pilze in Waldgärten

Mit der Zeit werden im Waldgarten auf natürliche Weise Pilze auftauchen, besonders Mykorrhiza-Arten, die Verbindungen mit Bäumen und Sträuchern aufbauen, und holzzersetzende Pilze, die lebendes und totes Holz besiedeln. Diese Mischung aus verschiedenen Arten von Pilzen kann durch gezielte Eingriffe so beeinflusst werden, dass Fruchtkörper von hochwertigen essbaren Pilzen produziert werden. Dies kann eine besonders effektive Methode sein, sehr schattige und feuchte Standorte auszunutzen, zum Beispiel unter Bäumen mit sehr dichter Krone, wo andere Ertragspflanzen nur schwerlich gedeihen oder nur wenig Ertrag an nützlichen Produkten liefern.

Die Kultivierung von Pilzen im Freien besteht im Wesentlichen darin, ein Substrat vorzubereiten (worauf die Pilze wachsen können), dieses mit Sporen oder Pilzbrut (Material, das mit Myzel durchwachsen ist – einem Netz aus fadenartigen Pilzzellen) zu inokulieren, das heißt zu impfen, und dies dann außer gelegentlichem Wässern (sofern nötig) der Natur zu überlassen.

Es gibt drei Typen von Nutzpilzen, die in einen Waldgarten eingeführt werden können:

- **Wald-Mykorrhiza-Pilze**
  Diese gehen eine symbiotische Beziehung mit den Wurzeln von Bäumen und Sträuchern ein. Die meisten Waldpilze – Röhrlinge (*Boletus* spp.), Pfifferlinge (*Cantharellus cibarius*), Täublinge (*Russula* spp.) und Trüffel (*Tuber* spp.) – sind Mykorrhiza-Pilze.
- **Primäre Zersetzer**
  Dies sind holzzersetzende Pilze, die auf Stümpfen oder Stämmen wachsen. Beispiele hierfür sind Shiitake (*Lentinula edodes* syn. *Tricholomopsis edodes*) und Austernpilze (*Pleurotus ostreatus*).
- **Sekundäre Zersetzer**
  Dies sind holzzersetzende Pilze, die Holzspäne, Sägemehl oder verbrauchtes Material aus der Pilzkultivierung auf Stammholz besiedeln. Beispiele sind hier Schopf-Tintling (*Coprinus comatus*), Japanisches Stockschwämmchen (*Pholiota nameko*) und Riesen-Träuschling/Braunkappe (*Stropharia rugosoannulata*).

Viele dieser Pilze produzieren gute, essbare Fruchtkörper und einige enthalten medizinisch wertvolle, krebshemmende Wirkstoffe, die derzeit großes wissenschaftliches Interesse erwecken.

Mykorrhiza-Pilze

Mykorrhiza-Pilze sind spezialisierte Zellstrukturen, die sich dort entwickeln, wo bestimmte Pilze das Gewebe von Feinwurzeln kolonisieren. Mykorrhiza bezeichnet eine Form der Symbiose von Pilzen und Pflanzen, bei der ein Pilz mit dem Feinwurzelsystem einer Pflanze in Kontakt steht. Die Pilze unterstützen die Ernährung der Pflanze mit Nährsalzen und Wasser, dafür erhalten sie im Austausch einen Teil der durch die Fotosynthese der grünen Pflanzen erzeugten Assimilate.

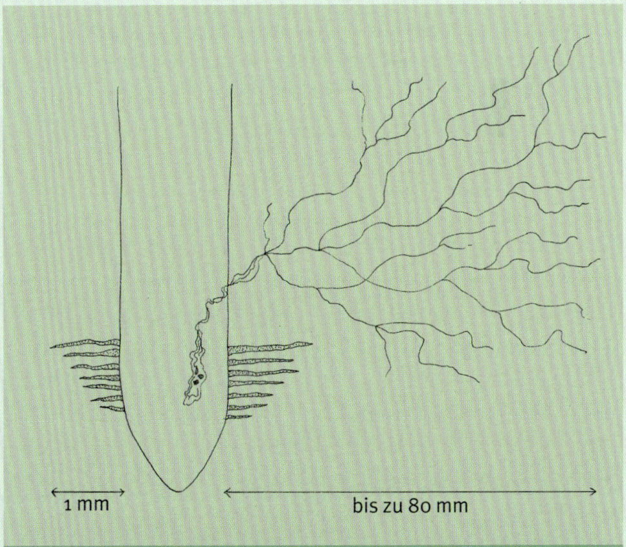

Eine mit Mykorrhiza besetzte Wurzel. Die bis zu 1 Millimeter langen Haarwurzeln nutzen nur wenig Bodenvolumen aus. Die Myzelfäden (Hyphen) der Mykorrhiza-Pilze erschließen ein viel größeres Bodenvolumen und können deutlich mehr Nährstoffe aufnehmen. 1mm bis 80 mm.

Über die letzten Jahrzehnte wurde immer deutlicher, dass die meisten Gehölzarten und tatsächlich auch viele Stauden und einjährige Pflanzen (zum Beispiel Getreide,

Gräser und Klee) nicht nur mit diversen Arten von Pilzen Mykorrhiza-Beziehungen aufbauen, sondern manchmal sogar von diesen für ein gesundes Wachstum und ihr Überleben abhängig sind. Einige Orchideen und einige Kiefern entwickeln beispielsweise ohne die passenden Pilzsymbiosen kein normales Wachstum.

In der Symbiose durchdringen die Pilzfäden (Hyphen), die deutlich feiner als die kleinsten Pflanzenwurzeln sind, den Boden sehr viel gründlicher als die Pflanzenwurzeln und nehmen Nährsalze und Wasser auf, die sie dann an die Pflanze weitergeben. Sie verbessern hauptsächlich die Aufnahme von mineralischen Nährstoffen, besonders Phosphor, aber auch Bor, Kupfer, Stickstoff, Kalium, Selen, Schwefel und Zink. Kürzlich wurde auch entdeckt, dass Mykorrhiza-Pilze essenziell für die Speicherung von Kohlendioxid in Böden sind.

Die Mykorrhiza-Beziehung kann auch Stress durch Trockenheit und Hitze mindern, die Lebensdauer der Wurzeln erhöhen, die Stickstofffixierung (bei Leguminosen und anderen stickstofffixierenden Pflanzen) verbessern und Schutz vor Krankheitserregern (zum Beispiel pathogene Pilze) bieten. Die Hyphen können außerdem Stickstoff und Phosphor direkt von einer gut versorgten hin zu einer an Mineralien armen Pflanze transferieren – bis zu einigen Dutzend Metern entfernt – und so eine Verbindung herstellen, über die Stickstofffixierer und Mineraliensammler direkt andere Pflanzen versorgen können. Das Wachstum von Pflanzen mit Mykorrhiza-Beziehungen kann unter idealen Bedingungen das 4- bis 5-Fache von Pflanzen ohne diese Beziehungen betragen. Die Freisetzung von Mineralien im Boden wird durch eine gesunde Mykorrhiza-Population ebenfalls beschleunigt.

Mykorrhiza-Pilze tolerieren eine große Bandbreite an Bodentypen und pH-Werten, sie werden jedoch stark durch Störung des Bodens, ungeschützten Boden und Stickstoffüberfluss beeinträchtigt (daher sind viele unserer modernen landwirtschaftlichen Nutzungsformen nachteilig). Der Lebenszyklus von Pilzfäden verläuft sehr rasch, daher können diese deutlich schneller als Pflanzenwurzeln auf Veränderungen reagieren. In einem gesunden Waldgartenökosystem werden aus vielen verschiedenen Arten Geflechte von Mykorrhiza gebildet, die nahezu das ganze Volumen des Oberbodens durchdringen und Verbindungen mit vielen Pflanzenarten knüpfen. Die meisten Mykorrhiza-Pilze sind nicht wirtsspezifisch, das heißt, sie können mit vielen verschiedenen Pflanzenarten Beziehungen aufbauen. Umgekehrt sind die meisten Pflanzen für eine Verbindung nicht auf bestimmte Pilze beschränkt.

ZUSAMMENFASSUNG: MYKORRHIZA-BEZIEHUNGEN

- Die meisten Gehölze gehen Mykorrhiza-Beziehungen ein.
- Viele Pflanzen wachsen nur auf gesunde Weise, wenn geeignete Mykorrhiza-Pilze vorhanden sind.
- Die Pilze verbessern die Mineralien-Nährstoffaufnahme von Pflanzen.
- Die Pflanze liefert im Austausch Zucker.

Die Mykorrhiza-Beziehung:

- Mindert Stress durch Trockenheit/Hitze.
- Verbessert die Stickstofffixierung.
- Schützt vor Pathogenen im Boden.
- Kann Stickstoff und Phosphor zwischen Pflanzen transportieren.
- Wird durch unsachgemäße Bodenbearbeitung und übermäßige Düngung geschädigt.

Fördern von Mykorrhiza-Beziehungen

Auch ohne Ihr Zutun werden mit der Zeit Mykorrhiza-Pilze einwandern. Deren Sporen werden besonders im Herbst über die Luft verteilt und können sich von etablierten Standorten aus im Boden ausbreiten. Diese Entwicklung kann jedoch durch verschiedene Methoden beschleunigt werden. Bei keiner dieser Methoden gibt es eine hundert-prozentige Erfolgsgarantie, ich glaube jedoch, dass einige davon lohnenswert sind. Mit geringem Aufwand können Sie so die Widerstandsfähigkeit des Waldgartensystems entscheidend verbessern. Es gibt gewerblich erhältliche Trockenmischungen, die die Sporen von 15–20 Arten enthalten; sie sind jedoch meist nicht gut zum Verzehr geeignet.

- Pflanzen Sie junge Baumsämlinge in die Nähe der Wurzelbereiche von Bäumen, die nachweisbar von Pilzen besiedelt sind, um sie dann ein paar Jahre später wieder zu verpflanzen.

- Tauchen Sie die nackten Wurzeln von Setzlingen in Wasser, das mit der Sporenmasse einer oder mehrerer Mykorrhiza-Arten angereichert wurde. Solch eine Sporenlösung kann auch einem Kompost zugegeben oder aufgegossen werden. Die Sporenmasse kann aus einer kommerziellen Quelle für Trockensporen stammen, oder Sie können sie selbst herstellen, indem Sie reife Fruchtkörper von Mykorrhiza-Pilzen vom Waldboden sammeln und diese verflüssigen: Nehmen Sie 4–5 Pilze für einen Eimer Wasser, darin können Sie dann 100–200 kleine Bäume oder Sträucher eintauchen. Solch eine Lösung kann haltbar gemacht werden, indem Sie sie in eine 15-prozentige Glycerinlösung einmischen und diese einfrieren.

- Verteilen Sie die Sporenlösung im Wurzelraum bereits gepflanzter Gehölze per Wässerung (zum Beispiel mit einer Gießkanne). Die Erfolgswahrscheinlichkeit mag klein sein, es ist dafür jedoch kaum Aufwand nötig.

- Geben Sie ein wenig Erde aus dem Wurzelraum von Bäumen, die nachweisbar besiedelt sind, um die Sämlinge herum, entweder schon bei der Anzucht oder bald nach dem Auspflanzen.
- Beimpfen Sie den Kompost von in Töpfen aufgezogenen Pflanzen mit einer Mischung der Trockensporen von geeigneten Arten.
- Geben Sie etwas Trockensporenmischung ins Pflanzloch, wenn Sie Bäume oder Sträucher pflanzen.

Die folgende Tabelle führt die wünschenswertesten essbaren Mykorrhiza-Arten und ihre wahrscheinlichen Partnerbäume auf. Wie immer beim Sammeln von essbaren Wildpilzen müssen Sie sich absolut sicher bei der Bestimmung sein. Die Arten mit den qualitativ besten Fruchtkörpern sind fett markiert.

WALD-MYKORRHIZA-ARTEN MIT GUTEN ESSBAREN FRUCHTKÖRPERN

Arten		Partner (Habitat)	Herkunft
Agaricus abruptibulbus	Schiefknolliger oder Flachknolliger Anis-Champignon oder –Egerling	Fichte	Europa
Agaricus augustus	Riesen-Champignon	Laub- und Nadelbäume	Europa
Agaricus langei	Großer Waldchampignon/Großer Blutegerling	Laub- und Nadelbäume	Europa
Agaricus lanipes	Wollfußegerling, Breitschuppiger Waldchampignon, Breitschuppiger Waldegerling, Wollfuß-Champignon	Laubbäume	Europa
Agaricus silvaticus	Kleiner Wald-Champignon, Kleiner Wald-Egerling oder Kleiner Blut-Egerling	Nadelbäume	Europa, Nordamerika
Agaricus silvicola	Dünnfleischiger Anis-Champignon, Dünnfleischiger Anis-Egerling	Laub- und Nadelbäume	Europa, Nordamerika
*Amanita solitaria**	Stachelschuppiger Wulstling	Laubbäume auf Kalkboden	Europa, Nordamerika
*Amanita umbrinolutea**	Zweifarbiger Scheidenstreifling	Fichte	Europa
*Amanita vaginata**	Grisette	Laubbäume	Europa, Nordamerika
Boletus aereus	Schwarzhütiger Steinpilz, Bronzeröhrling, Bronzepilz, Weißer Bronzeröhrling	Laubbäume (besonders Buche, Eiche)	Europa
Boletus aestivalis	Sommersteinpilz, Eichensteinpilz, Schwarzer Steinpilz	Laubbäume (besonders Buche, Eiche)	Europa
Boletus appendiculatus	Anhängselröhrling, Gelber Steinpilz, Gelber Bronzeröhrling	Laubbäume (besonders Eiche)	Europa
Boletus badius	Maronenröhrling, Blaupilz	Laub- und Nadelbäume	Europa, Nordamerika
[Aureo] *Boletus mirabilis*	Bewundernswerter Steinpilz, Steinpilz, Samtspitze	Nadelbäume	Nordamerika
Boletus pinophilus	Kiefernsteinpilz, Rothütiger Steinpilz, Gemeiner Steinpilz	Kiefern	Europa
Boletus pulverulentus	Schwarzblauender Röhrling, Blaufärbender Röhrling	Laubbäume (besonders Eiche)	Europa
Boletus regius	Königsröhrling, Echter Königsröhrling	Laubbäume (besonders Eiche, Linde, Birke)	Europa
Boletus spadiceus	Brauner Filzröhrling, Filziger Röhrling, Rotbraune Ziegenlippe, Braune Ziegenlippe	Nadelbäume	Europa, Nordamerika
Cantharellus cibarius	Echter Pfifferling	Laub- und Nadelbäume (besonders Douglasie, Eiche)	Europa, Nordamerika
Cantharellus cinereus	Graue Kraterelle, Grauer Pfifferling, Grauer Leistling	Laubbäume (besonders Buche)	Europa
Cantharellus infundibuliformis	Trompetenpfifferling, Durchbohrter Leistling, Hohlstieliger Leistling	Laub- und Nadelbäume	Europa, Nordamerika
Cortinarius praestans	Schleiereule, Blaugestiefelter Schleimkopf	Birke, Eiche	Europa
Cortinarius varius	Ziegelgelber Schleimkopf	Nadelbäume	Nordamerika
Gomphidius glutinosus	Großer Schmierling	Nadelbäume	Europa, Nordamerika
Hygrophorus camarophyllus	Rußbrauner Schneckling, Graubrauner Schneckling, Ziegen-Ellerling	Kiefer	Europa

* Bestimmen Sie diese mit äußerster Sorgfalt – ähnliche Arten dieser Gattung sind giftig!

Fortsetzung auf der Folgeseite

Arten		Partner (Habitat)	Herkunft
Hygrophorus dichrous	Zweifarbiger Schneckling, Olivbraungestiefelter Schneckling	Laubbäume	Europa
Hygrophorus limacinus	Großer Kiefernschneckling, Grauweißer Schneckling, Grauweißer Föhren-Schneckling	Laubbäume (bes. Buche, Hainbuche)	Europa
Hygrophorus poetarum	Isabellrötlicher Schneckling, Isabellenschneckling	Buche	Europa
Lactarius deliciosus	Edelreizker, Echter Reizker, Kiefernreizker	Kiefer, Fichte	Europa, Nordamerika
Lactarius deterrimus	Fichtenreizker, Nadelwaldreizker	Kiefer, Fichte	Europa
Lactarius sanguifluus	Weinroter Kiefern-Reizker, Weinroter Reizker, Weinroter Kiefernreizker, Blutreizker	Nadelbäume	Europa
Lactarius volemus	Brätling, Millibrätling, Birnenmilchling, Milchbrätling	Laub- und Nadelbäume	Europa, Nordamerika
Leccinum duriusculum	Pappel-Raufuß, Pappelröhrling	Pappel	Europa, Nordamerika
Leccinum quercinum	Eichenrotkappe, Eichenraufuß, Laubwald-Rotkappe	Eiche	Europa
Leccinum versipelle	Birkenrotkappe, Heiderotkappe, Rotkopf	Birke	Europa, Nordamerika
Russula alutacea	Glänzender Ledertäubling, Weinbrauner Ledertäubling	Laubbäume	Europa, Nordamerika
Russula aurora	Netzflockiger Rosatäubling, Morgenrottäubling, Rosatäubling	Laubbäume	Europa
Russula brunneoviolacea	Braunvioletter Samttäubling, Violettbrauner Täubling	Laubbäume (besonders Eiche)	Europa
Russula claroflava	Gelber Graustieltäubling	Birke auf nassen Böden	Europa
Russula cyanoxantha	Frauentäubling, Violettgrüner Frauentäubling, Blautäubling	Laubbäume	Europa, Nordamerika
Russula grisea	Taubentäubling, Graulicher Täubling	Buche	Europa
Russula heterophylla	Grüner Speisetäubling	Laubbäume	Europa, Nordamerika
Russula ionochlora	Papageientäubling, Kleiner Frauentäubling	Buche	Europa
Russula lutea	Haseldottertäubling, Gelber Haseltäubling	Laubbäume	Europa, Nordamerika
Russula melliolens	Honigtäubling, Milder Honigtäubling	Laubbäume	Europa
Russula obscura	Weinroter Graustiel-Täubling	Nadelbäume	Nordeuropa
Russula olivacea	Rotstieliger Ledertäubling, Wechselfarbiger Ledertäubling	Buche	Europa, Nordamerika
Russula paludosa	Apfeltäubling	Nadelbäume	Europa
Russula polychroma	Mehrfarbiger Träubling	*Nadelbäume*	Europa, Nordamerika
Russula vesca	Speisetäubling, Fleischroter Speisetäubling	Laubbäume	Europa, Nordamerika
Russula virescens	Grüngefelderter Täubling, Grünschuppiger Täubling	Laubbäume (besonders Buche)	Europa, Nordamerika
Russula xerampelina	Roter Heringstäubling, Rotstieliger Heringstäubling, Nadelwald Heringstäubling	Laubbäume (besonders Buche, Eiche)	Europa
Tricholoma columbetta	Seidiger Ritterling, Schneeritterling	Laub- und Nadelbäume	Europa, Nordamerika
Tricholoma flavovirens	Grünling, Kieferngrünling	Nadelbäume	Europa, Nordamerika
Tricholoma matsutake	Krokodilritterling, Aufsteigendberingter Ritterling, Matsutake	Kiefer	Japan
Tricholoma populinum	Pappelritterling, Getropfter Ritterling	Pappel	Europa
Tricholoma portentosum	Schwarzfaseriger Ritterling, Schneeritterling, Rußkopf	Nadelbäume	Europa, Nordamerika
Tuber aestivum	Schwarzer Sommertrüffel, Deutsche Trüffel	Buche auf Kalkböden	Europa
Tuber gibbosum	Douglasien-Trüffel, Weißer Oregontrüffel	Douglasie	West- und Nordamerika
Tuber magnatum	Italienische Trüffel, Piemont Trüffel, Weißer Trüffel, Magnatentrüffel	Laubbäume	Europa
Tuber melanosporum	Perigord Trüffel, Schwarze Trüffel, Gefleckte Trüffel	Buche	Europa

Kultivierung von Primärzersetzerpilzen

Das sind die ersten Pilze, die einen Stumpf oder Stamm besiedeln; sie sind in der Regel schnell wachsend und senden Myzelfäden aus, die sich leicht an Pflanzenmaterial anheften und dieses zersetzen. Manche Pilzarten sind dafür bekannt, dass sie auf den Stümpfen oder Stämmen von Laub- und auch Nadelbäumen vorkommen: Beachten Sie, dass es sich hier meist um zwei unterschiedliche Arten handelt und die Laubbaumart wahrscheinlich kein Nadelholz besiedeln wird und umgekehrt. Die Art, die für diese Form der Kultivierung geeignet ist, kann meist sowohl auf Stämmen als auch auf Stümpfen wachsen.

Baumstümpfe in einem Waldgarten sind eine mögliche Quelle für Ärgernis, besonders durch invasive parasitäre Pilze wie den Hallimasch (*Armillaria* spp.), der dort einwandern und sich von dort aus auf gesunde Gehölze ausdehnen kann. Das in Gärten und in der Forstwirtschaft oft empfohlene Entfernen von Stümpfen ist schwierig und arbeitsaufwändig. In einem Waldgarten ist es darüber hinaus eine Herausforderung, dabei anderen Pflanzen nicht zu schaden. Eine bessere, leichtere und produktivere Methode, mit Baumstümpfen umzugehen, ist es, sie mit wachstumsstarken Pilzen zu beimpfen, die den Stumpf besiedeln, bevor dies anderen schädlichen Arten gelingt – der erste Pilz am Ziel gewinnt! Falls die verwendete Pilzart gute essbare Fruchtkörper produziert, kann aus dem Stumpf schon nach einigen Monaten ein nützlicher Ertrag entstehen.

Stümpfe mit intakten Wurzeln sind besonders für die Kultivierung von Pilzen geeignet, da durch die Kapillarwirkung weiterhin Wasser durch die toten Holzzellen aus dem Boden gezogen wird. Stümpfe im Halb- oder Vollschatten (wie es die meisten in einem Waldgarten sein werden) sind besser als in der Sonne stehende. Die offene Fläche eines Stumpfes bietet sich besonders für die Besiedelung durch Wildpilze an; deswegen ist es wichtig, einen Stumpf binnen weniger Monate und vor der ersten Vegetationsphase der Wildpilze zu beimpfen – alte Stümpfe sind es nicht wert, diese sind mit Sicherheit bereits besiedelt.

Die Kultivierung auf Stämmen ist eine schnelle Art, Holz, zum Beispiel von Bäumen, die in Niederwaldwirtschaft kultiviert werden, in Nahrung umzuwandeln. Die Verwendung dieser Pilze auf Stümpfen oder Stämmen wird die Gesundheit anderer Bäume in der Umgebung nicht ernsthaft beeinträchtigen.

Die Brut für die Impfung von Baumstümpfen oder -stämmen wird gewöhnlich von einer gewerblichen Quelle bezogen, meist wird dabei ein Wachs zum Versiegeln mitgeliefert (im Idealfall ein lebensmittelechtes Wachs, wie zum Beispiel solches, das in der Käseherstellung verwendet wird, oder Bienenwachs). Achten Sie darauf, dass Sie die Brut 4–6 Wochen vor der geplanten Impfung bestellen müssen; so lange kann es unter Umständen dauern, wenn diese auf Bestellung hin erst angezogen werden muss.

Impfung von Baumstümpfen

Die Impfung von Baumstümpfen wird am besten im Frühjahr auf neuen Stümpfen vorgenommen, deren Bäume im Spätwinter oder zeitigen Frühjahr gefällt wurden. Die Stümpfe von Laubbäumen sind im Allgemeinen leichter erfolgreich zu impfen als die von Koniferen. Austernpilze (*Pleurotus* spp.) sind eine der für Stümpfe hauptsächlich verwendeten Arten. Die Impfung geschieht durch eine der folgenden Methoden:

- Die Verwendung von Pilzbrut auf Dübeln: Dies sind Holzdübel mit Rillen, die vollständig mit Myzel besiedelt sind. Diese werden in die offene Seite des Stumpfes eingebracht, entweder in dafür gebohrte Löcher oder in Risse in der Schnittfläche, sofern es solche gibt. Die Löcher (insgesamt 30–60) sollten vor allem in einem Kreis entlang der Kante der Oberfläche des Stumpfes (einige Zentimeter von der Rinde entfernt) gebohrt werden, ein paar weitere verteilt im Inneren der Schnittfläche. Die Dübel werden von Hand eingesteckt und mit einem Holzhammer oder Ähnlichem eingeklopft. Das Loch wird danach mit Wachs (geschmolzen und aufgebracht) abgedeckt, um das Myzel vor Schäden durch Insekten oder Wettereinflüssen zu schützen.

- Durch Impfung über Keile oder Scheiben: Mit einer Bogen- oder Kettensäge wird ein Keil oder eine dünne Scheibe aus der Schnittfläche geschnitten, die daraus entstehenden neuen Schnittflächen werden mit Pilzbrut auf Sägemehl (das heißt Myzel, das auf einem Substrat aus Sägemehl angezogen wurde) bedeckt und der ausgeschnittene Keil beziehungsweise die Scheibe wird wieder eingesetzt und mit Nägeln befestigt. Die an den Kanten offen liegende Pilzbrut muss mit Wachs abgedeckt werden, damit sie nicht austrocknet.

Baumstümpfe mit kleinem Durchmesser verrotten schneller und produzieren schneller Erträge als solche mit größerem Durchmesser, die Dauer des Ertrags von Fruchtkörpern ist dann jedoch kürzer. Die Schnelligkeit der Produktion hängt auch von der Schnelligkeit der Besiedelung ab, was wiederum von einer Vielzahl an Faktoren bestimmt wird, wie zum Beispiel der Dichte des Holzes im Stumpf (das heißt der Baumart), der Feuchtigkeit des Holzes, dem Wetter und vielem mehr. Vom Gemeinen Schwefelporling (*Laetiporus sulphureus*) ist bekannt, dass er schon 8 Monate nach der Impfung eines Eichenstumpfes Fruchtkörper produzieren kann. Eine Bildung von Fruchtkörpern nach 12–36 Monaten ist häufiger. Baumstümpfe von Arten mit weniger dichtem Holz, zum Beispiel Pappel und Weide, werden schneller besiedelt, bringen aber für eine kürzere Dauer Ertrag als dichtere und beständigere Hölzer wie Eiche.

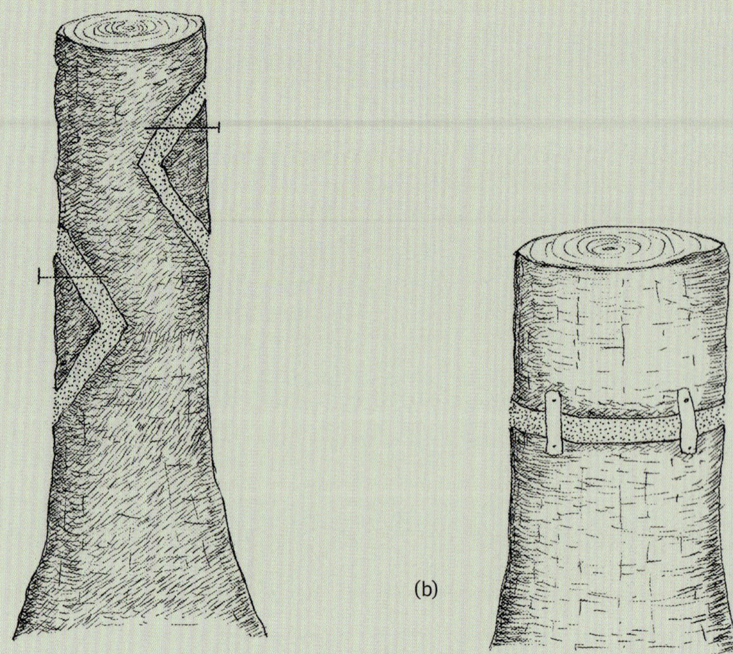

Kultivierung von Pilzen auf Baumstümpfen. (a) Ein Keil wird ausgeschnitten, mit Pilzbrut gefüllt, wieder eingesetzt und mit Nägeln befestigt. (b) Die oberste Scheibe des Stumpfes wird abgesägt, mit Pilzbrut gefüllt, wieder eingesetzt. Dann wird der Keil mit kleinen Latten wieder festgenagelt.

Impfung von Stämmen

Die zur Kultivierung von Pilzen vorgesehenen Stämme werden im Winter oder im Frühjahr vor dem Laubaustrieb, wenn das Saftholz viel Zucker enthält, aus gesunden Bäumen geschnitten. Gute Längen sind 50–120 Zentimeter bei einem Durchmesser von 10–25 Zentimetern. Im Erwerbsanbau werden Stämme von 10 Zentimeter Durchmesser verwendet, denn diese lassen sich deutlich einfacher bewegen und pflegen als größere Stämme.

Die meisten Harthölzer von Laubbäumen sind hierfür verwendbar, die Produktion von Fruchtkörpern hängt dabei von der Holzdichte ab.

GESCHICHTE DER KULTIVIERUNG VON BAUMSTÄMMEN

In China und Japan werden schon seit langer Zeit Pilze auf Baumstämmen angebaut – es gibt 1.000 Jahre alte Aufzeichnungen aus der Song-Dynastie, die die Kultivierung von Shiitake-Pilzen beschreiben. Insbesondere Shiitake ist weiterhin in großen Teilen Asiens sehr beliebt, diese Beliebtheit steigt auch anderswo durch den zunehmenden kommerziellen Anbau.

Ein mit Impfdübeln beimpfter Kiefernstamm, die Löcher wurden danach mit Wachs verschlossen.

- Stämme mit weicherem Holz (zum Beispiel Erle, Birke und Pappel) produzieren sehr schnell Fruchtkörper, die Produktivität hält hier jedoch nur 4–5 Jahre an.

- Stämme mit härterem, aber weniger dauerhaftem Holz (zum Beispiel Birke und Kirsche) beginnen erst ein wenig später mit der Produktion und liefern dann für 5–8 Jahre Ertrag.

- Stämme von Bäumen mit dichtem und dauerhaftem Hartholz wie Eiche können 2 Jahre benötigen, bis sie anfangen, Ertrag zu liefern, produzieren dann aber länger als alle anderen für etwa 10 Jahre. Im Erwerbsanbau werden Hölzer mit dicker Borke (nötig für guten Austrieb der Fruchtkörper) den weicheren Hölzern mit dünner Borke vorgezogen, die leicht durch Wetterveränderungen geschädigt werden. Im Idealfall werden die Stämme vor der Impfung nicht am Boden und sowohl kühl als auch feucht gelagert, um eine Kontaminierung zu vermeiden.

Angesetzte Dübel, die nun in den Stamm eingeschlagen werden.

Die Stämme sollten aus gesunden Bäumen geschnitten werden, die Rinde sollte möglichst unbeschädigt sein und sie sollten so wenig Äste wie möglich haben – schneiden Sie diese so nah wie möglich am Stamm ab. Die Impfung sollte innerhalb von 2 Monaten erfolgen, sonst werden andere Pilze den Stamm bereits besiedelt haben. Ich bestelle die Pilzbrut meist, bevor ich die Stämme schneide. Ich säge die Stämme erst ab, wenn die Pilzbrut sicher in meinem Gefrierschrank gelagert ist (wo sie für mehrere Monate lagerfähig ist).

Verschiedene Methoden sind zur Impfung anwendbar:

- Das Einbringen von Pilzbrut auf Sägemehl oder Dübeln (von einer gewerblichen Quelle eingekauft) in Löcher, die in den Stamm gebohrt wurden. Die Stämme benötigen 30–50 Dübel, die in regelmäßigem Abstand von 10–15 Zentimetern in einem Karomuster gebohrt werden. Die Verlaufslinien der Löcher sollten dabei 5 Zentimeter Abstand haben, weil sich das Myzel schneller mit der Faserrichtung als gegen die Faserrichtung ausbreitet. Die Dübel werden von Hand eingesetzt, mit einem Holzhammer oder Ähnlichem eingeschlagen und die Löcher anschließend mit Wachs (geschmolzen und aufgebracht) abgedeckt, um das Myzel vor Schäden durch Insekten und Wettereinflüsse zu schützen.

- Platzieren von frisch geschnittenen Stämmen neben bereits Fruchtkörper produzierende Stämme, sodass die Sporen auf sie übertragen werden. Diese Methode wird schon lange von Erzeugern in Japan mit großem Erfolg angewandt, ist aber in Großbritannien weniger verlässlich. Stämme, die nach einem Jahr noch keine Anzeichen von Pilzwachstum aufweisen, werden entfernt.

- Ähnlich zur Impfung von Stümpfen (siehe Seite 313) können aus den Stämmen Keile geschnitten werden, dort wird Pilzbrut auf Sägemehl eingebracht, dann werden sie wieder festgenagelt. Eine Variation ist das Zersägen des Stamms in 40–60 Zentimeter lange Stücke, Einbringen von Brut auf die Schnittflächen und diese Stücke wieder zusammenzunageln. Eine weitere Möglichkeit ist die, die Enden der Stämme mit Brut auf Sägemehl zu versehen und diese mit Alufolie einzupacken, um das Myzel dort zu befestigen. Sie benötigen pro Stamm etwa 30–50 Gramm Pilzbrut auf Sägemehl.

- Letztlich habe ich nach jahrelangen Versuchen eine Methode herausgefunden, wie Sie Stämme impfen können, ohne jedes Jahr erneut Pilzbrut kaufen zu müssen; diese verwende ich, um Shiitake auf Stammholz zu kultivieren. Die Methode funktioniert nur, wenn Sie jedes Jahr fortlaufend ein paar Stämme impfen. Im ersten Jahr müssen Sie Pilzbrut kaufen; wenn Sie die Stämme geimpft haben, lagern Sie zwei davon abseits. Diese stecken Sie in dicke und beständige Plastiksäcke, deren Enden Sie verschließen. Lagern Sie den Sack mit den Stämmen an einem kühlen Ort. Ein Jahr später, wenn Sie neue Stämme impfen wollen, öffnen Sie den Sack und Sie werden feststellen, dass der Shiitake-Pilz nicht nur auf den beiden Stämmen gewachsen ist, sondern auch auf der Innenseite des Sacks. Kratzen Sie den weißlichen Pilzbewuchs von der Innenseite ab und mischen Sie diesen mit frischem Sägemehl: Das ist Ihre Pilzbrut für die neuen Stämme. Sobald Sie die Stämme geimpft haben, geben Sie wieder zwei davon in einen Plastiksack und wiederholen den Vorgang.

Nach der Impfung werden die Stämme in Stapeln gelagert und mit einer Plane, Plastikfolie oder mit Teppich abgedeckt, um sie für 6–12 Monate geschützt und feucht zu halten. Sollte der Stapel nicht abgedeckt sein, wässern Sie diesen bei Trockenheit. Es kann bis zu 20 Monate dauern, bis der Stamm vollständig besiedelt ist (bei leichteren Hölzern kürzer), an diesem Punkt wird das weiße Myzel an beiden Schnittflächen des Stamms erscheinen.

Schocken

Sobald der Stamm vollständig mit einer Art wie Shiitake (*Lentinula edodes*) besiedelt ist, können Sie den Pilz zur Bildung von Fruchtkörpern anregen, indem Sie ihn „schocken".

Um einen Stamm zu schocken

- tauchen Sie ihn für etwa 24 Stunden möglichst ganz in Wasser ein.
- Nach dem Einweichen schlagen Sie mit einem Holzhammer oder Ähnlichem ein paarmal gegen das Ende des Stamms oder Sie stoßen ihn ein paarmal auf den Boden.

Die Erschütterung durch die Stöße regt tatsächlich die Fruchtbildung an. Was Sie dadurch simulieren, ist ein besiedelter Ast, der vom Baum zu Boden fällt und so die Fruchtbildung stimuliert. Bei anderen Pilzen, wie zum Beispiel Austernpilzen, ist es mir noch nicht gelungen, diese durch Schock zur Fruchtkörperbildung anzuregen. Hier können Sie nur die Fruchtbildung unter den passenden Bedingungen im Herbst abwarten.

Fruchtbildung

Die Fruchtbildung erfolgt nur, wenn die Temperaturen mild genug sind – in Großbritannien im Frühling oder Spätherbst. Im Winter werden die Stämme im Freien nicht fruchten, wenn Sie diese aber schocken und in ein Gewächshaus bringen, ist dies möglich.

Shiitake-Pilze (*Lentinula edodes*) fruchten auf Eichenstämmen.

Nach dem Einweichen und Schocken oder bei „ungeschockten" Stämmen im Herbst werden die Stämme senkrecht aufgestellt, entweder an einen Zaun oder Ähnliches gelehnt oder 25–30 Zentimeter tief in den Boden eingegraben – dies ist besonders nützlich bei trockenem Wetter und dort, wo die Bewässerung problematisch ist. Sie sollten in permanentem Schatten aufgestellt werden, wo es etwas Luftbewegung gibt. Bei Shiitake beginnt die Fruchtbildung je nach Lufttemperatur nach 10–20 Tagen.

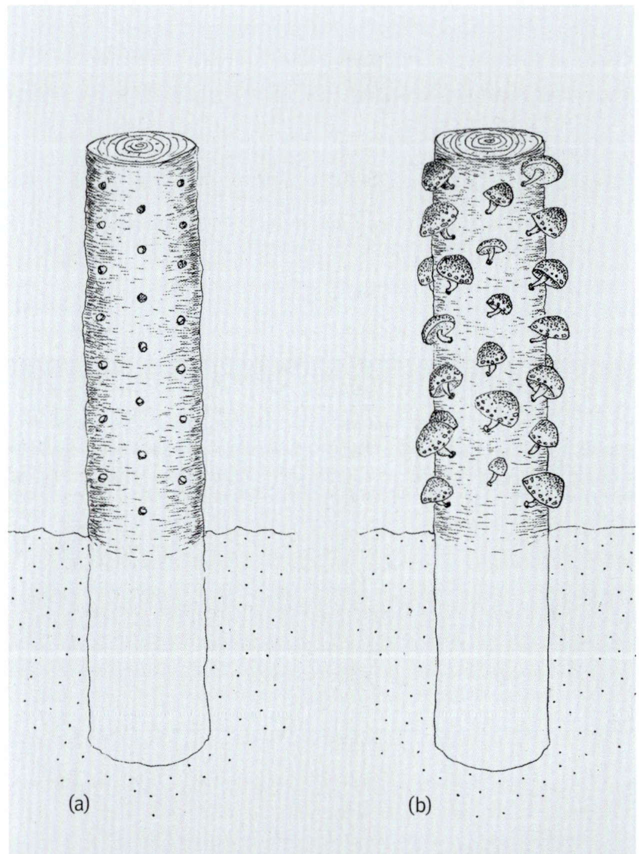

Pilze auf Stämmen kultivieren

(a) Ein geimpfter Stamm mit Bohrlöchern, nach dem Einweichen in die Erde eingegraben.

(b) Ein Stamm mit Fruchtkörpern.

Austernpilze (*Pleurotus ostreatus*), die auf Erlenstämmen fruchten.

Der Gesamtertrag eines Stammes über seine Lebensdauer kann ein Drittel des Gewichts des frisch geschnittenen Astes betragen. Ein 15 Kilogramm schwerer Stamm, der über 5 Jahre trägt, sollte demnach etwa 1 Kilogramm Pilze pro Jahr liefern. Die Arten, die ich am meisten empfehlen kann, sind Austernpilze und Shiitake.

Die folgende Tabelle enthält einen Großteil der essbaren Pilze, die sich für die Kultivierung auf Stümpfen und Stämmen eignen, sowie ihre entsprechenden wahrscheinlichen Partnerbäume. Die am leichtesten kultivierbaren Pilze sind der Südliche Ackerling (*Agrocybe cylindracea*), der Lungenseitling (*Pleurotus pulmonarius*) und der Shiitake (*Lentinula edodes*, syn. *Tricholomopsis edodes*).

Einige Pilzarten werden schon lange Zeit medizinisch verwendet, besonders in China und anderen Teilen Asiens, oft als Adaptogene, die das Immunsystem anregen. In jüngster Zeit wurden bei einigen Arten krebshemmende Eigenschaften festgestellt, was derzeit für viel Forschung sorgt.

PILZE MIT HOCHWERTIGEN ESSBAREN FRUCHTKÖRPERN, DIE SICH FÜR DIE KULTIVIERUNG AUF STÜMPFEN UND STÄMMEN EIGNEN

Art		Partner (Habitat)	Herkunft
Agrocybe cylindracea	Südlicher Ackerling, Südlicher Schüppling, Samthaube	Laubholz-Stämme/-Stümpfe (besonders Pappel, Weide, Ahorn)	Gemäßigte/ Subtropische Regionen
*Flammulina velutipes**	Samtfußrübling, Gemeiner Samtfußrübling, Enoki, Winterrübling, Winterlinge	Laubholz-/Nadelholzstämme/Stümpfe	Gemäßigte Regionen
Grifola frondosa	Gemeiner Klapperschwamm, Laubporling, Spatelhütiger Porling, Maitake	Laubholz-/Nadelholzstämme/-stümpfe	Nördliche gemäßigte Regionen
Hericium coralloides	Ästiger Stachelbart, Buchenstachelbart, Alpen-Stachelbart, Eiskoralle, Bartkoralle	Laubholz-/Nadelholzstämme/-stümpfe	Europa
Hericium erinaceus	Igelstachelbart, Yamabusitake, Löwenmähne	Laubholzstämme/-stümpfe (teilweise eingegraben)	Gemäßigte Regionen
Hericium ramosum	Buchenstachelbart	Laubholzstämme/-stümpfe (besonders Buche)	Europa
Hypholoma capnoides	Rauchblättriger Schwefelkopf, Graublättriger Schwefelkopf, Milder Schwefelkopf	Laubholz-/Nadelholzstümpfe	Europa, Nordamerika
Hypholoma sublateritium	Ziegelroter Schwefelkopf	Laubholzstämme/-stümpfe	Nordamerika, Europa, Asien
Hypsizygus tessulatus	Buchenrasling, Weißer Buchenpilz, Buna-Shimeji	Laubholzstämme/-stümpfe	Gemäßigte Regionen
Hypsizygus ulmarius	Ulmenrasling, Ulmenholzrasling, Ulmenseitling	Laubholz-/Nadelholzstämme/-stümpfe	Gemäßigte Regionen
Laetiporus sulphureus	Gemeiner Schwefelporling	Laubholz-/Nadelholzstämme/-stümpfe	Europa, Nordamerika
Lentinula edodes (syn. *Tricholomopsis edodes)*	Shiitake	Laubholzstämme (besonders Eiche)	Japan, China, Korea
Pholiota nameko	Japanische Stockschwämmchen, Nameko, Toskanapilz, Goldkäppchen	Laubholzstämme (teilweise eingegraben)	Japan, China, Taiwan
Pleurotus cornucopiae	Rillstieliger Seitling, Verzweigter Austernseitling	Laubholzstämme/-stümpfe	Gemäßigte/Subtropische Regionen
Pleurotus cystidiosus	Abalone-Seitling	Laubholzstümpfe	Gemäßigte Regionen
Pleurotus eryngii	Kräuterseitling, Brauner Kräuter-Seitling, Laserkrautseitling, Königsausternpilz	Laubholz-/Nadelholzstämme/-stümpfe	Mittelmeerraum, Asien
Pleurotus euosmus	Estragon-Seitling	Laubholzstämme/-stümpfe (besonders Ulme)	nur Großbritannien
Pleurotus ostreatus	Austern-Seitling, Austernpilz	Laubholz-/Nadelholzstämme/-stümpfe	Gemäßigte Regionen
Pleurotus pulmonarius	Lungenseitling, Löffelförmiger Seitling, Cremeweißer Seitling, Weißer Austernpilz	Laubholz-/Nadelholzstämme/-stümpfe	Europa, Nordamerika
Pleurotus sajor-caju	Grauer Austernpilz	Laubholz-/Nadelholzstämme/-stümpfe	Subtropen, Himalaya
Pluteus petasatus	Seidiger Dachpilz, Schuppigseidiger Dachpilz, Braunschuppiger Dachpilz	Laubholzstämme/-stümpfe	Europa
Sparassis crispa	Krause Glucke, Fette Henne, Bärenschädel, Ziegenbart, Riesenmorchel	Nadelholzstämme/-stümpfe	Europa, Nordamerika
Volvariella bombycina	Wolliger Scheidling, Gelber Woll-Scheidling	Laubholzstämme/-stümpfe (besonders Ulme)	Europa, Nordamerika

* Gehen Sie sicher, dass Sie diesen nicht mit dem giftigen Gifthäubling (*Galerina autumnalis*) verwechseln.

PILZE MIT MEDIZINISCHEM NUTZEN, DIE SICH FÜR DIE KULTIVIERUNG AUF STÜMPFEN UND STÄMMEN EIGNEN			
Art		**Partner (Habitat)**	**Herkunft**
*Auricularia auricula-judae**	Judasohr, Holunderschwammpilz, Holunderpilz, Wolkenohrenpilz, Mu-Err, Chinesische Morchel	Laubholzstämme	Europa, Nordamerika
Auricularia polytricha	Vitalpilz	Laubholz-/Nadelholzstämme	Gemäßigte Regionen
*Ganoderma lucidum**	Glänzender Lackporling, Reishi	Laubholz-/Nadelholzstämme/-stümpfe	Gemäßigte Regionen
*Oudemansiella mucida***	Beringter Schleimrübling, Buchenschleimrübling, Schleimiger Wüstling	Laubholzstämme (besonders Buche)	Europa, Nordamerika

* Auch essbar, jedoch von schlechter Qualität.
**Auch essbar, jedoch geschmacksarm, in Asien sehr wertgeschätzt.

Kultivierung von Sekundärzersetzern

Diese Pilze können in einem dunklen Winkel des Gartens angebaut werden. Bringen Sie auf dem Boden eine Lage einer Mischung aus Sägespänen und Sägemehl aus, die Sie zuvor mit Pilzbrut geimpft haben.

In einem Waldgarten können Haufen von Sägemehl oder Sägespänen frei verfügbar sein, diese können Sie als Substrat zur Kultur von Pilzen verwenden. Alternativ können Sie das Substrat von einem Sägewerk besorgen, es ist jedoch wichtig, dass das Sägemehl beziehungsweise die Holzspäne frisch sind. Das beste Substrat ist eine 1:1-Mischung aus Sägemehl und Sägespänen (nach Volumen). Alternativ können auch die krümeligen, von Primärzersetzern wie Shiitake zersetzten Überreste von Stämmen verwendet werden.

Die beste Zeit für die Impfung ist das Frühjahr. Vor der Impfung wird die Mischung aus Sägespänen und Sägemehl mit Feuchtigkeit gesättigt. Dann wird die Brut gründlich eingemischt. Bei dieser Art von Substrat besteht ein hohes Risiko der Konkurrenz mit wilden Arten, daher ist eine recht hohe Menge an Pilzbrut erforderlich.

- Ein Volumenverhältnis von 3:1 zwischen Substrat und Pilzbrut minimiert die Konkurrenz durch wilde Pilzarten.
- Ein niedriges Volumenverhältnis von 10:1 oder 20:1 zwischen Substrat und Pilzbrut erlaubt ein wenig Konkurrenz.

Pilzbrut auf Sägemehl (eine Mischung aus Sägemehl und Pilzbrut für den Erwerbsanbau) ist am besten geeignet. Sie können auch versuchen, gesammelte Pilze zu verwenden (wie bei den Mykorrhiza-Arten, siehe Seite 310). Als mögliche Alternative können Sie auch Myzel verwenden, das Sie 5–15 Zentimeter tief unter Stellen ausgegraben haben, die Ihnen als etablierte und Fruchtkörper produzierende Pilzflächen bekannt sind. Die Mischung wird als Lage auf die Bodenoberfläche aufgebracht und mit Stoff, Karton oder Teppich abgedeckt, um sie vor dem Austrocknen und vor Sonneneinstrahlung zu schützen.

Die Besiedelung kann wenige Wochen bis mehrere Monate dauern. Nachdem sich ein neues Geflecht aus Myzel gebildet hat (dieses erkennen Sie am weißen, pelzigen Bewuchs an der Bodenoberfläche), kann die Fruchtbildung ausgelöst werden, indem häufig gewässert wird. Die Bedeckung sollte dabei weggenommen werden, die Fläche jedoch im Schatten liegen. Nach dem zweiten Jahr kann mehr Substrat hinzugegeben und eingemischt werden. Solch ein Beet aus Holzspänen und Sägemehl sollte für 3–4 Jahre produktiv sein.

Schädlingsprobleme bei der Kultivierung von Pilzen

Pilze sind selten von Krankheiten betroffen und können sich sehr gut gegen andere Pilze wehren. Es gibt jedoch ein paar Schädlinge, die Probleme bereiten können.

Schnecken

Schnecken können junge Fruchtkörper vernichten. Bei der Kultur auf Stämmen sollten die Stämme während der Fruchtbildung vorübergehend an einem trockenen Ort stehen, alternativ auf Mulch aus Sand, Haar, Muscheln oder auf eine andere schneckenvergrämende Substanz gestellt werden. Bei Baumstümpfen, Beeten aus Holzspänen und auf dem Boden wachsenden Pilzen gibt es nur wenige Optionen. Ernten Sie die Pilze so früh wie möglich und ergreifen Sie die üblichen Maßnahmen zur Schneckenabwehr.

PILZE MIT GUTEN ESSBAREN FRUCHTKÖRPERN, DIE SICH FÜR DIE KULTIVIERUNG AUF SÄGEMEHL/HOLZSPÄNEN EIGNEN			
Art		**Empfohlenes Substrat**	**Herkunft**
Agrocybe cylindracea	Südlicher Ackerling, Südlicher Schüppling, Samthaube	Holzspäne	Gemäßigte/ Subtropische Regionen
Coprinus comatus	Schopftintling, Spargelpilz, Schopfpilz, Tintenpilz	Hartholzsägemehl	Gemäßigte Regionen
*Flammulina velutipes**	Samtfußrübling, Gemeiner Samtfußrübling, Enoki, Winterrübling, Winterlinge	Laubholz-/Nadelholzsägemehl	Gemäßigte Regionen
Hypsizygus tessulatus	Buchenrasling, Weißer Buchenpilz, Buna-Shimeji	Holzspäne	Gemäßigte Regionen
Lentinula edodes (syn. *Tricholomopsis edodes*)	Shiitake	Hartholzsägemehl (besonders Eiche)	Japan, China, Korea
Pholiota nameko	Japanische Stockschwämmchen, Nameko, Toskanapilz, Goldkäppchen	Hartholz-Sägemehl	Japan, China, Taiwan
Pleurotus cornucopiae	Rillstieliger Seitling, Verzweigter Austernseitling	Hartholzsägemehl	Gemäßigte/Subtropische Regionen
Pleurotus cystidiosus	Abalone-Seitling	Hartholzsägemehl	Gemäßigte Regionen
Pleurotus eryngii	Kräuterseitling, Brauner Kräuter-Seitling, Laserkrautseitling, Königsausternpilz	Laubholz-/Nadelholzsägemehl	Mittelmeerraum, Asien
Pleurotus euosmus	Estragon-Seitling	Hartholzsägemehl	nur Großbritannien
Pleurotus ostreatus	Austern-Seitling, Austernpilz	Laubholz-/Nadelholzsägemehl	Gemäßigte Regionen
Pleurotus pulmonarius	Lungenseitling, Löffelförmiger Seitling, Cremeweißer Seitling, Weißer Austernpilz	Laubholz-/Nadelholzsägemehl	Europa, Nordamerika
Pleurotus sajor-caju	Grauer Austernpilz	Laubholz-/Nadelholzsägemehl	Subtropisches Himalaya
Pluteus petasatus	Seidiger Dachpilz, Schuppigseidiger Dachpilz, Braunschuppiger Dachpilz	Laubholz-Holzspäne/-sägemehl	Europa
Stropharia rugoso-annulata	Rotbrauner Riesenträuschling, Kulturträuschling, Braunkappe	Holzspäne/Sägemehl	Gemäßigte Regionen

* Gehen Sie sicher, dass Sie diesen nicht mit dem giftigen Gifthäubling (*Galerina autumnalis*) verwechseln.

Larven von Pilzmücken

Es handelt sich um winzige „Würmchen“, die sich oft in Wildpilzen finden, die schlecht geworden sind. Ernten Sie die Pilze früh, bevor die Fliegen sie erreichen. Pilze, die bei kühlem Wetter fruchten, sind weniger anfällig. Entfernen Sie die wurmigen Pilze und kompostieren Sie diese in einiger Entfernung. Sollten sie zu einem größeren Problem werden, ziehen Sie andere Maßnahmen in Betracht, um den Schädlingszyklus zu unterbrechen (zum Beispiel Platzieren wurmiger Pilze in einen mit Wasser gefüllten Container, wie Sie es mit besonders hartnäckigen Beikräutern tun würden).

Chinesischer Blüten-Hartriegel (*Cornus kousa* var. *chinensis*) in Blüte.

Kapitel 22

Ernte und Haltbarmachung

Sobald ein Waldgarten einmal etabliert ist, werden Sie wahrscheinlich feststellen, dass die Pflege relativ wenig Zeit beansprucht und die Ernte den Großteil der Zeit einnimmt, die Sie im Garten verbringen. Der zeitliche Aufwand für die Ernte hängt natürlich von Ihrem Garten ab, und jeder Garten ist anders. Viele der Techniken und Ratschläge in diesem Abschnitt sind nicht nur auf Waldgärten anwendbar, manche jedoch treffen speziell auf diese zu.

Dieses Kapitel soll keine umfassende Anleitung für die Haltbarmachung von Nahrung sein – es gibt zahlreiche andere Bücher, die dies im Detail behandeln –, aber ich möchte dem Trocknen beziehungsweise Dörren von Nahrung besondere Aufmerksamkeit widmen. Dieses Thema wird in Großbritannien bisher selten behandelt und verdient ein besseres Verständnis.

Nahrungspflanzen

In den meisten Waldgärten überwiegen die Nahrungspflanzen, sowohl zum Frischverzehr als auch zur Lagerung. Obwohl in den milderen Teilen Großbritanniens über den ganzen Winter frische Nahrung verfügbar ist, möchten (oder müssen) die meisten Leute wohl Nahrung aus dem Sommer und Herbst für die knappen Wintermonate haltbar machen.

Salatpflanzen

Einen Salat aus einem Waldgarten zu sammeln ist deutlich interessanter, als einen Blattsalat aus einem Gemüsebeet zu pflücken. Abhängig von der Anzahl der gewünschten Zutaten kann es auch länger dauern. Um aus meinem Waldgarten einen Salat mit 20 Zutaten zu pflücken, benötige ich etwa 40 Minuten (2 Minuten pro Portion für eine Person).

Wenn ich einen Salat zusammenstelle, denke ich an eine Hauptzutat (die üblicherweise einen milden Geschmack hat und die ich in Masse ernten kann) und geschmacksintensivere aromatische Zutaten. Ich versuche meist, 2–3 Hauptzutaten und etwa ein Dutzend oder mehr aromatische Zutaten zu verwenden. Gewöhnlich pflücke ich auch zwei oder mehr Arten von Blüten, die ich entweder untermische oder als Dekoration über den Salat streue. Größere Blätter hacke ich meist, während kleinere ganz belassen werden können. Ein gemischter Waldgartensalat ist mehr als nur die Summe seiner Zutaten. Er nimmt einen eigenen Charakter an, in dem milde Zutaten „aufgepeppt" und sehr kräftige Zutaten abgeschwächt werden. Meist ist es für mich nicht die Mühe wert, mehr als 30 Zutaten zu verwenden. Mein Freund und Waldgärtner Justin West hat jedoch Salate mit mehr als 100 Zutaten zubereitet, als er das Schumacher College in Dartington besuchte.

Vermeiden Sie, die Salatblätter in der Mittagshitze zu pflücken, sie werden schnell welk. Es ist besser, diese früh am Morgen zu ernten und sie dann kühl aufzubewahren oder sie abends zu pflücken.

Rohes Blattgemüse zu konservieren hat in Klimazonen, in denen Blattgemüse auch den ganzen Winter über verfügbar ist, gewöhnlich keine besonders hohe Priorität. Möglichkeiten sind, diese in Öl einzulegen, zum Beispiel als Pesto, oder sie durch Milchsäurefermentation haltbar zu machen (der gleiche Prozess wie bei der Herstellung von Sauerkraut).

Ausdauernde Gemüsepflanzen

Meistens ist es am besten, ein Gemüse nicht hier und dort als einzelne Pflanzen, sondern lieber in Flecken oder Streifen anzulegen. So erzeugen Sie eine größere durchgehende Fläche, die schneller und effizienter zu ernten ist. Die meisten ausdauernden Gemüsepflanzen liefern als Einzelpflanze nicht genug Ertrag, meist benötigen Sie mehrere Pflanzen.

Generell bestimmen die Pflanzen, was Sie wann essen. Bambussprossen müssen zum Beispiel innerhalb kurzer Zeit, nachdem sie auftauchen, geerntet werden, danach ist es zu spät. Sie werden schnell lernen, was zu welchem Zeitpunkt bereit ist – das ist jedoch ein Lernprozess, anfangs werden Sie mit vielen der ausdauernden Gemüsepflanzen in diesem Buch unvertraut sein.

Alle üblichen Techniken zur Haltbarmachung von einjährigem Gemüse können angewandt werden, zum Beispiel Blanchieren und Einfrieren, die Herstellung von Chutneys und Pickles, Milchsäurefermentation und so weiter.

GESCHMACK VON NAHRUNGSMITTELN

Viele Pflanzen werden verarbeitet – auch wenn dies nur Kochen bedeutet –, um ihren Geschmack zu verbessern.

Der Geschmack von Nahrung wird als Mischung der folgenden Geschmacksaspekte wahrgenommen:

- Süße: Diese wird leicht aufgenommen und der Mensch hat ein natürliches Verlangen danach. Süße ist oft in Früchten konzentriert und wird nur durch Kochen, Zerdrücken oder Einfluss von Frost freigesetzt.
- Säure: Sie erzeugt ein Gegengewicht zur Süße, sodass diese nicht übersüß wirkt.
- Bitterkeit: Oft ein Zeichen für Giftigkeit, in moderaten Mengen stellt Bitterkeit gewöhnlich kein Problem dar. Bittere Nahrungsmittel regen häufig die Verdauung an.
- Adstringenz: Diese wird durch Tannine erzeugt, die den Mund austrocknen und Eiweiße schwerer verdaulich machen. Erhitzen kann dazu beitragen, die Adstringenz zu entfernen, ebenso das Zerdrücken der Frucht, um das Fruchtfleisch 1–2 Tage der Luft auszusetzen.
- Salzigkeit

Knollen

In gemäßigten Klimazonen, in denen der Boden im Winter nicht zu lange gefroren ist und keine Staunässe erfährt, ist der Erdboden meist der beste Ort, um Knollen zu lagern. Dort, wo die Wintertemperaturen niedriger werden, sollten Sie die nicht winterharten Knollen (zum Beispiel Yamswurzeln, *Dioscorea* spp.) im Herbst ausgraben und mit Sand, Kompost oder Ähnlichem bedeckt an einem frostfreien, kühlen Ort oder in einem Wurzelkeller lagern. Pflanzen Sie die Knollen dann im Frühjahr wieder ein, um im Lauf des Jahres eine Ernte zu bekommen. Falls Sie in einer Region leben, wo der Boden für lange Zeit hart gefroren bleibt, sollten Sie am besten alle Ihre Knollen auf diese Art ernten.

Kleine Früchte

Kleine Früchte an Büschen – Johannisbeeren, Blaubeeren, Salal (Scheinbeere, *Gaultheria shallon*) et cetera – können gewöhnlich von Hand gepflückt werden. Wenn Sie die Schnittmaßnahmen minimal halten, führt dies zu höheren Büschen und weniger Belastung für Ihren Rücken beim Ernten der Früchte. Alternativ können Sie auf dem Boden ein Tuch oder eine Plane auslegen und die Früchte dann pflücken und fallen lassen. Wenn die Früchte an einem einigermaßen langen, blattfreien Stängel gebildet werden, kann auch schnell mithilfe eines Erntekamms geerntet werden (in Skandinavien weitverbreitet zur Ernte von Blau- und Preiselbeeren).

Kleine Früchte an Büschen und Bäumen (zum Beispiel Maulbeeren) können recht effizient geerntet werden, indem Sie die Äste schütteln oder gegen sie schlagen. Ein Korb oder ein ähnliches Gefäß an einer Stange kann dabei daruntergehalten werden, um die Früchte aufzufangen. Ich verwende diese Technik bei der Beerntung von Weißdornen (*Crataegus* spp.) und Korallen-Ölweiden (*Elaeagnus umbellata*). Reife Früchte fallen oft sehr leicht vom Baum. Natürlich sammeln Sie dabei auch Blätter, Spinnen und so weiter ein, die Sie später entfernen müssen.

Die Früchte können durch Einfrieren, Einmachen in Gläser, als Marmeladen und so weiter haltbar gemacht werden. Meine Lieblingsmethode ist jedoch das Trocknen, das ich unten beschreibe (siehe unter „Größere Früchte“). Wenn ich keine Zeit habe, die Früchte direkt zu Marmelade, Fruchtleder oder Ähnliches zu verarbeiten, gebe ich sie in den Gefrierschrank und hole sie dann später zur Verarbeitung wieder heraus.

Aus den Früchten der Korallen-Ölweide (*Elaeagnus umbellata*) können Sie großartige Marmeladen und Fruchtleder herstellen.

Größere Früchte

Diese müssen in der Regel von Hand gepflückt werden (im Gegensatz zum Herunterschütteln und Ähnlichem). Falls Sie bei größeren Bäumen nicht mit einer Leiter hantieren möchten (die auch leicht Schäden an Bäumen anrichten kann), sollten Sie in ein ordentliches Erntewerkzeug mit einer langen Stange investieren: Teleskopstangen sind dafür am besten geeignet – es gibt nichts Komischeres, als jemanden beim Versuch zu beobachten, Früchte mit einer viel zu langen Stange zu ernten. Die Arbeit mit diesen Erntehilfen geht nur langsam voran, eine zweite Person zum Leeren des Korbs ist dabei immer eine Hilfe.

Wie ich in Kapitel 9 (Seite 92) erwähnt habe, müssen Sie nicht zwingend alle Früchte von einem Baum ernten. Was nicht geerntet wird, wird im Waldgartensystem recycelt. Bei gezüchteten und veredelten Obstgehölzen wie Äpfeln, Birnen, Pflaumen, Pfirsichen und Aprikosen ist es jedoch wichtig, dass Sie über den Winter keine Fruchtmumien am Baum belassen, da diese den Baum in der nächsten Wachstumsperiode mit Krankheiten infizieren können. Wildformen haben diese Probleme selten.

Einige Früchte – späte Äpfel, Birnen und so weiter – lassen sich über den Winter gut für mehrere Monate an einem kühlen Ort lagern. Es kann jedoch mittlerweile in Großbritannien ein Problem sein, den Lagerort über den Winter kühl genug zu halten.

Ich lasse häufig einen Teil Pflaumen eingefroren, damit ich sie später mit anderen Früchten zur Herstellung von Fruchtleder mischen kann (siehe Seite 324).

Es gibt viele gebräuchliche Arten, Früchte zu konservieren, wie Marmeladen, Chutneys und so weiter. Mir liegt vor allem viel am Trocknen der Früchte, das hauptsächlich auf zwei Arten gelingt:

- durch Schneiden der Früchte in Scheiben oder Viertel, um sie dann zu Trocknen,
- durch Trocknen des Fruchtfleisches, um ein Fruchtleder herzustellen.

Zur Trocknung kann ich elektrische Dörrautomaten sehr empfehlen. Auch wenn diese Geräte Strom verbrauchen, ist die Trocknung doch schnell und effizient. Wenn Sie Früchte trocknen, ist die Dauer von größter Wichtigkeit. Und auch wenn Ihnen das Trocknen manchmal in Öfen mit niedriger Temperatur oder durch andere technische Verfahren gelingt, wird das Produkt nie von gleicher Qualität oder ähnlich lang haltbar sein. Für eine effiziente Trocknung brauchen Sie sowohl warme, kontrollierbare Temperaturen als auch den richtigen Luftstrom, was Sie in Backöfen kaum erreichen.

In Klimazonen mit viel Sonne ist die Solartrocknung möglich und empfehlenswert, meine Experimente mit Solartrocknung in Großbritannien waren jedoch nicht sonderlich erfolgreich. Wir bekommen einfach nicht genug Sonne, besonders nicht im Herbst, wenn der Großteil des Trocknens anfällt.

Äpfel können einfach getrocknet werden, indem man sie schält, das Kerngehäuse entfernt und der Apfel in 6–8 Millimeter dicke Scheiben geschnitten wird. (Es gibt eine gewiefte Maschine, die per Handkurbel betrieben wird und all dies in einem Arbeitsschritt durchführt. Suchen Sie im Internet nach „Apfelschäler/-schneider/-entkerner".) Danach werden die Scheiben bei 55 Grad Celsius für 12 Stunden in einem Dörrautomaten getrocknet. Birnen werden besser geviertelt, das Kerngehäuse entfernt und mit Schale getrocknet. Bei 55 Grad Celsius kann dies in einem Dörrautomaten 16–20 Stunden dauern. Pflaumen und andere weiche Früchte werden am besten halbiert getrocknet, dies dauert 20–24 Stunden bei 55 Grad Celsius.

Getrocknete Früchte oder Fruchtleder lassen sich in Plastikfolie verpackt bei Zimmertemperatur 1–2 Jahre lagern. Vakuumverpackt sind sie doppelt so lange haltbar – dafür gibt es kleine Vakuumiermaschinen für den Hausgebrauch. Legen Sie unbedingt Backpapier oder Ähnliches zwischen die Lagen, bevor Sie diese vakuumieren, andernfalls werden Sie die Lagen nie wieder auseinanderbekommen. (Das weiß ich sicher, weil es mir schon passiert ist!)

Die Früchte der Mispel (*Mespilus germanica*) ´Nottingham´ sind roh oder als Marmelade köstlich.

HERSTELLUNG VON FRUCHTLEDER

Die Herstellung von Fruchtmus, um es zu einem Fruchtleder zu trocknen, ermöglicht es Ihnen nicht nur, Fruchtmus aus einer einzelnen Fruchtart herzustellen, sondern darüber hinaus auch interessante Mischungen. Es ergibt Sinn, Fruchtmus aus sauren Früchten mit einem süßeren Mus zu mischen (eine saure Frucht schmeckt getrocknet noch saurer) – ich verwende oft Pflaume als süßes Mus und mische saures Mus wie das von Schwarzen Johannisbeeren oder Sanddorn hinzu.

- Feste Früchte sollten eventuell für ein paar Minuten gekocht werden, um das Fruchtfleisch so aufzuweichen, dass es sich gut verflüssigen lässt.
- Bei Früchten mit zu großen Samen, um diese mitzuessen, sollten Sie diese vor oder nach dem Verflüssigen entfernen.
- Verflüssigen Sie die Früchte (geben Sie kein Wasser hinzu).
- Das Mus, das Sie daraus erhalten, sollte dickflüssig genug sein, sodass Sie eine 4–6 sechs Millimeter dicke Schicht ausstreichen können. Sollte Ihr Mus zu dünn sein, können Sie es immer eindicken, indem Sie festeres Mus, gemahlene Nüsse, Haferflocken und Ähnliches hinzugeben – die Möglichkeiten sind vielfältig.
- Streichen Sie das Mus als Lage auf einem flexiblen, nicht haftenden Backpapier aus und trocknen Sie dieses bei 55 Grad Celsius für etwa 24 Stunden in einem Dörrautomaten. Für die letzten Stunden des Vorgangs müssen Sie die Lage vielleicht einmal umdrehen. Es sollte sich leicht ablösen und eine ledrige Konsistenz ähnlich den käuflich erhältlichen Fruchtriegeln haben.

Nüsse

Vorausgesetzt, dass Sie den Eichhörnchen zuvorgekommen sind (siehe Kapitel 23 für Details!), werden Sie Nüsse gewöhnlich vom Boden aufsammeln, da diese auf mittelgroßen bis großen Bäumen wachsen. Sobald sie reif sind, fallen Nüsse in der Regel aus ihren Hüllen (obwohl manche, wie Kastanien, auch in ihren Hüllen zu Boden fallen können). Dem können Sie deutlich nachhelfen, indem Sie vor jeder Ernte die Äste schütteln.

Versuchen Sie, die gefallenen Nüsse täglich aufzusammeln, um Fraß durch Vögel, Eichhörnchen und andere Nager zu vermeiden und um zu verhindern, dass die Nüsse Schadpilze aufnehmen.

Falls Sie unter Ihren Nussbäumen Pflanzen haben, sind Sie wahrscheinlich gut darin beraten, über die niedrigen Pflanzen Netze auszulegen, um die Nüsse zu sammeln. Man sollte zu zweit sein, um die Netze zu bewegen und die Nüsse aus diesen in Behältnisse zu befördern. Wenn Sie die Pflanzen unter dem Baum schneiden können oder sich darunter gemähtes Gras befindet, können Sie vom Boden sammeln, was deutlich schneller als mit Netzen geschehen kann. Ein paar wenige Bäume können Sie so leicht von Hand ernten. Ich kann spezielle Nuss- und Obstsammler („Rollsammler") als Erntehilfen sehr empfehlen. Es handelt sich hier um eine Stange mit einem rotierenden Drahtkorb, der über den Boden gerollt wird und die Nüsse einsammelt, die dann von Zeit zu Zeit in einen Behälter ausgeleert werden. Diese großartigen Geräte machen die Ernte von Nüssen zu einer Freude! Es sind verschiedene Ausführungen für verschieden große Früchte erhältlich; die Version für Walnüsse nimmt auch mittelgroße Äpfel auf, die sich besonders gut zum Beispiel für Mostäpfel eignen.

In Großbritannien sind Nüsse ohne Trocknung nicht lange haltbar – sie enthalten allesamt zu viel Feuchtigkeit. Sie sind länger haltbar, wenn sie in der Schale getrocknet werden, anstatt diese zu öffnen und nur die Kerne zu trocknen. Ölige Nüsse wie Hasel- und Walnüsse sollten bei 35–40 Grad Celsius 24 Stunden getrocknet werden (auf keinen Fall heißer, weil sonst die Öle ranzig werden), danach sind sie 2–3 Jahre bei Zimmertemperatur haltbar. Stärkehaltige Nüsse wie Kastanien enthalten viel mehr Wasser und müssen entsprechend länger getrocknet werden, und zwar 3–5 Tage bei 40–50 Grad Celsius. Getrocknete Kastanien sind jahrelang haltbar, sie können auch aus der Schale entfernt und zu Mehl gemahlen werden.

Es ist anstrengend, Nüsse von Hand zu knacken, besonders die kleineren Vertreter wie Haselnüsse. Ich kenne im Handel keine Nussknacker, die über den Hausgebrauch hinaus für Menschen mit ein paar Nussbäumen geeignet sind. Ich habe mir eine Maschine zum Nüsseknacken gebaut, die gut funktioniert und für Leute mit etwas handwerklichem Geschick recht einfach nachzubauen ist.

Pilze

Falls Sie Pilze auf Stämmen kultivieren, können Sie bei den einfach zu kultivierenden Pilzen wie Shiitake versuchen, die Fruchtbildung über einen längeren Zeitraum auszudehnen. Wahrscheinlich wird es jedoch Zeiten geben, zu denen Sie einen Überfluss haben. Auch hier ist das Trocknen die beste Art, Pilze haltbar zu machen – bei 40–50 Grad Celsius trocknen sie schnell. Getrocknete Pilze können leicht wieder rehydriert werden, indem sie vor dem Kochen ein paar Stunden in Wasser eingeweicht werden.

Austernpilze (*Pleurotus* spp.) und andere sind leicht zu trocknen.

Stammholz als Brennstoff und zur Kultivierung von Pilzen

Die meisten Schnittmaßnahmen, so auch die Niederwaldbewirtschaftung, werden am besten im Winter vorgenommen. Sollten sich diese Arbeiten bis zum späten Winter verzögern, sei es absichtlich oder den Umständen geschuldet, kann es vorkommen, dass der Baum bis spät im Mai oder sogar Juni keine neuen Triebe ausbildet, was somit das Jahreswachstum bremst. Sollten die neuen Triebe besonders schmackhaft sein (wie zum Beispiel beim Chinesischen Surenbaum, (*Toona sinensis*), kann das bewusste Verzögern des Rückschnitts als Methode genutzt werden, um den Erntezeitraum zu verlängern. In allen anderen Fällen sollten Sie versuchen, spätestens im Februar zu schneiden.

Stämme, die zur Kultivierung von Pilzen dienen sollen, sollten erst geschnitten werden, wenn Sie die Pilzbrut bereit haben – wenn Sie also Pilzbrut kaufen, bestellen Sie diese rechtzeitig im frühen Winter. Die Stämme müssen zügig geimpft werden, noch bevor die Sporen anderer unerwünschter Pilze eindringen können.

Der Pfeil-Bambus (*Pseudosasa japonica*) wächst in sehr geraden Rohren.

Pflanzen mit medizinischem Nutzen

Die genaue Verarbeitung von Pflanzen mit medizinischem Nutzen entnehmen Sie am besten einem Spezial- beziehungsweise Referenzwerk. Die optimale Erntezeit ist oft direkt vor der Blüte, weil dann der Gehalt an Substanzen mit medizinischen Eigenschaften am höchsten ist. Zeit ist bei der Verarbeitung von medizinischen Pflanzen ein kritischer Faktor, damit die wichtigen Substanzen nicht verloren gehen.

Stangen und Rohr

Stangen von Pflanzen wie Hasel sollten im Winter geschnitten werden, wenn die Pflanze in Winterruhe ist, auch weil Sie dann einen besseren Überblick über die Pflanze haben. Die meisten Stangen sind nicht besonders haltbar und nur 1–2 Jahre verwendbar. Bambusrohr kann zu jeder Jahreszeit geschnitten werden. Unter der Voraussetzung, dass sie das richtige Alter haben (siehe Seiten 186–187, Kapitel 13), sollten sie dann für einige Monate getrocknet werden, um ihre maximale Haltbarkeit zu erreichen.

Zier-Rhabarber (*Rheum palmatum*).

Kapitel 23

Pflege

Bewässerung und Wasserverbrauch

In einem Waldgarten gemäßigten Klimas sollten die meisten Pflanzen selbst in Hitzeperioden im Sommer keine Bewässerung benötigen. Das kann sich jedoch über die kommenden Jahrzehnte schnell ändern. Besonders trockene Perioden verringern wahrscheinlich vor allem den Ertrag reich tragender Bäume. Es lohnt sich vorauszudenken, was Sie in solchen Situationen unternehmen wollen, schließlich sagt die Klimaforschung voraus, dass in der Zukunft mit heißeren und trockeneren Sommern gerechnet werden muss.

Ohne Bewässerung

Dies bedeutet natürlich den geringsten Aufwand! Darüber hinaus eignet es sich am besten für schluffige und lehmige Böden. Falls Sie einen durchlässigen, sandigen Boden haben, sollten Sie sich ernsthaft Gedanken über die Bewässerung machen oder nur trockenheitsresistente Ertragspflanzen anbauen – was viele Früchte von vornherein ausschließt.

Trockene Perioden beeinträchtigen meist die Erträge von Bäumen und Sträuchern, deren Früchte im Spätsommer und Herbst reifen. Üblicherweise gibt es dann im Juni (bei der natürlichen Ausdünnung der Früchte) mehr Fruchtfall und die Früchte selbst bleiben kleiner. Das Gleiche trifft auf Nüsse zu.

Gezielte Bewässerung von wertvollen und fruchttragenden Bäumen

Auf durchlässigen, sandigen Böden wird dies in den meisten Fällen nötig sein.

Abhängig von der Größe des Gartens kann für die Bewässerung die Installation von Rohren nötig sein – im Idealfall geschieht das ganz zu Beginn, bevor Sie Pflanzungen vornehmen. In den meisten Situationen sind gewöhnliche MDPE-Kunststoffrohre (Medium-Density-Polyethylene, meist 16-Millimeter-Rohre) ausreichend. Diese werden etwa 30 Zentimeter tief in dafür gezogene Gräben verlegt. Installieren Sie handelsübliche Verbindungen oder Zapfhähne, um flexibel Schläuche daran anschließen zu können, mit denen Sie gezielt bestimmte Pflanzen bewässern.

Achten Sie darauf, sehr junge, wertvolle Gehölze zu wässern, wenn diese an Trockenheit zu leiden scheinen. Bis sie sich fest etabliert haben, sind sie deutlich anfälliger für Schäden durch Trockenheit.

Abgesehen davon sollten Sie bei großer Trockenheit darauf achten, vor allem die Bäume und Sträucher zu bewässern, von denen Sie bedeutende Erträge an Früchten oder Nüssen erwarten, und zwar von Juli bis September, wenn deren Früchte heranreifen.

Wasserquellen

Im Idealfall verwendet man Wasser aus natürlichen Quellen, Grauwasser oder Regenwasser. Grauwasser (solches, das bereits im Haushalt verwendet wurde) wird nur für einen sehr kleinen Garten ausreichen und sollte schnell verwendet werden, da sich durch seine Speicherung Probleme entwickeln können. Auch mit in Regentonnen gesammeltem Wasser werden Sie nicht weit kommen. Ein reich tragender Baum mittlerer Größe (zum Beispiel ein Apfel- oder Pflaumenbaum von 4 Meter Höhe und Breite) kann beispielsweise bei Trockenheit 2,5 Zentimeter Wasser pro Woche benötigen, was etwa 400 Litern entspricht.

Das Entnehmen von Wasser aus Flüssen und Bächen erfordert gewöhnlich eine Genehmigung und mag bei Trockenheit ohnehin nicht möglich sein.

Einen Wasserspeicher anlegen

Besonders für größere Gärten ist die Alternative das Sammeln von Regenwasser in größerem Maßstab. Ein Quadratmeter Dachfläche, Auffangbecken oder sonstige Auffangmethoden fangen pro Jahr 700–1.000 Liter Regenwasser auf. Es ist mit relativ wenig Aufwand und Kosten möglich, ein Loch auszuheben, mit einer Folie auszulegen und als Sammelbecken zu verwenden. Ich habe bereits einige angelegt, zuletzt ein Sammelbecken mit einem Volumen von 50 Kubikmetern (50.000 Liter) und ungefähren Abmessungen von 16 mal 3 mal 1 Meter.

- Möglicherweise kann für das Anlegen von Sammelbecken eine Genehmigung erforderlich sein, erkunden Sie sich also vorher an entsprechender Stelle.
- Im Idealfall liegt Ihr Wasserspeicher am höchsten Punkt Ihres Gartens, dann können Sie das Wasser

durch einen Saugheber und die Schwerkraft überall dorthin bringen, wo Sie es benötigen. An sanften Hängen können Sie das ausgehobene Material für die untere Haltewand verwenden. Steilere Hänge sind schwerer zu befestigen, hier sollte man sich professionelle Hilfe suchen.

- Wenn Sie ein eher seichtes Becken anlegen, müssen Sie sich über die Haltewände nicht ganz so viele Gedanken machen. Je tiefer Sie graben, desto größer werden die möglichen Probleme mit großen Felsen.
- Ein kleiner, von einem Amateur geführter Mietbagger kann pro Tag etwa 50 Kubikmeter Erde ausheben.
- Überprüfen Sie beim Graben immer wieder die Höhe der Oberkante der Böschungsbefestigung. Am einfachsten geht dies mit einer Schlauchwaage, einem mit Wasser gefüllten durchsichtigen Schlauch: Egal, wie der Schlauch verläuft oder durchhängt, steht das Wasser an beiden Schlauchenden immer auf der gleichen Höhe.
- Sofern Sie nicht einen sehr lehmigen Unterboden haben, den Sie als verdichtete Sperrschicht verwenden können, werden Sie die Grube mit Kunststofffolie auslegen müssen. Bevor Sie diese in das Loch einlegen, sollten Sie die Seiten und den Boden der Grube mit einer Schutzschicht auslegen, um die Teichfolie vor spitzen Steinen und Stöcken zu schützen. Alte Plastiksäcke sind dafür ideal geeignet, Sie können auch Grassoden verwenden, sofern diese relativ frei von Steinen sind.
- Gegebenenfalls möchten Sie verhindern, dass Laub und Ähnliches ins Wasser gelangt und den Filter verstopfen kann – ich verwende dazu ein grünes Windschutznetz, das ich über die Oberfläche spanne und das Regen durchlässt.

Bewässerungsmethoden

Vermeiden Sie die Verwendung von Beregnern jeder Art, diese sind sehr verschwenderisch und können durch die flächige Befeuchtung des Pflanzenlaubs Krankheiten fördern. In kleinem Maßstab können Sie einfach einen Schlauch unter einen Baum halten. Die bei Weitem beste Methode (aus der Perspektive der Pflanze und des Bodens) ist jedoch eine Art von Mikrobewässerung – eine langsame Bewässerung mit kleinen Mengen, die über Tropf- oder Perlschläuche abgegeben werden. Grundsätzlich ist damit die häufige, aber langsame Abgabe von Wasser an definierten Punkten der Leitung durch verschiedene Abgabemethoden (Tropfer) gemeint. Das ist eine hocheffiziente Art, Wasser direkt zum Wurzelraum der Zielpflanze zu befördern. Die Leitungen haben hier meist einen Durchmesser von 13–25 Millimetern und können sowohl unterirdisch als auch über dem Boden verlegt werden, dasselbe trifft auf die Abgabegeräte zu. In einem Waldgarten werden Sie wahrscheinlich kein unterirdisches System benötigen, Sie können hier Rohrabschnitte mit den installierten Tropfern frei verlegbar gestalten.

In kleinen Waldgärten können Gießkanne und Gartenschlauch die einzigen möglichen Bewässerungsmethoden sein. Für sehr kleine und junge Pflanzen ist eine Gießkanne ausreichend – gießen Sie bei Trockenheit etwa 2–3 Kannen (20–30 Liter) pro Quadratmeter. Sollten Sie einen Schlauch verwenden, messen Sie zuerst, in welcher Zeit diese Menge hindurchläuft, und versuchen dann, entsprechend lang zu bewässern.

Für größere Waldgärten gibt es zahlreiche Typen von Bewässerungssystemen, unter anderem die Folgenden:

- Perlschläuche oder Tropfschläuche aus Plastik oder Gummi, die über ihre Länge langsam Wasser abgeben. Die meisten dieser Systeme werden mit vermindertem Druck betrieben.
- Einzelne Tropfer (zum Teil mit einstellbaren Flussraten), die in der Regel 1–4 Liter pro Stunde abgeben. „Kompensierende" Tropfer haben ungeachtet des Wasserdrucks eine feste Flussrate, „nicht kompensierende" Tropfer haben abhängig vom Wasserdruck eine variable Rate. Die Tropfer werden entweder in Löcher in der Leitung eingesteckt oder passen auf dünne PVC-Schläuche (im Allgemeinen 4–6 Millimeter Durchmesser) von 1–2 Metern Länge, die an eine Sammelleitung angeschlossen werden. Die Tropfer können über kleine Löcher platziert und mit einer umgedrehten Dose oder Ähnlichem abgedeckt werden, um Verluste durch Verdunstung zu minimieren. Dieses System erfordert einen ausreichenden Wasserdruck.
- Mikrodüsen oder Mikrosprenkler; sie haben eine höhere Durchflussrate (16–200 Liter pro Stunde) und größere Öffnungen und sind daher weniger anfällig für Verstopfungen. Sie können Wasser über Radien von bis zu 3 Metern verteilen. Für diese ist ein ausreichender Wasserdruck nötig. Ihr Einsatz kann manchmal durch die Benässung von Laub zu Problemen mit pilzlichen Schädlingen führen.

Vorteile der Mikrobewässerung

- Weniger Wasserverbrauch, niedrigere Kosten und Schonung der Ressource Wasser
- Weniger Probleme mit Beikräutern, weil weniger Bodenoberfläche bewässert wird
- Bei Systemen mit Punktabgabe (Tropf- oder Perlschläuche) sind Laubkrankheiten vermindert, weil das Laub nicht benässt wird.

- Die gleichmäßige Verteilung des Wassers verhindert Stress bei Pflanzen und steigert die Erträge.
- Dem Wasser können einfach Pflanzenstärkungsmittel (zum Beispiel Seetanglösungen) oder organische Düngemittel (zum Beispiel Brennnessel- und Beinwelllösungen) beigegeben werden.
- Das Wasser wird dort abgegeben, wo es am meisten benötigt wird.

Nachteile der Mikrobewässerung

- Die Anfangskosten für Systeme können hoch sein. (Anm.: Kaufen Sie das Material bei Fachgeschäften für Bewässerungstechnik und nicht im Baumarkt, die Kostenersparnis ist beträchtlich!)

- Überirdische Systeme haben Leitungen und Schläuche, die bei anderen Arbeiten im Weg sein können.

- Unterirdisch verlegte Systeme sind schwer zu überprüfen und zu reparieren.

- Eine qualitativ hochwertige Wasserversorgung ist essenziell. Das Verstopfen von Tropfern und Düsen kann ein ernstes Problem sein. Partikel im Wasser müssen durch effiziente Filter aufgefangen werden.

- Schäden an Leitungen durch Nager und andere Tiere können zum Problem werden.

Wo Sie bewässern sollten

Die Wurzeln der meisten Bäume, also auch fruchttragender Arten, erstrecken sich bis kurz hinter die Traufkante (das heißt die Kante der Baumkrone, von der Regen auf den Boden abtropft), dabei ist die Wurzeldichte unter der Traufkante selbst am höchsten. Die Haar- beziehungsweise Saugwurzeln finden sich überall innerhalb der von der Traufkante begrenzten runden Fläche. Sie sollten also versuchen, diese Fläche ganz zu bewässern, wenn möglich geben Sie mehr Wasser auf die Fläche unter der Traufkante als auf den zentralen Bereich um den Stamm herum. Bei einem mit einem Tropfsystem bewässerten großen Obstbaum verwenden Sie dafür 4–8 Tropfer, ein Beerenstrauch kommt mit 1–2 Tropfern aus.

Wie sich das Wasser bei einer Tropfbewässerung verteilt, hängt vor allem von Bodenfaktoren ab und der Dauer der Bewässerung. Wasser neigt dazu, sich im Boden in der Form eines umgekehrten Kegels auszubreiten. Die oberen Bodenschichten werden demnach in einem Durchmesser von 60–100 Zentimetern (Radius von 30–50 Zentimetern) durchdrungen, tiefere Bodenschichten in einem Durchmesser von 2 Metern (Radius von 1 Meter) oder mehr.

Mikrobewässerungssysteme können nachts betrieben werden, wenn am wenigsten Wasser von der Bodenoberfläche verdunstet. Nachts wird die Bewässerung ein größeres Bodenvolumen durchdringen als eine Bewässerung, die tagsüber läuft.

Entfernen von Konkurrenzpflanzen

Abgesehen von der Ernte ist das Jäten die hauptsächliche Arbeit, die im Garten nennenswerte Zeit beansprucht. Ein beikrautfreier Garten existiert schlichtweg nicht. Auch ein Waldgarten muss gepflegt werden, wenn er sich nicht in einen Wald entwickeln soll, der von den Baumarten dominiert wird, die sich aus der Umgebung wild aussäen können.

Dennoch dauert das Jäten verglichen mit „konventionellen“ Gärten in einem Waldgarten nicht lange. Das Ziel beim Jäten sollte es nicht sein, jede kleine Pflanze, die Sie dort nicht wünschen, zu entfernen – das ist reine Zeitverschwendung und vergebliche Mühe! Konzentrieren Sie sich stattdessen darauf, konkurrenzstarke Pflanzen zu kontrollieren, die sonst zu einem echten Ärgernis werden können – zum Beispiel Brombeeren und Baumsämlinge oder Wurzelaustriebe. Mein Hauptwerkzeug zum Jäten meines Waldgartens ist eine Gartenschere. Ganz selten nur grabe ich Beikräuter aus und nur manchmal ziehe ich diese heraus (wie ich es beispielsweise bei kleinen Baumsämlingen konkurrenzstarker Arten mache). Meist schneide ich diese einfach auf Bodenniveau ab. Bedenken Sie immer, dass Beikräuter großartige Arbeit leisten, indem sie Nährstoffe in die oberen Bodenschichten bringen – viele dieser Pflanzen, wie die Ampferarten (*Rumex* spp.) sind Mineraliensammler. Indem Sie diese nur abschneiden, damit sie nachwachsen können, erhöhen Sie die Bodenfruchtbarkeit für andere Pflanzen – ohnehin geben die meisten Beikräuter bei wiederholtem Schnitt irgendwann auf.

Vom Frühling bis zum Spätsommer gehe ich alle 3–4 Wochen eine Runde und jäte. Im April, dem ersten Durchgang des Jahres, dauert dies noch am längsten (2 Tage für meine 0,8 Hektar). Ab Juni brauche ich dann nur noch 1 Tag und im August reicht mir dann 0,5 Tag aus. Später mache ich mir die Mühe nicht mehr, weil es dann nur noch wenige Beikräuter gibt. Dies funktioniert für mich gut, weil meine Bodendecker-Ebene größtenteils aus Pflanzen besteht, die lästige und hartnäckige niedrige Beikräuter wie den Kriechenden Hahnenfuß (*Ranunculus repens*) (dem die Bedingungen bei uns in Devon gefallen) unterdrücken können. Mit ein wenig selektivem Jäten (Schneiden) können Sie den erwünschteren Pflanzen einen Vorteil verschaffen.

Genauso wie die konkurrenzstarken Bäume (vor allem Esche und Weide) und Brombeeren schneide ich auch Ampfer und Löwenzahn zurück – beides gute Mineraliensammler – und entferne Brennnesseln durch Schneiden oder Herausreißen (davon habe ich genug am Rand meines Waldgartens). Außerdem ziehe ich auch Kletten-Labkraut heraus, besonders um junge Pflanzen herum, die von ihm überwältigt werden können. Kleinere Beikräuter wie Hahnenfuß, Gräser und Ähnliche werden gelegentlich abgeschnitten, in der Regel werden diese jedoch im Sommer vom allgemeinen Pflanzenwachstum überwuchert.

Um zu verhindern, dass sich Beikräuter auf Flächen mit im Winter oberirdisch absterbenden Stauden ansiedeln – besonders in milden Gegenden, wo Beikräuter auch über den Winter weiterwachsen können –, können Sie diese im Winter einfach mit einer zeitweiligen Mulchschicht abdecken. Verwenden Sie etwas, das Sie im Frühjahr leicht wieder entfernen können (eine Plastikplane, einen alten Teppich oder Stoff), und achten Sie darauf, dies zu tun, bevor die Stauden ihr Wachstum beginnen.

Sollte eine Fläche in Ihrem Waldgarten übermäßig mit Beikräutern besiedelt und so zeitraubend in der Pflege werden, sollten Sie darüber nachdenken, die bestehenden Boden-Ebenen mit anderen Pflanzen zu besetzen. Dafür kann es sein, dass Sie die bestehenden Pflanzen erst mithilfe eines Flächenmulchs beseitigen müssen. Wenn Sie überlegen, welche Pflanzen Sie als Ersatz pflanzen, führen Sie sich die Nische(n) vor Augen, die das Beikraut besetzt hatte, und versuchen Sie dann, erwünschte Arten zu finden, die die gleiche Nische füllen.

Baumpflege, Gehölzschnitt und Niederwaldwirtschaft

Gehölze zurückzuschneiden ist ein kleiner, aber wichtiger Teil der Pflege eines Waldgartens. Hier werden meist nur kleinere Astdurchmesser geschnitten, daher sind gute Handwerkszeuge (eine Bogensäge und eine gute Astsäge) durchaus ausreichend.

Gehölzschnitt und Baumpflege

Wer Bäume und Sträucher hat, der findet immer etwas zu schneiden. Wie ich schon erwähnt habe, versuche ich jedoch, den Gehölzschnitt auf ein Minimum zu reduzieren. Dabei verlege ich die meisten Schnittmaßnahmen wenn eben möglich auf den Spätwinter – sonnige Tage im Januar und Februar, nach der Hauptzeit für die Ausbreitung von Krankheitssporen über die Luft, sind am besten geeignet. Für die meisten Obstbäume, mit Ausnahme der Gattung *Prunus* und hohen Bäumen wie Erlen, ist dies der beste Schnittzeitpunkt. Entfernen Sie dabei totes und krankes Holz, asten Sie Bäume auf und regen Sie die Bildung von neuem Fruchtholz an. Laubabwerfende Heckenpflanzen können zu diesem Zeitpunkt ebenfalls zurückgeschnitten werden.

Bäume der Gattung *Prunus* (Pflaumen, Aprikosen, Pfirsiche, Mandeln und so weiter) werden am besten vom späten Frühjahr bis zum Sommer (Mai bis August) geschnitten, wenn das Risiko einer Infektion mit der Bleiglanzkrankheit (*Stereum purpureum*) über Schnittwunden geringer ist.

Sofern er nicht von Krankheiten befallen ist, lassen Sie den Schnitt am besten direkt auf dem Boden liegen, wo er allmählich zersetzt wird. Sie gewinnen keinen Vorteil daraus, diesen zu kompostieren. Damit das Schnittgut flach liegt und den Durchgang nicht behindert, müssen Sie es gegebenenfalls zerkleinern. Sie sollten auch darauf achten, das Schnittgut nur dorthin zu werfen, wo es den angesiedelten Stauden nichts ausmacht – also nicht auf zarte, junge Pflanzen! Das Liegenlassen des Gehölzschnitts ist ein Aspekt des Waldgärtnerns, der sich deutlich vom „konventionellen" Gärtnern unterscheidet.

Ernteschnitt in der Niederwaldwirtschaft

Auch der Rückschnitt der meisten laubabwerfenden Bäume zur Holzernte (einschließlich der Hasel für Stangen und Weiden zum Flechten) wird am besten im Winter durchgeführt. Wenn Sie damit zu lange warten, wird das den Neuaustrieb im Frühjahr verzögern (was auch manchmal hilfreich sein kann, beispielsweise, falls Sie den Erntezeitraum neuer Triebe strecken wollen).

Genau genommen bedeutet das Auf-Stock-Setzen ein starkes Einkürzen (im Englischen „coppicing") durch Entfernen aller Triebe in Bodennähe – gewöhnlich so tief wie möglich. Das ist in Ordnung, solange Sie kein Problem mit Rotwild oder Kaninchen haben. Ich ziehe persönlich einen erhöhten Kopfschnitt vor (im Englischen „pollarding" genannt), das bedeutet, ein höheres Einkürzen in 1–2 Metern Höhe, um neue Triebe oberhalb der Reichweite von Rotwild anzuregen. Diese Schnittmaßnahme lässt außerdem mehr Licht auf den Boden unter dem Baum durch und gibt Ihnen so mehr Möglichkeiten, was auf dieser Ebene angebaut werden kann.

Immergrüne Bäume werden am besten im späten Frühjahr geschnitten. Das bezieht sich auch auf Eukalyptusbäume, die für die Bleiglanzkrankheit anfällig sind. Auch immergrüne Hecken werden, wenn nötig, am besten im Frühjahr zurückgeschnitten.

Weitere Pflegemaßnahmen

Weitere Aufgaben sind die Pflege der Wege und die Pflanzenvermehrung. Wie viel Zeit diese beanspruchen, wird sich von Garten zu Garten unterscheiden. In den frühen Jahren eines Gartens werden Sie wahrscheinlich deutlich mehr Pflanzen vermehren als zu einem späteren Zeitpunkt, an dem der Garten voll entwickelt ist.

Wege

Der Pflegeaufwand für die Wege und Pfade hängt von Ihrem Garten und dem Gestaltungskonzept ab (siehe Kapitel 20). Häufig werden Graswege verwendet, die über die Wachstumsperiode gemäht werden müssen, um den

Zugang sicherzustellen und um zu verhindern, dass sich die Gräser in die benachbarten Beetflächen ausbreiten.

Vermehrung

Der Frühling ist natürlich die richtige Zeit, um Saatgut anzusetzen und Wurzelstecklinge zu gewinnen, möglicherweise auch, um Veredelungen vorzunehmen. Denken Sie daran, von Ihren Pflanzen über die Wachstumsperiode Saatgut zu gewinnen, besonders von Stauden, die Sie nutzen wollen, um Pflanzungen zur Bodendeckung zu erweitern. Im Frühsommer können Sie anfangen, grüne Stecklinge vieler Pflanzen zu schneiden, später dann im Sommer halb ausgereifte (grüne) Stecklinge. Die beste Zeit für ausgereifte Stecklinge (oder Steckhölzer) hingegen ist der Spätherbst; sie können ab dann über den ganzen Winter geschnitten werden. Geeignete Arten können im Sommer für Absenker ausgelegt werden (siehe Kapitel 8 für eine genauere Beschreibung der Vermehrungstechniken).

Schädlinge

Probleme durch Schadinsekten sind eher minimal – sie werden von Räubern gefressen –, aber größere Tiere können problematisch werden. Rotwild und Kaninchen sind in städtischen Gärten wahrscheinlich weniger ein Problem, hier können aber Schnecken mehr Ärgernis bereiten als in ländlichen Gebieten.

Nackt- und Gehäuseschnecken

Die permanente Bodendeckung in Waldgärten unterstützt große Mengen an Räubern wie Laufkäfer, dennoch können die Schnecken zeitweise zum Ärgernis werden. Besonders betroffene Stauden sind unter anderen Funkien (*Hosta*); an ihnen werden Sie immer Fraßlöcher finden. Junge Maulbeerbäume sind ebenfalls anfällig für Schnecken, die gern deren Rinde fressen. Versuchen Sie, andere Räuber anzuziehen, zum Beispiel Frösche, die Schnecken fressen, indem Sie einen kleinen Teich anlegen. Um kleine Flächen zu schützen (zum Beispiel ein Gemüsebeet mit Einjährigen), können biologische Gegenmaßnahmen eingesetzt werden, und organisches Schneckenkorn scheint gut zu funktionieren.

Kaninchen

Falls Ihre Staudenebene produktiv sein soll, müssen Sie Ihren Garten vor Nagern wie Kaninchen schützen. Sollten diese in Ihrer Umgebung vorkommen, rate ich dringend dazu, Zäune zu installieren. Im Gesamtüberblick kosten die Pfosten und der Drahtzaun (2,5 Zentimeter Gewebeabstand; sogenannter Kükendraht) nicht allzu viel. Ein Hinweis: Statt dafür einen Graben auszuheben, wie es in althergebrachten Methoden empfohlen wird, reicht es aus, den unteren Teil des Drahtgewebes nach außen zu falten und mit Gewichten oder Erdnägeln am Boden zu befestigen (siehe Zeichnung). Das funktioniert genauso gut und ist bedeutend weniger Aufwand.

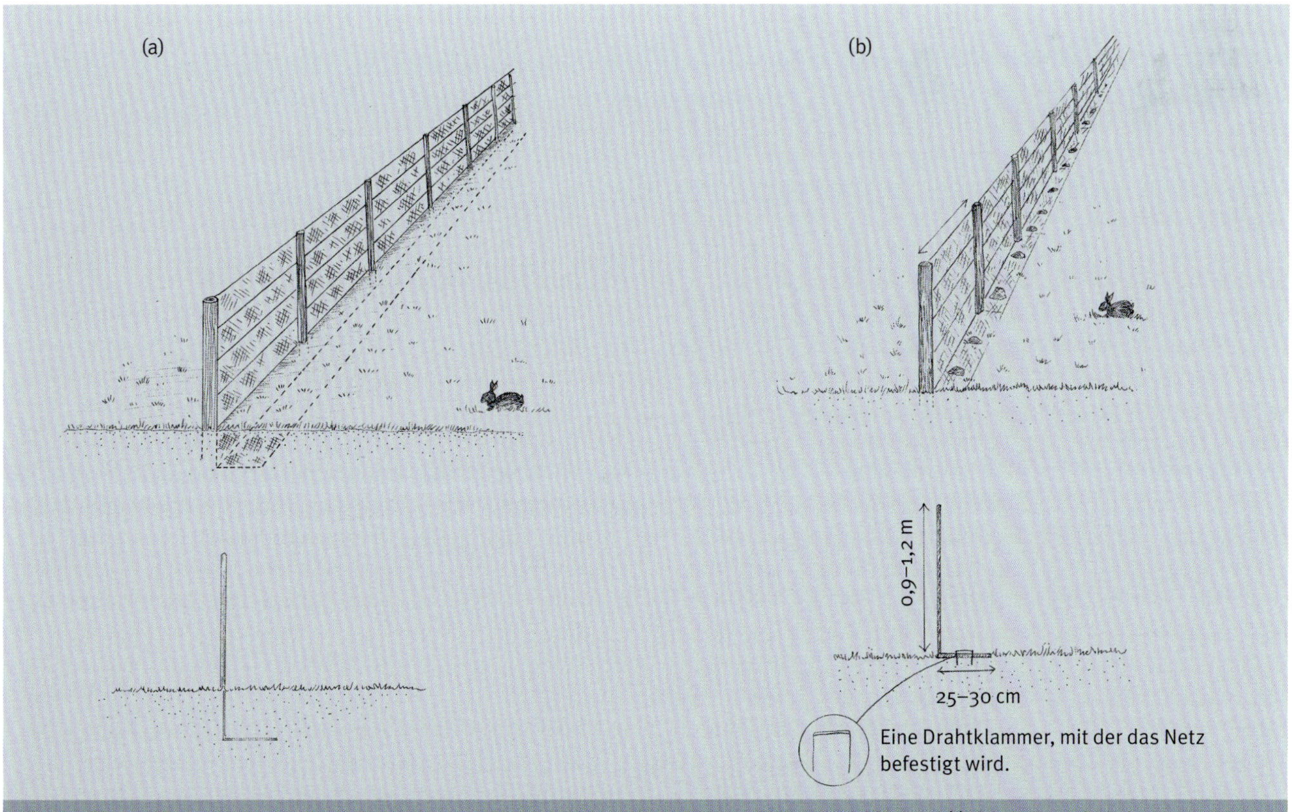

Schutzzaun gegen Kaninchen: Anstatt einen Graben auszuheben, wie es nach alten Methoden empfohlen wird (a), falten Sie einfach den unteren Teil des Drahtgewebes nach außen und befestigen ihn mit Gewichten oder Erdnägeln am Boden (b).

Rotwild

In den frühen Jahren eines Waldgartens, wenn dieser mit wenigen Bäumen noch relativ offen ist, werden Rehe wahrscheinlich selten zu Besuch kommen. Wenn in der Umgebung jedoch Rehe leben, werden diese häufiger kommen, sobald sich der Garten zur Waldlandschaft entwickelt. Ein Schutzzaun gegen Rotwild kann ein teures Unterfangen sein. Stattdessen können Sie Ihre verletzlichsten Bäume – zum Beispiel Äpfel und Verwandte – mit einem Verbissschutz aus Metall oder Kunststoff versehen. Wildschutzspiralen aus Kunststoff verhindern außerdem Schäden, die Rehe durch Reiben an verletzlichen Bäumen und Sträuchern mit kleinen Durchmessern verursachen können.

Vögel

In einem Waldgarten gibt es immer viele Vögel, ein wenig Fraß an Ihren Früchten ist daher unausweichlich. Im Austausch bekommen Sie jedoch den Nutzen durch die Regulierung von Schadinsekten und den Einflug von Vogelmist als Dünger, der beträchtlich sein kann.

Vögel orientieren sich in ihrer Präferenz für Früchte an Farben: Ganz oben stehen Rot und Violett, dann folgen Orange und Blau. Weiße, gelbe und schwarze Früchte kommen viel weiter unten, daher können Sie gezielt Fruchtarten mit diesen unüblichen Farben auswählen, die dann oft unberührt bleiben: gelbe Kirschen, grüne Holunderbeeren oder weiße Erdbeeren.

Denken Sie außerdem über später reifende Sorten nach. Der größte Schaden durch Vogelfraß entsteht von Juni bis August, wenn die Vogelmutter noch Junge im Nest hat. Zu einem späteren Zeitpunkt kann es gut sein, dass dieselbe Frucht unberührt bleibt. Meine spät reifenden roten Johannisbeeren werden beispielsweise selten von Vögeln gefressen.

Sie können auch manche Früchte, wie zum Beispiel Vogelbeeren und Berberitzen, als sogenannte Opferfrüchte vorsehen, wissend, dass die Vögel diese mit Vorliebe fressen, während die für Sie wertvolleren Früchte verschont bleiben. Das kann gut funktionieren, ist aber alles andere als eine verlässliche Methode – die Vögel könnten sich auch über beide hermachen!

Vögel lassen sich von keiner Methode lange abschrecken, daher sollten Sie abwarten, bis die Früchte fast reif sind, bevor Sie damit beginnen. Dann wenden Sie am besten eine ganze Reihe von Methoden an und keine davon länger als etwa 5 Tage (oder sogar kürzer, wenn die Vögel zum Problem werden). Vogel- und Schlangenattrappen im Baum sind für ein paar Tage sehr effektiv. Weiterhin können Sie ein glänzendes Band (zum Beispiel ein zwischen den Bäumen gespanntes Band aus alten Audiokassetten), Folienstreifen oder eine „Brummschnur“ (ein käufliches Vergrämungsmittel, das durch den Wind ein lautes Summen erzeugt) oder aufgehängte CDs verwenden.

KONTROLLE VON SCHADINSEKTEN

In einem artenreichen Waldgartensystem sollten Schadinsekten kein bedeutendes Problem darstellen: Hier sollten zahlreiche Gegenspieler vorkommen, um deren Anzahl klein zu halten. In meinem Waldgarten tauchen oft im Frühling Läuse an ein paar der bevorzugten Pflanzen auf; sie sind jedoch binnen 1–2 Wochen alle verschwunden, weil sie von Schwebfliegen und anderen Gegenspielern gefressen wurden. Fledermäuse fressen Motten wie den Apfelwickler, daher sind meine Äpfel nicht von seinen Maden befallen. Ich muss mir über Schadinsekten keine Gedanken machen und kann die Arbeit dem System überlassen – das funktioniert jedoch vor allem, weil ich in der Bodendeckerebene große Flächen solchen Pflanzen gewidmet habe, die für Nutzinsekten attraktiv sind.

Falter/Motten

Falter in Obstbäumen sind oft ein Problem für Obstbauern. Gute Ergebnisse können erzielt werden, indem zwei Techniken in Kombination verwendet werden. Erstens: Verwenden Sie Pheromonfallen für Falter an Äpfeln, Birnen und Pflaumen. Diese fangen im Sommer die männlichen Falter ab und verhindern so die Paarung. Im kommerziellen organischen Anbau wird oft die Luft in der ganzen Plantage mit den gleichen Pheromonen begast, um die Falter zu verwirren. Zweitens: Versuchen Sie durch das Aufhängen von geeigneten Nistkästen, Fledermäuse anzulocken. Fledermäuse sind großartig zur Regulierung von Faltern geeignet: Eine Fledermaus allein kann in einer Nacht 500 Falter verschlingen. Das sind eine Menge potenzieller Obstmaden!

Pflanzenkrankheiten

Die feuchten Bedingungen eines Waldgartens sind eine gute Voraussetzung für Pilzkrankheiten, wie zum Beispiel Schorf, Baumkrebs und Mehltau. Achten Sie bei der Auswahl der gebräuchlichsten Obstarten darauf, solche Sorten auszuwählen, die gegen diese Krankheiten resistent oder zumindest nicht anfällig sind. Wenn Sie an manchen Bäumen Probleme mit Pilzkrankheiten entdecken, sollten Sie zuerst versuchen, dort die Bodenbedingungen zu verbessern: Ein gestresster Baum ist immer anfälliger für Krankheiten. Verbessern Sie den Boden, indem Sie jegliches organisches Material zuführen, und die Gesundheit des Baums wird sich verbessern. Sie können auch durch gezielten Schnitt die Luftzirkulation in der Baumkrone verbessern. Vermeiden Sie Gelegenheiten für parasitäre Pilze (zum Beispiel Hallimasch), indem Sie alle Baumstümpfe gefällter Bäume nach dem Schnitt mit nützlichen Pilzen beimpfen.

Knoblauchsrauke (*Alliaria petiolata*).

Kapitel 24

Laufende Aufgaben

Nun haben Sie also Ihren Waldgarten angelegt. Das flächendeckende Unterpflanzen Ihrer ausgewählten Bäume und Sträucher hat mehrere Jahre gedauert. Was nun?

Kein Garten, und somit auch kein Waldgarten, sollte in Stein gemeißelt sein. Pflanzen leben nicht unbegrenzt, ab und an kann ein Baum oder Strauch eingehen oder eine Krankheit oder ein Schädling taucht plötzlich auf. Dieser kann das Wachstum einer Ihrer Stauden derart einschränken, dass sie an Kraft verliert und Beikräuter in die Fläche einwandern.

Aus diesen Gründen ist es sinnvoll, die Liste der Gehölze aufzubewahren, die in Ihrer anfänglichen Gestaltungsidee eingeplant waren, für die Sie aber letztlich keinen Platz mehr hatten.

Sollte eine Pflanze eingehen, ersetzen Sie diese nicht mit derselben Pflanzenfamilie – Sie gehen damit das Risiko ein, dass vor allem junge Pflanzen der Familie der Rosaceen, zu denen viele bekannte Obstarten gehören, an Schadorganismen im Boden leiden. Bodenschädlinge und Bodenkrankheiten befallen in diesem Fall dieselbe Art, die dann als Jungpflanze besonders darunter leidet, während eine größere Pflanze gegen diese Organismen vielleicht bestehen konnte. Schauen Sie stattdessen auf Ihre Liste und probieren Sie etwas Neues aus oder pflanzen Sie etwas, das in Ihrem Garten besonders gedeiht und von dem Sie mehr haben möchten.

Vergessen Sie nie, dass Waldgärten Freude machen und schöne Aufenthaltsorte sein sollen. Mit der Zeit wachsen auch Sie als Gärtnerin und Gärtner in den Garten hinein und werden Teil seines vielverzweigten Netzwerks des Lebens. Experimentieren Sie, spielen Sie mit den Möglichkeiten, probieren Sie Neues aus – alle diese Dinge machen das Leben interessanter.

Wenn der Schatten in Ihrem Garten zunimmt, könnte sich zeigen, dass die Effektivität mancher von Ihnen gewählten Pflanze als Bodendecker abnimmt. Wenn Flächen von Beikräutern besiedelt werden und zu viel Pflege erfordern, sollten Sie dagegen etwas unternehmen. Sie können solch eine sozusagen nunmehr „ausgefallene“ Fläche von Stauden für eine Saison mit einem Flächenmulch abdecken und sie dann mit neuen, schattentoleranteren Arten bepflanzen.

Mit dem Heranreifen Ihres Gartens werden sich auch als Auswirkung des Klimawandels die Umweltbedingungen verändern. Die Sommer in Großbritannien und auf dem Kontinent werden tendenziell heißer und trockener, die Winter feuchter, Stürme werden kräftiger, zuletzt werden neue Schädlinge und Krankheiten mit zunehmender Häufigkeit auftreten. Einige Ihrer Pflanzen werden die Auswirkungen sicher zu spüren bekommen.

Die Stärke eines Waldgartensystems liegt jedoch in seiner Widerstandsfähigkeit, die wiederum durch seine Artenvielfalt entsteht – Vielfalt von Arten und in seiner Struktur. Wenn sich im Sommer die Felder braun färben und besorgte Gärtnerinnen und Gärtner Ihrer Umgebung ihre einjährigen Pflanzen mit immer weniger verfügbarem Wasser gießen müssen, dann werden Sie durch den kühlen Schatten Ihres Waldgartens streifen können und gesunde Pflanzen aus einem System genießen, das die Stärke und Schönheit natürlicher Ökosysteme widerspiegelt.

Der Waldgarten explodiert im Frühjahr förmlich mit neuem Pflanzenwachstum.

Organisationen und Veröffentlichungen

Organisationen und Webseiten (International)
Agroforestry Research Trust: www.agroforestry.co.uk
Apios Institute: www.apiosinstitute.org
Balkan Ecology Project: www.balkep.org
Perennial Solutions - Eric Toensmeier: www.perennialsolutions.org
Plants for a Future: www.pfaf.org
Temperate Climate Permaculture: tcpermaculture.com/site

Organisationen und Webseiten (deutschsprachig)
Anstiftung - Urbane Gemeinschaftsgärten und deren Förderung: www.anstiftung.de
Der essbare Waldgarten - Tempelhof: www.der-essbare-waldgarten.de
Deutscher Fachverband für Agroforstwirtschaft (DeFAF) e.V.: www.agroforst-info.de
Erprobungs-und Entwicklungsvorhaben „Urbane Waldgärten": www.urbane-waldgaerten.de
Nachhaltige Landwirtschaft & Gartenbau mit Bäumen: www.agroforst.de
Österreichisches Waldgarten-Institut: www.waldgarteninstitut.at
Permakultur Institut e.V. und Permakultur Akademie: www.permakultur.de
Stiftung Lebensraum – Mensch. Boden. Wasser. Luft: www.stiftunglebensraum.org
Stiftung Ökologie & Landbau | SÖL: www.soel.de
Stiftung Zukunftsland – für eine zukunftsfähige Landwirtschaft: www.stiftung-zukunftsland.org
Symposium Aufbauende Landwirtschaft: www.aufbauende-landwirtschaft.de
Verein zur Erhaltung der Nutzpflanzenvielfalt: www.nutzpflanzenvielfalt.de
Verein zur Erhaltung und Rekultivierung von Nutzpflanzen in Brandenburg e.V (Vern e.V.): vern.de
Wilde Früchte - Infoseite über Wildobst – Wildfrüchte – essbare Gehölze: www.wildobst.de

Literatur
Die deutschsprachige Literatur zu Waldgärten findet sich oft in verwandten Fachbereichen wie der regenerativen Landwirtschaft oder Agroforstwirtschaft.

Waldgärten
Crawford, M. (2009): A Forest Garden Year DVD. Green Books, Cambridge
Hart, R. (1996): Forest Gardening. Green Books, Cambridge
Jacke, D. & *Toensmeier, E.* (2005): Edible Forest Gardens. Vols 1 & 2. Chelsea Green, White River Junction
Mudge, K. & *Gabriel, S.* (2014): Farming the Woods. Chelsea Green, White River Junction
Remiarz, T. (2017): Forest Gardening in Practice. Permanent Publications, East Meon
Weiseman, W., Halsey, D. & *Ruddock, B.* (2014): Integrated Forest Gardening. Chelsea Green, White River Junction
Whitefield, P. (5. Aufl. 2020): Das Große Handbuch Waldgarten. OLV, Kevelaer

Nutzbringende Pflanzen
Chevallier, A. (1996): The Encyclopedia of Medicinal Plants. Dorling Kindersley, London
*Crawford, M.** (2012): Perennial Vegetables. Green Books, Cambridge
Fern, K. (1997): Plants for a Future. Permanent Publications, East Meon
Fleischhauer, S. G., Guthmann, J. & *Spiegelberger, R.* (2019): Essbare Wildpflanzen. At, Aarau
Heil, A. (2011): Der Paradiesgarten. Essbare Stauden selbst angepflanzt. Eine Übersicht von A bis Z. ökobuch, Staufen
Henschel, D. (2002): Essbare Wildbeeren und Wildpflanzen. Kosmos, Stuttgart
Irving, M. (2009): The Forager Handbook. Ebury Press, Totnes
Mears, R. (2008): Wild Food. Hodder & Stoughton, London
Pirc, H. (2015) Enzyklopädie der Wildobst- und seltenen Obstarten. Stocker, Graz
Rueß, Franz (2016): Resistente und robuste Obstsorten. Ulmer, Stuttgart
Tatschl, S. (2015): 555 Obstsorten für den Permakulturgarten und -balkon. Löwenzahn, Innsbruck
Toensmeier, E. (2007) Perennial Vegetables. Chelsea Green, White River Junction
*sowie alle seine Bücher zu Pflanzen- und Sortenwahl

Pilze
Mukerji, K., Chamola, B. & *Singh, J.* (2000): Mycorrhizal Biology. Kluwer, New York
Read, D., Lewis, D. Fitter, A. & *Alexander, I.* (1992): Mycorrhizas in Ecosystems. CABI, Wallingford
Stamets, P. (2000, 2nd ed.): Growing Gourmet and Medicinal Mushrooms. Ten Speed Press, Berkeley
Stamets, P. (2005): Mycelium Running – How Mushrooms Help Save The World. Ten Speed Press, Berkeley
Steineck, H. (1990): Pilze im Garten. Ulmer, Stuttgart

Andere Bücher
Altieri, M. (1995): Agroecology. Westview Press, Boulder
Aranya (2. Aufl. 2021): Permakultur Design Schritt für Schritt. OLV Verlag, Kevelaer
Banzhaf, A. (2016): Saatgut – Wer die Saat hat, hat das Sagen. oekom, München
Böllersen, V. (2. Aufl. 2019): Revival der Walnuss. OLV, Kevelaer
Brown, G. (2018): Dirt to Soil. Chelsea Green, White River Junction
Bukowski, C., Munsell J. et al. (2018): The Community Food Forest Handbook: How to Plan, Organize, and Nurture Edible Gathering Places. Chelsea Green, White River Junction
Burke, S. (1998): Windbreaks. Inkata Press, Melbourne
Dunst, G. (2011): Humusaufbau: Chance für Landwirtschaft und Klima. Sonnenerde, Riedlingsdorf
Falk, B. (2013): The Resilient Farm and Homestead: An Innovative Permaculture and Whole Systems Design Approach. Chelsea Green, White River Junction
Francé, R. H. (2. Aufl. 2013): Ewiger Wald. OLV, Kevelaer
Fukuoka, M. (1983): Der große Weg hat kein Tor. pala, Darmstadt
Gampe, J. (2016): Permakultur im Hausgarten. ökobuch, Staufen
Hemenway, T. (2009): Gaia's Garden: A Guide to Home-Scale Permaculture. Chelsea Green, White River Junction
Henfrey, T. & *Penha-Lopes, G.* (2019): Permakultur und Klimawandelanpassung. OLV, Kevelaer
Hennig, E. (7. Aufl. 2021): Geheimnisse der fruchtbaren Böden. OLV, Kevelaer
Holmgren, D. (2016): Permakultur. Gestaltungsprinzipien für zukunftsfähige Lebensweisen. Drachen, Klein Jasedow
Kaschel, N. (2010): Äpfel aus dem Biogarten – Obstbaumpflege mit der Natur. OLV, Kevelaer
Katz, S. (2015): Die Kunst des Fermentierens. Kopp, Rottenburg
Kleber, G. & *E. W.* & *G.* (4. Aufl., 2019): Gärtnern im Biotop mit Mensch. OLV, Kevelaer
Kretschmann, K. & *Behm, R.* (5. Aufl. 2017): Mulch total. OLV, Kevelaer
Kuhn, K. (2014): Obstgartenhandbuch für Selbstversorger. OLV, Kevelaer
Kurdyumov, N. (2. Aufl. 2019): Clever Gärtnern leicht gemacht. Biogarten und Permakultur. OLV, Kevelaer
Langerhorst, M. (5. Aufl. 2021): Meine Mischkulturenpraxis. OLV, Kevelaer
Lau, K. W. (Fortlaufender Jahrgang): NATÜRLICH GÄRTNERN & ANDERS LEBEN: Das Biogarten- und Permakultur-Magazin (gegr. 1958/1988). OLV, Kevelaer
Mollison, B. (2012) Handbuch der Permakultur-Gestaltung. Permakultur-Akademie im Alpenraum, Stainz
Nestroy, O. (2015) Den Boden verstehen. Stocker, Graz
Perkins, R. (2019) Regenerative Agriculture. Ridgedale, Västra Ämtervik
Pommeresche, H. (2. Aufl. 2017): Humussphäre – Humus, ein Stoff oder ein System? OLV, Kevelaer
Savoury, A. & *Butterfield, J.* (1998): Holistic Management. Island Press, Washington, DC
Schimmel, H. (2014): Kompostrevolution. Natürlich Gärtnern mit Wurmhums. OLV, Kevelaer
Sekera, M. (7. Aufl. 2021): Gesunder und kranker Boden. OLV, Kevelaer
Shepard, M. (2013): Restoration Agriculture. Acres, Greeley
Smith, J. R. & *Smith, J. R.* (1987): Tree Crops – A Permanent Agriculture. Island Press, Washington, DC
Whitefield, P. (5. Aufl. 2017): Permakultur kurz & bündig. OLV, Kevelaer

Planungshilfen
https://www.sonnenverlauf.de
https://opentopomap.org

Glossar

Adaptogen: ist eine alternativmedizinische Bezeichnung für biologisch aktive Pflanzenstoffe, die dem Organismus helfen sollen, sich erhöhten körperlichen und emotionalen Stresssituationen anzupassen.

Adstringenz: Die Adstringenz bezeichnet ein „raues", „pelziges" Mundgefühl, eine gefühlsreduzierte Zunge und eine verengte Kehle. Dies wird als trigeminaler Reiz bezeichnet. Oft handelt es sich dabei um die adstringierende Wirkung durch die Pflanzenwirkstoffe Tannine.

Agrarökosystem: Durch Veränderung natürlicher Landschaften (zum Beispiel Waldrodung, Entwässerung oder Bewässerung) vom Menschen künstlich geschaffene Ökosysteme, die auch nur durch hohen Aufwand (unter anderem Bodenbearbeitung, Düngung, Bewässerung, „Schädlingsbekämpfung") aufrechterhalten werden können.

Aktinorrhiza: So werden Wurzelknöllchen bei bestimmten bedecktsamigen Pflanzen genannt, die eine Symbiose dieser Pflanzen mit stickstofffixierenden Aktinobakterien der Art Frankia alni darstellen. Aktinobakterien besitzen ein in alle Richtungen ausstrahlendes Myzel, daher lautet ihr deutscher Name „Strahlenbakterien".

Akkumulatorpflanze: Siehe „Mineraliensammler"

Alkalischer Boden: Ein Boden mit einem pH-Wert von über 7,0. Alkalisch ist das Gegenteil von sauer.

Allelopathie: Ein durch Wechselwirkungen bestimmtes biologisches Phänomen, das für bestimmte Pflanzen, Algen, Bakterien, Korallen und Pilze charakteristisch ist. Diese produzieren bestimmte biochemische Stoffe, die das Wachstum und die Entwicklung anderer Organismen negativ oder positiv beeinflussen.

Anrauung: Die Behandlung von Saatgut, um dessen harte Schale aufzuweichen und dadurch die Keimung zu beschleunigen.

Art: Auch „Spezies" oder „Species", ist in der Biologie die Grundeinheit der biologischen Systematik. Jede biologische Art ist ein Resultat der Artbildung. Bislang gelang keine allgemeine Definition der „Art", die die theoretischen und praktischen Anforderungen aller biologischen Teildisziplinen gleichermaßen erfüllt. Vielmehr existieren in der Biologie verschiedene Artkonzepte, die zu unterschiedlichen Klassifikationen führen. Historisch wie auch aktuell spielen zwei Ansätze von Artkonzepten eine wichtige Rolle: a) auf der Grundlage einer angenommenen Fortpflanzungsgemeinschaft; b) aufgrund der Annahme einer Gruppe von Individuen mit charakteristischen gemeinsamen Artmerkmalen, mithilfe derer die Zugehörigkeit zu einer Art klar abgrenzbar sein soll und die anhand äußerer „oder" erblicher Merkmale bestimmt werden.

Assimilat: Produkte der Assimilation, bei Pflanzen vor allem die Produkte der CO2-Fixierung (Assimilattransport).

Ausdauernde Pflanze: Pflanzen, die mehrere Jahre alt werden und dabei auch mehrmals, im Allgemeinen jährlich, blühen und fruchten.

Ausrichtung: Die Orientierung eines Hanges nach Norden, Süden, Osten, Westen und so weiter

Boden, sauer: Ein Boden mit einem pH-Wert von weniger als 7,0. Sauer ist das Gegenteil von alkalisch.

Canopy-Baum: Ein Baum, der sich in der obersten Ebene eines Waldgartens befindet (siehe auch „Überständer").

Coppicing: Das Herunterschneiden eines Baumes oder Strauches bis kurz über den Boden, um neues Wachstum zu fördern. Im deutschsprachigen Raum als Niederwaldwirtschaft bekannt. Siehe auch dort.

Edelreis: Ein wenige Zentimeter langes Teilstück einer Rute einer Edelsorte, ein Edelauge ist die Knospe. Es wird bei der Pflanzenveredelung und bei der Standortveredelung verwendet.

Einjährige: In der Botanik sind einjährige beziehungsweise (sommer)annuelle Pflanzen (lat. annus = „Jahr") krautige Pflanzen, die von der Keimung des Samens über die Ausbildung der gesamten Pflanze, Bildung der Blüte und Befruchtung bis zur Fruchtreife des neuen Samens nur eine Vegetationsperiode benötigen und nach der Reife des Samens in derselben Vegetationsperiode absterben (vertrocknen oder verfaulen), wobei diese Vegetationsperiode sowohl durch einsetzenden Frost als auch Trockenheit begrenzt sein kann.

Erntekamm: Ein einfaches Handwerkszeug, das mit seinen kammartigen Zähnen die Ernte kleiner Früchte (zum Beispiel Beeren) erleichtert.

Ertragssorte: Ein Fruchtgehölz, das auf Fruchtgröße und/oder Ertrag gezüchtet wurde

Frankia alni: Die einzige Art der Gattung Frankia -Bakterien. Sie gehören zu den Stickstofffixierern und gehen mit Pflanzen eine Symbiose ein (Aktinorrhiza). Siehe auch unter „Aktinorrhiza".

Fruchtleder: Fruchtmus, das als dünne lederartige Schicht getrocknet haltbar gemacht wurde.

Geschlossene Baumkrone: Die Situation in einem Wald, in dem sich die Baumkronen berühren.

Gilde: Eine Gruppe von Pflanzenarten, die einander unterstützen und so ein selbsterhaltendes System begünstigen. Ein Beispiel ist die Gilde eines Obstbaums, die als Obstbaum-Lebensgemeinschaft (O-L-G) bekannt ist. In einer solchen Baumgilde werden ein oder mehrere Obstbäume von einer Vielzahl weiterer Pflanzen unterstützt, die um den zentralen Baum gepflanzt werden (sogenannte Förderpflanzen).

Gründüngerpflanze: Eine Pflanze, die gezielt zur Verbesserung der Bodenbedingungen angebaut wird.

Hyphen: Lange verzweigte Filamentzellen eines Pilzes, die hauptsächliche Art seines vegetativen Wachstums.

Inokulation: Hier eine Impfung als vorbeugende oder therapeutische Maßnahme.

Kältestunden: Bezogen auf bestimmte ausdauernde Arten, ist dies die Anzahl der Stunden unter einer Temperatur von 7,2 Grad Celsius ab Eintreten der Winterruhe. Nach einer gegebenen Anzahl Kältestunden ist die Pflanze unter guten Bedingungen dann bereit, das aktive Wachstum wieder aufzunehmen.

Keimruhe (bei Samen): Keimruhe trifft auf Samen zu, dessen embryonale Charakteristiken die Keimung unter günstigen Bedingungen verhindern, solange er nicht eine Periode von kalten, feuchten Bedingungen erfahren hat.

Klimax-Vegetation: Die Mischung an Arten, die letztendlich an einem gegebenen Standort wachsen wird, wenn dieser über einen langen Zeitraum ungestört bleibt.

Krautig: Eine Pflanze ohne holzige Pflanzenteile.

Laubabwerfend: Gehölze (Bäume und Sträucher), die im Winter ihr Laub verlieren

Leder: Siehe „Fruchtleder“

Leguminose: Eine Pflanzengattung, deren Arten mit Rhizobium-Bakterien in eine stickstofffixierende Symbiose eintreten.

Mineraliensammler: Eine Pflanze, die besonders wirksam Mineralien aus der Erde (besonders dem Unterboden) transportiert, diese in den oberirdischen Pflanzenteilen anreichert und schlussendlich in den Oberboden abgibt.

Mineralisierung: Der Vorgang, bei dem Mineralien im Boden durch diverse Bodenlebewesen für Pflanzen verfügbar gemacht werden.

Mischkulturen: Die Mischkultur ist der ökologisch und ökonomisch begründete und vom Menschen herbeigeführte gleichzeitige Aufwuchs mehrerer Nutzpflanzenarten auf gleicher Fläche. Sie wird in Gartenbau, Landwirtschaft und Privatgarten angewendet. Mischkultur soll in richtiger Zusammensetzung die Nachteile von Monokulturen vermeiden.

Mykorrhiza: Ein Strahlenpilz, der mit Pflanzenwurzeln eine symbiotische Beziehung eingeht.

Myzel: Das Mycel ist die Gesamtheit aller Hyphen, also der fadenförmigen Zellen eines Pilzes oder Bakteriums. Die einzelnen Hyphen sind meistens mit bloßem Auge nicht zu erkennen, sondern nur mikroskopisch.

Nährstoffkreislauf: Der Prozess, in dem Nährstoffe durch Pflanzen aus dem Boden gewonnen und in diesen zurückgeführt werden.

Niederwaldwirtschaft: Das Herunterschneiden eines Baumes oder Strauches bis kurz über den Boden, um neues Wachstum zu fördern. Im englischsprachigen Raum als Coppicing (Coppice Management, Coppiced Trees) bezeichnet.

Nische: Der Platz oder die Funktion eines gegebenen oder potenziellen Organismus innerhalb seines Ökosystems.

Obst- und Nusssammler: Ein Handwerkszeug, mit dem Nüsse und Obst vom Boden aufgelesen werden können.

Ökosystem: Ein Ökosystem besteht aus einer Lebensgemeinschaft von Organismen mehrerer Arten und ihrer unbelebten Umwelt, die als Lebensraum, Habitat oder Biotop bezeichnet wird.

O-L-G.: Obstbaum-Lebensgemeinschaft nach Kleber (siehe unter „Gilde“.)

Pathogen: Eine Krankheit verursachend.

pH: Eine Skala von 0–14 zur Messung von Säure und Alkalinität. Ein pH-Wert von 7,0 ist neutral, weniger als 7 ist zunehmend sauer, mehr als 7 ist zunehmend alkalisch.

Pionierart: Arten, die vorher unbesiedelten Boden oder Boden, der durch Menschen oder durch natürliche Ereignisse wie Waldbrände gerodet wurde, kolonisieren.

Pilzbrut: Auch Myzel oder Pilzsaat genannt, dient zum Anbau von Speisepilzen auf diversen Nährgrundlagen wie Holz, Stroh oder Kompost.

Pollarding: Einkürzen eines Baumes oder Strauches auf ein bis zwei Meter oder höher vom Boden, um ihn dann nachwachsen zu lassen. Siehe auch unter „Niederwaldwirtschaft“.

Polykultur: Eine Pflanzengemeinschaft, meist in mehr als zwei Ebenen, in der Förderpflanzen entsprechend ihrer Funktion eingesetzt werden.

Primärzersetzer: Erstzersetzer beim Abbau der Bodenstreu, d.h. des von abgestorbenen Sproßteilen und Wurzel gebildeten organische Materials. Dazu gehören Destruenten, z.B. Pilze, welche das organische Material durch extrazelluläre Enzyme umsetzen, und Bodentiere wie Regenwürmer und Enchyträen, welche das organische Material zerkleinern und verfrachten. Nach den Primärzersetzern werden die Sekundärzersetzer aktiv, die die zerkleinerten Pflanzen- und Tierreste sowie die Exkremente der Bodentiere umsetzen.

Rehydrierung: Rechtzeitige Hinzugabe von Wasser an Pflanzen, die unter Wassermangel leiden. Wassermangel limitiert die Entwicklung der Pflanze oder kann sie zum Absterben bringen.

Resilienz: Meint hier eine gewisse Widerstandskraft gegen negative Umweltfaktoren.

Rhizobium: (= „in den Wurzeln lebend"); Bakterien, die Stickstoff binden, nachdem sie sich in den Wurzelknöllchen von Hülsenfrüchten (Leguminosen) etabliert haben.

Rhizom: Eine wurzelähnliche Struktur krautiger Pflanzen, die horizontal unter der Bodenoberfläche verläuft und der vegetativen Vermehrung der Pflanze dient.

Sekundärzersetzer: Bodentiere mit einer Körpergröße von 0,2-4 mm. Ihre wichtigsten Vertreter sind die Springschwänze (Collembolen) und Milben, aber auch Fadenwürmer (Nematoden) und Rädertierchen (Rotatorien) sowie kleine Enchyträen gehören in diese Gruppe (Mesofauna genannt). Der größte Teil der Mesofauna gehört zu den Bodenkriechern.

Sorte: Eine Sorte einer Pflanze ist ein Begriff aus der Pflanzenzüchtung, mit dem Varianten einer Zier- oder Nutzpflanzenart unterschieden werden. Die Sorte muss sich durch verschiedene Merkmale von anderen Sorten der gleichen Art unterscheiden. Das Äquivalent des Begriffs in der Tierzucht ist die Rasse.

Spezies: Siehe unter „Art" und „spp."

spp.: Abkürzung für „species pluralis" – Spezies/Arten (Plural)

Stickstofffixierer: Eine Pflanze, an deren Wurzeln symbiotische Bakterien leben, die Stickstoff aus der Luft im Boden der Pflanze verfügbar machen.

Stock: Ein lebender Wurzelstock eines Baumes oder Strauches, der in der Lage ist, Wurzelaustriebe zu bilden.

Stratifizierung: Eine Periode kalter, feuchter Bedingungen (der manchmal warme, feuchte Bedingungen vorausgehen), die ein sich in Keimruhe befindlicher Samen durchlaufen muss, um keimbereit zu werden.

Substrate: Sie werden hergestellt aus verschiedenen Erden, durch Beimischung von Zuschlagstoffen, aus Erdgemischen oder als erdelose Substrate bis hin zu der Verwendung von flüssigen Nährlösungen.

Sukzession: Der allmähliche Wandlungsprozess eines Ökosystems, der sich durch die Ablösung einer Gemeinschaft von Arten durch eine andere vollzieht.

Symbiose: Eine enge und oft langanhaltende Interaktion zwischen verschiedenen biologischen Arten, von der beide Organismen profitieren.

Transpiration: Der Vorgang der Absorption von Wasser durch Pflanzenwurzeln, des Transports durch die Pflanze und das Abgeben von Wasser durch die kleinen, „Stomata" genannten Spaltöffnungen an der Blattunterseite.

Überständer: Ein Baum, der sich in der obersten Ebene eines Waldgartens befindet (siehe auch „Canopy-Baum").

Unterlage: Der Teil eines veredelten Obstbaums, der den unteren Stammteil und die Wurzeln bildet.

Varietät: Wird oft zur Beschreibung von Sorte (siehe oben) gebraucht. Die beiden Wörter sind jedoch keine Synonyme, da „Varietät"als botanischer Begriff (abgekürzt mit „var.") einen taxonomischen Rang darstellt. Der Begriff „Varietät" hat außerdem rechtliche Bedeutung hinsichtlich der Rechte von Pflanzenzüchtern. Aus diesem Grund habe ich in diesem Buch den Begriff „Sorte" verwendet.

Wildform: Eine Obstart, die nicht auf größere Früchte oder höheren Ertrag hin gezüchtet wurde.

Winterruhe (bei Bäumen und Sträuchern): Gehölze, die Winterruhe aufweisen, benötigen eine gewisse Anzahl an Kältestunden im Winter, um dann im Frühjahr ihr normales Wachstum wieder aufzunehmen.

Wirbelschleppe: Die Fläche im Windschatten eines Windschutzes, in der durch Wind erzeugte Luftturbulenzen Schäden verursachen können.

Wurzelumsatz: Der Prozess, in dem die Feinwurzeln jährlich ständig wachsen und absterben.

Zweijährige: Zweijährige Pflanzen (auch „bienne" oder „winterannuelle" Pflanzen genannt) sind krautige Pflanzen, deren Lebenszyklus (von der Keimung bis zur Samenbildung) zwei Jahre, genauer zwei Vegetationsperioden dauert, also nicht zwei Jahre im Kalendersinn, sondern eine Vegetationsperiode vor der klimatisch ungünstigen Zeit (Frost/Winter oder Trockenzeit) und eine danach. Zweijährige Pflanzen unterscheiden sich dadurch zum einen von den einjährigen, sommerannuellen Pflanzen, die nur eine Vegetationsperiode lang leben, zum anderen von den „echten" Mehrjährigen mit einer Lebensdauer von mehr als zwei Vegetationsperioden.

Anhang 1

Tabellen zur Vermehrung

Vermehrung von Bäumen und Sträuchern durch Saatgut

Die meisten Samen von Bäumen und Sträuchern erfordern eine Art von Vorbehandlung bevor sie zuverlässig keimen.

Baum- oder Straucharten		Behandlung (Stratifizierung in Wochen)	Anmerkungen
Acacia spp.	Akazien	Anrauen	
Acer spp.	Ahorn	13 Wochen in den meisten Fällen	
Actinidia arguta	Mini-Kiwi	13 Wochen	
Actinidia deliciosa	Kiwi	8-13 Wochen	
Actinidia kolomikta	Buntblättrige Kiwi	26 Wochen Aussaat im warmen Sommer	
Alnus spp.	Erle	8 Wochen	sehr schnell wachsend
Amelanchier alnifolia	Saskatoon-Beere	20 Wochen, Aussaat im warmen Frühherbst.	Die meisten Sämlinge sind genetisch sehr der Elternpflanze ähnlich.
Amorpha fruticosa	Schein-Indigo	Anrauen	
Araucaria araucana	Araukarie	Keine Keimruhe	Lange Keimdauer
Arbutus unedo	Erdbeerbaum	Keine Keimruhe	
Aronia spp.	Aronia	13 Wochen	
Asimina triloba	Papau	13 Wochen	Lange Keimdauer
Atriplex spp.	Strauch-Melde	Keine Keimruhe	
Berberis spp.	Berberitzen	8-13 Wochen	
Betula spp.	Birken	Keine Keimruhe	Lichtkeimer
Calycanthus spp.	Gewürzstrauch	13 Wochen	
Caragana arborescens	Sibirischer Erbsenstrauch	Anrauen	
Carya spp.	Hickories	13 Wochen	
Carya illinoinensis	Pekannuss	Keine Keimruhe	
Castanea spp.	Kastanien	Keine Keimruhe	Aussaat sofort im Herbst
Ceanothus americanus	Amerikanische Säckelblume	Anrauen	
Cephalotaxus spp.	Pflaumeneiben	13 Wochen	Lange Keimdauer
Cercis spp.	Judasbäume	Anrauen, dann 8 Wochen	
Chaenomeles spp.	Zierquitten	13 Wochen	

Baum- oder Straucharten		Behandlung (Stratifizierung in Wochen)	Anmerkungen
Citrus spp.	Zitrusfrüchte	Keine Keimruhe	
Clematis vitalba	Waldrebe	12 Wochen	
Cornus capitata	Bentham's Hartriegel	8 Wochen	
Cornus kousa	Chinesischer Blüten-Hartriegel	14 Wochen	
Cornus mas	Kornelkirsche	23 Wochen	Lange Keimdauer, keimt möglicherweise erst im 2. Jahr
Cornus stolonifera	Seidiger Hartriegel	13 Wochen	
Corylus spp.	Hasel	16 Wochen	
Crataegus spp.	Weißdorne	13 Wochen, diesen müssen oft erst 26 Wochen Wärme vorausgehen	Lange Keimdauer, keimt möglicherweise erst im Folgejahr
Cydonia oblonga	Quitte	13 Wochen	Sorten werden gewöhnlich veredelt
Cytisus scoparius	Besenginster	Anrauen	
Decaisnea fargesii	Blauschote	Anrauen	Sämlinge anfällig für Umfallkrankheit
Diospyros kaki	Kakipflaume	4 Wochen	
Diospyros lotus	Lotuspflaume	4 Wochen	
Diospyros virginiana	Amerikanische Persimone	13 Wochen	
Drimys lanceolata	Bergpfeffer	Keine Keimruhe	
Elaeagnus angustifolia	Oleaster	Keine Keimruhe	
Elaeagnus x ebbingei	Ebbings-Ölweide	Keine Keimruhe	Frische Samen keimen möglicherweise erst im Folgejahr
Elaeagnus multiflora	Reichblütige Ölweide	8 Wochen	
Elaeagnus umbellata	Korallen-Ölweide	13 Wochen, Aussaat im warmen Frühherbst	
Eucalyptus spp.	Eukalyptus	Keine Keimruhe	Sehr kleine Samen
Fagus sylvatica	Rotbuche	16 Wochen	
Ficus carica	Feige	Keine Keimruhe	Sortenvermehrung gewöhnlich durch Stecklinge
Fraxinus excelsior	Esche	34 Wochen	
Fuchsia spp.	Fuchsie	Keine Keimruhe	
Garrya spp.	Becherkätzchen	13 Wochen	
Gaultheria procumbens	Niedere Scheinbeere	13 Wochen	
Gaultheria shallon	Shallon-Scheinbeere, Salal	17 Wochen	Sehr kleine Samen
Genista tinctoria	Färberginster	Anrauen	
Ginkgo biloba	Gingko	Keine Keimruhe	
Halesia carolina	Schneeglöckchenbaum	13 Wochen	
Hippophae rhamnoides	Sanddorn	17 Wochen	
Juglans spp.	Walnuss/Herznuss/Butternuss	13 Wochen	Sortenvermehrung gewöhnlich durch Veredelung
Juniperus communis	Wacholder	26 Wochen	Aussaat im warmen Sommer
Laurus nobilis	Lorbeer	Keine Keimruhe	
Lavandula spp.	Lavendel	Keine Keimruhe	

Baum- oder Straucharten		Behandlung (Stratifizierung in Wochen)	Anmerkungen
Lespedeza bicolor	Buschklee	Anrauen	
Lonicera caerulea	Blaue Heckenkirsche	13 Wochen	
Lonicera periclymenum	Waldgeissblatt	13 Wochen	
Lupinus spp.	Lupinen	Anrauen	
Lycium barbarum	Gemeiner Bocksdorn/Goji	Keine Keimruhe	
Maackia amurensis	Asiatisches Gelbholz	Anrauen	
Mahonia spp.	Mahonie	17 Wochen	
Malus spp.	Wildäpfel	16 Wochen	Kann als Unterlage für Äpfel verwendet werden. Apfelsorten werden gewöhnlich veredelt
Mitchella repens	Echte Rebhuhnbeere	22-26 Wochen	
Morus spp.	Maulbeeren	13-16 Wochen	
Myrica spp.	Gagelsträucher	8-13 Wochen	Früchte müssen erst vom Wachs befreit werden (zwischen zwei Bögen Schleifpapier reiben)
Myrtus communis	Myrte	Keine Keimruhe	
Myrtus ugni	Chilenische Guave	Keine Keimruhe	
Parthenocissus spp.	Jungfernreben	12 Wochen	
Philadelphus spp.	Pfeifensträucher	8-17 Wochen	
Phormium tenax	Neuseeländ. Flachs	Keine Keimruhe	
Phyllostachys spp.	Bambus	Keine Keimruhe	
Pinus armandii	Armands Kiefer	13 Wochen	
Pinus cembra	Zirbelkiefer	26 Wochen, Aussaat im warmen Sommer	
Pinus cembroides/ P. edulis/P. monophylla	Mexikanische Nusskiefer/Colorado-Nusskiefer/Einblättrige Nusskiefer	Keine Keimruhe	
Pinus gerardiana	Chilgoza-Kiefer	13 Wochen	
Pinus koraiensis	Korea-Kiefer	13 Wochen	
Pinus nigra var. *maritima*	Korsische Schwarz-Kiefer	4 Wochen	
Pinus pinea	Pinie, Mittelmeer-Kiefer	Keine Keimruhe	
Pinus radiata	Monterey-Kiefer	4 Wochen	
Pinus sibirica	Sibirische Zirbelkiefer	13 Wochen	
Pleioblastus simonii	Busch-/Zwergbambus	Keine Keimruhe	
Populus spp.	Pappeln	Keine Keimruhe	
Poncirus trifoliata	Bitterorange	Keine Keimruhe	
Prunus armeniaca	Aprikose	13 Wochen	Sortenvermehrung gewöhnlich durch Veredelung
Prunus avium /P. cerasus	Süß-/Sauerkirsche	13-16 Wochen	Sortenvermehrung gewöhnlich durch Veredelung
Prunus cerasifera	Kirschpflaume/Haferschlehe	24 Wochen, Aussaat im warmen Spätsommer.	Kann eine nützliche Unterlage für Pflaumen sein. Sortenvermehrung gewöhnlich durch Veredelung
Prunus domestica/ P. insititia	Pflaumen/Zwetschgen/Kriechen-Pflaume	13 Wochen	Sortenvermehrung gewöhnlich durch Veredelung
Prunus dulcis	Mandel	13 Wochen	Sortenvermehrung gewöhnlich durch Veredelung

Baum- oder Straucharten		Behandlung (Stratifizierung in Wochen)	Anmerkungen
Prunus persica	Pfirsich/Nektarine	29 Wochen, Aussaat im warmen Sommer	Nicht so stark gezüchtet wie Äpfel – vielleicht haben sie Glück! Sortenvermehrung gewöhnlich durch Veredelung
Prunus spinosa	Schlehe	13 Wochen	
Prunus tomentosa	Japanische Mandelkirsche/Filzkirsche	13 Wochen	
Pseudosasa japonica	Pfeil-Bambus	Keine Keimruhe	
Pyrus communis	Gemeine Birne	16 Wochen	Kann eine stark wachsende Unterlage für Birne sein. Sortenvermehrung gewöhnlich durch Veredelung
Quercus spp.	Eichen	Keine Keimruhe	Aussaat direkt im Herbst
Rhus spp.	Sumache	8-13 Wochen	
Ribes spp.	Johannisbeeren/Stachelbeeren	13 Wochen	Sortenvermehrung gewöhnlich durch Stecklinge
Robinia pseudoacacia	Robinie	Anrauen	
Rosa rugosa	Apfel-Rose	17 Wochen	
Rosmarinus officinalis	Rosmarin	Keine Keimruhe	
Rubus spp.	Brombeeren/Himbeeren	16 Wochen	Sortenvermehrung gewöhnlich durch Stecklinge
Salix spp.	Weiden	Keine Keimruhe	
Salvia officinalis	Salbei	Keine Keimruhe	
Sambucus spp.	Holunder	39 Wochen, Aussaat im warmen Sommer	
Semiarundinaria fastuosa	Säulen-Bambus	Keine Keimruhe	
Shepherdia spp.	Büffelbeeren	13 Wochen	
Sorbus spp.	Mehlbeeren: Vogelbeeren, Ebereschen, Elsbeeren	16 Wochen	
Staphylea spp.	Pimpernüsse	35 Wochen, Aussaat im warmen Sommer	
Symphoricarpos spp.	Schneebeeren	13 Wochen warm + 26 Wochen kalt	
Thuja plicata	Riesen-Lebensbaum	4 Wochen	
Tilia spp.	Linden	39 Wochen, Aussaat im warmen Sommer	
Toona sinensis	Chinesischer Surenbaum	8 Wochen	
Ulex europaeus	Stechginster	Anrauen	
Vaccinium spp.	Heidelbeeren	13-16 Wochen	Sehr kleine Samen. Sortenvermehrung gewöhnlich durch Stecklinge
Viburnum opulus var. *americanum*	Amerikanischer Schneeball	26 Wochen, Aussaat im warmen Sommer	
Vinca spp.	Immergrün	12 Wochen	
Vitex agnus-castus	Mönchspfeffer	Keine Keimruhe	
Vitis spp.	Weinreben	13 Wochen	Sorten gewöhnlich veredelt oder durch Stecklinge vermehrt
Wisteria spp.	Glyzinien	Anrauen	

Baum- oder Straucharten		Behandlung (Stratifizierung in Wochen)	Anmerkungen
Xanthoceras sorbifolium	Gelbhorn	Keine Keimruhe	
Yushania spp.	Makino-Bambus	Keine Keimruhe	
Zanthoxylum spp.	Pfeffersträucher	13–17 Wochen	

Vermehrung durch Saatgut bei ausdauernden Krautigen (Stauden und Zwiebeln)

Auch die Samen vieler krautiger Ausdauernden benötigen eine Form von Vorbehandlung bevor sie keimbereit werden. *Gaultheria*, *Mitchella*, *Rubus*, *Vaccinium* und *Vinca* befinden sich in der Tabelle für Bäume und Sträucher auf den vorhergehenden Seiten.

Ausdauernd krautige Arten		Behandlung (Stratifizierung in Wochen)	Anmerkungen
Acanthus mollis	Wahrer Bärenklau	Keine Keimruhe	
Aegopodium podagraria	Giersch	Keine Keimruhe	
Agastache foeniculum/ A. rugosa	Anis-Ysop/Koreanische Minze	Keine Keimruhe	
Ajuga reptans	Kriechender Günsel	Keine Keimruhe	
Alchemilla mollis	Frauenmantel	4 Wochen	
Alliaria petiolata	Knoblauchsrauke	Keine Keimruhe	
Allium ampeloprasum var. *babingtonii*	Acker-Lauch		Produziert keine Samen, Vermehrung durch Zwiebeln (Keine Keimruhe)
Allium cepa	Schalotten/Etagenzwiebel		Produziert keine Samen, Vermehrung durch Zwiebeln/ (Keine Keimruhe)
Allium fistulosum	Winterzwiebel	Keine Keimruhe	
Allium neapolitanum	Neapolitanischer Lauch	Keine Keimruhe	
Allium tricoccum	Nordamerikanischer Ramp-Lauch	15 Wochen	
Allium tuberosum	Knoblauch-Schnittlauch	Keine Keimruhe	
Allium ursinum	Bärlauch	15 Wochen	
Althaea officinalis	Echter Eibisch	Keine Keimruhe	
Amphicarpaea bracteata	Erdbohne/Wilde Erdnuss	Anrauen	
Angelica sylvestris	Wald-Engelwurz	Keine Keimruhe	
Apios americana	Erdbirne	Anrauen	
Aquilegia vulgaris	Akelei	Keine Keimruhe	
Armoracia rusticana	Meerrettich	Keine Keimruhe	Produziert selten Samen
Asarum spp.	Haselwurzen	18 Wochen, 10 Wochen warm + 8 Wochen kalt	
Asparagus officinalis	Spargel	Keine Keimruhe	
Asphodeline lutea	Gelber Affodil	Keine Keimruhe	
Astragalus glycyphyllos	Bärenschote	Anrauen	

Ausdauernd krautige Arten		Behandlung (Stratifizierung in Wochen)	Anmerkungen
Beta vulgaris ssp. *maritima*	Gemeine Rübe/Meer-Rübe	Keine Keimruhe	
Brassica oleracea	Gemüse-Kohl	Keine Keimruhe	
Bunias orientalis	Türkische Rauke	Keine Keimruhe	
Bunium bulbocastanum	Gewöhnlicher Knollenkümmel	Keine Keimruhe	
Camassia quamash	Prärielilie	4 Wochen	Lange Keimdauer
Campanula spp.	Glockenblumen	Keine Keimruhe	
Cardamine spp.	Schaumkräuter	Keine Keimruhe	
Centranthus ruber	Rote Spornblume	Keine Keimruhe	
Chenopodium bonus-henricus	Guter Heinrich	Keine Keimruhe	
Chrysogonum virginianum	Goldkörbchen	Keine Keimruhe	
Chrysosplenium spp.	Milzkräuter	Keine Keimruhe	
Cichorium intybus	Wegwarte	Keine Keimruhe	
Claytonia sibirica	Sibirisches Tellerkraut	Keine Keimruhe	
Cornus canadensis	Kanadischer Hartriegel	26 Wochen, Aussaat im warmen Sommer	
Crambe spp.	Meerkohl	Keine Keimruhe	
Cryptotaenia japonica	Mitsuba	Keine Keimruhe	
Cynara spp.	Cardy/Artischocke	Keine Keimruhe	
Duchesnea indica	Scheinerdbeere	Keine Keimruhe	
Echinacea spp.	Sonnenhüte	Keine Keimruhe	
Epilobium angustifolium	Schmalblättriges Weidenröschen	Keine Keimruhe	
Filipendula ulmaria	Mädesüß	13 Wochen	
Foeniculum vulgare	Fenchel	Keine Keimruhe	
Fragaria spp.	Erdbeere	4-8 Wochen	
Galax urceolata	Bronzeblatt	Keine Keimruhe	
Galium odoratum	Waldmeister	10 Wochen, 4 Wochen warm + 6 Wochen kalt	
Geranium macrorrhizum	Balkan-Storchschnabel	Keine Keimruhe	
Glechoma hederacea	Gundelrebe	Keine Keimruhe	
Glycyrrhiza spp.	Süßhölzer	Anrauen	
Hablitzia tamnoides	Kaukasischer Rankspinat	13 Wochen	Lange Keimdauer
Helianthus tuberosus	Topinambur		Vermehrung durch Knollen
Hemerocallis spp.	Taglilien	Keine Keimruhe	
Heuchera spp.	Purpurglöckchen	Keine Keimruhe	
Hosta spp.	Hostas/Funkien	Keine Keimruhe	
Humulus lupulus	Hopfen	10 Wochen, 4 Wochen warm + 6 Wochen kalt	
Hydrastis canadensis	Kanadische Orangenwurzel	Keine Keimruhe	Wenn möglich frisches Saatgut verwenden

Ausdauernd krautige Arten		Behandlung (Stratifizierung in Wochen)	Anmerkungen
Hypericum perforatum	Tüpfel-Johanniskraut	Keine Keimruhe	
Lathyrus spp.	Platterbsen	Anrauen	
Levisticum officinale	Liebstöckel	Keine Keimruhe	
Lotus spp.	Hornklee	Anrauen	
Lupinus spp.	Lupinen	Anrauen	
Lysimachia nummularia	Pfennigkraut	Keine Keimruhe	Produziert selten Samen
Malva spp.	Malven	Keine Keimruhe	
Matteuccia struthiopteris	Straußenfarn		Vermehrung durch Sporen – sehr klein (Keine Keimruhe)
Medicago sativa	Luzerne	Keine Keimruhe	
Melissa officinalis	Zitronenmelisse	Keine Keimruhe	
Mentha spp.	Minzen	Keine Keimruhe	
Myrrhis odorata	Süßdolde	20-24 Wochen	
Nasturtium officinale	Brunnenkresse	Keine Keimruhe	
Origanum vulgare	Oregano	Keine Keimruhe	
Oxalis acetosella/ O. oregana	Wald-Sauerklee/Oregon-Sauerklee	15 Wochen	Vermehrung gewöhnlich durch Teilung
Oxyria digyna	Alpen-Säuerling	Keine Keimruhe	
Panax spp.	Ginseng	18 Monate	
Passiflora incarnata	Winterharte Passionsblume	Keine Keimruhe	
Peltaria alliacea	Lauch-Scheibenschötchen	Keine Keimruhe	
Petasites japonicus	Asiatische Pestwurz	Keine Keimruhe	Vermehrung gewöhnlich durch Teilung
Phytolacca americana	Amerikanische Kermesbeere	13 Wochen	
Plantago spp.	Wegeriche	Keine Keimruhe	
Polygonatum spp.	Weisswurze	Keine Keimruhe	
Potentilla anserina	Gänsefingerkraut	10 Wochen, 4 Wochen warm + 6 Wochen kalt	
Primula vulgaris	Stängellose Schlüsselblume	Keine Keimruhe	
Pulmonaria officinalis	Geflecktes Lungenkraut	8 Wochen	
Reichardia picroides	Bittere Reichardie	Keine Keimruhe	
Rheum spp.	Rhabarber	Keine Keimruhe	
Rumex spp.	Ampfer	Keine Keimruhe	
Sanguinaria canadensis	Kanadische Blutwurz	8 Wochen	
Sanguisorba minor	Kleiner Wiesenknopf, Pimpinelle	Keine Keimruhe	
Saponaria officinalis	Gewöhnliches Seifenkraut	8 Wochen, 4 Wochen warm + 4 Wochen kalt	
Scorzonera hispanica	Garten-Schwarzwurzel	Keine Keimruhe	
Sedum spp.	Fetthenne	Keine Keimruhe	
Sium sisarum	Zuckerwurzel	Keine Keimruhe	
Smilacina racemosa	Schattenblümchen	16 Wochen, 8 Wochen warm + 8 Wochen kalt	

Ausdauernd krautige Arten		Behandlung (Stratifizierung in Wochen)	Anmerkungen
Solidago spp.	Goldrute	Keine Keimruhe	
Stachys affinis	Knollen-Ziest		Vermehrung durch Knollen
Stellaria graminea	Gras-Sternmiere	Keine Keimruhe	
Symphytum spp.	Beinwell	Keine Keimruhe	
Tanacetum parthenium/ T. vulgare	Mutterkraut / Rainfarn	Keine Keimruhe	
Taraxacum officinale	Löwenzahn	Keine Keimruhe	
Tiarella cordifolia	Herzblättrige Schaumblüte	Keine Keimruhe	
Trifolium spp.	Klee	Keine Keimruhe	
Urtica dioica	Brennnessel	Keine Keimruhe	
Valeriana officinalis	Echter Baldrian	Keine Keimruhe	
Vicia spp.	Wicken	Anrauen	
Viola spp.	Veilchen	Keine Keimruhe	
Waldsteinia ternata	Waldsteinie	15 Wochen	

Vermehrung durch Stecklinge

BÄUME UND STRÄUCHER, DIE SICH FÜR DIE VERMEHRUNG DURCH AUSGEREIFTE STECKLINGE EIGNEN		
Arten		**Anmerkungen**
Berberis spp.	Berberitzen	Nur manche Arten
Cornus stolonifera	Seidiger Hartriegel	
Elaeagnus angustifolia	Schmalblättrige Ölweide	
Elaeagnus umbellata	Korallen-Ölweide	
Hlppophae rhamnoldes	Sanddorn	
Hippophae salicifolia	Weidenblättriger Sanddorn	
Lonicera caerulea	Blaue Heckenkirsche	
Ribes x *culverwellii/R.* x *nidigrolaria*	Jostabeere	
Ribes divaricatum /R. odoratum	Orgeon-Stachelbeere/ Gold-Johannisbeere	
Ribes nigrum	Schwarze Johannisbeere	
Ribes rubrum	Rote Johannisbeere	
Ribes uva-crispa	Stachelbeere	Nicht ganz so leicht wie die anderen *Ribes* spp.
Rubus fruticosus	Brombeere	Falls nötig grüne Blätter abschneiden
Rubus x *loganobaccus*	Loganbeere	
Salix spp.	Weiden	
Sambucus canadensis	Kanadischer Holunder	Holunder treiben sehr früh aus, daher Stecklinge nicht später als Januar schneiden
Sambucus nigra	Schwarzer Holunder	
Sambucus racemosa	Roter Holunder	

BÄUME UND STRÄUCHER, DIE SICH FÜR DIE VERMEHRUNG DURCH AUSGEREIFTE STECKLINGE EIGNEN		
Arten		**Anmerkungen**
Viburnum opulus var. *americanum*	Amerikanischer Schneeball	
Vitis spp.	Weinreben	Später Laubaustrieb

BÄUME UND STRÄUCHER, DIE SICH FÜR DIE VERMEHRUNG DURCH GRÜNE STECKLINGE IM SOMMER EIGNEN		
Arten		**Anmerkungen**
Actinidia spp.	Kiwis	halbreife Stecklinge
Akebia spp.	Akebien	halbreife Stecklinge
Aronia spp.	Aronia	halbreife Stecklinge
Atriplex spp.	Strauch-Melden	halbreife Stecklinge
Berberis spp.	Berberitzen	halbreife Stecklinge
Cephalotaxus spp.	Pflaumeneiben	halbreife Stecklinge, Herbst
Chaenomeles spp.	Zierquitten	halbreife Stecklinge
Cornus kousa	Chinesicher Blüten-Hartriegel	Grünstecklinge
Cytisus scoparius	Besenginster	halbreife Stecklinge
Drimys lanceolata	Tasmanischer Bergpfeffer	halbreife Stecklinge
Elaeagnus spp.	Ölweiden	halbreife Stecklinge, gut bei den immergrünen Spezies.
Ficus carica	Feige	Grünstecklinge oder halbreife Stecklinge
Fuchsia spp.	Fuchsien	Grünstecklinge oder halbreife Stecklinge
Gaultheria spp.	Scheinbeeren	halbreife Stecklinge
Juniperus spp.	Wacholder	halbreife Stecklinge oder im Frühjahr schneiden
Laurus nobilis	Lorbeer	halbreife Stecklinge
Lonicera caerulea	Blaue Heckenkirsche	halbreife Stecklinge
Lycium barbarum	Gemeiner Bocksdorn/Goji	halbreife Stecklinge
Morus spp.	Maulbeeren	Grünstecklinge, kann schwierig zu überwintern sein
Myrica spp.	Gagelsträucher	halbreife Stecklinge
Poncirus trifoliata	Bitterorange	halbreife Stecklinge
Rosmarinus officinalis	Rosmarin	halbreife Stecklinge
Salix spp.	Weide	Jederzeit
Schisandra chinensis	Chinesisches Spaltkörbchen	halbreife Stecklinge
Staphylea spp.	Pimpernüsse	halbreife Stecklinge
Vaccinium spp.	Heidelbeeren	halbreife Stecklinge
Vinca spp.	Immergrün	halbreife Stecklinge

Vermehrung durch Absenker

Alle der in dieser Tabelle aufgeführten Arten können in Anzuchtbeeten vermehrt werden und bilden binnen weniger Monate angewurzelte Pflanzen aus. Viele holzige Pflanzen können auch durch Absenker vermehrt werden, hier kann es jedoch ein bis zwei Jahre dauern bis eine angewurzelte Pflanze entsteht.

FÜR ABSENKER GEEIGNETE STRÄUCHER		
Arten		**Anmerkungen**
Actinidia spp.	Kiwis	Frühjahr, langsam
Akebia spp.	Akebien	in Töpfe legen, leicht
Rubus calycinoides ´Betty Ashburner´	Bodendecker-Himbeere	in Töpfe legen, leicht
Rubus nepalensis	Himalaya-Himbeere	in Töpfe legen, leicht
Rubus pentalobus	Kriechhimbeere	in Töpfe legen, leicht
Rubus phoenicolasius	Japanische Weinbeere	Layer on to ground
Rubus tricolor	Chinesische Brombeere	in Töpfe legen, leicht
Schisandra chinensis	Chinesisches Spaltkörbchen	Frühjahr und Sommer
Vitis spp.	Weinreben	in Töpfe legen, leicht

Vegetative Vermehrung ausdauernder Krautiger

Ausdauernd krautige Arten		**Stecklinge**	**Teilung**	**Absenker**
Acanthus mollis	Wahrer Bärenklau	Wurzelstecklinge, früher Winter	Frühjahr oder Herbst	
Aegopodium podagraria	Giersch	Stecklinge vom Rhizom	Frühjahr	
Agastache foeniculum / A. rugosa	Anis-Ysop/ Koreanische Minze		Frühjahr	
Ajuga reptans	Kriechender Günsel			Frühjahr und Sommer
Alchemilla mollis	Frauenmantel		Frühjahr oder Herbst	
Allium fistulosum	Winterzwiebel/ Lauchzwiebel		Frühjahr	
Allium neapolitanum	Neapolitanischer Lauch		Frühjahr	
Allium tuberosum	Knoblauch-Schnittlauch		Frühjahr	
Apios americana	Erdbirne		Frühjahr	
Aquilegia vulgaris	Akelei		Frühjahr	
Armoracia rusticana	Meerrettich		Frühjahr	
Asarum spp.	Haselwurzen		Frühjahr	
Asparagus officinalis	Spargel		Winter	
Asphodeline lutea	Gelber Affodil		Frühjahr	
Astragalus glycyphyllos	Bärenschote		Frühjahr	
Bamboos			Frühjahr	

Ausdauernd krautige Arten		Stecklinge	Teilung	Absenker
Brassica oleracea	Ausdauernder/ Gemüse-Kohl	basale Stecklinge, Frühjahr		
Bunias orientalis	Türkische Rauke		Frühjahr	
Campanula spp.	Glockenblumen	basale Stecklinge, Frühjahr	Frühjahr	
Centranthus ruber	Rote Spornblume	grüne Stecklinge		
Chrysogonum virginianum	Goldkörbchen		Frühjahr	Sommer
Chrysosplenium spp.	Milzkraut		Frühjahr	
Claytonia sibirica	Sibirisches Tellerkraut		Frühjahr	
Cornus canadensis	Kanadischer Hartriegel		Frühjahr	
Crambe spp.	Meerkohl	Wurzelstecklinge, Winter	Frühjahr	
Cynara spp.	Cardy/Artischocke		Frühjahr	
Duchesnea indica	Scheinerdbeere			Frühjahr und Sommer
Echinacea spp.	Sonnenhüte	Wurzelstecklinge, Winter	Frühjahr	
Epilobium angustifolium	Schmalblättriges Weidenröschen		Frühjahr oder Herbst	
Filipendula ulmaria	Mädesüß		Frühjahr oder Herbst	
Foeniculum vulgare	Fenchel		Frühjahr	
Fragaria spp.	Erdbeeren			Frühjahr und Sommer
Galax urceolata	Bronzeblatt		Frühjahr	
Galium odoratum	Waldmeister	grüne Stecklinge, Spätfrühling	Frühjahr	
Geranium macrorrhizum	Balkan-Storchschnabel		Frühjahr	
Glechoma hederacea	Gundelrebe	grüne Stecklinge, jederzeit	Frühjahr	Frühjahr und Sommer
Glycyrrhiza spp.	Süßhölzer		Frühjahr	
Gunnera spp.	Gunneras		Frühjahr	
Gymnostemma pentaphyllum	Jiaogulan/ Unsterblichkeitskraut		Frühjahr	Sommer
Hablitzia tamnoides	Kaukasischer Rankspinat		Frühjahr oder Herbst	Sommer
Helianthus tuberosus	Topinambur		Frühjahr	
Hemerocallis spp.	Taglilien		Frühjahr	
Heuchera americana	Purpurglöckchen		Frühjahr oder Herbst	
Hosta spp.	Hostas/Funkien		Frühjahr	
Humulus lupulus	Hopfen		Frühjahr	
Lathyrus spp.	Platterbsen		Frühjahr	
Levisticum officinale	Liebstöckel	Wurzelstecklinge mit Auge(n), Frühjahr	Frühjahr	
Lupinus spp.	Lupinen	basale Stecklinge, Frühjahr		
Lysimachia nummularia	Pfennigkraut		Frühjahr	Jederzeit
Malva spp.	Malven	basale Stecklinge, Frühjahr		

Ausdauernd krautige Arten		Stecklinge	Teilung	Absenker
Matteuccia struthiopteris	Straußenfarn		Frühjahr	
Melissa officinalis	Zitronenmelisse		Frühjahr	
Mentha spp.	Minzen	Sommer, wurzelt in Wasser, auch Wurzelstecklinge	Frühjahr	
Mitchella repens	Echte Rebhuhnbeere	Sommer	Frühjahr	
Myrrhis odorata	Süßdolde	Wurzelstecklinge mit Auge(n), Herbst und Winter	Frühjahr oder Herbst	
Origanum vulgare	Oregano	basale Stecklinge, Frühjahr	Frühjahr	
Oxalis acetosella/ O. oregana	Wald-Sauerklee/ Oregon-Sauerklee		Frühjahr	
Passiflora incarnata	Winterharte Passionsblume			Frühjahr und Sommer
Peltaria alliacea	Lauch-Scheibenschötchen		Frühjahr oder Herbst	
Petasites japonicus	Asiatische Pestwurz		Ganzjährig	
Phytolacca americana	Amerikanische Kermesbeere		Frühjahr	
Polygonatum spp.	Weisswurzen	Rhizome mit Knospen, Frühjahr	Frühjahr	
Potentilla anserina	Gänsefingerkraut		Frühjahr	
Primula vulgaris	Stängellose Schlüsselblume		Herbst	
Pulmonaria officinalis	Geflecktes Lungenkraut	Wurzelstecklinge, Winter	Frühjahr oder Herbst	
Rheum spp.	Rhabarber		Frühjahr	
Rumex spp.	Ampfer		Frühjahr	
Sanguinaria canadensis	Kanadische Blutwurz		Spätfrühjahr	
Sanguisorba minor	Kleiner Wiesenknopf		Frühjahr	
Saponaria officinalis	Gewöhnliches Seifenkraut		Frühjahr oder Herbst	
Sedum spp.	Fetthennen	grüne und Blatt-Stecklinge, Sommer	Frühjahr	
Sedum telephium	Große Fetthenne	grüne und Blatt-Stecklinge, Sommer	Frühjahr	
Smilacina racemosa	Schattenblümchen		Frühjahr	
Solidago spp.	Goldruten		Frühjahr oder Herbst	
Stachys affinis	Knollenziest		Winter und Frühjahr	
Symphytum spp.	Beinwell	Wurzelstecklinge, Winter und Frühjahr	Frühjahr	
Tanacetum parthenium/ T. Vulgare	Mutterkraut/Rainfarn	basale Stecklinge, Frühjahr	Frühjahr	
Tiarella cordifolia	Herzblättrige Schaumblüte		Frühjahr	
Trifolium spp.	Klee		Frühjahr	
Urtica dioica	Brennnessel		Winter	
Valeriana officinalis	Echter Baldrian	basale Stecklinge, Frühjahr	Frühjahr oder Herbst	
Viola odorata	Duftveilchen	basale Stecklinge, Spätsommer	Frühjahr	Sommer
Waldsteinia ternata	Waldsteinie		Frühjahr	

Bäume und Sträucher für Hecken und Begrenzungen

Bäume und Sträucher für Windschutzhecken

Dies sind Bäume und Sträucher, die vorrangig für ihre Eigenschaften als Windschutz verwendet werden können, aber auch andere Nutzen haben.

KLEINE STRÄUCHER – 0,6–3 METER HÖHE					
Art		**Immergrün**	**N-Fixierer**	**Essbar**	**Nebennutzen/ MAIN OTHER USE**
Alnus viridis	Grün-Erle		✓		
Amelanchier alnifolia	Erlenblättrige Felsenbeere			Früchte	Bienenpflanze
Aronia spp.	Aronia			Früchte	Bienenpflanze
Atriplex spp.	Strauch-Melden	✓		Blätter	
Berberis spp.	Berberitzen	✓manche		Früchte	Bienenpflanze
Caragana arborescens	Sibirischer Erbsenstrauch		✓	Samen	Bienenpflanze
Cornus stolonifera	Seidiger Hartriegel				Flechtarbeiten
Corylus spp.	Hasel			Nüsse	
Cytisus scoparius	Besenginster		✓		Bienenpflanze
Elaeagnus multiflora	Reichblütige Ölweide	✓manche		Früchte	Bienenpflanze
Garrya elliptica	Becherkätzchen	✓			Medizinisch
Gaultheria shallon	Shallon-Scheinbeere, Salal	✓		Früchte	Bienenpflanze
Juniperus communis	Wacholder	✓		Früchte	
Mahonia spp., e.g. *M. aquifolium*	Mahonie	✓			Früchte
Phormium tenax	Neuseeländer Flachs	✓			Fasern, Bindematerial
Poncirus trifoliata	Bitterorange			Früchte	
Ribes spp., e.g. *R. nigrum*	Johannisbeeren			Früchte	Blätter für Tees
Rosa spp., e.g. *R. rugosa*	(Wild-)Rosen			Früchte	Blüten in Salaten
Rubus tricolor	Chinesische Bombeere	✓		Früchte	Bodendecker
Salix spp.	Weiden			Früchte	Flechtarbeiten, Bienenpflanze
Symphoricarpos spp.	Schneebeeren				Bienenpflanze
Ulex europeaus	Stechginster	✓			Bienenpflanze

GROSSE STRÄUCHER – 3–8 METER HÖHE					
Art		**Immergrün**	**N-Fixierer**	**Essbar**	**Nebennutzen**
Alnus spp.	Erlen		✓		
Amelanchier spp.	Felsenbirnen			Früchte	Bienenpflanze
Arbutus unedo	Erdbeerbaum	✓		Früchte	Bienenpflanze
Berberis spp.	Berberitzen	✓manche		Früchte	Bienenpflanze
Cornus spp., z.B. *C. kousa*	Hartriegel			Früchte	
Corylus spp., z.B. *C. avellana*	Hasel			Nüsse	
Elaeagnus x *ebbingei*	Ebbings-Ölweide	✓	✓	Früchte	Bienenpflanze
Elaeagnus umbellata	Korallen-Ölweide		✓	Früchte	Bienenpflanze
Pseudosasa japonica	Pfeil-Bambus	✓			Bambussprossen/Rohr
Rosa spp.	Rosen			Früchte	
Salix spp.	Weiden				Flechtarbeiten, Bienenpflanze
Sambucus spp., z.B. *S. canadensis*	Holunder			Früchte	Essbare Blüten
Viburnum opulus var. *americanum*	Amerikanischer Schneeball			Früchte	Bienenpflanze

KLEINE BÄUME – UNTER 10 METER HÖHE					
Art		**Immergrün**	**N-Fixierer**	**Essbar**	**Nebennutzen**
Crataegus spp.	Weißdorne			Früchte	Bienenpflanze
Hippophae rhamnoides	Sanddorn		✓	Früchte	Bienenpflanze
Malus spp.	Äpfel			Früchte	Bienenpflanze
Pinus spp.	Kiefern	✓		Samen	Medizinisch
Prunus cerasifera	Kirschpflaume			Früchte	Bienenpflanze
Prunus insititia	Kriechen-Pflaume			Früchte	Bienenpflanze
Salix spp.	Weiden				Flechtarbeiten, Bienenpflanze
Sambucus nigra	Holunder			Früchte	Essbare Blüten
Sorbus spp., z.B *S. aucuparia*	Mehlbeeren: Vogelbeeren, Ebereschen, Elsbeeren			Früchte	nur manche essbar

GROSSE BÄUME – ÜBER 10 METER HÖHE					
Art		Immergrün	N-Fixierer	Essbar	Nebennutzen
Alnus cordata	Italienische Erle		✓		
Alnus rubra	Rot-Erle		✓	Früchte	Bienenpflanze
Hippophae salicifolia	Weidenblättriger Sanddorn				
Pinus radiata	Monterey-Kiefer	✓			
Pinus nigra var. *maritima*	Korsische Schwarz-Kiefer	✓			

Bäume, die für Hecken in Niederwald-Bewirtschaftung mit Rückschnitt in kurzer Rotation (5 Jahre) geeignet sind

Beachten Sie, dass nicht alle dieser Arten ausführlich in diesem Buch beschrieben sind.

Art		Immergrün	N-Fixierer	Essbar	Nebennutzen
Alnus glutinosa	Schwarz-Erle		✓		Brennholz oder Stammholz zur Anzucht von Shiitake, Austernpilzen, usw.
Betula pendula	Hängebirke				
Betula pubescens	Moor-Birke				
Castanea sativa	Edel-Kastanie			Samen	
Fraxinus excelsior	Esche				
Populus ssp.	Pappeln				
Populus x canadensis	Kanadische Pappel				
Populus nigra	Schwarz-Pappel				
Salix spp., z.B. *S. viminalis*	Weiden				

Kletterpflanzen, die gut für Drahtzäune geeignet sind

Beachten Sie, dass nicht alle dieser Arten ausführlich in diesem Buch beschrieben sind.

Art		Immergrün	N-Fixierer	Essbar	Nebennutzen
Actinidia spp., z.B. *A. arguta*	Kiwis			Früchte	
Clematis vitalba	Gewöhnliche Waldrebe				Flechtarbeiten, Bienenpflanze
Hedera helix	Efeu	✓			Bienenpflanze
Parthenocissus spp.	Jungfernreben				Bienenpflanze
Rosa spp., z.B. *R. banksiae*	Rosen			Früchte	Blüten in Salaten
Rubus spp.	Brombeeren			Früchte	Bienenpflanze
Vitis spp.	Weinreben			Früchte	Essbare Blätter

Bäume, die als Pionierpflanzen einsetzbar sind

Die in der zweiten Tabelle angegebenen Koniferenarten können, sofern ihr Holz dauerhaft ist, nach der Ernte für Zaunpfosten oder andere ähnliche Zwecke verwendet werden. Beachten Sie, dass nicht alle dieser Arten ausführlich in diesem Buch beschrieben sind.

PIONIER-LAUBBÄUME					
Art		**Immergrün**	**N-Fixierer**	**Essbar**	**Nebennutzen**
Alnus cordata	Italienische Erle		✓		
Alnus rubra	Rot-Erle		✓		
Populus spp.	Pappeln				

PIONIER-KONIFEREN		
Art		**Nebennutzen**
Abies grandis	Küsten-Tanne	
Chamaecyparis lawsoniana	Lawsons Scheinzypresse	dauerhaftes Holz
Chamaecyparis nootkatensis	Nootka-Scheinzypresse, Nutka-Scheinzypresse, auch Alaska-Zeder	dauerhaftes Holz
Chamaecyparis obtusa	Hinoki-Scheinzypresse, Muschel-Zypresse	dauerhaftes Holz
Chamaecyparis pisifera	Sawara-Scheinzypresse, Faden-Scheinzypresse, Erbsenfrüchtige Scheinzypresse	dauerhaftes Holz
Cryptomeria japonica	Sicheltanne oder Sugi, auch Japanische Zeder	dauerhaftes Holz
x *Cupressocyparis leylandii*	Leyland-Zypresse	dauerhaftes Holz
Cupressus macrocarpa	Monterey-Zypresse	dauerhaftes Holz
Larix decidua	Europäische Lärche	dauerhaftes Holz
Larix x *eurolepis*	Hybridlärche	dauerhaftes Holz
Larix kaempferi	Japanische Lärche	dauerhaftes Holz
Picea abies	Gemeine Fichte	
Picea sitchensis	Sitka-Fichte	
Pinus nigra var. *maritima*	Korsische Schwarz-Kiefer	
Pinus radiata	Monterey-Kiefer	
Pinus sylvestris	Waldkiefer	
Pseudotsuga menziesii	Gewöhnliche Douglasie	
Thuja plicata	Riesen-Lebensbaum	dauerhaftes Holz
Tsuga canadensis	Kanadische Hemlocktanne	

Pflanzen um Nutzinsekten und Bienen anzulocken

Eine gesunde Population von Nutzinsekten ist ein sehr wichtiger Teil jedes widerstandsfähigen Agrar-Ökosystems. Die Anzahl von Jägern und Parasiten können erhöht werden, indem für ihre verschiedenen Entwicklungsstadien attraktive Pflanzenarten angebaut werden. Bienen, und besonders Wildbienen, sind äußerst wichtig zur Bestäubung, und deren Ansiedelung sollte unterstützt werden, besonders weil die Schwarmbildung und die enge genetische Variabilität von Honigbienen diese für Krankheiten und Parasiten anfällig macht.

Nützliche Raubinsekten

Es gibt zahlreiche Insekten, die die Populationen möglicher Schädlinge kontrollieren helfen. Anstatt zu warten, bis ein Schädling auftritt, um dann etwas gegen diesen zu unternehmen (wie es die meisten Gärtner und Bauern tun), sollten Sie lieber eine Vielzahl verschiedener Gegenspieler einladen, denn dann können sich größere Populationen von Schädlingen gar nicht erst bilden.

Saugwanzen

Die ausgewachsenen Tiere und die Nymphen (Jugendstadium) der Familie der Anthocoridae sind allgemeine Räuber kleiner wirbelloser Tiere, u.a. Raupen, die Larven und Puppen des Rüsselkäfers und Rote Spinnmilben und deren Eier. Die Elterntiere überwintern und legen im Frühling ihre Eier auf Obstbäume.

Wanzen oder Weichwanzen

Die meisten Arten dieser sind wichtige Räuber, sowohl die ausgewachsenen Tiere als auch die Nymphen sind sehr aktive und gefräßige Räuber. Die Elterntiere überwintern entweder und legen im Frühling ihre Eier auf junges Holz oder sie legen ihre Eier im Sommer/Herbst, die dann überwintern, um im Frühling zu schlüpfen.

Libellen

sind eine Ordnung der Insekten. In Europa gibt es etwa 85 verschiedene Arten. Sie ernähren sich von Kleininsekten.

Ohrwürmer

Ohrwürmer sind wichtige Räuber von Insekten, die Früchte und Hopfen schädigen, dazu gehören Blattläuse, Milben und Insekteneier. Sie jagen gewöhnlich nachts und verstecken sich tagsüber unter loser Rinde, Blättern o.ä.

Laufkäfer

Viele Arten von Laufkäfern sind nützliche Räuber für Bodenschädlinge und fressen außerdem die Puppen von Winterfaltern und anderen Schädlingen, die einen Teil ihres Lebenszyklus im oder auf dem Boden verbringen. Sie sind meist dunkel, schwarz-glänzend und leben unter Steinen und verrottender Vegetation. Sie unterscheiden sich stark in ihrer Größe (von 1,5–25 mm) und jagen hauptsächlich nachts. Erwachsene Tiere können auf ihrer Nahrungssuche Pflanzen erklimmen, wenige Laufkäferarten leben jedoch gewöhnlich auf Bäumen oder Sträuchern. Ihr Beutespektrum enthält u.a. Schnecken, Dickmaulrüssler, die Puppen von Motten und Rote Spinnmilben.

Schwebfliegen

Ausgewachsene Schwebfliegen besuchen die Blüten von Obstpflanzen und vielen anderen Arten, besonders die der Korbblütler, Rosengewächse und Doldengewächse in großer Anzahl und ernähren sich von deren Nektar und Pollen. Ihre Larven fressen Blattläuse und andere Insekten. Eine Larve kann bis zu 50 Blattläuse pro Tag fressen (1.000 über ihre Lebensdauer).

Florfliegen

Einige Florfliegenarten sind wichtige Räuber von Obstschädlingen. Einige Arten überwintern als erwachsene Tiere, andere als Larven. Die ausgewachsenen Tiere fressen ihre Opfer, ernähren sich aber hauptsächlich von Nektar, die Larven hingegen sind gefräßige Räuber, die ihre Opfer aussaugen und nur eine leere Hülle hinterlassen. Zu ihrer Beute gehören Blattläuse, Rote Spinnmilben, Schildläuse und kleine Raupen.

Marienkäfer

Die Larven des Marienkäfers haben einen unersättlichen Appetit auf Blattläuse, Spinnmilben, kleine Raupen, Schildläuse uvm. Eine einzelne Larve kann über den Verlauf ihrer Entwicklung mehrere Hundert Blattläuse fressen. Erwachsene Tiere überwintern für gewöhnlich an geeigneten Orten, z.B. unter loser Rinde.

Stechmücken

Sie sind häufig Fraßfeinde von Blattläusen, ihre Larven sind oft in Kolonien von Blattläusen und Milben zu finden.

Kurzflügler

Dies ist eine große Gruppe von aktiven, oft räuberischen Käfern, die zahlreich in Moos und verrottender Vegetation zu finden sind. Sie jagen vor allem nachts, zu ihrer Beute gehören Schnecken, Dickmaulrüssler, die Puppen von Motten und Rote Spinnmilben.

Nützliche parasitäre Insekten

Manche Insekten sind Parasiten von anderen Wirbellosen und können als solche genauso wichtig sein wie die oben beschriebenen Räuber, um Schädlingsbestände niedrig zu halten.

Brackwespen

Hier handelt es sich um eine sehr große Familie – tatsächlich eine der zahlreichsten im Insektenreich – deren Mitglieder zumeist Parasiten für andere Insekten sind. Sie sind wichtige Fressfeinde der Mottenraupen.

Erzwespen

Diese kleinen bis winzigen Insekten (meist kürzer als 3 mm) sind Parasiten für viele Schadinsekten, insbesondere Blattläuse, Mottenlarven und Schildläuse.

Weberknechte

Weberknechte sehen Spinnen sehr ähnlich. Sie haben einen kleinen runden Körper der von sehr langen dünnen Beinen getragen wird. Sie sind häufig auf Ertragsfrüchten als Räuber von Blattläusen, Raupen und anderen kleinen Insekten zu finden.

Schlupfwespen

Eine weitere große Familie von Insekten, die hauptsächlich Parasiten für andere Insekten sind. Sie greifen Fruchtschädlinge an, besonders Mottenraupen, deshalb werden verschiedene Arten gezielt als biologische Schädlingsbekämpfung eingesetzt.

Milben

Einige Milbenarten sind Räuber für andere Milben, Blattläuse und kleine Insekten. Einige überwintern in Falllaub auf dem Boden.

Glücksspinnen (*Erigone* spec.)

Sie sind sehr klein (meist kleiner als 2,5 mm) und haben glänzende schwarze Hinterleiber. Sie sind besonders im Herbst zahlreich auf Fruchtpflanzen zu finden wo sie Spinnmilben, kleine Blattläuse und andere kleine Insekten jagen. Glücksspinnen ziehen schattige und feuchte Standorte vor.

Raupenfliegen (Tachiniden)

Tachinidenlarven sind interne Parasiten für andere Insekten, besonders Mottenraupen.

Parasitäre Wespen

Diese winzigen Wespen legen ihre Eier meist in die Körper anderer Insekten, die so zur Nahrungsquelle der sich entwickelnden Wespenlarven wird. Die ausgewachsenen Wespen machen sich meist nur an sonnigen Tagen bemerkbar an denen sie sich an Doldenblütlern ernähren.

Soziale Wespen (z.B. *Vespula germanica* und *V. vulgaris*) sind als Fressfeinde schädlicher Insekten wertvoll, wie z.B. Blattläuse und Raupen. Diese Beute wird an die nach tierischem Eiweiß hungrigen Wespenlarven verfüttert. Diese räuberische Aktivität dauert an, solange die Brut aufgezogen wird. Im Spätsommer und Herbst können die Arbeiterwespen ein Ärgernis an Früchten sein.

Spinnen

Auf Obstbäumen und -sträuchern sind viele Arten von Spinnen zu finden. Zu ihrer Beute zählen Blattläuse und die Larven und ausgewachsenen Tiere des Apfelwicklers.

Nützliche Stauden die Nutzinsekten anziehen

Stauden die attraktiv auf Nutzinsekten wirken sind alle aus den Gruppen der:

- Korbblütler (Compositae) (attraktiv für Schwebfliegen)
- Doldenblütler (Umbelliferae) (attraktiv für Schwebfliegen und parasitäre Wespen).

PFLANZEN FÜR NUTZINSEKTEN	
Achillea spp.	Schafgarben
Agastache spp.	Duftnessel
Alcea rosea	Gewöhnliche Stockrose
Angelica spp.	Engelwurz
Antennaria spp.	Katzenpfötchen
Anthemis tinctoria	Färberkamille
Apios americana	Erdbirne
Arctium spp.	Klette
Artemisia spp.	Artemisia (Beifuß, Wermut)
Aster spp.	Astern
Astragalus glycyphyllos	Bärenschote
Baptisia spp.	Indigolupine
Bellis perennis	Gänseblümchen
Borago officinalis	Borretsch

PFLANZEN FÜR NUTZINSEKTEN	
Brassica spp.	Kohl
Bunium bulbocastanum	Gewöhnlicher Knollenkümmel
Centaurea spp.	Flockenblumen
Chamaemelum nobile	Römische Kamille
Cichorium intybus	Wegwarte
Conopodium majus	Französische Erdkastanie
Convolvulus spp.	Winden
Coreopsis spp.	Mädchenaugen
Cryptotaenia japonica	Mitsuba
Cytisus scoparius	Besenginster
Echinacea spp.	Sonnenhüte
Eryngium spp.	Mannstreu
Eupatorium cannabinum	Wasserdost
Ferula spp.	Riesenfenchel
Foeniculum vulgare	Fenchel
Fragaria vesca	Wild-Erdbeere
Glycyrrhiza spp.	Süßhölzer
Hedysarum spp.	Süßklee
Helianthus spp.	Sonnenblumen
Heracleum spp.	Bärenklau
Lathyrus spp.	Platterbsen
Levisticum officinale	Liebstöckel
Ligusticum spp.	Mutterwurz
Lupinus spp.	Lupinen
Malva moschata	Moschusmalve
Medicago sativa	Luzerne
Melissa officinalis	Zitronenmelisse
Mentha spp.	Minzen
Monarda spp.	Goldmelisse
Myrrhis odorata	Süßdolde
Origanum vulgare	Oregano
Osmorhiza spp.	Osmorhiza

PFLANZEN FÜR NUTZINSEKTEN	
Petasites spp.	Pestwurze
Phaseolus spp.	Bohnen
Pimpinella saxifraga	Kleine Bibernelle
Psoralea esculenta	Prärierübe
Pycnanthemum spp.	Bergminzen
Rosmarinus officinalis	Rosemarin
Salvia officinalis	Salbei
Sanguisorba spp.	Wiesenknopf
Satureja spp.	Bohnenkräuter
Scorzonera hispanica	Garten-Schwarzwurzel
Silphium lanciniatum	Kompasspflanze
Sium sisarum	Zuckerwurzel

PFLANZEN FÜR NUTZINSEKTEN	
Solidago spp.	Goldruten
Stachys officinalis	Echte Betonie
Stellaria media	Vogelmiere
Symphytum spp.	Beinwell
Tanacetum spp.	Wucherblumen
Taraxacum officinale	Löwenzahn
Thaspium spp.	Thaspium, Wiesenpastinake
Thermopsis spp.	Thermopsis, Flasche Lupinen
Thymus spp.	Thymian
Trifolium spp.	Klee
Urtica dioica	Brennnessel
Vicia spp.	Wicken

Nektar- und Pollenpflanzen für Wildbienen und Hummeln

Für eine möglichst große Bienenpopulation sollten Sie versuchen, den ganzen möglichen Blütezeitraum abzudecken, insbesondere aber den Spätwinter und das zeitige Frühjahr.

Die folgende Tabelle kann unmöglich alle Bienenpflanzen auflisten, denn sehr häufig sind ganze Pflanzengattungen für Bienen wertvoll; sie gibt aber einen recht guten Überblick, welche in diesem Buch genannten Pflanzen für Bienen wertvoll sind und darüber hinaus einige mehr.

Nek zeigt Pflanzen an, die eine besonders gute Nektarquelle für Wildbienen sind. **Pol** bedeutet, dass die Pflanze eine besonders gute Pollenquelle für Wildbienen ist. Ein ■ zeigt an, dass die Pflanze in jenem Monat in Blüte steht.

BIENENPFLANZEN															
Art		**Nek**	**Pol**	**Jan**	**Feb**	**Mär**	**Apr**	**Mai**	**Jun**	**Jul**	**Aug**	**Sep**	**Okt**	**Nov**	**Dez**
Acanthus mollis	Wahrer Bärenklau	✓								■	■				
Achillea millefolium	Schafgarbe	✓								■	■				
Agastache foeniculum	Anis-Ysop	✓								■	■	■	■		
Agastache rugosa	Koreanische Minze	✓							■	■	■	■			
Alcea rosea	Stockrose	✓	✓							■	■	■			
Anchusa azurea	Italienische Ochsenzunge	✓							■	■	■				
Anemone blanda	Balkan-Windröschen		✓		■	■	■								
Anemone nemorosa	Buschwindröschen		✓			■	■	■							
Anthemis tinctoria	Färberkamille	✓							■	■	■				
Antirrhinum majus	Großes Löwenmaul	✓								■	■	■	■		

BIENENPFLANZEN														
Art		**Nek**	**Pol**	**Jan**	**Feb**	**Mär**	**Apr**	**Mai**	**Jun**	**Jul**	**Aug**	**Sep**	**Okt**	**Nov**	**Dez**
Arctium spp.	Kletten	✓	✓							■	■	■			
Armeria maritima	Strandgrasnelke	✓	✓					■	■	■	■				
Asparagus officinalis	Spargel	✓	✓						■	■	■				
Aubretia deltoidea	Griechisches Blaukissen	✓	✓			■	■								
Barbarea vulgaris	Winterkresse	✓	✓					■	■						
Berberis darwinii	Darwin's Berberitze	✓	✓				■	■							
Berberis vulgaris	Gewöhnliche Berberitze	✓	✓					■							
Berberis wilsoniae	Wilson's Berberitze	✓	✓							■					
Borago officinalis	Borretsch	✓	✓					■	■	■	■				
Brachyglottis greyi	Gänseblümchen-busch		✓						■	■					
Buddleja spp.	Flieder	✓						■	■	■	■				
Calendula officinalis	Ringelblume	✓	✓					■	■	■	■	■	■		
Calluna vulgaris	Besenheide	✓	✓								■	■			
Caltha palustris	Sumpfdotterblume	✓	✓	■	■	■	■	■	■	■	■	■	■	■	■
Campanula carpatica	Karpaten-Glockenblume	✓	✓						■						
Centaurea spp.	Flockenblumen	✓	✓							■	■	■			
Centaurea cyanus	Kornblume	✓	✓						■	■	■	■			
Centaurea montana	Berg-Flockenblume	✓							■						
Chaenomeles speciosa	Chinesische Zierquitte	✓	✓			■	■								
Chrysogonum virginianum	Goldkörbchen	✓	✓			■	■	■							
Cichorium intybus	Wegwarte	✓	✓							■	■	■	■		
Cirsium arvense	Acker-Kratzdistel	✓	✓						■	■	■	■			
Clematis vitalba	Gewöhnliche Waldrebe	✓	✓							■					
Colchicum autumnale	Herbstzeitlose	✓	✓								■	■			
Convolvulus tricolor	Dreifarbige Winde	✓	✓							■	■	■			
Cotoneaster conspicuus	Kriechmispel	✓	✓						■						
Cotoneaster dammeri	Teppich-Zwergmispel	✓	✓						■						
Cotoneaster franchettii	Franchets Zwergmispel	✓	✓							■					
Cotoneaster frigidus	Baum-Zwergmispel	✓	✓						■	■					
Cotoneaster horizontalis	Fächer-Zwergmispel	✓	✓					■							

BIENENPFLANZEN														
Art		**Nek**	**Pol**	**Jan**	**Feb**	**Mär**	**Apr**	**Mai**	**Jun**	**Jul**	**Aug**	**Sep**	**Okt**	**Nov**	**Dez**
Cotoneaster multiflorus	Vielblütige Zwergmispel	✓	✓						■						
Cotoneaster purpurascens	Purpur-Zwergmispel	✓	✓					■	■						
Cotoneaster salicifolius	Weidenblättrige Zwergmispel	✓	✓						■						
Cotoneaster simonsii	Himalaya-Zwergmispel	✓	✓						■						
Cucurbita ficifolia	Feigenblatt-Kürbis	✓	✓							■	■	■			
Cynara cardunculus	Karde	✓							■	■	■	■			
Cynoglossum officinale	Gewöhnliche Hundszunge	✓	✓						■	■	■				
Cytisus scoparius	Besenginster	✓	✓					■	■						
Dahlia pinnata	Großfiedrige Dahlie	✓	✓							■	■	■	■		
Dianthus barbatus	Bartnelke	✓							■	■					
Digitalis purpurea	Roter Fingerhut	✓							■	■	■	■			
Dipsacus fullonum	Wilde Karde	✓								■	■	■			
Doronicum plantagineum	Wegerich-Gemswurz	✓	✓			■	■								
Eccremocarpus scaber	Schönranke	✓								■	■	■			
Echinops ritro	Ruthenische Kugeldistel	✓									■				
Echium vulgare	Gewöhnlicher Natternkopf	✓	✓						■	■	■	■			
Elaeagnus x ebbingei	Ebbings-Ölweide	✓											■	■	
Elaeagnus umbellata	Korallen-Ölweide	✓				■	■								
Epilobium angustifolium	Schmalblättriges Weidenröschen	✓	✓							■	■	■			
Epilobium hirsutum	Zottiges Weidenröschen	✓	✓							■	■				
Erica carnea	Schneeheide	✓	✓	■	■	■	■							■	■
Erica erigena	Irische Heide	✓	✓			■	■								
Erica tetralix	Glocken-Heide	✓	✓						■	■	■	■	■		
Erica vagans	Cornwall-Heide	✓	✓									■	■	■	
Eryngium maritimum	Stranddistel	✓	✓							■	■	■			
Eryngium x tripartitum	Dreiteilige Mannstreu	✓								■	■	■			
Eschscholzia californica	Kalifornischer Mohn	✓	✓						■	■	■	■	■		
Fritillaria imperialis	Kaiserkrone	✓					■								
Fuchsia excorticata	Baum-Fuchsie	✓	✓						■	■	■	■	■		

BIENENPFLANZEN

Art		Nek	Pol	Jan	Feb	Mär	Apr	Mai	Jun	Jul	Aug	Sep	Okt	Nov	Dez
Fuchsia magellanica	Scharlach-Fuchsie	✓	✓						■	■	■	■	■		
Genista aetnensis	Ätna-Ginster	✓								■					
Genista hispanica	Pfriemenginster	✓						■	■						
Genista lydia	Stein-Ginster	✓						■	■						
Genista tinctoria	Färber-Ginster	✓								■					
Glechoma hederacea	Gundelrebe	✓	✓			■	■	■	■						
Hebe pinguifolia ´Pagei´	Strauchveronika	✓						■	■						
Hedera helix	Efeu	✓	✓									■	■	■	■
Helenium spp.	Sonnenbraut	✓	✓							■	■				
Helianthemum nummularium	Gelbes Sonnenröschen		✓						■	■					
Helianthus annuus	Sonnenblume	✓	✓							■	■	■			
Heracleum sphondylium	Wiesen-Bärenklau	✓	✓						■	■	■				
Hippophae rhamnoides	Sanddorn	✓					■								
Hyacinthoides nonscripta	Atlantisches Hasenglöckchen	✓	✓				■	■	■						
Hypericum spp.	Johanniskräuter		✓						■	■	■				
Impatiens noli-tangere	Großes Springkraut	✓	✓								■	■			
Knautia arvensis	Acker-Witwenblume	✓	✓						■	■	■				
Lamium album	Weiße Taubnessel					■	■	■	■	■	■	■	■	■	
Lamium purpureum	Purpurrote Taubnessel	✓	✓	■	■	■	■	■	■	■	■	■	■	■	■
Laurus nobilis	Lorbeer	✓						■	■						
Lavandula spp.	Lavendel	✓	✓							■	■				
Leontodon autumnalis	Herbst-Löwenzahn	✓	✓						■	■	■	■			
Leucanthemum x *superbum*	Großblumige Margerite	✓							■	■	■				
Ligustrum ovalifolium	Ovalblättriger Liguster	✓	✓							■	■				
Limnanthes douglasii	Douglas-Sumpfblume	✓	✓					■	■	■					
Linaria vulgaris	Echtes Leinkraut	✓	✓							■	■	■	■		
Lobelia cardinalis	Kardinals-Lobelie	✓								■	■				
Lotus corniculatus	Gewöhnlicher Hornklee	✓	✓					■	■	■	■	■			
Lysimachia vulgaris	Gewöhnlicher Gilbweiderich		✓							■	■	■			
Lythrum salicaria	Gewöhnlicher Blutweiderich	✓	✓						■	■	■	■			

BIENENPFLANZEN															
Art		**Nek**	**Pol**	**Jan**	**Feb**	**Mär**	**Apr**	**Mai**	**Jun**	**Jul**	**Aug**	**Sep**	**Okt**	**Nov**	**Dez**
Mahonia aquifolium	Mahonie	✓	✓		■	■	■	■							
Mahonia japonica	Japanische Mahonie	✓	✓		■	■									
Mahonia nervosa	Nervige Mahonie	✓	✓		■	■	■	■							
Malus domestica	Apfel	✓	✓				■	■							
Malva spp.	Malven	✓	✓						■	■	■				
Melilotus spp.	Steinklee	✓	✓						■	■	■	■			
Mespilus germanica	Mispel	✓	✓					■	■						
Monarda spp.	Goldmelissen	✓							■	■	■	■			
Myosotis spp.	Vergissmeinnicht	✓	✓				■	■							
Nicotiana tabacum	Virginischer Tabak	✓	✓						■	■	■	■			
Olearia x *haastii*	Gänsblümchen-strauch	✓	✓							■	■				
Origanum vulgare	Oregano	✓	✓							■	■	■			
Papaver orientale	Türkischer Mohn	✓	✓					■	■						
Papaver rhoeas	Klatschmohn	✓	✓						■	■	■				
Parthenocissus quinquefolia	Selbstkletternde Jungfernrebe	✓	✓								■				
Penstemon spp.	Bartfaden	✓							■	■					
Polygonatum spp.	Weißwurzen	✓						■	■						
Primula elatior	Hohe Schlüsselblume	✓					■	■							
Primula vulgaris	Stängellose Schlüsselblume	✓					■	■							
Prunus avium	Vogelkirsche	✓	✓				■								
Prunus cerasifera	Kirschpflaume	✓	✓		■	■									
Prunus dulcis	Mandel	✓	✓		■	■									
Prunus persica	Pfirsich/Nektarine	✓	✓				■	■							
Pulmonaria officinalis	Geflecktes Lungenkraut	✓			■	■	■								
Pulmonaria saccharata	Italienisches Lungenkraut	✓				■	■								
Reseda odorata	Garten-Resede	✓	✓						■	■	■	■	■		
Ribes nigrum	Schwarze Johannisbeere	✓	✓				■	■							
Ribes sanguineum	Blut-Johannisbeere	✓	✓			■	■								
Ribes speciosum	Fuchsien-Johannisbeere	✓	✓					■	■						
Robinia pseudoacacia	Robinie	✓	✓						■						
Rosa rugosa	Apfel-Rose		✓						■	■					

BIENENPFLANZEN															
Art		**Nek**	**Pol**	**Jan**	**Feb**	**Mär**	**Apr**	**Mai**	**Jun**	**Jul**	**Aug**	**Sep**	**Okt**	**Nov**	**Dez**
Rosmarinus officinalis	Rosmarin	✓	✓				■	■	■	■					
Rubus deliciosus	Colorado-Himbeere	✓	✓					■	■						
Rubus fruticosus	Brombeere	✓							■	■					
Salix aegyptiaca	Persische Weide	✓	✓	■	■										
Salix alba	Silber-Weide	✓	✓				■	■							
Salix alba subsp. *caerulea*	Silber-Weide	✓	✓				■	■							
Salix caprea	Sal-Weide	✓	✓		■	■	■								
Salix fragilis	Bruch-Weide	✓				■	■								
Salix purpurea	Purpur-Weide	✓	✓					■							
Salix repens	Kriech-Weide	✓	✓				■								
Salix x *smithiana*	Kübler-Weide	✓	✓			■	■								
Salvia viridis	Buntschopf-Salbei	✓							■	■	■	■			
Satureja spp.	Bohnenkräuter	✓								■	■	■	■		
Scrophularia auriculata	Wasser-Braunwurz	✓	✓						■	■	■	■			
Scrophularia nodosa	Knotige Braunwurz	✓	✓						■	■	■				
Sedum pulchellum	Seesternblume, Witwenkreuz	✓	✓					■	■	■					
Sinapis arvensis	Acker-Senf	✓	✓					■	■	■					
Solidago spp.	Goldruten	✓	✓							■	■	■	■		
Sorbus aucuparia	Vogelbeere	✓	✓					■	■						
Stachys annua	Einjähriger Ziest	✓								■	■	■			
Stachys germanica	Deutscher Ziest	✓								■	■	■			
Stachys recta	Aufrechter Ziest	✓								■	■	■			
Symphytum caucasicum	Kaukasischer Beinwell	✓	✓						■	■	■	■			
Symphytum ibericum	Kriechender Beinwell	✓	✓					■	■	■	■	■			
Symphytum officinale	Echter Beinwell	✓	✓					■	■	■					
Symphytum tuberosum	Knoten-Beinwell	✓	✓					■	■	■					
Symphytum x *uplandicum*	Futter-Beinwell/ “Booking 14“ Comfrey	✓	✓						■	■	■				
Tanacetum parthenium	Mutterkraut	✓	✓							■	■	■			
Tanacetum vulgare	Rainfarn	✓	✓							■	■	■			
Taraxacum officinale	Löwenzahn	✓	✓			■	■	■	■	■	■	■	■		
Thymus spp.	Thymian	✓							■						

BIENENPFLANZEN														
Art		**Nek**	**Pol**	**Jan**	**Feb**	**Mär**	**Apr**	**Mai**	**Jun**	**Jul**	**Aug**	**Sep**	**Okt**	**Nov**	**Dez**
Tilia x euchlora	Krim-Linde	✓	✓						■	■	■				
Trifolium pratense	Wiesenklee, Rotklee	✓	✓					■	■	■	■	■			
Trifolium repens	Weißklee	✓	✓					■	■	■	■	■	■		
Tulipa kaufmanniana	Seerosen-Tulpe	✓	✓			■									
Tussilago farfara	Huflattich	✓	✓		■	■									
Ulex europaeus	Stechginster	✓	✓	■	■	■	■	■	■	■	■	■	■	■	■
Verbascum thapsus	Kleinblütige Königskerze	✓	✓						■	■	■	■			
Vicia cracca	Vogel-Wicke	✓							■	■	■				
Vicia faba	Ackerbohne	✓							■	■					
Vicia sativa	Futterwicke	✓					■	■	■	■	■	■			
Vicia sativa subsp. *Nigra*	Schmalblättrige Futterwicke	✓					■	■	■	■	■	■			
Vicia sylvatica	Wald-Wicke	✓							■	■	■				
Vicia tenuifolia	Feinblättrige Wicke	✓							■	■	■				
Vicia villosa	Zottige Wicke	✓							■	■	■	■	■	■	
Weigela florida	Liebliche Weigelie	✓						■	■						
Wisteria sinensis	Chinesische Wisterie	✓	✓					■	■	■	■				
Yucca filamentosa	Fädige Palmlilie		✓									■			

Essbare Früchte nach Erntemonat

Die folgenden Tabellen zeigen an, wann die in diesem Buch beschriebenen Pflanzen in Großbritannien zur frischen Verwendung verfügbar werden. Viele davon können natürlich unter den richtigen Bedingungen viele Monate gelagert werden.

FRÜCHTE													
Art		**Jan**	**Feb**	**Mär**	**Apr**	**Mai**	**Jun**	**Jul**	**Aug**	**Sep**	**Okt**	**Nov**	**Dez**
Actinidia spp.	Kiwis									■	■		
Akebia spp.	Akebie										■		
Amelanchier spp.	Felsenbirnen							■					
Arbutus unedo	Erdbeerbaum										■	■	■
Aronia spp.	Aronia									■	■		
Asimina triloba	Papau									■	■		
Berberis spp.	Berberitzen									■	■	■	
Cephalotaxus spp.	Pflaumeneiben											■	
Chaenomeles spp.	Zierquitten								■	■	■	■	
Cornus canadensis	Kanadischer Hartriegel									■	■		
Cornus capitata	Bentham's Hartriegel											■	■
Cornus kousa	Chinesischer (Blüten-) Hartriegel										■		
Cornus mas	Kornelkirsche								■	■			
Crataegus spp.	Weißdorne									■	■		
Cydonia oblonga	Quitte										■	■	
Decaisnea fargesii	Blauschote										■		
Diospyros kaki(pflaume)	Kaki										■	■	
Diospyros lotus	Lotuspflaume										■	■	
Diospyros virginiana	Amerikanische Persimone										■	■	■
Elaeagnus x ebbingei	Ebbings-Ölweide				■	■							
Elaeagnus multiflora	Goumi							■	■				

FRÜCHTE													
Art		Jan	Feb	Mär	Apr	Mai	Jun	Jul	Aug	Sep	Okt	Nov	Dez
Elaeagnus umbellata	Korallen-Ölweide									■	■		
Ficus carica	Feige								■	■	■		
Fragaria spp.	Erdbeeren						■	■	■	■	■		
Fuchsia spp.	Fuchsien							■	■	■	■		
Gaultheria shallon	Salal/Shallon-Scheinbeere							■	■				
Hippophae spp.	Sanddorn								■	■	■		
Juniperus communis	Wacholder										■	■	
Lonicera caerulea	Blaue Heckenkirsche								■				
Lycium barbarum	Goji-Beere								■	■	■		
Mahonia spp.	Mahonien							■	■	■			
Malus domestica	Apfel	■	■	■	■	■		■	■	■	■	■	■
Mespilus germanica	Mispel										■	■	
Morus spp.	Maulbeeren								■	■			
Myrtus ugni	Chilenische Guave											■	■
Passiflora incarnata	Passionsblume									■	■		
Poncirus trifoliata	Dreiblättrige Orange										■		
Prunus armeniaca	Aprikose								■	■			
Prunus avium	Süßkirsche							■	■	■			
Prunus cerasifera	Kirschpflaume / Mirabelle							■	■				
Prunus cerasus	Sauerkirsche								■	■			
Prunus domestica	Pflaume / Reneklode							■	■	■	■		
Prunus insititia	Kriechenpflaume / bullace							■	■	■	■		
Prunus persica	Pfirsich / Nektarine								■	■			
Prunus salicina	Chinesische Pflaume							■	■	■			
Prunus spinosa	Schlehe										■	■	■
Prunus tomentosa	Japanische Mandelkirsche, Filzkirsche							■	■				
Pyrus spp.	Birnen	■	■					■	■	■	■	■	■
Ribes x *culverwellii*	Jostabeere							■	■				
Ribes divaricatum	Oregon-Stachelbeere, Dornenbeere							■	■				
Ribes nigrum	Schwarze Johannisbeere							■	■	■			

FRÜCHTE													
Art		**Jan**	**Feb**	**Mär**	**Apr**	**Mai**	**Jun**	**Jul**	**Aug**	**Sep**	**Okt**	**Nov**	**Dez**
Ribes odoratum	Gold-Johannisbeere							■	■				
Ribes rubrum	Rote Johannisbeere						■	■	■	■			
Ribes uva-crispa	Stachelbeere					■	■	■	■				
Rosa rugosa	Apfel-Rose									■	■		
Rubus spp.	Brombeeren-Hybride							■	■	■			
Rubus calycinoides ´Betty Ashburner´	Zier-Brombeere							■	■				
Rubus fruticosus	Brombeere							■	■	■	■		
Rubus idaeus	Himbeere							■	■	■	■		
Rubux x *loganobaccus*	Loganbeere							■	■	■			
Rubus nepalensis	Himalaya-Himbeere							■	■	■			
Rubus pentalobus	Kriechhimbeere							■	■				
Rubus phoenicolasius	Japanische Weinbeere								■				
Rubus tricolor	Chinesischer Brombeerstrauch							■	■	■			
Sambucus nigra	Schwarzer Holunder								■	■	■		
Sambucus racemosa	Roter Holunder							■	■	■			
Schisandra chinensis	Chinesisches Spaltkörbchen										■		
Sorbus devoniensis	Devon-Weißstrahl										■		
Sorbus domestica	Speierling									■	■		
Sorbus thibetica	Tibetischer Weißstrahl										■		
Vaccinium spp.	Heidelbeeren							■	■	■			
Vaccinium arctostaphylos	Kaukasische Heidelbeere							■	■				
Vaccinium macrocarpon	Kranbeere / Großfrüchtige Moosbeere									■	■	■	
Vaccinium vitisidaea	Preiselbeere									■	■	■	
Viburnum opulus var. *americanum*	Amerikanischer Schneeball										■	■	
Vitis spp.	Wein										■		

NÜSSE UND SAMEN													
Art		**Jan**	**Feb**	**Mär**	**Apr**	**Mai**	**Jun**	**Jul**	**Aug**	**Sep**	**Okt**	**Nov**	**Dez**
Amphicarpaea bracteata	Erdbohne, Wilde Erdnuss	■	■	■						■	■	■	■
Araucaria araucana	Araukarie									■			
Caragana arborescens	Sibirischer Erbsenstrauch									■			
Carya spp.	Hickory/Pekannuss										■		
Castanea spp.	Kastanien									■	■	■	
Castanea pumila	Zwergkastanie									■	■		
Cephalotaxus spp.	Kopfeiben											■	
Corylus spp.	Hasel									■			
Ginkgo biloba	Gingko									■			
Juglans ailantifolia var. *cordiformis*	Japanische Walnuss									■	■		
Juglans nigra	Schwarznuss										■		
Juglans regia	Walnuss										■		
Lathyrus spp.	Platterbsen							■	■	■			
Pinus spp.	Kiefern										■	■	■
Prunus dulcis	Mandel										■		
Quercus spp.	Eichen										■	■	
Staphylea spp.	Pimpernüsse									■	■	■	
Vicia spp.	Wicken								■	■	■		
Xanthoceras sorbifolium	Gelbhorn										■		

SALATBLÄTTER, GEMÜSE UND BLÜTEN													
Art		**Jan**	**Feb**	**Mär**	**Apr**	**Mai**	**Jun**	**Jul**	**Aug**	**Sep**	**Okt**	**Nov**	**Dez**
Aegopodium podagraria	Giersch				■	■	■	■	■	■	■		
Agastache foeniculum/ A. rugosa	Anis-Ysop/ Koreanische Minze					■	■	■	■	■			
Alliaria petiolata	Knoblauchsrauke			■	■								
Allium ampeloprasum var. *babingtonii*	Acker-Lauch, Babington's Acker-Lauch	■	■	■	■	■					■	■	■
Allium fistulosum	Winterzwiebel/ Lauchzwiebel				■	■	■	■	■	■	■		
Allium neapolitanum	Neapolitanischer Lauch	■	■	■	■						■	■	■
Allium tuberosum	Knoblauch-Schnittlauch				■	■	■	■	■	■	■		
Allium ursinum	Bärlauch		■	■	■	■	■						
Althaea officinalis	Echter Eibisch				■	■	■	■	■	■			
Angelica sylvestris	Wald-Engelwurz				■	■	■	■	■	■	■		

SALATBLÄTTER, GEMÜSE UND BLÜTEN													
Art		**Jan**	**Feb**	**Mär**	**Apr**	**Mai**	**Jun**	**Jul**	**Aug**	**Sep**	**Okt**	**Nov**	**Dez**
Aquilegia vulgaris	Akelei				■	■	■	■	■	■			
Armoracia rusticana	Meerrettich				■	■							
Asparagus officinalis	Spargel					■	■						
Asphodeline lutea	Gelber Affodil/Gelbwurz				■	■							
Atriplex spp.	(Strauch-)Melden	■	■	■	■	■	■	■	■	■	■	■	■
Bambus ssp.	Bambus				■	■	■	■					
Barbarea verna	Frühlings-Barbarakraut				■	■	■	■	■	■	■		
Beta vulgaris ssp. *cicla*	Blatt-Mangold	■	■	■	■	■	■	■	■	■	■	■	■
Beta vulgaris ssp. *maritima*	Wilde/Meer-Rübe					■	■	■	■	■	■		
Brassica oleracea	Ausdauernder/ Gemüse-Kohl	■	■	■	■	■	■	■	■	■	■	■	■
Bunias orientalis	Türkische Rauke				■	■	■	■	■	■			
Bunium bulbocastanum	Gewöhnlicher Knollen-Kümmel				■	■	■	■	■	■	■		
Calendula officinalis	Ringelblume					■	■	■	■	■	■		
Campanula spp.	Glockenblumen				■	■	■	■	■				
Caragana arborescens	Sibirischer Erbsenstrauch							■	■				
Cardamine flexuosa/ C. hirsuta	Wald-Schaumkraut/ Behaartes Schaumkraut	■	■	■	■	■	■	■	■	■	■	■	■
Cardamine pratensis	Wiesen-Schaumkraut	■	■	■	■	■						■	■
Centranthus ruber	Rote Spornblume			■	■	■	■	■	■	■	■	■	
Chenopodium bonus-henricus	Guter Heinrich					■	■	■	■	■	■		
Chrysosplenium spp.	Milzkraut			■	■	■	■	■	■	■	■	■	
Cichorium intybus	Wegwarte					■	■	■	■	■	■		
Claytonia perfoliata	Winterpostelein, Tellerkraut	■	■	■	■	■					■	■	■
Claytonia sibirica	Sibirisches Tellerkraut	■	■	■	■	■	■	■	■	■	■	■	■
Crambe maritima	Meerkohl				■	■	■	■					
Cryptotaenia japonica	Mitsuba				■	■	■	■	■	■	■		
Cynara spp.	Karde/Artischocke				■	■	■	■	■	■	■		
Duchesnea indica	Scheinerdbeere	■	■	■	■	■	■	■	■	■	■	■	■
Epilobium angustifolium	Schmalblättriges Weidenröschen				■	■	■						
Fagus sylvatica	Rotbuche					■							
Foeniculum vulgare	Fenchel					■	■	■	■	■	■		
Fragaria spp.	Erdbeeren				■	■	■	■	■	■	■		
Hablitzia tamnoides	Kaukasischer Rankspinat				■	■	■						
Halesia carolina	Schneeglöckchenbaum							■					
Hemerocallis spp.	Taglilien						■	■	■	■			

SALATBLÄTTER, GEMÜSE UND BLÜTEN

Art		Jan	Feb	Mär	Apr	Mai	Jun	Jul	Aug	Sep	Okt	Nov	Dez
Hosta spp.	Hostas				■	■							
Humulus lupulus	Hopfen				■								
Levisticum officinale	Liebstöckel				■	■	■	■	■	■	■		
Lunaria annua	Einjähriges Silberblatt	■	■	■	■	■	■	■		■	■	■	■
Lycium barbarum	Gemeiner Bocksdorn/Goji				■	■	■						
Malva spp.	Malven	■	■	■	■	■	■	■	■	■	■	■	■
Matteuccia struthiopteris	Straußenfarn				■	■							
Melissa officinalis	Zitronenmelisse				■	■	■	■	■	■	■	■	
Mentha spp.	Minzen				■	■	■	■	■	■	■		
Myrrhis odorata	Süßdolde				■	■	■	■	■	■	■		
Nasturtium officinale	Brunnenkresse	■	■	■	■	■	■	■	■	■	■	■	■
Origanum vulgare	Oregano				■	■	■	■	■	■	■		
Oxalis acetosella/ O. Oregana	Wald-Sauerklee/ Oregon-Sauerklee				■	■	■	■	■	■	■		
Oxyria digyna	Alpen-Säuerling			■	■	■	■	■	■	■	■		
Peltaria alliacea	Lauch-Scheibenschötchen		■	■	■	■							
Petasites japonicus	Asiatische Pestwurz				■	■							
Phytolacca americana	Amerikanische Kermesbeere				■	■							
Plantago spp.	Wegeriche				■	■	■	■	■				
Polygonatum spp.	Salomonssiegel				■	■							
Primula vulgaris	Stängellose Schlüsselblume				■								
Reichardia picroides	Bittere Reichardie				■	■	■	■	■	■	■		
Rumex spp.	Ampfer				■	■	■	■	■	■	■		
Rumex acetosa ´Schavel´	Wiesen-Sauerampfer	■	■	■	■	■	■	■	■	■	■	■	■
Sanguisorba minor	Kleiner Wiesenknopf				■	■							
Scorzonera hispanica	Garten-Schwarzwurzel				■	■							
Sedum spectabile	Prächtige Fetthenne				■	■	■	■	■	■	■		
Sedum telephium	Große Fetthenne					■	■	■	■	■	■		
Sisymbrium officinale	Weg-Rauke			■	■	■							
Smilacina racemosa	Traubiges Duftsiegel, Schattenblume				■	■							
Smyrnium olusatrum	Pferdeeppich			■	■	■	■						
Stellaria graminea	Gras-Sternmiere				■	■	■	■					
Stellaria media	Vogelmiere				■	■	■	■	■	■	■		
Taraxacum officinale	Löwenzahn		■	■	■								
Tilia spp.	Linden					■	■	■	■	■	■		
Toona sinensis	Chinesischer Surenbaum					■	■						

SALATBLÄTTER, GEMÜSE UND BLÜTEN													
Art		**Jan**	**Feb**	**Mär**	**Apr**	**Mai**	**Jun**	**Jul**	**Aug**	**Sep**	**Okt**	**Nov**	**Dez**
Tropaeolum majus	Kapuzinerkresse					■	■	■	■	■	■		
Urtica dioica	Große Brennnessel			■	■	■							
Viola spp. (krautige)	Veilchen			■	■	■	■	■	■	■	■		
Viola spp. (immergrüne)	Veilchen	■	■	■	■	■	■	■	■	■	■	■	■

ZWIEBELN, WURZELN UND KNOLLEN													
Art		**Jan**	**Feb**	**Mär**	**Apr**	**Mai**	**Jun**	**Jul**	**Aug**	**Sep**	**Okt**	**Nov**	**Dez**
Allium ampeloprasum var. *babingtonii*	Babington's Acker-Lauch								■	■	■		
Allium fistulosum/ A. x *proliferum*	Gemüsezwiebel/ Winterzwiebel/Schalotte/ Etagenzwiebel									■	■		
Allium neapolitanum	Neapolitanischer Lauch							■	■	■	■		
Althaea officinalis	Echter Eibisch	■	■	■							■	■	■
Apios americana	Erdbirne	■	■								■	■	■
Arctium lappa/A. minus	Große/Kleine Klette	■	■								■	■	■
Armoracia rusticana	Meerrettich	■	■									■	■
Asphodeline lutea	Gelber Affodil	■	■	■							■	■	■
Beta vulgaris ssp. *maritima*	Wilde Rübe	■	■	■							■	■	■
Bunium bulbocastanum	Gewöhnlicher Knollenkümmel	■	■	■							■	■	■
Camassia quamash	Essbare Prärielilie	■	■	■							■	■	■
Campanula rapunculus	Rapunzel-Glockenblume	■	■	■							■	■	■
Cichorium intybus	Wegwarte	■	■	■							■	■	■
Claytonia sibirica	Sibirisches Tellerkraut	■	■	■	■	■	■	■	■	■	■	■	■
Crambe maritima	Meerkohl	■	■	■								■	■
Dioscorea spp.	Yams	■	■	■	■							■	■
Glycyrrhiza spp.	Süßhölzer	■	■	■	■							■	■
Helianthus tuberosus	Topinambur	■	■	■								■	■
Lathyrus tuberosus	Knollen-Platterbse	■	■	■								■	■
Lunaria annua	Einjähriges Silberblatt	■	■	■								■	■
Myrrhis odorata	Süßdolde	■	■	■								■	■
Oxalis tuberosa	Oca										■	■	■
Potentilla anserina	Gänsefingerkraut	■	■	■						■	■	■	■
Scorzonera hispanica	Garten-Schwarzwurzel	■	■	■							■	■	■
Sium sisarum	Zuckerwurzel	■	■	■							■	■	■
Smallianthus sonchifolia	Yacon										■	■	■

ZWIEBELN, WURZELN UND KNOLLEN

Art		Jan	Feb	Mär	Apr	Mai	Jun	Jul	Aug	Sep	Okt	Nov	Dez
Stachys affinis	Knollen-Ziest	■	■	■							■	■	■
Taraxacum officinale	Löwenzahn	■	■									■	■
Tropaeolum tuberosum (Knollen)	Knollige Kapuzinerkresse/ Mashua	■	■	■							■	■	■
Ullucus tuberosus	Olluco/Ulluco										■	■	■

VERSCHIEDENE ESSBARE PFLANZEN UND GEWÜRZE

Art		Jan	Feb	Mär	Apr	Mai	Jun	Jul	Aug	Sep	Okt	Nov	Dez
Acer spp. (Saft)	Ahorne		■	■									
Betula spp. (Saft)	Birken		■	■									
Calycanthus spp. (Rinde)	Gewürzstrauch							■	■				
Ceanothus americanus (Blätter)	Amerikanische Säckelblume						■						
Drimys lanceolata (Samen)	Tasmanischer Bergpfeffer										■		
Filipendula ulmaria (Blüten)	Mädesüß							■	■				
Glechoma hederacea (Blätter)	Gundelrebe				■	■	■	■	■	■	■		
Laurus nobilis (Blätter)	Echter Lorbeer	■	■	■	■	■	■	■	■	■	■	■	■
Medicago lupulina (Sprossen)	Hopfenklee	■	■	■	■	■	■	■	■	■	■	■	■
Myrica spp. (Blätter)	Gagelsträucher	■	■	■	■	■	■	■	■	■	■	■	■
Myrica spp. (Samen)	Gagelsträucher									■	■		
Myrtus communis (Blätter)	Myrte					■	■	■	■	■	■		
Rheum spp. (Stängel)	Rhabarber		■	■	■	■	■						
Rhus spp. (Blüten)	Sumache							■	■	■	■		
Rosa rugosa (Blüten)	Apfel-Rose					■	■	■	■	■			
Rosmarinus officinalis (Blätter)	Rosmarin	■	■	■	■	■	■	■	■	■	■	■	■
Salvia officinalis (Blätter)	Salbei	■	■	■	■	■	■	■	■	■	■	■	■
Sambucus canadensis (Blüten)	Kanadischer Holunder							■	■	■	■	■	
Tropaeolum majus (Samen)	Große Kapuzinerkresse									■	■		
Vitex agnus-castus (Blätter)	Mönchspfeffer					■	■	■	■	■	■		
Zanthoxylum spp. (Blätter)	Pfeffersträucher					■							
Zanthoxylum spp. (Samen)	Pfeffersträucher									■	■		

Waldgärten als nachhaltige Form der Landnutzung und wie die Idee der Waldgärten in Deutschland aufgenommen wurde

von *Jörn Müller* und *Jennifer Schulz*

Tradiertes Wissen

Das Wissen, aus dem wir beim Design von Waldgärten schöpfen, ist wahrscheinlich so alt wie die Menschheit selbst. Durch eine ursprünglich unmittelbare Verbindung zur Natur und einen engen Bezug zur natürlichen Umgebung entstanden lange vor Beginn der landwirtschaftlichen Industrialisierung dauerhafte Landnutzungssysteme, die vor allem auf Beobachtung und Nachahmung der Natur basierten. Das Erfahrungswissen, wie solche Systeme geschaffen und erhalten werden, wurde über zahllose Generationen weitergereicht. Mancherorts kann man heute noch den Beweis in der Form von mehreren Tausend Jahre alten Systemen finden (*Lawton* 2011).

Die Überbleibsel dieses Wissens sind auch heute noch in aller Welt zu finden und ernähren vor allem als kleinbäuerliche Ertragssysteme einen beträchtlichen Teil der Menschheit, vor allem jedoch außerhalb der westlichen Industrienationen. Man schätzt den Anteil der Weltbevölkerung, die von solcher kleinbäuerlichen Subsistenzwirtschaft lebt, um 40 Prozent (FAO 2015).

Sicherlich haben diese Formen der Landnutzung auch bei uns in den klimatisch gemäßigten Wäldern Europas eine Rolle gespielt, war doch unsere Entwicklung von der Bronze- und Eisenzeit bis in die Neuzeit auch immer von Formen wie der Niederwaldwirtschaft begleitet. Neben dem Niederwaldbau, der vorwiegend der Gewinnung von Holz und Brennholz diente, wurde beispielsweise in Franken eine Form des Obstbaus betrieben, die „Baumfeld" genannt wurde, oder auch „Baumgärten", wie im Umfeld der Stadt Bamberg (*Hofmann* 2015). Auch die vorwiegend in Süddeutschland als Kulturlandschaft erhaltenen Streuobstwiesen entstanden ursprünglich als silvo-pastorales Waldwirtschaftssystem.

Während in den Tropen die Entwicklung und Erforschung von sogenannten Agroforst-Wirtschaftssystemen in den 1970er-Jahren ihren Anfang fand, wurde in den gemäßigten Breiten dieses Wissen erst in jüngerer Zeit von einigen Pionieren wiederentdeckt. Hier spielen sie erst in den letzten 10–15 Jahren eine zunehmend anerkannte Rolle als nachhaltige Form der Landnutzung mit Potenzial für die Zukunft.

Am eigenen Ast sägen

Im Zuge der Industrialisierung wurde dieses alte Wissen in Mitteleuropa nach und nach ersetzt und baumbasierte Kulturformen in der Landwirtschaft wurden abgelegt. Stattdessen wurde ein Weg eingeschlagen, der vor allem – eigentlich sogar fast ausschließlich – marktkapitalistischen Prinzipien folgt. Die moderne agrarindustrielle Landnutzung mit ihren unaufhörlichen und schweren Eingriffen in natürliche Kreisläufe und Prozesse hat uns in mehrere tiefe Krisen geführt: Unsere Böden sind nahezu leblos und stark degradiert, der Humusgehalt schwindet weiter, mit der Folge, dass die Böden weniger Wasser halten können. Der Stickstoffkreislauf ist mit einem ständigen Überschuss in Böden und Gewässern völlig aus dem Gleichgewicht. Die fehlende Vielfalt an Arten und Strukturen in der Landschaft führt zu biologischen Einöden und so lassen sich unsere Ackerflächen nur noch mithilfe einer ganzen Palette an synthetischen Giften und Düngemitteln erfolgreich bewirtschaften. Nach jetzigem Trend bleibt uns mit der heute vorherrschenden Bewirtschaftungsform wohl höchstens noch ein halbes Jahrhundert, bevor wir alle fruchtbaren Böden unwiederbringlich zerstört haben (*Heinrich-Böll-Stiftung* 2015, FAO 2015, *Umweltbundesamt* 2020).

Das Problem der Bodendegradierung steht jedoch nicht allein, sondern ist ein Teil der Verkettung diverser Belastungsgrenzen, die die Menschheit im Erdzeitalter des Anthropozän bereits überschritten hat (*Steffen* et al. 2015, *PiK* 2019). Diese Situation lässt sich wohl vor allem auf unsere „kultivierte Ungeduld" zurückführen, unseren Versuch, sich über die zeitlichen Begrenzungen und Bedingungen natürlicher Entwicklung hinwegzusetzen, gepaart mit der menschlichen Hybris, natürliche Systeme „optimieren" zu wollen, oft ohne vorher deren Funktionsweise ausreichend verstanden zu haben.

Die wissenschaftliche Priorisierung der Erforschung unserer Böden ist beispielhaft dafür: Obwohl sich die Bodenkunde seit dem frühen 20. Jahrhundert als Wissenschaft etabliert hat und Erforschungen des Bodens eine lange Tradition haben, wurden Böden im ganzheitlichen Kontext der Ökosysteme (zum Beispiel im Bereich der Ökopedologie oder Ökohydrologie) erst seit den 1980er-Jahren erforscht, ein knappes Jahrzehnt nachdem der Mensch bereits auf dem Mond gelandet war. Bis heute bleibt unser Wissen über die Biologie und Biochemie des Bodens, vor allem seine systemischen Kreisläufe und Wechselbeziehungen als „soil food web", sehr bruchstückhaft. Auch deswegen spielen unsere Böden und deren Pflege in der Gesetzgebung und Ausübung der agrarindustriellen Produktion eine untergeordnete Rolle. Man geht heute davon aus, dass ein Großteil der Spezies auf der Erde bisher noch nicht einmal entdeckt wurde (*Mora* et al. 2011), so auch in Bezug auf das Bodenleben. Entsprechend weit sind wir von einem Verständnis der komplexen Lebensbeziehungen auf diesem Planeten entfernt.

Wir hören den Ast also schon knacken, während wissenschaftlich fundierte Warnungen weiterhin von der

Politik zugunsten eines weltwirtschaftlichen Auslaufmodells in den Wind geschlagen und die Kosten an unsere Folgegenerationen weitergereicht werden. Trotz alledem überzeugen wahrhaft nachhaltige Ideen letztendlich immer durch ihre Schlüssigkeit und ihren praktischen Nutzen und finden früher oder später einen Weg, verwirklicht zu werden. International sind die Konzepte von „food forests", „forest gardens" und „edible landscapes" schon einige Jahrzehnte in Gebrauch. Gezielte Forschung ist zwar in der englischsprachigen Literatur gut dokumentiert, wie der Ressourcenanhang dieses Buches zeigt, jedoch fehlt neben vielfältigen qualitativen Erkenntnissen bisher eine breite Basis an quantitativem naturwissenschaftlichen Wissen über Waldgärten sowie Erhebungen, wie diese wirtschaftlich tragfähig und ökologisch angepasst zugleich als Landwirtschaftssysteme betrieben werden können.

permanent + agriculture = permaculture

Die Permakultur und die Transition-Town-Bewegung sind zwei globale Strömungen, die neben anderen das Waldgartenkonzept nach Deutschland getragen haben und hier für dessen Etablierung eine wichtige Rolle spielten.

Die Permakultur versteht sich als Designansatz und „Werkzeugkiste" zur Erschaffung permanenter Systeme der Landnutzung in Einklang mit der Natur. Hier spielen Waldgärten als ausdauernde Ertragssysteme schon seit Beginn eine wichtige Rolle. Mitbegründer Bill Mollison zeigt bereits im frühen Dokumentarfilm (1989) „In Grave Danger of Falling Food" anschaulich, wie effizient Ertragssysteme sein können, wenn sie sich am Vorbild des Ökosystems Wald orientieren. Sein Schüler und Kollege Geoff Lawton führt heute sein Erbe fort und hat an vielen Orten der Welt Waldgartensysteme etabliert. Am eindrücklichsten ist wohl sein Projekt „Greening the Desert" in Jordanien, in dem er eindeutig beweist, dass solche Systeme selbst unter harschesten Bedingungen nachhaltig funktionieren (*Greening the Desert* 2020).

Der *Permakultur e.V.*, der sich unter anderem der Qualität der Permakulturausbildung in Deutschland verschrieben hat, hat Waldgärten zu einem festen Bestandteil des Curriculums des Permakultur-Design-Kurses (PDK) gemacht. An dieser 72-stündigen „Grundausbildung" für Permakulturpraktiker und am Kursangebot zu Permakultur kann man ablesen, welche große Bedeutung Waldgärten als integrative Systeme und flexible Konzepte haben (*Permakultur-Institut* und *Permakultur-Akademie e.V.* 2020). Aus dieser Strömung sind spätestens seit den 1990er-Jahren die ersten Waldgärten in Deutschland entstanden, wohl aber vorrangig im privaten Bereich und oft nicht ausdrücklich als solche benannt. Erst seit die Suche nach nachhaltigen und nicht zerstörerischen Alternativen zu unserer derzeitigen Form der Landnutzung auch hier zum Thema geworden ist, rücken Waldgärten als multifunktionale Lösungen für diese Probleme in den Vordergrund.

Der Große Wandel

Über die letzten Jahrzehnte zeichnete sich das Ausmaß der kommenden Krisen immer schärfer ab und führte letztlich zur Erkenntnis, dass der Mensch, will er denn seine Art erhalten, schleunigst nach Alternativen zu fossilen Energieträgern und allgemein nach nachhaltigeren Lösungen suchen muss. Hier ist die Rede von der „Großen Transformation" hin zu einer nachhaltigeren und faireren Verteilung und Nutzung von Ressourcen (*Hopkins* 2014, *WBGU* 2012).

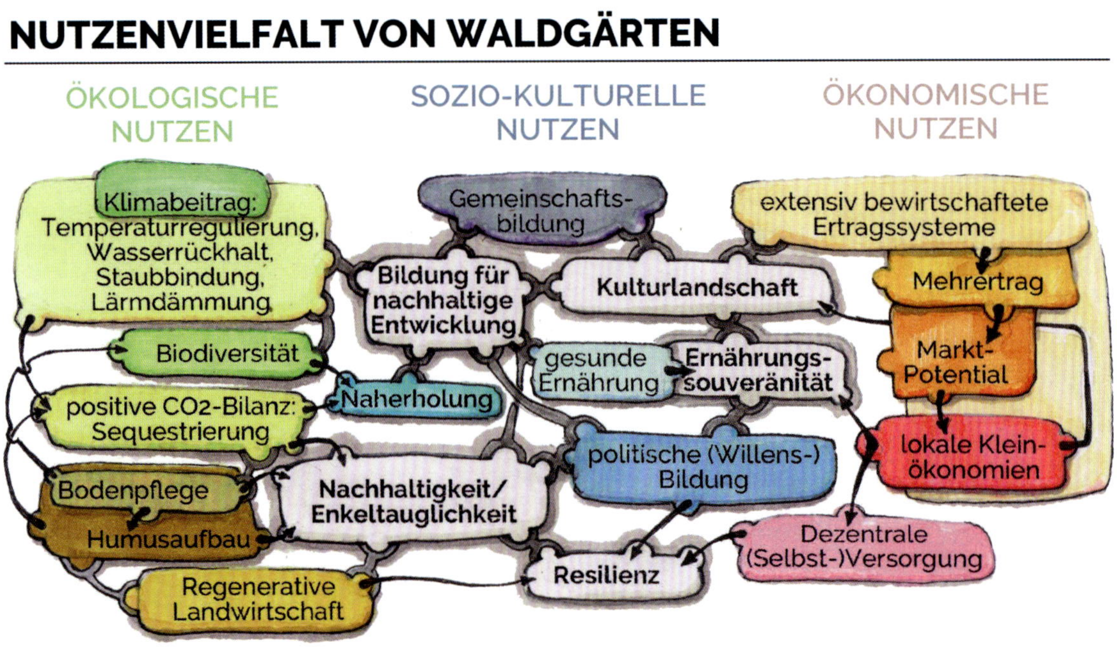

Die Grenzen zwischen den dargestellten Kategorien können nur eine Annäherung an die Realität sein - tatsächlich überlagern und durchdringen sich die Nutzen meist über diese Trennungen hinweg.

Von dieser Idee beseelt, wuchs vor etwa einem Jahrzehnt in England die *Transition-Town-Bewegung* heran und verbreitete sich von dort aus in alle Welt, um in lokalen Graswurzelinitiativen einen Wandel zu bewirken. Mittlerweile sind im weltweiten Transition-Netzwerk weit über 1.000 Gruppen offiziell eingetragen, und man kann davon ausgehen, dass weit mehr Gruppen von diesem hoffnungsvollen und pragmatischen Ansatz inspiriert sind. Die Tätigkeitsbereiche sind so vielfältig wie die Gruppen selbst und erstrecken sich über Energiegewinnung, Umweltbildung, Nahrungserzeugung und vieles mehr.

Erfolgreiche Beispiele urbaner Landnutzung als „Essbare Parks", wie beispielsweise eines der Pionierprojekte in Großbritannien, *Incredible Edible Todmorden*, haben hierzulande Nachahmung erfahren. In „Essbaren Städten" wie Andernach und Kassel, um zwei der ältesten Initiativen zu nennen, werden auf eindrucksvolle Art integrierte systemische Lösungen zu den heutigen Herausforderungen umgesetzt. Diese und andere Initiativen zeigen eine Nachfrage der Stadtgesellschaft nach neuen Konzepten zum Mitmachen für „Essbare Städte". Das Konzept Waldgarten kann dabei für diverse aktuelle Herausforderungen auch in Städten einen Lösungsansatz bieten. Es bedarf jedoch noch einer genaueren Erforschung, welche Vielfalt an Nutzen aus einem durchdacht gestalteten Waldgartensystem in Städten entstehen kann. In der folgenden Abbildung ist die Vielfalt an ökologischen, ökonomischen und soziokulturellen Nutzen und deren Verbindung schematisch dargestellt. Sie zeigt, wie sich diese Funktionen überlagern und durchdringen.

Die urbane Allmende

Die Allmende, historisch gemeinschaftlich genutzte Flächen von Weiden, extensivem Ackerland und Niederwaldwirtschaft, hatte seit jeher eine hohe ökonomische Bedeutung und war darüber hinaus auch immer eine Abbildung der sozialen Gemeinschaft. Analog wäre heute im urbanen Kontext ein Waldgartensystem denkbar und denkenswert, das als dezentrale und krisenfeste Einrichtung von Flächen zum Nahrungsmittelertrag, als Begegnungs- und Bildungsort und zur Naherholung für jeden Stadtteil dient.

Von Stadtbewohnern gibt es heute eine große Nachfrage, sich anhand von urbanen Gärten sowohl beim Thema der Nahrungsmittelproduktion als auch innerhalb neuer Formen von Gemeinschaft zu erproben. Dabei entsteht zunehmend die Forderung der Gartenaktiven an die Verwaltungen der Stadtentwicklung, urbane Gärten nicht nur als Zwischennutzung auf Brachflächen in Städten zuzulassen, sondern langfristige Standortsicherungen und „dauerhaftes Wurzeln" im Boden zu ermöglichen, wie es beispielsweise im Urban-Gardening-Manifest im Namen vieler Urban-Gardening-Initiativen bundesweit (*Anstiftung* 2018) gefordert wird.

Angesichts der vielfältigen Anforderungen an städtische Grünflächen, besonders hinsichtlich ökologischer und sozialer Funktionen, haben Waldgärten das Potenzial, sowohl urbanes Gärtnern als auch urbane Lebensmittelproduktion zu ermöglichen. Zusätzlich kann durch ein hohes Grünvolumen der Vegetation eine positive Klimawirkung erreicht werden und gleichzeitig kann durch die Entwicklung eines naturnahen, waldartigen Gartens ein Lebensraum mit hoher Vielfalt an Pflanzen und Tieren entstehen.

Seit 2018 werden dazu im Projekt „Urbane Waldgärten" durch ein Team der Universität Potsdam erforscht, welche Anknüpfungsmöglichkeiten im Bereich der Stadtentwicklung und welche Umsetzungsmöglichkeiten und Hürden derzeit konkret für die Entwicklung von Waldgärten in deutschen Städten gegeben sind. Das Projekt startete im Juli 2018 mit einer zweijährigen Voruntersuchung in einem Erprobungs- und Entwicklungsvorhaben mit dem ausführlichen Titel „Waldgärten als langfristige, multifunktionale Flächennutzung im urbanen Raum" und wurde durch das Bundesamt für Naturschutz mit Mitteln des Bundesministeriums für Umwelt, Naturschutz und nukleare Sicherheit gefördert. Dabei soll mit urbanen Waldgärten ein in Deutschland bisher wenig bekanntes Konzept auf städtischen Grünflächen entwickelt, praktisch erprobt und wissenschaftlich begleitet werden.

Ein Schwerpunkt liegt dabei auf der langfristigen Etablierung der Waldgärten (über das Projektende hinaus) und setzt zur Verstetigung auf die Eigenverantwortung der teilnehmenden Bevölkerungsgruppen, die von Anfang an durch Beteiligungsprozesse einbezogen wurden. Eine Kooperation mit Umweltbildungsträgern und die Entwicklung von grünen Lernorten sind weitere Aspekte zur Verstetigung der Pilotprojekte. So müssen für diese neuartige Gestaltung, Nutzung und Pflege von städtischem Freiraum in Form von gemeinschaftlichen Waldgärten in gemeinsamen Prozessen neue gesellschaftliche Partnerschaften gefunden und erprobt werden. Ein bundesweites Verbundprojekt zur Umsetzung von urbanen Waldgärten ist für einige städtische Standorte geplant und eine öffentliche Förderung beantragt. Dabei liegt neben der praktischen Erprobung und Fragen der Übertragbarkeit auch ein Schwerpunkt auf der Kommunikation von Ergebnissen und der Vernetzung von Akteuren.

Wissenszuwachs

Das in den genannten Feldern gesammelte Wissen und die Erfahrungen der letzten Jahrzehnte schlagen sich nach und nach in fachlichen Organisationen, Initiativen und Institutionen nieder und bündeln so private und gesellschaftliche Interessen:

Im Themenbereich „Regenerative Landwirtschaft" und bei Versuchen, geschlossene Ressourcenkreisläufe zu entwickeln, spielen auf Bäumen basierende Systeme eine vornehmliche Rolle. Im Rahmen des Symposiums „Aufbauende Landwirtschaft" wird dem Humusaufbau und der Bodenpflege eine zentrale Rolle zugemessen und damit auch nachhaltigen Ertragssystemen wie Waldgärten und Agroforstsystemen (Aufbauende Landwirtschaft 2020, *Scheub* & *Schwarzer* 2017).

Die „Stiftung Lebensraum" in der Nordpfalz ist ein Beispiel für wachsende gemeinnützige Bestrebungen, in der Bodenpflege den wichtigen Schritt weiter zu gehen und den Aufbau und die Regeneration unserer Böden durch einen Humuszertifikathandel in die allgemeine landwirtschaftliche Praxis einzuführen. Dies ist bereits in der Steiermark in der Ökoregion Kaindorf mit großem Erfolg gelungen (*Stiftung Lebensraum* 2020, Ökoregion Kaindorf 2020, *Dunst* 2011).

Hinter all diesen Bemühungen steht dabei die Erkenntnis, dass ökologisches Handeln keinesfalls einer Wirtschaftlichkeit im Weg steht, sondern im Gegenteil, dass es wirtschaftliche Nachhaltigkeit nur geben kann, wenn wir uns in angemessener Weise und zukunftsorientiert um die Ressourcen Boden und Wasser kümmern. So zeigen auch Pilotprojekte in der Agroforstwirtschaft, die sich auch des Konzeptes Waldgarten bedienen, kommerzielles Potenzial für die Landwirtschaft. Entsprechend ist man bestrebt, diese Agroforstsysteme für die landwirtschaftliche Praxis förderungsfähig zu machen. Mit der Gründung des Dachverbandes für Agroforstwirtschaft (*DeFAF* 2019) bekommen diese Anstrengungen in Deutschland erstmals einen formalen Rahmen. Dennoch spielen komplexere Agroforstsysteme wie Waldgärten in diesem Kontext bisher eine eher untergeordnete Rolle. In den Regionen der Welt, die von den Folgen des Klimawandels am stärksten betroffen sind, ist ein „regenerative land management“ vielerorts schon zwingend geworden. Hier beweisen auf Bäumen basierende Systeme ihren Nutzen in der Verbesserung ökologischer Funktionen. Erreichen diese Agroforstsysteme erst einen kritischen Anteil und die richtige Verortung in der Landschaft, sind in relativ kurzer Zeit beeindruckende Veränderungen im lokalen Ökosystem zu beobachten. Forschungen, die dies in Deutschland quantifizieren, stehen bisher noch am Anfang, und auch hier liegen die Schwerpunkte bisher auf weniger komplexen Agroforstsystemen. Demzufolge sind die Erfahrungen der Praktiker höchst hilfreich, um einen Impuls für diese Systeme und das Ausprobieren verschiedenster baumbasierter Systeme anzuregen.

Entscheidende Schritte

Die kleinen Erfolge deuten auf eine noch sehr junge, aber immens wichtige Entwicklung hin, nämlich das allmählich beginnende „Durchsickern“ des Konzepts von den Graswurzeln auf die Entscheidungsebene in Politik und Wirtschaft. Demnach bekommen auf Bäumen basierende Systeme nachhaltiger Landnutzung sehr zögerliche, aber immerhin anfängliche Aufmerksamkeit in der Stadtplanung, Landschaftsarchitektur und kommunalen Politik. Kommunen beginnen nach und nach, auf der Suche nach flexiblen Lösungen die vielfältigen Potenziale von Waldgärten zu begreifen und sich für das Konzept von Waldgärten als multifunktionale Nutzung wertvoller innerstädtischer Flächen zu interessieren.

Der „Masterplan Stadtnatur“ der amtierenden deutschen Regierung nennt Waldgärten als innovative Systeme für mehr Stadtnatur und mit Potenzialen für Klimaschutz und -anpassung und bestärkt damit hierzulande den Bericht des Weltklimarats, der in Waldgärten, vor allem im urbanen Raum, ein großes Potenzial sieht, die negativen Folgen der Klimaerwärmung abzufedern (*BMU* 2019, *IPCC* 2019, *FAO* 2020).

Der wichtigste nächste Schritt ist jedoch die Etablierung von Modellflächen und deren wissenschaftliche Begleitung – in Deutschland sind über das letzte Jahrzehnt zahlreiche, meist jedoch im privaten Bereich angelegte Flächen entstanden. Im Vergleich zu Martin Crawfords mehr als zwei Jahrzehnte altem System im südenglischen Dartington gelten diese natürlich noch als sehr junge Waldgärten und werden ihr volles ökologisches und produktives Potenzial erst über die kommenden Jahre entfalten.

Auch wenn nicht alle der folgenden Projekte Waldgärten im idealen Sinne sind, sondern beispielsweise auch Gemüsegärten mit mehrjährigen Pflanzen umfassen, sind diese Flächen dennoch sehenswerte und interessante Beispiele für regenerative Landnutzungssysteme im Aufbau. Darüber hinaus zeigen die diversen Schwerpunkte der einzelnen Projekte, wie vielseitig das Konzept umsetzbar oder integrierbar ist.

Die folgende Liste ist beispielhaft und alles andere als ausschließlich zu verstehen und nach Postleitzahl sortiert.

- **Peace of Land** ist ein selbst verwalteter, gemeinschaftlicher Permakultur-Waldgarten inmitten Berlins im Stadtteil Prenzlauer Berg, in dem seit 2017 Permakultur-, Waldgarten- und andere Kurse, unter anderem in Trägerschaft des Permakultur-Instituts e.V., stattfinden.
  www.peaceof.land, 10407 Berlin
- Der **Ökohof Waldgarten** in der Prignitz liegt außerhalb des Dorfes Barenthin. Etwa die Hälfte der bewirtschafteten Flächen ist arrondiert und als Waldgarten konzipiert, der sich seit fast 15 Jahren im Aufbau befindet. 16866 Barenthin
- Das **Hotel Haferland** an der Ostsee bedient die eigene Gastronomie seit 2005 aus einer Waldgartenlandschaft, die neben der biologischen Nahrungsmittelproduktion auch als Erholungsort für die Hotelgäste dient.
  www.hotelhaferland.de/hotelgarten.html, www.hotelgarten.de/haferlandgarten.html, 18375 Wieck a. Darß
- **Waldgarten der Zukunft** – Im Rahmen des Projekts „Wir bauen Zukunft“ wurde 2017 in einem ehemaligen Wissenschaftspark bei Zarrentin am Schaalsee auf 5.400 Quadratmetern ein Waldgarten angelegt. Teilbereiche enthalten einen „market garden“ und eine Agroforst-Streuobstanlage, auch wird der Waldgarten als Kursort genutzt. www.wirbauenzukunft.de, 19246 Zarrentin
- Als Waldgarten würde Frits Deemter seinen **Essgarten** bei Bremen eher nicht bezeichnen. Mit Sicherheit ist er jedoch mit etwa 1.000 Spezies eine der größten europäischen Sammlungen von Nutzpflanzen. Der Hauptaspekt ist dabei das gastronomische Angebot mehr oder weniger exotischer essbarer Pflanzen.
  www.essgarten.de, 27243 Harpstedt/Winkelsett
- **Waldgarten Verden** – In der Nähe der Kleinstadt Verden bei Bremen entsteht seit 1998 dieser 7 Hektar große Permakultur-Waldgarten mit 358 nutzbaren/essbaren Kulturgehölzen in 88 Arten und Sorten, über 50 Arten von Stauden und verschiedenem einjährigen Gemüse. allmende.bplaced.net, 27283 Verden
- Der **PermaKulturRaum** ist ein studentischer Experimentierraum der Georg-August-Universität Göttingen. Studierende sammeln

WALDGÄRTEN ALS FORM DER LANDNUTZUNG

Ein Waldgarten wird als integrierte Lösung diverser Anforderungen an Nutzung und Standort gestaltet. Die Gestaltungsprinzipien sind modular und skalierbar.

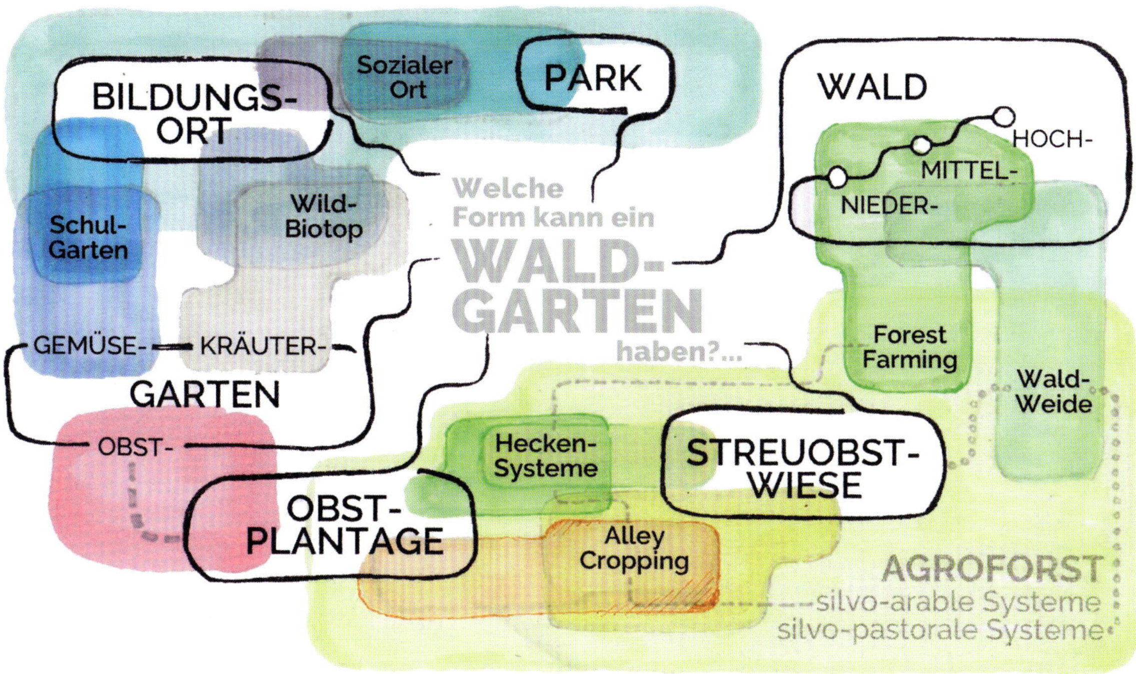

hier Praxiserfahrung in Bezug auf die Planung und Gestaltung eines Ortes nach Permakulturprinzipien. permakulturraum.de, 37077 Göttingen

- Der **Hof Lebensberg** in der Nordpfalz ist ein Praxisbetrieb für regenerative Landwirtschaft und Agroforst im Aufbau. Hier sollen über die kommenden Jahre viele Tausende Bäume als Agroforst-Ertragssysteme gepflanzt werden. www.hoflebensberg.de, 67823 Obermoschel
- Das **Grünheck** ist ein Ackerstreifen mit altem Obstbaumbestand in der Nähe von Heidelberg. Es dient seit 2017 als Experimentierfläche und Kursort für Waldgärten. www.permagruen.de, 69120 Dossenheim
- Der Waldgarten der Gemeinschaft **Schloss Tempelhof** ist ein Lehr- und Präsentationsgarten mit dem Schwerpunkt ausdauernde Gemüsearten. www.der-essbare-waldgarten.de, 74594 Kreßberg
- Der essbare Waldgarten am Stadtrand von **Wels** ist einer der ältesten Food Forests Mitteleuropas. Er wurde in den Achtzigern von Hermann Gruber gepflanzt, seit 2007 ist der Waldgarten Lernort für Permakultur und Praktikanten aus aller Welt. 2016 gründete Hermann Gruber mit Sohn Bernhard das Österreichische Waldgarten-Institut. permakultur.wordpress.com, 4600 Wels/Österreich

Die neue alte Kulturlandschaft

Ein Waldgarten ist letztlich weit mehr als nur eine Ansammlung von Bäumen und Sträuchern auf einer Fläche, sondern sein Designansatz ist als Set von Gestaltungsprinzipien zu verstehen, nach denen auf einer Fläche ein lebendiges multifunktionales und waldähnliches Ökosystem wachsen und entstehen kann, das dem Menschen vielfältige Nutzen bieten kann.

Die Nutzen werden von diversen Elementen erfüllt, zum Beispiel Obstwäldchen oder essbare Waldränder, dazwischen liegende Lichtungen, Teilbereiche zum Gemüseanbau und für andere denkbare Funktionen. Die Anordnung dieser Elemente zueinander ist so flexibel, dass sehr sensibel auf die Anforderungen jedes Standorts eingegangen werden kann. Wir beginnen nicht hier einen Park zur Naherholung und dort einen Gemeinschaftsgarten zu gestalten, weil wir mit dem Waldgartenansatz in der Lage sind, beides (und mehr!) an einem Ort zu vereinen. Dabei bleibt das Konzept skalierbar und erlaubt die Gestaltung solcher Systeme auf kleinen innerstädtischen Flächen und in Hinterhöfen, etwa als multifunktionale „essbare Parks“, aber auch als mehrere Hektar umfassende nachhaltige Ertragsflächen mit positivem Klimabeitrag und regenerativem Nutzen.

Am wichtigsten ist jedoch, dass ein Waldgarten die kulturelle Errungenschaft wiederbelebt, das Land auf vielfältige Art in Einklang mit der Natur zu nutzen. Damit würde wohl auch das Verantwortungsbewusstsein für die „treuhänderische“ Aufgabe wieder zurückkehren, mit der Ressource Land nicht ausbeuterisch, sondern angemessen und enkeltauglich umzugehen. Im Englischen kommuniziert der Begriff „stewardship“ diese Haltung sehr treffend und findet deswegen auch im Deutschen Einzug, um den Umgang mit natürlichen Ressourcen und Landschaften zu charakterisieren. So kann ein Waldgarten diese alte, naturnahe (Agri-)Kultur zurück in die Landschaft bringen, den Stadtmenschen neu „kultivieren“ und wieder mit der Natur verbinden – nicht zuletzt, indem zukünftig immer mehr Waldgärten in Städten und auf dem Land gemeinschaftlich genutzt und gepflegt werden.

Register

G

H

I

J

K